教育部高等学校材料类专业教学指导委员会规划教材

高分子物理

(第2版)

杨继萍 管娟 王志坚 编著

北京航空航天大学出版社

内容简介

本书重点介绍高分子物理的基础理论，即高分子的结构、分子运动与性能之间的关系，突出高分子材料与其他材料如金属、陶瓷及低分子物质的差异和特色。教材内容针对航空航天先进材料的需求、高分子材料及其成型加工的实践与应用、新工科的发展特点和新要求，注重普及与提高相结合，并在第1～9章后设置扩展资源二维码，将与教材相关的慕课资源、动画和国内外最新进展简介等扩展知识放到网上云平台，打造立体的《高分子物理》学习资源。

本书可用作材料科学与工程大类专业的本科教材，也可供高分子材料科学与工程专业本科生、研究生及相关专业科技工作者参考选用。

图书在版编目(CIP)数据

高分子物理 / 杨继萍，管娟，王志坚编著. -- 2版. -- 北京 ：北京航空航天大学出版社，2022.3

ISBN 978-7-5124-3750-0

Ⅰ. ①高… Ⅱ. ①杨… ②管… ③王… Ⅲ. ①高聚物物理学－高等学校－教材 Ⅳ. ①O631.2

中国版本图书馆 CIP 数据核字(2022)第044589号

高分子物理(第2版)

杨继萍　管　娟　王志坚　编著

策划编辑　冯　颖　　责任编辑　宋淑娟　王　实

*

北京航空航天大学出版社出版发行

北京市海淀区学院路37号(邮编100191)　http://www.buaapress.com.cn

发行部电话：(010)82317024　传真：(010)82328026

读者信箱：goodtextbook@126.com　邮购电话：(010)82316936

北京九州迅驰传媒文化有限公司印装　各地书店经销

*

开本：787×1 092　1/16　印张：18.75　字数：492千字

2022年3月第2版　2024年5月第2次印刷　印数：1 001～1 500册

ISBN 978-7-5124-3750-0　定价：59.00元

若本书有倒页、脱页、缺页等印装质量问题，请与本社发行部联系调换。联系电话：(010)82317024

第2版前言

从1920年Hermann Staudinger发表《论聚合》一文至今，高分子材料的发展已经超过了一百年。在这一百多年里，高分子材料渗透到人们衣食住行的每一个方面，并推动着各行各业快速发展。高分子物理是高分子材料科学与工程的三大支柱之一，是专门研究高分子的结构、分子运动与性能之间关系的基础学科。

北京航空航天大学材料科学与工程学院的“高分子物理”课程于1962年首次开设，1987年以前定位为高分子材料专业的基础课。2000年后，课程定位为材料科学与工程一级学科大类，作为金属、陶瓷、高分子及复合材料等专业方向的公共专业基础课，面向材料科学与工程学院的所有学生开设。基于材料学科大专业的教学需要，由过梅丽教授和赵得禄研究员编写了《高分子物理》教材的第1版，于2005年9月由北京航空航天大学出版社出版，作为2004年获批的“高分子物理”北航精品课程和北京市精品课程的配套教材沿用至今。

教材第1版经过十多年的课程教学使用，针对新工科的发展特点和2020年获批的“高分子物理”北京高等学校优质本科课程及北航一流课程配套教材的建设需求，基于新时代航空航天学科特色和人才培养方针，本书作者团队对第1版教材进行了修订。全书主要以高分子的结构—分子运动—性能为主线，囊括了高分子物理学科的基础知识，并注重加强与金属、陶瓷及低分子物质在结构与性能上的对比，有利于更好地掌握材料科学与工程学科中的普遍规律及高分子材料的特点和优势。

在夯实基础知识的前提下，本教材在第1～9章后设置扩展阅读内容，引入柔性机器人工程、高分子智能制造、天然高分子及高性能复合材料等方向的最新成果，加强基础知识与前沿发展和应用之间的联系。此外，在扩展阅读内容中还提供了经典著作、我国科学家在相关领域中的贡献，以及相关内容在国防科技相关领域中的重要作用等知识的阅读推荐，有助于读者了解该学科的前沿及发展脉络。

关于教材内容的延伸，在不过分增加纸质版教材篇幅的同时，于第1～9章后设置扩展资源二维码，将与教材相关的慕课资源、动画和国内外最新进展简介等扩展知识放到网上云平台，打造立体的“高分子物理”课程学习资源。

本教材第1章、第6章和第9章由王志坚教授编写，第2章、第3章由管娟副教授编写，第4章、第5章、第7章、第8章和第10章由杨继萍教授编写，全书由过梅丽教授审定。

编者希望本教材能够适应新时代信息技术的发展和材料科学与工程大类、新工科复合型人才的培养要求，但对于这类新型教材模式的探索以及效果如何，尚待实践检验。恳请高分子物理领域的老前辈、同仁和读者提出意见和建议。

编　者

2022年3月

目　　录

第1章 绪 论

高分子材料是以高分子化合物为基体的一大类材料的总称。高分子化合物又称为大分子、聚合物或高聚物，是“由一种或几种结构单元通过共价键连接起来的相对分子质量很高的化合物”。高分子材料在我们的生活中无处不在，然而对高分子的使用和认识却经历了漫长的过程。

1.1 高分子学科发展简史

在很早以前，人们已在生产和生活中广泛应用天然高分子材料，如棉、麻、丝、毛及木材等。

进入19世纪后，基于天然高分子产品改性的半合成高分子逐渐进入人们的生活中，例如利用纤维素改性的硝酸纤维素(俗称赛璐珞)，被用于清漆、硬质衣领和电影胶片的制造。

1865年，基于改性纤维素的第二个高分子——乙酸纤维素问世，在第一次世界大战中主要用作飞机机翼的防火涂料，战后又用它制造人造丝。1927年，它被制成优质塑料片材，这也是第二次世界大战期间最重要的塑料之一。直到今天，它仍是制造香烟过滤嘴和包装材料的重要原材料。

另一个重要的改性天然高分子材料是人造丝，俗称嫘萦，由再生纤维素制成。1877—1878年，Cross获得人造丝的第一项专利。1892年，Bevan和Beadle发明了生产人造丝的粘胶法。

19世纪后期，一些化学家有意无意地合成了一些高分子物质，拉开了合成高分子材料的序幕。最初，化学家把这些粘稠的、用普通化学无法理解的树脂状物质称为“烧瓶底上的油腻”“分子量①测不准、不可表征的反应产物”，也有人认为是胶体，因为产物的颗粒尺寸达10^{-6}～10^{-4} mm，在高倍显微镜下能看到其跳跃的闪光(布朗运动)。

1877年，F. A. Kekulè指出，绝大多数与生命直接联系在一起的天然有机物可以由长链组成。1906年，E. Fisher成功地将氨基酸一个个连接起来，合成了接近于天然蛋白质的多肽。

第一个真正的合成高分子是Leo Baekeland用苯酚与甲醛缩聚得到的热固性酚醛塑料，可用于制造电气零件和唱片，并于1907年获得了酚醛塑料的第一项专利。其实，早在30年前，人们就知道苯酚与甲醛在一定条件下能形成树脂。Baekeland则是通过仔细控制反应，获得了均匀的可模塑加工材料。几乎同时，电气工程师Sir James Swinburne也获得了制造电缆用酚醛树脂的专利。为此，Baekeland获得了美国化学会的奖励，Swinburne获得了英国材料研究所的奖励。

但是在很长一段时间内，人们并不清楚这些具有特殊性质的材料的化学组成和结构。科学家最早认为这些材料都是由环状小分子聚集而成的。1910年，Pickles提出了“橡胶由长链分子组成”的观点。1920年，德国科学家Hermann Staudinger通过对天然橡胶进行氢化加成实验发现，氢化加成之后的产物仍然表现出很高的分子量，而不是胶体理论所预测的易挥发的

① 本书中的分子量即指相对分子质量。

环状小分子,进而提出了“链状分子理论”,并首创了“大分子”一词。他用实验证明聚合过程是大量小分子结合起来的过程,并预言具有某些官能团的物质能通过官能团之间的反应而聚合。但即便如此,“大分子”学说仍遭到强烈反对:“把大分子搁到一边去吧,世界上根本不可能有大分子这回事。”直到1930年,在科学家成功测定了高分子的分子量之后,高分子这个概念才终于得到公认。在链状大分子概念的指导下,合成高分子以更科学的方法得到发展。1953年,Staudinger荣获诺贝尔化学奖。

20世纪70年代,英国皇家学会主席Lord Todd被问及“当代化学对社会最大的贡献是什么?”“是聚合物的发展!”他肯定地回答,“如果没有塑料、橡胶和纤维,这世界将完全不同。即使在电子工业领域内,没有绝缘体,你又能做什么?”

20世纪是高分子时代的说法毫不夸张。

从高分子科学的发展历史可以看到,它最初始于有机化学。从有机化学知识出发,探讨高分子化合物的合成,便形成了高分子化学。随着合成高分子品种的增多,结构和性能(包括功能)的理论与实验研究被迅速提到日程上来。物理学知识与高分子化学知识的结合,形成了高分子物理;而高分子材料应用中必须经历的工业规模合成和成型加工又推动了高分子工程的兴起和发展。可以说,高分子化学、高分子物理和高分子工程是高分子科学的三大支柱,这三者相辅相成,缺一不可。实际上,从高分子科学出现时起,这三者就紧密联系在一起了。

在高分子科学的发展中,最杰出的科学家,除前面已提到的H. Staudinger以外,还有W. H. Carothers、K. Ziegler、G. Natta、P. J. Flory、P. G. de Gennes、A. J. Heeger、A. G. MacDiarmid和H. Shirakawa等。

1928年,杜邦公司的W. H. Carothers开始研究缩聚反应。他根据大分子假设,设想将一种带2个羟端基的分子与另一种带2个羧端基的分子按1∶1化学当量混合起来进行反应,应该能得到线形长链分子。他成功了!他发明的第一个合成高分子是脂肪族聚酯,但其熔点较低,不能用来制造衣用纤维,因为衣服要用热水洗涤和熨烫。后来,他用酰胺基取代酯基,便诞生了尼龙系列产品。1932年,他又成功合成了高分子量聚酯,并纺成了纤维。1939年,杜邦公司推出第一批尼龙丝袜,风靡世界;与此同时,还生产了尼龙模塑粉,成为生产工程部件的重要原料,因为它兼具高强度、低密度、耐化学、耐磨和低摩擦因数等优良的综合性能,所以至今长盛不衰,仍是合成纤维和工程塑料中的佼佼者。Carothers发明的另一个合成高分子产品是氯丁橡胶。1934年,美国生产了第一批由氯丁橡胶制成的轮胎。

20世纪30年代,合成高分子在各国都得到了迅速发展。1930年,德国率先生产了聚苯乙烯产品。1932年,苏联首先合成了聚丁二烯橡胶。1935年,Regnault发明了聚氯乙烯。1936年,ICI领先制成了聚甲基丙烯酸酯片材(Perspex)。1937年,基于聚异丁烯的丁基橡胶在美国问世。第二次世界大战开始后不久,第一个聚乙烯工厂投产。

1934年,Whinfield和Dickson开发的聚对苯二甲酸乙二醇酯成为重要的纺纤和包装材料(薄膜与瓶子),并于1955年大规模生产,至今仍广泛应用。1941年,德国开始工业化生产聚氨酯产品,致使聚氨酯泡沫制件产量迅速增长。

上述的合成高分子,也是目前使用最多的高分子,都是基于主链上主要含碳原子的高分子。20世纪40年代,发展了一类高分子主链上主要含硅原子的高分子——聚硅氧烷。1945年,硅橡胶问世,其耐热性和耐寒性都超过其他橡胶,但因其价格相对昂贵,故仅限于特殊用途。

20世纪50年代是开发聚烯烃的重要年代。1953年,K. Ziegler(德国)发明了用催化剂生产聚乙烯的低压法。与高压聚乙烯相比,低压聚乙烯具有更好的刚度和耐热性。1954年,

G. Natta(意大利)用 Ziegler 催化剂成功合成了高分子量聚丙烯。Ziegler 和 Natta 发明了定向聚合法,使许多原以为"注定"是无定形的高分子物质形成结晶,并由此涌现出一大批结晶性塑料。1963 年 Ziegler 和 Natta 荣获诺贝尔化学奖。

20 世纪 50 年代,人们还开发了使用温度范围很宽的韧性工程塑料——聚碳酸酯。第一个聚碳酸酯是交联高分子,早在 1894 年就已合成。1953 年出现了第一个热塑性聚碳酸酯,1960 年正式投入工业化生产。

随着合成高分子的品种日益增多,科学家越来越重视对高分子结构与性能之间关系的理论研究。有代表性的科学家是 P. J. Flory (美国),他用毕生的精力创立了高分子化学与物理理论,指导高分子的合成、表征和性能测试,取得了卓越成果。这里仅举一例,20 世纪 50 年代,Flory 通过理论计算预言棒状高分子可呈现液晶性能;60 年代这个预言得到证明;70 年代用液晶纺丝法成功研制出耐热性优良的刚性芳族聚酰胺纤维,即 Kevlar 纤维。1974 年 Flory 荣获诺贝尔化学奖。

新型高性能高分子的开发和投产都面临成本高的问题。20 世纪 70 年代以来,人们一直致力于降低成本,为此发展了一大批高分子共混物,它们或者价格较低廉,或者具有良好的综合性能,或者具有单一高分子所不具备的新性能。"共混"迅速成为开发新材料的重要途径。到目前为止,60%～70%的聚烯烃和 23%的其他高分子都以共混物的形式存在。

长期以来,高分子一直作为绝缘体或电容器介质材料使用。近 30 年来,陆续合成出很多优良的高分子导体和半导体。特别是 A. J. Heeger、A. G. MacDiarmid 和 H. Shirakawa 的通力合作,在通过掺杂获得具有金属般导电性的导电高分子研究中做出了突出贡献。为此,他们在 2000 年荣获诺贝尔化学奖。

现在,高分子材料不仅渗入衣、食、住、行的各个方面,而且新材料和新工艺正在层出不穷地被开发出来,它在新兴的信息工业和生命科学发展中的前景一片光明。

那么高分子物理是如何发展演变的呢?实际上,在高分子学科诞生的过程中,离不开对物理方法的表征和验证。Staudinger 在确立高分子的概念时,就已经开始用粘度测定等物理方法来鉴别高分子的分子量。而高分子物理学作为高分子学科的支柱之一,其核心使命是阐明高分子的结构与性能之间的关系。早期的高分子物理学家是从高分子长链的概念出发,利用统计的方法来理解高分子的宏观性能;1934 年前后,Kuhn 用统计方法描述了高分子链的构象特征;同年,Guth 和 Mark 基于这种构象特征获得了橡胶弹性模量的理论表达式;十多年后,Debye 和 Zimm 确立了可同时精确测定高分子溶液中分子间的相互作用、链平均尺寸和重均分子量的光散射方法;此后,各种散射方法成为探测高分子链的构象和凝聚态结构最有力的工具,直至现在。Kuhn、Mark、Flory 等人的工作从分子链的构象统计出发,将平均场理论应用到高分子物理中,构建了分子结构与宏观性能之间的关系,从而开始了一个以包含理想链模型、无规行走、格子模型和 Rouse 的珠-簧动力学模型为代表的经典高分子物理学时代。

近 50 年来,现代凝聚态物理学的新概念、新理论和实验技术被嫁接进高分子物理学,大大促进了学科发展,成为现代高分子物理学的开端。Edwards 将统计场理论引入高分子物理学,重构了传统的平均场理论,解释了不同理论间的内在联系。P. G. de Gennes 应用重整化群理论思想和标度律处理方法,解决了高分子亚浓溶液、高分子临界现象和高分子熔体缠结动力学等诸多困扰多年的难题。1991 年 de Gennes 荣获诺贝尔物理学奖。

众多现代凝聚态物理学的新概念、新理论方法和新的实验技术已经被广泛应用于研究高分子物理学中的各种问题,有力推动了高分子物理学的发展。

1.2 高分子材料的分类与命名

高分子的种类繁多,分类方法也多种多样,可以按照高分子材料的来源和产生方式、材料的性能和用途、高分子主链的化学结构等进行简单分类。

1.2.1 按照材料的来源和产生方式分类

按照材料的来源和产生方式,高分子材料可以分为天然高分子材料和人工合成高分子材料两大类。天然高分子材料直接来源于大自然,如淀粉、纤维素等多糖类物质,蚕丝、羊毛等蛋白质,生物体内的脱氧核糖核酸(DNA)、核糖核酸(RNA)、酶,等等。人工合成高分子材料是随着高分子学科的发展,通过修饰天然高分子材料或利用聚合反应从石油化工原料中制备得到的。早在19世纪中期,人们就通过改性的方法制备了硝酸纤维素,俗称赛璐珞。第一种真正的合成高分子材料于1910年问世,是通过苯酚与甲醛反应得到的酚醛树脂。随着德国科学家Staudinger提出"大分子"的概念,高分子化学和高分子物理的理论迅速发展,一系列改变人们生活的高分子材料相继被合成出来,包括尼龙、各类聚酯、聚乙烯、聚丙烯、聚苯乙烯、聚二甲基硅氧烷,等等,人类在经过了石器时代、青铜器时代、铁器时代之后,走入了高分子时代。

1.2.2 按照材料的性能和用途分类

按照材料的力学性能及其在人们生活中的应用,高分子材料可以分为塑料、橡胶、纤维、薄膜、粘合剂、涂料等不同类型。一般来说,若在使用条件下材料处于玻璃态或结晶态,则在使用时主要利用其刚性、强度、韧性的高分子材料称为塑料(plastic)。塑料按照其受热时性能的变化分为热塑性塑料和热固性塑料两大类。从分子结构上来说,热固性塑料具有交联网络,而热塑性塑料由线形或支化高分子组成。若在使用条件下材料处于高弹态,则在使用时主要利用其优异的弹性性能的高分子材料称为橡胶(rubber),也称为弹性体材料(elastomer)。通常这类高分子材料的分子链柔顺性好,玻璃化转变温度低。另外,纤维(fiber)、薄膜(film)、粘合剂(adhesive)、涂料(paint)等主要根据其实际用途来分类。这种分类方法主要是按高分子材料在实际生产应用过程中的用途来分类,在工业生产和实际生活中具有很好的指导意义,但是这种分类方法并不严格。同一种高分子材料根据加工方法和工艺条件的不同,可能在一种条件下可以制成塑料制品,而在另一种条件下又可以制成纤维、薄膜或者粘合剂。例如尼龙和涤纶是被广泛使用的纤维制品,但是生产尼龙和涤纶的原料聚酰胺和聚酯又是很好的工程塑料原料。

1.2.3 按照高分子主链的化学结构分类

高分子化合物可以根据高分子主链上的化学结构进行分类,分为碳链高分子、杂链高分子、元素有机高分子等几类。

主链完全由碳原子构成的高分子称为碳链高分子,绝大多数烯烃类和二烯烃类高分子都属于碳链高分子。主链上只有饱和σ键的高分子称为饱和键碳链高分子,主链上除了饱和的σ键以外,还有不饱和的π键,称为不饱和键碳链高分子。

杂链高分子指高分子主链中既有碳原子,又有氧、氮、硫等其他原子,如聚醚、聚酯、聚酰胺等缩聚物和杂环开环高分子、天然高分子多属于这一类。这类高分子都有特征基团,如醚键、

酯键、酰胺键等。

主链中没有碳原子，而主要由硅、硼、铝、氧、氮、硫和磷等原子组成，但是侧基多是有机基团，如甲基、乙基、乙烯基、苯基等的大分子，称为元素有机高分子，其典型代表有聚硅氧烷（有机硅橡胶）。

1.2.4 高分子材料的系统命名

聚合物、高聚物、大分子等是对高分子的不同称谓。

高分子常按单体的来源来命名，也叫单体来源命名法，有时也会使用商品名。1972 年，国际纯粹与应用化学联合会（IUPAC）对线形高分子提出了系统命名法。

1. 单体来源命名法

高分子名称常以单体名为基础，烯类高分子以烯类单体名前冠以“聚”字来命名，例如乙烯、苯乙烯的高分子分别称为聚乙烯、聚苯乙烯。

由两种单体合成的共聚物塑料，常选取两单体的简名加后缀“树脂”二字来命名，例如苯酚和甲醛的缩聚物称为酚醛树脂。由于这类产物的形态类似天然树脂，因此有合成树脂之统称。共聚合成橡胶往往从共聚单体中各取一字加后缀“橡胶”二字命名，如丁苯橡胶、乙丙橡胶等。

杂链高分子还可以按照其特征结构来命名，例如聚酰胺、聚酯、聚碳酸酯、聚砜等，这些都代表一类高分子，具体品种有其专有名称，例如聚酰胺中的己二胺和己二酸的缩聚物学名为聚己二酰己二胺，其国外商品名为尼龙-66（聚酰胺 66）。尼龙后的前一数字代表二元胺的碳原子数，后一数字代表二元酸的碳原子数。如果只有一位数，则代表氨基酸的碳原子数，如尼龙-6（锦纶）是己内酰胺或氨基己酸的高分子。我国习惯以“纶”字作为合成纤维商品名的后缀字，如聚对苯二甲酸乙二醇酯称为涤纶，聚丙烯腈称为腈纶，聚乙烯醇纤维称为维尼纶等，丙纶代表聚丙烯纤维，氯纶代表聚氯乙烯纤维。

有些高分子按单体命名容易引起混淆，例如结构式为$\left[\!-OCH_2CH_2-\right]_n$的高分子，可由环氧乙烷、乙二醇、氯乙醇或氯甲醚来合成，但因为环氧乙烷单体最常用，所以通常称为聚环氧乙烷。

2. 系统命名法

为了做出更严格的科学系统命名，IUPAC 对线形高分子提出了下列命名原则和程序：先确定重复单元结构，排好其中次级单元次序，给重复单元命名，最后冠以“聚”字，就成为高分子的名称。写次级单元时，先写侧基最少的元素，再写有取代的亚甲基，最后写无取代的亚甲基。例如：

	$-\underset{\displaystyle Cl}{\underset{\vert}{C}}HCH_2-$	$-CH{=}CHCH_2CH_2-$	$-O-\underset{\displaystyle F}{\underset{\vert}{C}}HCH_2-$	$-\underset{\displaystyle COOCH_3}{\underset{\vert}{C}}HCH_2-$
系统命名：	聚 1-氯代亚乙基	聚 1-亚丁烯基	聚氧化 1-氟代亚乙基	聚[1-(甲氧羰基)亚乙基]
习惯命名：	聚氯乙烯	聚丁二烯	聚氧化氟乙烯	聚丙烯酸甲酯

IUPAC 系统命名法比较严谨，但有些高分子，尤其是缩聚物的名称过于冗长。比如尼龙-66，用系统命名法应为聚（亚氨基亚己基亚氨基己二酰），用单体来源命名法为聚己二酰己二胺。

为了方便起见，许多高分子都有缩写符号，例如聚甲基丙烯酸甲酯的符号为 PMMA。当书刊中第一次出现不常用的符号时，应注出全名。在学术性较强的论文中，虽然并不反对使用能够反映单体结构的习惯名称,但鼓励尽量使用系统命名,而不希望使用商品俗名。

1.3 高分子材料的主要结构特点

1.3.1 巨大的分子量

与小分子化合物相比,高分子化合物的分子量巨大,可以达到几万、十几万、几十万甚至几百万。这是高分子化合物区别于小分子化合物的最重要的差别,由此也体现出区别于小分子化合物的一系列特点,这些特点是讨论高分子材料的结构与性能时必须时刻牢记的。高分子材料的许多奇特和优异的物理性能,如高弹性、粘弹性、结晶性、物理松弛行为等都与高分子的大分子量有关。

1.3.2 分子结构的多分散性和多尺度性

高分子化合物除了具有分子量巨大的特点以外,另一个特点是具有多分散性。一种高分子材料内的高分子虽然都具有相同的化学结构,但是分子链长度不等,具有一定的概率分布。高分子材料可以看成是由分子量不同的同系物组成的混合物,通常用平均分子量来描述高分子分子量的统计平均,包括数均分子量、重均分子量和粘均分子量等。一般根据分子量的分布函数来定义分子量的分布宽度,用以描述高分子材料中分子量的多分散性程度。

天然高分子材料中有少数几种蛋白质的分子量是均一的,称之为单分散的。其他天然高分子材料和所有人工合成的高分子材料几乎都是多分散的。对于基础科学研究来说,试样的分子量均一,可以尽可能排除分子量分散的影响,精确建立结构与性能之间的关系。为此,科学家不断探索新的聚合方法,如活性聚合、阴离子聚合、原子转移自由基聚合、可逆加成-断裂链转移聚合等,以追求分子量均一的高分子材料。但即便采用了这些方法,制备出的高分子化合物仍然不是完全单分散的,其多分散指数接近 1,但不等于 1。对于工程应用而言,没有必要追求分子量均一,一方面是分子量均一的高分子材料价格昂贵;另一方面在许多情况下,分子量有一定的分散性反而有利于提高材料的某些性能,改善加工行为。

高分子材料还具有典型的多尺度特征。多尺度性表现在不同方面,从结构角度来看,高分子材料的结构可分为两个主层次:分子链结构和凝聚态结构。分子链结构又可分为结构单元的组成、整条分子链的结构和拓扑形状。凝聚态结构又可分为均相体系的凝聚态结构和多相体系的织态结构。不同结构之间的几何尺度差别很大,从结构单元(0.1 nm 量级),到链段、分子链,到凝聚态相区(尺度在 μm 到 mm 量级),直到宏观材料,尺度跨越多个数量级。

1.3.3 丰富的分子几何拓扑形状

高分子化合物的一个重要特点是具有丰富的几何拓扑形状,主要形状有线形链状结构、分支型链状结构、体型网状结构,分别称为线形分子链(linear chain)、支化分子链(branched chain)和交联分子链网络(crosslinked network)。特殊的分子几何形状给高分子材料带来了很多特殊的性能。例如,由于聚合工艺不同,生成的聚乙烯分子链虽然化学组成相同,但因几何拓扑形状不同,其物理、力学性能迥异。高密度聚乙烯是线形高分子链结构,结晶性好,而低密度聚乙烯是典型的支化分子链结构,其支链较长,具有较低的结晶度和软化点。

近年来，随着合成技术的发展，一些具有较规则形状的支化分子链结构也有相关报道，比如梳形支化高分子(comb polymers)、星形支化高分子(star branched polymers)和树枝状高分子(dendronized polymers)。这些新开发的几何拓扑形状不但丰富了人们对高分子的理解，也带来了传统高分子不能获得的一些性质。热塑性弹性体SBS三元共聚物(苯乙烯-丁二烯-苯乙烯)的分子链结构有两种形态：一种为线形SBS，另一种为星形支化SBS。两种SBS的力学性能及加工行为不尽相同。

硫化橡胶、交联树脂、热固性塑料具有三维体型网络结构，这种结构是由小分子或线形高分子链通过化学反应形成的，该形成过程称为分子链的交联(crosslinking)，在橡胶工业中又称为硫化(vulcanization)，对于热固性塑料(如酚醛树脂、环氧树脂、不饱和聚酯等)又称为固化(cure)。网状分子的一个重要特点是既不能熔融，也不能溶解，只能在适当的溶剂中发生溶胀。近年来，一种新型的交联网络——多重交联网络受到了广泛关注。在多重交联网络中，不同交联网络之间没有共价键连接，而是以连续的相互穿插的方式连接在一起，因此也称为互穿网络(interpenetrating network)。多重交联网络在韧性等方面表现出与传统高分子交联网络不一样的性质。

1.3.4 丰富的凝聚态结构特点和软材料特性

物质的凝聚态指由大量原子或分子以某种方式(结合力)聚集在一起，在自然界中相对稳定存在的物质形态，如常见物质的固、液、气三态。高分子材料无气态，只有固态和液态。但是与小分子固体和液体不同，高分子材料凝聚态的结构、形态和性质要复杂得多。

高分子材料凝聚态是由大量分子链通过强内聚力聚集而成的。高分子的固态多种多样，有结晶态、非晶玻璃态、非晶高弹态，高分子的液态有粘流态和不同浓度的溶液。与小分子化合物相比，由于链状分子的局部有序和取向，使得高分子材料非晶态的微观有序程度往往比小分子化合物的非晶态(液态)有序程度高；而对于高分子材料的结晶态，由于其长链结构具有多分散性，使其有序程度比小分子化合物的结晶态有序程度低。高分子通常不能完全结晶，晶区与非晶区同时存在，因此结晶高分子材料也常被称为“半结晶高分子”或“部分结晶高分子”(semi-crystalline polymer)。

此外，由于高分子材料的液晶态相较于小分子液晶化合物来说，液晶态能够更稳定，因此液晶态出现的温度范围也更宽。高分子材料中往往会几种聚集态并存，如结晶态与非晶态并存、热力学稳定态与亚稳态并存等情形，使得材料的性能及其变化更加复杂。

正是由于高分子材料具有丰富的凝聚态结构，因此其性能与外界条件、材料的加工历史和使用历史的关系十分密切。换句话说，高分子制品的实际性能不仅与分子链结构和配方密切相关，还取决于制品最终形态的形成、发展与演化过程。因此，高分子制品在加工成型过程中的条件、使用环境和使用历史都会对其性能产生影响。近年来，更加复杂的新结构和新的高分子材料种类不断涌现，从传统的具有优异力学性能的材料到具有刺激响应的智能材料，在越来越广阔的领域展现出优异的性能而不断改善着人们的生活。

借用de Gennes在诺贝尔物理学奖颁奖时演说中的话，高分子体系在凝聚态物理学中被称为“软物质”(soft matter)或“复杂流体”(complex fluid)。这里的“软”，不仅是模量低，更重要的是一个相对弱的外界环境改变，能使性能发生较大改变，比如当施加给物质瞬间或微弱的刺激时，材料能做出显著的响应和变化；又比如液晶高分子材料会因温度的改变而使其光学性能发生急剧变化。高分子材料的软物质特性可以归结为“结构与性能的强关联性”和“性能对外界环境的强响应”。因此,可以通过对化学结构的控制和凝聚态结构的调控来改进材料性能,以满足应用需求。

1.4 高分子的分子内与分子之间的相互作用

物质中化学键合原子之间的结合力称为主价力或键合力,而非键合原子之间、基团之间或分子之间的结合力称为次价力,包括范德华力和氢键。

1.4.1 化学键

化学键包括共价键、离子键和金属键。绝大多数的高分子是原子之间通过共价键结合起来的长链分子,但在少数高分子之间也存在离子键和金属键。

共价键包括单键、双键和三键等。共价键的特点是具有方向性和饱和性。共价键的键长为 0.1~0.18 nm,键能为数百千焦每摩尔,如表 1-1 所列。

表 1-1 共价键的键长与键能

共价键	键长/nm	键能/($kJ \cdot mol^{-1}$)	共价键	键长/nm	键能/($kJ \cdot mol^{-1}$)
C—C	0.154	348	C—F*	0.132~0.139	431~515
C═C	0.134	611	C—Cl	0.177	339
C≡C	0.120	812	C—H	0.110	415
C—N	0.147	306	N—H	0.101	389
C═N	0.127	615	O—H	0.096	465
C≡N	0.115	892	O—O	0.132	146
C—O	0.146	360	Si—O	0.164	368
C═O	0.121	745			

*:当几个 F 原子结合到一个碳原子上时,键长缩短,键能增加。

离子键是正负离子之间静电相互作用所形成的键。在高分子中,聚电解质含有由离子键形成的取代基,可以离解为聚离子和带相反电荷的对应离子,再以离子键相互结合。例如,聚丙烯酸可以形成聚阴离子和 H^+ 离子,聚乙烯胺可以形成聚阳离子和 OH^- 离子:

$$\text{-}[CH_2\text{—}\underset{\substack{|\\ COO^-\\ \quad H^+}}{CH}]_n\text{-}$$

聚丙烯酸

$$\text{-}[CH_2\text{—}\underset{\substack{|\\ NH_3^+\\ OH^-}}{CH}]_n\text{-}$$

聚乙烯胺

在离子型高分子(ionomer)中,也有离子键存在。例如,乙烯与约 10%丙烯酸的共聚物主链,能通过与 Mg^{2+} 的离子键彼此交联起来,如图 1-1 所示。

此外,在一类金属螯合高分子(metallocene polymer)中,可以说存在金属键,如图 1-2 所示。

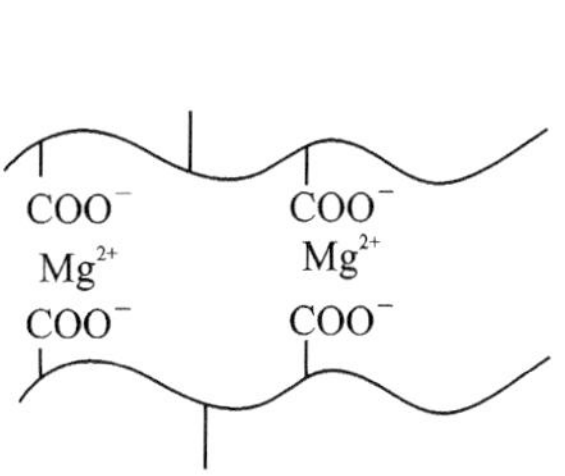

图 1-1　一种丙烯酸共聚物内的离子键

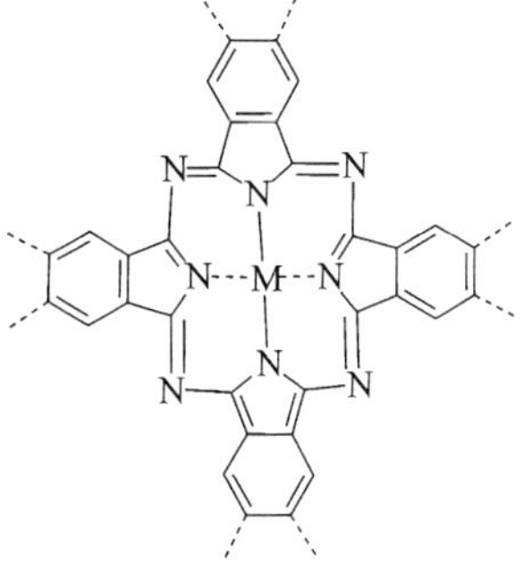

图 1-2　金属螯合高分子

1.4.2　范德华力和氢键

次价力包括范德华力和氢键。

范德华力包括静电力(极性分子永久偶极之间的相互作用力)、诱导力(极性分子的永久偶极与其他分子的诱导偶极之间的相互作用力)及色散力(分子瞬间偶极之间的相互作用力),没有方向性和饱和性。对于低分子物质,静电力的作用能为 12～20 kJ/mol,与热力学温度成反比;诱导力的作用能为 6～12 kJ/mol,与温度无关;色散力的作用能为 0.8～8 kJ/mol,与温度无关。这三类范德华作用能都与分子间距离的六次方成反比,即随分子间距离的增大而迅速衰减。

氢键由极性很强的 X—H 键上的氢原子与另一个键上电负性很大的 Y 原子间的相互吸引而形成(X—H…Y)。氢键的键长为 0.24～0.32 nm。氢键具有饱和性和方向性。氢键的作用能比范德华作用能大一些,但比化学键的作用能小得多,如表 1-2 所列。氢键可以在分子之间形成,也可以在分子内形成,后者称为内氢键。

在高分子中,聚乙烯醇、聚酰胺、纤维素和蛋白质等分子之间都有氢键作用,纤维素分子内还有内氢键。

表 1-2　常见氢键的键能

氢　键	键能/($kJ \cdot mol^{-1}$)	化合物举例	氢　键	键能/($kJ \cdot mol^{-1}$)	化合物举例
F—H…F	28	$(HF)_n$	N—H…N	5.5	NH_3
O—H…O	19 26 34	冰,H_2O_2, CH_3OH, C_2H_5OH, $(CH_2COOH)_2$	O—H…Cl	16	OH Cl
N—H…F	21	NH_4F	C—H…N	14 18	$(HCN)_2$ $(HCN)_3$

1.5　内聚能和内聚能密度

分子间相互作用能的大小通常用内聚能(cohesive energy)和内聚能密度(cohesive energy

density)表征。内聚能定义为将分子移到分子引力范围以外所需的能量,单位为J。摩尔内聚能定义为每摩尔分子移到分子引力范围之外所需的能量,单位为J/mol,在实际测量中则是通过测定每摩尔凝聚体气化时所需吸收的能量得到,其表达式为

$$\Delta E = \Delta H_V - RT \tag{1-1}$$

式中:ΔE 为摩尔内聚能;ΔH_V 为摩尔蒸发焓或摩尔升华焓;RT 为气化时体系对外做的膨胀功。内聚能密度定义为单位体积凝聚体的内聚能,即 $\Delta E/V_m$,单位为 J/cm^3,其中,V_m 为摩尔体积。

许多低分子量有机溶剂的内聚能密度为250~1 000 J/cm^3。大多数高分子的内聚能密度也落在该范围内,如表1-3所列。

表1-3 几种高分子的内聚能密度

高分子	内聚能密度/($J \cdot cm^{-3}$)	高分子	内聚能密度/($J \cdot cm^{-3}$)
聚乙烯(塑料)	259	聚甲基丙烯酸甲酯(塑料)	347
聚异丁烯橡胶	272	聚乙酸乙烯酯(塑料)	368
聚丁二烯橡胶	276	聚氯乙烯(塑料)	381
丁苯橡胶	276	聚对苯二甲酸乙二醇酯(纤维)	477
天然橡胶	280	尼龙66(纤维)	774
聚苯乙烯(塑料)	305	聚丙烯腈(纤维)	992

研究表明,橡胶类高分子的内聚能密度都低于300 J/cm^3;塑料类高分子的内聚能密度为300~420 J/cm^3;纤维类高分子的内聚能密度一般都高于420 J/cm^3。但须注意以下两点:

① 虽然聚乙烯的内聚能密度低于300 J/cm^3,但它是塑料而非橡胶,其原因是聚乙烯很容易结晶。如果聚乙烯不结晶,则它应是橡胶而非塑料。然而,因为定向聚合所得聚乙烯分子链的结构非常规整,所以很难让它不结晶。

② 塑料与纤维之间并无非常明确的界限。例如,当尼龙以纤维形式出现时,俗称锦纶,但尼龙也常用来做塑料零件,甚至大型工程零件,如齿轮、齿条等;当聚对苯二甲酸乙二醇酯以纤维形式出现时,俗称涤纶或“的确良”,但这种高分子也是制造灌装软饮料(如可口可乐、雪碧之类)的塑料容器的主要原料。

低分子物质的内聚能密度可以通过直接测量其摩尔蒸发焓或升华焓来得到,但高分子的内聚能密度则不能使用同样的方法测定。因为对于分子量足够大的高分子,其内聚能大于化学键能。例如,假设某种高分子的分子量为10 000,密度为1 g/cm^3,内聚能密度为300 J/cm^3,则由于该高分子的摩尔体积为10 000 g/mol÷1 g/cm^3=10 000 cm^3/mol,因此使该高分子气化所需的能量将高达10 000 $cm^3/mol \times 300\ J/cm^3 = 3\times10^3$ kJ/mol,远远超过了共价键的键能。所以,当高分子受热时,随着温度的升高,它将先分解后气化。可见,高分子是不存在气态的。为此,必须采取某些间接手段来测定高分子的内聚能密度。有关内容将在第4章中讨论。

习　　题

1. 名词解释:

(1) 内氢键;(2) 内聚能密度;(3) 分子间作用力。

2. 简述高分子学科发展史。高分子学说是如何战胜胶体学说的?

3. 高分子不同的命名方法有何异同点? 如何区别塑料、橡胶和纤维?

4. 什么是高分子、聚合物、高聚物和大分子? 这些名称之间有何差异?

5. 指出塑料、橡胶和纤维的内聚能密度的大致范围。为什么聚乙烯的内聚能密度较低但却能成为塑料?

6. 如何测定低分子物质的内聚能密度? 能否用同样的方法测定高分子的内聚能密度?

7. 观察生活中所接触的高分子材料制品,思考其与小分子、金属、陶瓷等的差异,总结各种材料在应用中的优缺点及高分子材料制品的应用优势和特色。

8. de Gennes 称高分子为软物质。软物质的基本特征是什么? 为什么?

扩展资源

附 1.1　扫描二维码了解本章慕课资源

慕课明细

视频文件名(mp4 格式)	视频时长(分:秒)
(1) 高分子物理概述	11:55
(2) 高分子发展简史	10:06

附 1.2　高分子学科诞生背后的故事

高分子学科的诞生经过了长时间的争论。

扫描二维码了解高分子学科诞生背后的故事。

附 1.3　软物质简介

"软物质"(soft matter)是法国科学家 P. G. 德热纳(P. G. de Gennes)在 1991 年诺贝尔物理学奖颁奖会上所作报告的题目,从而开创了称之为"软物质"的新学科领域,推动了跨越物理、化学、生物三大学科的交叉学科的发展。我们常见的液晶、高分子、生物大分子、超分子、表面活性剂等都属于软物质范畴,也称为"复杂流体"。任何生命结构如 DNA、蛋白质等,都是建立在软物质基础之上的。因此,对软物质的研究和应用方兴未艾。

那么,软物质与过去常见的硬物质有何区别? 如何理解软物质"小影响、大效应"的特征?

扫描二维码阅读 P. G. 德热纳在诺贝尔物理学奖颁奖会上所作的报告,或直接从诺贝尔网站了解:https://www.nobelprize.org/uploads/2018/06/gennes-lecture.pdf。

附 1.4　具有不同拓扑结构的高分子

高分子化合物的一个重要特点是具有丰富的几何拓扑形状,在高分子物理教材中讨论较多的一般是线形链状结构。近年来,随着合成和表征技术的进步,越来越多具有各种拓扑结构的高分子被合成出来,展现出独特的物理行为和性质。

扫描二维码了解瓶刷形高分子(bottlebrush polymers)和锁链形高分子(interlocked polymers)的相关知识。

高分子物理概述

高分子发展简史

高分子学科诞生背后的故事

软物质简介

具有不同拓扑结构的高分子

第2章　高分子的链结构

高分子是由成百上千个结构单元“手拉手”连接而成的，因此，它在化学键合方向上绵延很长。如果把结构单元比作一颗一颗的珍珠，那么高分子看起来就像是一串珍珠项链，因此，人们也喜欢把高分子称为“链”。“主链”指高分子中由化学键形成的长骨架，是相对于“侧基”“侧链”而言的。本章重点是单根高分子链的形态，也就是高分子的链结构，它是比较理想的、“孤立”的分子形态。

虽然高分子链结构单元本身的组成和结构比较简单，但由于结构单元可能具有不同的空间构型，结构单元之间可以用不同的键接方式和序列进行联结，以及高分子链具有柔性，再加上大多数高分子具有分子量的多分散性，因此需要在多个层面上认识高分子链结构的复杂性。

2.1　化学组成

高分子的品种繁多，在对其进行分类和命名时，首先要明确其单体或重复结构单元的化学组成和结构。这里注意区分一对概念：“单体”和“重复结构单元”。单体指聚合反应之前的小分子反应物，而重复结构单元则是高分子链上的最短重复片段。以聚乙烯为例，其单体是乙烯，表示为 $CH_2=CH_2$，而重复结构单元表示为$—CH_2—CH_2—$，用重复结构单元加括号，再标注聚合度的方式来表示高分子。

高分子按其主链的原子组成，主要分为以下三类：

① 碳链高分子：主链全部由碳原子构成，如聚乙烯、聚丙烯、聚氯乙烯、聚甲基丙烯酸甲酯等，大多由单体通过加聚反应制成。

② 杂链高分子：是主链上除碳原子以外，还含有氧、氮、硫等原子的高分子，如聚碳酸酯、聚酰胺等，大多由缩聚反应或开环反应制成。

③ 元素有机高分子：是主链上不含碳原子，而由硅(Si)、硼(B)、磷(P)、铝(Al)等和氧原子组成，侧链上包含有机基团的高分子，如聚硅氧烷。

此外，还有一些特殊分子，长链结构中没有碳原子，仅包含无机原子，如聚氯化磷腈，常被称为无机高分子，也可以归属于高分子的范畴。

高分子链两端的基团也称为端基，其组成与重复结构单元有所不同，它们可能是活性自由基被终止的单体或引发剂，也可能是溶剂或分子量调节剂，这取决于聚合过程中的链引发和链终止机理。

从高分子化学知识可以知道，单体的聚合方式主要包括加聚、缩聚和开环聚合。表2-1和表2-2分别列出了常见加聚物、缩聚物和开环高分子的名称，以及由重复结构单元组成的化学结构式及其基本用途。表中列举的高分子是应用最广泛的高分子，也是本书讲述的最重要的高分子，它们的重复结构单元的化学结构非常重要，需要熟练书写表达。

表 2-1　常见加聚物的名称、化学结构式和基本用途

名称(简称)	化学结构式	基本用途
乙烯基类		
聚乙烯(PE)	$\left[CH_2-CH_2 \right]_n$	塑料
聚丙烯(PP)	$\left[CH_2-\underset{\displaystyle CH_3}{\underset{\vert}{CH}} \right]_n$	塑料
聚苯乙烯(PS)	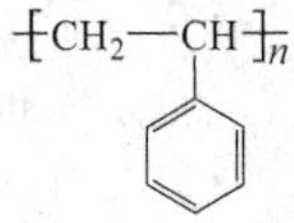 $\left[CH_2-\underset{\displaystyle C_6H_5}{\underset{\vert}{CH}} \right]_n$	塑料
聚氯乙烯(PVC)	$\left[CH_2-\underset{\displaystyle Cl}{\underset{\vert}{CH}} \right]_n$	塑料
聚乙酸乙烯酯	$\left[CH_2-\underset{\displaystyle O-\underset{\displaystyle O}{\underset{\Vert}{C}}-CH_3}{\underset{\vert}{CH}} \right]_n$	乳胶漆
聚乙烯醇(PVA)	$\left[CH_2-\underset{\displaystyle OH}{\underset{\vert}{CH}} \right]_n$	纤维
聚丙烯腈(PAN)	$\left[CH_2-\underset{\displaystyle CN}{\underset{\vert}{CH}} \right]_n$	塑料、纤维(腈纶)
聚丙烯酸酯或聚甲基丙烯酸酯类		
聚丙烯酸乙酯	$\left[CH_2-\overset{\displaystyle H}{\overset{\vert}{\underset{\displaystyle O=C-O-C_2H_5}{\underset{\vert}{C}}}} \right]_n$	乳胶漆
聚甲基丙烯酸甲酯(PMMA)	$\left[CH_2-\overset{\displaystyle CH_3}{\overset{\vert}{\underset{\displaystyle O=C-O-CH_3}{\underset{\vert}{C}}}} \right]_n$	塑料(有机玻璃)
聚甲基丙烯酸乙酯	$\left[CH_2-\overset{\displaystyle CH_3}{\overset{\vert}{\underset{\displaystyle O=C-O-C_2H_5}{\underset{\vert}{C}}}} \right]_n$	粘合剂
偏烯类		
聚偏氟乙烯(PVDF)	$\left[CH_2-CF_2 \right]_n$	塑料
聚四氟乙烯(PTFE)	$\left[CF_2-CF_2 \right]_n$	塑料
聚异丁烯	$\left[CH_2-\overset{\displaystyle CH_3}{\overset{\vert}{\underset{\displaystyle CH_3}{\underset{\vert}{C}}}} \right]_n$	橡胶

续表 2-1

名称(简称)	化学结构式	基本用途
双烯类		
1,4-聚丁二烯	$\left[CH_2-CH=CH-CH_2 \right]_n$	顺丁橡胶(顺式)
1,4-聚异戊二烯	$\left[CH_2-CH=C(CH_3)-CH_2 \right]_n$	天然橡胶(顺式)
聚氯丁二烯	$\left[CH_2-CH=C(Cl)-CH_2 \right]_n$	氯丁橡胶(顺式)
共聚物		
乙烯-丙烯共聚物	$\left[CH_2-CH_2 \right]_x\left[CH_2-CH(CH_3) \right]_y$	橡胶
苯乙烯-丁二烯共聚物	$\left[CH_2-CH(C_6H_5) \right]_x\left[CH_2-CH=CH-CH_2 \right]_y$	丁苯橡胶或塑料
丙烯腈-丁二烯共聚物	$\left[CH_2-CH(CN) \right]_x\left[CH_2-CH=CH-CH_2 \right]_y$	丁腈橡胶或塑料
丙烯腈-丁二烯-苯乙烯三元共聚物(ABS)	$\left[CH_2-CH(CN) \right]_x\left[CH_2-CH=CH-CH_2 \right]_y\left[CH_2-CH(C_6H_5) \right]_z$	塑料

表 2-2　常见合成缩聚物及开环高分子的名称、化学结构式和基本用途

名称(简称)	化学结构式	基本用途
聚对苯二甲酸乙二醇酯(PET)	$\left[O-C(=O)-C_6H_4-C(=O)-O-CH_2-CH_2 \right]_n$	塑料、纤维
聚碳酸酯(PC)	$\left[C_6H_4-C(CH_3)_2-C_6H_4-O-C(=O)-O \right]_n$	塑料
聚己二酰己二胺(尼龙 66)	$\left[N(H)\left[CH_2 \right]_6 N(H)-C(=O)\left[CH_2 \right]_4 C(=O) \right]_n$	塑料
聚癸二酰己二胺(尼龙 610)	$\left[N(H)\left[CH_2 \right]_6 N(H)-C(=O)\left[CH_2 \right]_8 C(=O) \right]_n$	塑料
聚己内酰胺(尼龙 6)	$\left[C(=O)\left[CH_2 \right]_5 N(H) \right]_n$	塑料、纤维

续表 2-2

名称(简称)	化学结构式	基本用途
聚氨酯	$\left[O - (CH_2)_2 - O - \overset{O}{\overset{\|}{C}} - \overset{H}{\overset{\|}{N}} - (CH_2)_6 - \overset{H}{\overset{\|}{N}} - \overset{O}{\overset{\|}{C}} \right]_n$	橡胶、塑料
聚四氢呋喃(聚醚)	$\left[O - (CH_2)_4 \right]_n$	塑料
聚二甲基硅氧烷	$\left[O - Si(CH_3)_2 \right]_n$	橡胶
环氧树脂(由环氧预聚物和二胺固化剂反应)	$(\sim R - CH(OH) - CH_2)_2 N - R' - N(CH_2 - CH(OH) - R\sim)_2$ $\left(CH_2 \overset{O}{-} CH - R - CH \overset{O}{-} CH_2 + NH_2 - R' - NH_2 \longrightarrow \right)$	塑料、粘合剂
纤维素	HO, H, H, O, HO, H, OH, H, OH; $[\ ]_n$	纤维

加聚物可以分为乙烯基类、(甲基)丙烯酸酯类、偏烯类、双烯类高分子和一些共聚物等。乙烯基类高分子指乙烯单体的氢原子被甲基、氯原子、苯基和腈基等基团取代后加聚得到的高分子,相应高分子为聚丙烯、聚氯乙烯、聚苯乙烯和聚丙烯腈。这一类高分子属于化学结构最简单但也是最重要的高分子,包括占塑料产量 90%以上的通用塑料中的四种,即聚乙烯(PE)、聚丙烯(PP)、聚氯乙烯(PVC)和聚苯乙烯(PS)。丙烯酸酯类高分子包括生活中用作涂料和粘合剂等的聚丙烯酸乙酯、聚甲基丙烯酸乙酯等,还包括一种重要的非晶态透明塑料:聚甲基丙烯酸甲酯(PMMA),也称有机玻璃。偏烯类高分子指对乙烯单体进行多基团取代之后加聚得到的高分子,包括聚异丁烯、聚四氟乙烯等。双烯类高分子指包含 2 个双键的单体如丁二烯等加成聚合后主链保留一个双键的高分子,如聚丁二烯、聚异戊二烯等,而顺式 1,4-聚异戊二烯是天然橡胶的主要成分。此外,加聚物还包括共聚物,如由 2 种或 2 种以上不同单体加聚而成,最经典的例子是被称为“ABS”的韧性抗冲击塑料,它是由丙烯腈(acrylonitrile)、丁二烯(butadiene)和苯乙烯(styrene)聚合得到的三元共聚物。

常见的合成缩聚物包括聚酯类(polyester)、聚酰胺(polyamide)、聚氨酯类、聚醚类、聚硅氧烷类和环氧树脂等,这些高分子是由不同单体发生缩合反应或者同一单体发生开环反应聚合而成的,都属于杂链高分子。聚酯类的主链上包含特征的酯基,聚酰胺的主链上包含特征的酰胺基团,聚氨酯则包含连接在一起的氨基和酯基,聚醚类包含醚键,而聚硅氧烷类则包含硅氧单键。环氧树脂是一类重要的热固性塑料,它由包含环氧基团的单体和多元胺类、多元醇类等固化剂发生开环反应而生成化学交联网络结构,在热稳定性、力学性能上比一般线形高分子塑料更优异,但不能被重复加工和回收利用。

2.2 构　型

构型(configuration)指分子内由化学键所固定的原子的空间排布。化学组成相同而构型不同的分子称为构型异构体。对于小分子来说,由手性碳原子导致的异构体称为旋光异构体,由双键导致的异构体称为几何异构体。构型通常是稳定的,要改变旋光异构体分子的构型,必须通过化学键的断裂与重组。而部分几何异构体可以在紫外光照射条件下变换,例如偶氮苯结构的顺反异构转换。

高分子也包含旋光异构和几何异构两种构型异构体,此外,还有因不对称单体的连接方式不同而导致的键接异构体。高分子链在每个重复结构单元内都可能产生构型异构体,而异构体的性质可能差异很大。因此,在高分子长链结构中,构型的种类及其规整性是决定高分子性能的最重要因素之一。

2.2.1 旋光异构

碳原子能以 4 个共价键与 4 个原子或基团结合,构成一个锥形四面体。如果与碳原子结合的 4 个原子或基团都不同,那么这个碳原子就称为不对称碳原子,也称为手性中心,通常标为 C^*。带不对称碳原子的化合物如乳酸,能形成互为镜像的两种异构体(见图 2-1),称为对映体,恰如左手和右手。两种对映体会使偏振光的偏振平面沿相反方向转动,即表现出不同的旋光性,所以称为旋光异构体,一种为左旋(l 型),另一种为右旋(d 型)。

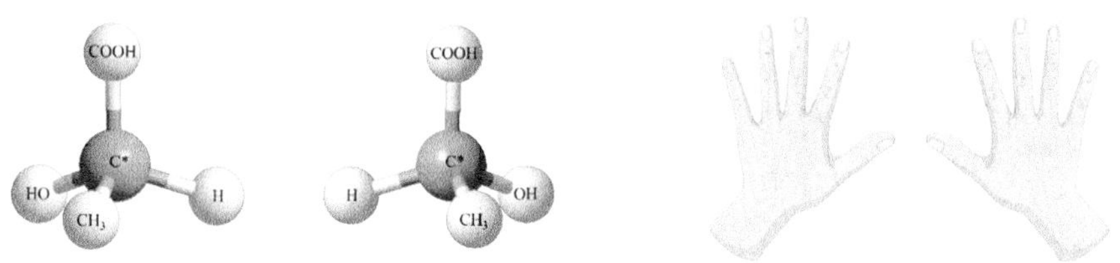

图 2-1　乳酸分子的旋光异构体和镜像示意图

对于重复结构单元为—CH_2—C^*HR—的单烯类单取代的高分子(如聚丙烯、聚苯乙烯、聚氯乙烯、聚乙酸乙烯酯、聚丙烯腈等),由于 C^* HR 中 C^* 原子两侧连接的链长度一般不同,所以这个碳原子是不对称碳原子,每个重复结构单元都可能出现 l 型和 d 型两种旋光异构体。当这两种旋光异构体/单元在高分子链上的分布规律不同时,高分子可以呈现下列 3 类不同的立体构型(简称立构):

① 全同立构:高分子链由同一种旋光异构单元连接而成。如果把该高分子链拉直,使主链碳原子排列成平面锯齿状,则所有的 R 取代基将全都分布在主链平面的同一侧(见图 2-2(a))。

② 间同立构:高分子链由两种旋光异构单元交替连接而成。如果把该高分子链拉直,则 R 取代基将交替分布在主链平面的两侧(见图 2-2(b))。

③ 无规立构:高分子链由两种旋光异构单元无规键接而成。如果把该高分子链拉直,则 R 取代基将无规律地分布在主链平面的两侧(见图 2-2(c))。

同理,由—CH_2—C^* RR′—型单烯类不对称取代的高分子(如聚甲基丙烯酸甲酯、聚甲基丙烯酸等)也能形成上述 3 种立构。

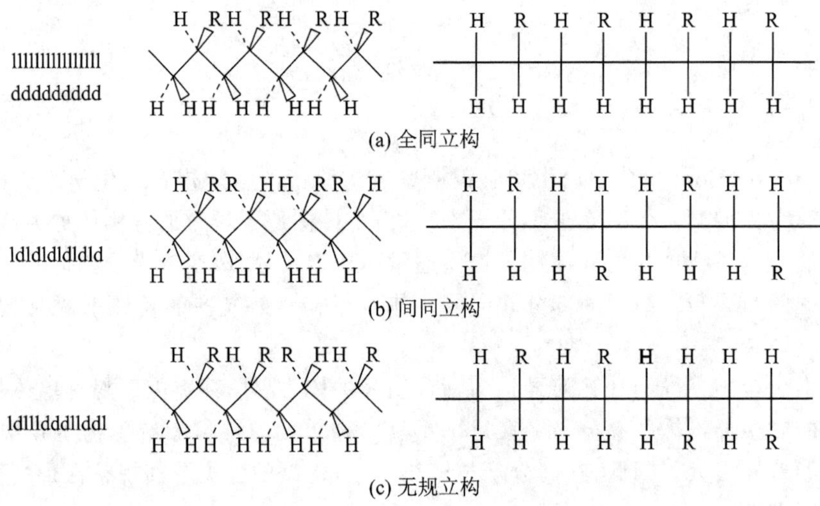

(a) 全同立构

(b) 间同立构

(c) 无规立构

图 2-2　—CH_2—C^* HR—型高分子链的 3 种空间立体构型

全同立构和间同立构称为有规立构，对应的高分子分别称为等规高分子和间规高分子。

值得指出的是，虽然不同立构的高分子称为旋光异构体，但对于—CH_2—C^* HR—型的高分子链来说，C^* 两侧的主链只是长度不同，通常能找到旋光性相反的由 C^* 发生的内消旋，因此高分子链在整体上并不体现旋光性。如果与 C^* 直接相连的原子/基团完全不同，如 $\left[\overset{\text{H}}{\underset{\text{R}}{\text{C}^*}}-\text{CH}_2-\text{O}\right]_n$，则这类高分子的确具有旋光性。

对于单烯类两边不对称取代的高分子链，重复结构单元表示为—C^* HR—C^* HR′—，由于存在 2 种手性碳原子 C^*，因此有可能形成如图 2-3 所示的 4 种有规立构：叠同双全同立构、非叠同双全同立构、叠同双间同立构和非叠同双间同立构。这里所谓“叠同”指主链拉直后

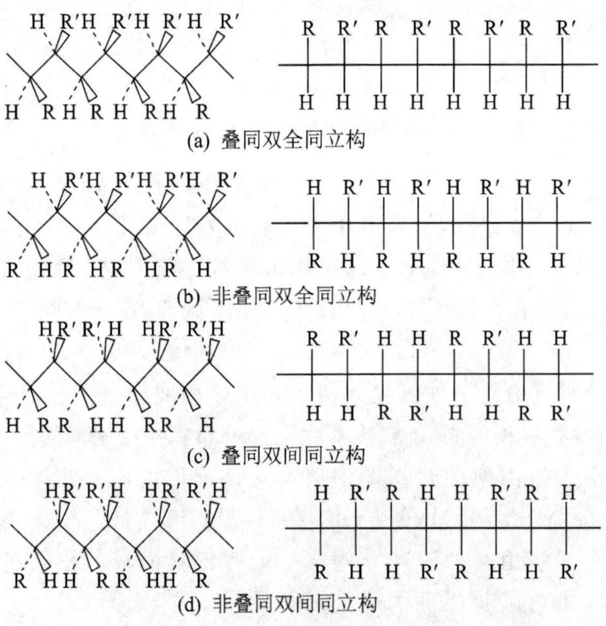
(a) 叠同双全同立构

(b) 非叠同双全同立构

(c) 叠同双间同立构

(d) 非叠同双间同立构

图 2-3　—C^* HR—C^* HR′—型高分子链的 4 种有规立构构型

取代基 R 和 R′位于主链的同一侧；所谓“非叠同”指取代基 R 和 R′分别位于主链的两侧。

高分子链的空间立构是在合成过程中形成的，特别是有规立构必须通过定向聚合形成，因此立构是稳定的化学结构，破坏/改变立构必然改变化学键合方式，不可能通过主链上单键的内旋从一种立构转变为另一种立构。

立构规整性是高分子很多宏观性能的重要影响因素，甚至是决定性因素。有规立构高分子能够在大尺度上形成规整、有序结构，能够获得结晶性高分子；而无规立构高分子通常不能结晶，属于非晶性高分子。因此，化学组成相同而立构不同的高分子具有不同的性能，如表 2-3 所列。表中，T_m 代表结晶性高分子的熔点；T_g 为玻璃化转变温度，是非晶性高分子的特征温度。对于聚丙烯，全同立构聚丙烯是结晶性高分子，其 T_m 远高于室温，可用作塑料；而无规立构聚丙烯很难结晶，其 T_g 在室温以下，是粘性的类橡胶材料，无法用作结构材料。无规立构聚氯乙烯属于非晶玻璃态高分子，其 T_g 约为 90 ℃，最高使用温度不超过 90 ℃；而间同立构聚氯乙烯是结晶性高分子，在结晶度较高的条件下，其最高使用温度可以接近其 T_m，即 270 ℃。

表 2-3　高分子立构规整性对性能的影响

高分子	熔点 T_m/℃	玻璃化转变温度 T_g/℃	密度 ρ/(kg·m^{-3})
全同立构聚丙烯	165	−7～−35	0.92
无规立构聚丙烯	—	−14～−35	0.85
全同立构聚乙烯醇	212	—	1.21～1.31
间同立构聚乙烯醇	267	—	1.30
间同立构聚氯乙烯	270	90	—
无规立构聚氯乙烯	—	90	—
全同立构聚甲基丙烯酸甲酯	160	45	1.22
间同立构聚甲基丙烯酸甲酯	200	115	1.19
无规立构聚甲基丙烯酸甲酯	—	104	1.188

2.2.2　几何异构

当双烯类单体如丁二烯进行加聚时，按照双键打开的位置不同，分为 1,2 加聚和 1,4 加聚。当为 1,4 加聚时，重复结构单元会在主链上保留一个双键，称为内双键。每个内双键两端的碳原子各自连接 1 个 H 原子和主链。当 2 个 H 原子位于双键 π 平面的同侧时，称为顺式异构体；当位于 π 平面的两侧时，称为反式异构体，这是几何异构体的两种形式。如果 1,4-聚丁二烯高分子链全由顺式异构体组成或全由反式异构体组成，则对应的高分子分别称为顺式和反式 1,4-聚丁二烯，它们是两种性能不同的高分子，如图 2-4 所示。顺式 1,4-聚丁二烯在常温下处于橡胶态，俗称顺丁橡胶，其柔软性和弹性好；反式 1,4-聚丁二烯在常温下是结晶体，是弹性很差的塑料。

$$\left[\mathrm{CH_2{-}CH{=}CH{-}CH_2}\right]_n \ (\text{顺式，两个 H 同侧})$$

顺式1,4-聚丁二烯

$$\left[\mathrm{CH_2{-}CH{=}CH{-}CH_2}\right]_n \ (\text{反式，两个 H 异侧})$$

反式1,4-聚丁二烯

图 2-4　顺式和反式 1,4-聚丁二烯

通用橡胶中的天然橡胶的主要成分是顺式1,4-聚异戊二烯,而天然橡胶树也可出产杜仲胶或古塔波胶,其主要成分是反式1,4-聚异戊二烯,在常温下是硬质树脂,不能用作橡胶。

当重复结构单元中既有不对称碳原子又有内双键时,高分子链的空间立构就更复杂了。

2.2.3 键接异构

单体的聚合方式主要包括加聚、缩聚和开环聚合。在缩聚和开环聚合中,单体之间的键接方式是确定的;但在加聚中,除非单体像乙烯或四氟乙烯那样高度对称,否则,即使由同一种单体合成的均聚物,单体之间的键接也可能有不同的方式。

以单烯类单体 $CH_2=CHR$ 的加聚为例,这种单体结构不对称,如果以—CHR—为头、—CH_2—为尾,则加聚过程中2个重复结构单元的键接方式可能有(头—头)/(尾—尾)和(头—尾)之分,导致2种键接异构体,如下所示的部分链中会出现R基团相邻和远离的情况:

$$\begin{array}{cccccccc} \text{尾} & \text{头} & \text{头} & \text{尾} & \text{尾} & \text{头} & \text{头} & \text{尾} \\ \sim CH_2- & CH- & CH- & CH_2- & CH_2- & CH- & CH- & CH_2\sim \\ & | & | & & & | & | & \\ & R & R & & & R & R & \end{array}$$

而热力学研究表明,由于R基团的空间位阻效应,因此(头—尾)构型在合成过程中更有利。在实际的高分子中,(头—尾)和(头—头)/(尾—尾)的比例与聚合条件有关。对于绝大多数高分子,如聚氯乙烯、聚苯乙烯和聚甲基丙烯酸甲酯等,以(头—尾)键接异构体为主。但在自由基聚合的聚偏氟乙烯中,有8%～12%的(头—头)键接,在某些条件下,(头—头)键接的含量甚至高达32%,这可能是由于氟原子的体积较小,空间位阻效应小。乙酸乙烯酯在70℃加聚时,产物中有1.6%的(头—头)键接,而在-30℃加聚时,产物中只有0.5%的(头—头)键接。

双烯类单体加聚中的键接方式更加复杂。丁二烯加聚时可能有1,4加聚和1,2加聚2种方式,异戊二烯加聚时可能有1,2加聚、3,4加聚和1,4加聚3种方式。其中,除1,4-聚丁二烯外,其他各种加聚产物中都可能存在(头—头)/(尾—尾)和(头—尾)等不同的键接方式。聚氯丁二烯的情况也是如此。研究表明,在自由基聚合的1,4-聚氯丁二烯中,(头—头)键接的含量高达30%。

键接异构对高分子的性能特别是化学性能影响很大。例如,一种俗称维尼纶的合成纤维,其化学名称为聚乙烯醇缩甲醛,是由聚乙烯醇和甲醛反应得到的。而当甲醛和羟基进行缩醛化反应时,会选择在(头—尾)键接异构体上的羟基,而(头—头)键接异构也就是2个羟基相邻时则不易缩醛化。产物中羟基的含量与其水敏感性、缩水性相关,当残留羟基较多时,会造成纤维湿强度下降。因此,希望制备维尼纶所用的聚乙烯醇具有高含量的(头—尾)键接异构。

如果能够特意合成规整的(头—头)构型高分子,则它与(头—尾)构型高分子的性能会非常不同。以聚异丁烯为例,(头—头)构型的熔点为187℃,而(头—尾)构型的熔点只有5℃。

2.3 线形、支化和交联

高分子链的形态主要包括线形、支化、交联3大基本类型,如图2-5所示。

1. 线　形

大量的合成和天然高分子都是重复结构单元在一维方向上键接而成的线形长链分子,虽

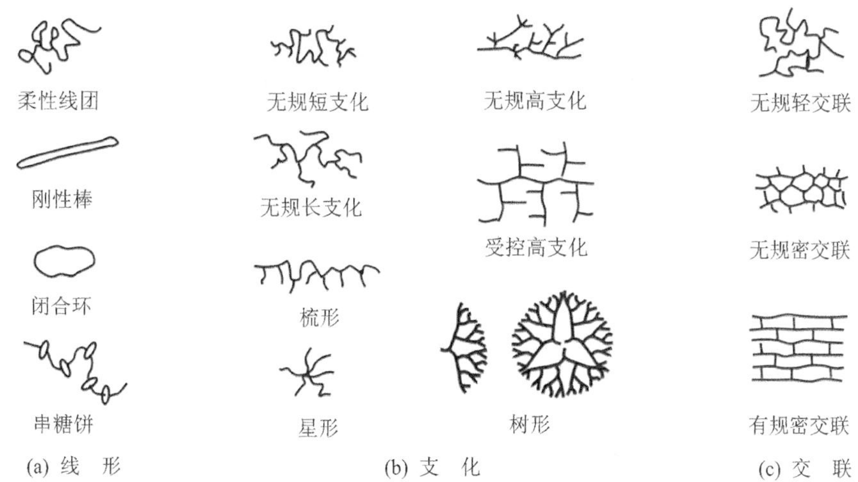

图 2-5　多种线形、支化和交联高分子链形态示意图

然其主链上的化学键采取锯齿形或其他折线形态，但整体看来可以抽象成一条线，可直可曲。对于柔性很大的碳链高分子，这条线是卷曲线团状；而对于刚性很大的高分子链，则呈直线或棒状。有些线形分子的两端结合在一起，形成环状链；有些环状链可以穿在线形链上，形成“串糖饼”状，也叫“滑环高分子”，体现出特殊的力学性质。线形高分子链对应的高分子都能溶解于适当的溶剂中，如果是晶态，则加热之后也会熔融，因此具有“可溶可熔”的性质。

支化和交联发生在聚合反应体系中至少有一种单体/反应物的官能度大于或等于 3，或者在链增长的过程中发生自由基链转移或双烯类单体的第二双键活化，在这些活性位点上会多出一条链，成为支链。当支链与其他链相遇连接时，会形成或密或疏的交联网络结构。

2. 支　化

高分子链的支化形态丰富多样，取决于单体的化学结构和合成条件。根据支链的长短，有长支链和短支链之分，短支链的长度相当于低聚物，长支链的长度相当于高聚物。根据支链生长的规律，有无规支化与规则/受控支化之分，规则支化包括梳形、星形和树形等。超支化高分子(hyperbranched polymer)在长度相等、规则支化的条件下可以发展为树形高分子(dendrimer)。

与线形高分子一样，支化高分子也能溶于适当的溶剂中，受热也会熔融。但支链的存在，在一定程度上破坏了高分子链结构的规整性，影响其结晶能力和凝聚态结构。例如，聚乙烯有高密度聚乙烯(HDPE)、低密度聚乙烯(LDPE)和线性低密度聚乙烯(LLDPE)之分，三者在分子结构上的主要差别在于支化结构不同，如图 2-6 所示。高密度聚乙烯的支链很少、很短，基本属于线形高分子，分子链结构规整，分子间堆砌紧密，结晶能力强，结晶度高，所以在三者之中密度最高，同时表现出最高的刚度、强度、耐热性和耐溶剂性；低密度聚乙烯属无规支化高分子，支链有长有短，且有二次支化(即支链上又有支链)，这种结构很大程度上破坏了分子链结构的规整性，分子间堆砌较松散，大幅降低了结晶能力，所以密度最低，刚度、强度、耐热性与耐溶剂性也较低；线性低密度聚乙烯也是支化高分子，但短支链的长度和分布较有规律，一般是通过在聚合过程中引入丁烯、戊烯或辛烯等共聚单体形成，其密度和力学性能介于上述二者之间。

此外，支化结构对高分子熔体或溶液的流动性能也有重要影响，因此支化可以调控高分子的加工性能。

表征高分子链支化程度的参数包括支化点密度、支链长度等。支化点密度指单位体积或单位质量高分子内所含的支化点数目,对于短支链高分子,其支链端基数目接近于支化点数目。因此,通常也可以通过比较支化高分子与相同分子量的线形高分子的尺寸或性能来描述支化程度。对于超支化高分子,则用支化代数描述,如第0代支化、第1代支化等,如图2-7所示。

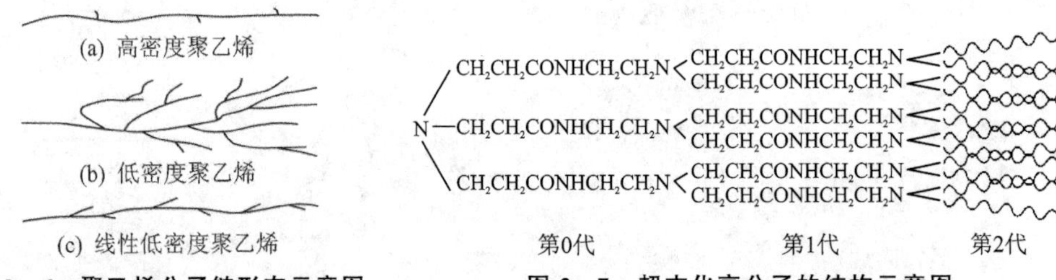

图2-6 聚乙烯分子链形态示意图

图2-7 超支化高分子的结构示意图

热塑性塑料、合成纤维和未硫化橡胶等都属于线形或支化高分子,大部分都可溶可熔。如聚甲基丙烯酸甲酯在室温下可溶于氯仿,聚乙烯在加热时可溶于二甲苯,尼龙可溶于甲酸,聚乙烯醇易溶于水,聚丙烯腈可溶于二甲基甲酰胺,未硫化的天然橡胶可溶于己烷。它们在加热时都会软化变形或者熔融流动,冷却时能凝固成形,只要不超过其热分解温度,就可以回收再利用,在"限塑令"要求下,这些热塑性高分子是更环保的选择。

3. 交 联

高分子链之间通过化学键连接起来形成分子量"无限大"的三维网络,称为交联高分子。交联高分子的网络结构可以是有规或者无规的,如图2-5(c)所示,这取决于反应物的化学结构和反应条件。羊毛、头发等天然交联高分子是通过大量二硫键将多肽链进行化学联结,形成交联网络。而合成的交联高分子可通过如下途径实现:

① 多官能度单体的缩合聚合、开环聚合或加成聚合。例如:苯酚与甲醛缩合聚合形成酚醛树脂;环氧树脂与胺类固化剂开环聚合形成环氧树脂等。部分多官能度共聚单体的加入也能形成交联结构,如苯乙烯与二乙烯基苯加成聚合形成交联聚苯乙烯。

② 线形高分子或支化高分子与交联剂反应,或在高能射线作用下产生高分子自由基并彼此结合。例如:天然橡胶或合成橡胶与硫化剂反应形成硫化橡胶;聚乙烯在γ射线辐照下形成交联聚乙烯。

相比线形和支化高分子,酚醛树脂、环氧树脂等交联高分子"不溶不熔",无法重复加工使用,因此这类交联高分子塑料被称为"热固性塑料"。但交联高分子在合适的溶剂环境中,溶剂分子会进入交联网络使其发生体积膨胀,称为"溶胀",详细内容将在第6章中介绍。

表征高分子交联程度的参数有交联点密度(单位体积内的交联点数目)、相邻交联点之间的平均分子量$\overline{M}_c$等。比如,硫化橡胶属于轻交联高分子,交联点密度约为10^{15}个/m^3;热固性塑料属于密交联高分子,交联点密度为橡胶的10~50倍。

2.4 共聚物的序列结构

由两种或两种以上结构单元键接起来的高分子称为共聚物。表2-1中列举了常见加聚反应得到的共聚物,例如,丁苯橡胶是丁二烯和苯乙烯单体的二元共聚物,ABS塑料是丙烯

腈、丁二烯和苯乙烯单体的三元共聚物。

以二元共聚物为例，随着共聚方法和条件的变化，可得到多种不同序列分布的共聚物。如图 2－8 所示，无规共聚物和交替共聚物是短序列共聚物，其同一结构单元键接在一起的平均长度很小(见图 2－8(a)和(b))；而嵌段共聚物和接枝共聚物属于长序列共聚物，其同一结构单元键接在一起的长度达到均聚物“链段”以上的长度。嵌段共聚物有二嵌段、三嵌段和星形嵌段之分(见图 2－8(c))。接枝共聚物又有单接枝、多接枝和接枝交联等不同类型(见图 2－8(d))。

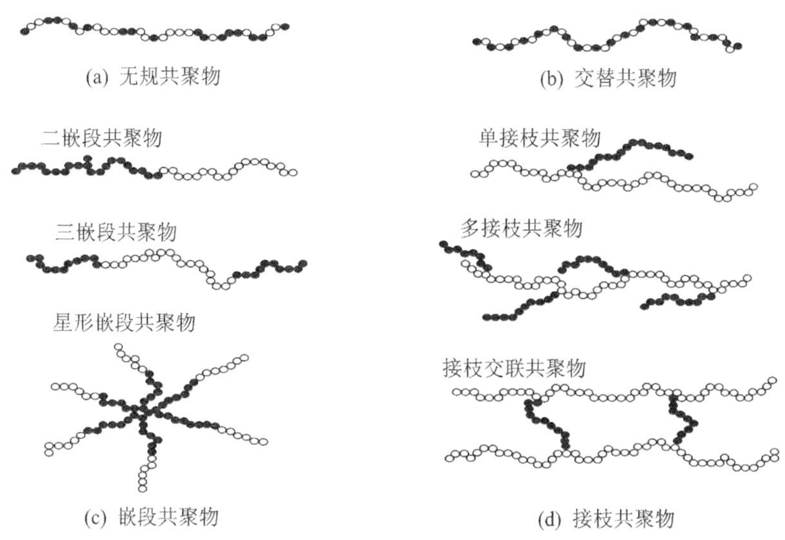

图 2－8　二元共聚物的基本类型

此外，如果两种单体的化学结构相容性好，且具有 3 官能度基团，但聚合时倾向于均聚而不是共聚，则可能得到互穿网络和半互穿网络结构。如图 2－9 所示，由两种结构单元分别键接成三维网络并相互贯穿即为互穿网络；而一种结构单元键接成三维网络，另一种结构单元键接成线形链贯穿其中则为半互穿网络。

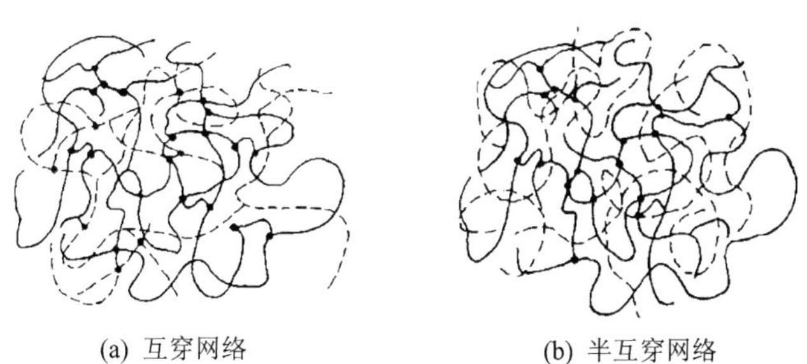

注：图中实线和虚线分别表示一种结构单元的均聚物；•表示交联点。

图 2－9　互穿网络和半互穿网络示意图

那么，共聚物中的序列结构如何定量表示呢？如果用 A 和 B 分别代表二元共聚物中的 2 种结构单元，则邻接的二单元组可以有(AA)、(BB)、(AB)和(BA)4 种，更多连接单元的序列结构数量呈指数级增长。Harward 等提出用不同单元的交替次数 R 来表征共聚物中的平均序列长度。R 定义为共聚物分子链上每 100 个结构单元中序列交替的次数。R 的最大值为 100，此时为交替共聚物；而当 $R=0$ 时，就是均聚物。R 值越小，表示均聚段越多，也可能形成嵌段共聚物。

除了交替次数以外,还可以采用嵌段共聚物中的嵌段长度、接枝共聚物中的接枝点密度和接枝链长度等来表征共聚物的序列结构。共聚物的序列结构会进一步影响其凝聚态结构,当高分子形成两相或多相体系时,共聚物的相结构会根据共聚单体的化学结构和序列结构而发生十分丰富的变化。同样的共聚单体,如果采用不同的添加顺序和聚合方式,可以得到差异很大的序列结构,进而显著影响共聚物的性能。例如,聚乙烯、聚丙烯(有规立构)均聚物都是塑料,但二者的无规共聚物却可能是橡胶,如乙丙橡胶。又如,丁二烯(butadiene)与苯乙烯(styrene)进行二元共聚,随着单体配比的变化能得到3种性能差别很大的共聚物:

① 丁苯橡胶:以丁二烯为主要组分和苯乙烯为次要组分(例如二者的摩尔比为75:25)形成的无规共聚物。

② 高抗冲聚苯乙烯(HIPS)塑料:以丁二烯为次要组分和苯乙烯为主要组分(例如二者的摩尔比为20:80)形成的接枝共聚物,其韧性远高于通用聚苯乙烯塑料(均聚物)。

③ SBS热塑弹性体TPE(Thermo Plastic Elastomer):以丁二烯为主要组分和苯乙烯为次要组分形成的聚苯乙烯-聚丁二烯-聚苯乙烯三嵌段共聚物,其中,分子链两端的聚苯乙烯硬段的分子量约为1.5×10^4,中间的聚丁二烯软段的分子量约为4×10^4。这种共聚物既能在聚苯乙烯软化温度下(如120 ℃以上)发生流动而可再加工,体现热塑性,又能在常温下表现出橡胶的弹性性质,因此称之为热塑弹性体。

三元共聚物中最典型的例子是ABS塑料,A、B和S分别代表丙烯腈、丁二烯和苯乙烯。商品ABS塑料的序列结构比较复杂,一般兼具无规共聚和接枝共聚。例如,以丁二烯-苯乙烯的无规共聚链(丁苯橡胶)为主链,以苯乙烯-丙烯腈的无规共聚链为接枝;或以丁二烯-丙烯腈的无规共聚链(丁腈橡胶)为主链,以聚苯乙烯链为接枝;或以苯乙烯-丙烯腈的无规共聚链为主链,以丁二烯—丙烯腈的无规共聚链(丁腈橡胶)为接枝。合成条件不同,得到的ABS的链结构会不同,宏观性能也不同。

由以上实例可以清楚地看到,改变共聚单体的化学结构、摩尔比和合成方式,可以在宽阔范围内调节共聚物的序列结构和性能。因此,共聚已经成为高分子结构和材料设计中最重要的手段之一。

2.5 构　象

典型高分子链的直径约为1 nm,长度可绵延几百微米。如果保持同样的长径比,并将分子链放大至直径为1 mm的线绳,则其长度可达几百米,且在空间中可以无限卷曲折叠,将高分子链"长而柔"的特点体现得淋漓尽致。在如此细长的高分子链中包含成千上万根化学键,这些键是否可以旋转,旋转的自由度如何,这些因素将影响高分子链的空间形态。

2.5.1 小分子的内旋转与构象

C—C、C—O、C—N等σ键的电子云分布具有轴对称性(见图2-10 (a)),因此σ键的两个键合原子及其连接的基团可以作相对旋转而不影响成键电子云的分布状态,这样的旋转称为σ键内旋转。但是,内旋转会使键合原子上连接的原子或基团的空间排布发生变化。以乙烷分子CH_3—CH_3为例,当C—C键发生内旋转时,两个甲基上非键合氢原子之间的相对排布将发生如图2-10(b)所示的由交叉式经由中间态到重叠式的连续变化。这种由σ键内旋

转所形成的分子内各原子的空间排布称为构象(conformation)。

如果内旋转时分子的能量不变,即各种构象的能量都相等,则内旋转完全自由。然而,由于非键合原子之间存在空间相互作用,因此内旋转不可能完全自由。如图 2-10(b)所示,乙烷分子中非键合氢原子之间的距离为 0.228~0.250 nm,小于两个氢原子的范德华作用半径之和(0.292 nm),所以这些非键合氢原子的电子云之间呈相互推拒作用。氢原子间的距离越短,则推拒力越大,对应的构象就越不稳定。

根据图 2-10(c)乙烷分子的位能与内旋转角之间的关系,并基于位能的极小值定义了两种特殊的构象:当 φ 为 0°、120°和 240°时,为交叉式或反式,位能最低,构象最稳定;当 φ 为 60°、180°和 300°时,为重叠式,位能最高,构象相对不稳定。

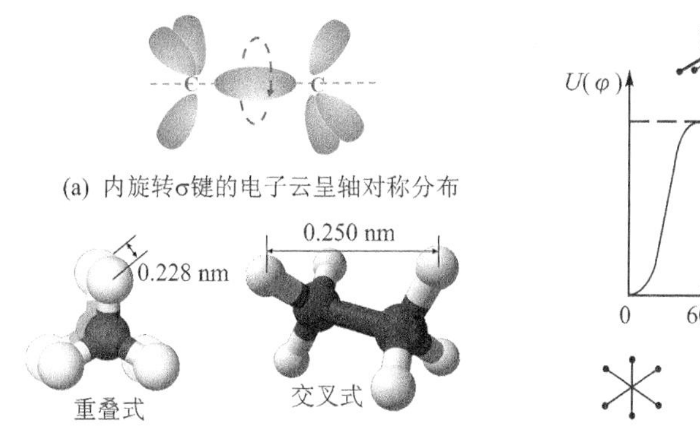

图 2-10　小分子的单键内旋转特征和位能曲线

当乙烷分子中的氢原子被其他原子或基团取代后,分子的内旋转位能曲线变得更加复杂。以 1,2-二氯乙烷为例,用两个氯原子分别取代乙烷两侧的氢原子,如果把两侧氯原子相距最远时的内旋转角定义为 $\varphi=0°$,则它的内旋转位能曲线如图 2-11 所示。$\varphi=0°$对应反式构象(trans-conformer,用 t 表示);$\varphi=120°$、240°分别对应左、右旁式构象(gauche-conformer,用 g 表示)。这三个构象的分子位能处于极小值,这些构象相对稳定。而在 $\varphi=180°$、60°和 300°时,两个氯原子呈重叠式,或者氯原子和氢原子呈偏式重叠式,分子位能处于极大值,这类构象是不稳定的。

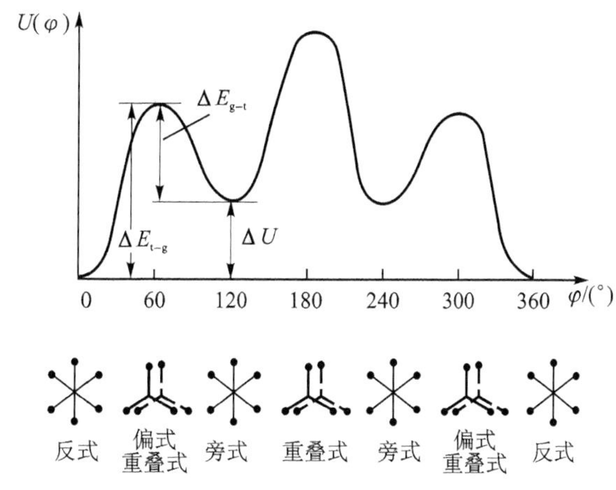

图 2-11　1,2-二氯乙烷的内旋转位能曲线

显然,由于非键合原子/基团之间存在近程相互作用,故分子所能实现的稳定构象是有限的。通常,把那些对应于位能极小值的相对稳定的构象称为内旋转异构体;把分子从一种内旋转异构体转变为另一种内旋转异构体所需的活化能称为内旋转位垒,单位常采用 kJ/mol。

以 1,2-二氯乙烷为例,图 2-11 中的 ΔE_{t-g} 表示从反式转变为旁式的内旋转位垒,ΔE_{g-t} 表示从旁式转变为反式的内旋转位垒。内旋转位垒越高,则内旋转越困难。

表2-4列出了几种化合物中所示单键的内旋转位垒值,由表可见:

① 当分子内有甲基或卤素取代基时,内旋转位垒较高。

② 当分子内含有双键时,尽管双键本身不能内旋转,但由于与之邻接的σ键一端所带的非键合原子或基团数目减少且距离增大,使得内旋转位垒略有降低,内旋转更容易。

③ C—O、Si—O单键比C—C单键的内旋转位垒小,原因是氧原子上的非键合原子数目较少,所以更容易内旋转。对于Si—O键,还因其键长比C—C键更长,非键合原子之间的距离更大,相互作用更小,所以更易内旋转。

表2-4 不同化合物中所示单键的内旋转位垒

化合物	内旋转位垒/(kJ·mol^{-1})	化合物	内旋转位垒/(kJ·mol^{-1})
$CH_3—CH_3$	11.7	$CH_3—C(CH_3)=CH_2$	10.0
$CH_3—CH_2CH_3$	13.8	$CH_3—CHO$	4.9
$CH_3—CH(CH_3)_2$	16.3	$CH_3—OCH_3$	11.3
$CH_3—C(CH_3)_3$	20.1	$CH_3—OH$	4.5
$CH_3—CH_2F$	13.9	$CH_3—SH$	5.4
$CH_3—CHF_2$	13.4	$CH_3—NH_2$	8.3
$CH_3—CH_2Br$	15.0	$CH_3—SiH_3$	7.1
$CH_3—CH_2Cl$	15.5	$H_3Si—SiH_3$	4.2
$CCl_3—CCl_3$	42.0	$—CH_2—COOCH_2—$	2.1
$CH_3—CH=CH_2$	8.3	$—CH_2—OOCCH_2—$	5.0

分子的构象随着分子的热运动而不断变化。由统计热力学可知,体系中各种内旋转异构体之间的比例取决于它们之间的位能差ΔU(见图2-11)和热力学温度T。仍以1,2-二氯乙烷为例,如果把能量相等的左旁式和右旁式合并视为旁式,则反式与旁式的比例可用下式估算:

$$\frac{n_{旁}}{n_{反}}=A\mathrm{e}^{-\frac{\Delta U}{RT}} \tag{2-1}$$

式中:$n_{旁}$和$n_{反}$分别代表体系中旁式和反式异构体的数目;A为常数,R为摩尔气体常数;T为热力学温度(K)。由式(2-1)可知,当$\frac{\Delta U}{RT}\to\infty$时(即$T\to0$ K或$\Delta U\to\infty$或$\Delta U\gg RT$时),$\frac{n_{旁}}{n_{反}}\to0$,即体系中反式构象占绝对优势;当$\frac{\Delta U}{RT}\to0$时(即$T\to\infty$或$\Delta U\to0$或$\Delta U\ll RT$时),$\frac{n_{旁}}{n_{反}}\to1$,即体系中反式与旁式构象数量相等。

在特定温度下,物质中内旋转异构体之间的比例取决于内旋转异构体之间的位能差ΔU。ΔU越小,则内旋转异构体之间的比例越接近。在极端情况下,当$\Delta U=0$,即各种异构体之间不存在能量差时,各异构体的数量相等。比如乙烷分子在$\varphi=0°$、120°和240°时的三种异构体的数量相当,实际上三者不可区分,因此可视为同一种构象。

物质中内旋转异构体之间的比例也取决于热力学温度。温度越高,位能较高的内旋转异构体的比例就越大。实验证明,在小分子处于晶态时,原子/基团的热运动能量很低,绝大多数

分子都采取位能较低的反式构象;随着温度升高,旁式构象比例增加;在液态和气态时,反式和旁式构象比例接近。

尽管在任一温度下,内旋转异构体之间的比例是一定的,但在某一时刻,内旋转异构体之间是以一定速率发生转变的,这一转变速率通常用松弛时间 τ 表征,它取决于内旋转位垒ΔE和热力学温度 T,即

$$\tau = \tau_0 e^{\frac{\Delta E}{RT}} \tag{2-2}$$

式中:τ_0 为常数。τ 越短,表示内旋转异构体之间的转变速率越快。由式(2-2)可见,内旋转位垒ΔE 越高,或者温度越低,则 τ 越长。当 $T \to 0$ K 或$\Delta E \to \infty$或$\Delta E \gg RT$ 时,$\tau \to \infty$。同理,内旋转位垒ΔE 越低,或者温度越高,则 τ 越短。当 $T \to \infty$或$\Delta E \to 0$ 或$\Delta E \ll RT$ 时,$\tau \to 0$,内旋转异构体之间的转变速率可高达 10^{10} 次/s,这时,不同构象出现的概率就相同了。

2.5.2 高分子链的构象

大多数线形高分子链都含有成百上千个单键,单键内旋转也能带来高分子链空间结构和形态的丰富变化,也就是构象变化。如果主链上每个单键的内旋转都完全自由,则可以称这种高分子链为自由联结链,它在空间中可能采取的构象数将达到无穷多,且随热运动而瞬息万变。

但是,实际高分子链的键长和键角是固定的,下面选取键长和键角确定的碳链高分子来分析高分子链的构象。C—C 键的键长为 0.154 nm,键角为 109°28′。在这种情况下,即使每个C—C 单键都能自由内旋转,但每个单键也只能以前一个单键为中心轴,在顶角为 2θ($\theta=180°-109°28'$)的圆锥面上旋转(见图 2-12)。而实际上由于单键周围的非键合原子/基团之间存在相互作用,使得单键内旋转一般都会受阻,因此每个键只能处于圆锥面上有限的位能最低、构象相对稳定的位置。但是,即便每个单键在空间中可取的位置数有限,由于柔性高分子链上的单键数量庞大,因此整个高分子链所能实现的构象数也仍然非常可观。例如,假设一根高分子主链上有 n 个单键,每个单键在内旋转中可取的位置数为 m 个,那么,该高分子链可能实现的构象数应为 m^n。当 n 足够大时,m^n 无疑是非常庞大的数目。如果把单键两端连接的长链看作一个大基团,则单键内旋转也会导致高分子的位能变化(见图 2-13)。当两端长链的距离最远时,其为反式构象,此时位能最低,左、右旁式构象的位能也处于极低值,这三种构象是相对稳定的构象。在众多构象中,高分子链完全伸直即所有 σ 键采取全反式构象的形态只有一种,其余都是以不同程度卷曲的高分子链构象。

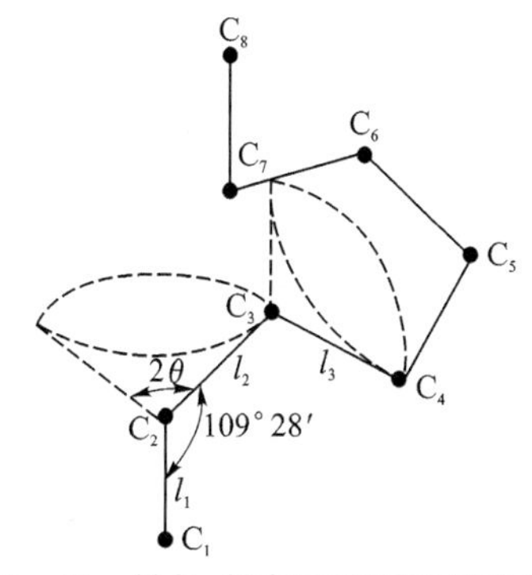

图 2-12　键长、键角固定时单键内旋转引起高分子链构象变化示意图

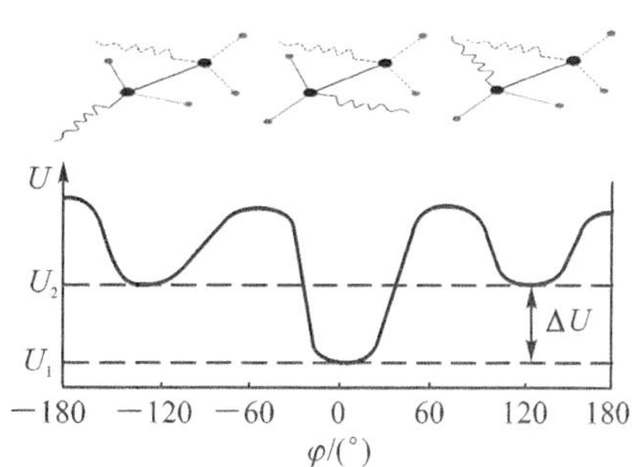

图 2-13　聚乙烯分子的单键内旋转位能曲线

如果高分子链上没有单键,则该高分子内所有原子/基团的空间排布将是固定的,即只存在一种构象,就是绝对刚性高分子。如果高分子链上仅有少量的单键,则这种分子所能实现的构象数也很有限,形态变化也不大。而许许多多的单键能够发生内旋转才会导致高分子链千变万化的构象。因此可以说,只要高分子链中包含单键,就会发生空间形态的变化,但只有存在大量单键时才是高分子链具有丰富构象和足够柔性的前提条件。

2.6 高分子链的柔性与表征

孤立的柔性高分子链,在不受外力作用时,总是自发地趋于卷曲状态,且随着高分子的热运动,其构象不断变化。这种构象不断变化的卷曲状高分子称为“无规线团”。高分子链能以不同程度卷曲的特性称为“柔性”。

2.6.1 高分子链柔性的表征

高分子链的柔性即卷曲程度常用链段长度、末端距、均方半径等参数进行表征。

1. 链段长度

链段是一个等效的概念,可理解如下。

假设高分子链中每一个单键相对于前一个单键在空间中可能实现的取向方式有 m 种,那么,当以第1个单键为基准时,第2个单键相对于第1个单键在空间中可能实现的取向方式就有 m 种;第3个单键相对于第2个单键在空间中可能实现的取向方式也是 m 种,但相对于第1个单键,它在空间中可能实现的取向方式就为 m^2 种;同理,第4个单键相对于第3个单键可能实现的取向方式为 m 种,相对于第2个单键的取向方式为 m^2 种,相对于第1个单键的取向方式为 m^3 种,依次类推。因此,第 $i+1$ 个单键相对于第1个单键可能实现的取向方式就有 m^i 种。当 i 足够大时,m^i 是一个很大的数值,比如设 $m=2$,则:当 $i=10$ 时,$m^i=2^{10}=1\ 024$;当 $i=20$ 时,$m^i=2^{20}=1.05\times10^6$。换句话说,当 i 足够大时,第 $i+1$ 个单键在空间中可能实现的取向方式如此之多,以致最终与第1个单键不相关了。这样,就把从第1个单键到第 i 个单键这一段的分子链看成一个可以独立运动的单元,称为链段。

链段的长度可以用其中所包含的结构单元数、分子量或该链段被拉直时的直线长度来表示。显然,高分子链上的单键内旋转越容易,或它可能实现的构象数越多,则链段越短。以聚乙烯为例,假设一种极端情况,主链上每个单键的内旋转都完全自由,则每个链段中就只包含一个—CH_2—,链段长度就等于一个C—C键长;再假设另一极端情况,一根高分子链不含单键,是绝对刚性的,则链段长度就等于整个高分子链的长度。实际上,高分子链介于上述两种极端情况之间,既非每个单键都完全自由,又非绝对刚性,因此每个链段中包含约数个至数十个重复结构单元。表2-5列出了一些常见高分子的链段长度及链段中所包含的重复结构单元数。

须强调的是,高分子链的链段只是一个等效的概念,同一种重复结构单元组成的高分子链在不同的条件下柔性不同,其链段尺寸也不一样。

表 2-5　几种常见高分子的链段长度及其中包含的重复结构单元数

高分子	链段长度/nm	链段中的重复结构单元数
聚乙烯	0.81	2.7
聚甲醛	0.56	1.25
聚苯乙烯	1.53	5.1
聚甲基丙烯酸甲酯	1.34	4.4
纤维素	2.57	5.0
甲基纤维素	8.10	16.0

2. 末端距

高分子链的末端距是连接分子主链始末两端的矢量 $\vec{h}$(见图 2-14)。对于瞬息万变的无规线团状高分子,其末端距随分子的热运动而不断变化,不同分子以及同一分子在不同的时间,其末端距都是不同的,所以应取其统计平均值 $\bar{h}$;又由于 $\vec{h}$ 的方向是任意的,故 $\bar{h}\to 0$,而 $\overline{h^2}$ 和 $\sqrt{\overline{h^2}}$ 是标量,故称作均方末端距和根均方末端距,它们是常用的表征高分子链尺寸的参数。当孤立高分子链长度相同时,柔性越大,链段就越短,末端距也越小。

3. 均方半径

如图 2-15 所示,均方半径指高分子链的质量中心与链上任意质点(链段)之间距离平方的平均值,表示为 $\overline{\rho^2}$,高斯链的均方半径表示为 $\overline{\rho_G^2}$ 或 $\overline{\rho_0^2}$。长度相同的不同化学结构的高分子链,柔性越好,链段就越短,均方半径也越小。

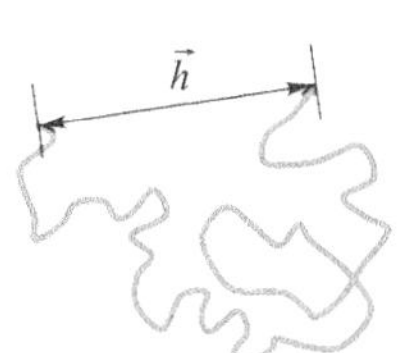

图 2-14　高分子链末端距示意图

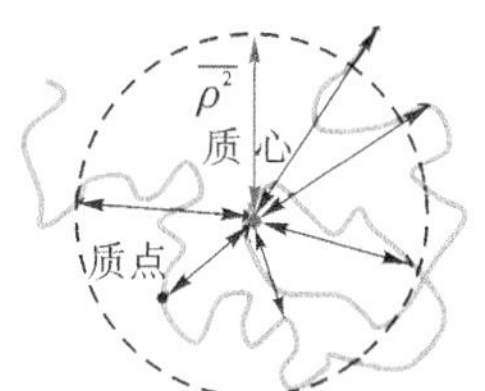

图 2-15　高分子链均方半径示意图

对于高分子链呈无规线团构象,既不紧缩也不扩张的高分子溶液即 θ 溶液,链的均方半径 $\overline{\rho_0^2}$ 与均方末端距 $\overline{h_0^2}$ 存在如下关系:

$$\overline{h_0^2}=6\overline{\rho_0^2} \tag{2-3}$$

实际上,高分子在 θ 条件下的 $\overline{\rho_0^2}$ 可以通过光散射实验获得,从而求出其 $\overline{h_0^2}$。

2.6.2 影响高分子链柔性的因素

高分子链的柔性包括平衡态柔性和动态柔性。平衡态柔性指高分子在热力学平衡条件下整个高分子链可能实现的构象数,构象数越多,柔性越大。动态柔性指高分子链从一种构象转变为另一种构象的速率,速率越大,柔性越大。不论是平衡态柔性还是动态柔性,都既与分子链结构有关,又与外界条件有关。

1. 结构因素

(1) 主链结构

主链完全由C—C单键组成的碳链高分子都具有较大的柔性,如聚乙烯、聚丙烯等。当主链上有孤立的双键,例如1,4-聚丁二烯和1,4-聚异戊二烯等分子链时,尽管双键本身不能内旋转,但与之相邻的单键却更容易内旋转(见表2-4),其内旋转位垒降低,因此整链具有良好的柔性。但如果主链上有共轭双键或苯环,整个高分子链形成"大π键"体系,那么这种分子链的刚性就很大,犹如一根刚性棒。聚对苯和聚乙炔(见图2-16)都是典型的刚性分子。

$\text{+}\!\left[\!\!\text{—}\langle\bigcirc\rangle\text{—}\!\!\right]_n$　　$\left[\text{C}=\text{C}\right]_n$

图2-16　聚对苯和聚乙炔结构式及聚乙炔分子链中的大π共轭体系

类似于小分子,杂链高分子中的C—O、C—N单键的内旋转位垒均比C—C单键的低,因此主链的柔性通常更大。元素有机高分子中的Si—O键比C—O键的键长更长,因而Si—O—Si中相邻硅原子上所带的非键合原子或基团间的作用力更小,内旋转位垒更低,柔性更大。因此,聚酯类$\left[\sim\!\sim\text{C}(=\text{O})\text{—O}\right]_n$、聚酰胺类$\left[\sim\!\sim\text{C}(=\text{O})\text{—NH}\right]_n$和聚二甲基硅氧烷$\left[\text{Si}(\text{CH}_3)_2\text{—O}\right]_n$等高分子链都非常柔软。

(2) 取代基

取代基可分为极性取代基和非极性取代基两类。引入极性取代基会增加高分子链内和链间的相互作用,从而降低高分子链的柔性,其影响程度与其极性大小、在分子链上的密度和对称性有关。取代基的极性越大,则高分子链的柔性越小,刚性越大。例如从聚乙烯$\left[\text{CH}_2\text{—CH(H)}\right]_n$,到聚丙烯$\left[\text{CH}_2\text{—CH(CH}_3)\right]_n$、聚氯乙烯$\left[\text{CH}_2\text{—CH(Cl)}\right]_n$和聚丙烯腈$\left[\text{CH}_2\text{—CH(CN)}\right]_n$,取代基的极性增加,高分子链的柔性减小。

极性取代基在高分子链上的分布密度越高,高分子链的柔性越小。例如由于氯化聚乙烯只有少部分氢原子被氯原子取代,因此氯原子的分布密度比聚氯乙烯的更低,分子链的柔性相对也大。随着氯化程度的提高,氯化聚乙烯分子链的柔性会进一步降低。

如果极性取代基在主链上的分布具有对称性,则极性会被"抵消",相比于极性取代基非对称分布的分子链,具有对称性的高分子链的柔性更大。例如聚偏氯乙烯$\left[\text{CH}_2\text{—C(Cl)}_2\right]_n$比聚氯乙烯$\left[\text{CH}_2\text{—CH(Cl)}\right]_n$更柔,聚偏氟乙烯$\left[\text{CH}_2\text{—C(F)}_2\right]_n$比聚氟乙烯$\left[\text{CH}_2\text{—CH(F)}\right]_n$更柔。

非极性取代基对高分子链柔性的影响需从两方面考虑:一方面,取代基的存在会增大主链单键内旋转的空间位阻,使高分子链的柔性减小;另一方面,取代基的存在又会增大高分子链之间的距离,从而削弱链间的相互作用,使分子链的柔性增大。最终的效果取决于哪一方面起主导作用。在下面一组高分子链中,取代基本身的刚性较大而极性较小,随着取代基体积的增

大，空间位阻效应是主要的，因此柔性依次减小。

$-[CH_2-CH(H)]_n-$	$-[CH_2-CH(CH_3)]_n-$	$-[CH_2-CH(C_6H_5)]_n-$	$-[CH_2-CH(N\text{-咔唑基})]_n-$
聚乙烯	聚丙烯	聚苯乙烯	聚乙烯基咔唑

柔性减小方向 →

但是，在下面一组高分子中，取代基本身具有一定的柔性。这类侧基（侧链）对主链内旋转的空间位阻效应不大，但随着侧链长度的增加，分子链之间的距离会增大，相互作用减小，所以侧链越长，高分子链的柔性越大。

$-[CH_2-CH(COOCH_3)]_n-$	$-[CH_2-CH(COOCH_2CH_3)]_n-$	$-[CH_2-CH(COOCH_2CH_2CH_3)]_n-$
聚丙烯酸甲酯	聚丙烯酸乙酯	聚丙烯酸丙酯

柔性增大方向 →

(3) 交　联

当高分子链之间形成化学交联结构时，交联点附近的单键内旋转受到阻碍，因此分子链的柔性减小。当交联点的密度较低，交联点之间的链长远大于链段长度时，这些分子链仍能表现出相当好的柔性。随着交联密度的增加，交联点之间的链长会缩短，分子链的柔性迅速减小。当交联点密度足够高时，分子链可能完全失去柔性。例如，在硫化前橡胶分子链的柔性很好，但随着硫化程度的提高，分子链的柔性逐渐减小；一般热固性塑料的交联点密度都很高，因而分子链的柔性很小。

(4) 氢键作用

如果高分子内有氢键作用，则分子链的刚性提高。比如，虽然 C—N 单键的柔性比 C—C 单键要好，但由于 C—N 的引入能够显著增加主链间氢键的相互作用，限制主链中单键的内旋转，故而导致分子链的刚性提高。典型的天然高分子纤维素分子存在大量链间的氢键作用，使主链的刚性进一步增大；聚氨基酸/多肽/蛋白质分子，也因为分子内的氢键作用而呈现刚性构象，如 α 螺旋形、β 折叠片（见图 2-17，参见附 2.4）。

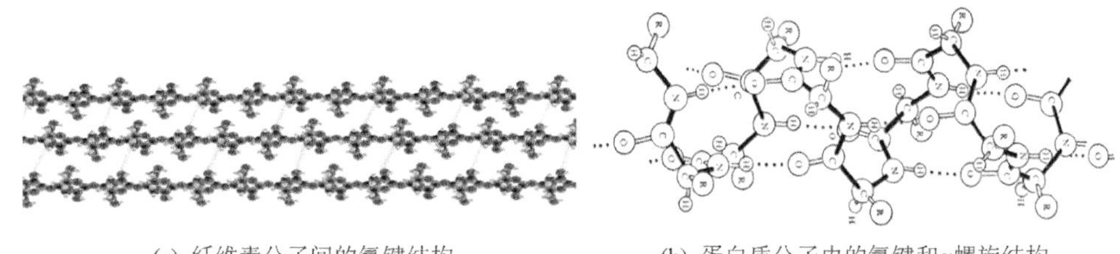

(a) 纤维素分子间的氢键结构　　(b) 蛋白质分子内的氢键和α螺旋结构

图 2-17　纤维素和蛋白质分子链由氢键稳定的构象结构

2. 外界条件

外界条件对高分子链柔性的影响可概括如下：高分子链的柔性随温度升高、所受应力的增大而提高，但随静压力的增加而降低。

最后还需要注意，高分子链的刚柔性与实际高分子材料的刚柔性两者有时一致，有时又不一致，不能混为一谈。在判断材料的刚柔性时，只有同时考虑分子内的相互作用、分子间的相互作用和凝聚态结构的特征,才不会得出错误的结论。例如,孤立聚乙烯的分子链很柔,但由于其结构规整,很容易结晶,因此宏观表现出塑料的性质。

2.7 高分子链的构象统计

2.7.1 高分子链均方末端距的统计计算

链段是高分子物理理论中一个非常重要的概念。如果用“多节棍”来等效一根高分子链,则在链构象统计中,这根高分子链具有如下特征:

① 每一节都是长度为 b 的刚性棍子,不占体积,称为一个“统计单元”;

② 高分子链由 z 个统计单元构成;

③ 统计单元之间在三维空间中不限方向、不限角度地自由联结。

此时,该高分子多节棍中的每一节就相当于高分子链上的一个链段。将该高分子链的一端置于原点,另一端落在离原点的距离向量为 $\vec{h}$、厚度为 $\mathrm{d}h$ 的球壳内,利用数学上现成的三维无规行走理论,可以推导出在 $4\pi h^2\mathrm{d}h$ 的体积元内(见图 2-18),$\vec{h}$ 的概率密度服从高斯分布,即

$$W(h)=\left(\frac{\beta}{\sqrt{\pi}}\right)^3 \mathrm{e}^{-\beta^2h^2}4\pi h^2 \tag{2-4}$$

$$\frac{1}{\beta}=\sqrt{\frac{2z}{3}}b \tag{2-5}$$

式中描述末端距高斯分布宽度的参数 β 的倒数与统计单元的尺寸 b 和数目 z 的平方根正相关。其末端距的分布概率密度符合高斯分布函数的链都叫高斯链,相关参数以角标“0”表示,例如其末端距表示为 h_0。高斯链末端距的分布曲线如图 2-19 所示,可以看出,末端距为零(分子链两端接触)及末端距很长(分子链充分伸展)的概率都很小,大多数末端距都处在一个远小于分子链伸直长度的范围内,表明大多数高斯链都处于卷曲状态。理想链如自由联结链的末端距的分布符合高斯分布,属于高斯链。同时,实际链在特定溶剂环境下也可以达到链段自由联结的状态,其末端距的分布符合高斯分布,也属于高斯链。这时的溶剂称为“θ 溶剂”,溶液称为“θ 溶液”。

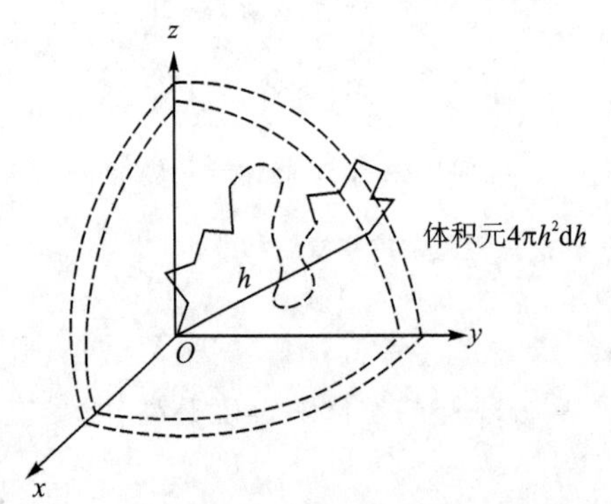

图 2-18 三维空间中无规行走链模型的末端距

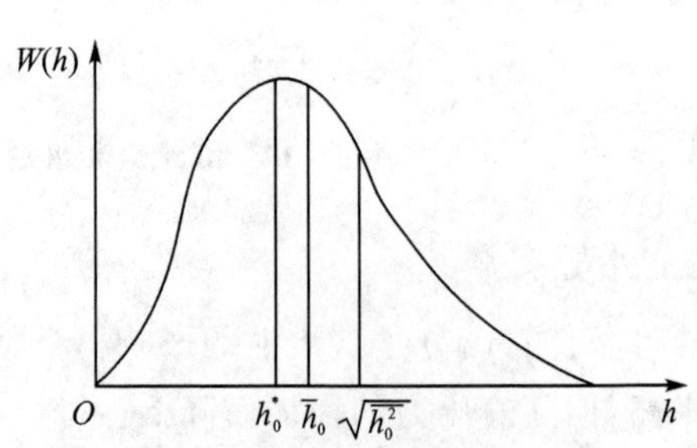

图 2-19 高斯链末端距的分布曲线

从式(2-4)可以进一步给出高斯链末端距的各种统计平均值的计算如下：

① 最可几末端距 h_0^*：即分布函数极大值所对应的末端距，从 $\frac{\partial W(h)}{\partial h}=0$ 可得到

$$h_0^* = \frac{1}{\beta} = \sqrt{\frac{2z}{3}}\,b \tag{2-6}$$

此处可以看出，分布宽度参数 β 的物理意义是最可几末端距的倒数。

② 平均末端距 $\bar{h}_0$：

$$\bar{h}_0 = \int_0^\infty W(h)h\,\mathrm{d}h = \frac{2}{\sqrt{\pi}\beta} = \sqrt{\frac{8z}{3\pi}}\,b \tag{2-7}$$

③ 均方末端距 $\overline{h_0^2}$：

$$\overline{h_0^2} = \int_0^\infty W(h)h^2\,\mathrm{d}h = \frac{3}{2\beta^2} = zb^2 \tag{2-8}$$

均方末端距的平方根，即均方根末端距为

$$\sqrt{\overline{h_0^2}} = \sqrt{z}\,b \tag{2-9}$$

最可几末端距、平均末端距和均方根末端距三者之间的关系为

$$h_0^* < \bar{h}_0 < \sqrt{\overline{h_0^2}} \tag{2-10}$$

这根高斯链完全伸直的长度 L_{max} 为

$$L_{max} = zb \tag{2-11}$$

联立式(2-8)和式(2-11)，可以求解得到棍子/链段的数目 z 和长度 b 分别为

$$z = \frac{L_{max}^2}{\overline{h_0^2}},\quad b = \frac{\overline{h_0^2}}{L_{max}} \tag{2-12}$$

对于高分子链呈无规线团构象、既不紧缩也不扩张的高分子溶液即 θ 溶液，链的均方半径 $\overline{\rho_0^2}$ 与均方末端距 $\overline{h_0^2}$ 的关系为 $\overline{h_0^2}=6\,\overline{\rho_0^2}$，因此可以通过实验测定高分子链的 $\overline{\rho_0^2}$，进而计算出 $\overline{h_0^2}$；而伸直链长度 L_{max} 可以通过重复结构单元的化学结构、键长、键角及聚合度等求出，再结合式(2-12)，即可求出真实高分子链的链段长度和数目。

对于一根无扰状态的高分子链，其伸直链长度与均方根末端距之比称为最大伸长比 λ_{max}，即

$$\lambda_{max} = \frac{L_{max}}{\sqrt{\overline{h_0^2}}} = \sqrt{z} \tag{2-13}$$

最大伸长率 ε_{max} 为

$$\varepsilon_{max} = \lambda_{max} - 1 = \sqrt{z} - 1 \tag{2-14}$$

一般来说，对于分子量为几万甚至上百万的高分子链，其链段数目远大于 1，即 $z \gg 1$，因此 λ_{max} 和 ε_{max} 可以是一个很大的数值。设 $z=100$，则 $\lambda_{max}=10$，$\varepsilon_{max}=9$，即该高分子链的最大伸长比为 10，最大伸长率达 900%。这正是高分子在一定条件下能发生高弹形变的本质原因。

2.7.2　高分子链均方末端距的几何计算

上述高斯链的统计计算是从纯数学的无规行走模型而来的，没有引进键长、键角等几何参数，也未涉及非键合原子或基团之间的相互作用对单键内旋转的阻碍，而只是把高分子链抽象

为节与节之间无相互作用的“多节棍”。然而,因为真实高分子链在一定条件下可以转变为由链段自由连接而成的高斯链,所以高斯链模型具有一定的普适性。而对于键长、键角固定的实际高分子,还可以通过考虑高分子主链的化学键以及非键合原子或基团之间的相互作用,采用几何方法来计算分子链的末端距参数。这种计算相当复杂,这里仅以最简单的碳链高分子为例,来示意模型的演变规律和由简入繁的解决思路。在以下碳链模型中,C—C单键的键长和键角固定,分别为0.154 nm和109°28′。

1. 自由旋转碳链模型(free-rotation C—C chain model)

在该模型中,C—C单键内旋转完全自由,称为自由旋转链。假设:高分子主链包含N个C—C单键,每个键的键长为l但不占体积;相邻单键在以前一个键为轴、顶角为2θ($\theta=180°-109°28'$)的锥面上任意旋转(见图2-12)。此时,可以把高分子链看作由N个长度为l的向量构成,如图2-20所示,其末端距h_f(下标f表示自由旋转)就是N个长度为l的向量之和,均方末端距$\overline{h_f^2}$可按下式计算:

$$\overline{h_f^2}=\sum_{i=1}^{N}\sum_{j=1}^{N}\overline{\vec{l_i}\cdot\vec{l_j}}=\left|\begin{matrix}\overline{\vec{l_1}\cdot\vec{l_1}}+\overline{\vec{l_1}\cdot\vec{l_2}}+\cdots+\overline{\vec{l_1}\cdot\vec{l_N}}+\\ \overline{\vec{l_2}\cdot\vec{l_1}}+\overline{\vec{l_2}\cdot\vec{l_2}}+\cdots+\overline{\vec{l_2}\cdot\vec{l_N}}+\cdots+\\ \overline{\vec{l_N}\cdot\vec{l_1}}+\overline{\vec{l_N}\cdot\vec{l_2}}+\cdots+\overline{\vec{l_N}\cdot\vec{l_N}}\end{matrix}\right| \tag{2-15}$$

式中:$\overline{\vec{l_i}\cdot\vec{l_i}}=l^2$,$\overline{\vec{l_i}\cdot\vec{l}_{i\pm1}}=l^2\cos\theta$,$\overline{\vec{l_i}\cdot\vec{l}_{i\pm2}}=l^2\cos^2\theta$,$\overline{\vec{l_i}\cdot\vec{l}_{i\pm m}}=l^2\cos^m\theta$。因此有

$$\begin{aligned}\overline{h_f^2}&=l^2\left[N+2(N-1)\cos\theta+2(N-2)\cos^2\theta+\cdots+2\cos^{N-1}\theta\right]\\&=l^2\left[N\frac{1+\cos\theta}{1-\cos\theta}-\frac{2\cos\theta(1-\cos^N\theta)}{(1-\cos\theta)^2}\right]\end{aligned} \tag{2-16}$$

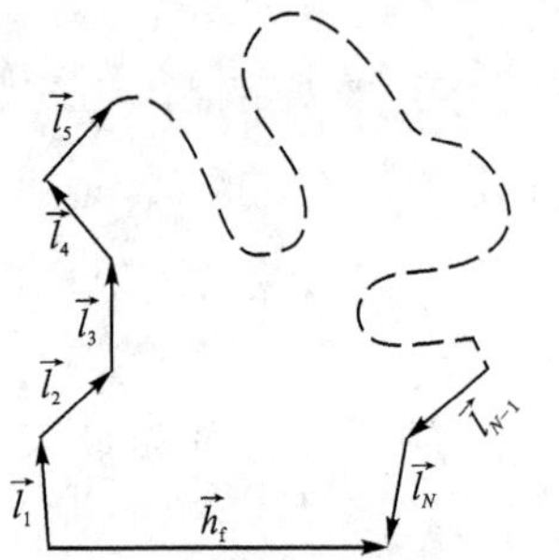

图2-20 高斯链末端距的向量计算

对于高分子链,$N\gg1$,式(2-16)方括号中的第2项远远小于第1项,可以忽略,故

$$\overline{h_f^2}=Nl^2\frac{1+\cos\theta}{1-\cos\theta} \tag{2-17}$$

对于碳链,$\cos\theta=\cos(180°-109°28')\approx\frac{1}{3}$,代入式(2-17),得到

$$\overline{h_f^2}=2Nl^2 \tag{2-18}$$

这根高分子链完全伸直时是一条锯齿链,长度为$L_{f,\max}=Nl\cos\frac{\theta}{2}\approx\sqrt{\frac{2}{3}}Nl$。因此,基于高斯链的统计理论,可以求出该碳链的链段数目z和链段长度b分别为

$$z=\frac{L_{f,\max}^2}{\overline{h_f^2}}=\frac{1}{3}N,\quad b=\frac{\overline{h_f^2}}{L_{f,\max}}=\sqrt{6}\,l\approx2.45l \tag{2-19}$$

说明该碳链的每条链段仅包含3个C—C单键。假如该碳链是乙烯基类高分子如聚乙烯,则意味着实际聚乙烯的链段长度为2.7个单键,约1.5个结构单元。

如果把键角固定的限制去掉,单键旋转完全自由且任意取向,则对应的就是理想的完全自由联结链,每个键就是一个链段。此时,平均取向的结果将使得$\overline{\cos\theta}=0$,代入式(2-17),可

以得到

$$\overline{h^2_{\text{自由联结链}}} = Nl^2 \tag{2-20}$$

比较式(2-18)和式(2-20)可以看到,仅考虑键角固定这一个内旋转受阻的因素,就能使均方末端距比假想的完全自由联结链的均方末端距大1倍。

2. 受阻旋转碳链模型(restricted-rotation C—C chain model)

单键内旋转完全自由与高分子链的实际情况相差很远,原因是主链碳原子上非键合原子/基团之间存在相互作用,这些相互作用将决定体系在某些单键旋转角度下具有更低的位能和更稳定。这些相互作用可以分为两类:一类是高分子链邻近结构单元上的非键合原子或基团之间的相互作用,称为近程相互作用,主要是范德华作用力;另一类是间隔较远的结构单元上的非键合原子或基团之间的相互作用,称为远程相互作用,主要考虑体积排除效应。考虑近程或远程相互作用都会使单键内旋转更困难/受阻,从而使高分子链的末端距增大。

如果这里仅考虑高分子链结构单元中单键两侧的取代基为对称的情况,则单键内旋转的位能分布函数是偶函数,即 $U(\varphi)=U(-\varphi)$(见图2-13)。将内旋转角余弦值的平均值定义为 α($\alpha=\overline{\cos\theta}$),其物理意义是近程相互作用引起的单键内旋转的受阻程度。此时,受阻旋转链的均方末端距表示为

$$\overline{h^2} = Nl^2\,\frac{1+\cos\theta}{1-\cos\theta}\,\frac{1+\alpha}{1-\alpha} \tag{2-21}$$

在单键内旋转受阻时,位能较低的反式构象占优势,所以 $\alpha>0$,$\overline{h^2}>\overline{h^2_{\mathrm{f}}}$,说明在其他条件相同的情况下,内旋转受阻时高分子链的均方末端距相比内旋转自由时增大了 $\frac{1+\alpha}{1-\alpha}$ 倍。

进一步,如果考虑远程相互作用,即链段等的体积排除效应,则高分子链的均方末端距的计算需要采用自避行走模型,由此得到均方末端距与单键数 N 的关系为

$$\overline{h^2} \propto N^{1+\varepsilon} \tag{2-22}$$

式中:$0<\varepsilon<1$,这时,高分子链的末端距不再与 N 成比例,末端距的分布偏离了高斯链分布。

需要指出的是,以上讨论的都是孤立高分子的构象与尺寸。当许多高分子聚集在一起或溶解在溶剂中时,高分子链的构象会受周围环境特别是溶剂和其他链的影响,因此通常各种表征方法反映的是体系在时间和空间上的平均构象。

此外,由于高分子链的末端距不仅与分子链的柔性有关,还与主链包含的键数 N 有关,即还随高分子链的分子量(聚合度)的增加而增加。对于同系高分子而言,分子量越大,其末端距就越长,尽管它们的柔性基本相似(实际上,分子链越长,柔性越好)。因此,不能简单地用末端距长度来判断分子链的柔性。为了消除分子量的影响,通常用 $\left(\frac{\overline{h^2_0}}{\overline{h^2_{\mathrm{f}}}}\right)$ 或 $\left(\frac{\overline{h^2_0}}{\overline{h^2_{\mathrm{f}}}}\right)^{1/2}$ 来表征高分子链的柔性,其中 $\overline{h^2_0}$ 是高分子链的无扰均方末端距(在 θ 条件下测定,参见第4章),$\overline{h^2_{\mathrm{f}}}$ 是假定该高分子链所有单键内旋转都自由时的均方末端距。$\left(\frac{\overline{h^2_0}}{\overline{h^2_{\mathrm{f}}}}\right)^{1/2}$ 称为空间位阻参数或刚性因子 σ,σ 越大,表明分子链的刚性越大,柔性越小。表2-6给出了几种高分子在 θ 条件下的刚性因子 σ。

表 2-6　几种高分子在 θ 条件下的刚性因子 σ

高分子	溶　剂	温度/℃	刚性因子 σ
聚乙烯	十氢萘	140.0	1.84
聚丙烯(无规立构)	环己烷,甲苯	30.0	1.76
聚异丁烯	苯	24.0	1.80
聚乙烯醇	水	30.0	2.04
聚苯乙烯(无规立构)	环己烷	34.5	2.17
聚丙烯腈	二甲基甲酰胺	25.0	2.20
聚甲基丙烯酸甲酯(无规立构)	氯仿,丙酮	25.0	2.08
三硝基纤维素	丙酮	25.0	4.70
顺式1,4-聚丁二烯	二氧六环	20.2	1.68
顺式1,4-聚异戊二烯	苯	20.0	1.67
反式1,4-聚异戊二烯	二氧六环	47.7	1.30
聚二甲基硅氧烷	丁酮,甲苯	25.0	1.39

习　题

(带★号者为作业题;带※者为讨论题;其他为思考题)

1. 解释下列术语:

(1) 构型与构象;(2) 无规立构、无规共聚、无规线团;(3) 高斯链;(4) 自由联结链;(5) 无扰链;(6) 分子链的最可几末端距、平均末端距、均方末端距、均方半径;(7) 链段;(8) 分子链的平衡态柔性和动态柔性;(9) 空间位阻参数;(10) 刚性因子。

★2. 写出1,2-聚丁二烯和1,2-聚异戊二烯可能的键接方式与构型。

3. 高密度聚乙烯、低密度聚乙烯、线性低密度聚乙烯在分子链结构上的主要差别是什么?

4. 丁苯橡胶、高抗冲聚苯乙烯和SBS热塑弹体分别是哪类共聚物?

※5. 热塑弹体与硫化橡胶在溶解性和热行为上有何区别? 硫化橡胶与热固性塑料在结构上有何异同点?

★6. 设1根高分子主链由100个单键组成,每个键相对于前一个键可以在空间中采取2种可能的取向位置,试计算该高分子链在空间中可能采取的构象数。

★7. 间同立构聚丙烯是否能通过内旋转而转化为全同立构聚丙烯? 为什么?

※8. 为什么只有柔性高分子链才适合做橡胶?

★9. 写出下列各组高分子的结构单元,试比较各组中高分子链的柔性大小并说明理由。

(1) 聚乙烯、聚丙烯、聚苯乙烯;

(2) 聚乙烯、聚乙炔、顺式1,4-聚丁二烯;

(3) 聚丙烯、聚氯乙烯、聚丙烯腈;

(4) 聚丙烯、聚异丁烯;

（5）聚氯乙烯、聚偏氯乙烯；

（6）聚乙烯、聚乙烯基咔唑、聚乙烯基叔丁烷；

（7）聚丙烯酸甲酯、聚丙烯酸丙酯、聚丙烯酸戊酯；

（8）聚酰胺 66、聚对苯二甲酰对苯二胺；

（9）聚对苯二甲酸乙二醇酯、聚对苯二甲酸丁二醇酯。

★10. 测得一种聚丁烯-1 分子链的无扰均方半径$\overline{\rho_0^2}=36\ \text{nm}^2$，分子量 $\overline{M}_n=33\ 600$，试求该分子链的最大伸长比 λ_{max}。已知 C—C 键的键长 $l=0.154$ nm，键角 $\alpha=109°28'$。

※11. 一种聚丙烯高分子链的聚合度为 600，在 θ 条件下该高分子链在外力作用下的最大拉伸比为 10，试求该高分子链的刚性因子。已知 C—C 键的键长 $l=0.154$ nm，键角 $\alpha=109°28'$。

★12. 测得一种聚苯乙烯试样的分子量为 416 000，刚性因子为 2.17，试计算其无扰链的均方末端距。

扩展资源

附 2.1　扫描二维码了解本章慕课资源

慕课明细

视频文件名(mp4 格式)	视频时长(分:秒)
(1) 本章概述	4:55
(2) 化学组成	7:49
(3) 构型	14:05
(4) 共聚物的序列结构	8:57
(5) 构象	13:10
(6) 柔性与表征	11:53
(7) 柔性的影响因素	9:12
(8) 构象解析	10:27
(9) 链形态:线形、支化和交联	8:56

附 2.2　扫描二维码观看本章动画

动画目录：

（1）乙烷分子的构象变化动画示意图；

（2）1,2-二氯乙烷分子的构象变化动画示意图；

（3）高分子链的单键旋转和构象变化动画示意图。

附 2.3　天然高分子简介

天然高分子是人类最早利用的高分子材料，包括蛋白质、核酸和核糖核酸及多糖等。这些高分子具有天然的“生物友好性”，被广泛用于生物医学领域，是生命科学、医学和材料科学等交叉科学的研究热点。同时，这些高分子也体现出绿色环保、力学和光学等方面的多功能特性,其跨尺度、多层次的分子结构如何形成多种多样的丰富性能也是科学家非常感兴趣的问题。

扫描二维码了解天然高分子的分类和简介。

附2.4 蛋白质构象预测的 Levinthal's paradox 和 DeepMind 人工智能

蛋白质是生命活动最重要的功能大分子。蛋白质的"正确"构象和空间结构是其正常发挥生物化学功能的前提条件。人类的很多疾病是由功能性蛋白质的错误折叠和功能失效(也称"失活")直接导致的。蛋白质的结构预测一直是生命科学的重要挑战。

扫描二维码了解蛋白质构象预测的最新进展。

本章概述

化学组成

构　型

共聚物的序列结构

构　象

柔性与表征

柔性的影响因素

构象解析

链形态:线形、支化和交联

乙烷分子的构象变化动画示意图

1,2-二氯乙烷分子的构象变化动画示意图

高分子链的单键旋转和构象变化动画示意图

天然高分子简介

蛋白质构象预测的 Levinthal's paradox 和 DeepMind 人工智能

第 3 章　高分子的凝聚态结构

物质的凝聚态是区别于气态、等离子体的一种状态。这种状态下，原子和分子因为距离拉近，彼此相互作用增强。高分子的凝聚态中，长而柔的分子链以链段为基本单位、跨多个尺度进行有序或无序排列，呈现出丰富多变的形态。结构单元相同、相对分子质量及相对分子质量分布相近的高分子，如果凝聚态不同，则表现出的物理和力学性能可能差别巨大。因此，理解高分子凝聚态结构的差异性和多样性是理解高分子性能的重要基础。

高分子的凝聚态结构是在加工过程中形成的，合理地通过改变加工条件调控制件的凝聚态结构，是控制和提高制件质量的重要途径。因此，建立不同加工方法和制件凝聚态结构的联系也是本章的重要学习内容。

高分子的凝聚态包括晶态、玻璃态、熔融态、橡胶态/高弹态、液晶态和取向态。晶态通常是多链长程有序排列的固体状态，是热力学稳定的状态；玻璃态通常也称为非晶态固体，缺少长程有序结构。晶态和熔融态、玻璃态和橡胶态是热力学可逆转变的两对状态。液晶是介于晶态和熔融态的特殊状态，而取向态是存在于这些热力学状态之中、同加工因素紧密联系的状态。

3.1　高分子的晶态结构

晶态的小分子物质在生活中极为常见，比如食盐和白砂糖。然而，晶态高分子概念的提出却充满了争议。用一束 X 射线射入小分子晶体会得到该晶体的 X 射线衍射（X - Ray Diffraction，XRD）图案，并解析出晶体的有序结构。这是晶体学最核心的研究方法。20 世纪初，尽管“高分子”的概念还没有明确提出，科学家已经测得一些高分子物质的 XRD 图像并尝试解析出晶体结构参数，其空间结构单元的尺寸在数埃（Å）（$1\ \text{Å}=10^{-10}\ \text{m}$）这一量级。很快，H. Staudinger 提出了“高分子”的概念并被广泛接受，但是如何将几十甚至几百纳米长的高分子链排入空间点阵，获得仅包含几个链节、与小分子晶体尺寸相当的有序结构单元，一度困扰了很多科学家：普通小分子晶体的一个晶胞内常常含有数个分子，如果高分子晶体的晶胞中也包含数个长链分子，则可预计该晶体的密度将至少是铅的 50 倍，这显然是不可能的。事实上，高分子的密度仅 $1\ \text{g/cm}^3$ 左右。后来，高分子晶态结构模型陆续提出，最著名的是 A. Keller 的折叠链模型，认为高分子沿链轴平行排列，每根高分子链可穿越多个空间格子，而每个空间格子可包含多条平行分子链，这样就完美地解释了晶态高分子的存在。

3.1.1　高分子的晶胞结构

1. 晶体中的链构象

高分子链构象千变万化，但为了在链结构层面上形成有序结构，高分子链多采取锯齿形或螺旋形这两种构象形成晶态结构。如果忽略原子因热运动引起的微小位置波动，则认为晶体中分子链的构象是固定不变的。高分子链在晶态结构中所采取的构象遵从最低构象能原则，保持热力学最稳定。对于乙烯基类高分子,如果取代基较小(如聚乙烯),或取代基之间距离较大(如间同立构聚氯乙烯和间同立构聚丙烯腈等),或分子之间存在氢键作用(如聚酯和聚酰胺等),或主链上带内双键(如反式 1,4 - 聚异戊二烯和反式 1,4 - 聚丁二烯等),往往采取全反式(…tttttttt…)平面锯齿构象,如图 3 - 1 所示。

0.252 nm
聚乙烯

0.51 nm
间同立构聚氯乙烯

0.48 nm
反式1,4-聚异戊二烯

图 3 - 1　高分子晶体中分子链的平面锯齿构象

而带有较大侧基的高分子(如全同立构聚丙烯、聚 4 -甲基戊烯- 1 和聚四氟乙烯等),多采取反式-旁式相间(…tgtgtgtg…)的螺旋构象(见图 3 - 2),以尽可能减小侧基之间的推拒作用。

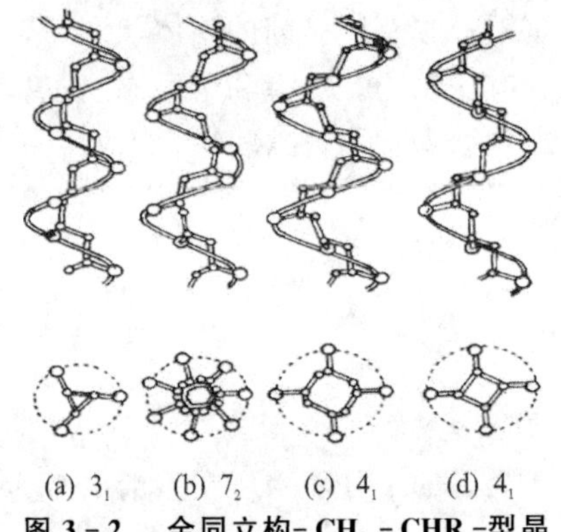

图 3 - 2　全同立构- CH_2 - CHR -型晶体中高分子链的各种螺旋构象

螺旋构象的周期性用 P_n 描述,表示在分子链方向上每个等同周期内包含 P 个结构单元,旋转 $n \times 360°$。例如,全同立构聚丙烯晶体的高分子链构象为 3_1 螺旋,表示每一等同周期内包含 3 个结构单元,旋转 1 周,即相邻结构单元上的甲基相对转过 120°;聚四氟乙烯晶体的高分子链构象为 15_7 螺旋,表示每一等同周期内包含 15 个结构单元,旋转 7 周。

2. 晶胞结构

晶胞是由空间点阵结构和分子结构共同定义的晶体有序结构单元。小分子晶体按晶胞参数可分为 7 个晶系:立方、六方、四方、菱方、正交、单斜、三斜,其对称性逐渐降低。高分子晶态结构中,晶胞的 c 轴方向平行于分子链方向,原子间以化学键结合,而晶胞 a、b 轴方向原子间只有范德华力和氢键等作用。c 轴和 a/b 轴作用力的不对称性,使得高分子晶体不能形成各向同性的立方晶系,只能形成其他 6 个晶系。

同一种高分子,结晶条件变化,对应的晶系和晶胞结构也会发生变化。例如,聚乙烯的稳定晶型是正交晶系,但在拉伸时可以形成三斜或单斜晶系;全同立构聚丙烯在不同的结晶温度下,可由同一螺旋构象 3_1 以 3 种不同的方式分别堆砌成单斜、六方或菱方晶系;全同立构聚丁烯- 1 可以不同的螺旋构象形成菱方、四方、正交等晶系。这种现象与小分子晶体类似,称为同素异构或同质多晶现象(polymorphism)。

表 3 - 1 列出了几种高分子晶体的晶胞参数(a、b、c;α、β、γ)、一个晶胞中包含的结构单元数(N_u)和分子链构象。根据晶胞参数,可以进行高分子晶体基本物理性质如密度、内聚能等的理论计算。图 3 - 3 给出了聚乙烯(PE)和聚对苯二甲酸乙二醇酯(PET)的晶胞结构示意图。由图可见,在聚乙烯的正交体心晶胞中,4 条垂直棱边上的 4 个结构单元因与周围 4 个晶

胞共享，平均只有 1 个结构单元属于该晶胞，但体心的一个结构单元为该晶胞所独有，因此该晶胞总共包含 2 个结构单元。

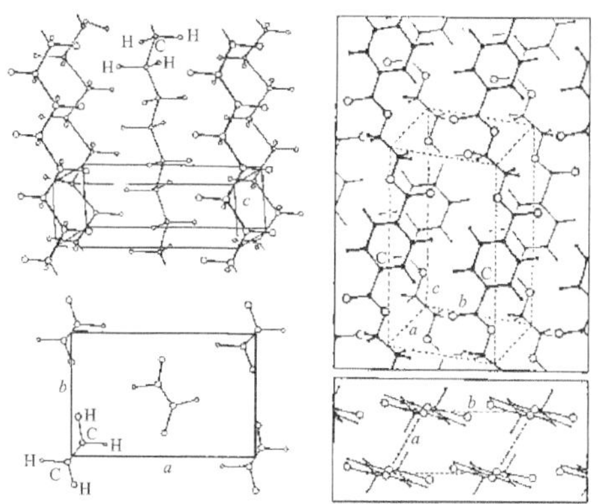

(a) 聚乙烯　　(b) 聚对苯二甲酸乙二醇酯

图 3-3　晶胞结构示意图

表 3-1　一些高分子晶体的晶胞参数和分子链构象

高分子名称	晶　系	晶胞参数							链构象
		a/nm	b/nm	c/nm	α	β	γ	N_u	
聚乙烯	正交	0.736	0.492	0.253				2	PZ
聚四氟乙烯(<19 ℃)	准六方	0.559	0.559	1.688			119.3°	1	$H13_6$
(>19 ℃)	菱方	0.566	0.566	1.950				1	$H15_7$
聚丙烯(全同)	单斜	0.665	2.096	0.650		99°20′		4	$H3_1$
(间同)	正交	1.450	0.560	0.740				2	$H4_1$
聚丁烯-1(全同)	菱方	1.770	1.770	0.650				6	$H3_1$
聚苯乙烯(全同)	菱方	2.190	2.190	0.665				6	$H3_1$
聚甲基丙烯酸甲酯(全同)	正交	2.098	1.206	1.040				4	$DH10_1$
聚氯乙烯(间同立构)	正交	1.060	0.540	0.510				2	PZ
聚甲醛	菱方	0.447	0.447	1.739				1	$H9_5$
尼龙 6	单斜	0.956	1.720	0.801		67.5°		4	PZ
尼龙 66	三斜	0.490	0.540	1.720	48.5°	77°	63.5°	1	PZ
尼龙 610	三斜	0.495	0.540	2.240	49°	76°	63.5°	1	PZ
聚碳酸酯	单斜	1.230	1.010	2.080		84°		4	PZ
聚对苯二甲酸乙二醇酯	三斜	0.456	0.594	1.075	98.5°	118°	112°	1	～PZ
聚对苯二甲酸丁二醇酯	三斜	0.483	0.594	1.159	99.7°	115.2°	110.8°	1	Z
顺式 1,4-聚异戊二烯	单斜	1.246	0.889	0.810		92°		4	Z
反式 1,4-聚异戊二烯	单斜	0.798	0.629	0.877		102°		2	Z
顺式 1,4-聚丁二烯	单斜	0.460	0.950	0.860		109°		2	Z
反式 1,4-聚丁二烯	单斜	0.863	0.911	0.483		114°		4	Z
聚异丁烯	正交	0.688	0.919	1.860				2	$H8_3$

注：PZ 表示平面锯齿形，Z 表示锯齿形，～PZ 表示接近于平面锯齿形；H 表示螺旋形，DH 表示双螺旋形。

3.1.2 高分子的结晶形态

结晶性高分子可以从溶液、熔体或无定形固体中结晶出来。随结晶条件的不同,高分子可能形成形态极不相同的宏观(几毫米)或亚微观(几十微米)的晶体,如单晶、枝晶、球晶、伸直链晶体、纤维状晶体等。

1. 单　晶

1957年,A. Keller采用在极稀溶液(浓度小于0.01%)条件下,以缓慢结晶的方式首次获得了聚乙烯单晶,如图3-4所示。这些规则菱形外形的多片层状晶体达到了几微米到几十微米的尺寸,在电子显微镜下清晰可见;同时,X射线电子衍射图谱显示出单晶特有的衍射斑点花样。此后,聚甲醛、尼龙和聚酯等许多单晶体也一一问世,展示了丰富的单晶形态。

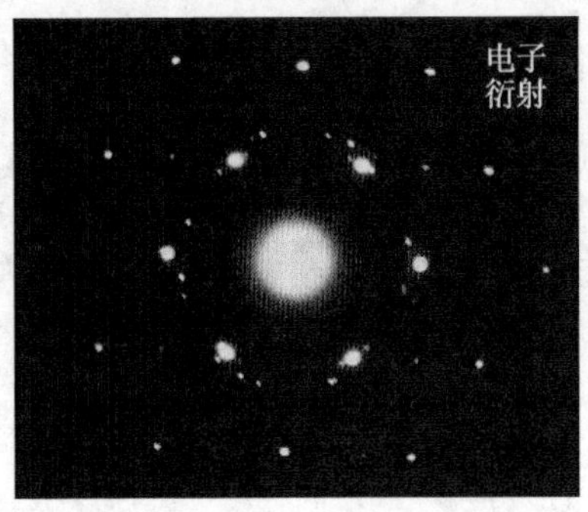

图3-4　聚乙烯单晶的电子显微镜照片和电子衍射图

虽然不同的高分子单晶具有不同的外形,如图3-5所示,聚4-甲基戊烯-1单晶呈四方形,聚甲醛单晶呈六角形,但晶片的厚度基本都在10 nm左右,最多不超过50 nm。

电子衍射数据也表明,单晶片层/晶片的厚度在10 nm左右,其中的分子链垂直于片晶平面排列;而且像小分子晶体一样,高分子链沿螺形位错盘旋生长,形成空心锥状单晶(见图3-6)。

(a) 聚甲醛

(b) 聚4-甲基戊烯-1

图3-5　高分子单晶的电子显微镜照片

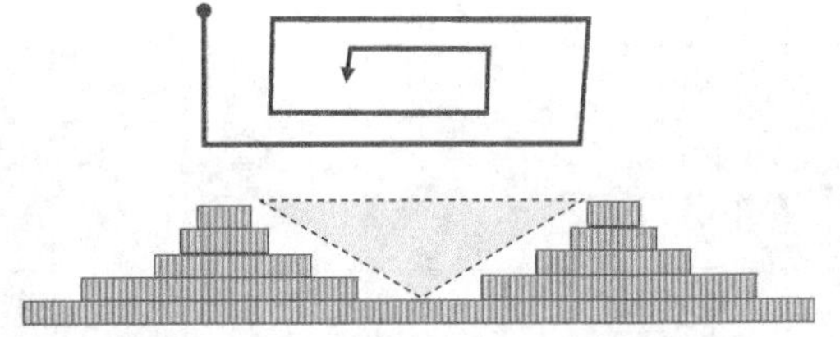

图3-6　高分子空心锥状单晶剖面图

鉴于高分子链长度通常在几百纳米甚至微米尺度,是晶片厚度的10～1 000倍,Keller提出了高分子晶体的折叠链模型,如图3-7所示,明确提出单晶晶片是由长链近邻规整折叠构成的。由折叠链构成的片晶称为折叠链晶片(folded chain lamellae)。

显然,类似于生物化学上培养蛋白质单晶,控制溶液浓度极低的条件有助于高分子链形成稳定的构象,从而形成大尺寸、更规整的高分子单晶结构。值得注意的是,高分子片晶的厚度相对稳定,在10～20 nm之间变化;升高结晶温度有利于增加晶片厚度,而改变压力或结晶时

间对晶片厚度影响不大。

若高分子溶液的浓度较大(0.01%～0.1%)，或结晶温度较低即过冷度高，或高分子的相对分子质量很大，则在常压下结晶往往形成如图 3-8 所示的树枝状晶体，称为枝晶。枝晶实际上是许多单晶片堆积生长而成的，由于生成晶片的棱角可以诱导新的分子链在此形核和生长，片晶就像树枝一样连接、扩散进行结晶，故表现出在特定方向择优生长。

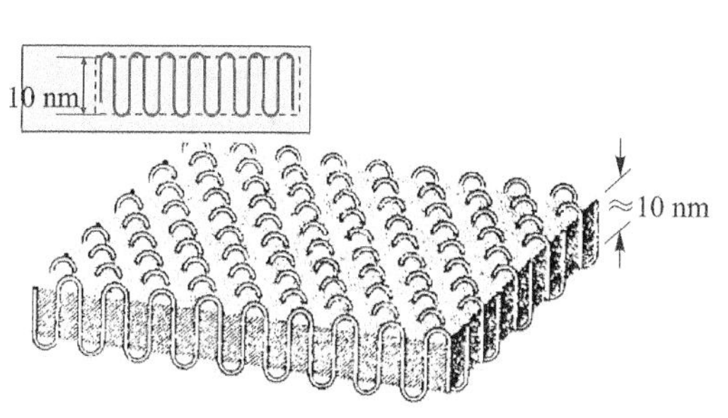

图 3-7　折叠链晶片模型

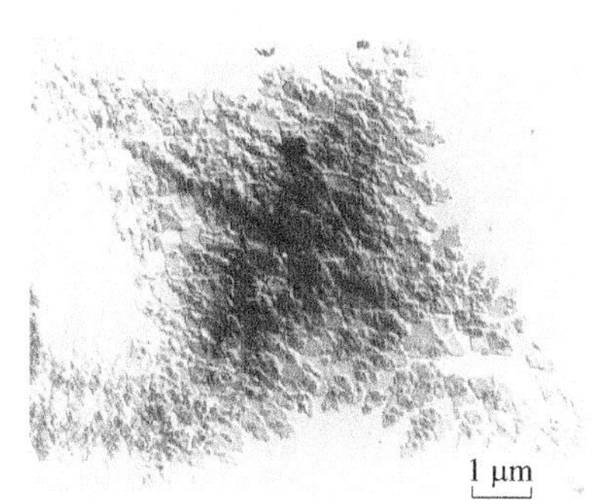

图 3-8　聚乙烯的枝晶形貌电子显微镜图

2. 球　晶

当高分子溶液浓度进一步增大时，或者从熔体冷却结晶时，倾向于生成球状多晶体，称为球晶，直径可以从数微米至数毫米，可以用光学显微镜和电子显微镜观察。电子显微镜照片显示，球晶是由许多径向发射的晶片构成的(见图 3-9)，晶片厚度也是约 10 nm，因此球晶的形成是片晶在空间对称发射生长而成的多晶体。

较大的球晶(直径大于 5 μm)在正交偏光显微镜下呈现特有的黑十字消光图(maltese cross)(见图 3-10(a))。黑十字消光现象是球晶双折射性和对称性的反映，形成原理见 10.3.3 节。在正交偏光显微镜下，还会出现反映球晶径向周期性变化的同心圆环特征(见图 3-10(b))，这是由于有些球晶中晶片会发生周期性扭曲(见图 3-11)。但是，不论晶片扭曲程度如何，其中的分子主链方向(c 方向)总是垂直于球晶的径向(见图 3-12)。晶片与晶片之间有分子链连接(见图 3-13)，这些分子链称为连接链。

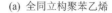

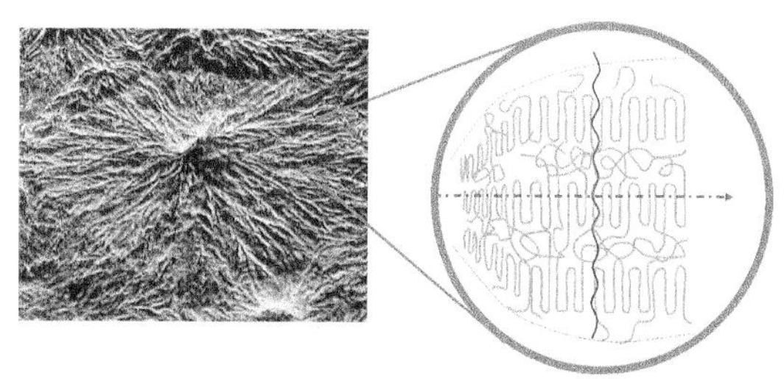

图 3-9　聚 4-甲基戊烯-1 球晶电子显微镜照片和晶片中分子链取向示意图

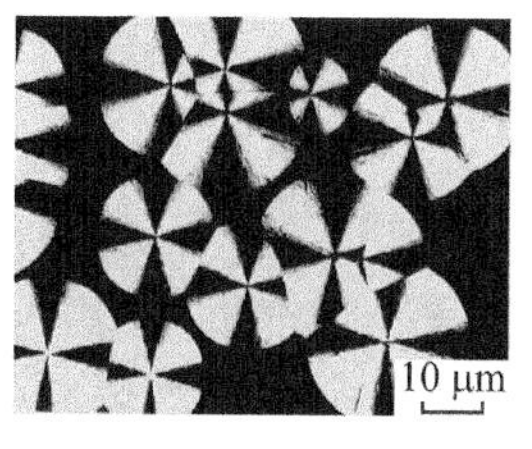

(a) 全同立构聚苯乙烯

(b) 聚戊二酸丙二醇酯

图 3-10　高分子球晶的正交偏光显微镜照片

球晶还有正球晶与负球晶之分。球晶中片晶的径向折射率 n_r 与切向折射率 n_t 之差为球晶的双折射度 Δn。$\Delta n>0$ 的球晶称为正球晶，$\Delta n<0$ 的球晶称为负球晶(见图 3-14)。通常

聚乙烯的球晶是负球晶($n_r=1.510$,$n_t=1.535$)。聚偏二氯乙烯的球晶为正球晶,全同立构聚丙烯、尼龙6和尼龙66等可形成正球晶、负球晶,或正、负混合球晶,球晶的正负性取决于结晶条件。

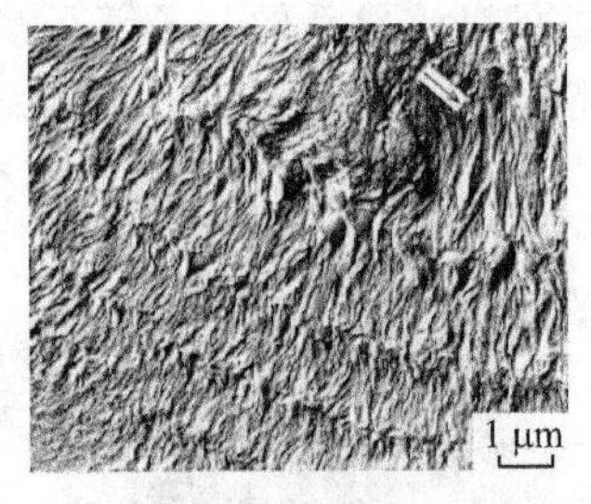

图3-11　聚乙烯球晶局部电子显微镜照片(显示球晶内晶片扭曲情况)

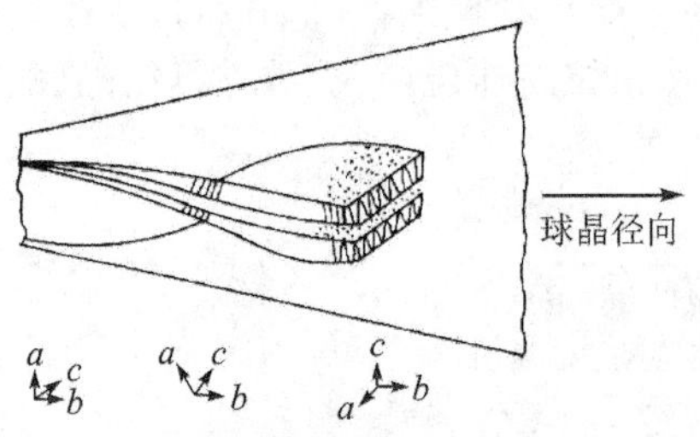

图3-12　球晶内径向发射扭曲晶片及其中的分子链取向

图3-13　晶片之间的连接链

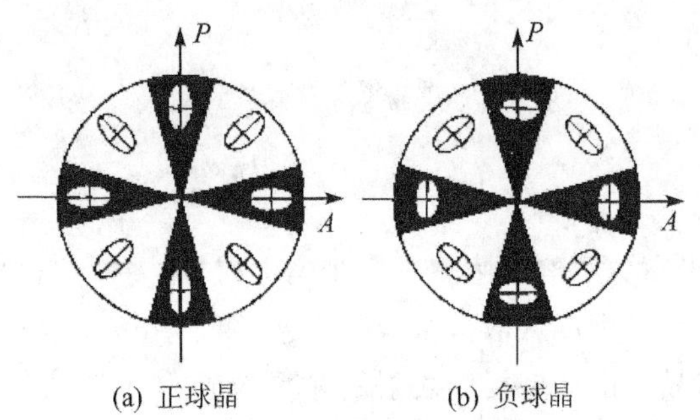

图3-14　球晶双折射度示意图

3. 伸直链晶体

高分子在高温高压条件下结晶时,有可能形成高分子链伸展排列的伸直链晶体,晶片厚度与高分子链的长度相当。如聚乙烯在温度>200 ℃、压力>400 MPa的条件下结晶时,得到伸直链晶体,图3-15是该晶体的断口电子显微镜照片。可以看到,这种晶体的晶片厚度达10^3~10^4 nm,基本上等于伸直分子链的长度;密度超过0.99 g/cm^3,接近于聚乙烯理想晶体的密度;熔点达140 ℃,接近于聚乙烯的热力学平衡熔点。晶片厚度的分布也与相对分子质量分布相当,且不随热处理条件的改变而变化。由此可以认为,伸直链晶体是热力学上最稳定的一种高分子晶体。

聚对苯二甲酸乙二醇酯(PET)在350 MPa、350 ℃的条件下等温结晶时,也会形成伸直链晶体。有些高分子如聚四氟乙烯和尼龙6甚至在常压下缓慢结晶时也能形成伸直链晶体。

除了极端条件结晶形成的伸直链晶体以外,在溶液中、应力条件下可以获得由伸展的高分子链组成的纤维状晶体(见图3-16),高分子链犬牙交错连接,使得纤维的长度可大大超过高分子链的长度。

4. 串晶与柱晶

高分子的加工成型过程通常会施加一定的应力场,但这种应力场又远不足以使高分子形成伸直链晶体,因此常常形成既有伸直链晶体又有折叠链晶片的串晶或柱晶。

图 3-15　高压结晶聚乙烯伸直链晶体断面的电子显微镜照片和分子链取向示意图

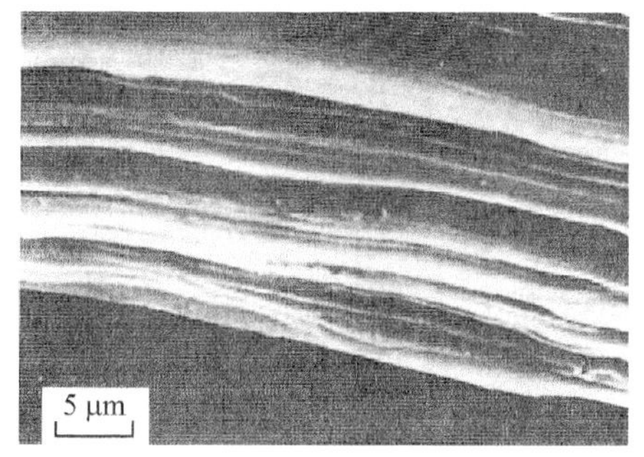

图 3-16　从溶液中结晶的聚乙烯纤维状晶体

高分子溶液在搅拌条件下(在剪切和拉伸应力场作用下)结晶时也形成串晶(shish-kab-ab 结构)。在电子显微镜下观察时,串晶形如串珠(见图 3-17(a))。这种晶体的中心是纤维状伸直链晶体,外延间隔地生长着折叠链晶片,其模型如图 3-17(b)所示。搅拌速度越快,高分子在结晶过程中受到的切应力就越大,所得串晶中纤维状晶体的比例就越大。

高分子熔体在应力作用下冷却结晶时,形成的串晶中折叠链晶片密集,使晶体呈柱状,称为柱晶。柱晶由中心贯穿有伸直链晶体的扁球晶构成(见图 3-18)。柱晶结构多见于熔纺纤维、注射成型制件表皮层和挤出拉伸薄膜中。

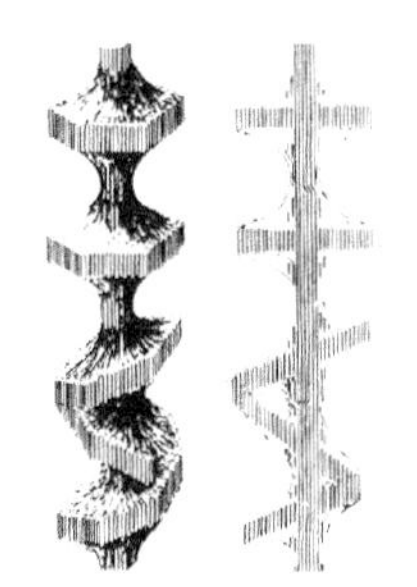

(a) 聚乙烯串晶电子显微镜照片　(b) 串晶结构模型

图 3-17　高分子串晶形貌和结构模型

图 3-18　正交偏光显微镜下观察到的柱晶形貌

5. 高分子结晶形态的观察方法

如前所述,高分子的结晶形态常用偏光显微镜和透射电子显微镜直接观察。用正交偏光显微镜观察时,要求样品厚度为 5～10 μm;用透射电子显微镜观察时,要求样品厚度为 30～50 nm。这类薄膜样品可以用溶液浇铸法制备,也可以用薄切片技术或超薄切片技术从已成型制件上切取。此外,制件内的球晶尺寸通常并不均匀,为了获得球晶尺寸的统计平均值,常采用激光光散射法。

激光光散射法测定球晶尺寸的基本原理如图 3-19(a)所示。当一束平行的单色激光通过起偏振片照射到结晶高聚物薄膜样品上时,会发生光散射,通过检偏振片在照相底片上的曝光记录,就得到样品的光散射图。按照检偏振片的偏振方向与起偏振片的偏振方向,可得到两类光散射图。如果起偏振片的偏振方向和检偏振片的偏振方向分别是垂直与水平的(见图 3-19(a)),则得到的光散射图称为 Hv 图;如果起偏振片与检偏振片的偏振方向都是垂直的,则得到的光散射图称为 Vv 图。未取向(各向同性)结晶高聚物的典型 Hv 和 Vv 图分别如

图 3-19(b)和图 3-19(c)所示。

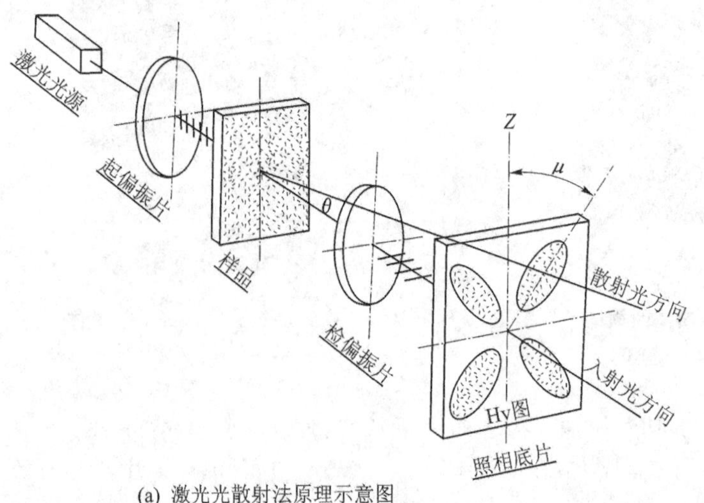

(a) 激光光散射法原理示意图

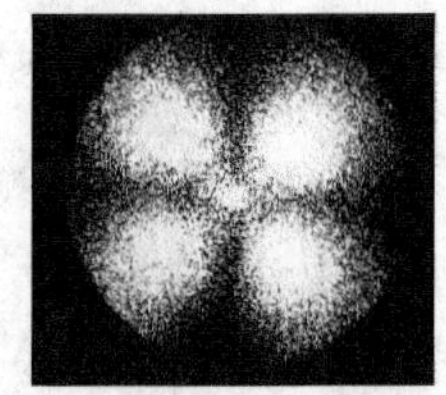

(b) 未取向结晶高聚物的典型Hv图

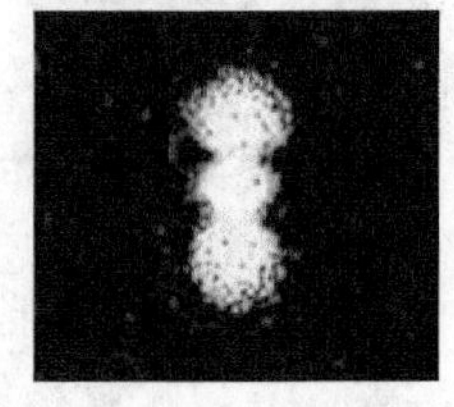

(c) 未取向结晶高聚物的典型Vv图

图 3-19 激光光散射法原理示意图与未取向结晶高聚物的典型 Hv 和 Vv 图

通常利用 Hv 图测定样品内球晶的尺寸。Hv 图之所以呈“四叶”状,是因为当方位角 μ 为 45°的整数倍时,散射光强最大。“叶”内散射光强随方位角 μ 和散射角 θ 而变,产生最大散射光强的散射角 $\theta_{\max}$ 与样品内球晶的最可几半径 R^*(接近于平均半径 $\bar{R}$)之间存在如下关系:

$$R^* = \frac{4.09\lambda}{4\pi\sin(\theta_{\max}/2)} \tag{3-1}$$

式中:λ 为激光波长,对于 He-Ne 激光,$\lambda=632.8$ nm。式(3-1)可具体化为

$$R^* = \frac{2.06}{\sin(\theta_{\max}/2)} \tag{3-2}$$

3.1.3 高分子晶态结构的表征

1. 结晶度的定义

从高分子的结晶形态可知,高分子一般很难形成十分完善的晶体。因为即使在严格的结晶条件下培养成的单晶体,也不可避免地包含许多缺陷,例如在折叠链晶片表面,分子链的排列是不规整的。因此,实际高分子中总是既包括结晶的部分,也包括非晶的部分。其中晶相由规整排入晶格的伸直链或链段构成,非晶相由未排入晶格的分子链和链段、链末端、空洞等构成。正因如此,常把具有结晶能力的高分子称为半结晶(semi-crystalline polymer)或部分结晶高分子。部分结晶高分子的两相结构模型如图 3-20 所示,晶片之间的间距称为长周期,用 l'表示。

高分子结晶的完善程度用结晶度表征。结晶度定义为高分子内晶相的质量百分数或体积百分数,分别用 x_c^m 或 x_c^V 表示为

$$x_c^m = \frac{m_c}{m_c + m_a} \times 100\% \tag{3-3}$$

$$x_c^V = \frac{V_c}{V_c + V_a} \times 100\% \tag{3-4}$$

式中:m 表示质量;V 表示体积;下标 c 和 a 分别表示晶相和非晶相。

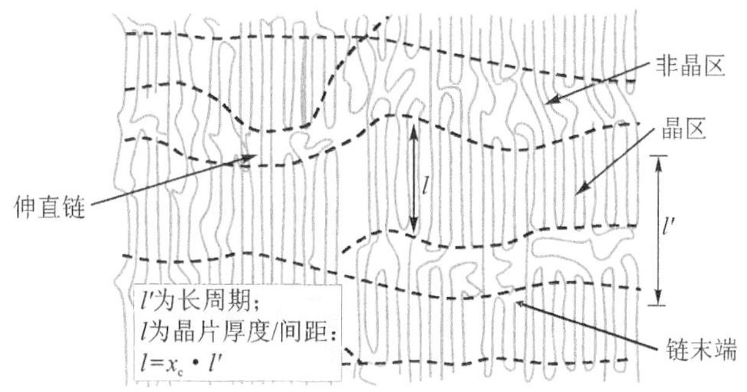

图 3-20 部分结晶高分子的两相结构模型

部分结晶高分子中，一根分子链常常穿越多个晶区和非晶区，可见晶区和非晶区之间有化学键联系。即使在单晶的折叠链晶片中，规整排列在晶区内的链段与不规整排列在晶片表面的链段之间也以化学键接在一起。因此，不可能用物理方法分离晶相和非晶相，然后直接测定晶相的质量或体积百分数，而只能基于晶相和非晶相物理性能上的差别来确定结晶度。方法不同，测得的结晶度也会有一定的差别。

2. 结晶度的测定方法

目前测定结晶度的常用方法有密度法、X 射线衍射法和热分析法等。

(1) 密度法

密度法测定结晶度依据的原理如下：晶相中分子链的堆砌密度比非晶相中的大，因而晶相密度大于非晶相密度($\rho_c > \rho_a$)，或者说，晶相比体积(比体积为密度的倒数，单位为 m^3/kg 或 cm^3/g)小于非晶相比体积($\nu_c < \nu_a$)，部分结晶高分子的密度介于 ρ_c 与 ρ_a 之间，比体积介于 ν_c 与 ν_a 之间。

假定部分结晶高分子的比体积 ν 等于晶相比体积和非晶相比体积的线性加和，即

$$\nu = x_c^m \nu_c + (1 - x_c^m)\nu_a \tag{3-5}$$

则有

$$x_c^m = \frac{\nu_a - \nu}{\nu_a - \nu_c} = \frac{1/\rho_a - 1/\rho}{1/\rho_a - 1/\rho_c} = \frac{\rho_c(\rho - \rho_a)}{\rho(\rho_c - \rho_a)} \tag{3-6}$$

假定部分结晶高分子的密度 ρ 等于晶相密度与非晶相密度的线性加和，即

$$\rho = x_c^V \rho_c + (1 - x_c^V)\rho_a \tag{3-7}$$

则有

$$x_c^V = \frac{\rho - \rho_a}{\rho_c - \rho_a} \tag{3-8}$$

由式(3-6)和式(3-8)可见，已知部分结晶高分子的密度 ρ、晶相密度 ρ_c 和非晶相密度 ρ_a，就可以得到该高分子的结晶度。高分子的密度 ρ 常用密度梯度技术精确测定(参考 ASTM D1505-2018)，晶相和非晶相的密度分别为高分子完全结晶和完全非结晶时的密度。不过，既然高分子不可能完全结晶，那就不可能从实验上测定 ρ_c，只能利用晶胞参数进行理论计算。如果用 X 射线衍射分析测得一种高分子的晶胞体积为 $V_{晶胞}$，晶胞内包含的结构单元数为 N_u，每个结构单元的相对分子质量为 M_u，则该高分子晶相的理论密度为

$$\rho_c = \frac{M_u N_u}{N_A V_{晶胞}} \tag{3-9}$$

式中:N_A 为阿伏加德罗常数。

高分子完全非结晶时的密度,可以从熔体的比体积-温度曲线外推到被测温度求得,也可以通过将熔体淬火获得完全非结晶样品后进行实测。目前,许多高分子的 ρ_c 和 ρ_a 都可以从手册或文献中查到。表 3-2 给出了几种常见部分结晶高分子的 ρ_c 和 ρ_a。

表 3-2　几种常见部分结晶高分子的 ρ_c 和 ρ_a

高分子	$\rho_c/(g\cdot cm^{-3})$	$\rho_a/(g\cdot cm^{-3})$	高分子	$\rho_c/(g\cdot cm^{-3})$	$\rho_a/(g\cdot cm^{-3})$
聚乙烯	1.014	0.854	尼龙 6	1.230	1.084
聚丙烯(全同)	0.936	0.854	尼龙 66	1.220	1.069
聚丁烯-1(全同)	0.950	0.868	聚对苯二甲酸乙二醇酯	1.455	1.336
聚苯乙烯(全同)	1.120	1.052	聚碳酸酯	1.310	1.200
聚氯乙烯(间同)	1.520	1.390	天然橡胶	1.000	0.910
聚甲醛	1.506	1.215			

(2) X 射线衍射法

X 射线衍射法依据的原理是:部分结晶高分子的 X 射线衍射花样上既有清晰的源自晶相的衍射环,又有源自非晶相的弥散环,如图 3-21(a)所示,相应的衍射强度曲线如图 3-21(b)所示。结晶度定义为

$$x_c = \frac{A_c}{A_c + KA_a} \times 100\% \tag{3-10}$$

式中:A_c 为衍射曲线下晶相衍射峰的面积;A_a 为衍射曲线下非晶相散射峰的面积;K 为校正因子。作相对比较时,可令 $K=1$;绝对测量时,需校正。

(3) 热分析法

热分析法(如差示扫描量热法,简称 DSC)依据的原理是:单位质量高分子的熔融焓正比于结晶度。设单位质量完全结晶与部分结晶高分子的熔融焓分别为 ΔH_0 和 ΔH,则部分结晶高分子的结晶度为

$$x_c = \frac{\Delta H}{\Delta H_0} \times 100\% \tag{3-11}$$

完全结晶高分子的熔融焓需用外推法获得,具体步骤如下:制备一系列结晶度不同的样品,用绝对法(如 X 射线衍射法)测定各样品的结晶度,同时测定单位质量各样品的熔融焓,作熔融焓-结晶度曲线,外推到结晶度为 100%,得到该高分子的 ΔH_0。

3. 晶片厚度的测定方法

对于图 3-20 所示的部分结晶高分子,晶片厚度 l 定义如下:

$$l = l' \times x_c \tag{3-12}$$

式中:l' 为长周期;x_c 为结晶度。

晶片厚度的测定方法如下:首先用 X 射线小角衍射法测定长周期 l':

$$l' = \frac{\lambda}{2\sin\theta} \tag{3-13}$$

式中:λ 是 X 射线波长;θ 是衍射角($<2°$)。然后用 l'、结晶度 x_c 及式(3-12)计算晶片厚度 l。图 3-22 给出了一种聚乙烯试样的 X 射线小角衍射强度曲线以及从衍射峰计算的长周期(10.6 nm)。

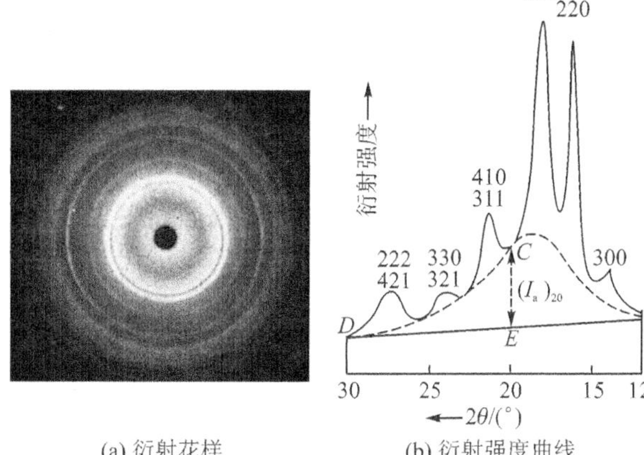

(a) 衍射花样　(b) 衍射强度曲线

图 3-21　全同立构聚苯乙烯的 X 射线衍射花样和衍射强度曲线

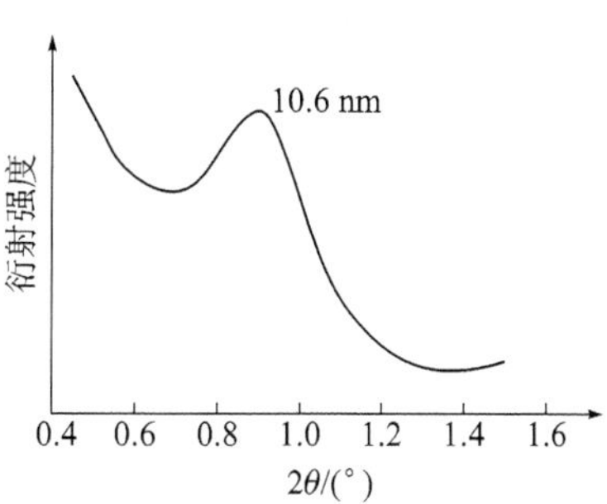

图 3-22　一种聚乙烯试样的 X 射线小角衍射强度曲线

3.1.4　高分子的结晶行为

1. 高分子的结晶能力

高分子晶体中，晶胞的 c 方向是高分子主链中心轴方向，而且一根高分子长链要穿越多个晶胞，因此，只有当高分子链本身具有高度的空间结构规整性时，才有可能实现 c 方向上的远程有序排布，才具有结晶能力。而链结构不规整的高分子，则固有地缺乏结晶能力。所以，尽管所有的小分子在适当条件下都可能结晶，但绝不是所有的高分子都能结晶。高分子链结构的规整性与结晶能力的关系如下。

(1) 链的对称性

高分子链结构的对称性越高，结晶能力就越强。例如，结构单元简单而高度对称的聚乙烯和聚四氟乙烯具有极强的结晶能力，即使在液氮中骤冷，也仍能结晶。但是，如果将聚乙烯氯化，则由于分子链的对称性受到破坏以及氯侧基的随机分布，其结晶能力便大大降低，甚至完全丧失。对称取代的乙烯基类高分子，如聚偏氯乙烯、聚异丁烯、聚偏氟乙烯等，以及主链上含有杂原子的高分子，如聚甲醛、聚苯醚和聚砜等，虽然对称性不如聚乙烯和聚四氟乙烯，但仍能形成类似棒状的对称结构，因此具有结晶能力。

(2) 链的空间立构规整性

链的空间立构/构型规整性影响高分子的结晶能力。无规立构的单烯类高分子一般不能结晶。例如，无规立构聚丙烯、无规立构聚甲基丙烯酸甲酯、无规立构聚苯乙烯等都是典型的非晶性高分子。而由定向聚合获得的有规立构高分子都可能结晶。例如全同或间同立构聚丙烯、全同或间同立构聚甲基丙烯酸甲酯、全同或间同立构聚苯乙烯、间同立构聚氯乙烯等都是结晶性高分子。立构规整性越高，则结晶能力越强。在双烯类高分子中，如果主链上结构单元的顺、反几何异构是无规排列的，那么也不能结晶，但全顺式或全反式高分子就可能结晶。其中尤以链对称性最好的全反式 1,4-聚丁二烯的结晶能力最强。

这里有几个值得注意的例外：① 自由基聚合的无规立构聚三氟氯乙烯仍具有相当强的结晶能力，一般认为这是因为氯原子和氟原子都是卤素原子且体积相差不太大，两者具有一定的等代性，不影响链结构的规整性。② 虽然无规立构聚乙酸乙烯酯不能结晶，但由它水解得到的无规立构聚乙烯醇却能结晶。这可能是由于羟基体积较小，分子间又能形成氢键的缘故。③ 无规立构聚氯乙烯也有微弱的结晶能力。有人认为这是因为氯原子电负性较大，分子链上相邻氯原子相互排斥，形成近似于间同立构的缘故。

(3) 共　聚

无规共聚通常会破坏链的对称性和规整性，从而降低结晶能力。但是，如果两种共聚单元的均聚物具有类似的晶胞结构，则共聚物仍能结晶，只是晶胞参数将随共聚物的组成而变化。如果两种共聚单元的均聚物具有不同的晶胞结构，那么，当其中一种共聚单元为主要组分时，共聚物仍具有一定的结晶能力，含量较少的共聚组分将作为缺陷存在于含量较多组分的结晶中。但是，如果两种共聚单元的含量比较接近，则共聚物的结晶能力将大大减弱，甚至完全丧失。例如，乙烯和丙烯含量接近的乙丙橡胶就没有结晶能力。

嵌段共聚物中的各嵌段和接枝共聚物中的主链和接枝，都能保持相对的独立性，形成纳米尺度的相结构，它们的结晶能力主要取决于各组元本身的结晶能力。

(4) 其他结构因素

高分子间具有强相互作用，特别是能形成氢键时，有利于提高结晶能力，例如聚氨酯和尼龙等都具有较高的结晶能力。支化和交联都会破坏高分子链的对称性和规整性，削弱结晶能力。例如，支化聚乙烯的结晶能力不如线形聚乙烯；交联聚乙烯的结晶能力随交联度的增大而迅速降低，高度交联时，转变为非晶性高分子。又如轻度交联的天然橡胶仍具有一定的结晶能力，但随交联程度的提高，会逐渐失去结晶能力。所有的热固性塑料(如酚醛塑料和环氧塑料等)因交联密度高，都属非晶性高分子。

2. 高分子的结晶条件

高分子链结构的规整性，是其具有结晶能力的内因。但是，具有结晶能力的高分子只有在合适的条件下才能结晶，即条件是导致高分子结晶的外因。其结晶速率取决于温度、应力、杂质、溶剂和高分子链本身的结构。

如前所述，部分结晶高分子总是晶相和非晶相的混合体系。晶相最重要的特征温度是熔点 T_m；非晶相最重要的特征温度是玻璃化转变温度 T_g，指非晶玻璃态转变为高弹态的转变温度(详见第 5 章)，$T_g < T_m$。结晶性高分子能结晶的温度范围正是在 $T_g \sim T_m$ 之间。实现结晶的途径有两条：一是将熔体冷却到 $T_g \sim T_m$ 之间的温度下使之结晶，称为热结晶；二是先将熔体骤冷到 T_g 以下形成“过冷液体”(即玻璃)，然后再升温到 $T_g \sim T_m$ 之间的温度下使之结晶，称为冷结晶。

3. 高分子的结晶过程

与小分子物质的结晶过程一样，高分子的结晶也包括晶核形成和晶体生长两个阶段。成核方式有均相成核和异相成核两类。均相成核是以熔体中热运动能量较低的高分子链(段)有序排列成热力学上稳定的链束为晶核。异相成核是以外来杂质、未完全熔融的残余结晶高分子、分散的固体小颗粒或容器壁为中心，吸附熔体中的高分子链(段)作有序排列而成核。晶核一旦形成，熔体中的高分子链便通过向晶核扩散并作规整排列使晶粒长大。

高分子从熔体冷却结晶时，如果不受应力作用或应力很小，一般形成球晶。在光学显微镜下观察，可以看到球晶以球状对称的方式生长。更仔细地观察，球晶的形成过程如图 3-23 所示：成核初期，它只是一个多层片晶，逐渐向外张开生长，不断分叉，经捆束状，形成填满空间的球状外形。

在球晶的生长过程中，最突出的特点是连续发生非结晶学上的小角度分叉，如图 3-24 所示。正是靠径向发射生长晶片的这种小角度分叉，才使球晶内的空间得以填满，并使条状晶片总是保持基本平行于径向。在结晶学上，原始晶核的取向通常决定着整个晶体的晶胞取向，而球晶却是从单一晶核生长，由径向发射的条状晶片组成的球状多晶聚集体。

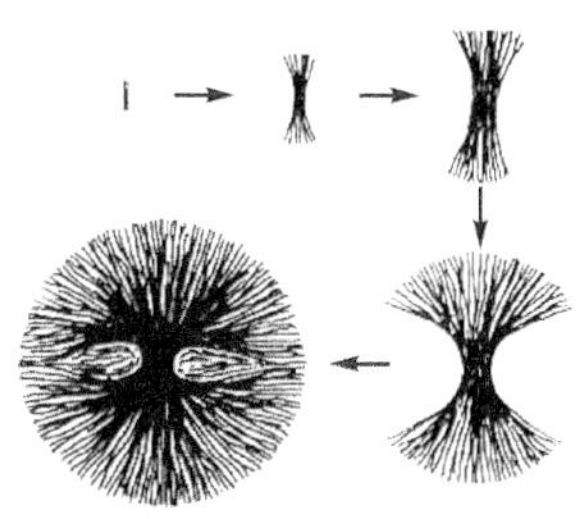

图 3-23　球晶形成过程

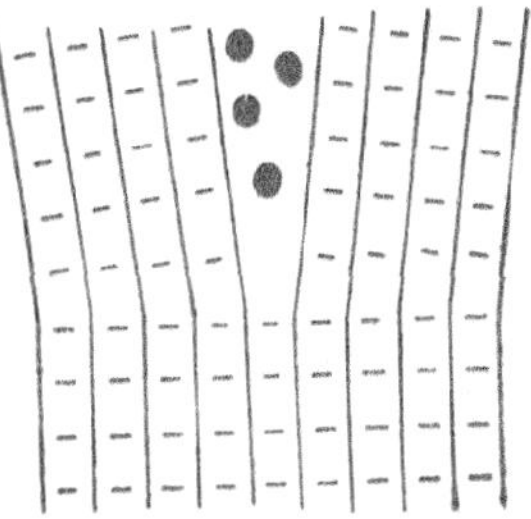

图 3-24　杂质导致晶片小角度分叉示意图

除了高分子能形成球晶外，包含杂质的小分子矿物质和有机化合物的熔体也能形成球晶。实际上，球晶生长的共同条件是体系含有杂质且非常粘稠。对于高分子，那些过分短或结构上不规整的链都起杂质的作用，生长中的晶片排斥这些杂质。由于体系粘稠，杂质难以扩散开去，富集在生长界面附近，由此导致两相邻生长晶片的小角度分叉。

在一个球晶的生长过程中，只要不碰到其他球晶，它就会不断长大，直到与邻近的球晶相碰，就停止在该方向上的生长（见图 3-25）。所以在一个充满球晶的体系内，球晶彼此接壤，变成多面体。如果体系在结晶过程中晶核密度很低，则球晶可以长到很大；相反，如果体系中晶核密度很高，则许多球晶同时生长，彼此很容易相碰，因而长不大。

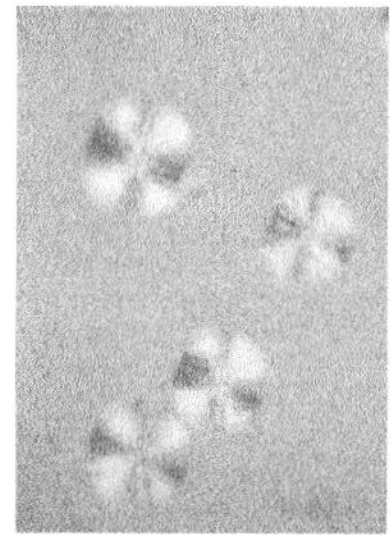

图 3-25　球晶生长过程中与相邻球晶相碰

4. 等温结晶动力学

高分子结晶时，体积不断收缩，体积收缩量通常可用膨胀计法测量。膨胀计的基本结构是一个安瓿瓶和一根带刻度的毛细管，如图 3-26(a)所示。将样品和惰性液态介质装满安瓿瓶，插入毛细管；抽真空除去气泡；升温，使试样熔融；将安瓿瓶放入温度落在该样品 $T_g \sim T_m$ 范围内的恒温浴内，记下毛细管内液面的初始高度。随着等温结晶过程中样品体积的收缩，毛细管内液面不断下降。根据毛细管的直径与不断下降的液面高度，可计算出样品体积随时间的变化。图 3-26(b)给出了结晶高分子等温结晶过程中体积变化的典型规律。

小分子物质的等温结晶过程符合阿芙拉密（Avrami）方程：

$$\theta = \frac{V_t - V_\infty}{V_0 - V_\infty} = e^{-kt^n} \tag{3-14}$$

式中：t 为结晶时间；V_0、V_t 和 V_∞ 分别为结晶物质在起始时刻、t 时刻和结晶完成（即 $t \to \infty$）时的体积；k 为结晶速率常数；n 为 Avrami 指数，是一个与成核机理和晶体生长方式有关的结晶参数（见表 3-3）。

对式(3-14)两边取两次对数，得到

$$\lg(-\ln \theta) = \lg k + n \lg t \tag{3-15}$$

将 $\lg(-\ln\theta)$ 对 $\lg t$ 作图可以得到直线,从直线的截距和斜率可分别获得 k 和 n 值。

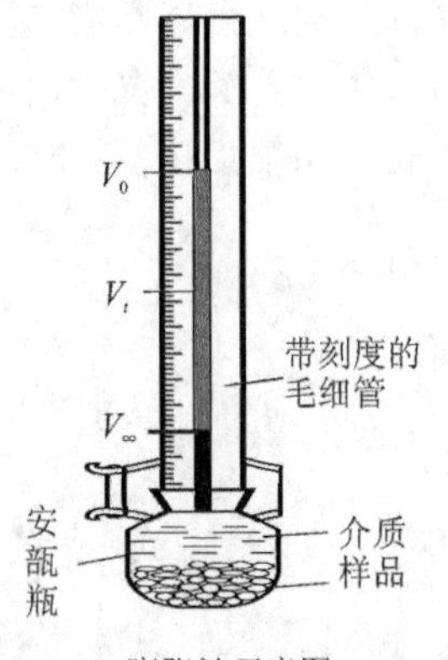

(a) 膨胀计示意图

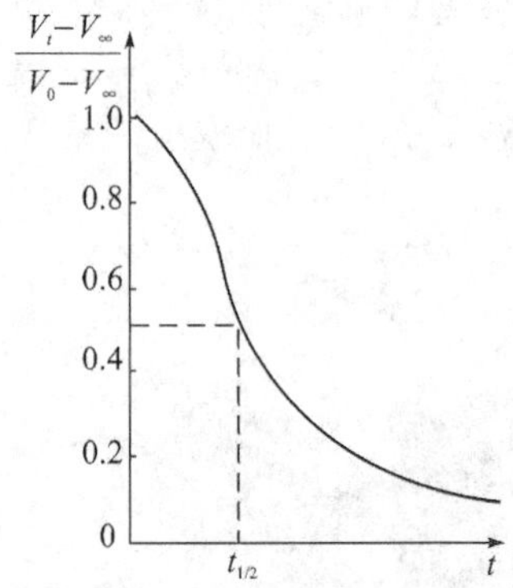

(b) 高分子等温结晶过程中体积随时间的变化曲线

图 3-26 膨胀计示意图及高分子等温结晶过程中体积随时间的变化曲线

表 3-3 Avrami 指数(n)与成核机理和晶体生长维数的关系

晶体生长维数	n	
	均相成核	异相成核
三维(块球状晶体)	3+1=4	3
二维(片状晶体)	2+1=3	2
一维(针状晶体)	1+1=2	1

研究表明,高分子的结晶过程与 Avrami 方程基本吻合。如图 3-27 所示,尼龙 1010 等温结晶中的 $\lg(-\ln\theta)$-$\lg t$ 曲线基本上是直线,只是结晶后期的实验数据偏离 Avrami 方程。一般的解释是,高分子的结晶过程实际上分两个阶段:符合 Avrami 方程的直线部分称为主期结晶,偏离 Avrami 方程的非线性部分称为次期结晶。所谓次期结晶,是主期结晶完成之后,在一些残留的非晶相部分和晶相内结构不完善部分继续结晶以及球晶中晶片进一步紧密堆砌的过程。

表征结晶速率的参数除了 k 以外,还有半结晶期 $t_{1/2}$ 和球晶半径线性增长速率(μm/min)。半结晶期 $t_{1/2}$ 定义为结晶过程进行到一半(即 $\theta=1/2$)所需的时间(见图 3-26(b))。将 $\theta=1/2$ 代入式(3-14),可得到 $t_{1/2}$ 与 k 的关系为

$$k=\frac{\ln 2}{t_{1/2}^{n}} \tag{3-16}$$

等温结晶中,球晶半径 R 一般随时间 t 线性变化,如图 3-28 所示,直线斜率就是球晶半径的增长速率。球晶半径的变化可用偏光显微镜直接观测。

5. 结晶行为的影响因素

(1) 温　度

结晶性高分子在 $T_g \sim T_m$ 之间可以结晶,而且在其间的某一温度下,结晶速率达到最大,如图 3-29 所示,对应的温度用 T_{max} 表示。图 3-30 给出了聚己二酸乙二醇酯在不同温度下等温结晶时球晶半径随时间的变化曲线,球晶生长速率随温度的变化如右上角插图所示。由该插图可见,试样在 26.0 ℃时的结晶速率最大。

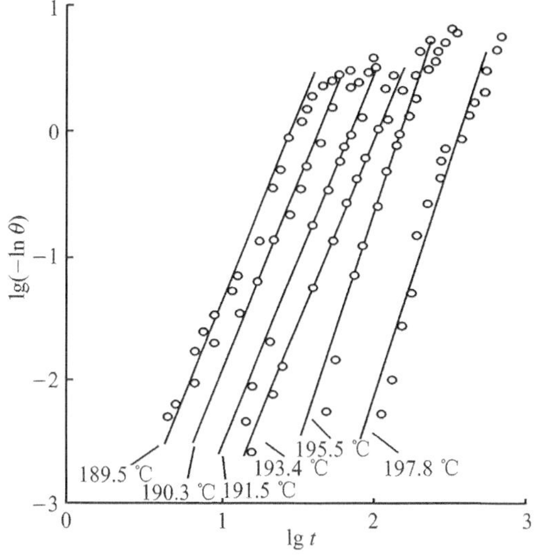

图 3-27　尼龙 1010 等温结晶中的 lg(−ln θ)-lg t 曲线

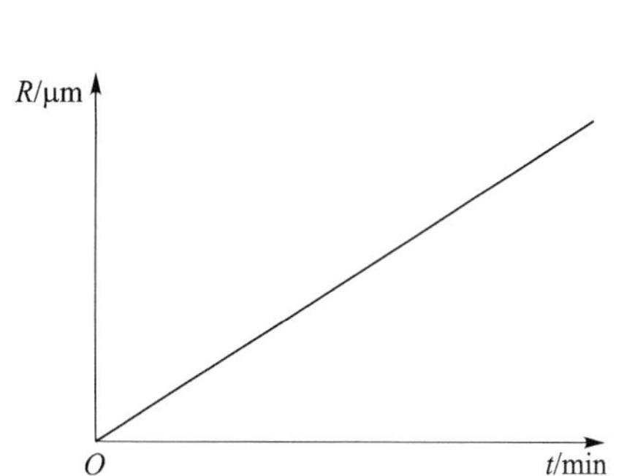

图 3-28　等温结晶中球晶半径 R 随时间的变化

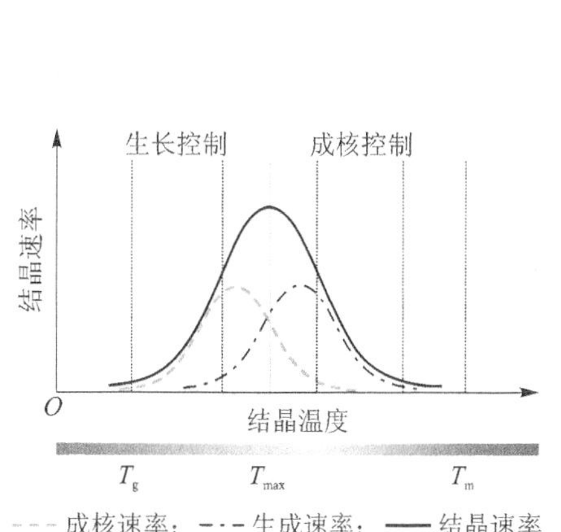

图 3-29　高分子结晶速率与温度的关系

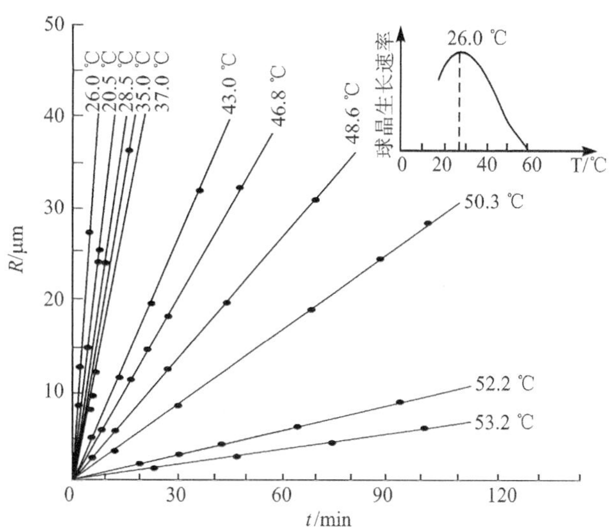

图 3-30　聚己二酸乙二醇酯等温结晶中球晶半径增长速率随时间的变化

结晶高分子的 T_{max} 与熔点 T_m 之间存在下列经验关系(见表 3-4,温度单位为 K):

$$T_{max}=(0.80\sim0.85)T_m \tag{3-17}$$

高分子结晶速率对温度的依赖性取决于成核速率和晶体生长速率的温度依赖性。成核速率对温度的依赖性与成核机理有关:异相成核可以在较高的温度下发生,均相成核只有在较低的温度下才能发生;就均相成核而言,当高分子熔体的温度接近于 T_m 时,因分子热运动剧烈,晶核不易形成或形成的晶核不稳定,成核速率很低;随温度的下降,成核速率逐渐增大。晶体生长速率是指高分子链段向晶核扩散并作规整排列的速度,温度越低,熔体粘度越大,晶体生长速率越小。

因此,高分子的结晶速率随温度的变化既不是单调上升,也不是单调下降,而是在某一温度下达到极大值。在结晶温度略低于熔点 T_m 时,结晶速率因成核速率很低而很慢;在接近

T_g 时,结晶速率因晶体生长速率很低而很慢;而在$(0.80\sim0.85)T_m$ 附近,因成核速率和晶体生长速率都较大,结晶速率达到极大。

表 3-4　几种结晶高分子的熔点(T_m)、最大结晶速率温度(T_{max})和球晶半径增长速率

高分子	T_m/		T_{max}/K	T_{max}/T_m	球晶半径增长速率/($\mu m\cdot min^{-1}$)
	℃	K			
聚乙烯	141	414	—	—	2 000
聚丙烯(全同)	183	456	348	0.77	20
聚苯乙烯(全同)	240	513	449	0.87	0.25
聚丁烯-1(全同)	142	415	—	—	9
聚甲醛	183	456	358	0.78	4 400
尼龙 6	229	502	413	0.83	200
尼龙 66	267	540	420	0.78	1 200
聚对苯二甲酸乙二醇酯	270	543	459	0.83	7
天然橡胶	30	303	248	0.83	—

以球晶半径增长速率 G 表征结晶速率时,它与结晶温度之间的关系可用下式表达:

$$G(T)=G_0\exp\left(\frac{-\Delta F_D^*}{kT}\right)\exp\left(\frac{-\Delta F^{\#}}{kT}\right) \tag{3-18}$$

式中:ΔF_D^* 是链段扩散进入结晶界面所需的活化能;$\Delta F^{\#}$ 是形成稳定晶核所需的活化能;T 为结晶温度;k 为玻耳兹曼常数。指数第一项称为扩散(迁移)项,第二项称为成核项。ΔF_D^* 与 $T-T_g$ 成反比,$\Delta F^{\#}$ 与 T_m-T 的一次或二次方成反比,$T_m-T=\Delta T$ 称为过冷度。

由式(3-18)可见,随结晶温度下降,扩散项减小,成核项增大。当温度降到 T_g 附近时,扩散项降到很小,结晶速率受扩散项控制。而在 T_m 附近,随温度升高,成核项迅速减小,扩散项增大,结晶速率受成核项控制。研究还发现,尽管各种高分子的 T_g、T_m、T_{max} 和最大结晶速率都不相同(见图 3-31),但当以 $\ln(G/G_{max})$ 为纵坐标,以$\dfrac{T-T_\infty}{T_m^0-T_\infty}$为横坐标时,各种结晶性高分子的曲线都重合成一条主曲线,最大结晶速率对应的$\dfrac{T-T_\infty}{T_m^0-T_\infty}$都等于 0.63 ± 0.01,如图 3-32 所示。其中,G 和 G_{max} 分别为高分子在任一结晶温度 T_c 和最大结晶速率温度下的球晶半径增长速率,T_m^0 为高分子的平衡熔点,T_∞ 为高分子链迁移速率趋向于零的温度(低于 T_g 约 50 ℃)。因此可以把下式看成是高分子结晶动力学的普适无量纲公式:

$$\ln(G/G_{max})=f\left(\frac{T-T_\infty}{T_m^0-T_\infty}\right) \tag{3-19}$$

综上可知,高分子的结晶速率对温度非常敏感。有些高分子,结晶温度差 1 ℃,结晶速率就可能差数倍至数十倍。如果把结晶性高分子熔体以淬火的方法迅速冷却到玻璃化转变温度以下,将得到非晶态(玻璃态)固体。

此外,温度不仅影响高分子的结晶速率,还影响生成球晶的大小。结晶温度越低或冷却速率越快,则体系中晶核密度就越大,生成的球晶就越小(见图 3-33)。生产上正是利用这一原理,用控制冷却速率的方法来控制制件中的球晶尺寸。

值得指出的是,当高分子熔体通过缓慢冷却或在较高的结晶温度下结晶形成大球晶时,最

终制件的结晶度较高，晶片较厚，但在晶片之间和球晶之间，无规构象的连接链较少，而杂质或低分子的浓度较高；相反，当高分子熔体在快速冷却或在较低温度下等温结晶形成小球晶时，一般结晶度较低，晶片较薄，晶片内部的缺陷较多，但晶片之间和球晶之间的连接链较多。结晶度、晶体尺寸和晶片间的连接链等结构因素的调控和平衡能够决定结晶性高分子材料最终的力学性能，特别是刚度和强度：材料的模量随结晶度增大而提高；连接链越多，材料的强度越高。

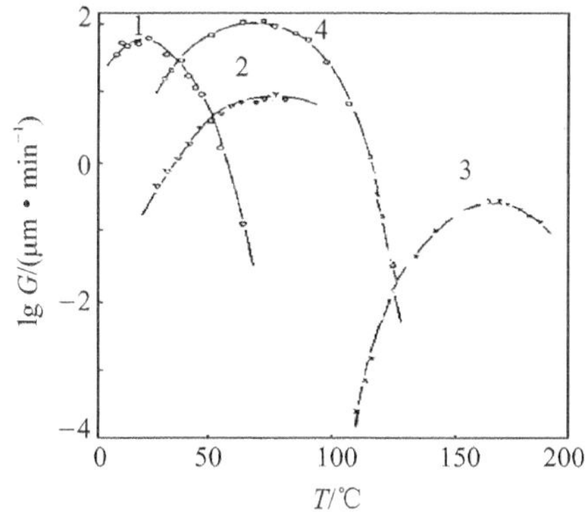

1—聚环氧丙烷($\bar{M}_n=1.03\times10^4$)；

2—聚癸二酸乙二醇酯($\bar{M}_n=5.98\times10^3$)；

3—全同立构聚苯乙烯($\bar{M}_\eta=2.2\times10^6$)；

4—聚四甲基对硅亚苯基硅氧烷($\bar{M}_\eta=1.4\times10^6$)

图 3-31　球晶径向增长速率与温度的关系

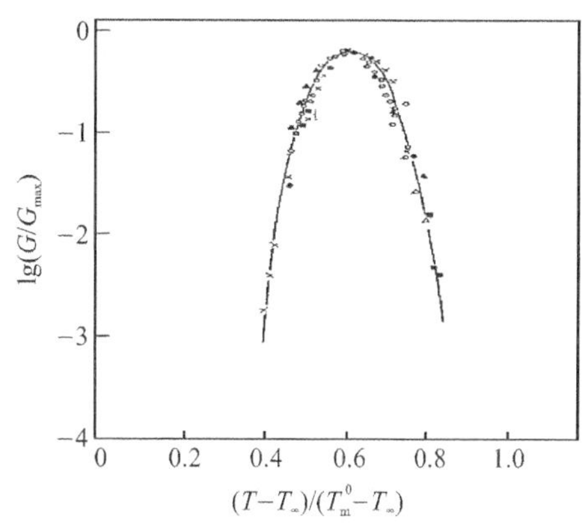

图 3-32　高分子结晶动力学的普适主曲线

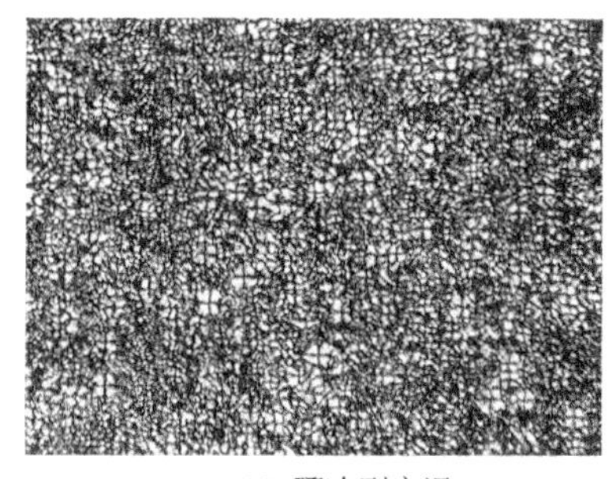

(a) 骤冷到室温

(b) 冷却速率为1 ℃/min

图 3-33　全同立构聚丁烯-1 熔体以不同冷却速率结晶时得到的球晶(放大倍数相同)

(2) 应　力

应力总能加速高分子的结晶。例如，天然橡胶在常温下不受应力作用时，需数十年才能结晶；而在高度拉伸下，只要几秒就能结晶。涤纶在低于 95 ℃ 的温度下很难结晶，但在 80～100 ℃进行牵伸时，结晶速率比未牵伸时提高 3～4 倍。一般情况下，结晶性高分子在熔点附近的结晶速率几乎为零，但如果将熔体置于高压下，就能引发结晶。例如，聚乙烯的熔点为 137 ℃，但在 480 MPa 的高压作用下，即使在 227 ℃也能结晶。

应力加速结晶的作用很容易从热力学上进行解释。高分子自发结晶的热力学判据是结晶过程中自由能的变化 $\Delta G_m<0$。已知：$\Delta G_m=\Delta H_m-T\Delta S_m$，其中，$\Delta H_m$ 和 ΔS_m 分别是物质从非晶态→晶态(即分子从远程无序→远程有序)所产生的焓变和熵变。绝大多数物质在结晶过程中，$\Delta S_m<0$，$\Delta H_m<0$。为满足 $\Delta G_m<0$，就必须要求 $|\Delta H_m|>|T\Delta S_m|$。某些高分子从

非晶态→晶态的熵效应$|\Delta S_m|$很大,而$|\Delta H_m|$却很小。因此要满足$|\Delta H_m|>|T\Delta S_m|$,只有两种可能:降低温度和降低$\Delta S_m$。如前所述,适当降低温度确实可以加速结晶。但温度降得太低,结晶速率反而减小。若要降低ΔS_m,就要在结晶前先对高分子拉伸,使高分子链在非晶态时已经具有一定的有序性,这样结晶前后的ΔS_m值就得以减小,从而有利于结晶。

此外,应力还会影响高分子的结晶形态:高分子熔体在无应力作用下冷却结晶时,形成对称的球晶;在应力作用下,更容易形成扁球晶、柱晶和伸直链晶体。应力越大,伸直链晶体含量越高,晶片的平均厚度越厚。这是因为高分子熔体在应力作用下,首先沿应力方向成行地形成晶核,称为行成核,然后以这些行成核为中心生长晶体。由于在应力方向上晶核密集,球晶在该方向上长不大,所以只能形成椭球状的扁球晶,长轴方向与应力方向垂直。在应力较大时,晶面与应力方向几乎垂直的折叠链晶片得到进一步发展,椭球的长轴远大于短轴,从而形成柱晶。在应力非常大的极端情况下,形成伸直链晶体。

(3) 杂　质

杂质对高分子结晶过程的影响比较复杂。有些杂质会阻碍结晶;有些杂质能加速结晶,在结晶过程中起晶核作用,称为成核剂。成核剂可大大提高高分子的结晶速率,减小球晶尺寸,并减小温度的影响。表3-5列出了各种成核剂对尼龙6结晶过程的影响。由该表可见,当各种成核剂的用量达到1%时,不仅结晶速率提高了2~3倍,而且球晶的大小与结晶温度T_c实际上已无关。这一点在生产上具有重要的实际意义。前面提到,生产上可通过控制冷却速率来控制制件中的球晶大小。但对于厚壁制件,由于高分子本身热传导能力差,制件从表层到内部存在着较大的温度梯度,导致制件内外层结晶速率和结晶行为不同,球晶尺寸不均匀。如果加入成核剂,则能大大降低制件各部分温差对结晶速率的影响,从而获得球晶尺寸均一的制件。

表3-5　成核剂对尼龙6结晶速率和球晶尺寸的影响

成核剂	成核剂含量/%	200 ℃的结晶速率 $t_{1/2}$/min	球晶尺寸/μm	
			T_c=150 ℃	T_c=5 ℃
—	—	20	50~60	15~20
尼龙66	0.2		10~15	5~10
	1.0	10	4~5	4~5
聚对苯二甲酸乙二醇酯	0.2		10~15	5~10
	1.0	6.5	4~5	4~5
磷酸铅	0.05		10~15	8~10
	0.1	5.5	4~5	4~5

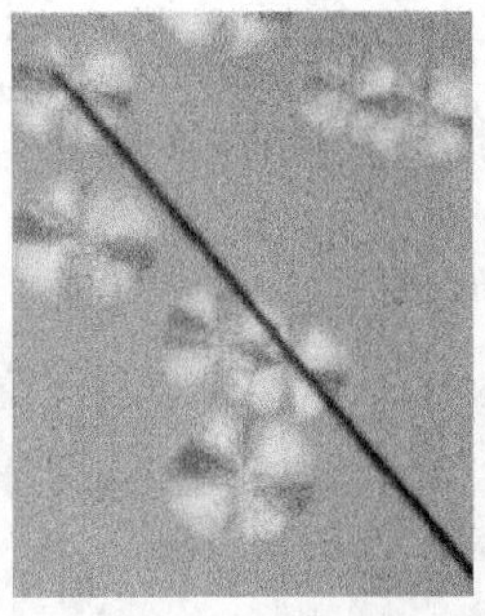
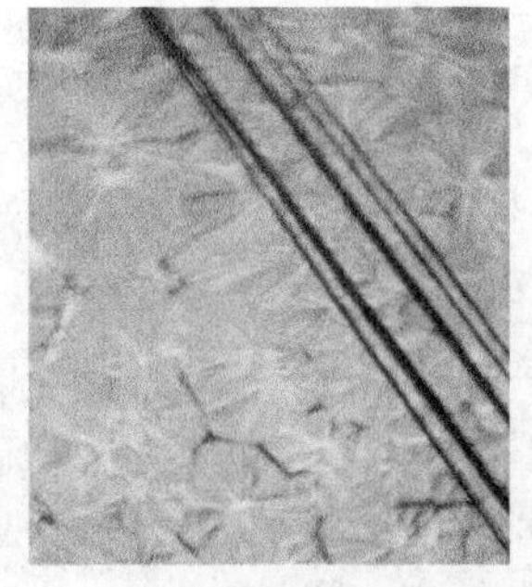

图3-34　碳纤维在全同立构聚丁烯-1熔体结晶中的成核作用

图3-34所示的偏光显微镜照片显示的是碳纤维作为成核剂对于全同立构聚丁烯-1热结晶行为的影响。可以看到,碳纤维周围的球晶远比其他部位密集,碳纤维同样起到了成核剂的作用。所以,在碳纤维/结晶性高分子基复合材料中,必须考虑碳纤维-高分子基体界面上的特殊结晶行为对性能的影响。

(4) 溶　剂

一些结晶速率较慢的高分子，在较高的过冷度下很容易形成非晶态。但是，如果将这类材料的非晶态透明薄膜浸入适当的有机溶剂中，薄膜就会因结晶而变得不透明。其原因是：溶剂分子渗进高分子内部使高分子发生溶胀，从而提高了高分子的运动能力，促进结晶。这一过程被称为“溶剂诱导结晶”。研究表明，溶剂对高分子的溶胀作用越显著，诱导结晶的程度就越高。表 3-6 给出了一些溶剂对聚对苯二甲酸乙二醇酯诱导结晶的影响程度。

表 3-6　有机溶剂对聚对苯二甲酸乙二醇酯诱导结晶的影响程度

有机溶剂	溶胀度/%	结晶度/%	有机溶剂	溶胀度/%	结晶度/%
己烷	0	4.2	甲苯	14.7	38.1
四氯化碳	0	4.2	苯	18.8	45.8
乙醇	0	4.2	苯甲醇	22.3	50.8

水是经常遇到且较难避免的一种溶剂，它尤其能促进尼龙和聚酯的结晶过程。例如，在生产编织渔网的尼龙丝时，曾经为提高丝的透明度而在纺丝过程中采取快速冷却的措施，以期能生成非晶或微球晶结构的纤维，可是在用水作冷却介质时却不能得到透明的尼龙丝。分析表明，丝芯部形成了透明度很高的微晶或非晶结构，说明丝芯的冷却速率足够大，但冷却速率更大的丝表面却形成一层大球晶，极大地影响了丝的透明度。表层与芯部的主要差别在于丝表面接触了水介质，正是水促进了丝表面尼龙的结晶。后来改用油作为冷却介质，丝表面的大球晶消失，成功地获得了透明度很高的尼龙丝。

(5) 高分子链结构

高分子链结构对结晶速率的影响，本质上主要是影响分子链扩散进晶格的速率。大量研究表明，分子链的结构越简单、对称性越高、取代基的空间位阻越小、分子链的立体规整度越高，则结晶速率越快。也可以说，一切影响高分子结晶能力的因素都将影响结晶速率。这也可以从表 3-4 中列出的高分子在 T_{max} 时球晶的径向增长速率结果中清楚地看出。

对于同系高分子，在相同的结晶条件下，相对分子质量越低，结晶速率越快，如图 3-35 所示。所以，若要达到相同的结晶度，相对分子质量高的高分子应比相对分子质量低的高分子经历更长的结晶时间(热处理时间)。

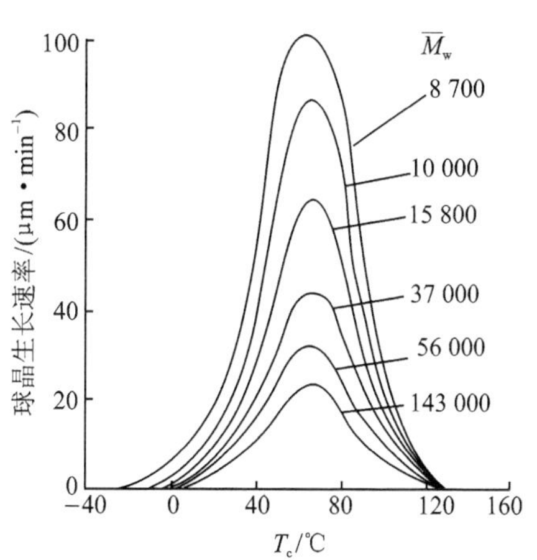

图 3-35　聚四甲基对苯硅氧烷的相对分子质量($\overline{M}_w$)对结晶速率-温度曲线的影响

3.1.5　高分子晶体的熔融行为

1. 高分子熔融的热力学本质和熔点

物质从晶态转变为液态的过程称为熔融。小分子晶体的熔融属于热力学一级相转变，相变温度称为熔点(T_m)。小分子熔融一般发生在 0.2 ℃左右的狭窄温度范围内。熔融时，晶体的三维远程有序结构“土崩瓦解”成只有近程有序的非晶态结构，自由能对温度 T 和压力 p 的一阶导数，如比体积 ν 和熵 S 等发生不连续变化，如图 3-36(a)所示。

在通常的升温速率下，结晶高分子的熔融过程与小分子晶体的熔融过程既相似，又有差别：相似之处在于比体积和熵等发生突变；不同之处在于结晶高分子的熔融发生在一个较宽的温度范围(约 10 ℃)内，如图 3-36(b)所示，这个温度范围称为熔限。在该范围内，高分子发生边升温边熔融的现象。

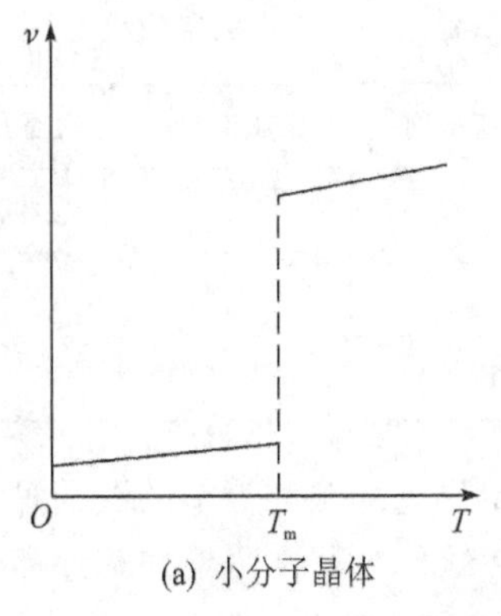

(a) 小分子晶体

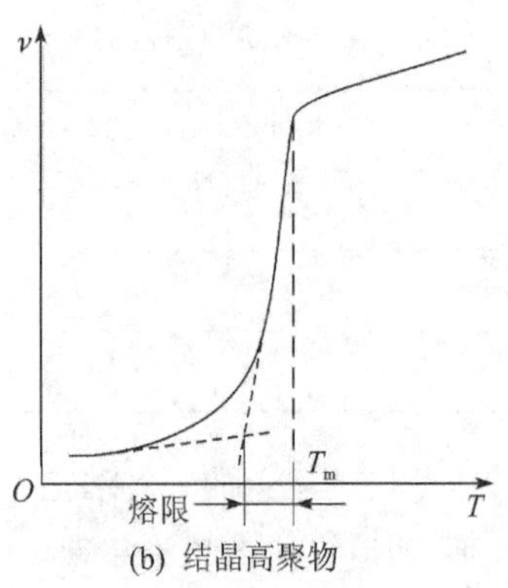

(b) 结晶高聚物

图 3-36　晶体熔融过程中的比体积-温度曲线

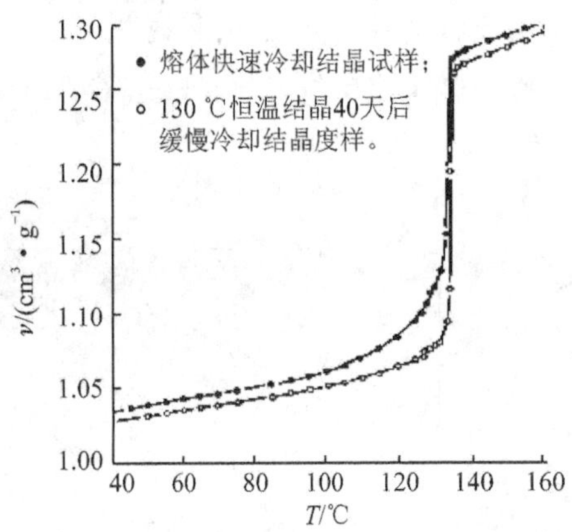

图 3-37　线形聚乙烯的比体积-温度曲线

为弄清结晶高分子熔融的热力学本质，科学家们对许多结晶高分子熔融过程中的体积变化进行了精心测量：每改变一个温度(例如升高 1 ℃)便维持足够长的时间，直到试样的体积不变后(约 24 小时)才测量其比体积值。结果表明，在接近热平衡的条件下，结晶高分子的熔融过程也会发生在 3～4 ℃这样较窄的温度范围内，而且在熔融过程的终点，比体积-温度曲线上也出现了明确的折点；或者用同一种高分子，分别在不同条件下结晶，然后在相同条件下测定它们的比体积-温度曲线，也得到相同的熔融终点温度，如图 3-37 所示。这些实验结果有力地证明，结晶高分子的熔融，本质上与小分子晶体的情形一样，都属于热力学一级相转变，只是突变程度有所差别而已。为此，将熔融终点定义为结晶高分子的熔点。由图 3-37 可见，聚乙烯的熔点为 137.5 ℃。

2. 高分子熔点的测定

通过膨胀计测定试样的比体积-温度曲线，可以简便测定结晶高分子的熔点。此外，测定方法还有：① 正交偏光显微镜法。在升温过程中，当试样从晶态转变为非晶态时，双折射度消失，在正交偏光显微镜下的视野由明变暗，取视野完全变暗的温度为熔点 T_m。② 热分析法，如常用的差示扫描量热法(DSC)等。晶体熔融需要吸热。典型的高分子熔融 DSC 曲线如图 3-38 所示，通常取吸热峰终止时对应的温度作为熔点 T_m。文献中也常用吸热峰顶对应的温度作为熔点，记为 T_{peak}(或 T_p)，用吸热峰的宽度表征熔限。

研究也表明，结晶高分子之所以具有一个比较宽的熔限，是因为结晶高分子中的晶片厚度有一个较宽的分布。薄晶片具有低熔点，厚晶片具有高熔点。

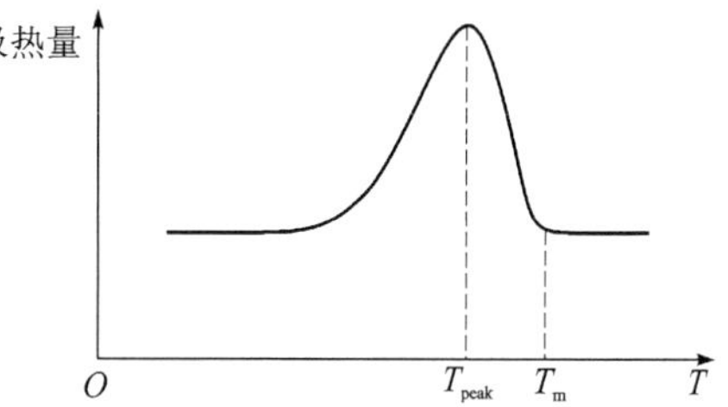

图 3-38　结晶高分子熔融过程中的 DSC 曲线

熔点的热力学定义为

$$T_m = \frac{\Delta H_m}{\Delta S_m} \tag{3-20}$$

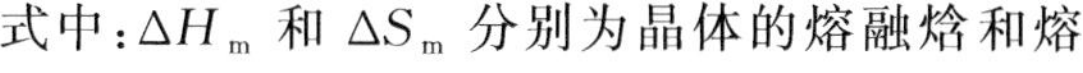

式中：ΔH_m 和 ΔS_m 分别为晶体的熔融焓和熔融熵。薄晶片的比表面大，表面的无序结构对熔融焓不作贡献，因此熔点较低。

关于晶片厚度对熔点的影响，Hoffman 等早于 1960 年就从单晶片出发推导出如下关系式：

$$T_{m,l} = T_m^0 \left(l - \frac{2\sigma_e}{l \cdot \Delta h} \right) \tag{3-21}$$

式中：l 为晶片厚度；$T_{m,l}$ 和 T_m^0 分别表示晶片厚度为 l 和∞时的熔点；Δh 为单位体积晶片的熔融焓；σ_e 为晶片上单位表面积的表面能。由式(3-21)可见，l 越小，则 $T_{m,l}$ 越低。外推到 $l \to \infty$ 时，熔点达到极限值 T_m^0。T_m^0 称为平衡熔点。

表 3-7 列出了厚度不同的聚乙烯晶片的熔点值。用这些数据外推，可得到聚乙烯的 T_m^0 为 145 ℃，如图 3-39 所示。

表 3-7　聚乙烯的晶片厚度与熔点

晶片厚度/nm	熔点/℃	晶片厚度/nm	熔点/℃
28.2	131.5	35.1	134.4
29.2	131.9	36.5	134.3
30.9	132.2	39.8	135.5
32.3	132.7	44.3	136.5
33.9	134.1	48.3	136.7
34.5	133.7		

因此，结晶高分子的熔融过程实质上是厚度不同的晶片相继熔融的过程。结晶高分子的晶片厚度分布越宽，则熔限就越宽。

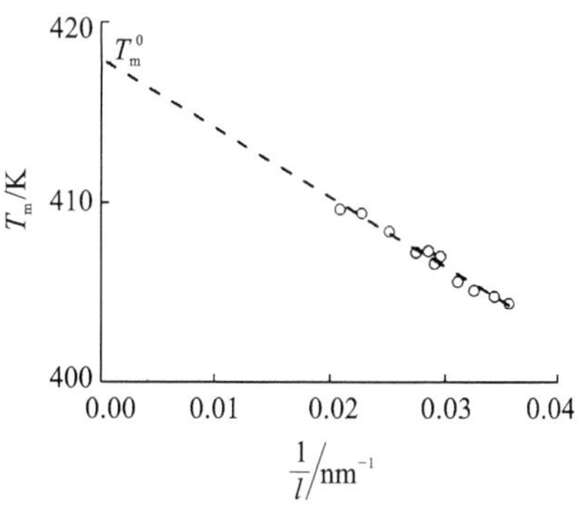

图 3-39　用外推法求聚乙烯的平衡熔点

晶片厚度的分布又与结晶条件如温度、压力和热处理时间等有关。简单说来，高温慢速结晶时，晶片厚而均匀，熔限窄，熔点高；低温快速结晶时，晶片薄而不均匀，熔限宽，熔点低(见图 3-40 和图 3-41)。应力的作用有利于形成伸直链晶体和较厚的折叠链晶片，使熔点提高。串晶或柱晶因其中伸直链晶体和折叠链晶片的熔点差别较大，常表现出两个分立的熔限和熔点。在挤出成型或注射成型制件的表皮层，常含有串晶或柱晶，在它们的 DSC 曲线上常出现双熔融峰，如图 3-42 所示，两个峰的面积之比反映其中伸直链晶体与折叠链晶片的相对比例。

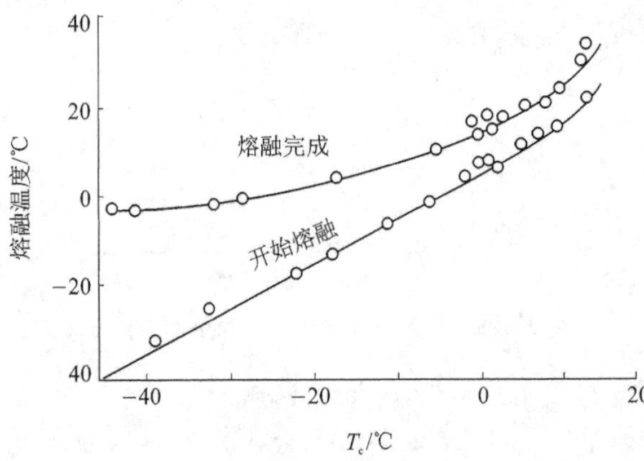

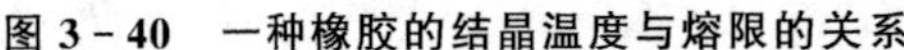
图 3-40　一种橡胶的结晶温度与熔限的关系

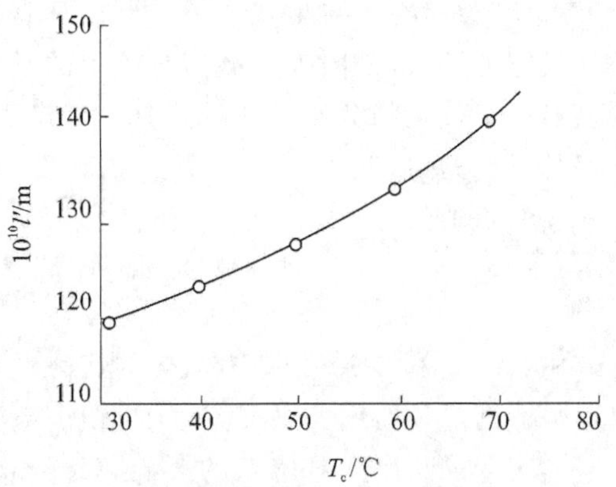

图 3-41　聚 4-甲基戊烯-1 在浓度为 0.1%的甲苯溶液中结晶时,结晶温度与长周期的关系

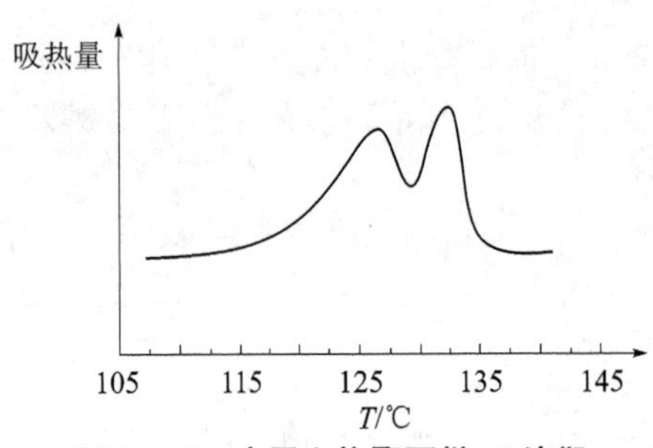

图 3-42　全同立构聚丁烯-1 注塑制件皮层的双熔融峰

3. 高分子熔点的影响因素

同一种结晶高分子的熔限和熔点取决于其中的晶片厚度分布,但不同高分子的熔点取决于高分子的链结构。从熔点的热力学定义(见式(3-20))可知,结晶高分子的熔点取决于熔融焓 ΔH_m 和熔融熵 ΔS_m 之比。显然,ΔH_m 越大或 ΔS_m 越小,则高分子的熔点就越高。而 ΔH_m 取决于分子之间的相互作用能;ΔS_m 取决于分子链的柔性。

熔点是结晶性塑料和纤维使用温度的上限,是耐热性指标之一。研究高分子熔点与高分子链结构的关系,在通过分子设计提高材料耐热性方面具有重要意义。

(1) 分子间作用力

高分子之间的相互作用能越高,则熔融焓 ΔH_m 越大,熔点越高。增加分子间作用能的方法是在高分子主链或侧基上引进极性基团,特别是要使高分子链之间形成氢键。

在主链上可引入的极性基团有:酰胺基(—CONH—)、酰亚胺基(—CONCO—)、氨酯基(—NHCOO—)、脲基(—NHCONH—)等。在侧基上可引入的极性基团有:氯原子(—Cl)、羟基(—OH)、胺基(—NH_2)、腈基(—CN)、硝基(—NO_2)、三氟甲基(—CF_3)等。上述基团对分子间相互作用能的贡献都比—CH_2—大。因此,凡含有上述基团的高分子,熔点都比聚乙烯的高。

例如,下面一组高分子的熔点随侧基极性的增大而提高。

$\mathrm{+\!\!\!-CH_2-CH\!-\!\!\!+_n}$ (侧基 H)	$\mathrm{+\!\!\!-CH_2-CH\!-\!\!\!+_n}$ (侧基 CH_3)	$\mathrm{+\!\!\!-CH_2-CH\!-\!\!\!+_n}$ (侧基 Cl)	$\mathrm{+\!\!\!-CH_2-CH\!-\!\!\!+_n}$ (侧基 CN)
聚乙烯	聚丙烯(全同)	聚氯乙烯(间同)	聚丙烯腈(间同)
T_m: 137 ℃	176 ℃	227 ℃	317 ℃

在高分子链上引进能形成氢键的基团,能使高分子的熔点大幅度提高。熔点的高低与形成氢键的强度和密度有关。图 3-43 给出了几类高分子的熔点变化趋势。下面以聚酰胺类为例进行讨论。由图 3-43 可以看到以下特性。

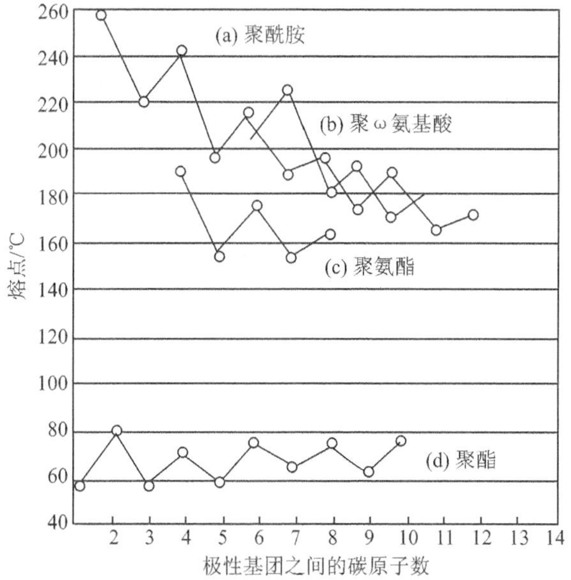

(a) 与癸二酸形成聚酰胺的二元胺的碳原子数;(b) 聚 ω 氨基酸中 ω 氨基酸的碳原子数;
(c) 与丁二醇形成聚氨酯的二异氰酸酯的碳原子数;(d) 与癸二醇形成聚酯的二元酸的碳原子数

图 3-43 主链极性基团之间碳原子数对熔点的影响

(ⅰ)聚酰胺类的熔点比聚乙烯的熔点(137 ℃)高得多,这是因为聚酰胺分子链上存在—NHCO—基,分子间能形成氢键的缘故。

(ⅱ)聚酰胺的熔点随相邻酰胺基之间碳原子数目的增加而趋于下降,这是因为氢键密度减小的缘故。然而熔点的下降不是单调的,而是按锯齿形变化的,原因是氢键密度呈锯齿形减小。如图 3-44 所示,当主链上相邻两酰胺基之间的碳原子数目为偶数时,即聚酰胺是由偶酸

高分子	氨基间隔C原子数	形成氨氢键数	熔点	结构示意图
聚ω-氨基酸	偶数	半数	低	
	奇数	全部	高	
聚酰胺	偶数	全部	高	
	奇数	半数	低	

图 3-44 聚酰胺分子间氢键密度与熔点的关系

偶胺合成时(如尼龙 66),所有胺基上的氢都能与相邻链上的—C=O 基形成氢键,因此熔点高;而当主链上相邻两酰胺基之间的碳原子数目为奇数时,即聚酰胺是由偶酸奇胺合成时,只有一半胺基上的氢能与相邻链上的—C=O 基形成氢键,因而熔点低。

用同样的原理可解释图 3-43 中聚 ω-氨基酸、聚氨酯和聚酯的熔点变化趋势。

(2) 高分子链的柔性

高分子链越柔,则由于它们从晶态的有序排列转变到非晶态的无序排列所引起的构象熵变化就越大,即 ΔS_m 越大,熔点就越低;反之,如果在主链上引入共轭双键、三键和环状结构(包括脂环、芳环和杂环),或在侧链上引入庞大而刚性的侧基并通过定向聚合获得有规立构高分子,则能大幅度提高熔点。

比较表 3-8 中各组高分子的结构与熔点可以清楚地看到:

① 共轭双键、三键和环状结构能特别有效地提高主链的刚性,使熔点大大提高。例如,聚乙烯的熔点为 137 ℃,而聚乙炔的熔点超过 280 ℃;尼龙 66 的熔点为 235 ℃,而芳族尼龙即聚对苯二甲酰对苯二胺的熔点高达 570 ℃,后者已成为先进高分子基复合材料中最重要的有机增强纤维,商品名为 Kevlar®。

② 脂肪族聚酯和聚醚都是低熔点高分子。表面上看,聚酯和聚醚主链上的极性基团—COO—或—CH_2—O—可能会提高它们的熔点。实际上,这些基团的存在恰恰因增加了主链的柔性而使熔点下降。许多脂肪族聚酯的熔点比聚乙烯的熔点还要低,例如聚辛二酸乙二醇酯的熔点只有 45 ℃。

表 3-8 高分子链结构对熔点的影响

重复结构单元	T_m/℃	重复结构单元	T_m/℃
$-CH_2-CH_2-$	115~145	$-CH_2-CH(C_6H_{13})-$	−38
$-CH=CH-$	280~380	$-CH_2-CH(C(CH_3)_3)-$	>350
$-C_6H_4-CH_2-CH_2-$	400	$-CH_2-O-$	175
$-C_6H_4-$	530		
$-C_6H_4-CH=CH-$	—*	$-C_6H_2(CH_3)_2-O-$	>300
$-NH-(CH_2)_4-NH-CO-(CH_2)_6-CO-$	235	$-O-(CH_2)_2-O-CO-(CH_2)_6-CO-$	45
$-NH-(CH_2)_4-NH-CO-C_6H_4-CO-$	350	$-O-(CH_2)_2-O-CO-C_6H_4-CO-$	264
$-NH-C_6H_4-NH-CO-C_6H_4-CO-$(间位)	450	$-O-(CH_2)_2-O-CO-C_6H_4-C_6H_4-CO-$	330
$-NH-C_6H_4-NH-CO-C_6H_4-CO-$(对位)	570	$-O-C_6H_4-CO-$	550

注:仅得低聚物,n=100 已不熔。

③ 在等规 α-烯烃中引入大的刚性侧基(如叔丁基),能使主链刚硬化,从而大大提高熔点;而柔性侧链(如—C_6H_{13})的引入,将因降低分子链之间的堆砌密度而使熔点下降。例如,侧基柔软的聚辛烯-1 的熔点仅-38 ℃,而侧基刚性的聚乙烯叔丁烷的熔点竟超过 350 ℃。

虽然结晶高分子的平衡熔点既与熔融焓有关,又与熔融熵有关,但研究表明,决定高分子熔点的主导因素是熔融熵。

(3) 稀释效应

在高分子加工中,可能要加入一些低分子添加剂以改善其性能。这类物质通常会降低高分子的熔点,称为稀释效应。根据经典的相平衡理论,可溶性稀释剂对小分子晶体熔点的影响如下式所示:

$$\frac{1}{T_m}-\frac{1}{T_m^0}=-\frac{R}{\Delta H_u}\ln a_A \tag{3-22}$$

式中:R 为摩尔气体常数;T_m^0 为纯物质的平衡熔点;T_m 是含稀释剂物质的熔点;ΔH_u 为摩尔熔融焓;a_A 是含可溶性稀释剂的晶体熔融后结晶组分的活度。当稀释剂的含量很低时,有 $a_A=x_A$,其中 x_A 为结晶组分的摩尔分数。设稀释剂的摩尔分数为 x_B,则因为 $\ln x_A=\ln(1-x_B)\approx -x_B$,式(3-22)可改写为

$$\frac{1}{T_m}-\frac{1}{T_m^0}=\frac{R}{\Delta H_u}x_B \tag{3-23}$$

对于结晶高分子,稀释剂对其熔点的影响如下式所示:

$$\frac{1}{T_m}-\frac{1}{T_m^0}=\frac{R}{\Delta H_u}\cdot\frac{V_{m,u}}{V_{m,1}}(\varphi_1-\chi_1\varphi_1^2) \tag{3-24}$$

式中:$V_{m,u}$ 和 $V_{m,1}$ 分别是高分子重复结构单元和低分子稀释剂的摩尔体积;χ_1 是高分子与稀释剂的相互作用参数,表征高分子与稀释剂之间相互作用与高分子彼此间相互作用的差别(见 4.2 节);φ_1 是稀释剂的体积分数。如果 $V_{m,u}\approx V_{m,1}$,φ_1 很小(稀释剂的含量很低),χ_1 很小,则式(3-24)回到式(3-23)。

高分子链末端对熔点的影响也可以看作是对高分子的稀释效应。由于同一高分子链上的结构单元与末端单元的摩尔体积和相互作用基本相同,即 $V_{m,u}\approx V_{m,1}$,$\chi_1\approx 0$;同时,每根高分子链有 2 个末端,当高分子的平均聚合度为 P_n 时,链端的体积分数 $\varphi_1=2/P_n$,所以链末端对高分子熔点的影响可具体化为

$$\frac{1}{T_m}-\frac{1}{T_m^0}=\frac{R}{\Delta H_u}\cdot\frac{2}{P_n} \tag{3-25}$$

低聚物中链末端含量比较高,熔点随聚合度的增大而提高,例如,聚丙烯的熔点随相对分子质量的变化如表 3-9 所列。但是,当相对分子质量足够大时,链末端含量很小,它们对熔点的影响可忽略不计。如图 3-45 所示,聚乙烯的熔点在相对分子质量很大的时候,趋于极限值 418 K(145 ℃)。所以,相对分子质量超过一个临界值之后,一般认为高分子的熔点与相对分子质量基本无关。

表 3-9 聚丙烯的相对分子质量和熔点

$\overline{M}$	T_m/K	T_m/℃
30 000	443	170
20 000	387	114
900	363	90

图 3-45 聚乙烯的熔点与相对分子质量的关系

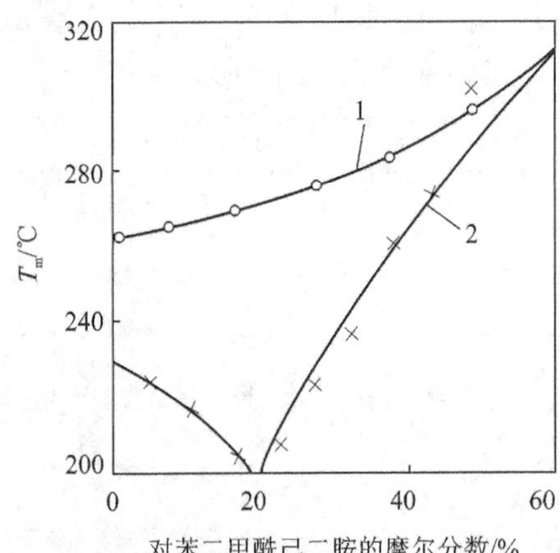

1—己二酸己二胺与对苯二甲酰己二胺的共聚物;
2—癸二酰己二胺与对苯二甲酰己二胺的共聚物

图3-46 共聚物的组成与熔点的关系

共聚物的熔点与组成的关系比较复杂。就$(A)_x$-$(B)_y$二元无规共聚物而言,如果A和B各自的均聚物为同晶型,则共聚物的熔点与组成的关系基本上符合式(3-23)(见图3-46中的曲线1),这时可以把一种单体看成是另一种单体的稀释剂。如果A和B各自的均聚物为非同晶型,则共聚物的熔点往往低于式(3-23)的估算值,且会出现低共熔点,如图3-46中的曲线2所示。

此外,具有相同组成的共聚物,其熔点还受序列分布的影响。一般来说,交替共聚物的熔点比任何一个组分的熔点都要低得多;嵌段共聚物和接枝共聚物的熔点变化较复杂,取决于组分比。

支化点或有规立构高分子中不同构型的结构单元也会导致熔点下降。例如,支化聚乙烯的熔点低于线形聚乙烯的熔点。

(4) 外力作用

如前所述,应力能加速结晶高分子的结晶速率,同时,应力还能提高结晶高分子的熔点。因为对高分子熔体或溶液施加拉伸或剪切应力,都有利于在结晶过程中形成较厚的晶片并增加伸直链晶体的比例,特别是在高压作用下。以全同立构聚丁烯-1为例,在无应力状态下结晶时,熔点约为120 ℃,而在注塑成型中经受较大剪应力的制件表皮层,熔点可高达132 ℃。又如聚乙烯,在485 MPa高压下形成的伸直链晶体,熔点可达140 ℃。

3.2 高分子的非晶态结构

3.2.1 高分子非晶态结构概述

非结晶性高分子在任何条件下都处于非晶态。结晶性高分子在结晶条件不合适(如熔体被迅速淬火到其T_g以下)时,也处于非晶态;即使结晶,也只能部分结晶,其中总有一部分是非晶相。因此,高分子非晶态是一种比晶态更普遍的凝聚态结构。但是关于高分子非晶态结构的具体图像,在高分子物理领域内一直存在争论。争论的焦点是:非晶态中的分子链排布是否存在一定程度(1～10 nm数量级)的局部有序性。为此,学者们提出了各种各样的模型来描述高分子的非晶态结构,其中影响较大的有无规线团模型(Flory提出)、无规折叠模型(Privalko与Lipatov提出)、折叠链缨状胶束模型(Yeh提出)和曲棍状模型(Pechlold提出)(见图3-47)。下面着重介绍无规线团模型。

"无规线团模型"是著名高分子物理学家P. J. Flory在1949年基于统计热力学的观点推导并提出的。模型的特征如下:非晶态高分子在本体中的分子链构象与在溶液中一样,呈无规线团状;线团尺寸与在θ溶剂中的无扰尺寸相当;线团分子彼此相互贯穿,平均每个线团中有数十根其他分子链穿过,但当时无法用实验证明。

为表征高分子的非晶态结构,科学家们采用不同的研究方法在不同的尺度上开展研究,研

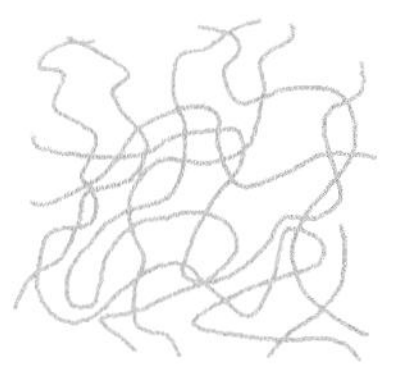

(a) Flory的无规线团模型

(b) Privalko与Lipatov的无规折叠模型

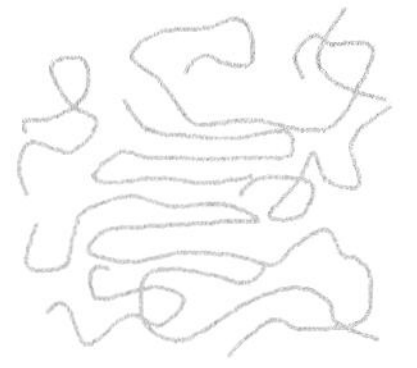

(c) Yeh的折叠链缨状胶束模型

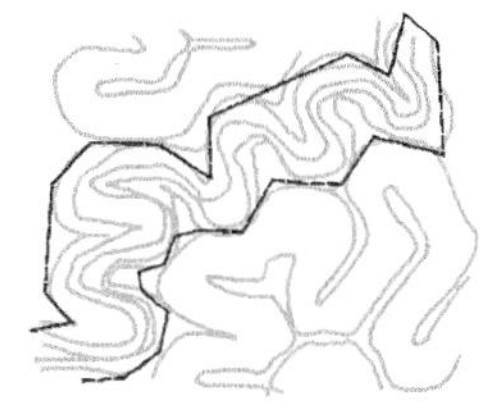

(d) Pechlold的曲棍状模型

图 3-47　非晶态高分子的结构模型

究方法可以分为 3 类:① 测定高分子链的近程相互作用;② 测定高分子链的远程相互作用;③ 一般实验。具体研究方法及所能获得的结构信息概括在表 3-10 中。

表 3-10　高分子非晶态结构的研究方法

研究方法		结构信息
近程相互作用	应力-光学系数	孤立分子链中链段的取向
	退偏振光散射	链段取向相关性
	磁双折射	链段取向相关性
	Ramann 散射	反式与旁式比例
	小角 X 射线散射	密度波动
	核磁共振松弛	松弛时间
	光学双折射度	取向
远程相互作用	小角中子散射	单链的回转半径
	电子衍射	非晶区弥散
	电子显微镜	表面不均匀性
一般实验	密度	链堆砌情况
	焓变	与平衡态的偏离

近程相互作用研究采用小角 X 射线衍射、核磁共振等表征非晶态中的构型和链段的有序性。结果表明,高分子非晶态中的有序程度十分有限,仅在 1 nm 范围内,确实与在小分子溶液中观察到的状态相似,分子内链段没有择优取向,基本上不受周围其他链段的影响。

远程相互作用研究采用中子散射等表征构象、整链和多链尺度上的有序性。科学家们采用小角中子散射表征玻璃态聚甲基丙烯酸甲酯、玻璃态聚苯乙烯、熔融态聚乙烯和熔融态聚氧乙烯等非晶态高分子。研究表明,高分子链在本体中的均方半径与在 θ 溶剂中的相近。这些结果最有力地支持了 Flory 的无规线团模型。但微观形貌学表征如电镜观察结果显示,非晶态固体表面有明显的颗粒状微区,其尺寸与热处理条件有关。这些观察又为局部有序模型的

提出提供了依据。

一般实验中,焓变测定否定了局部有序模型,而密度测定却否定了无规线团模型,是局部有序模型的最重要的依据。因为大多数结晶性高分子的非晶态密度高达晶态密度的 85%~95%,而无规线团模型推算的两者密度比值<65%。如果高分子链不作局部较有序排列,非晶态密度无法达到这么高的数值。

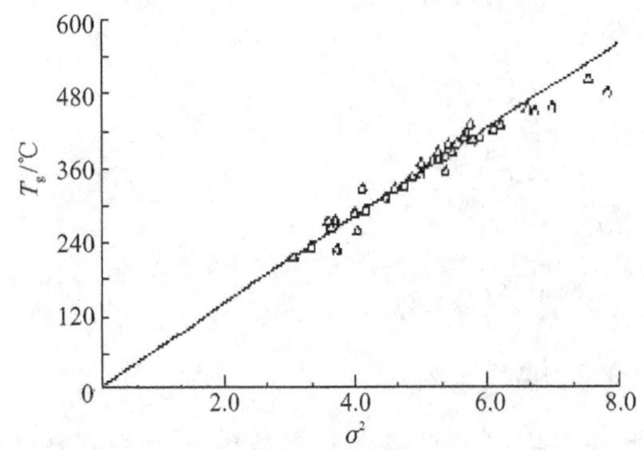

图 3-48 乙烯类高分子的 T_g 与 σ^2 间的关系

值得一提的是,我国学者从文献中选取了 37 种乙烯类高分子的数据,将它们的 T_g 对刚性因子 σ^2 作图,发现全都落在同一条通过原点的直线上(见图 3-48),直线的拟合方程为下式,说明高分子玻璃的 T_g 只与高分子单链的特性有关,而链间相互作用的影响极小。这一结果也支持了"无规线团模型"。

$$T_g = 70\sigma^2 \tag{3-26}$$

以上模型都是针对未受应力作用时柔性高分子链组成的非晶态高分子。当高分子受应力作用时,就必然会涉及到长链分子在更大范围内沿外场方向的择优排列,这就是高分子的取向结构。对于由刚性链组成的高分子,还会涉及到液晶态结构。

3.2.2 高分子非晶态结构中的缠结概念

对于高分子非晶态,"无规线团模型"被广泛接受,但不排除在小尺度例如 1~2 nm 范围内,存在着链段或者几个链单元的局部有序排列。此外,高分子链之间也存在"打结"或者缠结点。缠结点的结构可分为拓扑缠结点和凝聚缠结点两类。

拓扑缠结点是指高分子链的相互穿越与勾缠,如图 3-49(a)所示。这种缠结点在高分子链上的密度很低,平均间隔为 100~300 个结构单元。任何高分子链都存在拓扑缠结效应,只有当相对分子质量低到几万以下时才不会发生这种缠结。因此,拓扑缠结是长链高分子之间特有的相互作用。高分子链的拓扑缠结对高分子的结构转变和性能都有重要影响。例如,拓扑缠结程度会影响非晶态高分子的高弹平台区及高分子熔体的粘度等。

我国高分子物理学家钱人元等人在大量实验的基础上,提出了凝聚缠结的概念:相邻分子链间局部相互作用导致的局部链段的近似平行排列,形成物理交联点,如图 3-49(b)所示。这种凝聚缠结的局部尺度很小,可能只限于两三条相邻分子链上仅包含几个结构单元的局部链段的链间平行堆砌,但它们在分子链上的密度要比拓扑缠结点的密度大得多,两个凝聚缠结点之间只有几十个结构单元。形成这种缠结点的原因是链段间范德华作用的各向异性。由于作用能很小,这种缠结很容易解开,因此对温度的依赖性较大,其强度和数目与材料的热历史密切相关。这类不同尺度、不同强度的凝聚缠结点使非晶态高分子中的分子链形成物理交联网络,从而对玻璃态的物理力学性能产生重要影响。对非晶态聚对苯二甲

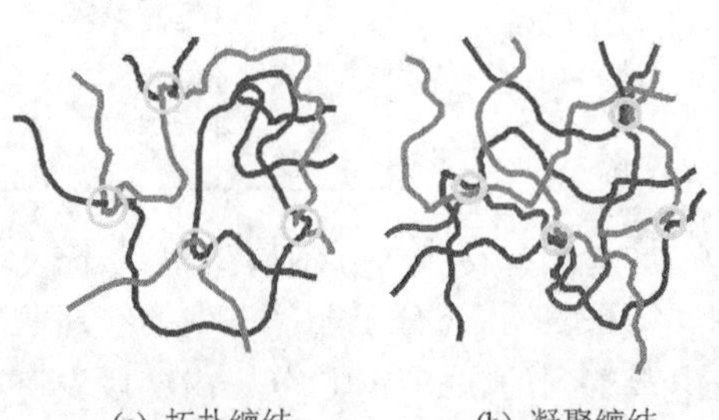

(a) 拓扑缠结　　(b) 凝聚缠结

图 3-49 高分子链的缠结

酸乙二醇酯(PET)激基缔合态的荧光发射研究、对非晶态双酚 A 聚碳酸酯的低波小角中子散射研究、对玻璃态聚苯乙烯的高分辨核磁共振研究的结果，都支持凝聚缠结的存在；而且利用这一概念，还可以解释非晶态高分子的物理老化和单轴拉伸中出现的屈服应力峰等现象。

3.2.3　交联高分子的非晶态结构

对于交联高分子、特别是高度交联的热固性树脂(如环氧树脂和酚醛树脂等)的非晶态结构，由于研究尺度比较小，结构信息相对难获取。

Flory 认为，固化树脂是交联点无规分布的均相体系。但许多学者用电子显微镜观察到固化树脂表面具有球粒形貌，球粒尺寸与固化剂含量和固化温度有关：固化温度高或固化剂含量多，则球粒小而密；固化温度低或固化剂含量少，则球粒大而疏。为此提出树脂固化过程包括 3 个阶段：① 形成初级微凝胶(primary microgel)；② 形成次级微凝胶；③ 形成宏观凝胶。以环氧树脂/胺类固化剂体系为例，固化过程和两相球粒结构的形成机理如图 3－50 所示。首先是一级胺反应并放热。由于体系导热缓慢，容易造成局部过热，由此引起二级胺反应，形成反应中心——初级核。这时，只要有反应能力的分子能扩散到核的位置，核就能长大，形成初级微凝胶。与此同时，体系中也不断产生更多的初级核，这些初级核也会长大成初级微凝胶。当体系中的初级微凝胶颗粒增加到一定浓度时，邻近的初级微凝胶彼此接触，并通过表面张力的物理聚集作用与官能团之间进行化学反应，合并成较大的次级微凝胶颗粒。进一步，当次级微凝胶的体积分数达到临界值(均匀球粒作六方排列时，临界体积分数约为 0.74)，它们就彼此结合在一起形成宏观凝胶。这时，由于次级微凝胶颗粒之间残留的固化剂含量已较少，继续反应所能达到的交联密度较低，因此最终产物具有高交联密度颗粒嵌在低交联密度基体中的两相球粒结构。

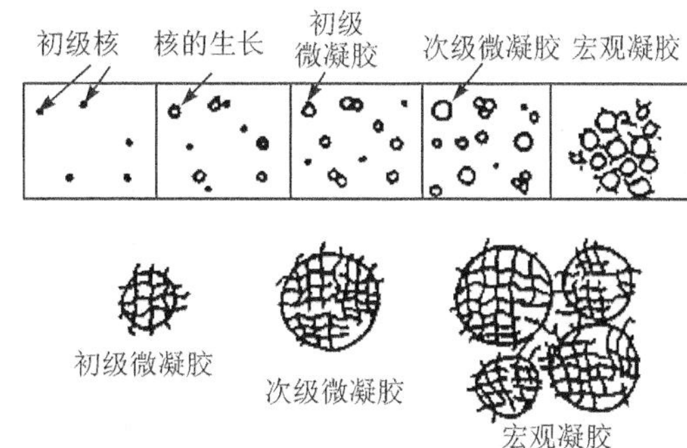

图 3－50　树脂/固化剂体系的固化过程和两相球粒结构的形成机理示意图

3.3　高分子的液晶态结构

液晶的发现可追溯到 1888 年。奥地利植物学家 Reinitzor 在把合成的胆甾醇苯甲酯晶体加热到熔化时，观察到一个奇特的现象：加热至熔点 145.5 ℃时，晶体首先变成有光学双折射性质的混浊粘稠液体，继续加热到 178.5 ℃才变为透明液体；冷却过程中呈现一系列鲜艳的色彩(艳绿→深藏青→黄绿→黄→橙红→红→无色)，同时从各向同性液中析出具有双折射度的油状颗粒。他将这一现象告知了德国科学家 Lehmann，Lehmann 经研究，将这种具有双折射性质的液体命名为液晶。20 世纪 20 年代，Friedel 对液晶结构进行了系统分类。直到 60 年代液晶在显示器上得到广泛应用后，液晶科学才进入了大发展时期。

高分子液晶的发现始于 20 世纪 40—50 年代。最初从烟草斑纹病毒和胶原蛋白中发现了天然高分子液晶。50 年代初 Elliott 等在利用聚－γ－苄酯－L－谷氨酸(Poly(γ－benzyl－L－

glutamate))的氯仿溶液蒸发制备薄膜的过程中,观察到溶液具有双折射现象。后来Robinson经详细研究,证实它是胆甾型物质。1956年,Flory在研究刚性链格子模型理论时预言,刚性棒状高分子在某一临界浓度下会形成各向异性的液晶相。60年代美国杜邦公司成功地以刚性链芳族聚酰胺液晶纺丝制得了高性能合成纤维,商品名为Kevlar。此后,高分子液晶的研究得到迅速发展。

高分子液晶兼具高相对分子质量和液晶的有序性,能提供其他材料无法比拟的物理、力学性能。液晶对磁、电、光、声、热、机械力和气氛等外界因素极为敏感。近些年来,又发现了大量的生物液晶,揭示了生命现象与液晶之间的密切关系,使液晶得到越来越广泛的应用。人们把液晶誉为显示技术上的新秀、检测技术上的奇才和揭开生命迷宫的钥匙。

高分子液晶的结构非常复杂,本节仅初步介绍一些相关概念。

3.3.1 液晶概述

物质既具有液态的流动性,又保留有一维或二维分子排列的有序性,从而在物理性质上呈各向异性的状态称为液晶态。处于液晶态的物质称为液晶。液晶态也称为各向异性态。

按照形成液晶的条件,液晶有热致型和溶致型之分。依靠改变温度到某一范围内形成液晶者称为热致液晶;依靠溶剂溶解并在浓度超过某一临界值时成为液晶者称为溶致液晶。

热致液晶的状态变化一般是:晶体加热到熔点以上处于液晶态,进一步加热转变为各向同性态。液晶态→各向同性态的转变温度称为清亮点,常以T_{cl}或T_i(下标是clearing或isotropic的缩写)表示。在加热和冷却过程中,晶态、液晶态和各向同性液态之间的转变可逆者称为互变型(enantiotropic)热致液晶;加热时直接从晶态转变为各向同性态,但在冷却过程中可通过液晶态转变到晶体者称为单变型(monotropic)液晶。

液晶物质分子结构的主要特点如下:① 分子主干部分是棒状(筷形)、平面状(碟形)或曲面片状(碗形)等刚性结构,其中以细长的棒状结构最为常见;② 分子中含有对位苯撑、强极性基团、可高度极化或可形成氢键的基团,因而在液态下具有维持分子做某种有序排列所需要的凝聚力;③ 分子上可能含有一定的柔性结构,如烷烃链。

宏观液晶由许多有序微区(domain)组成(见图3-51),微区尺寸约为微米数量级;每个微区中的分子轴基本沿一定方向排列,平均方向用单位矢量表示,称为指向矢;相邻微区的指向矢方向可以不一致,除非受外力作用。这种结构很像磁性材料中的磁畴结构:每个磁畴中磁矩方向一致,但磁性材料在未磁化时,不同磁畴中磁矩方向不一致;只有在磁化时,才通过磁畴的转动,使各磁畴的磁矩方向与外磁场方向一致。

图3-51 液晶中的微区(畴)

液晶物质按有序微区中分子的排列方式可分为以下几种:

① 近晶型(Smectic,简称S型):分子基本平行地分层排列(二维有序),层与层之间可相对滑动,分子可在本层内活动,但不能来往于各层之间,如图3-52(a)所示。这种液晶粘度极高。近晶型又有S_A、S_B、S_C、S_D、S_E…之分,其中最常见的是S_A和S_C型。S_A型中分子轴与层面垂直,S_C型中分子轴与层面不垂直。

② 向列型(Nematic,简称N型):分子一维平行排列(一维有序),如图3-52(b)所示。这种液晶在外力作用下因棒状分子很容易沿外力方向移动而呈现低粘度和高流动性。

③ 胆甾型(Cholesteric,简称 Ch 型):分子彼此平行排列成层,分子轴位于层面内,每一层都属向列型,但各层依次旋转过一定角度,形成螺旋状结构,如图 3－52(c)所示。这种液晶粘度很大,而且由于这些扭转分子层的作用,反射的白光发生色散,透射光发生偏振旋转,从而呈现彩虹般的颜色和极高的旋光性。

此外盘状分子可形成盘柱型液晶,如图 3－52(d)所示。

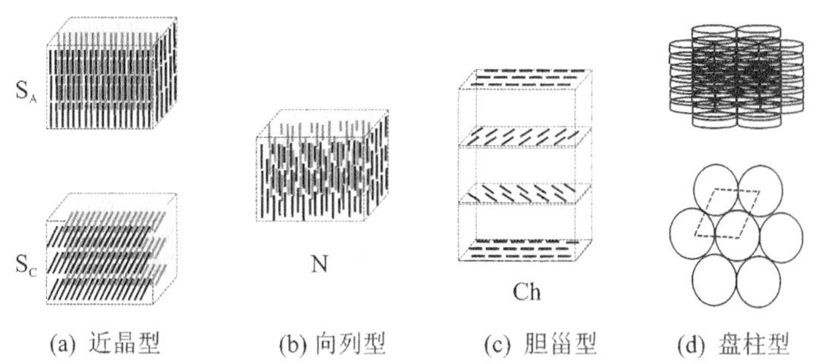

图 3－52　液晶类型

下面给出几个典型的液晶有机分子结构,如表 3－11 所列。

表 3－11　几个典型的液晶有机分子结构

液晶有机分子化学名称	化学结构	液晶类型
对-氧化偶氮苯甲醚 p－Azoxyanisole	$CH_3O-C_6H_4-\underset{\downarrow O}{N}=N-C_6H_4-OCH_3$	向列型
N－(对-丁氧基亚苄基)－4－辛基苯胺 N－(p－butoxybenzylidene)－4－octylaniline	$CH_3-(CH_2)_3-O-C_6H_4-CH=N-C_6H_4-(CH_2)_7-CH_3$	近晶型
胆甾醇壬酸酯 Cholesteryl nonanoate	$CH_3-(CH_2)_7-\underset{\parallel O}{C}-O-$(甾环骨架,含 H_3C、CH_3)$-\overset{CH_3}{CH}-(CH_2)_3-\overset{CH_3}{CH}-CH_3$	胆甾型
6－正庚酸苯酯 Benzene hexa－n－heptanoate	苯环六取代:$C_6(O-\underset{\parallel O}{C}-C_6H_{13})_6$	盘型

同一种液晶物质,在不同的温度范围内可能形成不同的液晶相。一般情况下,随温度升高,液晶相的有序程度降低。例如,4,4′-双庚氧基苯的相转变有:

$$晶体\overset{74\ ^\circ\mathrm{C}}{\rightleftharpoons}近晶相\overset{95\ ^\circ\mathrm{C}}{\rightleftharpoons}向列相\overset{124\ ^\circ\mathrm{C}}{\rightleftharpoons}各向同性液体$$

胆甾醇壬酸酯的相转变有:

$$晶体\overset{78\ ^\circ\mathrm{C}}{\rightleftharpoons}近晶相\overset{79\ ^\circ\mathrm{C}}{\rightleftharpoons}胆甾相\overset{90.5\ ^\circ\mathrm{C}}{\rightleftharpoons}各向同性液体$$

薄层液晶样品在线偏振光显微镜下观察到的形貌称作光学织构。液晶态的光学织构十分复杂,有线状、纹影(schlieren)、指纹、焦锥、扇状等(见图 3-53)。光学织构实际上揭示的是液晶中分子取向排列的缺陷。液晶中指向矢不确定的点,称为奇异点。奇异点周围指向矢产生的变化称为向错(disclination)。图 3-54 示意了液晶中常见的几种向错:点向错、线向错与反转壁。

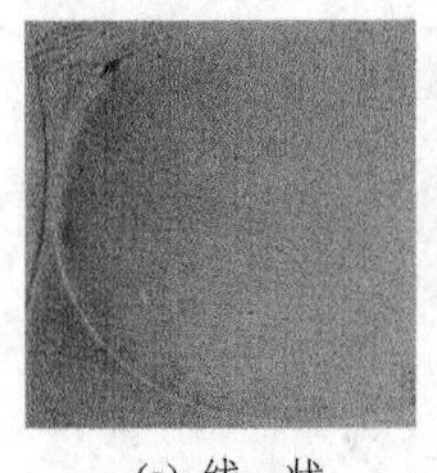
(a) 线 状

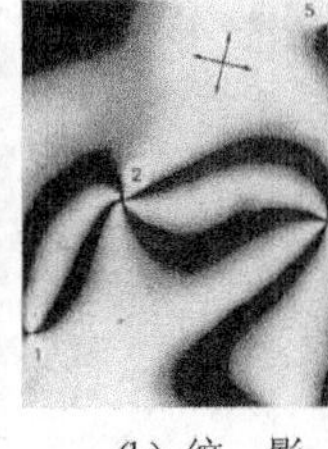

(b) 纹 影

(c) 指 纹

(d) 焦 锥

(e) 扇 状

图 3-53 液晶态光学织构举例

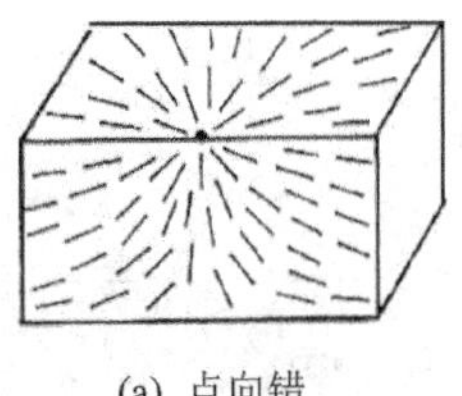
(a) 点向错

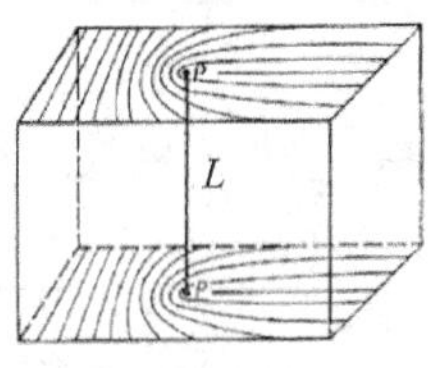

(b) 线向错

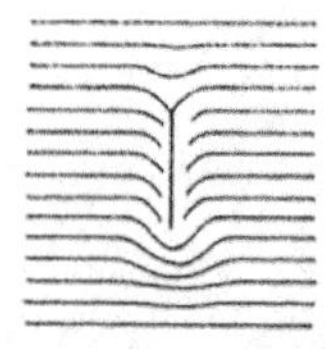

(c) 反转壁

图 3-54 液晶中的向错

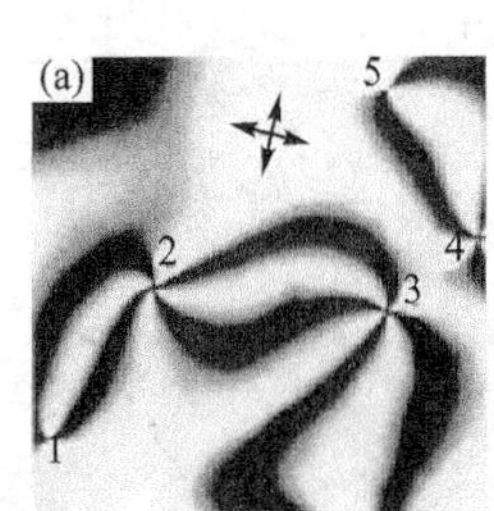

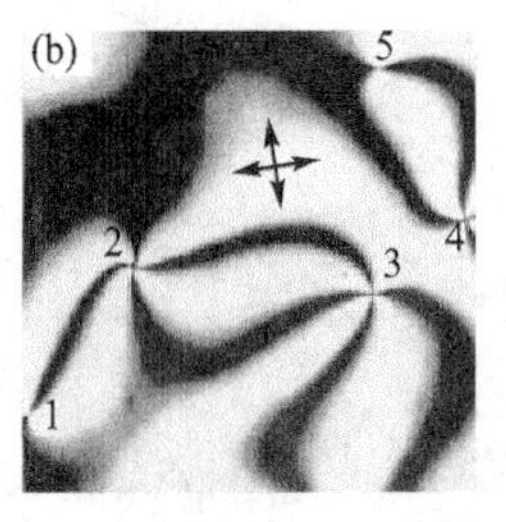

图 3-55 黑刷随正交偏振片与试样相对转动的变化
(图中正交箭头表示正交偏振片的偏振方向)

以向列型液晶为例,薄层样品在正交偏光显微镜下典型的光学织构是纹影织构(见图 3-53(b))。其中的黑带又称黑刷子。常见 4 个黑刷子或 2 个黑刷交汇在一起。交汇于一点的 4 个黑刷子看上去很像球晶的黑十字消光图,实则不同。当正交偏振片相对于试样转动时,球晶的黑十字方向保持不变;而液晶的黑刷子将随之同向或反向旋转(比较图 3-55(a)与(b))。

向错强度 s 定义为

$$s = \pm 黑刷子数目/4 \tag{3-27}$$

2 个黑刷子交汇在一点的向错强度为±1/2,4 个黑刷子交汇于一点的向错强度为±1。符号根据正交偏振片相对于试样旋转时,黑刷子的旋转方向确定:同向旋转为正;反向旋转为负。

偶尔也能观察到 6 个、8 个或 10 个黑刷子交汇在一起的光学织构,分别对应于向错强度±3/2、±2、±5/2 等。强度不同的各种向错周围,指向矢的排列如图 3-56 所示。

向错强度越高，向错就越不稳定，因此高强度向错的织构不容易被观察到。在液晶体系中，符号相反的向错总是成对出现，而不存在孤立的向错，因此体系中所有向错的代数和等于零。

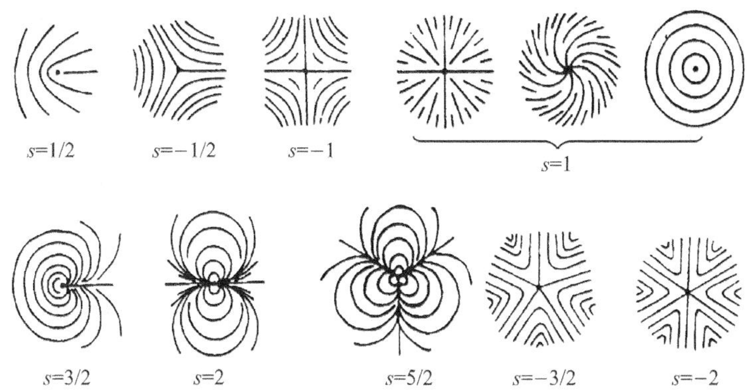

图 3-56　向列型液晶中分子指向矢可能的排列图

3.3.2　液晶高分子的特征结构及排列

液晶高分子由包含刚性基元的重复结构单元组成。刚性液晶基元可以是棒状、盘状或更复杂的形状。其中常常包括若干个芳环，彼此间由刚性连接基团(桥基)连接起来。常见的桥基有—N=N—、—CH=CH—、—CH=N—等。

根据液晶基元在高分子链上的位置，液晶高分子可分为：主链型液晶高分子(液晶基元位于高分子主链上)、侧链型液晶高分子(液晶基元作为侧链悬挂在主链上)和主-侧链型液晶高分子(主链和侧链上均含液晶基元)，如图 3-57 所示。主链上液晶基元之间或侧链液晶基元与主链之间还可以有柔性连接链，称为柔性间隔链，如亚甲基链、硅氧链等。图 3-58 列举了几种液晶高分子的重复结构单元。

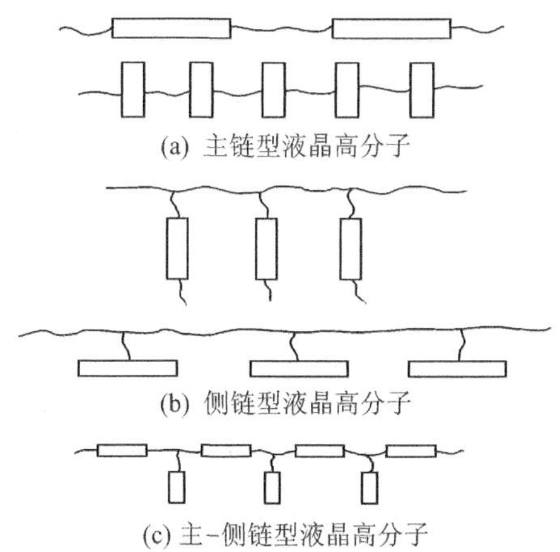

图 3-57　液晶高分子典型结构示意图

根据液晶高分子链上液晶基元的排列情况，高分子液晶也有近晶型、向列型、胆甾型和盘柱型之分。图 3-59 示意了侧链型高分子液晶的三种微区结构。

高分子液晶也有热致液晶和溶致液晶之分。溶致液晶的特点是高分子链非常刚硬，其熔点接近或超过其分解温度，因而不可能通过加热到熔点以上实现液晶态，而只能通过溶解在溶剂中实现液晶态。

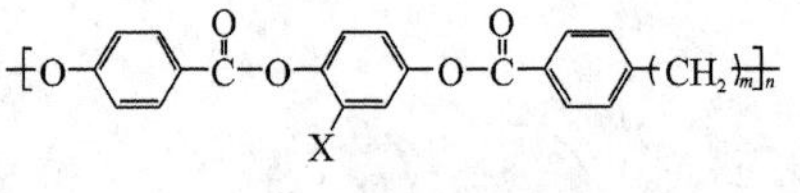

(a) 聚酯类主链型液晶高分子

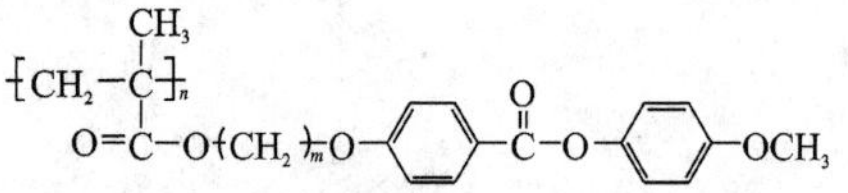

(b) 聚丙烯酸酯类侧链型液晶高分子

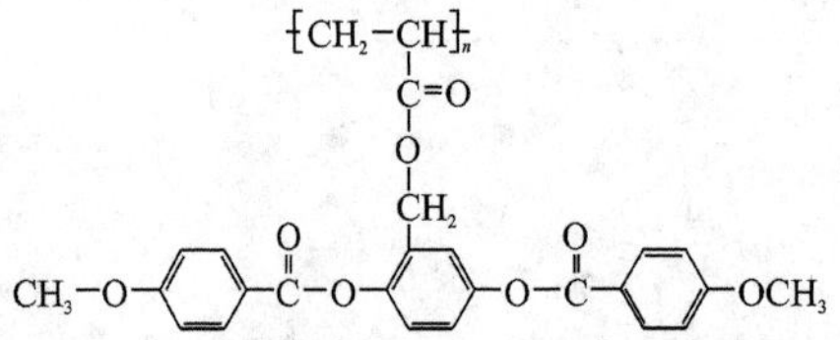

(c) 聚烯烃类侧链型液晶高分子

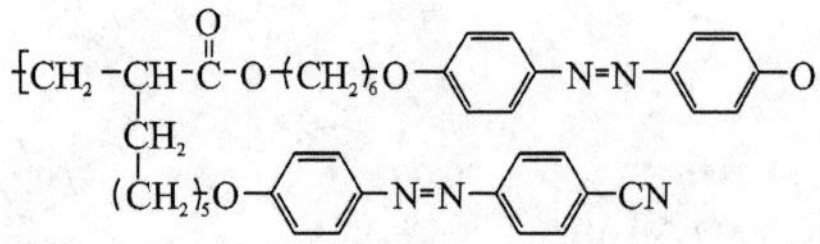

(d) 主-侧链型液晶高分子

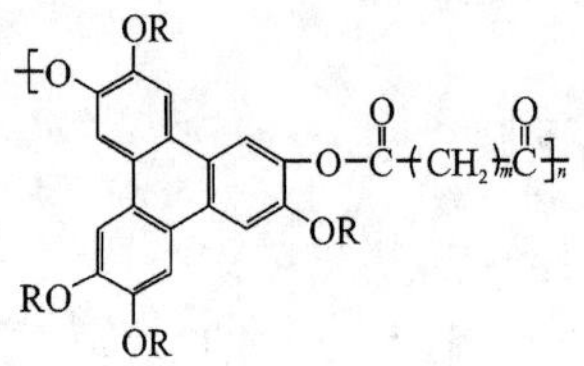

(e) 盘型液晶高分子

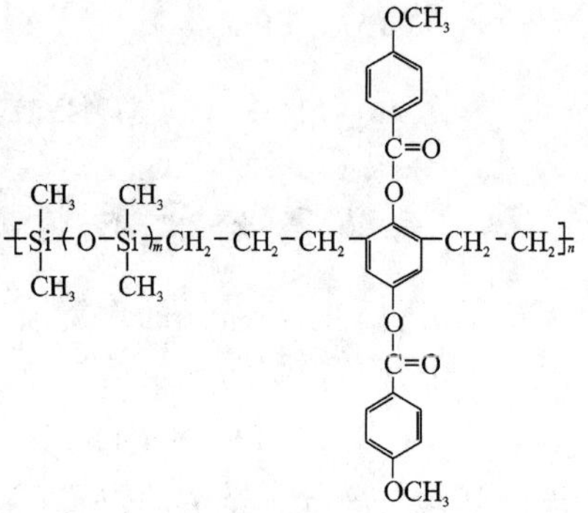

(f) 正交型主链液晶高分子

图 3-58　液晶高分子举例(m 通常为 1～10)

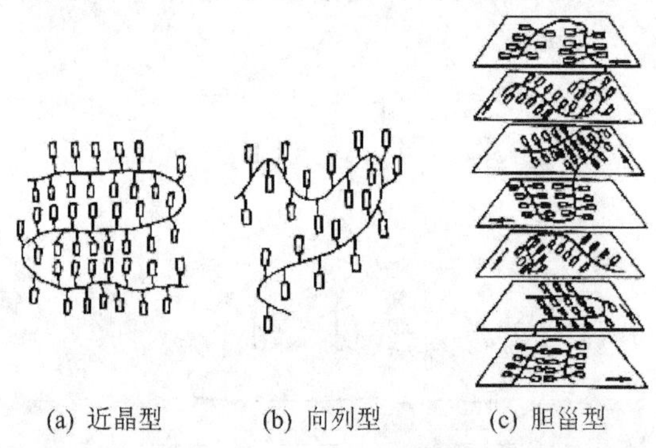

(a) 近晶型　　(b) 向列型　　(c) 胆甾型

图 3-59　侧链型高分子液晶中分子链的排列示意图

3.3.3　高分子液晶的特点

与低分子液晶相比，高分子液晶具有如下特点：

低分子液晶都是结晶性的，在熔点以下转变为晶体；而高分子液晶可能是结晶性的，也可能是非结晶性的。一般而言，主链液晶高分子具有结晶性，结晶温度范围与普通结晶性高分子的一样，在 $T_g \sim T_m$ 之间；侧链液晶高分子，若立构规整度差，就可能是非结晶性的，但在玻璃化转变温度以上也能呈液晶态。

向列型液晶高分子的典型光学织构也是纹影织构，但由于高分子液晶中缺陷较多，有序微区尺寸较小，纹影织构中的黑刷子往往细而密（见图 3－60）。

与低分子液晶相比，高分子液晶的粘度较大。通过迅速冷却可以将液晶态冻结下来，因此更容易观察到液晶中的向错织构。例如，在一些共聚酯液晶中，已观察到原先在低分子液晶中很难观察到向错强度高于 2 的高阶向错（见图 3－61）。

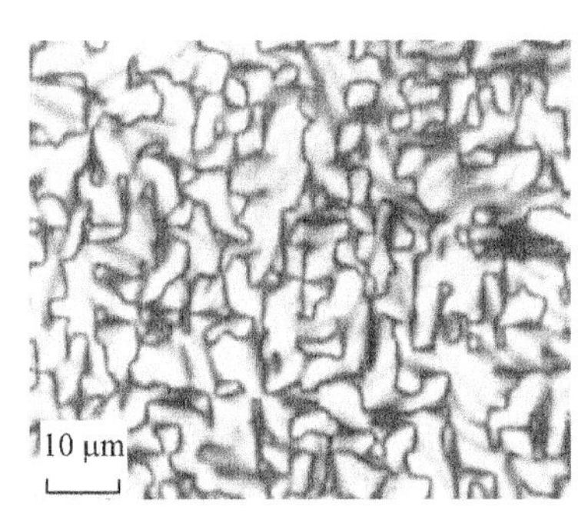

图 3－60　聚酯向列型液晶的纹影织构

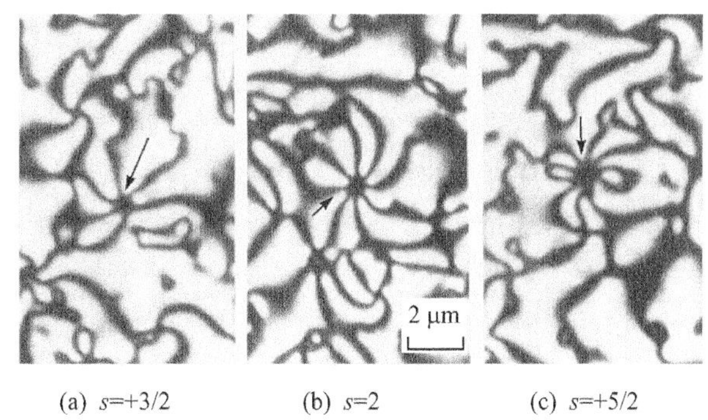

(a) $s=+3/2$　(b) $s=2$　(c) $s=+5/2$

图 3－61　向列型液晶聚酯中高阶向错的偏光显微镜照片

向列型液晶高分子在应力作用下或冷却固化中会发展条带织构，即在正交偏光显微镜下呈现明暗相间的条纹，如图 3－62(a)、(b)所示。当正交偏振片相对于试样转动一定角度时，条纹明暗程度发生反转，亮条纹变暗，暗条纹变亮。经仔细研究，证明条带织构中分子链的排列如图 3－62(c)所示。

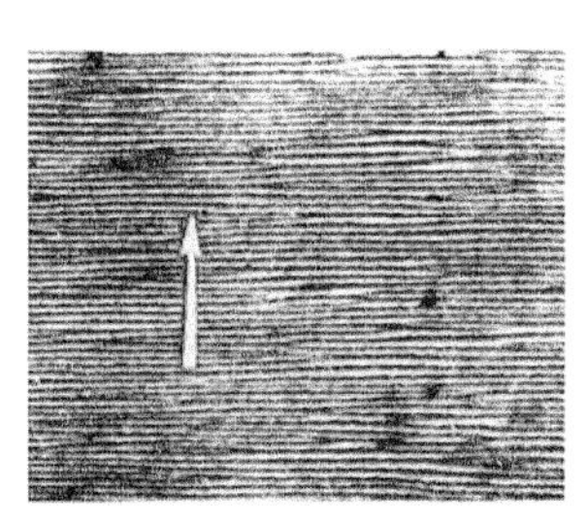

(a) 溶致液晶聚对苯二甲酰对苯二胺(PPTA)的剪切应力诱导条带

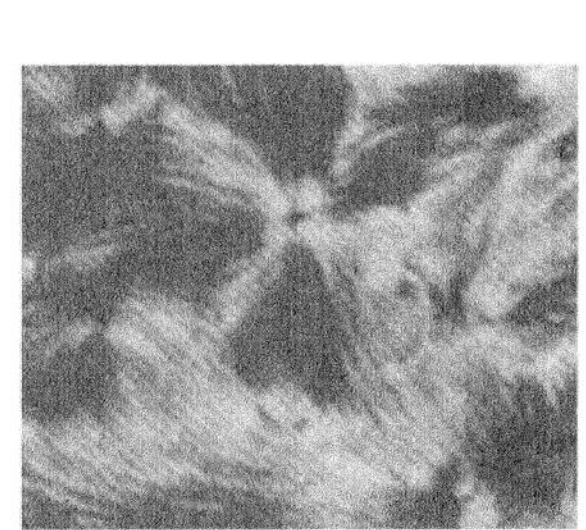

(b) 一种液晶聚酯冷却固化诱导条带(叠加在纹影织构上)

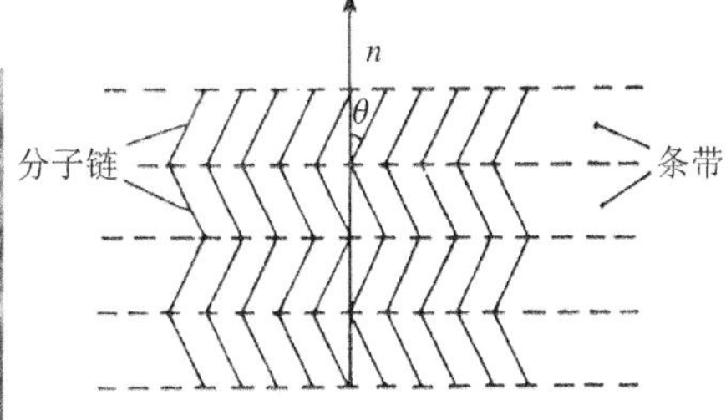

(c) 条带内分子链排列示意

图 3－62　条带织构及条带内的分子链排列

为揭示高分子液晶中的向错，常采用以下 3 种技术：① 晶片装饰技术，通过淬火将液晶态冻结成玻璃态，保留液晶态的结构，然后升温到其 $T_g \sim T_m$ 之间，进行冷结晶。这时分子链段只能通过原位运动重排结晶，分子链垂直于晶片。用透射电镜观察形成的片晶，就能推断出分子排列模式。观察前样品一般经四氧化钌染色。② 条带装饰技术，液晶在冷却固化中会诱发出在向错周围规则排列的条带，条带尺寸达微米数量级，用偏光显微镜即能观察得到。③ 表面裂纹装饰技术，高分子液晶热胀冷缩具有各向异性，沿分子链方向容易出现裂纹。所以从液晶态熔体淬火或从液晶溶液蒸发成固态薄膜时，会产生许多平行于分子链的表面裂纹，清晰地显示样品中的分子排列情况。

具有结晶能力的液晶高分子在合适的条件下能形成球晶、串晶和草席晶。但串晶中心缺

少伸直链,草席晶中分子链的排列情况与前述条带织构类似。但在液晶高分子的晶体中,刚性高分子链究竟怎样排列,尚待研究。

3.3.4 高分子液晶态的应用:液晶纺丝

20世纪60年代第一个实现工业应用的溶致液晶高分子是聚对苯二甲酰对苯二胺(PPTA):

$$\left[\overset{O}{\overset{\|}{C}} - \text{C}_6\text{H}_4 - \overset{O}{\overset{\|}{C}} - \overset{H}{\overset{|}{N}} - \text{C}_6\text{H}_4 - \overset{H}{\overset{|}{N}} \right]_n$$

1972年,又首次用对羟基苯甲酸和对苯二甲酸与乙二醇,获得了熔点较低、因而能用普通塑料加工技术(如挤出、注塑等)成型的热致液晶共聚酯(常表示为PET/PHB60mol%)。此后,液晶高分子迅速发展,新品种层出不穷。迄今应用最多的是向列型液晶高分子。

向列型液晶高分子的最大特点是粘度低,流动性好。以PPTA的浓H_2SO_4溶液为例,其粘度η与浓度c的关系如图3-63(a)所示。在该图中,有两个临界浓度c_1^*和c_2^*。当$c<c_1^*$和$c>c_2^*$时,溶液粘度η"正常地"随浓度的增大而提高。但在c_1^*与c_2^*之间,溶液粘度η"反常地"随浓度的增大而降低。其原因如下:在$c<c_1^*$时,溶液为各向同性液体,其粘度按常规随浓度的增大而提高;当c达到c_1^*时,溶液中开始出现向列型液晶微区,这时整个溶液就是向列型液晶微区分散在各向同性液体中的混合体系,由于向列型液晶微区的粘度特别低,导致整个溶液体系的粘度下降;此后,随溶液浓度的进一步增加,体系中向列型液晶微区越来越多,溶液粘度迅速降低;当c达到c_2^*时,整个体系全部转化为向列型液晶,溶液粘度降到最低值。当浓度继续增加时,这个"全液晶体系"的粘度复又正常地随浓度的增大而提高。

对于浓度高于c_1^*的高分子液晶溶液,其粘度η随温度T的变化如图3-63(b)所示:当$T<T_1$或$T>T_2$时,溶液分别为"全向列型液晶"和"全各向同性液体",而在T_1与T_2之间,溶液是向列型液晶微区与各向同性液体的混合体系。在该温度范围内,温度越高,粘度较高的各向同性液体比例越大,因而溶液粘度越高。

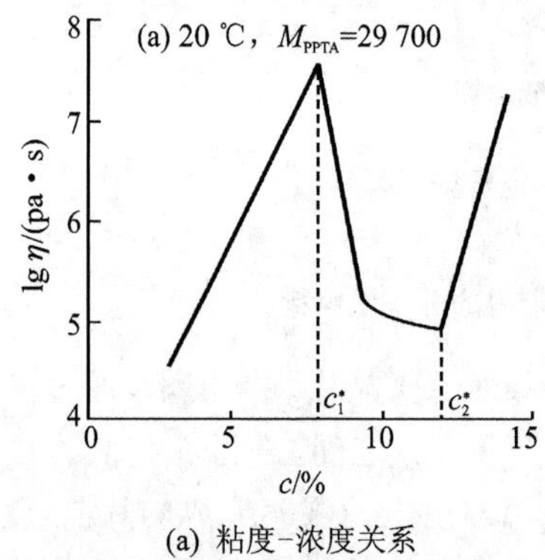

(a) 粘度-浓度关系

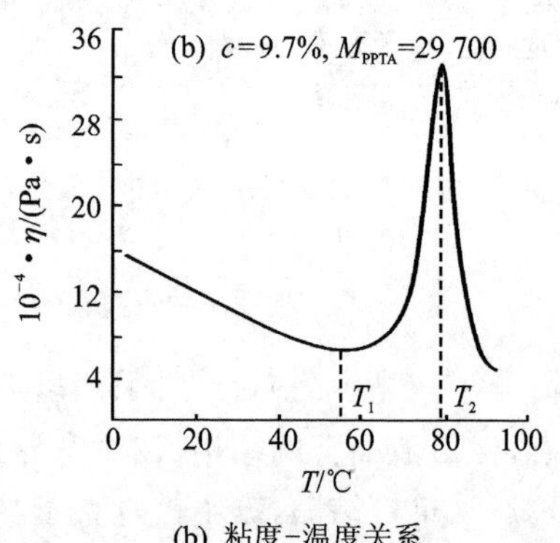

(b) 粘度-温度关系

图3-63 PPTA的浓H_2SO_4的粘度-浓度关系和粘度-温度关系

在高分子的溶液纺丝工艺中,为了得到优质产品,一般希望纺丝液的浓度较高而粘度较低。非液晶刚性高分子的各向同性溶液体很难达到这一要求,而溶致液晶高分子的向列型溶液比较容易满足这一要求。图3-64所示是PPTA的浓H_2SO_4溶液的粘度随浓度和温度的变化,阴影线区域是可纺粘度窗口。由图可知,当纺丝温度提高到90 ℃时,纺丝液浓度允许高

达 20%左右。同时,由于液晶分子在外力作用下很容易沿外力方向取向,纺丝时可以在较低的拉伸力作用下获得较高的取向度。这就避免了普通纺丝技术中纤维因高倍拉伸而造成的损伤。因此,采用液晶纺丝技术得到的聚对苯二甲酰对苯二胺纤维(商品名 Kevlar),在模量、强度和韧性方面均优于用常规纺丝技术得到的纤维(见表 3-12)。

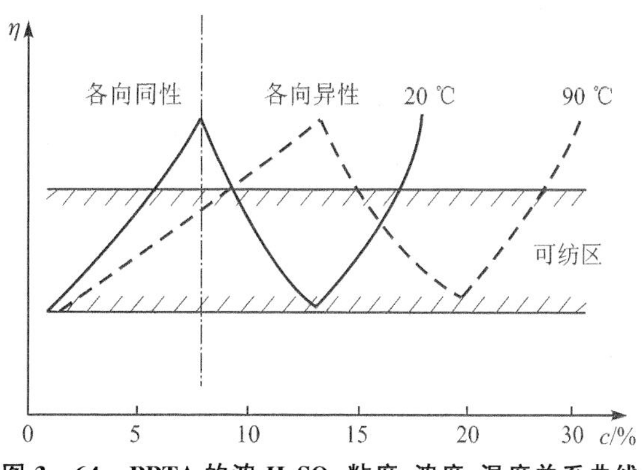

图 3-64　PPTA 的浓 H_2SO_4 粘度-浓度-温度关系曲线

在热塑性工程塑料中,向列型热致液晶高分子的注塑或挤出制件的力学性能,可与纤维增强塑料制件媲美,因此有自增强复合材料之称;而且因其兼具出色的耐热性、阻燃性和优良的流动性而被誉为超级工程塑料。同时,液晶高分子因其出色的流动性,已成为改善许多工程塑料,如聚苯醚、聚芳砜等加工流动性的优良助剂。

表 3-12　PPTA 溶液纺丝法对形成纤维力学性能的影响

纺丝技术	起始模量/GPa	拉伸强度/MPa	断裂伸长率/%
常规纺丝	35～71	≤970	2～3
液晶纺丝	35～88	1 770～2 210	3～4

3.4　高分子的取向态结构

高分子在外场作用下,分子链、链段或晶粒沿外场方向做某种方式和某种程度的择优排列叫作取向。高分子在纺丝、挤出、吹塑、注塑等成型工艺中都会产生取向。但取向并非高分子独有的现象,例如金属多晶体的晶粒在锻造中或在定向凝固中也会取向。可是高分子所能达到的最大取向程度以及取向给高分子性能带来的巨大影响却是其他材料所不可比拟的。表 3-13 以实例说明了这一点。

表 3-13　取向对碳钢和聚丙烯塑料性能的影响

样品		挤出比	纵向屈服强度/MPa	纵向拉伸强度/MPa	断裂伸长率/%
碳钢	钢锭	1	290	560	19
	锻棒	12	340	560	27
聚丙烯	坯料	1	10	22	200
	挤出棒	5.5	—	220	24

3.4.1　取向单元

高分子实现取向的途径有两条:一是让高分子在流动态取向并使取向态凝固下来;二是让高分子先凝固成固体(晶态、玻璃态、高弹态),然后进行取向。

非晶态高分子的取向单元分链段(小尺寸)和分子链(大尺寸)两类。链段取向是指链段沿外场方向择优排列,但分子链主轴的排列可能是无序的(见图3-65(a));分子链取向是指分子链主轴沿外场方向择优排列,但分子内链段的排列未必有序(见图3-65(b))。

非晶态高分子在高弹态受应力作用时,主要形成链段取向,因为在该状态下,链段比较容易运动,而整个分子链的重心迁移还很困难。在粘流态受应力作用时,可实现分子链的取向。在一定的温度范围内,玻璃态高分子在应力作用下也能实现一定程度的链段取向。

取向过程是分子在外场作用下的有序化过程。外场除去之后,分子的热运动又会使分子趋于无序化,称为解取向。在热力学上,解取向是自发过程,而取向必须依靠外场做功才能实现。因此非晶态高分子的取向态在热力学上是一种非平衡状态。若要维持取向态,必须在取向后把温度降到其玻璃化转变温度以下,使分子或链段的运动"冻结"下来,然后再撤去外场。这种"冻结"的取向态也不是热力学平衡状态,只有相对的稳定性。但当温度足够低($T<T_g$)时,解取向过程十分缓慢,所以高分子的取向结构可保持相当长的时间。与分子链的取向相比,链段在外场作用下取向得快,外场撤去后,解取向也快。

部分结晶高分子包括晶区和非晶区。晶区由晶片组成。就晶片本身而言,其中的链段或分子链都是平行排列的。所谓未取向结晶高分子,是指其中晶片的排列是无序的,例如球晶。这种高分子在外场作用下,除了发生非晶区的分子链或链段取向外,还有晶片的取向。图3-66所示为结晶高分子在拉伸取向过程中球晶形状及其内部结构的变化。一般地说,在高分子弹性形变阶段,球晶稍被拉长,但长短轴差别不大;在不可逆形变的初始阶段(屈服点附近),球晶被拉成细长椭球状;到大形变阶段,球晶通过内部晶片的倾斜、滑移、转动以及部分折叠链被拉伸成伸直链等一系列变化,转变为取向的折叠链晶片及其中心贯穿伸直链晶体的微原纤结构。

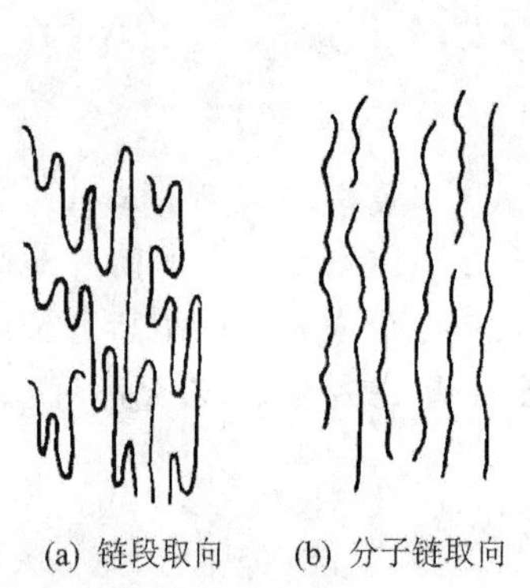

图3-65 高分子的链段取向和分子链取向

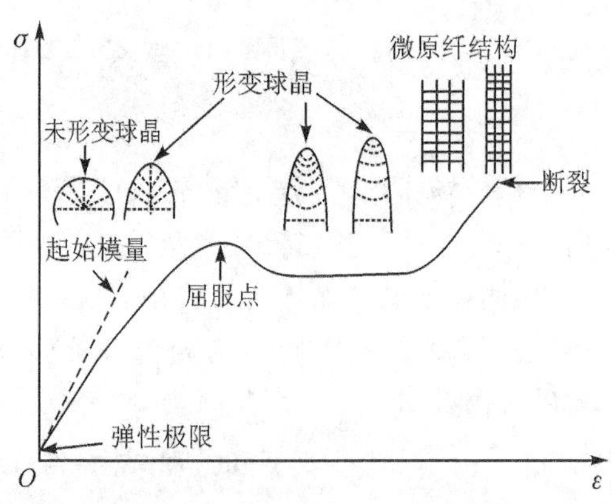

图3-66 拉伸取向过程中球晶外形及其内部结构的变化

结晶高分子的晶片取向在热力学上是稳定的,在晶体被破坏以前(例如温度低于熔点时)不可能发生解取向。非晶区的取向在热力学上是不稳定的,特别在温度高于T_g时,链段的解取向很迅速。

合成纤维多属部分结晶高分子,如锦纶(尼龙)和涤纶(聚对苯二甲酸乙二醇酯)等。在这类纤维的纺丝工艺中都有一个拉伸取向阶段。拉伸中同时发生晶片取向及非晶区的链段取向。高度取向纤维的纵向刚度与强度都很高,若用来制造服装,虽然挺括,穿着起来却未必舒适,因为缺乏弹性。为此常在拉伸取向之后另加一道工序:用温度高于非晶区T_g的热空气"吹一下"纤维,目的是使其中非晶区内的链段解取向,以赋予纤维一定的弹性。

3.4.2 取向方式

按照外力作用的方式，高分子的取向可分为单轴取向和双轴取向两大类。

① 单轴取向：材料在一个方向上（x 方向）受拉，使之长度增加，厚度和宽度减小。单轴取向材料中，分子链或链段倾向于沿拉伸方向平行排列（见图 3－67(a)）。

② 双轴取向：材料在两个互相垂直的方向（x、y 方向）上受拉，使之面积增大，厚度减小。双轴取向材料中，分子链或链段倾向于与拉伸平面（xy 平面）平行排列。但在 xy 平面内，分子链或链段的排列基本无序（见图 3－67(b)），特别是在 x、y 方向上的拉伸比基本相同时。

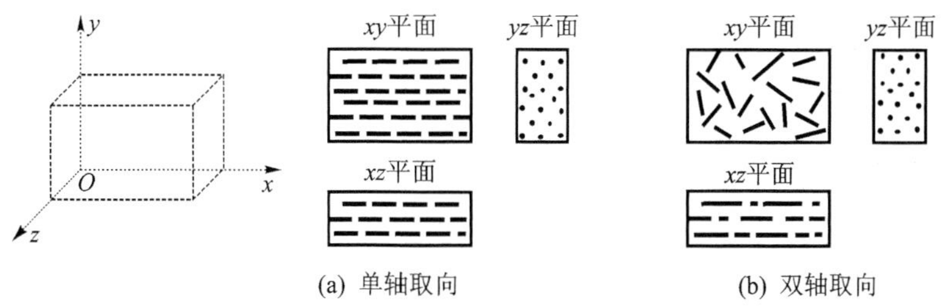

图 3－67　取向高分子中分子排列方式示意图

取向对高分子性能最大的影响是导致各向异性。因为在高分子链方向上，原子之间以化学键结合；而在分子链之间，非键合原子间以范德华力结合。高分子未取向时，其中的高分子链和链段的排列是无序的，因此呈各向同性。取向后，由于原子之间的化学键结合且范德华作用被分解在不同的方向上而呈各向异性。

取向高分子的力学各向异性表现在：取向方向上，模量和强度比未取向时增大，而在垂直于取向的方向上，强度和模量比未取向时减小。最直观的一个例子是目前广泛使用的聚丙烯塑料绳。这种绳实际上是全同立构聚丙烯的单轴拉伸取向薄膜。其纵向强度非常高，而横向强度极低，很易被撕开。图 3－68 还给出了一种单轴取向聚酯薄膜在不同方向上的拉伸强度。由图可见，取向方向（0°）上的强度是垂直方向（90°）上的 6 倍。对于主要要求一维强度的纤维和薄膜，常常采用单轴拉伸工艺来大幅度提高其纵向拉伸强度。以尼龙为例，未取向时，拉伸强度为 70～80 MPa；而经单轴拉伸的尼龙纤维，拉伸强度可高达 470～570 MPa。目前，一些研究人员正在利用拉伸取向获得以伸直链晶体为主的超高模量和超高强度纤维。例如，超高模量聚乙烯纤维已成为制造防弹衣和防弹装甲中的重要原料。

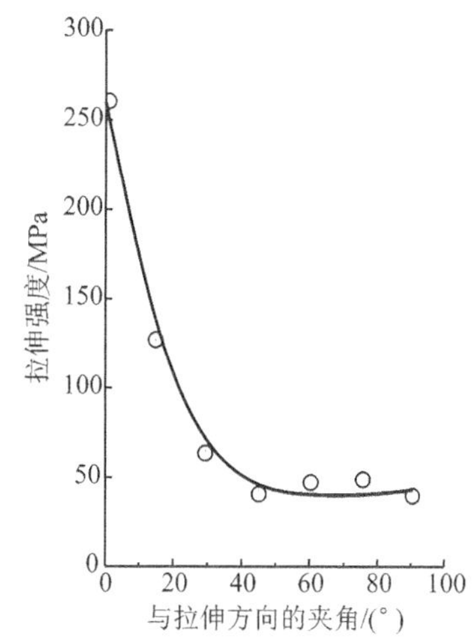

图 3－68　一种单轴取向聚酯薄膜的拉伸强度随方向的变化

高分子经双轴拉伸后，在 x、y 方向上的强度和模量均比未取向时高，而在 z 方向上模量和强度比未取向时低。如果双轴拉伸时，x、y 两个方向上的拉伸比相同，则高分子在 xy 平面内的力学性能基本上各向同性。一些要求二维强度高且平面内性能均匀的薄膜材料，如电影胶片、录音磁带和录像磁带等的片基，都用双轴拉伸薄膜制造。

此外，作为航空透明材料的定向有机玻璃也是用普通有机玻璃在高弹态时经双轴拉伸制成的。与普通有机玻璃相比，定向有机玻璃平面内各方向的强度和模量都有提高，而在厚度方向上的强度和模量有所下降。这种玻璃断裂时,断口呈云母状(见图 3-69),因为裂纹最易沿分子层与层之间扩展。此外,有机玻璃经双轴拉伸后,韧性也大幅度提高,受外力冲击时,不像普通有机玻璃那样容易出现大面积开裂(见图 3-70(a)),而只是局部损伤。特别是定向度较高(即拉伸比较大)的有机玻璃,即使遭遇很大的冲击力,以致玻璃穿孔,损伤仍局限在一定范围内(见图 3-70(b))。目前先进战斗机上的座舱罩多用定向有机玻璃制造。

图 3-69　双轴定向有机玻璃的拉伸断口形貌

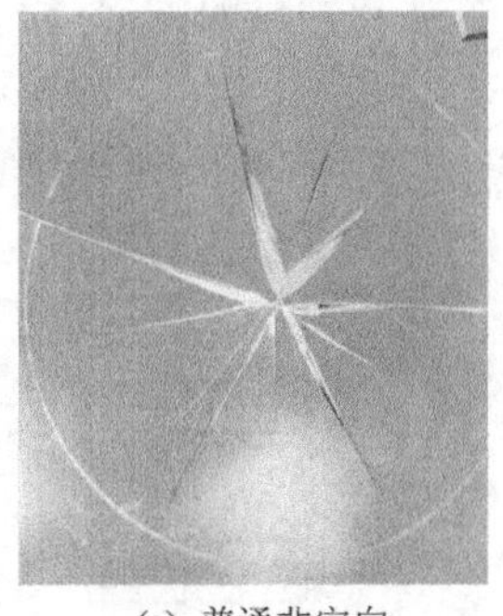

(a) 普通非定向

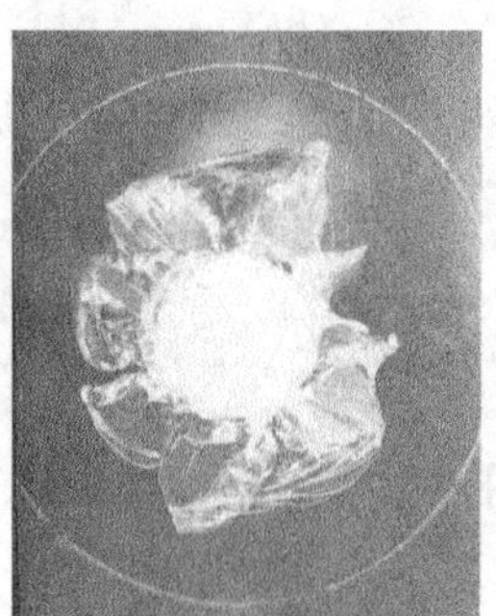

(b) 双轴拉伸定向

图 3-70　冲击作用后有机玻璃的破坏形貌

高分子取向后,除力学各向异性外,其他物理性质(如光学、热学性质)也出现各向异性。取向程度越高,各向异性越甚。正因如此,实验上总是通过测定材料的各向异性来估算高分子的取向度。

3.4.3　取向度的概念和测定方法

取向度一般用取向函数 f 来表征,f 定义为

$$f=\frac{1}{2}(3\overline{\cos^2\theta}-1) \tag{3-28}$$

式中:θ 为高分子内分子链主轴方向与拉伸取向方向之间的夹角,称为取向角(见图 3-71)。

如果单轴取向高分子中所有的分子链都沿取向方向平行排列,则 $f=1$,平均取向角 $\bar{\theta}=0$,$\overline{\cos^2\theta}=1$。对于完全未取向高分子,$f=0$,$\overline{\cos^2\theta}=\frac{1}{3}$,$\bar{\theta}=54°44'$。

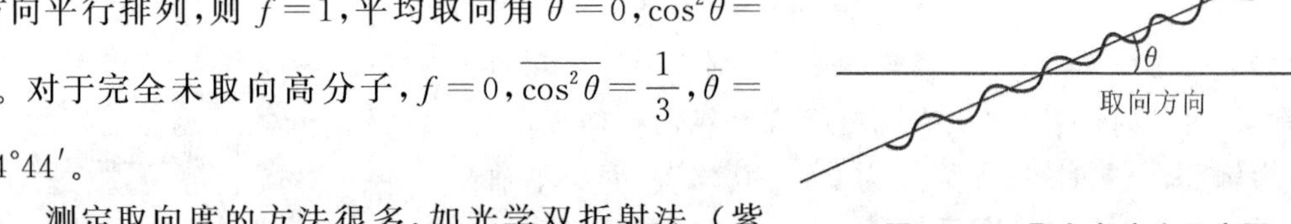

图 3-71　取向角定义示意图

测定取向度的方法很多,如光学双折射法、(紫外、可见光或红外)二向色性法、声波传播法、广角 X 射线衍射法、偏振荧光法、偏振 Raman 散射法、核磁共振法等。不同的测定方法所表征的可能是不同单元的取向度。以下仅介绍几种最常用的方法。

1. 光学双折射法

双折射度 Δn 定义为材料在不同方向上的折射率之差。设材料在 x、y 和 z 三个方向上的折射率分别为 n_x、n_y 和 n_z,则在 x 方向上单轴取向材料的双折射度 $\Delta n_{单轴}$ 为

$$\Delta n_{单轴}=n_x-\frac{1}{2}(n_y+n_z) \tag{3-29}$$

在 x、y 方向上双轴取向材料的双折射度 $\Delta n_{双轴}$ 为

$$\Delta n_{\text{双轴}} = \frac{1}{2}(n_x + n_y) - n_z \tag{3-30}$$

双折射度与 f 的关系为

$$f = \Delta n / \Delta n_{\max} \tag{3-31}$$

式中：$\Delta n_{\max}$ 是指所有高分子链均朝一个方向伸展取向时呈现的最大双折射度。

光学双折射法测定的是晶区和非晶区取向度的总效果，反映的是链段取向。

2. 红外二向色性法

当入射红外线的偏振方向分别与取向样品的取向方向平行和垂直时，吸收峰的强度明显不同，称为红外二向色性。图 3 - 72 给出了一种全同立构聚丙烯拉伸薄膜的红外吸收谱。曲线 1 和曲线 2 分别是红外偏振方向与拉伸方向平行与垂直时得到的。设红外线中特定波数的入射强度为 I_0，当偏振方向分别与取向方向平行和垂直时，该波数吸收峰的吸收强度分别为 $I_{\parallel}$ 与 $I_{\perp}$，并定义 $A_{\parallel} = \lg\left(\frac{I_0}{I_{\parallel}}\right)$ 和 $A_{\perp} = \lg\left(\frac{I_0}{I_{\perp}}\right)$，则 $\overline{\cos^2\theta}$ 为

$$\overline{\cos^2\theta} = \frac{A_{\parallel}}{A_{\parallel} + 2A_{\perp}} \tag{3-32}$$

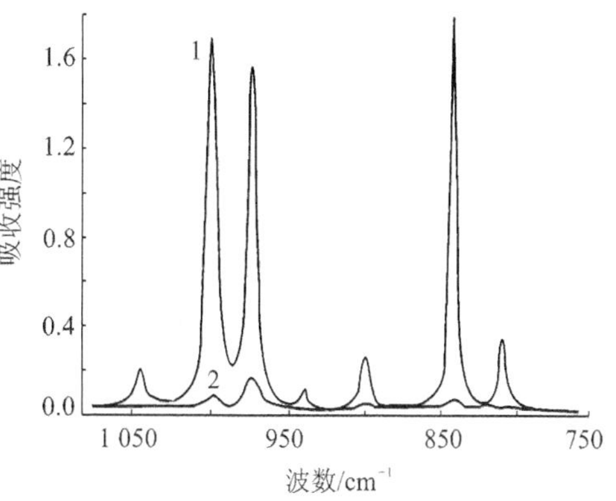

1—红外偏振方向与薄膜拉伸方向平行；
2—红外偏振方向与薄膜拉伸方向垂直

图 3 - 72　全同立构聚丙烯拉伸取向薄膜的红外吸收谱

该方法既可用来研究结晶高分子，也可用来研究非晶态高分子。对于部分结晶高分子，晶区与非晶区的吸收带具有不同的红外吸收峰，测定不同吸收峰的二向色性比，原则上可区分晶区与非晶区的取向度。同时，由于主链原子的吸收峰与侧基原子的吸收峰也不同，因此原则上还可区分分子链的取向度与链段的取向度。

3. 宽角 X 射线衍射法

X 射线衍射法只适用于研究结晶物质。用 X 射线衍射法测定 $\overline{\cos^2\theta}$ 比较复杂。这里只介绍一种定性估计结晶高分子取向度的原理：未取向结晶高分子的 X 射线衍射图是一些同心圆环。取向后，衍射图上的圆环退化为圆弧。取向程度越高，圆弧越短。高度取向时圆弧可缩小为衍射点(见图 3 - 73)，因此通常可以用衍射圆弧的倒数表征取向度的大小。

4. 声波传播法

声波沿高分子主链方向的传播速度比垂直方向上快得多。这是因为在主链方向上声波的传播是通过分子内键合原子的振动来实现的，而在垂直于主链方向上是靠分子间非键合原子的振动来实现的。声波在未取向高分子中的传播速度与在小分子液体中的差不多，为 1～2 km/s；而在取向高分子的取向方向上，可达 5～10 km/s。取向程度越高，声波在取向方向上的传播速度越快。在这种测试方法中，取向函数的具体表达式为

$$f = 1 - \left(\frac{c_{\text{未取向}}}{c}\right)^2 \tag{3-33}$$

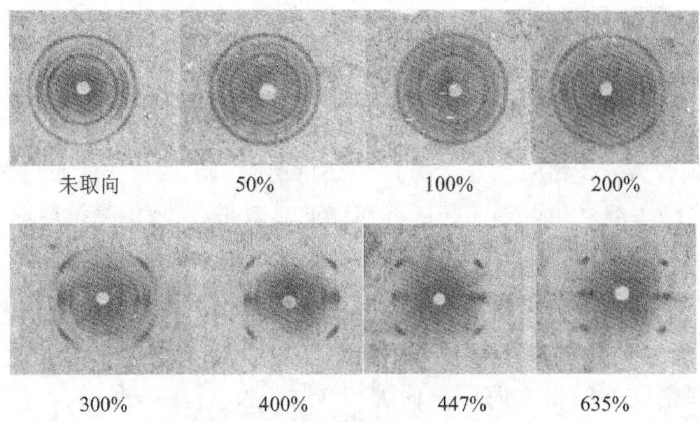

图 3-73 全同立构聚丙烯薄膜在不同伸长率下的宽角 X 射线衍射图

式中：$c_{未取向}$为声波在未取向高分子中的传播速度，c 为声波在取向高分子取向方向上的传播速度。对于未取向高分子，$c=c_{未取向}$，$f=0$；对于高度取向高分子，$c \gg c_{未取向}$，$f=1$。

声波传播法测定的是晶区与非晶区的平均取向度。由于声波在高分子中的波长较大，故该方法反映的是整个分子链的取向情况。

工业上常用拉伸比作为取向度的量度。需指出的是，拉伸比与取向函数之间并非简单的线性关系。在极端的情况下，拉伸可以不产生取向而只导致粘流。

3.5 共混高分子的结构

两种或两种以上高分子的混合物，称为共混高分子。不少共混高分子能兼具甚至超过组元高分子的性能，恰如几种金属元素混合在一起能产生优于单一金属性能的合金一样，因此被誉为高分子合金。

共混高分子的第一项专利出现在 1846 年，其目的是制造天然橡胶(顺式 1,4-聚异戊二烯)与古塔波胶(反式 1,4-聚异戊二烯)的共混物。发明者通过改变组分比例，获得了一系列性能介于天然橡胶(软而粘)与古塔波胶(脆而刚)之间的材料。1929 年又批准了第一项热塑性高分子共混物的专利——聚氯乙烯/丁腈橡胶共混物。20 世纪 70 年代以来，共混已成为开发高分子新材料的主要途径。

3.5.1 共混高分子的混溶性与相容性

制备共混高分子的方法分两类：① 化学共混，包括溶液接枝、溶胀聚合和嵌段共聚等；② 物理共混，即机械共混、溶液浇铸共混和乳液共混等。

两种高分子共混在一起，若能达到分子级别的互溶，形成热力学上稳定的均相体系，则它们是混溶(miscible)的，否则就是不混溶(immiscible)的。表 3-14 列出了一些典型的混溶与不混溶高分子-高分子对。

混溶性共混高分子的性能一般介于组元高分子之间。这类材料最大的优点是可任意改变配比，以获得介于组元高分子性能之间的性能。共混高分子混溶的热力学判据是混合自由能 $\Delta G_M<0$。已知：

$$\Delta G_M = \Delta H_M - T\Delta S_M \tag{3-34}$$

式中：ΔH_M 和 ΔS_M 分别为混合焓与混合熵。两种高分子，除非彼此之间有特殊相互作用（如强极性吸引力或氢键），否则，ΔH_M 一般都大于零；ΔS_M 必定大于零，因为混合后分子排列的构象数必然增大。因此，为满足 $\Delta G_M<0$，要求 ΔS_M 必须足够大和/或 ΔH_M 足够小，以使 $|T\Delta S_M|>\Delta H_M$。遗憾的是，当两种高分子的相对分子质量都较高时，ΔS_M 往往不大。因此大多数高分子-高分子共混时不能满足 $\Delta G_M<0$ 的条件，也就是说，它们往往不混溶，而要发生相分离，形成非均相体系。

表 3-14　几种混溶与不混溶的高分子-高分子对

混　溶	不混溶
聚氯乙烯-丁腈橡胶 聚苯乙烯-聚苯醚 聚苯乙烯-聚乙烯基甲醚 聚氯乙烯-聚对苯二甲酸丁二醇酯 聚甲基丙烯酸甲酯-聚偏氟乙烯 聚氧乙烯-聚丙烯酸	聚苯乙烯-聚丁二烯 聚苯乙烯-聚甲基丙烯酸甲酯 聚苯乙烯-聚二甲基硅氧烷 聚丙烯-三元乙丙橡胶 环氧树脂-端羧基丁腈橡胶 聚碳酸酯-ABS 尼龙 66-三元乙丙橡胶 尼龙 6-聚对苯二甲酸乙二醇酯 聚丁二烯-丁苯橡胶

判断共混高分子混溶性的简便方法有：① 共混物薄膜的光学透明性：均相体系透明，非均相体系不透明。② 玻璃化转变温度法：均相体系只有一个玻璃化转变温度，非均相体系有至少两个玻璃化转变温度。③ 共溶剂法：将两种拟共混的高分子溶于同一溶剂中，若溶液分层，则表示不混溶或至多只能部分混溶；若不分层，则表示混溶。但每一种方法都有局限性，既与相区尺寸有关，也与方法对相区的分辨率有关。

就不混溶的共混高分子而论，还有相容(compatible)与不相容(incompatible)之分。不相容共混高分子会发生宏观相分离。相容性共混高分子在宏观上是均一的，只能发生微观或亚微观相分离，而且相与相之间具有良好的界面粘结性。虽然这种相容性非均相共混高分子在热力学上是不稳定的，但由于其粘度大，分子或链段的运动实际上被“冻结”，所以能长期保持非均相准稳定态。这类共混物常常兼具甚至超过组元高分子的性能。例如，聚苯乙烯是典型的脆性塑料，但其加工性优良，与少量聚丁二烯橡胶共混后，共混物兼具良好的抗冲击性能与加工性能。

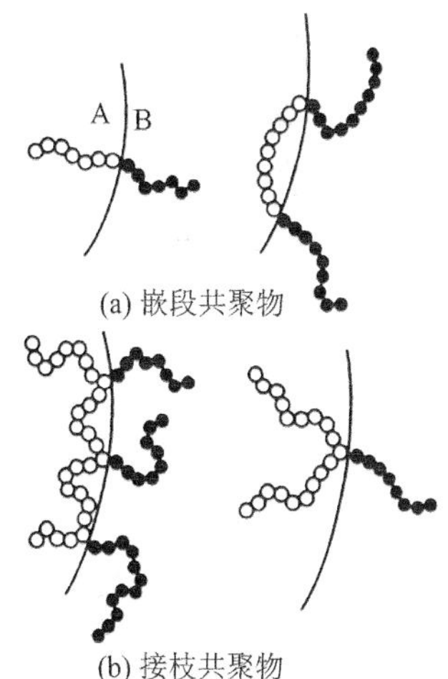

图 3-74　增容原理

对于一些不相容或相容性差的共混高分子，可以用增容剂提高它们的相容性。增容剂通常是嵌段共聚物或接枝共聚物。增容的原理如图 3-74 所示。共混高分子中两个组元高分子分别为 A 和 B，增容剂中一个组元高分子(如图中○链)与 A 相容，另一个组元高分子(如图中●链)与 B 相容，由此改善 A、B 之间的界面粘结性，从而提高 A、B 之间的相容性。在最简单的情况下，构成增容剂的两个组元高分子就分别是高分子 A 和高分子 B。工业上增容的常用途径有：

① 在共混期间加入预先合成好的嵌段或接枝共聚物增容剂。

② 在拟共混的组元高分子之一中加入一种能溶于其中并能与另一个组元高分子发生反应的线形分子。

③ 在共混期间加入能同时与两个组元高分子发生反应的低相对分子质量的化合物。

④ 当两个组元高分子是缩聚物时,加入催化剂促进两者之间发生链交换反应,如酯交换反应。

⑤ 在共混期间施加大剪切力以剪断高分子链,使新的反应性链端在组元高分子之间的界面上重新结合,形成嵌段或接枝共聚物。

⑥ 分别在两个组元高分子中加入少量带相反电荷的离聚物,使它们在共混期间形成组元高分子之间的物理交联点。

⑦ 对拟共混的组元高分子中的一种或两种进行化学改性,引入能与组元高分子上已存在或引进基团相结合的基团。

⑧ 加入与组元高分子至少部分混溶的第三高分子。

⑨ 引入一种组元高分子(通常是作为主要组分的弹性体)的交联剂。交联剂足够多时可阻止弹性体形成连续相,而形成大的不规则颗粒,周围被次要组分包裹。

⑩ 引入特殊相互作用,特别是氢键。

3.5.2 非均相共混高分子的结构

共混高分子按组元高分子的凝聚态结构可分为非晶性/非晶性、结晶性/非晶性和结晶性/结晶性三类。其品种繁多,结构形态非常复杂。迄今,在理论上研究较深入和实际应用较广泛的主要是非晶性/非晶性共混高分子。

在非均相共混高分子中,一般含量少的组元高分子为分散相,含量多的组元高分子为连续相。分散相的形状与尺寸取决于组元高分子之间的相容性、相对分子质量与相对分子质量分布、是否结晶、有无增容剂以及加工条件(如所受的静压力、剪切力)等诸多因素。

以非晶性/非晶性共混高分子为例,在最简单的 AB 二元共混物中,随 A 浓度的增大,分散相的变化大致如图 3-75 所示:A 球→A 棒→A 层/B 层→B 棒→B 球。实际情况更复杂,可能还存在双连续相和多孔层状(见图 3-76),这已被许多实验事实证实。图 3-77 给出了苯乙烯(S)-丁二烯(B)-苯乙烯(S)三嵌段共聚物(SBS)超薄切片的透射电子显微镜照片。样品经四氧化锇染色。照片中白色为塑料相,黑色为橡胶相。由图可见,随 B 含量的递增,橡胶分散相的形状由球状渐变为层状。

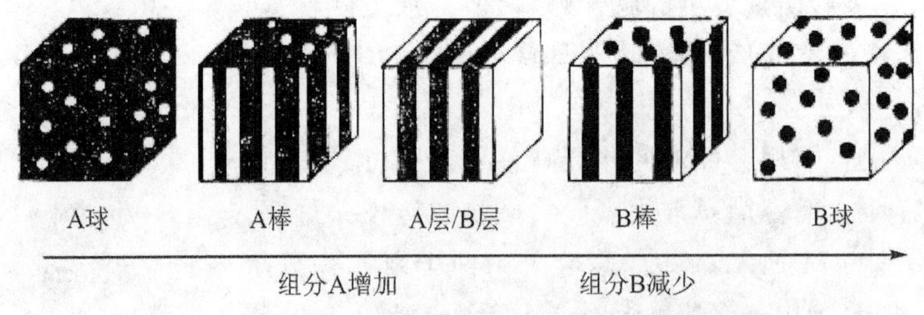

图 3-75 A(白色)B(黑色)二元共混物相结构模型

关于 A/B/C 三元共混物,有人提出,如果 A、B、C 的性质差别较大,则可能存在如图 3-78 所示的 11 种三相态。

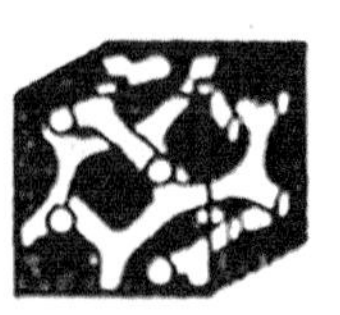

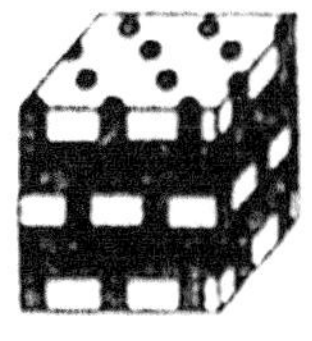

(a) 双连续相　　(b) 多孔层状模型

图 3-76　共混物中的双连续相和多孔层状模型

20%　　40%　　60%

图 3-77　SBS 嵌段共聚物超薄切片电子显微镜照片(数字表示 B 的含量)

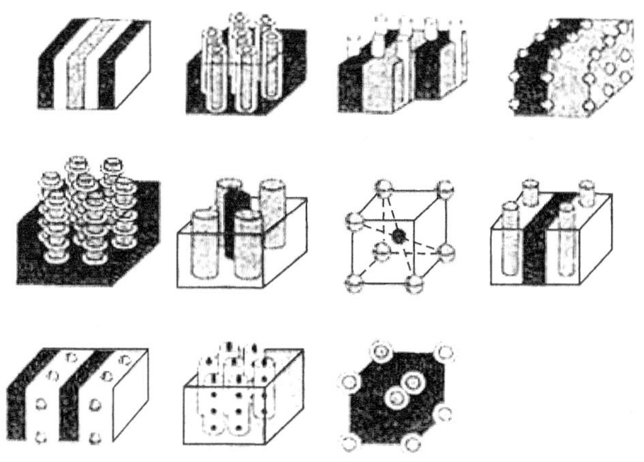

图 3-78　A(白色)/B(灰色)/C(黑色)共混高分子三相结构模型

结晶性/非晶性共混高分子，如聚己内酯/无规立构聚氯乙烯、全同立构聚苯乙烯/无规立构聚苯乙烯、全同立构聚苯乙烯/聚苯醚和聚偏氟乙烯/聚甲基丙烯酸甲酯等，所能形成的结构形态大致可归纳为如图 3-79 所示的 4 类：(a) 晶粒分散在非晶态连续相内；(b) 球晶分散在非晶态连续相内；(c) 非晶相分散在球晶的晶片内；(d) 非晶相形成较大的区域分布在球晶之间。具体形态在很大程度上取决于分子的扩散速率与结晶速率的竞争。

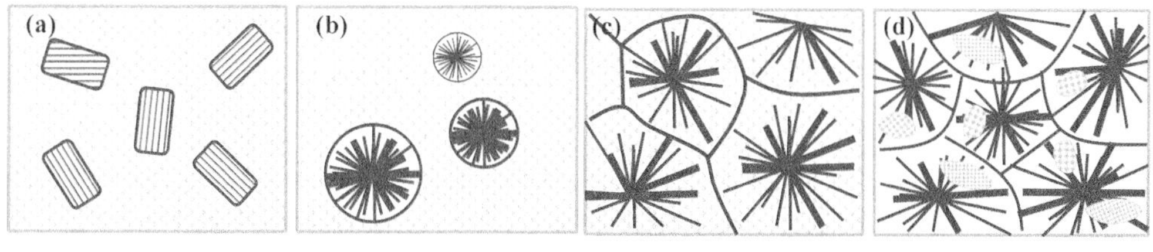

图 3-79　结晶性/非晶性共混高分子的结构形态

结晶性/结晶性共混高分子,如聚对苯二甲酸乙二醇酯/聚对苯二甲酸丁二醇酯、聚己内酯/聚乙烯等,可形成如图3-80所示的各种形态:(a)两种晶粒分散在非晶态连续相内;(b)一种球晶与一种晶粒分别分散在非晶态连续相内;(c)两种高分子分别形成两种球晶。

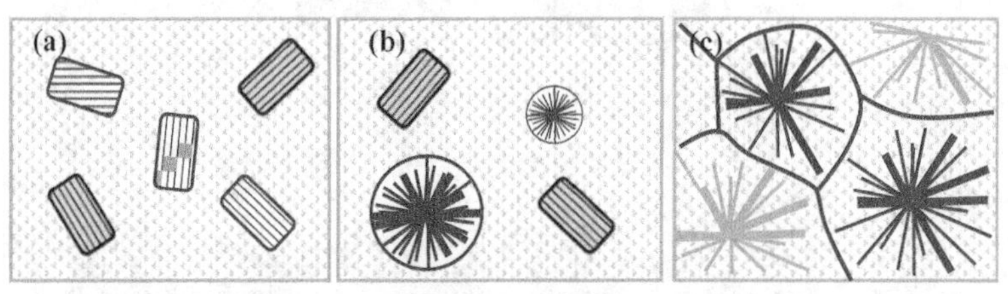

图3-80 结晶性/结晶性共混高分子的结构形态

共混高分子按其连续相和分散相的软硬程度可分为以下4类:

① 分散相软/连续相硬:橡胶增韧塑料,如高抗冲聚苯乙烯、ABS、三元乙丙橡胶增韧聚丙烯、丁腈橡胶增韧环氧等。

② 分散相硬/连续相软:热塑性弹性体或补强橡胶,如SBS热塑性弹性体、聚氨酯热塑性弹性体、聚苯乙烯(或聚氯乙烯、热固性树脂)补强丁苯橡胶等。

③ 分散相软/连续相软:橡胶改性橡胶,如丁苯橡胶改性顺丁橡胶。

④ 分散相硬/连续相硬:塑料改性塑料,如聚苯乙烯改性聚苯醚、聚乙烯改性聚碳酸酯等。

其中应用价值最大的是橡胶增韧塑料和热塑性弹性体两类。

3.5.3 橡胶增韧塑料举例

橡胶增韧塑料(rubber toughened plastics)可以由化学共混或物理共混法制备。它们的基本结构是橡胶为分散相,塑料为连续相。其中,橡胶相是非晶态高分子,塑料相既可以是非晶态高分子,也可以是部分结晶高分子;既可以是热塑性的,也可以是热固性的。

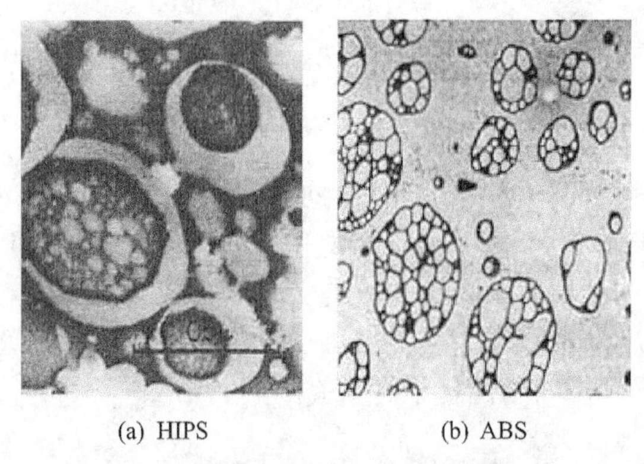

(a) HIPS　　(b) ABS

图3-81 HIPS与ABS的细胞相结构

橡胶增韧塑料中最成功的实例之一是丁二烯(B)与苯乙烯(S)以(5～20):(95～80)的比例接枝共聚的高抗冲聚苯乙烯(HIPS)。其中以聚丁二烯为主链,以聚苯乙烯为接枝。HIPS的冲击强度是纯聚苯乙烯塑料的10倍以上,其结构形态如图3-81(a)所示。图中黑色代表橡胶相,白色代表塑料相。由图可见,HIPS有一个连续的塑料相和一个分散相,分散相本身又是两相结构,其中橡胶相是连续相,塑料相是分散相。这种结构称为细胞相结构。

另一个重要实例是问世于20世纪50年代的工程塑料ABS,它是丙烯腈(A)、丁二烯(B)和苯乙烯(S)的三元共聚物,其中主体组分是S;主链是聚丁二烯,或丁二烯-苯乙烯无规共聚物(丁苯橡胶),或丁二烯-丙烯腈无规共聚物(丁腈橡胶),接枝为丙烯腈-苯乙烯无规共聚物。ABS也具有细胞相结构,如图3-81(b)所示。ABS不仅像HIPS一样具有良好的抗冲击性能和加工性能,而且还因含有丙烯腈而更加耐油。

第三个实例是丁腈橡胶增韧聚氯乙烯。它是典型的混溶性共混高分子，属均相体系。其性能类似于增塑聚氯乙烯，但在耐油、耐磨、耐低温、高冲击强度、耐热老化等方面又大大优于增塑聚氯乙烯。

此外，还有用乙烯/丙烯/二烯无规共聚的三元乙丙橡胶(EPDM)增韧的结晶性聚丙烯塑料，丁腈橡胶增韧的热固性环氧塑料等，不胜枚举。

3.5.4 热塑性弹性体举例

热塑性弹性体(Thermoplastic Elastomer，简称 TPE)是 20 世纪 70 年代发展起来的一类新材料。它是一种在常温下呈现橡胶特性，在高温下又能像热塑性材料那样成型加工的高分子材料，又称为第三代橡胶。

热塑性弹性体分嵌段共聚型和机械共混型两类。嵌段型 TPE 中最重要的实例之一是 SBS 三嵌段共聚物。其中，S 与 B 的比例约为 25∶75；分子链上两端较刚性的聚苯乙烯尾段形成分散相，柔软的聚丁二烯中间段形成橡胶连续相，如图 3－82 所示。在室温下，分散相处于玻璃态，由于其中聚苯乙烯段之间有较强的范德华作用，能起“物理交联点”的作用，将聚丁二烯交联起来，故使整个材料的性能与硫化(化学交联)橡胶类似。但在高温下，例如超过聚苯乙烯相的玻璃化转变温度或更高，则由于分散相内聚苯乙烯段之间的范德华作用力减弱，物理交联点失效，因而又可以流动，像热塑性材料一样进行加工。由此得名热塑性弹性体，简称热塑弹体。在特殊条件下挤出和后处理时，SBS 嵌段共聚物还可能形成细长聚苯乙烯棒远程有序地排列在聚丁二烯基体中的规则相结构，如图 3－83 所示，因此它具有独特的性能(见 9.2.2 小节)。

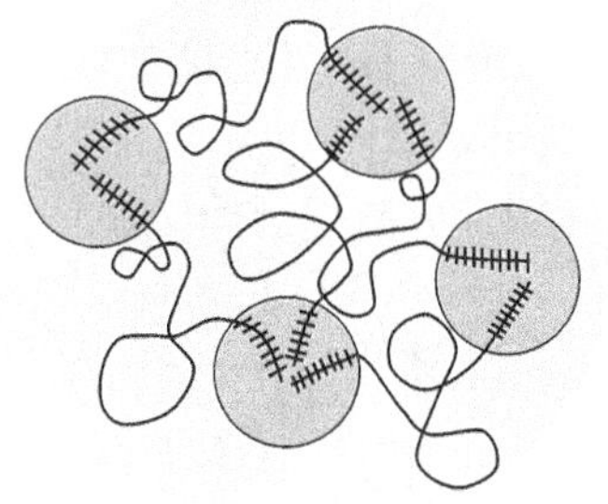

图 3－82　SBS 热塑弹体相结构示意图
(圆圈代表聚苯乙烯分散相)

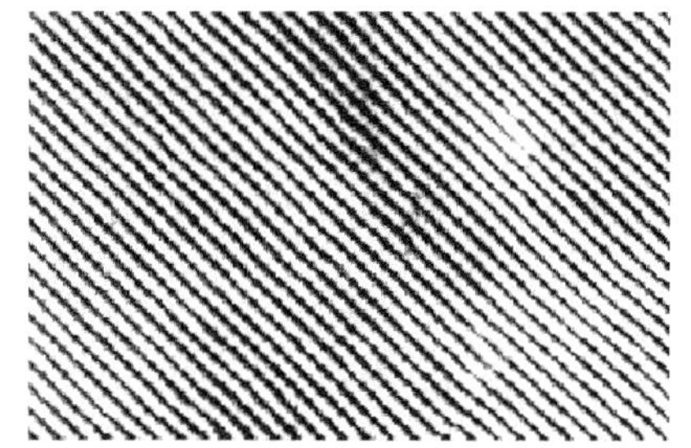

图 3－83　SBS 挤出物的远程有序相结构
(白色为聚苯乙烯相，黑色为聚丁二烯相)

嵌段型 TPE 中另一个实用价值很高的实例是热塑性聚氨酯弹性体，它是一种多嵌段共聚物，结构示意如下：

$$\left[\overset{O}{\overset{\|}{C}}-\overset{H}{\overset{|}{N}}-C_6H_4-CH_2-C_6H_4-\overset{H}{\overset{|}{N}}-\overset{O}{\overset{\|}{C}}-O\left(CH_2\right)_4O\right]_n$$

硬段

$$\left[\overset{O}{\overset{\|}{C}}\left(CH_2\right)_4\overset{O}{\overset{\|}{C}}-O\left(CH_2\right)_4O\right]_n$$

$$\left[CH_2-CH_2-CH_2-CH_2-O\right]_n$$

聚酯、聚醚软段

这种热塑性弹性体的相结构如图 3－84 所示。

共混型 TPE 的典型实例是三元乙丙橡胶与聚丙烯塑料的共混物。

与传统的硫化橡胶相比，热塑性弹性体的最大优点是不需要硫化，且便于回收重复利用；缺点是弹性较差、压缩永久形变较大、热稳定性较差、密度较高和价格昂贵等。

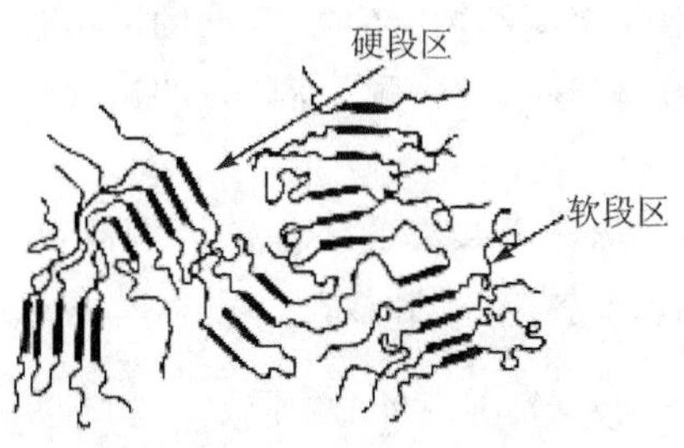

图3-84　聚氨酯相结构示意图

3.6　高分子制件复杂凝聚态结构分析

高分子制件内的凝聚态结构是在加工成型中形成的。高分子常用的加工方法有模压、挤出、吹塑、注塑、压延、喷丝等。在加工过程中，高分子材料所受的热历史和力历史往往十分复杂。以热塑性塑料的注射成型为例，加工的基本过程如下：颗粒状或粉状原料在热和机械力的作用下软化流动，然后在强大的注射压力推动下，通过喷嘴、浇道（包括主浇道、分浇道）和浇口进入模腔，冷却凝固成所需要的制件（见图3-85）。虽然整个工艺周期不过是短短的数十秒或数分钟，但熔体在充模过程中所经受的温度、流速和压力，在任一流道截面上都有一个分布，且随时间发生变化。分布形式与工艺条件（如料筒温度、模具温度、注射压力、注射速度、保压时间等）、模具（形状、尺寸与模具材料）和塑料本身的特性（相对分子质量与相对分子质量分布、分子链的柔性、结晶性等）都有关。因此，制件内的分子凝聚态结构（结晶度、结晶形态、取向度、相结构）不仅与加工前的原料不同，而且制件各部位也常常不均匀。制件内分子的凝聚态结构决定制件的使用性能。因此，在原材料确定的前提下，所谓控制产品质量，本质上是控制制件内的分子凝聚态结构。

大量研究表明，热塑性塑料注射成型制件中的分子凝聚态结构，常常可以按取向度、结晶度或结晶形态区分为若干层。在最简单的、浇口设在模腔一端的注塑成型长条试样中，试样可粗略地分为成型中紧靠模腔、取向程度较高的皮层和制件内部取向程度较低的芯层（见图3-86）。

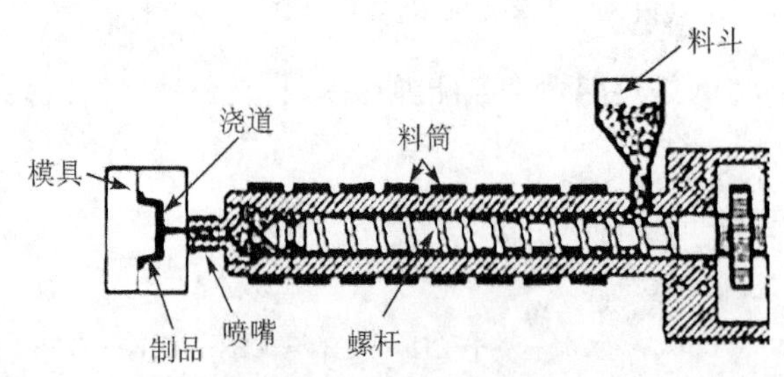

图3-85　注塑机核心结构

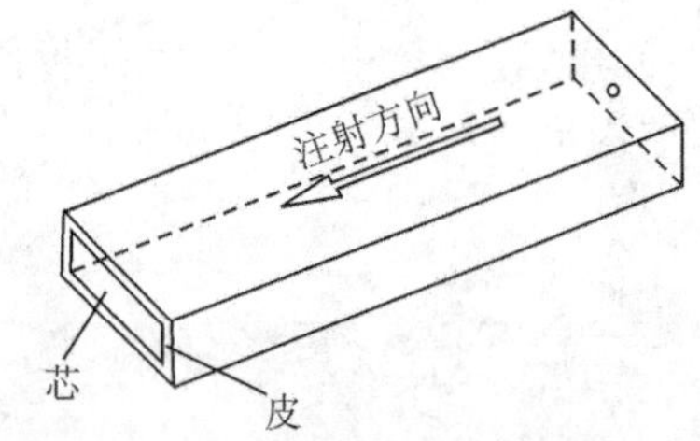

图3-86　注塑制件的皮-芯结构示意图

非晶性塑料（如无规立构聚苯乙烯、无规立构聚氯乙烯等）注塑制件的皮、芯之间仅有取向度的差别。结晶性塑料的皮、芯层之间还存在结晶度和结晶形态上的区别。如果被加工塑料的 T_g 高于模具温度（如聚对苯二甲酸乙二醇酯、尼龙66等），则皮层取向度高但结晶度较低，

而芯层取向度低但结晶度较高；芯层的结晶形态为球晶。如果被加工塑料的 T_g 远低于模具温度（如聚乙烯、全同立构聚丙烯、聚甲醛等），则皮层的取向度和结晶度都高，主要结晶形态为柱晶，而芯层取向度和结晶度相对较低，主要结晶形态为球晶。

短纤维增强塑料的皮层与芯层之间还存在着纤维取向度的区别，如图 3-87 所示。

下面以全同立构聚丁烯-1 注塑成型拉伸试样为例，用偏光显微镜、扫描电子显微镜、DSC、密度测定等方法分析其中的结构层次。各方法中所用样品的取样位置如图 3-88 所示。

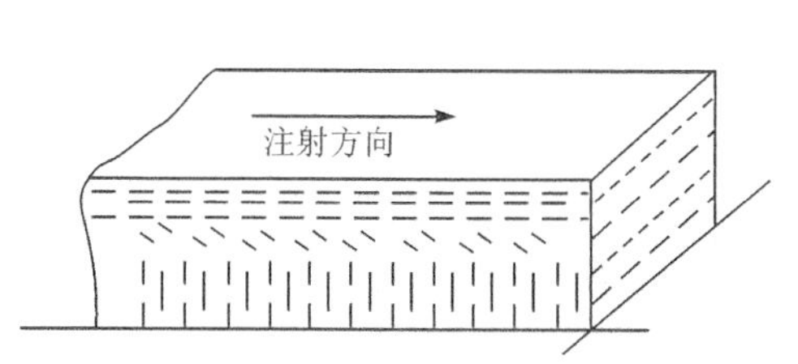

图 3-87　短纤维增强塑料注塑制件皮、芯内纤维取向示意图

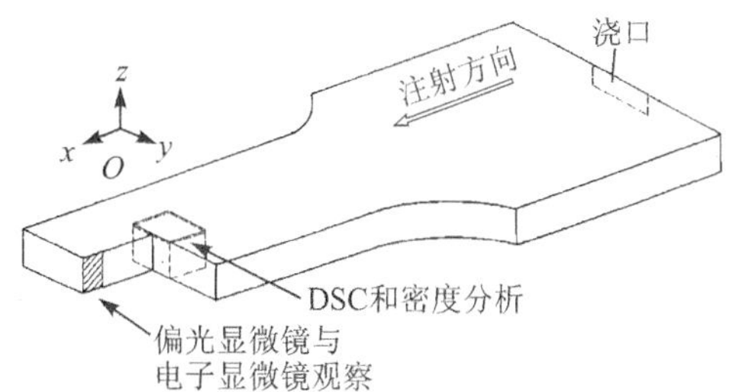

图 3-88　注塑试样分析的取样位置

图 3-89 给出了在一定注塑条件下成型的拉伸试样的纵向切片（见图 3-88 中阴影线）的正交偏光显微镜照片。图 3-89 上图是正交偏振片之一的偏振方向平行于试样纵向（即注射方向）时摄取的，图 3-89 下图是正交偏振片的偏振方向与试样纵向成±45°时摄取的。比较上、下图形貌的差别，可判断该试样由一个双折射度很高的皮层和一个双折射度不高、球晶基本对称的芯层组成。芯层中球晶大小有一个分布，基本上是越靠近皮层，球晶越小。

沿拉伸试样厚度方向由表及里分层切取不同深度处的试样，用密度法测得结晶度在厚度方向上的分布如图 3-90 所示。由该图可见：① 皮层的结晶度明显高于芯层；② 在皮层中，结晶度也有一个分布，结晶度最大处离最外表层有一定距离，约位于皮层厚度的中心部位。

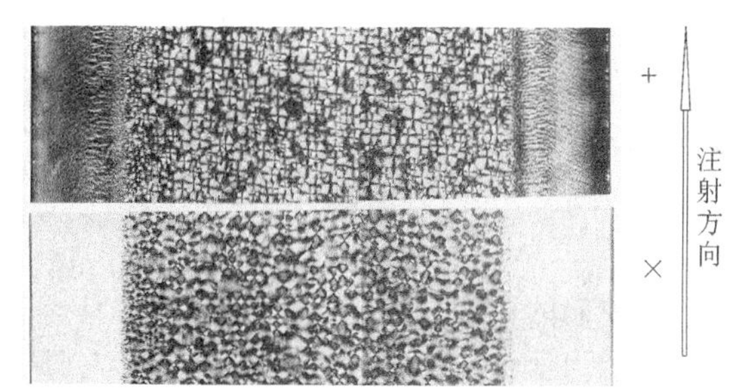

图 3-89　注塑拉伸试样纵向切片的正交偏光显微镜照片（+和×表示偏振片的偏振方向）

同时测定不同深度处切片的 DSC 曲线，结果如图 3-91 所示。可以看到：① 最外表层与芯层的熔点较低；② 在大部分皮层内，DSC 曲线上出现熔融双峰，由此推测，皮层内存在两种厚度明显不同的晶片，如伸直链晶体与折叠链晶片。

将纵向切片用强氧化剂刻蚀，清洗干净，干燥，喷金，然后用扫描电子显微镜观察并摄取自皮层内密度最高处（深度约 200 μm）至芯部（深度约 1 000 μm）的照片，结果如图 3-92 所示，图中同时给出了试样内相应部位的 X 射线衍射图。由电子显微镜照片可以看到，皮层的基本形态为伸直链晶体与折叠链晶片，芯层的形态为球晶，皮-芯之间界限分明。结合图 3-90 与图 3-91，可以发现，皮层中结晶度最高处，正是高熔点峰面积最大处和伸直链晶体最多处。由此处至芯部，伸直链晶体逐渐减少。X 射线衍射花样相应地由衍射点（高度取向）经短弧发展成衍射环（各向同性）。

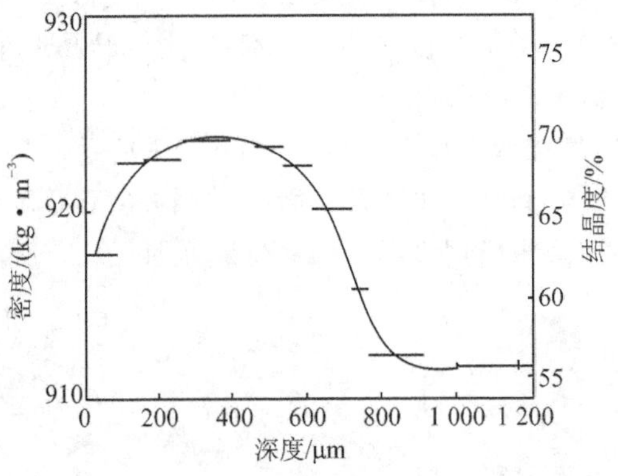

图 3-90 注塑试样内密度和结晶度随深度的变化

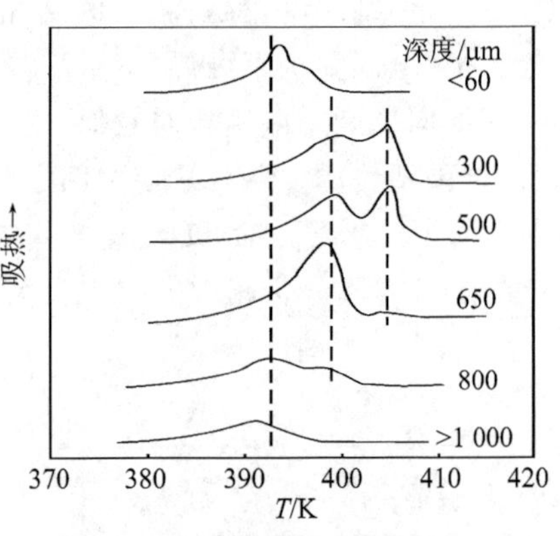

图 3-91 注塑试样内不同深度处切片的 DSC 曲线

进一步比较工艺因素的影响,还可以发现,当固定其他工艺参数,单一地提高料筒温度或模具温度时,皮层减薄,取向度降低,芯层球晶尺寸增大,结晶度提高。此外,单纯地提高注射速度,会使皮层减薄而取向度提高。

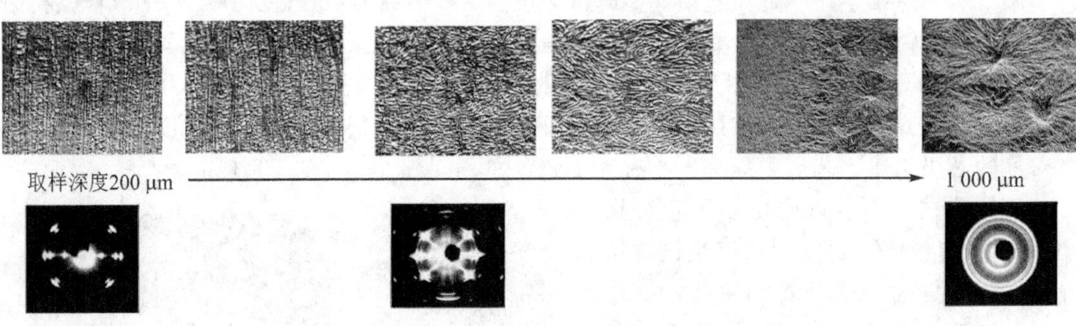

图 3-92 注塑试样内不同深度处切片的扫描电子显微镜照片(上排)及相应的 X 射线衍射花样(下排)

高度取向的皮层与取向度很低的芯层具有明显不同的力学性能。高度取向的皮层各向异性,在取向方向上模量和强度很高,断裂伸长率很低,表现出刚而脆的特性(见图 3-93 中的曲线 1);而芯层各向同性,且相对地软而韧(见图 3-93 中的曲线 2)。

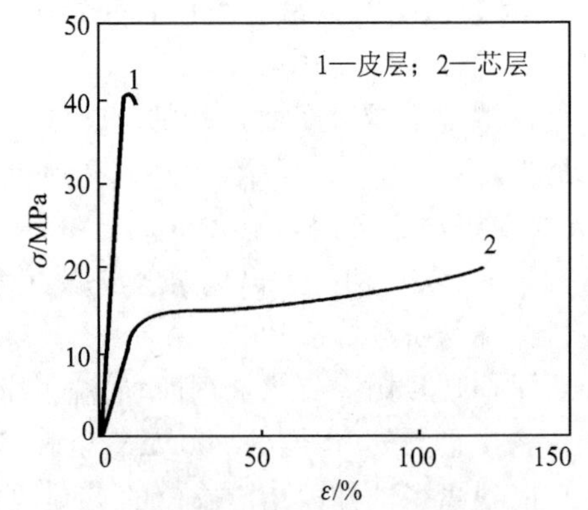

图 3-93 注塑试样皮层与芯层的应力-应变曲线

成型条件不同时,皮层的取向度、皮层的厚薄、芯层的结晶度与球晶大小都不同,制件性能会有很大的差异。

以上的讨论仅仅是针对全同立构聚丁烯-1 的注塑试样而言的。这个特例虽然具有典型性,但不同高分子制件内的分子凝聚态结构可能千变万化,既与高分子本身的结构及性质有关,又与具体的成型方法及工艺条件有关。

习　　题

（带★号者为作业题；带※者为讨论题；其他为思考题）

1. 定义下列术语：

(1) 分子晶体、原子晶体、离子晶体；(2) 立方、六方、四方、菱方、正交、单斜、三斜晶系；(3) 单晶、多晶、同素异晶；(4) 折叠链晶片、伸直链晶体；(5) 球晶、串晶、纤维状晶体；(6) 结晶度、晶片厚度、长周期；(7) Avrami 指数；(8) 溶致液晶、热致液晶；(9) 向列型、近晶型、胆甾型液晶；(10) 向错与向错强度；(11) 主链型、侧链型和主侧链型液晶高分子；(12) 单轴取向、双轴取向、取向函数、双折射度；(13) 熔点、玻璃化转变温度；(14) 混溶性与相容性；(15) 增容剂；(16) 细胞相结构。

2. 在高分子晶体中，分子链的螺旋或锯齿构象能否通过内旋转任意改变？

3. 球晶、串晶、伸直链晶体分别在什么条件下形成？

4. 为什么有结晶能力的高分子只能部分结晶？高分子晶体中常见的缺陷有哪些？

★5. 写出下列高分子的结构单元，并估计它们有无结晶能力。

(1) 聚四氟乙烯；(2) 聚甲醛；(3) 双酚 A 型聚碳酸酯；(4) 尼龙 66；(5) 聚对苯二甲酸乙二醇酯；(6) 轻度交联天然橡胶；(7) 已固化酚醛塑料；(8) 聚三氟氯乙烯；(9) 无规立构聚甲基丙烯酸甲酯；(10) 全同立构聚丙烯；(11) 间同立构聚氯乙烯；(12) 低密度聚乙烯。

※6. 如何制备和标定密度梯度管？

★7. 在密度范围如图 3－94 所示的密度梯度管内，有聚乙烯(PE)、全同立构聚丙烯(iPP)、全同立构聚苯乙烯(iPS)和尼龙 66(PA66)四块试样分别静止地悬浮在所示高度上，计算各试样的体积和质量结晶度。

★8. 试设计一个具体的实验方案，使所得试样在正交偏光显微镜下呈如图 3－95 所示的形貌：小球晶基体中嵌有若干个大球晶。实验用高分子：全同立构聚丙烯。

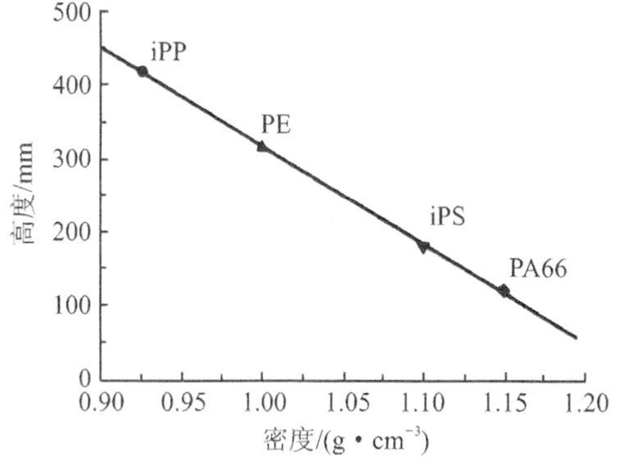

图 3－94　习题 7 用图

图 3－95　习题 8 用图

★9. 用模压成型法制得一块 5 cm×5 cm×1 cm 的全同立构聚丁烯－1 试样(制备方法：将颗粒原料置于模具中加热熔化，压制成型，然后迅速冷却，脱模取出试样)。试估计该试样在厚度方向上的密度分布和球晶直径分布趋势，并说明理由。

10. 为什么天然橡胶在室温下是柔软而富有弹性的高弹体,但当拉伸比(λ)较大时其模量会急剧增大而失去高弹性?

★11. 写出下列塑料的最高使用温度。(指出是 T_g 还是 T_m 即可)

(1) 无规立构聚氯乙烯;(2) 间同立构聚氯乙烯;(3) 无规立构聚甲基丙烯酸甲酯;(4) 全同立构聚甲基丙烯酸甲酯;(5) 聚乙烯;(6) 全同立构聚丙烯;(7) 全同立构聚丁烯-1;(8) 间同立构聚丙烯腈;(9) 尼龙66;(10) 聚对苯二甲酰对苯二胺。

★12. 将3片1 cm×1 cm的全同立构聚丙烯薄膜分别置于载玻片与盖玻片之间,放在热台上加热到200 ℃,然后将它们分别投入液氮、置于室温铜板上和在150 ℃热台上恒温处理。估计这3片试样在正交偏光显微镜下所显示的形貌和DSC曲线的差别,说明导致所述差别的原因。

※13. 将2片1 cm×1 cm的全同立构聚丙烯薄膜分别置于载玻片与盖玻片之间。将其中1片试样在230 ℃的热台上恒温处理10 min,然后转移到100 ℃的热台上处理5 min。将另一片试样在190 ℃的热台上恒温到试样刚见透明便立即转移到100 ℃的热台上处理5 min。这2片试样中的结晶度是否相同?为什么?

14. 已知聚丙烯的晶胞密度为0.936 g/cm^3,完全非晶态时的密度为0.854 g/cm^3。现有一种等规聚丙烯试样,用膨胀计测定其10 mL熔体在150 ℃等温结晶过程中体积随时间的变化,结果如下:

t /min	3.2	4.7	7.1	12.6	20
V/mL	9.998 1	9.992 4	9.976 5	9.841 8	9.575 2

试计算该试样的结晶速率常数 k 和Avrami指数 n,并说明 n 的物理意义。

15. 列举几种测定结晶度的常用方法和原理。如何表征高分子的结晶速率?

※16. 画出部分结晶高分子的比体积-温度曲线,标出特征温度。当升温速率提高时,曲线如何变化?

17. 均聚物A的熔点为200 ℃,熔融焓为8 374 J/mol。如果在结晶的AB无规共聚物中,单体B不能进入晶格,试预测单体B含量为10 mol%的AB共聚物的熔点。

18. 高分子的取向态是否是热力学稳定状态?

※19. 普通有机玻璃在常温下基本上属脆性材料,当它受冲击作用时,会像无机玻璃一样大面积破裂。而双轴拉伸定向有机玻璃座舱盖受到冲击时,有可能只出现局部破坏(如穿孔),试从普通有机玻璃和双轴拉伸定向有机玻璃凝聚态结构的差别分析它们冲击韧性不同的原因。

※20. 将尼龙6、聚对苯二甲酸丁二醇酯(PBT)、聚对苯二甲酸乙二醇酯(PET)分别注射成型为如图3-96所示的长条试样(成型中,模具温度均为20 ℃),发现各试样都有一层透明度较高的表皮层。试分析为什么?

★21. 将无规立构聚苯乙烯(T_g=100 ℃,T_f=180 ℃)和等规立构聚丙烯(T_g=−10 ℃,T_m=176 ℃)分别注射成型为如图3-96所示的长条试样(成型中,模具温度均为20 ℃),试分析两种试样皮-芯结构上的异同点,阐明原因并设计必要的实验证明你的分析。

★22. 将高密度聚乙烯(T_g=−80 ℃,T_m=136 ℃)注射成型为如图3-96所示的长条试样,分析试样内密度、取向度和熔点沿厚度方向的变化。

※23. 为什么以中心浇口注塑成型的圆片容易出现荷叶状翘曲?

※24. 已知3$^{\#}$航空有机玻璃的韧性不能满足高性能战斗机座舱玻璃的要求,是否可以通过

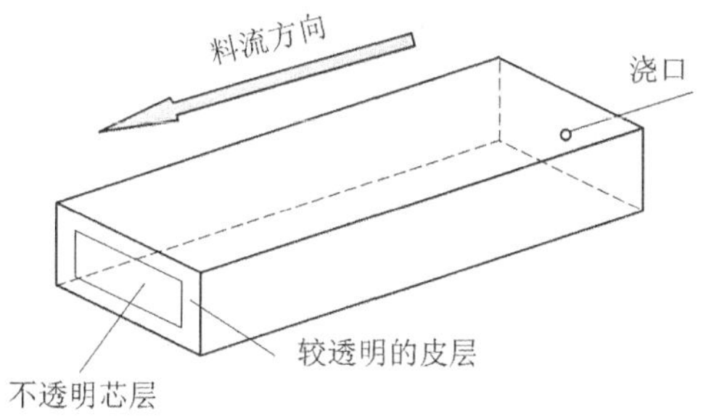

图 3-96　习题 20～22 用图

与橡胶共混来改进其韧性？为什么？

25. 列举几种测定高聚物取向度的常用方法和原理。

★26. 用声波传播法测得拉伸聚酯纤维中分子链相对于纤维轴向的平均取向角为 30°，试求该试样的取向函数 f。

★27. 将两根聚丙烯丝拉伸至相同的拉伸比，分别用冰水和 90 ℃热水冷却，然后分别加热到 90 ℃，问哪一根丝的收缩率大？为什么？

28. 说明液晶高分子链结构的基本特征。在正交偏光显微镜下液晶试样的黑刷子与球晶试样的黑十字消光图有什么区别？

29. 画出向列型溶致液晶高聚物溶剂体系的粘度-浓度和粘度-温度的关系曲线，并作扼要解释。

30. 为什么热塑弹体在使用温度范围内类似于硫化橡胶，却又能像热塑性材料那样反复加工？

扩展资源

附 3.1　扫描二维码了解本章慕课资源

慕课明细

视频文件名(mp4 格式)	视频时长(分:秒)
(1) 本章概述	4:32
(2) 高分子的晶态结构	8:22
(3) 高分子的结晶形貌	10:55
(4) 高分子的结晶行为	12:47
(5) 晶态高分子的熔融行为	17:22
(6) 高分子的非晶态结构	13:00
(7) 高分子的取向态结构	14:58
(8) 高分子的液晶态结构	16:08
(9) 高分子的多相结构	16:13

附 3.2　扫描二维码观看本章动画

动画目录：

(1) 正交偏光显微镜观察球晶生长过程动画示意图；

(2) 密度梯度法动画示意图；

(3) 模压成型工艺动画示意图；

(4) 挤出成型工艺动画示意图；

(5) 注射成型工艺动画示意图；

(6) 中空瓶吹塑成型工艺动画示意图；

(7) 薄膜吹塑成型工艺动画示意图。

附 3.3　球晶黑十字消光图的光学原理

球晶是十分普遍也是十分典型的高分子晶体形貌，它很容易在正交偏光显微镜下观察到，原因就在于它的“十字消光”特征现象。球晶中片晶结构的不对称性和球晶整体形貌的对称性是这一现象背后的结构原因。

扫描二维码了解球晶黑十字消光的光学原理。

附 3.4　高分子单链凝聚态结构简介

单链凝聚态是我国科学家发起并发展起来的高分子凝聚态结构研究中的新领域。该概念是由中国科学院化学研究所研究员、中国科学院院士钱人元先生提出的，并结合了国内多所大学和研究所的学者共同开展相关研究，取得了世界瞩目的创新成果。

一根高分子链由成千上万个结构单元组成，在空间上就相当于相同数量小分子的聚集体。因此，一根高分子也可以有凝聚态。单链凝聚态是高分子独有的现象，包括单链单晶和单链玻璃。虽然单链的获得和表征难度极大，但研究单链凝聚态对于理解高分子晶态和非晶态结构的性质、结晶行为等基础科学问题具有重要意义。

扫描二维码了解单链凝聚态的研究意义、制备方法和结构特征。

附 3.5　高分子材料的增材制造与高分子凝聚态

新闻中经常提到“3D 打印”，它在材料科学领域的学名叫“增材制造”。这种技术通过设计和构建数字模型将材料(也叫“墨水”)逐层累积以创建 3D 物体。增材制造相比传统工艺，不再依赖于模具，且增加了微结构的可设计性和制造精度，优势明显。对于高分子材料，增材制造主要采用熔体挤出式、溶液/溶胶挤出式和光固化成型等技术，其中很多技术已成功推向市场，给我们的生活带来了设计巧妙、结构精美的高分子制件。

扫描二维码了解高分子材料增材制造相关知识。

本章概述　　高分子的晶态结构　　高分子的结晶形貌　　高分子的结晶行为

晶态高分子的
熔融行为

高分子的
非晶态结构

高分子的
取向态结构

高分子的
液晶态结构

高分子的
多相结构

正交偏光显微镜
观察球晶生长过程
动画示意图

密度梯度法
动画示意图

模压成型工艺
动画示意图

挤出成型工艺
动画示意图

注射成型工艺
动画示意图

中空瓶吹塑成型
工艺动画示意图

薄膜吹塑成型
工艺动画示意图

球晶黑十字
消光图的
光学原理

高分子单链
凝聚态
结构简介

高分子材料的
增材制造与
高分子凝聚态

第 4 章　高分子溶液及高分子的分子量测定

线形或支化高分子通常都能溶于适当的溶剂中，形成高分子溶液。研究高分子溶液特征对于指导生产和发展高分子的基本理论有重要意义。

高分子溶液可分为极稀溶液（$c<10^{-2}\%$）、稀溶液（$10^{-2}\%<c<10^{-1}\%$）、亚浓溶液（$10^{-1}\%<c<1\%$）、浓溶液（$1\%<c<10\%$）和极浓溶液（$c>10\%$）等。不同浓度下，高分子线团间的相互作用特征有明显差异，溶液性质表现出明显变化。

高分子极稀溶液和稀溶液常用来研究高分子溶液的热力学性质（如混合熵、混合焓和混合自由能等）、动力学性质（如粘度和离心沉降等）、高分子的分子量和分子量分布、高分子在溶液中的形态和尺寸及分子间的相互作用（包括高分子链段之间及链段与溶剂分子之间的相互作用）。在高分子单链凝聚态研究中，所需的薄膜试样多用极稀溶液制备。

高分子浓溶液多应用于生产中，如增塑高分子、共混高分子、凝胶（交联高分子的溶胀体）、冻胶（由分子内或分子间范德华作用缔合而成的网络结构）、纺丝液、油漆、涂料和粘合剂等。由于高分子溶液的复杂性，至今还没有很成熟的理论来定量描述它们的性质。

与小分子溶液一样，高分子溶液也是分子分散体系，处于热力学平衡状态，服从相平衡规律，也能用热力学状态函数描述其溶液特征。但是高分子溶液与小分子溶液有明显不同，表现在：① 溶解特别缓慢；② 粘度特别大；③ 明显偏离理想溶液行为。

4.1　高分子的溶解

4.1.1　高分子溶解过程的特点

溶解是指溶质通过分子扩散与溶剂分子混合成热力学稳定的分子分散的均相体系。小分子食盐在水中能很快溶解。但由于高分子链结构的复杂性，如长而柔的链结构特征，分子量大而不均匀，分子链形状有线形、支化和交联，凝聚态结构还存在晶态或者非晶态结构等，因此高分子溶解过程比小分子物质的溶解要复杂得多。

1. 非晶态线形和支化高分子的溶解

非晶态线形和支化高分子的溶解过程包括溶胀与溶解两个阶段。由于高分子与溶剂分子的尺寸相差悬殊，两者的分子运动速度存在着数量级的差别，因此当高分子与溶剂混合时，首先是溶剂扩散进高分子，使高分子体积膨胀，称为溶胀；然后才是高分子均匀分散在溶剂中，达到完全溶解。

分子量足够大的高分子的溶胀过程需要数小时、数天甚至更长时间，取决于样品大小、溶剂类型和温度等因素。溶剂向高分子样品内的扩散模式有两类：当温度高于高分子的 T_g 时，溶剂的扩散遵循 Fick 第一定律，溶剂在样品内的含量沿深度渐变。当温度低于高分子的 T_g 时，溶剂的扩散遵循 Fick 第二定律，此时溶剂先塑化样品，使样品的 T_g 降到环境温度以下；接着溶胀，在高度溶胀与基本未溶胀的本体之间会有一个非常明显的界面；然后溶胀部分的分子

扩散进溶剂，形成溶液，同时界面向深处推移。

线形高分子在溶剂中的溶解度还与分子量有关。分子量越大，溶解度越低。

2. 部分结晶高分子的溶解

部分结晶高分子的溶解一般会比非晶态线形高分子的溶解困难。尤其是非极性结晶高分子在非极性溶剂中，室温下几乎不溶解，只有升温至结晶高分子的熔点附近，才能溶解。例如：高密度聚乙烯在四氢萘中要加热到 120 ℃以上才能很好地溶解；全同立构聚丙烯在四氢萘中要加热到 135 ℃以上才能溶解。

但极性结晶高分子在强极性溶剂中能在常温下溶解。例如：聚乙烯醇在室温下可溶于水或乙醇中；聚酰胺在室温下可溶于甲苯酚、40％硫酸、90％甲酸、苯酚-冰乙酸的混合溶剂中；聚对苯二甲酸乙二醇酯在室温下可溶于间甲苯酚、邻氯苯酚和质量比为 1∶1的苯酚-四氯乙烷混合溶剂中；许多液晶高分子在室温下可溶于浓硫酸或质量比为 1∶1的苯酚-四氯乙烷溶剂中。

部分结晶高分子的溶解过程是：溶剂首先与其中的非晶相发生强烈的溶剂化作用而放热，使周围的晶区熔化为非晶区，进而溶胀、溶解。当所用的极性溶剂与部分结晶极性高分子的作用不够强时，也需要加热才能使之溶解。例如，聚酰胺在苯甲醇、苯胺中要加热到 150 ℃左右才能溶解。

3. 交联高分子的溶胀

交联高分子在溶剂中只能有限溶胀而不能溶解。交联样品的体积随时间胀大，最后达到平衡值，称为溶胀平衡。平衡溶胀体积与起始体积之比称为平衡溶胀比，通常用 Q_∞ 表示。Q_∞ 既与溶剂性质和温度有关，也与样品交联度有关。在其他条件相同时，样品的交联度越高，Q_∞ 就越小。

虽然线形或支化高分子在适当的溶剂中可以溶解，但根据溶剂与高分子之间相互作用的强弱，溶剂有良溶剂和不良溶剂之分。线形高分子在良溶剂中可无限溶胀直至溶解，但在不良溶剂中也只能有限溶胀。例如，未硫化天然橡胶在甲醇中只能发生有限溶胀。

4.1.2　高分子溶解过程的热力学分析和溶度参数

一种物质能溶解于另一种物质的热力学判据是它们的混合自由能 $\Delta G_M \leqslant 0$，按照 Gibbs 方程有

$$\Delta G_M = \Delta H_M - T\Delta S_M \tag{4-1}$$

式中：ΔH_M 和 ΔS_M 分别是溶质与溶剂的混合焓和混合熵。溶解过程中，分子的排列总是趋于混乱，即 $\Delta S_M > 0$，因此，ΔG_M 的正负取决于 ΔH_M 的正负及大小，可分为三种情况：

① $\Delta H_M < 0$，即溶解时放热，满足 $\Delta G_M < 0$ 的条件，溶解能自发进行。极性高分子在极性溶剂中就属于这种情况。

② $\Delta H_M = 0$，即溶解时既不吸热也不放热。在这种情况下也满足 $\Delta G_M < 0$，溶解也能自发进行。非极性柔性链高分子在其结构相似的溶剂(氢化单体)中就属于这种情况。例如聚异丁烯溶于异庚烷中。

③ $\Delta H_M > 0$，即溶解时吸热。在这种情况下，只有当 $|T\Delta S_M| > |\Delta H_M|$ 时，才能满足 $\Delta G_M < 0$ 的条件。非极性高分子在非极性溶剂中多属于这种情况。

关于非极性高分子与非极性溶剂混合时产生的混合焓 ΔH_M，当混合过程中无体积变化时，Hildebrand 和 Scott 提出可用下式来计算：

$$\Delta H_M = V_M\left[\left(\frac{\Delta E_1}{V_{m,1}}\right)^{\frac{1}{2}} - \left(\frac{\Delta E_2}{V_{m,2}}\right)^{\frac{1}{2}}\right]^2 \varphi_1\varphi_2 \tag{4-2}$$

式中:V_M 为溶质和溶剂混合体系的总体积;φ_1 和 φ_2 分别为溶剂和溶质在混合体系中的体积分数;$\frac{\Delta E_1}{V_{m,1}}$和$\frac{\Delta E_2}{V_{m,2}}$分别为溶剂和溶质的内聚能密度;下标1和2分别表示溶剂和溶质。定义$\left(\frac{\Delta E}{V_m}\right)^{\frac{1}{2}}=\delta$,$\delta$ 称为溶度参数,则式(4-2)可写成:

$$\Delta H_M = V_M(\delta_1 - \delta_2)^2\varphi_1\varphi_2 \tag{4-3}$$

式中:δ_1 和 δ_2 分别为溶剂与溶质的溶度参数,单位为$(\mathrm{J/cm^3})^{1/2}$。由于 ΔH_M 是正值,所以为满足 $\Delta G_M<0$,ΔH_M 应越小越好。也就是说,溶剂和溶质的溶度参数必须接近或相等。所谓“接近”是指$|\delta_1-\delta_2|<2.0$。

常用溶剂和高分子的溶度参数可以从手册中查到。表4-1和表4-2列出了部分常用溶剂和高分子的溶度参数。

表4-1　部分常用溶剂的溶度参数 δ_1

溶　剂	$\delta_1/(\mathrm{J\cdot cm^{-3}})^{1/2}$	溶　剂	$\delta_1/(\mathrm{J\cdot cm^{-3}})^{1/2}$
正戊烷	14.4	四氢呋喃	20.3
正己烷	14.9	丙酮	20.5
正辛烷	15.4	四氯乙烷	21.3
乙醚	15.4	吡啶	21.9
环己烷	16.8	苯胺	22.1
1,1,1-三氯乙烷	17.4	二甲基乙酰胺	22.7
四氯化碳	17.6	正丙醇	24.3
苯乙烯	17.7	乙腈	24.3
乙酸乙烯酯	17.8	二甲基甲酰胺	24.8
乙苯	18.0	乙酸	25.8
甲苯	18.2	乙醇	26.0
乙酸乙酯	18.6	二甲基亚砜	27.4
苯	18.7	甲酸	27.6
三氯甲烷	19.0	苯酚	29.7
甲酸乙酯	19.2	甲醇	29.7
苯甲酸乙酯	19.8	二甲基砜	29.9
二氯甲烷	19.8	乙二醇	32.1
1,2-二氯乙烷	20.1	丙三醇	33.8
萘	20.3	甲酰胺	36.4
环己酮	20.3	水	47.3

表 4-2　部分常用高分子的溶度参数 δ_2

高分子	$\delta_2/(\mathrm{J \cdot cm^{-3}})^{1/2}$	高分子	$\delta_2/(\mathrm{J \cdot cm^{-3}})^{1/2}$
聚四氟乙烯	12.7	聚甲基丙烯酸甲酯	18.4～19.4
聚三氟氯乙烯	14.7	聚乙酸乙烯酯	19.2
聚二甲基硅氧烷	14.9	聚氯乙烯	19.4～20.5
聚乙烯	16.2～16.6	环氧树脂	19.8～22.3
聚异丁烯	15.8～16.4	聚丙烯酸甲酯	20.1～20.7
聚异戊二烯	16.2～17.0	聚氨酯	20.5
聚丁二烯	16.6～17.6	聚甲醛	20.9～22.5
聚丙烯	16.8～18.6	聚对苯二甲酸乙二醇酯	21.9
聚氯丁二烯	16.8～19.2	聚偏氯乙烯	25.0
聚苯乙烯	17.8～18.6	聚己二酰己二胺	25.8
聚硫橡胶	18.4～19.2	聚丙烯腈	26.0～31.5

此外，也可以通过实验测定溶剂和高分子的溶度参数。测定步骤如下：

(1) 溶剂的溶度参数 $\boldsymbol{\delta_1}$

测定溶剂的蒸气压 p 随温度 T 的变化，用如下克拉普朗-克劳修斯(Clapeyron-Clausins)方程得到溶剂的摩尔气化焓 $\Delta H_{V,1}$ 为

$$\frac{\mathrm{d}p}{\mathrm{d}T}=\frac{\Delta H_{V,1}}{T(V_{\mathrm{g},1}-V_{\mathrm{L},1})} \tag{4-4}$$

式中：$V_{\mathrm{L},1}$ 和 $V_{\mathrm{g},1}$ 分别是溶剂气化前后的体积。

根据热力学第一定律计算出溶剂的内聚能 ΔE_1 为

$$\Delta E_1=\Delta H_{V,1}-p(V_{\mathrm{g},1}-V_{\mathrm{L},1}) \tag{4-5}$$

根据溶剂的内聚能 ΔE_1 和摩尔体积 $V_{\mathrm{m},1}$ 求得溶剂的溶度参数 δ_1。

(2) 高分子的溶度参数 $\boldsymbol{\delta_2}$

由于高分子不能气化，它们的溶度参数 δ_2 只能用间接法测定。通常采用的测定方法是粘度法或交联后溶胀法。

粘度法的测试原理是：当高分子的溶度参数与溶剂的溶度参数相等时，该溶液的特性粘数 $[\eta]$（参考 4.4.8 小节）最大。因此，将一种高分子分别溶于一系列溶度参数 δ_1 不同的溶剂中，分别测定各溶液的 $[\eta]$，对溶剂的溶度参数 δ_1 作图，得到如图 4-1 所示的曲线，取曲线峰顶所对应的溶度参数为该高分子的溶度参数 δ_2。

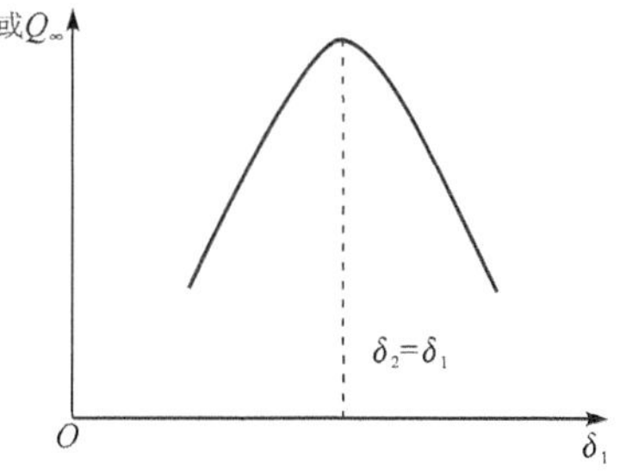

图 4-1　高分子-溶剂体系的特性粘数或平衡溶胀比与溶剂溶度参数的关系

交联后溶胀法的测试原理是：当高分子的溶度参数与溶剂的溶度参数相等时，该高分子交联后在该溶剂中的平衡溶胀比 Q_∞ 最大。因此，将线形高分子先轻度交联，然后分别置于一系列溶度参数不同的溶剂中，测定各样品的 Q_∞，对溶剂的 δ_1 作图，得到如图 4-1 所示的曲线。取曲线峰顶所对应的溶度参数为该高分子的溶度参数 δ_2。

高分子的溶度参数还可以从结构单元中各基

团或原子的摩尔吸引常数 F_i 直接计算。溶度参数和摩尔吸引常数的关系为

$$\delta_2 = \frac{F}{V_{m,u}} = \frac{\sum F_i}{V_{m,u}} = \frac{\rho_2 \sum F_i}{M_u} \tag{4-6}$$

式中:ρ_2 为高分子密度;$V_{m,u}$ 为结构单元的摩尔体积;M_u 为结构单元的分子量。根据结构单元中一些基团的摩尔吸引常数(见表4-3),就能计算出高分子的溶度参数。

表4-3 一些基团的摩尔吸引常数 F

$(J \cdot cm^3)^{1/2}/mol$

基团	F	基团	F	基团	F
$—CH_3$	303.4	—O—(环氧化物)	360.5	—N—	125.0
$—CH_2—$	269.0	—COO—	668.2	—C≡N	725.5
>CH—	176.0	>C=O	538.1	—NCO	733.9
>C<	65.5	—CHO	597.4	—S—	428.4
>C=	172.9	—O—C(=O)—O—	1 160.7	Cl_2	701.1
$CH_2=$	258.8	—OH	462.0	Cl(伯)	419.6
—CH=	248.6	—OH(芳香族)	350.0	—Cl(仲)	426.2
—CH=(芳香族)	239.6	—H(酸性二聚物)	−103.3	—Cl(芳香族)	329.4
—C—(芳香族)	200.7	$—NH_2$	463.6	—F	84.5
—O—(醚、缩醛)	235.3	—NH—	368.3	共轭键	47.7

4.1.3 溶剂选择原则

与小分子相似,高分子溶解也遵循“相似者相溶”(like dissolves like)的原则,但高分子的溶剂选择更复杂,可以分为以下三种:

1. 极性相似原则

非极性高分子溶于非极性相近的溶剂中,极性高分子溶于极性相近的溶剂中。

2. 溶度参数相近原则

对于非极性非晶态高分子,选择溶剂的原则是 $|\delta_1-\delta_2|<2.0$。

对于非极性结晶高分子,要在接近于高分子 T_m 的温度下,应用溶度参数相近原则。

对于极性高分子,Hansen认为溶度参数还应考虑色散力、极性力和氢键三部分的贡献,即 $\delta^2=\delta_d^2+\delta_p^2+\delta_h^2$,式中下标d、p和h分别代表色散力、极性力和氢键对溶度参数的贡献。对于极性高分子-良溶剂体系,不仅要求两者的 δ 相近,而且要求两者的 δ_d、δ_p 和 δ_h 也分别接近。例如,强极性的聚丙烯腈($\delta_2=26.0\sim31.5$),并不能溶于溶度参数与之相近但极性较弱的乙醇($\delta_1=26.0$)、甲醇($\delta_1=29.7$)、苯酚($\delta_1=29.7$)和乙二醇($\delta_1=32.1$)等溶剂中,但能溶于极性较强的二甲基甲酰胺($\delta_1=24.8$)、乙腈($\delta_1=24.3$)和二甲基亚砜($\delta_1=27.4$)等溶剂中。

3. 高分子-溶剂相互作用参数 $\chi_1 \leqslant 1/2$ 原则

高分子-溶剂相互作用参数 χ_1 的大小可以作为溶剂良劣的半定量判据。$\chi_1 \leqslant 1/2$，高分子可以溶解在给定溶剂中，χ_1 比 1/2 小得越多，溶剂的溶解能力越强；$\chi_1 > 1/2$，高分子一般不能溶解，参考 4.2.2 小节。

此外，在选择高分子溶剂时，除了使用单一溶剂以外，还可使用混合溶剂。对于由溶剂 A 和 B 组成的混合溶剂，其溶度参数 δ_{1M} 可按下式调节：

$$\delta_{1M} = \delta_{1A}\varphi_{1A} + \delta_{1B}\varphi_{1B} \tag{4-7}$$

式中：φ_{1A} 和 φ_{1B} 分别为溶剂 A 和溶剂 B 的体积分数；δ_{1A} 和 δ_{1B} 分别为溶剂 A 和溶剂 B 的溶度参数。例如，有一种氯乙烯-乙酸乙烯酯共聚物的 $\delta_2 = 21.2$，用乙醚（$\delta_1 = 15.2$）或乙腈（$\delta_1 = 24.2$）都不能溶解这种共聚物，但若用体积分数分别为 33% 乙醚和 67% 乙腈组成的混合溶剂，则因 $\delta_{1M} = 21.2$ 而能溶解之。表 4-4 列出了某些混合溶剂的溶解能力。

表 4-4　一些混合溶剂的溶解能力

高分子/溶剂体系	$\delta/(\mathrm{J \cdot cm^{-3}})^{1/2}$	单一溶剂的溶解能力	混合溶剂的溶解能力
己烷	14.9	不溶解	溶解
氯丁橡胶	18.9		
丙酮	20.4	不溶解	
戊烷	14.4	不溶解	溶解
丁苯橡胶	17.1		
乙酸乙酯	18.5	不溶解	
甲苯	18.2	不溶解	150～160 ℃ 溶解
丁腈橡胶	19.1		
邻苯二甲酸二丁酯	21.0	不溶解	
碳酸-2,3-丁二酯	24.6	185 ℃溶解	溶解
聚丙烯腈	31.4		
丁二酰亚胺	33.1	约 220 ℃溶解	
丙酮	20.4	不溶解	很易溶解
聚氯乙烯	19.4		
二硫化碳	20.4	不溶解	

实验证明，混合溶剂对高分子的溶解能力往往比单一溶剂的溶解能力更好。

需要注意的是，选择溶剂除了满足高分子的溶解性以外，还要考虑使用目的。后者常使溶剂的选择更加复杂化。例如，增塑高分子用的溶剂（增塑剂）应具有高沸点、低挥发性、无毒或低毒、对高分子的使用性能无不利影响等。实际上，为了找到全面或主要方面都能满足使用要求的溶剂，常常需要进行综合分析和试验。

4.1.4　高分子链在溶液中的形状

在溶液中，高分子链也呈无规线团状，但因为线团中还包含溶剂，线团所占的体积要比纯高分子链所占的体积大得多。线团内的溶剂称为内含溶剂或束缚溶剂。内含溶剂在线团内所占的体积分数高达 90%～99.8%，随分子量、溶剂类型和温度而变。在高分子稀溶液和极稀溶液中，除了内含溶剂以外，高分子线团之间还有自由溶剂，如图 4-2 所示。

内含溶剂因线团内孔隙的毛细作用，与高分子线团形成一个整体运动单元。在高分子溶液中,除了该整体运动单元的移动和转动以外,还有高分子线团的构象变化,其最可能的几何形状是黄豆状的椭球体。

如果高分子线团在溶液中的构象可以用高斯统计线团来描述,则其均方末端距 $\overline{h_0^2}$ 与分子量的关系可用库恩(Kuhn)平方根定律表示为

$$\overline{h_0^2} \propto \overline{M} \quad 或 \quad \left(\overline{h_0^2}\right)^{1/2} = 常数_1 \cdot \left(\overline{M}\right)^{1/2} \tag{4-8}$$

溶液内单个高分子线团的体积常用与椭球状线团体积相同的等效球体积来表示,如图4-3所示。设分子量为 $\overline{M}$ 的单根高分子链在溶液中的等效球直径为 d,则不计内含溶剂时高分子线团的平均密度为

$$\bar{\rho} = \frac{\overline{M}}{\frac{1}{6}\pi d^3 N_A} \tag{4-9}$$

式中:N_A 为阿伏加德罗常数。

线团等效球直径 d 与高分子链均方末端距 $\overline{h_0^2}$ 的关系为 $d = F \cdot \sqrt{\overline{h_0^2}}$,$F$ 为形状因子。因此,式(4-9)可以写为

$$\bar{\rho} = 常数_2 \cdot \frac{\overline{M}}{\left(\sqrt{\overline{h_0^2}}\right)^3} \tag{4-10}$$

进一步,利用库恩平方根定律,可得到:

$$\bar{\rho} = 常数 \cdot \frac{1}{\sqrt{\overline{M}}} = 常数 \cdot \left(\overline{M}\right)^{-0.5} \tag{4-11}$$

可见,高分子的分子量越大,线团平均密度越低,线团内链段堆砌越松散。

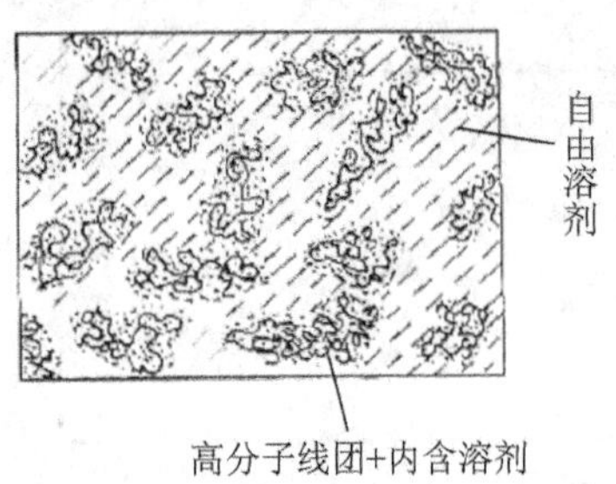

图4-2 高分子稀溶液示意图

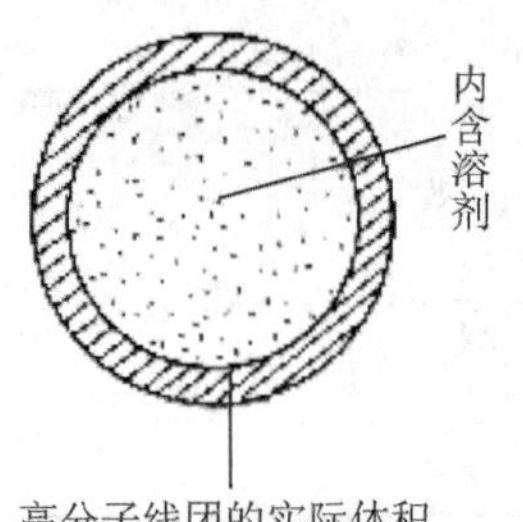

图4-3 溶液中高分子线团的等效球示意图

在高斯链构象统计中,未考虑远程相互作用。对于真实高分子链,一旦某一空间被一个链段占有,就不可能再容纳其他链段,从而导致真实高分子链的状态比高斯链更扩张。这种现象称为排除体积效应。

在高分子溶液中,同时存在着链段与链段之间的吸引作用以及链段与溶剂分子之间的吸引作用。前者倾向于使高分子彼此靠近、凝聚,后者倾向于使高分子彼此分离、溶解。如果溶剂与高分子链段的作用占优势,则高分子线团扩张,这种溶剂是良溶剂;若链段与链段之间的吸引作用占优势,则线团紧缩,相应的溶剂就是不良溶剂。除了溶剂的性质之外,温度对这两种作用也有影响。每一种高分子-溶剂体系均可找到使上述两种作用达到平衡的温度,这个温度称为 θ 温度。在一定温度下,能使这两种作用平衡的溶剂称为 θ 溶剂。在 θ 溶剂或 θ 温度下,由于两种作用相等,线团的形状与尺寸不受任一作用的干扰,称为无扰尺寸,可近似地看作

是理想的高斯统计线团，线团尺寸与平均密度符合式(4－8)和式(4－11)。

然而，在一般情况下，由于排除体积效应和上述两种作用的不平衡，必然导致真实高分子线团的构象偏离理想的高斯统计线团。例如，在良溶剂中，高分子线团的均方末端距或均方半径增大，线团的平均密度减小。因此，溶液中真实高分子线团的平均密度与分子量之间更一般的关系为

$$\bar{\rho} = 常数 \cdot \left(\overline{M}\right)^{-\alpha} \tag{4-12}$$

式中：α 值可能大于 0.5，也可能小于 0.5。

溶液中高分子线团的直径一般为 1 000～10 000 nm。

4.2　柔性链高分子溶液热力学

柔性链高分子溶液是处于热力学平衡状态的真溶液。但从热力学性质看，高分子溶液明显偏离理想溶液。

4.2.1　理想溶液与非理想溶液

所谓“理想溶液”，是指溶液中溶质分子和溶剂分子的大小相同，溶质分子之间、溶剂分子之间以及溶质-溶剂分子之间的相互作用都相等，因此溶解过程中既无体积变化，也无热效应，即 $\Delta V_M^i=0$，$\Delta H_M^i=0$，上标 i 代表理想溶液。溶质与溶剂混合后，熵必然增加。理想溶液的混合熵 ΔS_M^i 为

$$\Delta S_M^i = -R(n_1 \ln x_1 + n_2 \ln x_2) \tag{4-13}$$

式中：R 为摩尔气体常数；n 和 x 分别代表物质的量(摩尔数)和摩尔分数；下标 1 和 2 分别代表溶剂和溶质。因此，理想溶液的混合自由能 ΔG_M^i 为

$$\Delta G_M^i = \Delta H_M^i - T\Delta S_M^i = RT(n_1 \ln x_1 + n_2 \ln x_2) \tag{4-14}$$

溶剂的偏摩尔混合自由能，即溶剂化学位 $\Delta\mu_1^i$ 为

$$\Delta\mu_1^i = \left(\frac{\partial \Delta G_M^i}{\partial n_1}\right)_{T,P,n_2} = RT\ln x_1 \tag{4-15}$$

当溶液很稀时，有 $\ln x_1 = \ln(1-x_2) \approx -x_2$，所以有

$$\Delta\mu_1^i = -RTx_2 \tag{4-16}$$

实际溶液与理想溶液有偏差，偏差程度用相同条件下实际溶液的热力学函数 ΔZ 与理想溶液热力学函数 ΔZ^i 之差 ΔZ^E 表示为 $\Delta Z^E = \Delta Z - \Delta Z^i$，其中，$Z$ 代表任一热力学函数，ΔZ^E 代表超额热力学函数。按照超额混合焓与超额混合熵为零或非零值，溶液可分为以下四类：

① 理想溶液：$\Delta S_M^E=0$，$\Delta H_M^E=0$；

② 正规溶液：$\Delta S_M^E=0$，$\Delta H_M^E\neq 0$ (即 $\Delta H_M \neq \Delta H_M^i$)；

③ 无热溶液：$\Delta S_M^E\neq 0$ (即 $\Delta S_M \neq \Delta S_M^i$)，$\Delta H_M^E=0$；

④ 非理想溶液：$\Delta S_M^E\neq 0$，$\Delta H_M^E\neq 0$。

高分子溶液属于典型的非理想溶液，其一系列热力学函数和宏观性质，如蒸气压、渗透压等都与理想溶液有明显不同。

4.2.2 Flory - Huggins 高分子溶液理论

为了描述高分子溶液的热力学性质，Flory 和 Huggins 于 1942 年借助于小分子溶液的晶格模型，并考虑高分子的长链特征，分别提出了高分子溶液的似晶格模型(如图 4-4 所示)，运用统计热力学方法，推导出高分子溶液的热力学参数表达式。随后，该模型被推广到多组分的高分子-高分子混合体系、多分散性的高分子混合体系、超临界气体-多分散高分子混合体系等，获得了广泛应用。

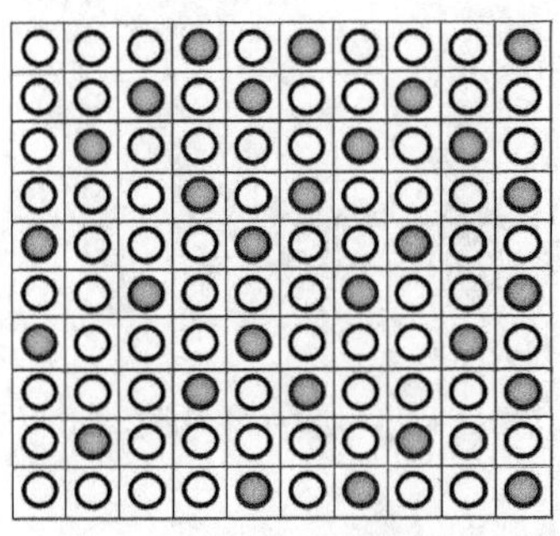

(a) 小分子溶液的晶格模型　　(b) 高分子溶液的似晶格模型

○ 代表溶剂分子；● 代表溶质分子或高分子链段

图 4-4　小分子溶液的晶格模型和高分子溶液的似晶格模型

在小分子溶液的晶格模型中，每个溶质分子和溶剂分子都占据一个格子；而对于高分子溶液的似晶格模型，则需要满足以下假设：

① 溶液中每个溶剂分子占据一个格子；而每个高分子链由 x 个链段构成，每个链段占据一个格子，整个高分子链占据 x 个相连的格子。因此，x 实际上是高分子与溶剂分子的体积比。

② 柔性高分子链的所有构象都具有相同的能量。

③ 所有的高分子都具有相同的聚合度，即是单分散性高分子。

④ 溶液中高分子链段均匀分布，即链段占据任一格子的概率相等。

由上述似晶格模型推导出的高分子溶液热力学函数如下：

1. 高分子溶液的混合熵 ΔS_M

高分子溶液的混合熵 ΔS_M 是指体系混合前后熵的变化。高分子与溶剂的混合过程如图 4-5 所示。

高分子的熵可因其为结晶态、取向态、解取向态而不同。高分子在溶解过程中，分子排列肯定是解取向态，因此需将高分子解取向态的熵值作为高分子混合前的熵值，所以混合熵 ΔS_M 应表示为

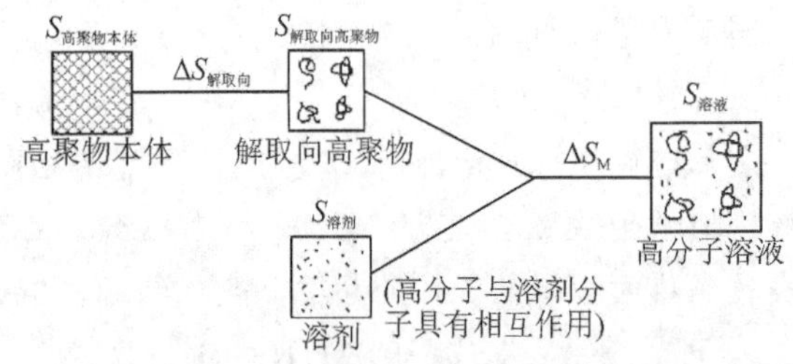

图 4-5　高分子与溶剂的混合过程示意图

$$\Delta S_M = S_{溶液} - (S_{溶剂} + S_{解取向高分子}) \tag{4-17}$$

根据统计热力学，体系的熵 S 与体系微观状态数 Ω 之间的关系为 $S=k\ \ln \Omega$，k 为玻耳兹曼常数。考虑由 N_1 个溶剂分子和 N_2 个溶质高分子组成的溶液，其微观状态数等于在 $N=$

N_1+xN_2 个格子中放进 N_1 个溶剂分子和 N_2 个高分子的总方式数，分别求出溶液的熵 $S_{溶液}$ 和解取向高分子的熵 $S_{解取向高分子}$。而在纯溶剂中，溶剂分子的放置方式只有一种，所以 $S_{溶剂}=0$。由此得到混合熵 ΔS_M 为

$$\Delta S_M=-R(n_1\ln\varphi_1+n_2\ln\varphi_2) \tag{4-18}$$

式中：φ_1 和 φ_2 分别为溶液中溶剂与高分子溶质的体积分数，即

$$\varphi_1=\frac{n_1}{n_1+xn_2},\quad \varphi_2=\frac{xn_2}{n_1+xn_2} \tag{4-19}$$

比较式(4-18)与式(4-13)可以看到，在高分子溶液混合熵的表达式中，只是以体积分数 φ 代替了理想溶液混合熵表达式中的摩尔分数 x。由于 $\varphi_2\gg x_2$，所以有

$$\Delta S_M\gg\Delta S_M^i \tag{4-20}$$

2. 高分子溶液的混合焓 ΔH_M

只考虑最邻近分子(或链段)间的相互作用，以符号[1—1]、[2—2]和[1—2]分别表示相邻的一对溶剂分子、一对链段以及一对溶剂-链段。混合过程中拆散相邻的一对[1—1]和一对[2—2]就形成两对[1—2]，以 ε_{11}、ε_{22} 和 ε_{12} 分别表示上述各对的结合能，由可以形成的[1—2]总对数 P_{12} 的表达式，可推出高分子溶液的混合焓 ΔH_M 为

$$\Delta H_M=kT\chi_1N_1\varphi_2=RT\chi_1n_1\varphi_2 \tag{4-21}$$

式中：$\chi_1=\dfrac{Z\cdot\Delta\varepsilon_{12}}{kT}$，称为高分子-溶剂相互作用参数，也常称为 Huggins 参数，是一个与高分子溶液的浓度无关的参数；χ_1kT 的物理意义是将一个溶剂分子放进高分子中所引起的能量变化。

3. 高分子溶液的混合自由能 ΔG_M

由式(4-18)和式(4-21)，可得到高分子溶液的混合自由能为

$$\Delta G_M=\Delta H_M-T\Delta S_M=RT(n_1\ln\varphi_1+n_2\ln\varphi_2+\chi_1n_1\varphi_2) \tag{4-22}$$

式中：第一、二项是混合熵的贡献，是负值；第三项是混合焓的贡献，在大多数情况下，这一项为正值。为了保证 $\Delta G_M<0$，希望前两项的绝对值尽量大和第三项尽量小。

4. 高分子溶液的溶剂化学位 $\Delta\mu_1$

$$\Delta\mu_1=\left(\frac{\partial\Delta G_M}{\partial n_1}\right)_{T,P,n_2}=RT\left[\ln\varphi_1+\left(1-\frac{1}{x}\right)\varphi_2+\chi_1\varphi_2^2\right] \tag{4-23}$$

当溶液很稀时，即 $\varphi_2\ll1$，有

$$\ln\varphi_1=\ln(1-\varphi_2)=-\varphi_2-\frac{1}{2}\varphi_2^2-\cdots \tag{4-24}$$

取式(4-24)的前两项代入式(4-23)，得到：

$$\Delta\mu_1=RT\left[-\frac{1}{x}\varphi_2+\left(\chi_1-\frac{1}{2}\right)\varphi_2^2\right] \tag{4-25}$$

根据式(4-19)，有 $\dfrac{1}{x}\varphi_2=\dfrac{n_2}{n_1+xn_2}\approx x_2$，代入式(4-25)，得到：

$$\Delta\mu_1=RT\left[-x_2+\left(\chi_1-\frac{1}{2}\right)\varphi_2^2\right] \tag{4-26}$$

与理想溶液的溶剂化学位式(4-16)比较，可以得到高分子溶液的超额溶剂化学位 $\Delta\mu_1^E$ 为

$$\Delta\mu_1^{\mathrm{E}} = RT\left(\chi_1 - \frac{1}{2}\right)\varphi_2^2 \tag{4-27}$$

式(4-27)表明,当 $\chi_1 = 1/2$ 时,$\Delta\mu_1^{\mathrm{E}} = 0$,此时尽管高分子溶液既有超额熵又有超额焓,但两者相互抵消,溶液表观上呈理想溶液行为。当 $\chi_1 < 1/2$ 时,$\Delta\mu_1^{\mathrm{E}} < 0$,更有利于高分子溶解。这就是为什么高分子选择溶剂的原则之一是 $\chi_1 \leqslant 1/2$。当 $\chi_1 > 1/2$ 时,$\Delta\mu_1^{\mathrm{E}} > 0$,不利于高分子溶解。

当高分子溶质具有分子量多分散性时,有关热力学函数可看成是各级分贡献的加和,例如:

$$\Delta S_{\mathrm{M}} = -R\left(n_1 \ln \varphi_1 + \sum n_i \ln \varphi_i\right) \tag{4-28}$$

式中:n_i 和 φ_i 分别为第 i 个级分的高分子物质的摩尔数和体积分数。其他热力学函数如 ΔG_{M} 和 $\Delta\mu_1$ 等都随之作相应变化。

4.2.3 Flory - Krigbaum 高分子稀溶液理论

Flory - Huggins 高分子溶液理论中似晶格模型的假设与实际高分子溶液的偏差较大,特别是高分子链段均匀分布的假设显然不符合稀溶液的情况。为此,Flory - Krigbaum 又提出了高分子稀溶液理论。在该理论中,假设:

① 链段在溶液中的分布是不均匀的。高分子溶液可看作是被溶剂化了的高分子链段云(即线团)一朵朵地分散在纯溶剂中。

② 在链段云内链段的分布符合高斯分布,密度在中心最大,沿径向递减。

③ 每个高分子链段云都有一个排除体积,链段云之间相互贯穿的概率非常小。

该理论为了解释高分子溶液热力学函数的"超额"部分,引进了两个参数:焓参数 K_1 和熵参数 ψ_1,并得到如下的热力学函数:

$$\Delta H_1^{\mathrm{E}} = RTK_1\varphi_2^2, \quad \Delta S_1^{\mathrm{E}} = R\psi_1\varphi_2^2 \tag{4-29}$$

$$\Delta\mu_1^{\mathrm{E}} = \Delta H_1^{\mathrm{E}} - T\Delta S_1^{\mathrm{E}} = RT(K_1 - \psi_1)\varphi_2^2 \tag{4-30}$$

定义一个新的参数 θ 温度,也称为 Flory 温度,表达式为

$$\theta = \frac{\Delta H_1^{\mathrm{E}}}{\Delta S_1^{\mathrm{E}}} = \frac{K_1 T}{\psi_1} \tag{4-31}$$

所以

$$K_1 - \psi_1 = K_1\left(1 - \frac{T}{\theta}\right) \tag{4-32}$$

将式(4-32)代入式(4-30),得到

$$\Delta\mu_1^{\mathrm{E}} = RTK_1\left(1 - \frac{T}{\theta}\right)\varphi_2^2 \tag{4-33}$$

比较式(4-30)、式(4-33)与式(4-27),可得到

$$K_1 - \psi_1 = \chi_1 - \frac{1}{2} = K_1\left(1 - \frac{T}{\theta}\right) \tag{4-34}$$

此外,该理论还导出高分子的排除体积 u 的表达式为

$$u \propto -2K_1\left(1 - \frac{T}{\theta}\right) \tag{4-35}$$

由式(4-33)、式(4-34)和式(4-35),可以看到:

① 当 $T = \theta$ 时,也就是 $\chi_1 = 1/2$ 时,$\Delta\mu_1^{\mathrm{E}} = 0$。此时,尽管高分子溶液既有超额熵又有超额焓,但两者相互抵消,溶液表观上呈理想溶液行为,高分子的排除体积 $u = 0$,高分子链的尺寸为无扰尺寸。

② 当 $T>\theta$ 时，也就是 $\chi_1<1/2$ 时，$\Delta\mu_1^E<0$。此时，溶剂分子与高分子链段之间的吸引作用超过了高分子链段之间的吸引作用，$u>0$，高分子链扩张。

③ 当 $T<\theta$ 时，也就是 $\chi_1>1/2$ 时，$\Delta\mu_1^E>0$。此时，高分子链段间的吸引作用超过了溶剂分子对高分子链段的吸引作用，$u<0$，高分子链紧缩。达到某一临界温度后，高分子会发生凝聚沉淀。

凡是使高分子溶液的 $\Delta\mu_1^E=0$ 的条件都称为 θ 条件；对于一种具体的溶剂，能使溶液满足 $\Delta\mu_1^E=0$ 的温度为 θ 温度；在一定的温度下，能使溶液满足 $\Delta\mu_1^E=0$ 的溶剂称为 θ 溶剂。在偏离 θ 条件的情况下，高分子链或扩张或紧缩，不能真实地反映高分子链本身的特征尺寸。因此，在比较高分子链柔性时，必须在 θ 条件下测定高分子链的无扰尺寸。

4.2.4 高分子溶液理论的应用与实验检验

关于理想溶液的性质，有著名的拉乌尔定律和范尔霍夫定律。

拉乌尔定律的表达式为

$$\ln\frac{p_1^i}{p_1^0}=\frac{\Delta\mu_1^i}{RT}=\ln x_1 \quad 或 \quad p_1^i=p_1^0x_1 \tag{4-36}$$

式中：p_1^i 和 p_1^0 分别代表理想溶液中溶剂的蒸气压和纯溶剂的蒸气压；x_1 为溶剂的摩尔分数。

范尔霍夫定律的表达式为

$$\pi^i=\frac{\Delta\mu_1^i}{\overline{V}_1}=RT\frac{c}{M} \tag{4-37}$$

式中：π^i 是理想溶液的渗透压；c 是溶液浓度；M 是溶质分子量；$\overline{V}_1$ 是溶剂的偏摩尔体积，$\overline{V}_1\approx V_{m,1}$。

对于非理想溶液，由于 $\Delta\mu_1\neq\Delta\mu_1^i$，蒸气压或渗透压将不服从拉乌尔定律和范尔霍夫定律。

对于高分子溶液，应用 Flory - Huggins 高分子溶液理论，可从式(4-26)表达的 $\Delta\mu_1$ 得到溶液与溶剂蒸气压之比为

$$\ln\frac{p_1}{p_1^0}=\frac{\Delta\mu_1}{RT}=\left[-\frac{1}{x}\varphi_2+\left(\chi_1-\frac{1}{2}\right)\varphi_2^2\right] \tag{4-38}$$

式中：x、$\ln\frac{p_1}{p_1^0}$ 和 φ_2 均可从实验中测定，从而可求得 Huggins 参数 χ_1。改变 φ_2，测定不同浓度溶液的 χ_1，发现除个别高分子-溶剂体系（如天然橡胶-苯体系）之外，χ_1 都与浓度有关（$\chi_1\propto\varphi_2$）；而在 Flory - Huggins 高分子溶液理论中，χ_1 应该是一个与高分子溶液浓度无关的参数。这也体现了 Flory - Huggins 高分子溶液理论的不足之处。

Flory - Krigbaum 高分子稀溶液理论对 Flory - Huggins 高分子溶液理论进行了修正，但在定量关系上，与实验结果仍有较大偏差。

尽管 Flory - Huggins 高分子溶液理论和 Flory - Krigbaum 高分子稀溶液理论并不完善，但由于理论表达式比较简单，长期以来一直被广泛应用。这些理论最明显的不足之处是未考虑高分子与溶剂混合时的体积变化。后来，Maron 考虑了高分子与溶剂混合中的体积变化，对 Flory - Huggins 高分子溶液理论进行了修正。de Gennes 又从现代凝聚态物理学角度提出了标度理论，用自洽场和重整群等最新物理学方法和数学工具处理高分子溶液，大大推动了高分子稀溶液和浓溶液理论的发展。

4.2.5 高分子共混热力学

广义上,可以把两种混溶性高分子-高分子的共混物看成是一种高分子溶于另一种高分子的溶液。应用 Flory - Huggins 似晶格模型,可得到它们的混合自由能为

$$\Delta G_{\mathrm{M}}=RT(n_{\mathrm{A}}\ln\varphi_{\mathrm{A}}+n_{\mathrm{B}}\ln\varphi_{\mathrm{B}}+\chi_{\mathrm{AB}}n_{\mathrm{A}}x_{\mathrm{A}}\varphi_{\mathrm{B}}) \tag{4-39}$$

式中:下标 A 和 B 分别代表高分子 A 和高分子 B;χ_{AB} 是两种高分子之间的相互作用参数;x 代表一根高分子链所包含的链段数,即占据的晶格数。设共混体系的总体积为 V_{M},每个链段的摩尔体积为 $V_{\mathrm{m,R}}$,则有

$$n_{\mathrm{A}}=\frac{V_{\mathrm{M}}\varphi_{\mathrm{A}}}{V_{\mathrm{m,R}}x_{\mathrm{A}}}\quad 和 \quad n_{\mathrm{B}}=\frac{V_{\mathrm{M}}\varphi_{\mathrm{B}}}{V_{\mathrm{m,R}}x_{\mathrm{B}}} \tag{4-40}$$

将它们代入式(4 - 39),可得到

$$\Delta G_{\mathrm{M}}=RT\,\frac{V_{\mathrm{M}}}{V_{\mathrm{m,R}}}\left(\frac{\varphi_{\mathrm{A}}}{x_{\mathrm{A}}}\ln\varphi_{\mathrm{A}}+\frac{\varphi_{\mathrm{B}}}{x_{\mathrm{B}}}\ln\varphi_{\mathrm{B}}+\chi_{\mathrm{AB}}\varphi_{\mathrm{A}}\varphi_{\mathrm{B}}\right) \tag{4-41}$$

该式第一、二项是混合熵的贡献,第三项是混合焓的贡献。由 ΔG_{M} 出发,可推导出共混高分子的其他热力学函数,但计算比较复杂。

4.3 高分子溶液的相分离

4.3.1 高分子溶液相分离概述

与低分子溶质-溶剂体系的部分互溶类似,高分子溶质-小分子溶剂体系也会出现部分互溶的情况。

如前所述,如果降低高分子溶液的温度,就能使良溶剂变为不良溶剂。当温度降至临界共溶温度 T_{c} 以下时,高分子溶液就会分层,即分离为两相。图 4 - 6 所示为部分互溶高分子溶液的一种常见相图形式。图中曲线以上为互溶区,曲线以下为相分离区,曲线峰顶对应的温度即为临界共溶温度 T_{c}。在低于 T_{c} 的某一温度如 T_1 下,除非溶液很稀($\varphi_2<\varphi'_2$)或很浓($\varphi_2>\varphi''_2$),高分子-溶剂体系终究要相分离为稀相(浓度低,溶质体积分数为 φ'_2)和浓相(浓度高,溶质体积分数为 φ''_2)。分相后,溶剂和高分子溶质在稀相与浓相中的化学位相等,即

$$\mu'_1=\mu''_1,\quad \mu'_2=\mu''_2 \tag{4-42}$$

或

$$\Delta\mu'_1=\Delta\mu''_1,\quad \Delta\mu'_2=\Delta\mu''_2 \tag{4-43}$$

式中:上标“′”和“″”分别代表稀相和浓相。

Flory - Huggins 似晶格模型理论给出了 $\Delta\mu_1$ 与 φ_2 的关系式(4 - 25)。若以 $x=1\,000$ 和不同的 χ_1 值代入式(4 - 25),则可得到如图 4 - 7 所示的结果。由图可见,当 $\chi_1<0.532$ 时,$\Delta\mu_1$ 永远是负值,即高分子在溶剂中的溶解将自发进行,两者能完全互溶;当 $\chi_1>0.532$ 时,曲线出现了极值,同一 $\Delta\mu_1$ 值能对应于两个组成不同的相,满足式(4 - 43),说明混合体系会分层;当 $\chi_1=0.532$ 时,曲线出现拐点,是高分子溶液发生相分离的临界条件,此时的 χ_1 称为临界相互作用参数,通常用 $\chi_{1\mathrm{c}}$ 表示。$\chi_{1\mathrm{c}}$ 的物理意义是使混合自由能中焓贡献项小于熵贡献项的最大相互作用参数,$\chi_{1\mathrm{c}}$ 越大,越容易满足 $\chi_1<\chi_{1\mathrm{c}}$ 的条件,混合体系互溶的区域就越大。

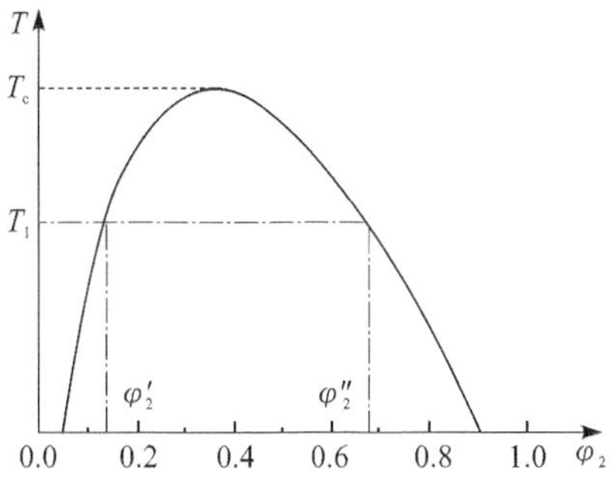

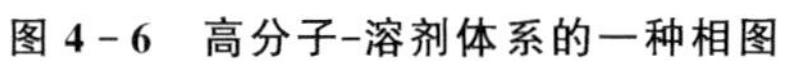
图 4-6　高分子-溶剂体系的一种相图

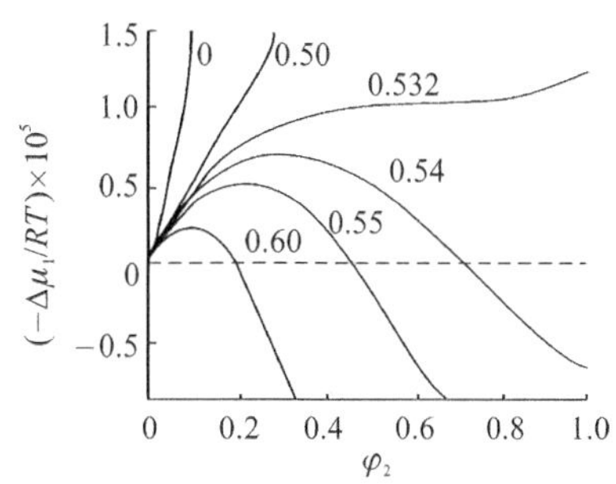

图 4-7　高分子-溶剂体系的 χ_1(曲线上数字)对 $\Delta\mu_1-\varphi_2$ 关系的影响

已知溶质-溶剂体系发生相分离的临界条件为

$$\left(\frac{\partial \Delta\mu_1}{\partial \varphi_2}\right)_{T,p}=0 \quad 和 \quad \left(\frac{\partial^2 \Delta\mu_1}{\partial \varphi_2^2}\right)_{T,p}=0 \tag{4-44}$$

对于部分互溶高分子-溶剂体系，根据前述高分子溶液理论推导的 $\Delta\mu_1$ 表达式和相分离的临界条件，可计算该体系的相图，其中临界组成浓度 φ_{2c} 和临界相互作用参数 χ_{1c} 可按下列公式计算：

$$\varphi_{2c}=\frac{1}{1+\sqrt{x}} \tag{4-45}$$

$$\chi_{1c}=\frac{1}{2}\left(1+\frac{1}{\sqrt{x}}\right)^2 \tag{4-46}$$

上述方程说明，高分子的分子量(正比于链段数 x)越大，则 φ_{2c} 和 χ_{1c} 越小。对于高分子来说，φ_{2c} 都很小，假定分子量 $M=10^6$，$x\approx10^4$，则 $\varphi_{2c}=0.01$，说明对这样的高分子，在体积分数为 0.01 时就开始出现相分离了。

分子量大的组分在浓相中所占的比例较大，这是相分离的分子量依赖性。根据这一性质，对于多分散性高分子，可以选择合适的溶剂使之溶解，然后逐渐降温，就可以把分子量由大至小的各级分依次沉淀分离出来。这正是高分子降温分级法所基于的原理。

也可以在恒温的高分子溶液中逐步加入能与溶剂互溶的沉淀剂，即混合溶剂对高分子的溶解能力减小，也会引起溶液的相分离。如果用 γ 表示沉淀剂在溶剂-沉淀剂中所占的体积分数，则开始产生相分离时的 γ 值称为沉淀点 γ^*。实验证明，级分的分子量越大，γ^* 值越小。因此，随沉淀剂的逐渐加入，分子量由大至小的级分将依次分离出来。这正是高分子沉淀分级法所基于的原理。

4.3.2　高分子的分级

大多数高分子的分子量都具有多分散性。根据前述高分子-溶剂体系的相分离条件，可以通过沉淀法和溶解法对高分子进行分级，以获得分子量比较均匀的单分散或窄分布级分。

1. 沉淀分级法

沉淀分级法又包括下列两种方法：

(1) 逐步加入沉淀剂法

在高分子稀溶液中(浓度约为 1%)逐步滴加沉淀剂，使其分相。每滴加一次沉淀剂，都要

在恒温下等待平衡,分出浓相,取得一个级分。然后在稀相中重复上述步骤,依次得到分子量由大至小的不同级分。

(2) 降温分级法

将高分子溶于不良溶剂中,逐步降温,使其分相。每降温一次,都要在恒温下等待平衡,分出浓相,取得一个级分。然后继续降温,重复上述步骤,依次得到分子量由大到小的不同级分。

2. 溶解分级

溶解分级是沉淀分级的逆过程。将高分子样品分布在玻璃砂或其他载体表面,装入分级柱。在恒温下逐步加入不同比例的混合溶剂,溶解能力由弱到强。每改变一次溶剂,都要等待平衡,然后从分级柱底部的活塞放出萃取液,获得一个级分,所得各级分的分子量由小到大变化。同样,也可以应用逐步升温的方法递增溶剂的溶解能力。

效率更高的溶解分级是梯度淋洗分级法。将待分级高分子样品均匀分布在玻璃砂或其他载体上,置于淋洗柱的顶部。淋洗柱周围有一个具有温度梯度的保温夹套。从顶端加入组成连续改变且能在柱内形成浓度梯度的混合溶剂,淋洗高分子。这样,在淋洗柱内存在两个梯度:一个是温度梯度,另一个是溶剂梯度。两者共同作用的结果使柱内溶剂的溶解能力自上而下由强变弱。经反复溶解和沉淀,可得到较好的分级效果。

4.3.3 共混高分子的相分离

高分子-高分子共混体系互溶的必要条件、充分条件和发生相分离的临界条件与高分子-溶剂体系相同。但由于组元高分子的分子量不同,每个组元高分子本身都具有分子量的多分散性,组元高分子之间的相互作用参数以及浓度依赖性等,要从理论上计算高分子-高分子共混体系的热力学函数并预测相图是比较困难的。这里仅以一种最简单的共混体系为例,给出几个临界参数的计算公式。

设共混体系由高分子A和B组成,这两种高分子的分子量都具有单分散性,每一根高分子链分别由 x_A 和 x_B 个链段构成,每个链段的摩尔体积为 $V_{m,R}$。令 $r=\frac{x_B}{x_A}$,则共混高分子的临界共溶温度 T_c、临界组成浓度 $\varphi_{B,c}$ 和临界相互作用参数 $\chi_{AB,c}$ 可分别表达如下:

$$T_c=\frac{2V_{m,R}}{R}(\delta_A-\delta_B)\frac{r}{(\sqrt{r}+1)^2} \tag{4-47}$$

$$\varphi_{B,c}=\frac{1}{\sqrt{r}+1}=\frac{\sqrt{x_B}}{\sqrt{x_A}+\sqrt{x_B}} \tag{4-48}$$

$$\chi_{AB,c}=\frac{1}{2}\left(\frac{1}{\sqrt{x_A}}+\frac{1}{\sqrt{x_B}}\right) \tag{4-49}$$

由这些公式可以看到:

① 当 $r=1$ (即 $x_A=x_B$)时,$\varphi_{B,c}=0.5$,相图对称。

② 当 $r>1$ (即 $x_B>x_A$)时,$\varphi_{B,c}<0.5$,临界点向高分子量组元的低浓度方向移动。

③ r 越大,则 T_c 越高,互溶区域越小。

④ x_A 和 x_B 越小,则 $\chi_{AB,c}$ 越大,$\chi_{AB}<\chi_{AB,c}$ 的条件更易满足,互溶区域越大。

这些结果如图4-8所示。当然,由于实际

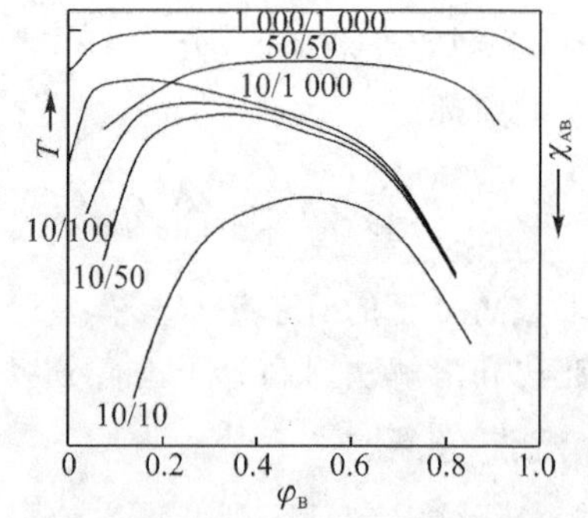

注:曲线上数字表示组元高分子的聚合度之比 x_A/x_B。

图4-8 高分子-高分子共混体系的相图

共混高分子体系的复杂性，相图相当复杂，目前多采用实验测定。

4.4　高分子的平均分子量、分子量分布及测定方法

分子量和分子量分布是决定高分子性能(包括使用性能与加工性能)极其重要的参数。以结构单元最简单的聚乙烯为例，其性能和用途随主链所含碳原子数的变化如表 4-5 所列。

表 4-5　聚乙烯的性能和用途随主链碳原子数的变化

主链碳原子数	性　能	典型用途
1～4	气体	炊用罐装气
5～11	液体	汽油
9～16	中等粘度液体	煤油
16～25	高粘度液体	油与脂
25～50	结晶固体	石蜡
50～1 000	半结晶固体	胶粘剂和涂料
10 000～50 000	韧性塑料	容器
$(3～6)\times10^5$	纤维	外科手套和防弹衣

需要指出的是，天然高分子中的蛋白质、DNA 等大多数有特定的组成和序列结构，因此具有确定的、单一的分子量。而大多数合成高分子的分子链则长短不一、尺寸不等，分子量也不是单一的，具有多分散性。因此，合成高分子的分子量一般用平均分子量来表示，采用不同的统计平均值。若要确切地表征高分子体系内所有分子链的尺寸信息，除了给出平均分子量之外，还应给出分子量的分布。

4.4.1　统计平均分子量定义

假设一块高分子试样的总质量为 m，总物质的摩尔数为 n，其中分子量为 M_i 的级分的质量为 m_i，摩尔数为 n_i，在整个试样中的摩尔分数为 $x_i=n_i/n$，质量分数为 $w_i=m_i/m$，则该高分子试样的各种常用平均分子量定义如下：

(1) 数均分子量 $\overline{M}_n$

按物质的摩尔数量 n_i 统计的平均分子量，即

$$\overline{M}_n=\frac{\sum_i M_i n_i}{\sum_i n_i}=\sum_i M_i x_i \tag{4-50}$$

(2) 重均分子量 $\overline{M}_w$

按物质的质量 m_i 统计的平均分子量，即

$$\overline{M}_w=\frac{\sum_i M_i m_i}{\sum_i m_i}=\sum_i M_i w_i=\frac{\sum_i M_i M_i n_i}{\sum_i M_i n_i}=\frac{\sum M_i^2 x_i}{\sum M_i x_i} \tag{4-51}$$

(3) Z 均分子量 $\overline{M}_Z$

按 Z 量统计的平均分子量,Z 定义为 $Z_i = M_i m_i$,因此

$$\overline{M}_Z = \frac{\sum_i M_i Z_i}{\sum_i Z_i} = \frac{\sum_i M_i M_i m_i}{\sum_i M_i m_i} = \frac{\sum_i M_i^2 m_i}{\sum_i M_i m_i} = \frac{\sum_i M_i^3 x_i}{\sum_i M_i^2 x_i} \tag{4-52}$$

(4) 粘均分子量 $\overline{M}_\eta$

用粘度法得到的平均分子量,即

$$\overline{M}_\eta = \left(\frac{\sum_i M_i^\alpha m_i}{\sum_i m_i}\right)^{1/\alpha} = \left(\sum_i M_i^\alpha w_i\right)^{1/\alpha} \tag{4-53}$$

式中:α 一般在 0.5～1 之间。

可以证明,对于分子量均一的试样,即单分散性试样,有 $\overline{M}_Z = \overline{M}_w = \overline{M}_\eta = \overline{M}_n$;对于多分散性试样,有 $\overline{M}_Z > \overline{M}_w > \overline{M}_\eta > \overline{M}_n$。

同样可以证明,统计平均值之间存在下列关系:

①分子量倒数的重均等于数均分子量的倒数,即

$$\overline{M}_n = \frac{\sum_i m_i}{\sum_i n_i} = \frac{\sum_i m_i}{\sum_i \frac{m_i}{M_i}} = \frac{1}{\left(\sum_i \frac{m_i}{M_i}\right) \Big/ \sum_i m_i} = \frac{1}{\sum_i w_i \frac{1}{M_i}} = \frac{1}{\left(\frac{1}{M}\right)_w} \tag{4-54}$$

② 重均分子量与数均分子量的乘积等于分子量平方的数均,即

$$\overline{M}_w \cdot \overline{M}_n = \overline{(M^2)_n} \tag{4-55}$$

③ Z 均分子量与重均分子量的乘积等于分子量平方的重均,即

$$\overline{M}_Z \cdot \overline{M}_w = \overline{(M^2)_w} \tag{4-56}$$

4.4.2 分子量分布定义

1. 分布曲线

对于分子量具有多分散性的高分子,可以用分布曲线或分布函数来描述其分子量分布。分布曲线有两种形式:一种是微分分布曲线,表示高分子中分子量 M 不同的各级分在体系中所占的质量分数 $w(M)$或摩尔分数 $x(M)$,如图 4-9(a)所示;另一种是累积分布曲线,如图 4-9(b)所示,表示高分子中分子量小于和等于某一值的所有级分所占的质量分数 $I(M)$或摩尔分数,其中 $I(M)=\int_0^M w(M)\mathrm{d}M$。对于分子量分布较宽的高分子试样,也常以 $\lg M$ 为横坐标来描述分子量分布,称为分子量对数分布曲线。

2. 分布函数

描述高分子分子量分布的函数很多,包括基于反应理论或机理的分布函数和基于数学模型的分布函数两大类。前者首先假设一个反应机理,由此推导出分布函数,与实验结果比较,如果实验结果与理论一致,则说明所假设的机理正确;后者是用数学模型拟合实验结果。最常用的基于反应理论的分布函数有:Schulz-Flory 分布函数、Schulz 分布函数和 Poisson 分布函数。最常用的模型分布函数有 Gaussian(高斯)分布函数、Wesslau 对数正态分布函数、Schulz-

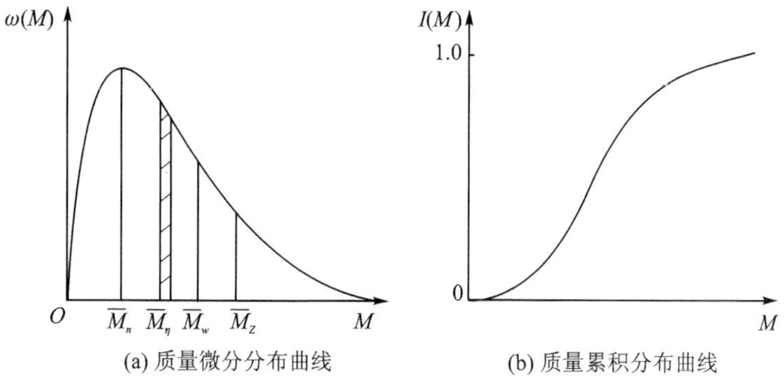

(a) 质量微分分布曲线　　(b) 质量累积分布曲线

图 4-9　高分子分子量分布曲线示意图

Zimm 分布函数和 Tung(董履和)分布函数等。一旦获得分布函数 $w(M)$,就可按定义计算出试样的各种平均分子量,如下式:

$$\overline{M}_w=\sum_i M_i w_i=\int_0^\infty Mw(M)\mathrm{d}M \tag{4-57}$$

$$\overline{M}_n=\left[\sum_i \frac{1}{M_i}\cdot w_i\right]^{-1}=\left[\int_0^\infty \frac{1}{M}w(M)\mathrm{d}M\right]^{-1} \tag{4-58}$$

$$\overline{M}_\eta=\left[\sum_i M_i^\alpha w_i\right]^{1/\alpha}=\left[\int_0^\infty M^\alpha w(M)\mathrm{d}M\right]^{1/\alpha} \tag{4-59}$$

3. 分布宽度的表征

描述分子量分布宽度的常用参数之一是分布宽度指数,有数均和重均之分。其中,数均分布宽度指数 $\overline{(\sigma^2)_n}$ 定义为分子量与数均分子量的均方差:

$$\begin{aligned}\overline{(\sigma^2)_n}&=\overline{\left[\left(M-\overline{M}_n\right)^2\right]_n}=\overline{\left[M^2-2M\overline{M}_n+(\overline{M}_n)^2\right]_n}\\&=\overline{(M^2)_n}-\left(\overline{M}_n\right)^2=\overline{M}_w\cdot\overline{M}_n-\left(\overline{M}_n\right)^2\end{aligned} \tag{4-60}$$

因此

$$\overline{(\sigma^2)_n}=\left(\overline{M}_n\right)^2\left(\frac{\overline{M}_w}{\overline{M}_n}-1\right) \tag{4-61}$$

重均分布宽度指数 $\overline{(\sigma^2)_w}$ 定义为分子量与重均分子量的均方差:

$$\overline{(\sigma^2)_w}=\overline{\left[\left(M-\overline{M}_w\right)^2\right]_w}=\left(\overline{M}_w\right)^2\left(\frac{\overline{M}_Z}{\overline{M}_w}-1\right) \tag{4-62}$$

由式(4-61)和式(4-62)可见,$\frac{\overline{M}_w}{\overline{M}_n}$ 或 $\frac{\overline{M}_Z}{\overline{M}_w}$ 越大,分布宽度指数 $\overline{(\sigma^2)_n}$ 或 $\overline{(\sigma^2)_w}$ 就越大,即分子量分布越宽。因此,$\frac{\overline{M}_w}{\overline{M}_n}$ 或 $\frac{\overline{M}_Z}{\overline{M}_w}$ 称为多分散性指数(polydispersity index),常用 α 表示。

描述高分子分子量分布宽度的另一个参数是质量累积分布曲线上 $I(M)$ 为 0.9 和 0.1 时所对应的分子量之比 $\frac{M_{I(M)=0.9}}{M_{I(M)=0.1}}$,该比值越大,说明分子量分布越宽。

4.4.3 分子量与分子量分布测定方法概述

高分子的分子量和分子量分布都通过测定其稀溶液的性质得到。各种平均分子量的测定方法与适用范围如表 4－6 所列。分子量分布可通过对高分子试样进行分级并测定各级分的平均分子量得到。

从实用出发,后续将重点讨论光散射法、粘度法和凝胶渗透色谱法。其他方法仅扼要介绍测试的基本原理。

表 4－6 高分子的分子量测定方法及其适用范围

测定方法	分子量的统计平均意义	适用分子量范围
端基分析	数均	$<3\times10^4$
沸点升高	数均	$<3\times10^4$
冰点下降	数均	$<3\times10^4$
气相渗透压	数均	$<3\times10^4$
膜渗透压	数均	$2\times10^4\sim5\times10^5$
光散射	重均	$1\times10^4\sim1\times10^7$
超离心沉降平衡	重均、Z 均	$1\times10^4\sim1\times10^6$
粘度	粘均	$1\times10^4\sim1\times10^7$
凝胶渗透色谱	各种平均	$1\times10^3\sim5\times10^6$

4.4.4 端基分析法

许多合成高分子分子链的一端或两端都有特定的基团,如羟基、羧基或氨基等,这些基团可以用滴定法或红外光谱分析测定。一旦测得溶液中高分子的端基数,就很容易计算出溶液中存在的分子数目。从溶液浓度,即溶解的高分子质量,就能计算出高分子的分子量。但该方法只适用于分子量较小的高分子;否则,溶液中端基浓度太低,测量误差太大。

4.4.5 沸点升高和冰点降低法

沸点升高和冰点降低法是利用稀溶液的依数性测定溶质分子量的经典物理化学方法。对于小分子稀溶液,沸点升高值 ΔT_b 或冰点降低值 ΔT_f 与溶液浓度 c 和溶质分子量 M 的关系分别为

$$\frac{\Delta T_b}{c}=K_b\frac{1}{M} \quad 或 \quad \frac{\Delta T_f}{c}=K_f\frac{1}{M} \tag{4-63}$$

式中:K_b、K_f 是溶剂的沸点升高或冰点降低常数,一般在 0.1～10 之间。

对于高分子稀溶液,由于它们偏离理想溶液,因此一般要测定若干个不同浓度溶液的沸点升高值或冰点下降值,然后用外推到 $c\to0$ 的极限值计算数均分子量,即

$$\left(\frac{\Delta T_b}{c}\right)_{c\to0}=K_b\frac{1}{\overline{M}_n} \quad 或 \quad \left(\frac{\Delta T_f}{c}\right)_{c\to0}=K_f\frac{1}{\overline{M}_n} \tag{4-64}$$

对于分子量很大的高分子,用稀溶液测得的 ΔT 值很小,因此,要求温度的测量精度高达 $10^{-4}\sim10^{-5}$ ℃。

4.4.6 渗透压法

应用 Flory - Huggins 高分子溶液理论，可以得到高分子稀溶液的渗透压与数均分子量和浓度的关系为

$$\pi = RT\left[\frac{c}{\overline{M}_n} + \left(\frac{1}{2} - \chi_1\right)\frac{\varphi_2^2}{\overline{V}_1} + \cdots\right] \tag{4-65}$$

式中：$\overline{V}_1$ 为溶剂的偏摩尔体积。由于高分子溶质的密度 ρ_2 与溶液浓度 c 和溶质体积分数 φ_2 之间的关系为 $\rho_2 = \frac{c}{\varphi_2}$，所以式(4-65)可改写为

$$\frac{\pi}{c} = RT\left[\frac{1}{\overline{M}_n} + \left(\frac{1}{2} - \chi_1\right)\frac{c}{\overline{V}_1\rho_2^2} + \cdots\right] \tag{4-66}$$

或

$$\frac{\pi}{c} = RT\left[\frac{1}{\overline{M}_n} + A_2c + A_3c^2 + \cdots\right] \tag{4-67}$$

式中：A_2 和 A_3 分别称为第二和第三维利系数，其中：

$$A_2 = \left(\frac{1}{2} - \chi_1\right)\frac{1}{\overline{V}_1\rho_2^2} \tag{4-68}$$

因此，与 χ_1 一样，A_2 也是表征高分子-溶剂相互作用的参数。当 $A_2>0$，即 $\chi_1<1/2$ 时，表示溶剂对高分子是良溶剂，链段与溶剂分子间的吸引作用超过了链段之间的吸引作用，高分子线团松散、扩张。随温度下降或加入不良溶剂，链段之间的吸引作用增加，A_2 减小。当 $A_2=0$，即 $\chi_1=1/2$ 时，高分子链段间的吸引作用与链段和溶剂分子间的吸引作用相互抵消，高分子链为无扰尺寸，溶液表观上呈理想溶液行为。如果继续加入不良溶剂或降低温度，则高分子线团紧缩，甚至沉淀下来。

实验中可通过测定不同浓度下的 π/c，对 c 作图，外推到 $c\to 0$，便可从截距计算数均分子量，从斜率得到 A_2，并由式(4-68)计算出高分子-溶剂相互作用参数 χ_1。进一步在不同温度下测定溶液的 $\pi/c-c$ 曲线，可得到 A_2-T 关系，$A_2=0$ 对应的温度就是被测高分子-溶剂体系的 θ 温度。

图4-10所示为纤维素甘油三己酸酯-二甲基甲酰胺体系在不同温度下测得 $\pi/c-c$ 曲线，图内插图是 A_2-T 曲线，$A_2=0$ 的温度约为41 ℃。

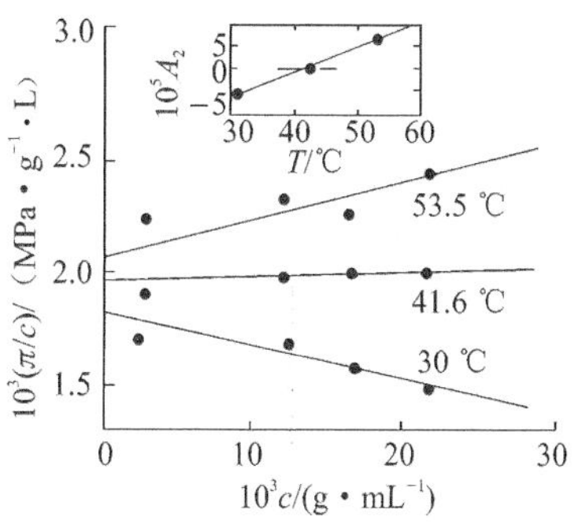

注：插图为 A_2-T 曲线。

图4-10　纤维素甘油三己酸酯-二甲基甲酰胺体系在不同温度下的 $\pi/c-c$ 曲线

4.4.7 光散射法

利用光散射法可以测定高分子的重均分子量、均方半径和第二维利系数等。

众所周知，当光线遇到比光波波长大得多的物体时，会发生反射；当物体尺寸接近光波波长时，会发生散射。天空的蓝色和雨过天晴时的彩虹是最常见的散射现象。

如图4-11所示，当一束光通过介质时，除了一部分光沿原来方向透过介质(称为透射光)之外，在入射方向以外的其他方向，同时发出一种很弱的光，称为散射光。散射光方向与入射

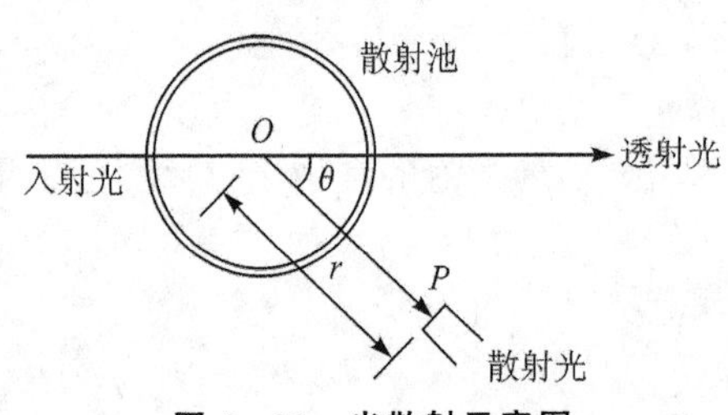

图 4-11 光散射示意图

光方向之间的夹角 θ 称为散射角。O 点为发出散射光的质点,称为散射中心。P 为观察点,OP 间的距离为观测距离 r。

与纯溶剂相比,高分子溶液的散射光要强得多。因为纯溶剂的光散射仅起因于介质内分子热运动所引起的密度的局部涨落,而溶液的光散射同时起因于密度局部涨落和浓度局部涨落。浓度的局部涨落又势必引起折光指数或介电系数的局部涨落。把散射光强定义为溶液散射光强与纯溶剂散射光强之差,则高分子溶液散射光强的大小就取决于浓度或折光指数的涨落程度。

为表征散射光强的分布情况,定义一个瑞利(Rayleigh)比的参量 R_θ 为

$$R_\theta = r^2 \frac{I_\theta}{I_{\mathrm{i}}} \tag{4-69}$$

式中:I_{i} 为入射光强;I_θ 为介质在散射角为 θ、观测距离为 r(cm)处每毫升体积内所产生的散射光强。散射光强随散射角的分布与入射光的性质和散射质点的大小有关。它分为以下两种情况:

① 当入射光为非偏振光(自然光)且散射质点小于入射光在介质中波长(λ')的 1/20 时,散射光强随散射角的分布如图 4-12 中的曲线Ⅰ所示,其特点是散射光强前后对称,且在 $\theta=90°$时最低。以瑞利比定量描述的散射光强的分布公式为

$$R_\theta = \frac{4\pi^2}{N_{\mathrm{A}}\lambda^4} n^2 \left(\frac{\partial n}{\partial c}\right)^2 \frac{c}{\dfrac{1}{\overline{M}_w} + 2A_2 c} \cdot \frac{1+\cos^2\theta}{2} \tag{4-70}$$

式中:λ 为入射光波波长;c 为溶液浓度;$\overline{M}_w$ 为溶质的重均分子量;N_{A} 为阿伏加德罗常数;n 为溶液折光指数,对于稀溶液,常用溶剂折光指数代替。对于一定的高分子-溶剂体系和一定波长 λ 的入射光,在 $\theta=90°$时,散射光强为

$$R_{90°} = \frac{Kc}{\dfrac{1}{\overline{M}_w} + 2A_2 c} \quad 或 \quad \frac{Kc}{R_{90°}} = \frac{1}{\overline{M}_w} + 2A_2 c \tag{4-71}$$

式中:常数 $K = \dfrac{2\pi^2}{N_{\mathrm{A}}\lambda^4} n^2 \left(\dfrac{\partial n}{\partial c}\right)^2$。可见,只要测定 $\dfrac{Kc}{R_{90°}}$随溶液浓度的变化,并外推到 $c\to 0$,就能从截距得到重均分子量,从斜率得到第二维利系数 A_2。

② 当散射质点的尺寸与入射光在介质中的波长同数量级时,由于内干涉作用,散射光强的分布将如图 4-12 中的曲线Ⅱ所示,其特点是散射光强前后不对称。此外,在散射光强的实际测定中,散射角的改变会引起散射体积的改变,也需要进行修正。对于高分子链为高斯统计线团的稀溶液,修正后的散射光强度分布为

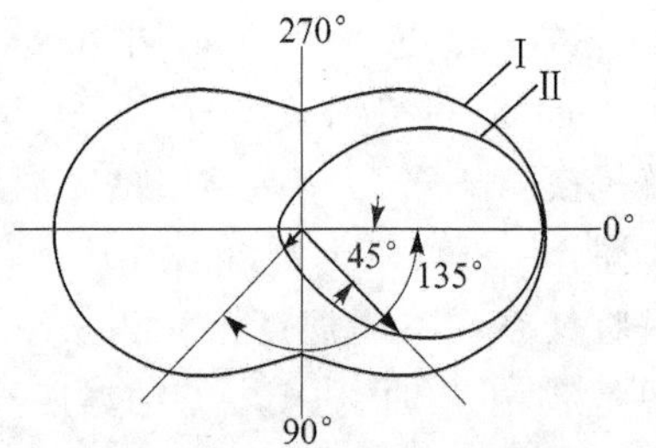

Ⅰ—小粒子溶液;Ⅱ—大粒子溶液

图 4-12 稀溶液的散射光强与散射角关系示意图

$$\frac{1+\cos^2\theta}{2\sin\theta} \cdot \frac{Kc}{R_\theta} = \frac{1}{\overline{M}_w}\left[1 + \frac{8\pi^2}{9} \cdot \frac{\overline{h^2}}{(\lambda')^2} \sin^2\frac{\theta}{2} + \cdots\right] + 2A_2 c \tag{4-72}$$

式中：λ'为入射光在溶液中的波长，$\lambda'=\lambda/n$，n 为溶液的折光指数。为了得到 $\overline{M}_w$、$\overline{\rho^2}$ 或 $\overline{h^2}$ 以及 A_2 等参数，实验中需测定一系列不同浓度溶液的 R_θ，然后按下述步骤处理数据：

步骤 1：以$\dfrac{1+\cos^2\theta}{2\sin\theta}\cdot\dfrac{Kc}{R_\theta}$对 $\sin^2\left(\dfrac{\theta}{2}\right)+qc$ 作图，这里 q 为任意常数，目的是使图形展开为清晰的格子。

步骤 2：将 θ 相同的点连成线，向 $c\to0$ 外推，得到$\left(\dfrac{1+\cos^2\theta}{2\sin\theta}\cdot\dfrac{Kc}{R_\theta}\right)_{c\to0}$；再将$\left(\dfrac{1+\cos^2\theta}{2\sin\theta}\cdot\dfrac{Kc}{R_\theta}\right)_{c\to0}$的点连成线，外推到 $\sin^2\left(\dfrac{\theta}{2}\right)\to0$。

步骤 3：将 c 相同的点连成线，向 $\sin^2\left(\dfrac{\theta}{2}\right)\to0$ 外推，得到$\left(\dfrac{1+\cos^2\theta}{2\sin\theta}\cdot\dfrac{Kc}{R_\theta}\right)_{\theta\to0}$；再将$\left(\dfrac{1+\cos^2\theta}{2\sin\theta}\cdot\dfrac{Kc}{R_\theta}\right)_{\theta\to0}$的点连成线，外推到 $c\to0$。

由此得到的图称为 Zimm 图。图 4-13 给出了一个实例，其中 $q=50$。步骤 2 和步骤 3 的外推曲线在纵轴上应具有同一截距，其值为 $1/\overline{M}_w$，由此计算出重均分子量 $\overline{M}_w$。步骤 2 外推线的斜率为$\dfrac{8\pi^2\overline{h^2}}{9\overline{M}_w(\lambda')^2}$，由此可计算高分子链的 $\overline{h^2}$。步骤 3 外推线的斜率为 $2qA_2$，由此可计算 A_2。

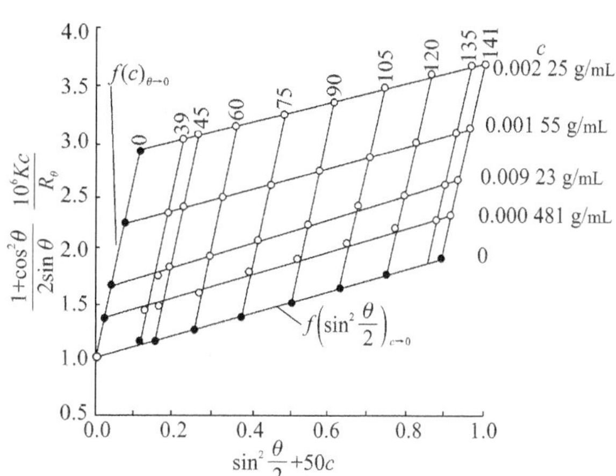

图 4-13　聚乙酸乙烯酯-丁酮溶液(25 ℃)的 Zimm 图

光散射仪主要包括光源、入射光准直系统、散射池和散射光强测量系统。经典的光散射仪采用汞灯光源。最新进展是利用激光作为散射光源，其单色性和准直性好，谱带频宽窄，光强度高。因此用激光作光源的光散射仪的测量精度高，测定 $\overline{M}_w$ 的数据偏差可以减小到 5%以内，分子量可高达 10^7。

4.4.8　粘度法

粘度法可测量高分子的粘均分子量、高分子的形态和尺寸、高分子与溶剂分子间相互作用参数等。高分子的粘均分子量取决于高分子溶液的特性粘数。为了得到特性粘数，需涉及多个粘度参数。

1. 粘度法中涉及的粘度参数

① 纯溶剂的粘度 η_0。

② 相对粘度 η_r——高分子溶液粘度 η 与纯溶剂粘度 η_0 之比：

$$\eta_r=\frac{\eta}{\eta_0} \tag{4-73}$$

③ 增比粘度 η_{sp}——高分子溶液粘度比纯溶剂粘度增加的倍数：

$$\eta_{sp}=\eta_r-1 \tag{4-74}$$

④ 比浓粘度——增比粘度与溶液浓度之比：

$$比浓粘度=\frac{\eta_{sp}}{c} \tag{4-75}$$

⑤ 比浓对数粘度——相对粘度的对数与浓度之比：

$$比浓对数粘度=\frac{\ln \eta_r}{c} \tag{4-76}$$

⑥ 特性粘数 $[\eta]$——外推到浓度为零的比浓粘度或比浓对数粘度：

$$[\eta]=\left(\frac{\eta_{sp}}{c}\right)_{c\to 0}=\left(\frac{\ln \eta_r}{c}\right)_{c\to 0} \tag{4-77}$$

2. 特性粘数的测定方法

测定高分子特性粘数最常用的设备是如图 4-14 所示的乌氏(Ubbelhode)粘度计，它由 A、B、C 三支管组成，且 B 管有一根半径为 R、长度为 L 的毛细管，毛细管上端是体积为 V 的小球，即上下刻度线 a 与 b 之间的球体体积，R、L 和 V 均为常数。

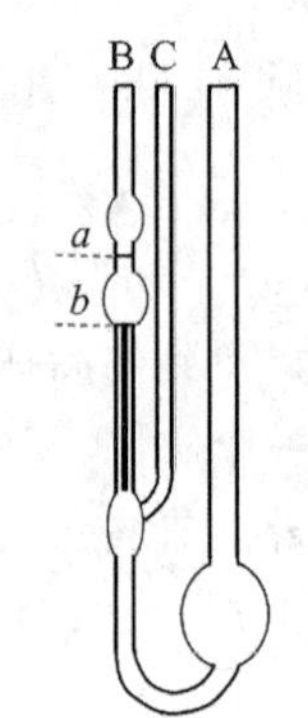

图 4-14 乌氏粘度计示意图

待测液体由 A 管加入，在封闭 C 管的条件下将液体经 B 管吸至刻度线 a 以上，再松开 C 管，使 B 管通大气，液体从 B 管自然流下，记录液面流经刻度线 a 与 b 之间的时间 t。此时，液体流动的外力就是等效平均高度为 h 的液柱自身的重力：$\Delta p=\rho gh$（ρ 为流体密度，g 为重力加速度）；体积流率即单位时间流过的液体体积为 $q_v=\frac{V}{t}$。

假设流动时没有湍流发生，即外力 Δp 全部用来克服液体流动的粘滞阻力，则可将牛顿粘性流动定律应用到液体在毛细管中的流动，得到泊肃叶流动定律。因此，流体在 Δp 作用下流过半径为 R、长度为 L 的圆管时，粘度可按以下公式计算：

$$\eta=\frac{\pi R^4\Delta p}{8Lq_v}=\frac{\pi R^4\rho gh}{8LV}t=常数\cdot\rho t=A\rho t \tag{4-78}$$

式中：A 为仪器常数。通过选择合适的粘度计，使液体的流出时间大于 100 s，则能满足没有湍流的假设。此外，液压除使液体流出毛细管以外，还使液体具有一定速度，因此，原则上还需做动能校正。但当动能项很小时，可忽略不计。

实验时，测定纯溶剂和被测高分子稀溶液流过粘度计刻度线 a 和 b 之间球体体积的时间分别为 t_0 和 t，设纯溶剂和被测高分子稀溶液的密度分别为 ρ_0 和 ρ，由于两者的密度差别极小，即 $\rho\approx\rho_0$，则溶液与纯溶剂的相对粘度 η_r 为

$$\eta_r=\frac{\eta}{\eta_0}=\frac{\rho t}{\rho_0 t_0}=\frac{t}{t_0} \tag{4-79}$$

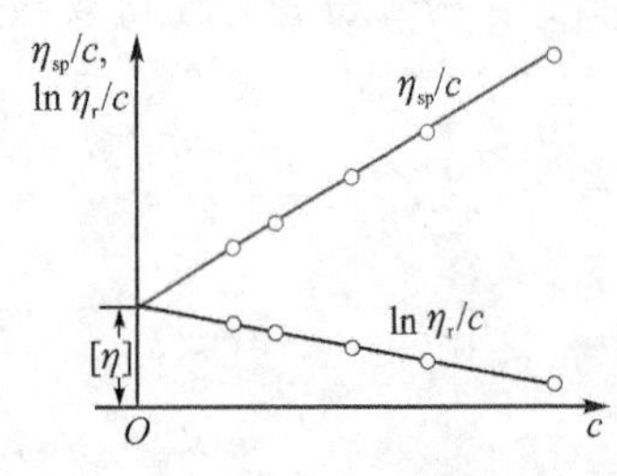

图 4-15 高分子稀溶液的 η_{sp}/c 和 $\ln\eta_r/c$ 与浓度 c 的关系图

溶液浓度选择时，一般使 $\eta_r=1.3\sim2.0$。一旦获得某一浓度下的 η_r，便可按照式(4-74)～式(4-76)计算增比粘度 η_{sp}、比浓粘度 η_{sp}/c 和比浓对数粘度 $\ln\eta_r/c$ 等。进一步通过稀释，配置一系列不同浓度高分子稀溶液，测定和计算上述参数，然后在一张图中画出 η_{sp}/c 和 $\ln\eta_r/c$ 与浓度 c 的关系图，将 η_{sp}/c 和 $\ln\eta_r/c$ 外推到 $c\to0$，它们的共同截距即 $[\eta]$，如图 4-15 所示。

研究表明，对于许多高分子溶液，$\frac{\eta_{sp}}{c}-c$ 和 $\frac{\ln \eta_r}{c}-c$ 的关系满足下列经验方程：

$$\frac{\eta_{sp}}{c}=[\eta]+K'[\eta]^2c \tag{4-80}$$

$$\frac{\ln \eta_r}{c}=[\eta]-K''[\eta]^2c \tag{4-81}$$

一般柔性链线形高分子在良溶剂中，能够满足 $K'+K''=0.5$ 或 $K'\approx 0.35$ 的条件，所以可以通过一点法，即只测定一个浓度下的粘度参数，用上述方程来计算特性粘数 $[\eta]$。但如果高分子溶液中存在浓度太高、分子聚集、离子效应、分子链刚性等问题，则实测数据不满足式(4-80)和式(4-81)，一点法的测试误差较大。

3. 特性粘数与高分子线团密度和分子量的关系

爱因斯坦(Einstein)曾推导出胶体溶液的相对粘度 η_r 与球形胶体粒子的体积分数 φ 关系的爱因斯坦粘度定律，如下所示：

$$\eta_r=2.5\varphi+1 \tag{4-82}$$

在高分子溶液中，线形高分子链呈无规线团状，类似于球形胶体粒子，因而可以用爱因斯坦粘度定律来描述高分子溶液的粘度。

设高分子稀溶液浓度为 c，$\bar{\rho}$ 为不计内含溶剂的高分子线团的平均密度，则将 $\varphi=\frac{c}{\bar{\rho}}$ 代入式(4-82)，可得

$$\frac{\eta_r-1}{c}=2.5\cdot\frac{1}{\bar{\rho}}=\frac{\eta_{sp}}{c} \tag{4-83}$$

当溶液极稀时，$\lim\limits_{c\to 0}\frac{\eta_{sp}}{c}=[\eta]$。所以，爱因斯坦粘度定律可用特性粘数表示为 $[\eta]=\frac{2.5}{\bar{\rho}}$，说明特性粘数与高分子线团的平均密度 $\bar{\rho}$ 成反比。而如 4.1.4 小节所述，溶液中高分子线团的平均密度为 $\bar{\rho}=\frac{\overline{M}}{\frac{1}{6}\pi d^3 N_A}$ (d 为高分子线团的等效球直径，见图 4-3)，因此，

$$[\eta]\propto\frac{1}{\bar{\rho}}\propto\frac{\frac{1}{6}\pi d^3 N_A}{\overline{M}} \tag{4-84}$$

式中：πd^3 正比于溶液中高分子线团的等效体积，称为流体力学体积。可见，特性粘数 $[\eta]$ 的物理意义是单位质量高分子在溶液中的流体力学体积，其单位常用 dL/g 表示。高分子在溶液中的流体力学体积越大，流动中遭遇的阻力越大，其 $[\eta]$ 就越大。如果溶液中的高分子链是高斯统计线团，则等效球直径 d 正比于高分子链末端距 $\sqrt{\overline{h_0^2}}$，而 $\overline{h_0^2}\propto\overline{M}$。用粘均分子量 $\overline{M}_\eta$ 代替 $\overline{M}$，式(4-84)可以写成：

$$[\eta]\propto\overline{M}_\eta^{0.5} \tag{4-85}$$

考虑高分子线团平均密度更一般的形式：$\bar{\rho}\propto(\overline{M}_\eta)^{-\alpha}$，可得到

$$[\eta]=K\cdot\overline{M}_\eta^{\alpha} \tag{4-86}$$

式(4-86)即为著名的 Mark-Houwink 方程，表示高分子稀溶液的特性粘数 $[\eta]$ 与粘均

分子量 $\overline{M}_\eta$ 之间的关系,也是粘度法测定分子量的主要依据。

式(4-86)中,α 值一般在 0.5~1 之间,与高分子线团的扩张有关;K 值为

$$K=\Phi\left(\frac{\overline{h^2}}{\overline{M}_\eta}\right)^{3/2} \tag{4-87}$$

式中:$\Phi=2.1\times10^{21}\sim2.5\times10^{21}$ dL/(mol·cm^3),是与高分子、溶剂和温度无关的普适常数。

在 θ 条件下,高分子线团具有无扰尺寸,$\alpha=0.5$,所以

$$[\eta]_\theta=K_\theta\cdot\overline{M}_\eta^{0.5} \tag{4-88}$$

$$K_\theta=\Phi\left(\frac{\overline{h_0^2}}{\overline{M}_\eta}\right)^{3/2} \tag{4-89}$$

在良溶剂中,高分子线团扩张,定义 χ 为一维扩张因子,即 $\chi=\left(\dfrac{\overline{h^2}}{\overline{h_0^2}}\right)^{1/2}$,则有

$$[\eta]=K\cdot\overline{M}_\eta^{0.5}\chi^3 \tag{4-90}$$

Flory 等人的研究表明:$\chi\propto M^{0.1}$,因此在良溶剂中有

$$[\eta]=K\cdot\overline{M}_\eta^{0.8} \tag{4-91}$$

此外,支化高分子的 α 值比聚合度相同的线形高分子的 α 值小一些,而刚性高分子链的 α 大于 1,趋近于 2。

对于每一种高分子-溶剂体系,K 和 α 值需用一系列单分散性高分子试样确定。具体步骤如下:① 将多分散性高分子试样进行分级。② 测定各级分的(平均)分子量和特性粘数。由于在 K 和 α 未知前,得不到粘均分子量,所以各级分的(平均)分子量需用任何一种其他方法(如用光散射法、渗透压法等)测定。理论上,对于单分散性高分子,$\overline{M}_w=\overline{M}_\eta=\overline{M}_n$,所以用其他方法测定的(平均)分子量代替 $\overline{M}_\eta$ 是可行的,虽然实际上会因此而引入一定的误差。③ 以 lg[η]对 lg M 作图,如图 4-16 所示,从斜率得到 α,从截距得到 lg K。

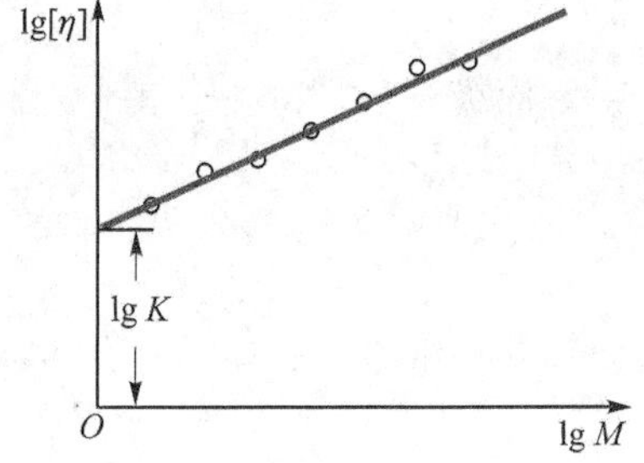

图 4-16 高分子的 lg [η]-lg M 曲线

对于同一种高分子,K 和 α 不仅与所用的溶剂有关,还与温度有关。目前,大多数高分子的 K 和 α 值都可从有关手册中查到。表 4-7 列出了几种高分子在不同溶剂和不同温度下的 K 和 α 值。

表 4-7 几种高分子在不同溶剂和不同温度下的 K 和 α 值

高分子	溶 剂	温度/℃	10^3K	α	$10^{-3}\overline{M}$	$\overline{M}$ 测定法
低密度聚乙烯	十氢萘	70	38.73	0.738	2~35	渗透压
	对二甲苯	105	17.6	0.83	11.2~180	渗透压
聚丙烯	十氢萘	135	10.0	0.80	100~1 100	光散射
	四氢萘	135	8.0	0.80	40~650	渗透压
聚甲基丙烯酸甲酯	丙酮	20	5.5	0.73	40~8 000	渗透压
聚苯乙烯	苯	20	12.3	0.72	1.2~540	渗透压
聚氯乙烯	环己酮	25	2.04	0.56	19~150	渗透压
尼龙 66	甲酸(90%)	25	110	0.72	6.5~26	端基分析

一旦有了特定高分子-溶剂体系的 K 和 α 值，就能通过测定特性粘数，用式(4－86)计算高分子的粘均分子量 $\overline{M}_\eta$。进一步用 K 值和 $\overline{M}_\eta$ 值，代入式(4－87)计算高分子的均方末端距 $\overline{h^2}$；如果是在 θ 条件下测定，就可用式(4－89)计算无扰均方末端距 $\overline{h_0^2}$。

分别在良溶剂和 θ 条件下测定 $[\eta]$ 和 $[\eta]_\theta$，就可以由下式求得扩张系数 χ：

$$\chi^3 = \frac{[\eta]}{[\eta]_\theta} \tag{4-92}$$

4.4.9　凝胶渗透色谱法

凝胶渗透色谱法 GPC (Gel Permeation Chromatography)也称为尺寸排除色谱法 SEC (Size Exclusion Chromatography)，是利用高分子溶液通过填充有多孔填料的柱子时，按分子流体力学体积大小进行分离的方法。1964 年，莫尔(J. C. Moore)首先提出 GPC 法，可以快速、自动测定高分子的分子量及其分布，制备窄分布高分子试样以及有效地分离、纯化和分析低分子混合物，因而获得迅速发展，并在研究和生产中广泛应用。

1. GPC 分离原理

凝胶渗透色谱仪的基本结构如图 4－17 所示。将待分析溶液样品注射进一根色谱柱，同时注入溶剂以淋洗样品，用检测器检测流出液的浓度并记录。其核心部件是一根填装有多孔填料颗粒(固定相)的色谱柱。填料可以是无机填料或有机填料。无机填料有多孔硅胶、多孔玻璃珠等。而在有机填料中，适用于有机溶剂的有聚苯乙烯凝胶、聚乙酸乙烯酯凝胶、聚甲基丙烯酸酯凝胶等，适用于水溶液和聚电解质溶液的有交联葡聚糖凝胶、琼酸酯糖胶及交联聚丙烯酰胺等。填料表面和内部都含有大量彼此贯穿的小孔，孔径尺寸及其分布取决于配方和制备工艺。

当待分析溶液样品与淋洗溶剂(流动相)进入柱子后，溶质分子向填料孔洞的渗透情况与其流体力学体积有关。流体力学体积大于填料内最大孔洞的溶质只能通过填料颗粒之间的间隙流出；小于填料内最小孔洞的溶质能通过所有的孔洞和间隙；而介于最大孔洞与最小孔洞之间的溶质则能通过填料中比它大的那一部分的孔洞和间隙。因此，随着溶剂淋洗过程的进行，溶质分子将按流体力学体积大小逐渐被分离，并由大至小依次被淋洗出来，分离过程如图 4－18(a)所示。由检测器检测淋出液的浓度，由馏分收集器收集并记录淋洗体积 V_e 或淋洗时间 t_e，就能得到浓度-淋洗体积曲线，称为 GPC 色谱图，如图 4－18(b)所示。

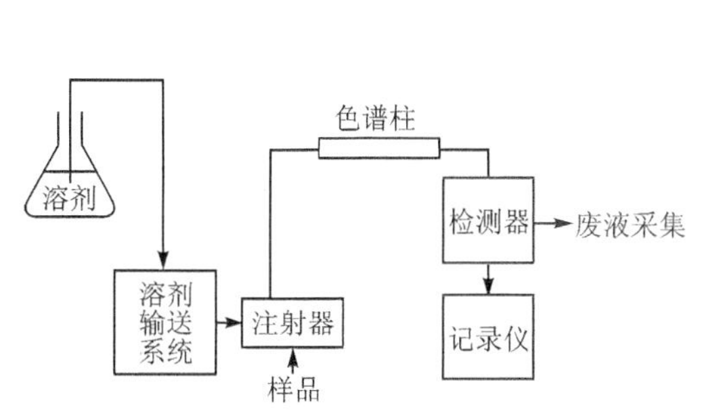

图 4－17　凝胶渗透色谱仪基本结构示意图

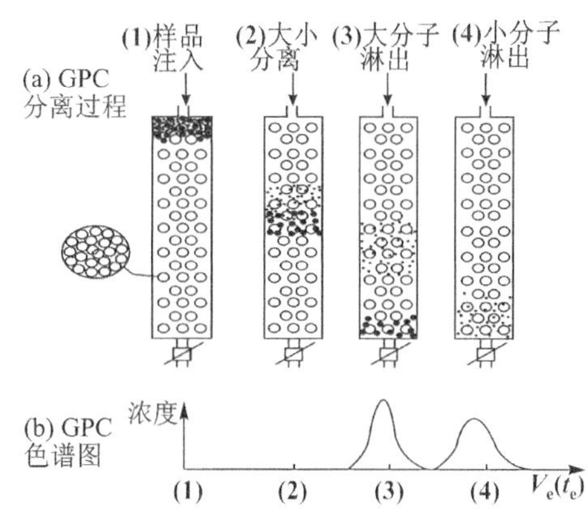

图 4－18　凝胶渗透色谱柱内分离过程示意图

检测器的类型很多,最常使用的是示差折光指数仪,测定流出液的折光指数与纯溶剂的折光指数之差 Δn,灵敏度高达 1×10^{-7}。在稀溶液范围内,Δn 正比于溶液浓度,所以常见的 GPC 色谱图是 $\Delta n - V_e$ 或 $\Delta n - t_e$ 曲线。

有些高分子必须在高于室温的条件下才能溶解,PP、PE 等非极性晶态高分子则需要在 100 ℃以上温度溶解和进行分子量测定,此时 GPC 仪器上需有加热控温系统,这类仪器为高温 GPC 仪。

2. 柱效与分辨率

同一试样用不同的色谱柱分析时,得到的结果会有一定的差别,取决于色谱柱的优劣。色谱柱的质量用柱效和分辨率评价。

(1) 柱　效

理论上,单分散试样应该在同一淋洗体积淋出,其 GPC 色谱图应是图 4-19(a)所示的一根垂线,而实际测得的却是具有一定宽度的 GPC 色谱峰,如图 4-19(b)所示。这种现象称为 GPC 色谱峰致宽效应。

GPC 色谱峰的致宽效应源自:① 溶液通过色谱柱时的非均匀流动;② 溶质分子在流动相中的纵向扩散;③ 固定相和流动相中的传质阻力。

基于此,色谱柱柱效用理论塔板数 N 表征,N 定义为

$$N=\left(\frac{V_0}{\sigma}\right)^2=16\left(\frac{V_0}{W_D}\right)^2 \tag{4-93}$$

式中:V_0 为色谱峰顶对应的淋出体积;W_D 为色谱峰基线宽度(见图 4-19(b));$\sigma=W_D/4$ 是标准偏差。N 越大,表示致宽程度越低,柱效越高。

有时也用单位柱长的理论塔板数 N_u 来表示柱效:

$$N_u=\frac{N}{L}=\left(\frac{16}{L}\right)\left(\frac{V_0}{W_D}\right)^2 \tag{4-94}$$

或用 N_u 的倒数 H 来表示柱效,H 称为理论塔板高度,H 越低,柱效越高。

(2) 分辨率

分辨率 R 表征 GPC 色谱柱对不同分子量级分的分离能力,定义为

$$R=\frac{2(V_{01}-V_{02})}{W_1+W_2} \tag{4-95}$$

式中:V_{01} 和 V_{02} 分别为分子量不同的两个级分的色谱峰顶对应的淋出体积;W_1 和 W_2 分别为两个级分色谱峰的基线宽度,如图 4-20 所示。当 $R>1$ 时,两峰分离;当 $R=1$ 时,两峰约有 2%的重叠;当 $R<0.8$ 时,分离效率就不符合要求了。

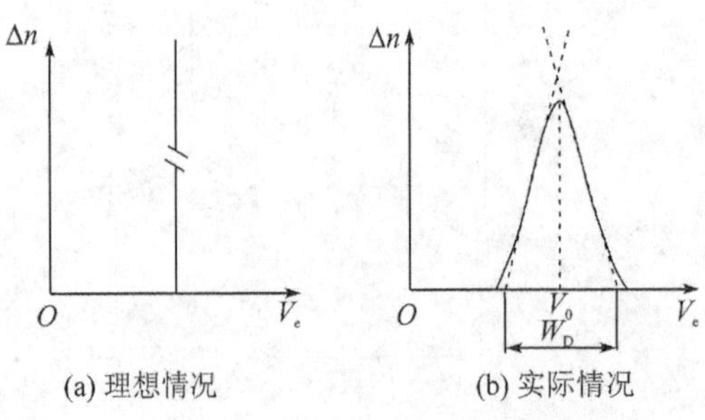

图 4-19　单分散试样的 GPC 色谱图

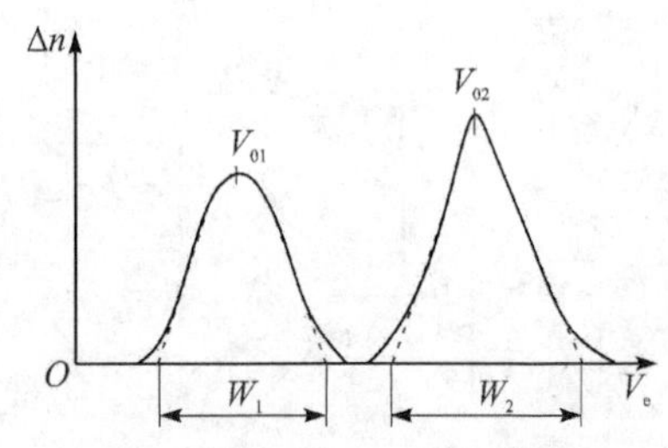

图 4-20　GPC 柱分辨率测定

3. 凝胶渗透色谱法测定高分子分子量和分子量分布的基本步骤

(1) 获得 GPC 色谱图

将 mL 量级的被测试样稀溶液注入色谱柱一端，接着注入溶剂对溶液开始淋洗。如果检测器是示差折光指数仪，则从记录仪上将得到 $\Delta n - V_e$ 色谱图，其中 $\Delta n \propto c$，c 为淋出液浓度，所用高分子溶液浓度常为 0.5%。

(2) 将 $\Delta n - V_e$ 转换成 $\Delta n - M$ 或 $\Delta n - [\eta]M$ 曲线

为了将 $\Delta n - V_e$ 曲线转换成 $\Delta n - M$ 曲线，需要知道 V_e 与 M 之间的关系。$V_e - M$ 关系曲线称为校正曲线。为了得到校正曲线，需要在相同条件下，测定一系列分子量已知的窄分布（最好是单分散性）同系高分子试样的 GPC 色谱图，如图 4－21 所示。

在色谱柱有效分离范围内，试样分子量 M 与其色谱峰对应的淋出体积 V_e 之间，存在如图 4－22 所示的关系，用公式表示为

$$\lg M = A - BV_e \tag{4-96}$$

对于有一定宽度的色谱峰，都取峰顶对应的淋出体积值 V_0 作为 V_e 值，因此，式(4－96)可改写为

$$\lg M = A - BV_0 \tag{4-97}$$

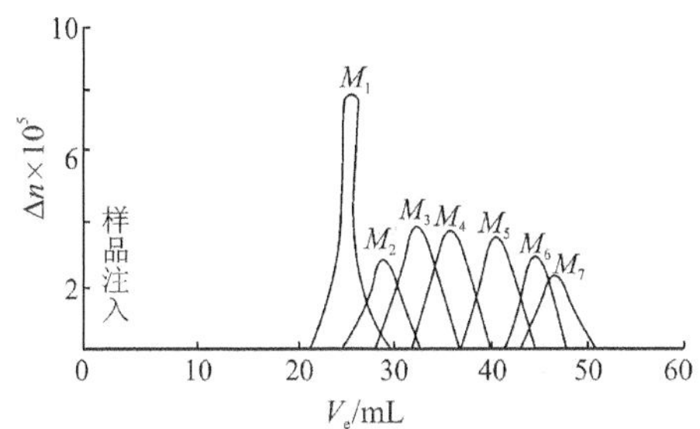

图 4－21　一组标定样品的 GPC 色谱图

图 4－22　分子量-淋出体积校正曲线

色谱柱的有效分离范围为 $M_a \sim M_b$。对于 $M > M_a$ 的高分子，因它们的流体力学体积大于色谱柱填料内的最大孔洞，只能通过填料颗粒之间的间隙流出，没有分离效果。对于 $M < M_b$ 的小分子，因它们的流体力学体积小于填料内的最小孔洞，也无分离效果。$M_a \sim M_b$ 称为填料的渗透极限范围，取决于填料内的孔径尺寸及其分布。

如果对于每一类高分子，为了得到 $\Delta n - M$ 曲线，都需要先测定适用于该类高分子的校正曲线，这样做未免过于麻烦。考虑到 GPC 法不是按分子量大小而是按分子的流体力学体积大小进行分离的，就可能采用更简便、有效的校正方法。

不论哪一种高分子，用同一色谱柱测试时，同一淋出体积的溶液，对应其流体力学体积都相同。所以，以流体力学体积对淋出体积作图，所得曲线对所有的高分子都适用，这种关系曲线称为普适校正曲线。

如前所述，特性粘数 $[\eta]$ 的物理意义是单位质量高分子的流体力学体积，所以 $[\eta]M$ 表征的是整个高分子的流体力学体积。对于同一色谱柱，各种高分子的 $[\eta]M - V_e$ 曲线都重合在一起，如图 4－23 所示，该曲线就是普适校正曲线。设高分子 1 是用来标定普适校正曲线的高分子，高分子 2 是被测高分子，则对应于同一淋出体积的溶液，有

$$[\eta]_1 M_1 = [\eta]_2 M_2 \tag{4-98}$$

因为$[\eta]_1=K_1M_1^{\alpha_1}$，$[\eta]_2=K_2M_2^{\alpha_2}$，所以有

$$K_1M_1^{\alpha_1+1}=K_2M_2^{\alpha_2+1} \tag{4-99}$$

或

$$\lg K_1+(\alpha_1+1)\lg M_1=\lg K_2+(\alpha_2+1)\lg M_2 \tag{4-100}$$

对于标定高分子，任一淋出体积对应的分子量M_1都是已知的，K_1和α_1也是已知的。如果已知被测高分子的K_2和α_2，则在任一淋出体积下的M_2都可用下式计算：

$$\lg M_2=\frac{1+\alpha_1}{1+\alpha_2}\lg M_1+\frac{1}{1+\alpha_2}\lg\frac{K_1}{K_2} \tag{4-101}$$

这样，就可将被测高分子的任一V_e转换成分子量，从而得到它的$\Delta n-M$曲线。

(3) 数据处理

1) 用定义法求平均分子量

在GPC分析中，$\Delta n\propto c\propto m$，其中$c$为浓度，$m$为淋出液中高分子溶质的质量。换句话说，在$\Delta n-M$曲线上，每一特定级分的分子量$M_i$所对应的$\Delta n$值正比于该级分的质量，因此可以用一个十分简单的方法计算质量分数w_i。方法如下：

如图4-24所示，等分$\Delta n-M$曲线的基线，用尺子直接量出各M_i对应的曲线高度H_i，则M_i在试样中的w_i就是：

$$w_i=\frac{H_i}{\sum\limits_i H_i} \tag{4-102}$$

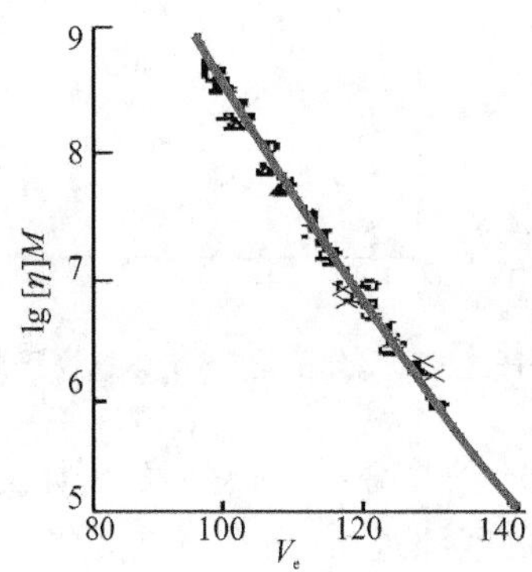

图4-23 GPC普适校正曲线

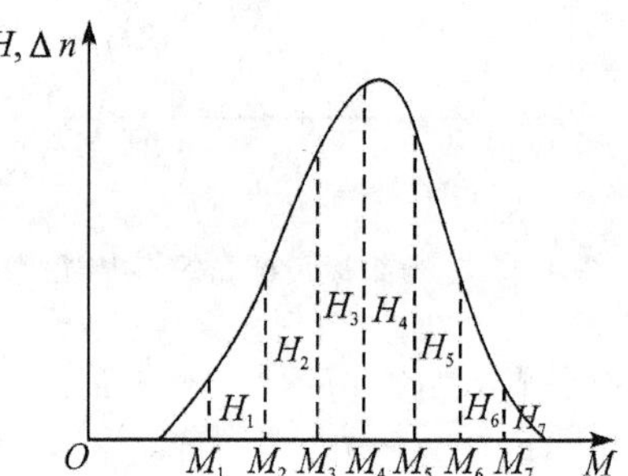

图4-24 Δn-M曲线

而高分子的几种常用平均分子量的定义为$\overline{M}_n=\left[\sum\limits_i\frac{w_i}{M_i}\right]^{-1}$，$\overline{M}_w=\sum\limits_i M_iw_i$，$\overline{M}_\eta=(M_i^\alpha w_i)^{1/\alpha}$，代入式(4-102)，就可得到下列计算各种平均分子量的公式：

$$\overline{M}_n=1\Big/\sum_i\frac{H_i}{M_i\sum H_i}=\sum_i H_i\Big/\sum_i\frac{H_i}{M_i} \tag{4-103}$$

$$\overline{M}_w=\sum_i M_i\frac{H_i}{\sum\limits_i H_i}=\sum_i M_iH_i\Big/\sum_i H_i \tag{4-104}$$

$$\overline{M}_\eta=\left[\sum_i M_i^\alpha\frac{H_i}{\sum\limits_i H_i}\right]^{1/\alpha}=\left[\sum_i M_i^\alpha H_i\Big/\sum_i H_i\right]^{1/\alpha} \tag{4-105}$$

同理，还可以计算$\overline{M}_Z$和更高阶的分子量统计平均值，并由此计算分子量多分散性指数或

分布宽度等。

2）用函数适应法求分子量分布曲线与平均分子量

许多研究者发现，GPC 曲线比较接近高斯分布曲线，因而可以用高斯分布函数来求平均分子量。

以淋出体积 V_e 表示的微分分布的高斯函数形式为

$$w(V_e)=\frac{1}{\sigma\sqrt{2\pi}}\exp\left[-\frac{1}{2}\left(\frac{V_e-V_0}{\sigma}\right)^2\right] \tag{4-106}$$

式中：V_0 为色谱峰顶位置对应的淋出体积；$\sigma=W/4$，W 为色谱峰基线宽度（参考图 4-20）。

根据淋出体积与分子量的关系式（4-97），可得分子量的质量微分分布函数为

$$w(M)=\frac{1}{M\sigma'\sqrt{2\pi}}\exp\left[-\frac{1}{2}\left(\frac{\ln M-\ln M_0}{\sigma'}\right)^2\right] \tag{4-107}$$

式中：M_0 为色谱峰顶对应的分子量；$\sigma'=2.303\,B\sigma$。将式（4-107）代入平均分子量的定义，可得到

$$\overline{M}_w=M_0\exp\left(\frac{\sigma'^2}{2}\right)\quad 和\quad \overline{M}_n=M_0\exp\left(-\frac{\sigma'^2}{2}\right) \tag{4-108}$$

但是，由于色谱柱的致宽效应，由此计算出的分子量分布比真实分布宽，由此得到的平均分子量也包含了因致宽效应带来的误差。为了得到真实的分子量分布和平均分子量，还需对色谱柱的致宽效应进行校正。这里就不展开了。

习　题

（带★号者为作业题；带※者为讨论题；其他为思考题）

1. 解释下列术语：

（1）溶度参数；（2）θ 温度和 θ 溶剂；（3）Huggins 参数 χ_1；（4）第二维利系数 A_2；（5）比浓粘度、比浓对数粘度和特性粘数；（6）平衡溶胀比；（7）瑞利比；（8）数均分子量、重均分子量、Z 均分子量、粘均分子量；（9）分子量的多分散性指数。

2. 低分子物质和高分子物质的溶解过程有何区别？

3. 结晶高分子的溶解有什么特点？

4. 试述选择高分子溶剂的基本原则。

★5. 为什么飞机上的油箱不用天然橡胶而用丁腈橡胶制造？对于 CH_3NO_2 和 $CH_3-(CH_2)_4-CH_3$ 两种溶剂，天然橡胶和丁腈橡胶分别耐哪一种溶剂？为什么？丁腈橡胶与聚氯乙烯是否混溶？为什么？

6. 试根据摩尔吸引常数计算聚乙烯（$\rho=0.854\ g/cm^3$）和聚丙烯（$\rho=0.854\ g/cm^3$）的溶度参数。

★7. 如何测定高分子的内聚能密度和溶度参数？

★8. 用正戊烷和乙酸乙酯的混合溶剂来溶解聚苯乙烯时，应如何配比混合溶剂？

※9. 高分子溶液与理想溶液的偏差表现在哪些方面？Flory-Huggins 高分子溶液理论基于哪些假设？主要的不合理性在哪里？

10. Flory - Krigbaum 高分子稀溶液理论和 Flory - Huggins 高分子溶液理论的假设有何差异？两个理论的结论有何异同点？

★11. 计算下列三种情况下溶液的混合熵，并说明结果代表的意义：

(1) 99×10^{12} 个小分子 A 与 10^8 个小分子 B 混合(假定为理想溶液)；

(2) 99×10^{12} 个小分子 A 与 10^8 个大分子 B(每个大分子由 10^4 个链段构成，每个链段相当于 1 个小分子)混合(按 Flory - Huggins 高分子溶液理论计算)；

(3) 99×10^{12} 个小分子 A 与 10^{12} 个小分子 B 混合(假定为理想溶液)。

12. 在 20 ℃将 10^{-5} mol 聚甲基丙烯酸甲酯($\overline{M}_n=10^5$，$\rho=1.20\ \mathrm{g/cm^3}$)溶于 179 g 氯仿($\rho=1.49\ \mathrm{g/cm^3}$)中($\chi_1=0.377$)，试计算溶液的混合熵、混合焓和混合自由能。

※13. 在实验上可采用哪些方法以及如何测定高分子溶液的 θ 温度、χ_1 和第二维利系数 A_2？

14. 证明下列关系：$\dfrac{1}{\overline{M}_n}=\overline{\left(\dfrac{1}{M}\right)}_w$；$(\overline{M^2})_w=\overline{M}_w\cdot\overline{M}_Z$。

15. 如何表征高分子分子量的分布宽度？

★16. 将一种聚丙烯试样进行分级，测得各分级的质量和平均分子量如表 4-8 所列。计算这种聚丙烯的数均分子量 $\overline{M}_n$、重均分子量 $\overline{M}_w$、多散性指数 α、重均分布宽度$\left(\overline{\sigma^2}\right)_n$，并画出质量微分分布曲线和质量累积分布曲线。

表 4-8 习题 16 用表

$M_i/(\mathrm{g\cdot mol^{-1}})$	4 200	8 400	12 600	16 800	21 000	25 200	29 400	33 600	37 800	42 000
m_i/g	0.088	0.120	0.208	0.165	0.129	0.094	0.062	0.037	0.015	0.002

17. 35 ℃时环己烷是无规立构聚苯乙烯的 θ 溶剂。现将 300 mg 无规立构聚苯乙烯($\rho=1.05\ \mathrm{g/cm^3}$，$\overline{M}_n=1.5\times10^5$)在 35 ℃溶于 150 mL 环己烷中，试计算：(1) 溶液的渗透压；(2) 第二维利系数 A_2。

※18. 为什么浓度相同时，高分子-良溶剂体系的粘度比高分子-不良溶剂体系的粘度大？为什么必须用无扰尺寸表征高分子链内旋转的受阻程度？

★19. 将聚甲基丙烯酸甲酯粉末状样品溶于丙酮，配成溶液。在 20 ℃恒温条件下，用乌氏粘度计测得丙酮的流出时间 $t_1=100$ s，在相同条件下不同浓度溶液的流出时间 t 如表 4-9 所列，计算试样的粘均分子量。

表 4-9 习题 19 用表

$c/(\mathrm{g\cdot dL^{-1}})$	0.234	0.148	0.097	0.075
t/s	170.9	142.2	126.8	120.2

※20. 用光散射法测得三乙酸纤维素-二甲基甲酰胺溶液的 Zimm 图如图 4-25 所示，试计算该高分子的 $\overline{M}_w$ 和均方半径 $\overline{\rho^2}$。已知入射光波长 $\lambda=5.461\times10^{-1}$ mm，二甲基甲酰胺的折射率 $n=1.429$。

※21. 在 GPC 色谱技术中，为什么对不同的高分子可以用同一普适校正曲线？

★22. 由 GPC 法测得一种高分子试样淋洗液的折光指数与溶剂折光指数之差-分子量关系曲线($\Delta n-M$)如图 4-26 所示，计算该高分子试样的重均分子量和数均分子量(忽略致宽效应)。

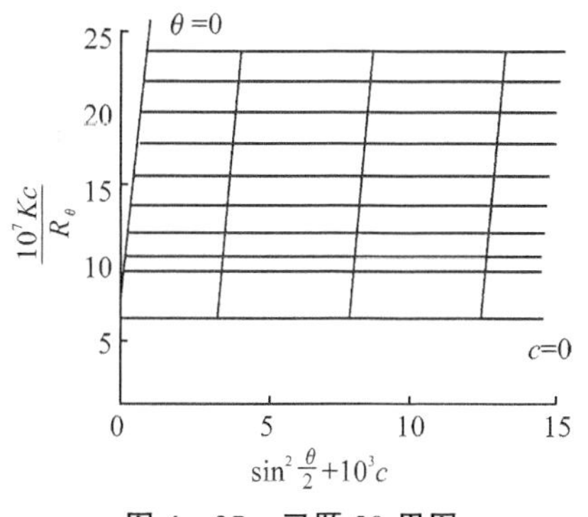

图 4-25　习题 20 用图

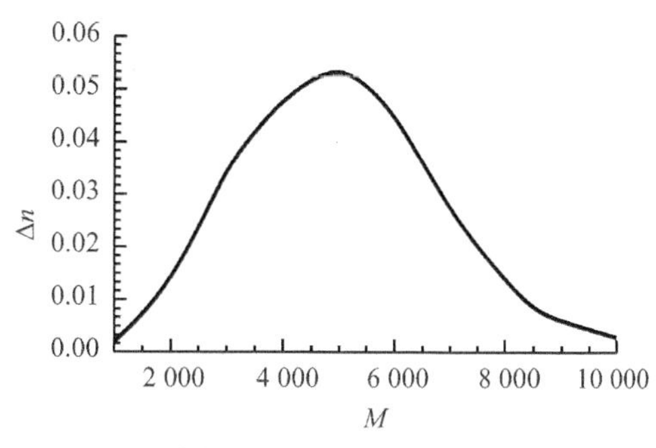

图 4-26　习题 22 用图

扩展资源

附 4.1　扫描二维码了解本章慕课资源

慕课明细

视频文件名(mp4 格式)	视频时长/(分:秒)
(1) 高分子的溶解:溶解过程	9:15
(2) 高分子的溶解:溶度参数	9:38
(3) 柔性链高分子溶液热力学:理想与非理想溶液	5:58
(4) 柔性链高分子溶液热力学:高分子溶液理论	14:37
(5) 高分子分子量及其分布的测定:概览及绝对法	15:02
(6) 高分子分子量及其分布的测定:粘度法	11:02
(7) 高分子分子量及其分布的测定:GPC 法	12:35

附 4.2　扫描二维码观看本章动画

动画目录:

(1) 高分子的溶胀-溶解过程动画示意图;

(2) 不同高分子的溶解-溶胀过程(含分子示意)动画示意图。

附 4.3　Flory - Huggins 高分子溶液理论中混合熵和混合焓的推导

Flory 和 Huggins 于 1942 年借助于小分子溶液的晶格模型,并考虑高分子的长链特征,运用统计热力学方法,推导出高分子溶液的混合熵 ΔS_M、混合焓 ΔH_M、混合自由能 ΔG_M 等热力学参数的表达式。

扫描二维码了解具体的理论假设和推导过程。

附 4.4　聚电解质溶液简介

在高分子链上带有可离子化基团的高分子称为聚电解质。由于离子化基团的存在,聚电解质溶液的特征和应用有其特殊性。

扫描二维码了解聚电解质溶液分类、性能特征和应用简介。

高分子的溶解：
溶解过程

高分子的溶解：
溶度参数

柔性链高分子溶液热力学：
理想与非理想溶液

柔性链高分子溶液热力学：
高分子溶液理论

高分子分子量及其分布
的测定:概览及绝对法

高分子分子量及其
分布的测定:粘度法

高分子分子量及其
分布的测定:GPC 法

高分子的溶胀-溶解
过程动画示意图

不同高分子的溶解
-溶胀过程(含分子
示意)动画示意图

Flory - Huggins 高分子
溶液理论中混合熵和
混合焓的推导

聚电解质溶液简介

第 5 章　高分子的分子热运动及力学状态

高分子与金属、陶瓷及有机小分子物质等在性能上有明显的差别。而物质的宏观性能只不过是微观分子热运动的反映。很显然，不同的材料，比如聚甲基丙烯酸甲酯和天然橡胶，其结构不同，在相同的外界条件下，分子热运动的形式也不同，表现出来的性能就不同。而相同的材料，在不同的外界条件下，分子热运动的形式不同，表现出来的性能也不同。比如，天然橡胶在室温下是柔软的弹性体，但是在－100 ℃环境中，就变得像玻璃一样刚硬而易碎。因此，分子热运动是联系高分子结构与性能的桥梁。

物质的分子热运动反映在物质的一切性能上。本章主要揭示高分子的分子热运动与其力学状态之间的关系，为合理选用材料、确定加工工艺条件和材料改性方法奠定基础。

5.1　高分子的分子热运动特点

与小分子的热运动相比，高分子的分子热运动有以下 3 个特点。

5.1.1　热运动单元的多重性

高分子的分子量很大，其热运动单元按尺寸大小可以分为整链、链段、链节和侧基等。

① 整链运动：高分子链作为一个整体呈现出的质量中心的移动，如高分子熔体的流动。

② 链段运动：高分子区别于小分子的特殊运动形式。高分子链因为具有柔性，可以在质心不变的前提下，一部分高分子链相对于另一部分运动，使高分子可以伸展或者卷曲，如橡皮拉伸、收缩。

③ 比链段更小单元的热运动：链节、支链、侧基等由于运动所需能量低，在玻璃化转变温度以下即可发生热运动，也称为次级转变。此外，晶区内的晶型转变、缺陷和晶区折叠链的伸缩运动等也可以发生热运动。

由于高分子的分子量具有多分散性，同时，不论在同一分子链或不同分子链上，分子链各部分在任一时刻所受到的近程与远程相互作用都不会一致，链段长度也有一个分布。因此，严格说来，高分子的整链和链段运动本身也具有多重性。

通常把高分子整链的热运动称为布朗运动，把链段和比链段更小单元的热运动称为微布朗运动。

5.1.2　热运动强烈的时间依赖性

在外场作用下，体系将从一种平衡状态通过分子热运动过渡到与外场相适应的新的平衡状态，这个过程称为松弛过程。完成这个过程的速度用松弛时间 τ 表征，τ 取决于体系内微观分子热运动的松弛时间，可以通过实验来测定。

例如在恒定温度下，将一根橡胶棒用力拉长 ΔL_0（见图 5－1(a)）。除去外力后，橡胶棒不会“立即”回缩到原长，而将随时间逐渐缩短，如图 5－1(b)所示。在回缩过程的任一时刻 t，橡

胶棒的伸长量 $\Delta L(t)$ 与起始伸长量 ΔL_0 的关系为

$$\Delta L(t)=\Delta L_0 e^{-t/\tau} \tag{5-1}$$

式中:τ 为松弛时间。由式(5-1)可见,当 $t=\tau$ 时,$\Delta L(t)=\Delta L_0/e$,即松弛时间 τ 是剩余伸长量达到起始伸长量的 $1/e$ 所需的时间;换句话说,τ 是伸长量已回缩了 $(e-1)/e$,还剩下 $1/e$ 未完成所需要的时间。

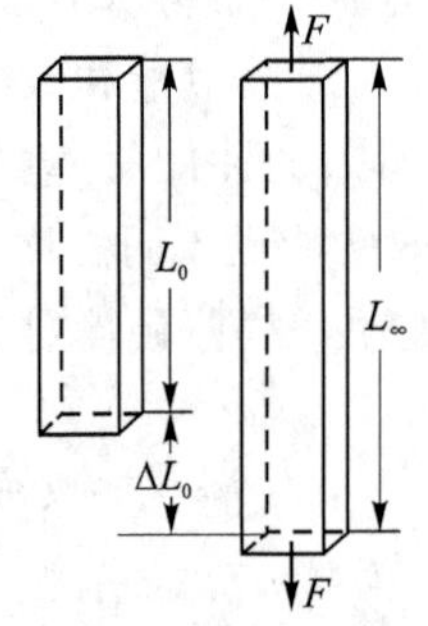

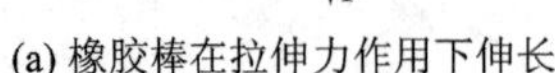
(a) 橡胶棒在拉伸力作用下伸长

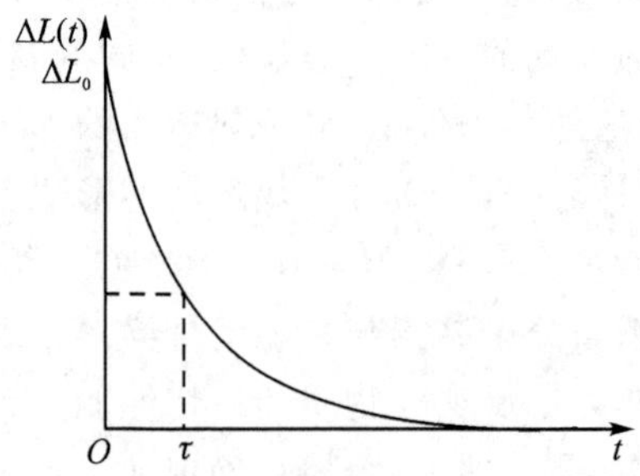

(b) 除去外力后，伸长橡胶棒回缩的松弛过程及松弛时间

图 5-1 橡胶棒的伸长与回缩

作为一般规律,体系的任何物理性质的松弛过程都可以表达为

$$\Delta X(t)=\Delta X_0 e^{-t/\tau} \tag{5-2}$$

式中:ΔX_0 是体系某一物理量的起始平衡值与终止平衡值之差;$\Delta X(t)$ 是该物理量在 t 时刻的值与终止平衡值之差;τ 为松弛时间,定义为 $\Delta X(t)/\Delta X_0=1/e$ 的时间。

体系宏观松弛过程的观察时间 t 由观察者决定,松弛时间 τ 则取决于体系内微观分子热运动的松弛时间。观察者能否观察到松弛过程,取决于 t 与 τ 的相对大小。由式(5-2)可见,当 $\tau \ll t$ 时,$\Delta X(t)=0$,说明松弛过程进行得很快,在观察时间内松弛过程已经结束,观察者仅观察到终止平衡态;当 $\tau \gg t$ 时,$\Delta X(t)=\Delta X_0$,说明松弛过程进行得很慢,在观察时间内松弛过程几乎尚未进行,观察者仅观察到起始平衡态;只有当 $\tau \approx t$ 时,观察者才能观察到松弛过程中物理量随时间的渐变过程。

分子热运动的松弛时间长短取决于分子结构以及所处的温度、外力等环境条件,一般表达式为

$$\tau=\tau_0 e^{\frac{\Delta E-\gamma\sigma}{RT}} \tag{5-3}$$

式中:ΔE 为分子热运动活化能,取决于运动单元之间的相互作用;T 为热力学温度,K;σ 为应力;R 为摩尔气体常数;τ_0 为常数;γ 为系数。当应力 σ 很小时,式(5-3)可以简化为

$$\tau=\tau_0 e^{\frac{\Delta E}{RT}} \tag{5-4}$$

在其他条件相同时,分子热运动单元越小,则分子间的相互作用越小,热运动所需克服的位垒即所需的活化能越低,因而松弛时间越短。当温度相同时,小分子物质中各分子热运动的松弛时间基本相同;而高分子则不同,尺寸相差悬殊的各重热运动单元的松弛时间差别很大,短者约为 10^{-10} s,长者以秒、分、时、日、周、月、年计,即具有一个很宽的松弛时间谱。

因此,相对于实验中常用的观察时间 t,总会有一些运动单元的 $\tau \ll t$,有一些运动单元的 $\tau \approx t$,有一些运动单元的 $\tau \gg t$。这时,观察者所观察到的高分子物理性能的变化,主要是那些 $\tau \approx t$ 的运动单元的贡献。另外,随着观察时间的延长,由小到大的各重运动单元的运动将相继在宏观性能上反映出来,使观察者能观察到高分子的物理性能随时间不断变化。

5.1.3　热运动强烈的温度依赖性

由式(5-3)或式(5-4)可以看到，热运动单元的松弛时间对温度的依赖性取决于 ΔE。运动单元越大，它们之间的相互作用能越大，ΔE 越高，τ 对 T 的依赖性就越强。在高分子的各重运动单元中，整链和链段都是比较大的运动单元，它们的 τ 对 T 的变化非常敏感，τ 随温度的升高而迅速减小。因此，在一定的观察时间内，由小到大的各重运动单元的松弛时间将在不同的温度范围内陆续达到与观察时间同一数量级，并相继在宏观性能上表现出来。

5.2　高分子的力学状态

按照高分子的结构及其对应的力学状态特征，高分子可以简单分为非晶态线形高分子、部分结晶高分子和交联高分子三大类。

5.2.1　非晶态线形高分子

在一块非晶态线形高分子试样上施加恒定应力，同时等速升温，测定试样的应变随温度的变化，可以得到如图 5-2(a)所示的应变-温度曲线，与之对应的弹性模量-温度曲线如图 5-2(b)所示。

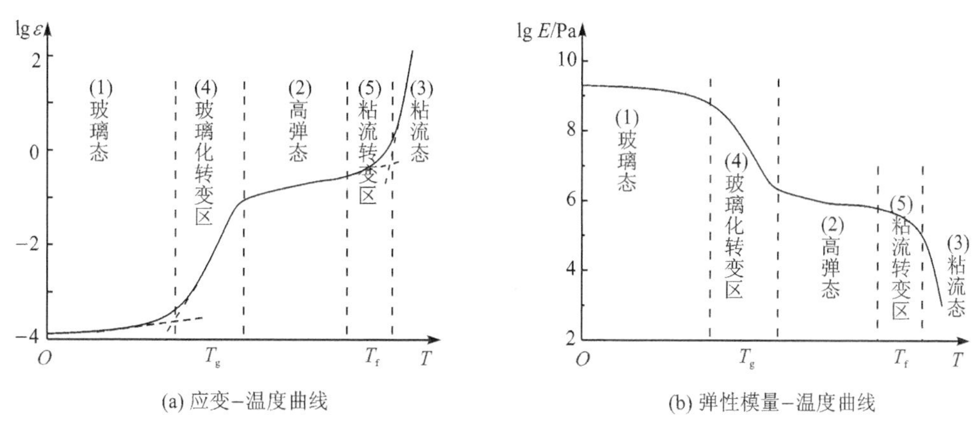

图 5-2　非晶态线形高分子

由图 5-2 可见，整个曲线可分为 5 个区域，各区域的特点如下：

区域(1)：高分子的弹性应变很小，弹性模量为 $10^9 \sim 10^{9.5}$ Pa($10^0 \sim 10^{0.5}$ GPa)，类似于刚硬的玻璃体。这一力学状态称为玻璃态。

区域(2)：高分子为柔软而富有弹性的固体，弹性模量约为 10^6 Pa (10^0 MPa)，弹性应变可高达原长的数倍。这一力学状态称为高弹态。

区域(3)：高分子像粘性液体一样可以流动。这一力学状态称为粘流态。

区域(4)：高分子的玻璃态与高弹态之间的转变区，称为玻璃化转变区，对应的转变温度称为玻璃化转变温度，用 T_g 表示，通常用图 5-2(a)中所示的切线法求得。在该转变区，高分子的模量变化为 3～4 个数量级。

区域(5)：高分子的高弹态与粘流态之间的转变区，对应的转变温度称为流动温度，用 T_f

表示。在该转变区,高分子表现为橡胶状粘流态:当观察时间较短时,类似橡胶;当观察时间较长时,表现出流动。

因此,非晶态线形高分子在不同的温度范围内表现出3种典型的力学状态:$T<T_g$时为玻璃态;$T_g<T<T_f$时为高弹态;$T>T_f$时为粘流态。这3种力学状态的出现是高分子的热运动单元相继被活化的结果。

当$T<T_g$时,分子热运动能量很低,不足以克服主链单键内旋转位垒,整链和链段运动均被冻结。此时,整链和链段运动的松弛时间都远大于力的作用时间,宏观上测量不出整链和链段运动对应变的贡献。对外力作出响应的主要是键长键角的变化(见图5-3(a))和比链段更小的运动单元,如链节、侧基的局部运动等,表现出弹性模量高而形变小的普弹性。

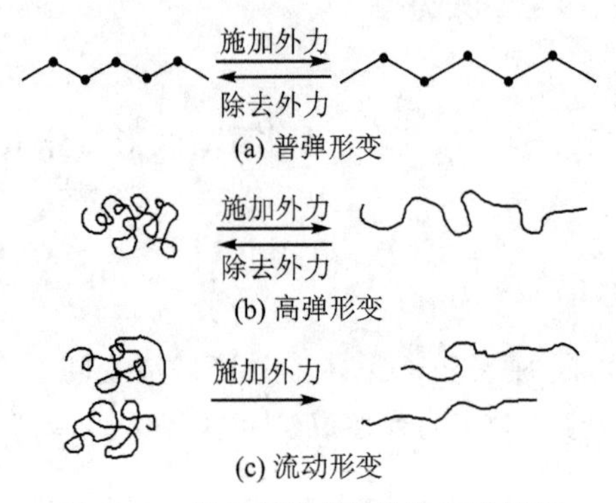

图5-3 高分子形变的分子运动机理

当$T_g<T<T_f$时,随着温度升高,分子热运动能量增加,虽然足以克服主链单键内旋转位垒,使链段运动变得自由,但还不足以克服高分子链之间的内摩擦力(包括分子链间的缠结)以引起整个分子链质心的迁移。这时,对外力作出响应的主要是分子链构象的变化。例如,在拉伸力作用下,卷曲的高分子链通过链段运动转变为沿外力方向伸展的构象,除去外力后,伸展的构象又自发地回复到卷曲状态(见图5-3(b)),表现为弹性模量低而弹性应变大的高弹性。在T_g与T_f之间,高分子的模量随温度变化不大,称为高弹平台区。

当$T>T_f$时,分子热运动能量很高,不仅链段能自由运动,而且高分子整链的运动也能表现出来。这时,在外力作用下,高分子链的质心在外力方向上发生相对迁移(见图5-3(c)),产生不可回复的塑性流动变形。

以上讨论也适用于支化高分子。

T_g和T_f的高低对高分子的使用和加工影响明显。T_g远高于室温的线形或支化高分子都是非晶态热塑性塑料,如聚苯乙烯和聚甲基丙烯酸甲酯等。它们在常温下处于玻璃态,最高使用温度为T_g。这类塑料在利用其粘流态加工(如注塑成型、挤出成型、吹塑成型等)时,熔体温度要超过T_f,模具温度应低于T_g;以高弹态成型(如真空吸塑成型)时,成型温度范围为$T_g \sim T_f$。

未硫化橡胶是玻璃化转变温度远低于室温的线形高分子,T_f是它们与各种配合剂(如硫化剂、填料等)混合和加工成型的最低温度。

5.2.2 部分结晶高分子

部分结晶高分子是非晶相与晶相组成的两相体系。当温度升高时,非晶相将在T_g处发生玻璃态到高弹态的转变;晶相将在熔点T_m处发生晶态到非晶态的相转变,$T_m>T_g$。部分结晶高分子的弹性模量-温度曲线如图5-4所示。

当$T<T_g(<T_m)$时,部分结晶高分子的非晶相和晶相分别处于玻璃态和晶态,材料的弹性模量高而弹性应变很小。在T_g附近,非晶相发生玻璃态向高弹态的转变,非晶相的模量跌落3~4个数量级,但晶相仍处于晶态,模量基本保持不变,因此整个体系的弹性模量只发生一定程度的跌落,跌落大小取决于结晶度。结晶度越高,非晶相所占比例越小,则模量的跌落

越少。

当 $T_g < T < T_m$ 时，非晶相与晶相分别处于高弹态和晶态。当 $T > T_m$ 时，晶相转变为非晶态，整个体系变为非晶态均相体系。这时的非晶态可能是高弹态，也可能是粘流态，与高分子的分子量有关。如果高分子的分子量较低，以致其不结晶时的 T_f 低于其晶相的 T_m，则该高分子在 T_m 以上将处于粘流态(如图 5-4 中的曲线 1 所示)；如果高分子的分子量很高，以致其不结晶时的 T_f 高于其晶相的 T_m，则该高分子在 T_m 以上将处于高弹态；只有继续升温、直到 $T > T_f$ 时，才转变为粘流态(如图 5-4 中的曲线 2 所示)。

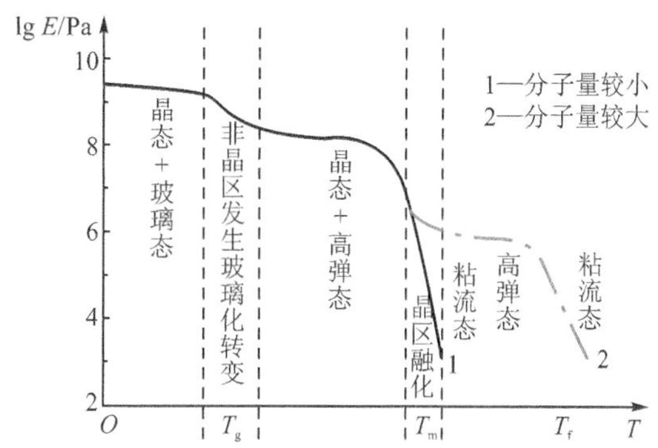

图 5-4　部分结晶高分子的弹性模量-温度曲线

结晶性高分子如果因条件不合适而没有结晶，则与 5.2.1 小节所述的非晶态线形高分子一样，只有 T_g 和 T_f 两个转变温度。

熔点高于室温的部分结晶高分子可作塑料或纤维使用，使用温度上限为 T_m。对于 $T_m > T_f$ 的部分结晶高分子，以流动态加工成型的熔体温度应超过 T_m，模具温度应低于 T_m；对于 $T_m < T_f$ 的部分结晶高分子，熔体温度应超过 T_f，模具温度应低于 T_m。

T_g 的高低则决定了部分结晶高分子在使用条件下的刚度与韧性：T_g 低于室温者，在常温下犹如橡胶增韧塑料，既有一定的刚度又有良好的韧性，如聚乙烯、聚丙烯塑料等；T_g 高于室温者，在常温下具有良好的刚度，如聚酰胺 66、聚对苯二甲酸乙二醇酯等。

由于超过临界分子量的高分子的熔点与分子量大小基本无关，而提高分子量又会大大增加粘流态的粘度，造成加工上的困难，因此通常将结晶性高分子的分子量控制在使其不结晶时的流动温度低于其晶相的熔点，即 $T_f < T_m$。所以，除少数有特殊要求的高分子(如分子量高于 10^6 的超高分子量聚乙烯)外，大多数常用结晶高分子在熔点以上都处于粘流态。

5.2.3　交联高分子

在交联高分子中，分子链之间以化学键联结起来，不可能实现分子链之间的相对迁移，因而不可能出现粘流态。同时，大多数交联高分子都是非晶态高分子，特别是当交联密度较高时。交联高分子的典型弹性模量-温度曲线如图 5-5 所示。

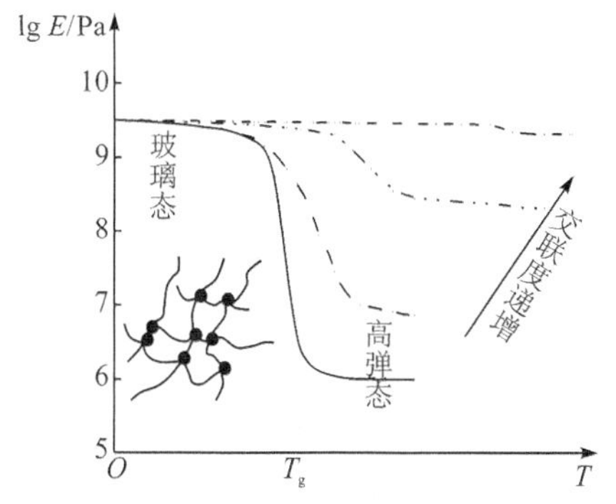

图 5-5　交联高分子的典型弹性模量-温度曲线

交联密度较低时，相邻交联点之间的链比较长，在一定条件下，其中的链段仍能比较自由地运动。这种交联高分子在不同温度范围内可呈现两种力学状态：玻璃态和高弹态，如硫化橡胶。当交联密度增加时(例如增加硫化剂或固化剂用量)，相邻交联点之间的链长缩短，链的柔性减小，玻璃化转变温度随之提高。同时，高弹平台模量也随之增加，因此在玻璃化转变区，弹性模量的变化减小。一些交联密度很高的高分子，如热固性塑料,玻璃化转变温度很高,玻璃化转变区的模量变化不到半个数量级。

硫化橡胶由柔性线形高分子链经轻度交联形成,其 T_g 远低于室温,在常温下处于高弹态,T_g 是其使用温度的下限值;而热固性塑料的交联密度很高,T_g 远高于室温,在常温下处于玻璃态,T_g 是其使用温度的上限值。

5.3 高分子的玻璃化转变

著名高分子物理学家 A. Eisenberg 认为,玻璃化转变温度也许是确定现有非晶态高分子应用性能最重要的一个参数。因此,了解玻璃化转变的特点及其影响因素是非常重要的。

5.3.1 玻璃化转变现象与特点

玻璃化转变是非晶态高分子(包括结晶高分子中的非晶相)发生玻璃态⇌高弹态的转变,其分子运动本质是链段运动发生"冻结"⇌"自由"的转变。在玻璃化转变区,高分子的一切物理性质都发生急剧甚至不连续的变化。除5.2节已提到的非晶区模量发生3~4个数量级的变化外,高分子的比体积 ν、热膨胀系数 α、比热容 c、折射率 n 和介电系数 ε 等物理性能的变化如图5-6所示。

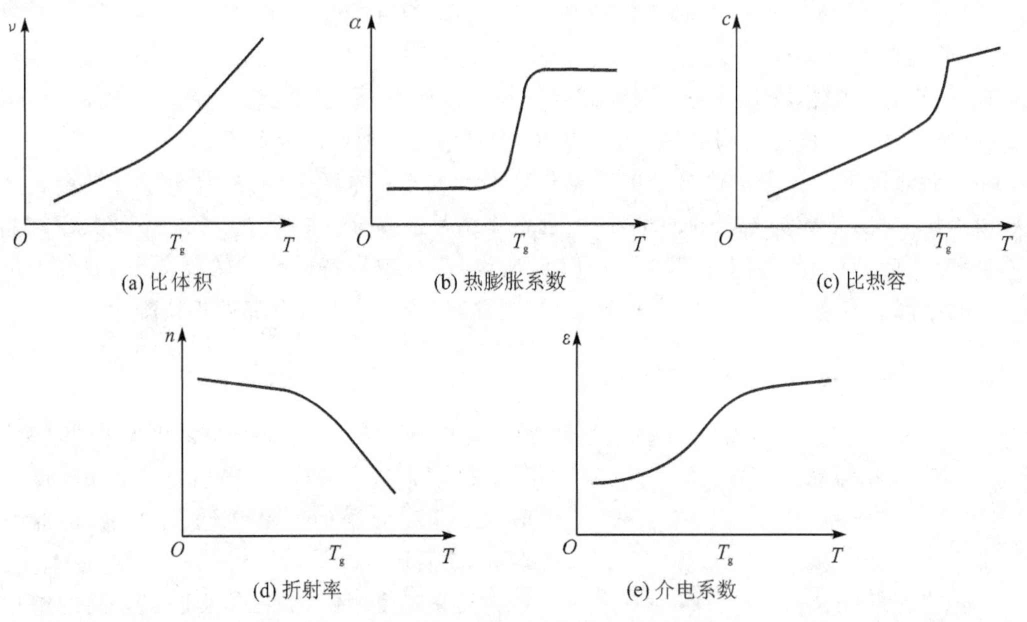

图5-6 玻璃化转变区高分子物理性能的变化

在热力学上,玻璃化转变不同于熔化。熔化属于一级相转变,在 T_m 相变点,体系的自由能对温度或压力的一阶导数相关的性质,如体积(比容 ν)、熵和焓等,都发生不连续的突变。而在玻璃化转变区,体积、熵和焓等性质的变化是连续的,但与自由能对温度或压力的二阶导数相关的性质,如热膨胀系数、比热容和压缩系数等,发生不连续变化,因此在早期的文献中也把高分子的玻璃化转变称为二级相转变,把 T_g 看作二级相转变温度点。然而,高分子的玻璃化转变区一般宽达10~20 ℃,而且玻璃化转变区还强烈地依赖于实验条件,如升/降温速率、频率、所受的应力、流体静压力及力的作用时间等,这种现象称为玻璃化转变的松弛特性。以

降温速率的影响为例，降温速率越快，测得的 T_g 越高（$T_{g2}>T_{g1}$），如图5-7所示。

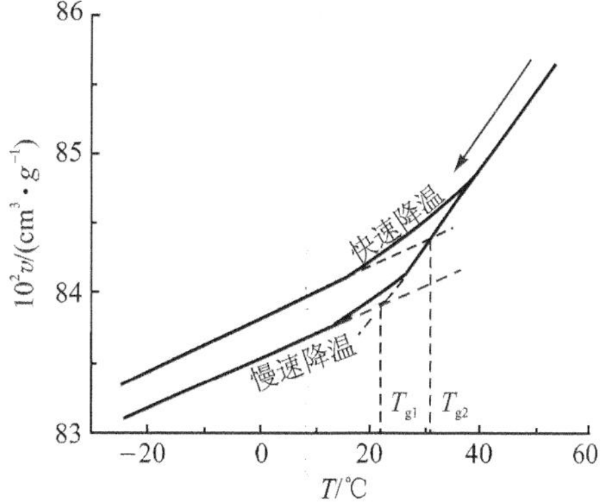

图5-7　降温速率对聚乙酸乙烯酯玻璃化转变温度的影响

5.3.2　玻璃化转变理论

目前解释高分子玻璃化转变现象的理论有自由体积理论、动力学理论、热力学理论等。

1. 自由体积理论概述

1936年，Eyring等提出了液体的空穴理论，认为在液体中除存在分子外，还有未被分子占据的空穴，液体分子的移动正是通过与这些空穴相继交换位置来实现的（见图5-8(a)）。这些未被分子占据的空穴总称为自由体积。液体中的自由体积分数随温度的降低而减小。

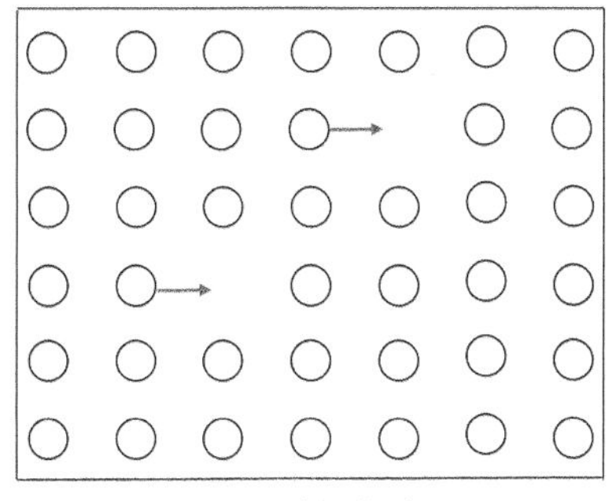

(a) 小分子体系

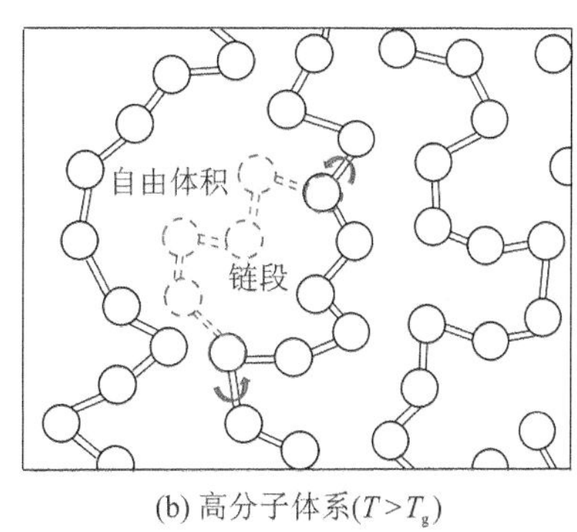

(b) 高分子体系($T>T_g$)

图5-8　自由体积模型

应用自由体积模型，可以对非晶态高分子玻璃化转变区热膨胀系数随温度的变化（见图5-8(b)）解释如下：在 $T<T_g$ 时，高分子的热膨胀机理是，随温度升高，原子振动加剧，原子间相互作用减弱，从而使原子间距增大，但自由体积不变，因为链段运动被“冻结”，不可能通过链段运动将自由体积从外界导入高分子体系中。而在 $T>T_g$ 时，即在高弹态和粘流态时，因链段运动自由，能将自由体积从外界导入高分子中。这时，热膨胀机理包括两部分：一部分是原子间距增大，另一部分是自由体积增大。所以，在玻璃化转变温度以上，高分子的热膨胀系数 α_r 比玻璃态时的热膨胀系数 α_g 大（一般 α_r 是 α_g 的2～3倍）。

自由体积理论认为，所有高分子在 T_g 都具有相同的自由体积分数 $\varphi_{f,g}$，称为等自由体积状态。那么 $\varphi_{f,g}=$？不同的研究者得到了不同的结果，因为他们对自由体积的定义不同。

1950年，Fox和Flory提出了玻璃化转变自由体积理论，如图5-9所示。设 $T=0$ K时，一定质量高分子玻璃中分子占据的体积为 V_0，自由体积为 $V_{f,g}$，该玻璃的总体积为 $V_0+V_{f,g}=V_{0,g}$。温度升到 T_g 时，体积膨胀到 V_g，自由体积分数 $\varphi_{f,g}$ 为

$$\varphi_{f,g}=\frac{V_{f,g}}{V_g}=\frac{V_{f,g}}{V_0+V_{f,g}+\alpha_g V_g T_g} \tag{5-5}$$

温度升到 T_g 以上的任何温度 T 时，体积膨胀到 V_r，自由体积分数 $\varphi_{f,r}$ 为

$$\varphi_{f,r}=\varphi_{f,g}+(\alpha_r-\alpha_g)(T-T_g)=\varphi_{f,g}+\alpha_f(T-T_g) \tag{5-6}$$

式中:α_f 称为自由体积膨胀系数。

Williams - Landel - Ferry(WLF)按上述 Fox 和 Flory 定义的自由体积,从高分子的粘度对自由体积的依赖关系出发,推出 $\varphi_{f,g}=0.025$(详见附 8.3)。

此外,Simha 和 Boyer 把高弹态比容-温度曲线外推到 0 K 的截距 $V_{0,r}$ 定义为分子占据体积(见图 5 - 10),所以 $T=T_g$ 时分子占据的体积为 $V_{0,r}+\alpha_g V_g T_g$,总体积为 $V_g=V_{0,r}+\alpha_r V_g T_g$,自由体积分数 $\varphi_{f,g}$ 为

$$\varphi_{f,g}=(\alpha_r-\alpha_g)T_g=\alpha_f T_g \tag{5-7}$$

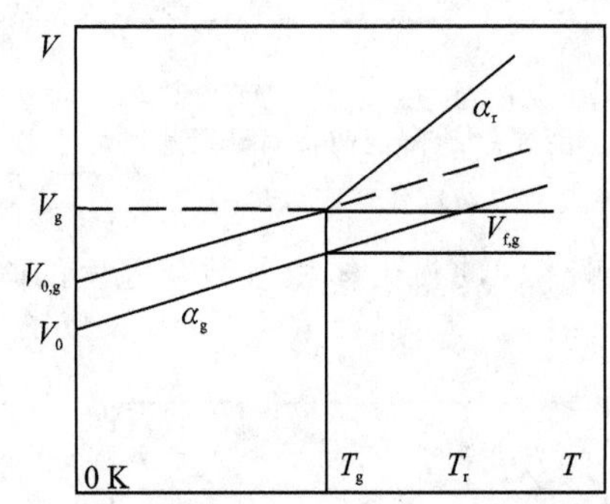

图 5 - 9 Fox - Flory 自由体积理论示意图

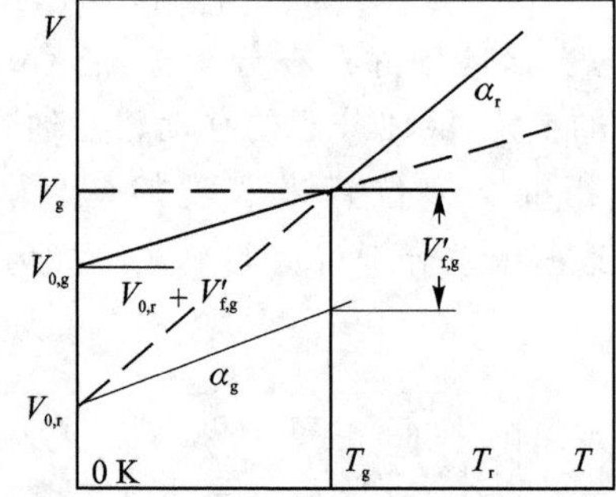

图 5 - 10 Simha - Boyer 自由体积理论示意图

高分子的 α_r、α_g 和 T_g 都能由实验测定,代入式(5 - 7)即可求得其 α_f 和 $\varphi_{f,g}$。由此可求出大多数高分子的 $\varphi_{f,g}$ 都在 0.113 左右(见表 5 - 1)。已知大多数小分子液体的自由体积分数约为 10%,因此可以认为,高分子玻璃化转变时自由体积分数为 11.3%是一个可接受的数值。

表 5 - 1 部分高分子的 T_g、α_g、α_r、α_f 和 $\varphi_{f,g}$

高分子	T_g/K	$\alpha_g\times10^4/K^{-1}$	$\alpha_r\times10^4/K^{-1}$	$\alpha_f\times10^4/K^{-1}$	$\varphi_{f,g}$
聚乙烯	143	7.1	13.50	7.40	0.105
聚二甲基硅氧烷	150	—	12.00	9.30	0.140
聚四氟乙烯	160	3.0	8.30	7.00	0.112
聚丁二烯	188	—	7.80	5.80	0.109
聚异丁烯	199	—	6.18	4.70	0.094
天然橡胶	201	—	6.16	4.10	0.082
聚氨酯	213	—	8.02	6.04	0.129
聚偏氯乙烯	256	—	5.70	4.50	0.115
聚丙烯酸甲酯	282	—	5.60	2.90	0.082
聚乙酸乙烯酯	302	2.1	5.98	3.90	0.118
聚 4 -甲基戊烯- 1	302	3.4	7.61	3.78	0.114
聚氯乙烯	355	2.2	5.20	3.10	0.110
聚苯乙烯	373	2.0	5.50	3.00	0.112
聚甲基丙烯酸甲酯	378	2.6	5.10	2.80	0.113

式(5 - 6)和式(5 - 7)的推导见附 5.3。

其他学者如 Hirai 和 Erying 得到 $\varphi_{f,g}=0.08$，Miller 得到 $\varphi_{f,g}=0.12$。尽管不同的学者得到的 $\varphi_{f,g}$ 值有所不同，但一致认为，非晶态高分子在自由体积分数达到临界值时发生玻璃化转变，在玻璃化转变温度以下，即在玻璃态，高分子的自由体积不变。

2. 动力学理论

动力学理论认为，高分子的玻璃化转变是一个松弛过程。

图 5-11 所示为一种非晶态高分子的等温体积收缩曲线。体积用膨胀计法测量。每一条曲线的测定过程如下：首先将该高分子试样置于远高于其 T_g 的温度下达到平衡，然后迅速淬火到预设温度 T_1、T_2、T_3，测定试样体积随时间的变化（减小），直至它达到该温度下的平衡体积值 V_∞ 为止。设试样在预设温度下初始时刻和任一时刻的体积分别为 V_0 和 $V(t)$，则根据松弛时间 τ 的定义（见式(5-2)），

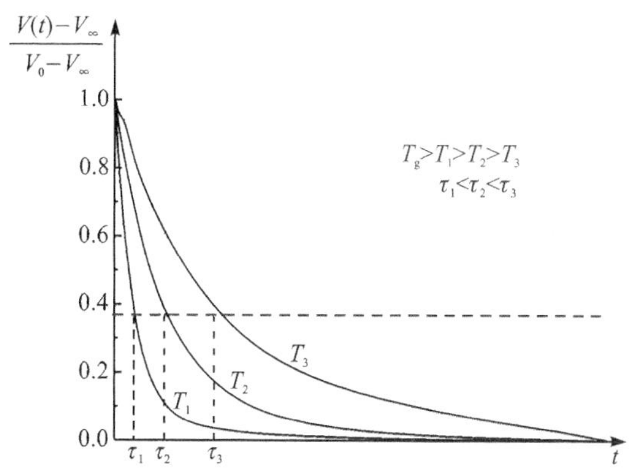

图 5-11　非晶态高分子等温体积随时间的收缩曲线

各温度下体积收缩的松弛时间为 $\frac{V(t)-V_\infty}{V_0-V_\infty}=\frac{1}{e}\approx 0.37$ 时所对应的时间，就是图 5-11 中水平虚线与各曲线交点所对应的时间。显然，温度越低，松弛时间越长。

在通常实验条件下，观察时间为有限值，具体的观察时间取决于实验条件，例如升/降温速率。升/降温速率提高，意味着观察时间缩短。

用上述体积松弛过程很容易解释图 5-7 所示的玻璃化转变温度随降温速率增加（即观察时间缩短）而提高的现象。当高分子从粘流态或高弹态降温时，其体积的收缩需通过分子链构象的重排来实现。在高于 T_g 的温度下，高分子中的自由体积较大，链段运动自由，分子链构象的重排瞬间即可完成，因此能迅速达到相应温度下的平衡比体积值。但是随着温度下降，体系中的自由体积减小，链段运动的松弛时间按指数规律延长，构象重排速率相应降低。当构象重排速率与降温速率达到同一数量级时，高分子在有限观察时间内达不到相应温度下的平衡比容值，因此所测得的比容值偏高。温度越低，正偏差越大，比体积-温度曲线出现转折。转折点所对应的温度就是该降温速率下的 T_g。显然，降温速率越快，观察时间越短，高分子的体积收缩在更高的温度下达不到平衡值，即比容-温度曲线在更高的温度下就出现转折，所测得的 T_g 就越高。

由以上讨论也可看到，尽管自由体积理论认为非晶态高分子在 T_g 具有一定的自由体积分数，但实际上，由于非晶态塑料在加工成型中所经历的冷却速率一般都较快，其制品中总是包含着“过剩”的自由体积。随着时间的推移，制品逐渐向平衡体积过渡，由此导致其一系列物理力学性能发生变化，这种现象称为物理老化。

3. 热力学理论

热力学理论认为，非晶态物质内分子的构象熵随温度下降而减小，当达到二级相转变温度时，只存在一种构象，因而构象熵为零。温度继续下降时，构象熵不再变化。构象熵为零对应的温度用 T_2 表示，称为二级相转变温度（见图 5-12）。

对于非晶态高分子,高分子链的构象重排需要一定的时间。随着温度下降,分子运动能力越来越弱,构象重排所需的时间越来越长。若要使所有分子链都转变成最低能态的构象,需要无限长的时间,这在实验上无法实现,因此得不到真正的二级相转变温度。

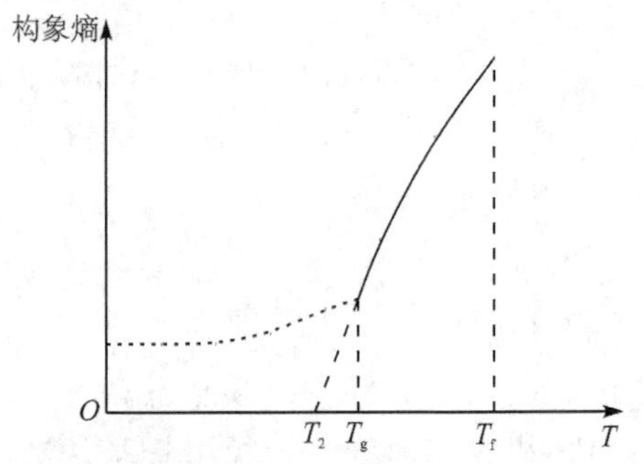

图5-12　非晶态物质构象熵-温度关系示意图

换句话说,高分子的玻璃化转变是一个松弛过程,不是真正的热力学平衡相转变,T_g 也不是热力学二级相转变温度。WLF方程估计,T_2 比目前常用实验方法测得的 T_g 约低50 K。

5.3.3　影响玻璃化转变温度的因素

如前所述,高分子的玻璃化转变温度是链段运动的松弛时间 τ 与观察时间 t 相当时所对应的温度。而如式(5-3)所示,分子热运动单元运动的松弛时间 τ 为 $\tau=\tau_0 e^{\frac{\Delta E-\gamma\sigma}{RT}}$,式中:$\sigma$ 是应力;T 是热力学温度;ΔE 是运动单元的运动活化能。而高分子玻璃化转变是链段运动在"冻结"$\rightleftharpoons$"自由"之间的转变,因此式中 ΔE 对应链段运动的活化能。

孤立高分子链中链段运动的 ΔE 取决于分子链内近程与远程相互作用,作用能的大小取决于分子链的结构。在由许多高分子链构成的凝聚体中,ΔE 还与分子间的相互作用和自由体积分数有关。分子内和分子间的作用能及自由体积分数又与温度、压力(流体静压力)等外界条件有关。因此,影响高分子玻璃化转变温度的因素包括结构因素和外界条件两部分。

1. 结构因素

大量研究证明,非晶态高分子的 T_g 主要取决于高分子链的柔性,因此,一切影响高分子链柔性的结构因素都会影响 T_g。高分子链越柔软,由该种高分子链构成的非晶态高分子的 T_g 就越低。

(1) 主链与取代基

在2.6.2小节中已详细分析了主链与取代基结构对高分子链柔性的影响,这里不再重复。可以通过比较下列各组内高分子的 T_g(见表5-2)的高低,深入理解主链与取代基结构对 T_g 的影响:

① 聚乙烯、聚甲醛和聚二甲基硅氧烷;
② 聚乙烯、聚丙烯、聚氯乙烯和聚丙烯腈;
③ 聚乙烯、聚丙烯、聚苯乙烯和聚乙烯基咔唑;
④ 聚氯乙烯和聚偏氯乙烯;
⑤ 聚丙烯和聚异丁烯;
⑥ 聚乙烯、顺式1,4-聚丁二烯和顺式1,4-聚异戊二烯;
⑦ 聚碳酸酯和聚己二酸乙二醇酯;
⑧ 聚甲醛和聚苯醚;
⑨ 聚甲基丙烯酸甲酯、聚甲基丙烯酸乙酯、聚甲基丙烯酸正丙酯和聚甲基丙烯酸正丁酯;
⑩ 聚对苯二甲酸乙二醇酯和聚对苯二甲酸丁二醇酯。

表 5-2　高分子的玻璃化转变温度 T_g

高分子	重复单元	T_g/K	T_g/℃
聚二甲基硅氧烷	$-Si(CH_3)_2-O-$	153	−123
聚甲醛	$-CH_2-O-$	190,223	−83,−50
聚乙烯	$-CH_2-CH_2-$	153,205	−120,−68
聚丙烯(全同)	$-CH_2-CH(CH_3)-$	255,263	−18,−10
聚异丁烯	$-CH_2-C(CH_3)_2-$	203,213	−70,−60
聚 4-甲基戊烯-1	$-CH_2-CH(CH_2-CH(CH_3)-CH_3)-$	244	29
聚氧化乙烯	$-CH_2-CH_2-O-$	207,220	−66,−53
聚甲基乙烯基醚	$-CH_2-CH(O-CH_3)-$	253,260	−20,−13
聚乙基乙烯基醚	$-CH_2-CH(O-CH_2-CH_3)-$	248	−25
聚乙烯基咔唑	$-CH_2-CH-$（N-咔唑基）	423,481	150,208
聚乙烯基吡咯烷酮	$-CH_2-CH-$（N-吡咯烷酮基，C=O）	448	175
聚苯乙烯(无规)	$-CH_2-CH(C_6H_5)-$	373,378	100,105
聚苯乙烯(全同)		373	100
聚 α-甲基苯乙烯	$-CH_2-C(CH_3)(C_6H_5)-$	453,465	180,192

续表 5-2

高分子	重复单元	T_g/K	T_g/℃
聚邻甲基苯乙烯	$-CH_2-CH(C_6H_4-o-CH_3)-$	392,398	119,125
聚间甲基苯乙烯	$-CH_2-CH(C_6H_4-m-CH_3)-$	345,355	72,82
聚对甲基苯乙烯	$-CH_2-CH(C_6H_4-p-CH_3)-$	383,399	110,126
聚对氯苯乙烯	$-CH_2-CH(C_6H_4-p-Cl)-$	401	128
聚丙烯酸甲酯	$-CH_2-CH(COOCH_3)-$	276	3
聚丙烯酸乙酯	$-CH_2-CH(COOCH_2-CH_3)-$	249	−24
聚丙烯酸正丁酯	$-CH_2-CH(COOCH_2-CH_2-CH_2-CH_3)-$	217	−56
聚碳酸酯	$-O-C_6H_4-C(CH_3)_2-C_6H_4-O-C(=O)-$	423	150
聚对苯二甲酸乙二醇酯	$-C(=O)-C_6H_4-C(=O)-O+CH_2+_2O-$	342	69
聚对苯二甲酸丁二醇酯	$-C(=O)-C_6H_4-C(=O)-O+CH_2+_4O-$	313	40
聚己二酸乙二醇酯	$-CO+CH_2+_4COO+CH_2+_2O-$	203	−70
聚丙烯酸	$-CH_2-CH(COOH)-$	379	106
聚甲基丙烯酸甲酯(间同)	$-CH_2-C(CH_3)(COOCH_3)-$	378,388	105,115
聚甲基丙烯酸甲酯(全同)		318	45
聚甲基丙烯酸甲酯(无规)		383	100

续表 5-2

高分子	重复单元	T_g/K	T_g/℃
聚甲基丙烯酸乙酯	$-CH_2-C(CH_3)(COOCH_2-CH_3)-$	338	65
聚甲基丙烯酸正丙酯	$-CH_2-C(CH_3)(COOCH_2-CH_2-CH_3)-$	308	35
聚甲基丙烯酸正丁酯	$-CH_2-C(CH_3)(COOCH_2\{CH_2\}_2CH_3)-$	294	21
聚氟乙烯	$-CH_2-CH(F)-$	253,346	−20,73
聚氯乙烯	$-CH_2-CH(Cl)-$	360	87
聚偏氟乙烯	$-CH_2-CF_2-$	238	−35
聚偏氯乙烯	$-CH_2-CCl_2-$	256	−17
聚三氟氯乙烯	$-CF_2-CF(Cl)-$	318	45
聚四氟乙烯	$-CF_2-CF_2-$	388	115
聚全氟丙烯	$-CF_2-CF(CF_3)-$	284	11
聚丙烯腈(间同)	$-CH_2-CH(CN)-$	377,403	104,130
聚乙酸乙烯酯	$-CH_2-CH(OCOCH_3)-$	301	28
尼龙 12	$-NH\{CH_2\}_{11}CO-$	315	42
尼龙 66	$-NH\{CH_2\}_6NHCO\{CH_2\}_4CO-$	323	50
尼龙 610	$-NH\{CH_2\}_{10}NHCO\{CH_2\}_4CO-$	313	40
聚苯醚	$-C_6H_2(CH_3)_2-O-$（2,6-二甲基取代苯环）	493	220

续表 5-2

高分子	重复单元	T_g/K	T_g/℃
聚氯醚	$-CH_2-C(CH_2Cl)(CH_3)-CH_2-O-$	283	10
顺式 1,4-聚丁二烯	$-CH_2-CH=CH-CH_2-$	163,183	−108,−90
反式 1,4-聚丁二烯		255	−18
顺式 1,4-聚异戊二烯	$-CH_2-C(CH_3)=CH-CH_2-$	200	−73
聚氯丁二烯	$-CH_2-C(Cl)=CH-CH_2-$	223	−50
丁苯橡胶	$-CH_2-CH=CH-CH_2-CH_2-CH(C_6H_5)-$	212	−61

注：部分高分子列出2个 T_g，表明这类高分子的 T_g 受到多种因素如分子量和结晶度大小的影响，实际观察到的 T_g 在一定范围内变化。

(2) 构　型

单取代烯类聚合物如聚丙烯酸酯、聚苯乙烯、聚氯乙烯等的 T_g 与它们的立构几乎无关，而双取代烯类聚合物(如聚甲基丙烯酸甲酯)的 T_g 与其立构有关。一般而言，等规立构的 T_g 较低，间规立构的 T_g 较高，如表 5-3 所列。

表 5-3　立构对聚丙烯酸烷基酯和聚甲基丙烯酸烷基酯 T_g 的影响

烷基类型	T_g/℃				
	聚丙烯酸烷基酯		聚甲基丙烯酸烷基酯		
	等　规	间规为主	等　规	间规为主	100%间规
甲基	10	8	43	105	160
乙基	−25	−24	8	65	120
正丙基	—	−44	—	35	—
异丙基	−11	−6	27	81	139
正丁基	—	−49	−24	20	88
异丁基	—	−24	8	53	120
仲丁基	−23	−22	—	60	—
环己基	12	19	51	104	163

(3) 氢　键

当高分子链之间能形成氢键时，一般导致 T_g 升高。例如聚丙烯酸，虽然其羧基的极性低于聚氯乙烯中的氯基，但因相邻分子链上的羧基之间能形成氢键，其玻璃化转变温度 T_g 比聚氯乙烯的高。

(4) 交　联

交联因增加分子链的刚性而使高分子的玻璃化转变温度提高。以硫化橡胶为例，其玻璃化转变温度 T_g 随硫化程度(依赖于硫含量)的变化如表 5-4 所列。

表 5-4　硫化橡胶的玻璃化转变温度 T_g 随硫含量的变化

硫含量/%	0	0.25	10	20
玻璃化转变温度 T_g/℃	−65	−64	−40	−24

研究表明，交联高分子的玻璃化转变温度 T_{gc} 与交联密度 ρ_c 之间存在以下关系：

$$T_{gc} = T_g + K_x\rho_c \qquad (5-8)$$

式中：T_{gc} 是高分子交联后的玻璃化转变温度；T_g 为高分子未交联时的玻璃化温度；K_x 为常数；ρ_c 为交联密度，用单位体积内的交联键数目或每 100 个原子中包含的交联键数目表示。

然而，当交联剂的化学结构与高分子主链的单体结构不同时，除了交联效应外，还有共聚效应。共聚效应既可能使玻璃化转变温度升高，也可能使玻璃化转变温度降低。尼尔生(Nielsen)归纳了文献的数据，得到如下的经验方程：

$$T_{gc} - T_g \approx 3.9\times 10^4/\overline{M}_c \qquad (5-9)$$

式中：$\overline{M}_c$ 代表交联点之间分子链的数均分子量；T_{gc} 和 T_g 分别是交联高分子和交联前线形高分子的玻璃化转变温度，$T_{gc}-T_g$ 是对交联剂的共聚效应进行修正后仅因交联效应所引起的玻璃化转变温度的变化。

(5) 分子量

在讨论分子量对线形高分子 T_g 的影响时，可把高分子整链写成 $E_1-(\text{Sm})_P-E_2$ 的形式，其中 Sm 代表结构单元，下标 P 代表聚合度，E_1 和 E_2 代表端基，它们可能相同，也可能不同。例如，在用过氧化物引发聚合的体系中，E_1 可以是引发剂的一个碎片，E_2 可以是链转移剂或引发剂的另一个碎片。根据 E_1 和 E_2 与结构单元 Sm 的相对大小，非晶态高分子的 T_g 随聚合度的增加而有所不同。

第一种最常见、最简单的情况是 $E_1=E_2\approx$ Sm。这类高分子的 T_g 随分子量的增加而提高。当分子量超过某一临界值后，T_g 就与分子量无关，如图 5-13 所示。这是由于与两侧都受其他结构单元牵制的 Sm 相比，仅一侧受结构单元牵制的端基的活动能力更强，从自由体积概念出发可以看出，端基周围比链中间部分具有更大的自由体积。而随着分子量增大，端基含量降低，因此高分子体系中的自由体积就减小，T_g 增高。但是，当分子量增大到一定程度后，端基含量可忽略不计，所以 T_g 与分子量无关。

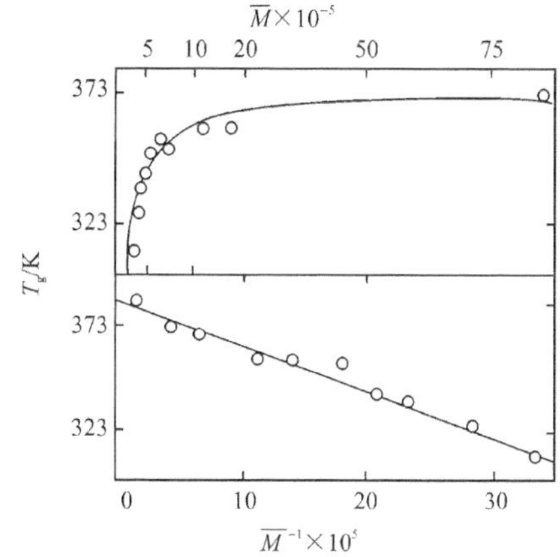

图 5-13　聚苯乙烯的 T_g 与分子量的关系

Fox-Flory 推导出高分子的 T_g 与数均分子量 $\overline{M}_n$ 的关系式为

$$T_g = T_{g\infty} - \frac{K}{\overline{M}_n} \qquad (5-10)$$

式中：$T_{g\infty}$ 是分子量无限大高分子的玻璃化转变温度；K 是高分子的特征常数。对聚苯乙烯，$T_{g\infty}\approx 373$ K，$K=1.8\times10^5$。

另外两种情况分别是$E_1 \neq E_2 = \mathrm{Sm}$和$E_1 = E_2 \neq \mathrm{Sm}$。与Sm基本相同的端基称为本身端基，与Sm明显不同的端基称为异种端基。例如，从引发剂中引进聚苯乙烯的三氯苯甲基端基就是异种端基。与结构单元Sm相比，这种异种端基的活动能力小，周围的自由体积也较小，因此随着分子量增加，异种端基比例减小，聚合物的自由体积有可能反而增大，导致高分子的T_g在聚合度低时会出现一定程度的下降，直到聚合度足够高时才趋于恒定值，而且该恒定值与第一种情况的$T_{g\infty}$相等。

需要注意的是，这种与结构单元Sm的活动能力差异明显的异种端基比较特殊，所以，分子量对T_g影响最常见的还是图5-13所示的情况。

端基对T_g的影响也表现在支化高分子中。支化高分子的端基比线形高分子的多，因此相同分子量的支化高分子的T_g比线形高分子的低一些。

上述讨论并未涉及聚合过程。实际上，在单体聚合的过程中，产物的T_g不断变化。在链式反应的本体加聚过程中，分子量增长很快，高分子的T_g迅速提高，但体系中未反应的单体能有效地增塑高分子。当高分子的T_g提高到高于反应温度时，聚合反应就会停止，所以转化率往往达不到100%。

而在树脂/固化剂体系的交联固化反应中，不仅有分子量的增加，还有交联度的提高，因此T_g的变化就更复杂。设初始反应物的玻璃化转变温度为T_{g0}，反应进行到凝胶点的玻璃化转变温度为$T_{g,gel}$，固化完全时的玻璃化转变温度为$T_{g,\infty}$，则树脂/固化剂体系的固化温度-时间-转变(Temperature-Time-Transformation)的TTT图(常称为3T图)，如图5-14所示。

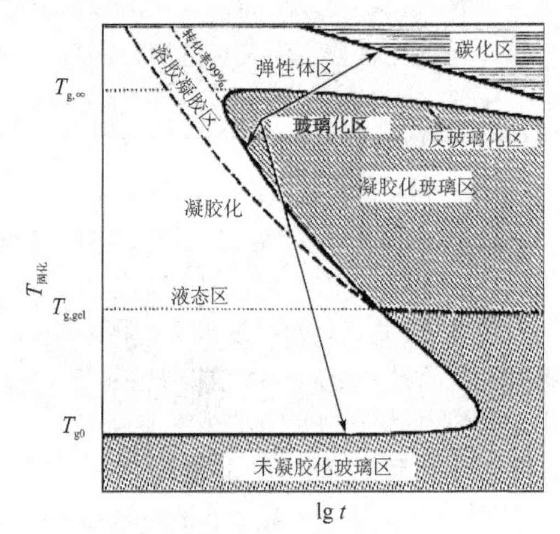

图5-14 树脂/固化剂体系的3T图

由图5-14可见，随固化时间的延长，体系的状态变化如下：当$T_{固化} < T_{g0}$时，无论固化时间多长，体系都处于未凝胶化玻璃态；当$T_{g0} < T_{固化} < T_{g,gel}$时，体系逐渐由液态转变为未凝胶化玻璃态；当$T_{g,gel} < T_{固化} < T_{g\infty}$时，体系由液态→溶胶/凝胶态→凝胶化玻璃或硬玻璃态；当$T_{固化} > T_{g\infty}$时，体系由液态→溶胶/凝胶态→橡胶态→焦化态。

(6) 结　晶

部分结晶高分子中的非晶相也会发生玻璃化转变。结合晶相的熔融，部分结晶高分子的比容-温度曲线如图5-15所示。

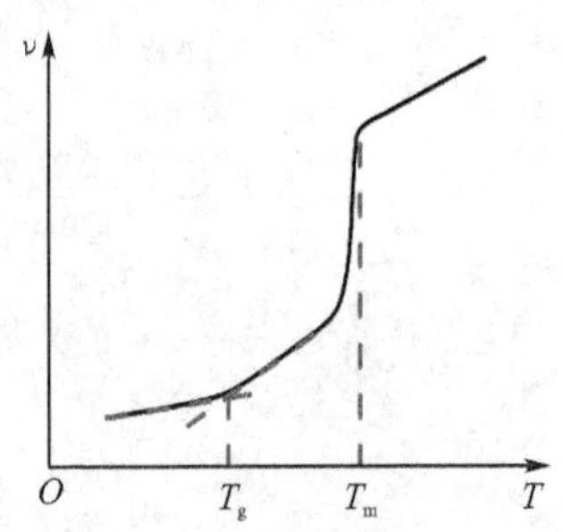

图5-15 部分结晶高分子的比体积-温度曲线

有趣的是，许多部分结晶高分子常表现出2个玻璃化转变温度(见表5-2)，一个为下限值，通常标为$T_g(L)$，与该高分子完全不结晶时的T_g相等；另一个是上限值，通常标为$T_g(U)$，随结晶度增加而提高。究其原因，目前一般认为，部分结晶高分子中的非晶相可分为两部分：一部分与晶区毗邻，其中的链段运动因受晶区的限制，较不

自由，所以玻璃化转变温度较高，这部分非晶区称为受限非晶相；另一部分离晶区较远，链段运动基本上不受晶区的限制，相对比较自由，所以玻璃化转变温度较低，这一部分非晶区称为自由非晶相。结晶度越高，非晶相中受限非晶相的比例就越高。如果将同一高分子制成一系列结晶度不同的样品，分别测定它们的 $T_g(U)$ 和 $T_g(L)$，并对结晶度作图，则可发现，$T_g(L)$ 基本上与结晶度无关，而 $T_g(U)$ 随结晶度的下降而下降，外推到结晶度为零时，$T_g(U)=T_g(L)$。

以聚乙烯为例，文献中曾报道过的玻璃化转变温度有 −30 ℃、−80 ℃和 −128 ℃。Boyer 认为 −30 ℃是 $T_g(U)$，−80 ℃是 $T_g(L)$，而 −128 ℃属次级转变。

研究还表明，部分结晶高分子的 T_g 与 T_m 之间存在下列经验关系：

分子链结构对称　　$T_g/T_m \approx 1/2$　　(5-11)

分子链结构不对称　　$T_g/T_m \approx 2/3$　　(5-12)

式中：温度的单位为 K。利用这些经验关系，可从结晶高分子的熔点初步估算非晶区的 T_g。

2. 外界条件

(1) 应力 σ

由式(5-3)可见，应力 σ 能降低链段运动的位垒，从而缩短链段运动的松弛时间。当观察时间一定时，这意味着降低 T_g。T_g 与应力 σ 之间存在以下线性关系(见图 5-16)：

$$T_g = A - B\sigma \qquad (5-13)$$

式中：A、B 为常数。

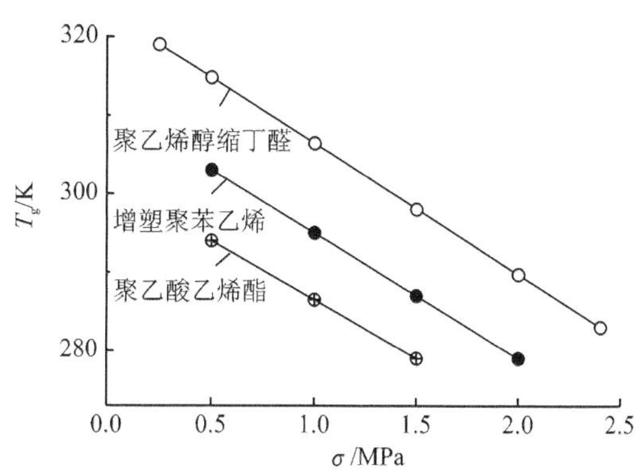

图 5-16　应力对高分子 T_g 的影响

(2) 流体静压力 p

当高分子受流体静压力作用时，内部的自由体积将被压缩，分子间相互作用增强，链段运动位垒增高，因而 T_g 升高；静压力越大，则 T_g 越高。根据自由体积理论可以导出，静压力与 T_g 的关系如下式所示：

$$\frac{dT_g}{dp} = \frac{\Delta\beta_f}{\alpha_f} \qquad (5-14)$$

式中：$\Delta\beta_f$ 为自由体积压缩率；α_f 为自由体积膨胀系数。对大多数高分子，dT_g/dp 约为 0.02 K/MPa。

(3) 观察时间 t

观察时间 t 取决于实验条件。记录数据的时间间隔越长、升/降温速率越慢、外场作用频率越低，都相当于观察时间延长。根据 T_g 是 $\tau_{链段} \approx t$ 时所对应的温度，不难理解，当 t 延长时，$\tau_{链段}$ 也必须延长才能观察到玻璃化转变；而要延长 $\tau_{链段}$，势必要降低温度，所以 T_g 下降，如图 5-7 所示。

(4) 玻璃化转变的多维性

虽然常用“玻璃化转变温度”来表达玻璃化转变，但从以上关于外界条件对 T_g 影响的讨论中可以看到，即使保持温度不变，也可以通过改变应力、静压力和观察时间来实现玻璃化转变，这就是所谓玻璃化转变的多维性。这从式(5-3)中很容易理解。

假设高分子的起始状态为玻璃态，即 $\tau_{链段} \gg t$，然后在保持温度不变的前提下，通过对它施加应力使 $\tau_{链段}$ 缩短，则当应力足够大以致 $\tau_{链段} \approx t$ 时，高分子就会发生玻璃化转变。继续施加

应力以致 $\tau_{链段} \ll t$ 时，高分子就变成了高弹态。同理，假设高分子的起始状态为高弹态，即 $\tau_{链段} \ll t$，然后在保持温度不变的前提下，通过提高静压力使 $\tau_{链段}$ 延长，那么，当静压力足够大以致 $\tau_{链段} \approx t$ 甚至 $\tau_{链段} \gg t$ 时，高分子就会发生玻璃化转变而变成玻璃态。

图5-17所示为高分子在等温条件下的比体积-静压力曲线示意图，可以看到，在静压力达到 p_g 时发生了玻璃化转变，该压力称为玻璃化转变压力。正如 T_g 随其他条件变化一样，p_g 也随其他条件而变，例如温度升高，p_g 提高。

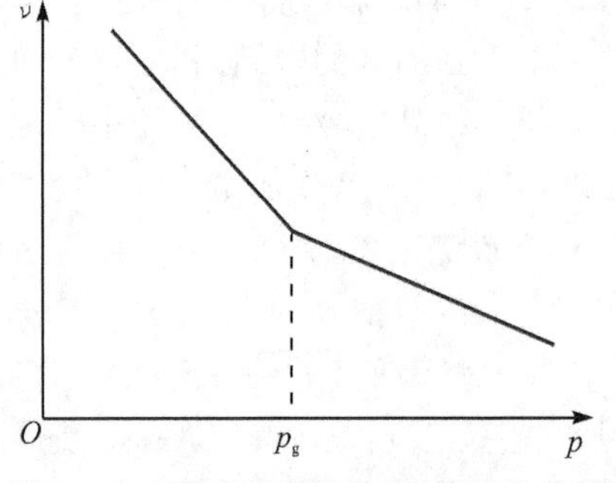

图5-17　高分子的比体积-静压力曲线

5.3.4　改变玻璃化转变温度的方法

1. 增　塑

增塑剂一般是高沸点、低挥发性的低分子物质，与高分子有良好的混溶性，因此这类体系可看成是高分子的浓溶液。在高分子中加入增塑剂能有效地降低 T_g。如表5-5所列，纯聚氯乙烯的 T_g 为78 ℃，在室温下是刚性塑料，加入45%邻苯二甲酸二辛酯后，其 T_g 降至－30 ℃，室温下呈橡胶弹性，可制成很柔软的制品。

表5-5　邻苯二甲酸二辛酯对聚氯乙烯 T_g 的影响

邻苯二甲酸二辛酯含量/%	0	10	20	30	40	45
聚氯乙烯/增塑剂体系的 T_g/℃	78	50	29	3	－16	－30

增塑剂降低高分子 T_g 的原因有二：一是增塑剂分子的极性基团与高分子的极性基团发生相互作用，破坏了原来高分子之间因极性基团相互吸引而形成的物理"交联"点；二是增塑剂分子比高分子小得多，它们的活动能力强，更容易为链段运动提供所需要的自由体积。

增塑剂对高分子 T_g 的影响依赖于增塑剂本身的玻璃化转变温度及其用量。根据自由体积理论，可导出增塑高分子的 T_g 表达式为

$$T_g = \frac{\alpha_p T_{g,p} \varphi_p + \alpha_d T_{g,d} \varphi_d}{\alpha_p \varphi_p + \alpha_d \varphi_d} \tag{5-15}$$

式中：α、T_g 和 φ 分别代表热膨胀系数、玻璃化转变温度和体积分数；下标p和d分别代表高分子和增塑剂。进一步可简化为以下公式，通过混合物的体积分数 φ 或质量分数 w，可以估算增塑高分子体系的 T_g：

当 $\alpha_p = \alpha_d$ 时，

$$T_g = \varphi_p T_{g,p} + \varphi_d T_{g,d} \tag{5-16}$$

当 $2\alpha_p = \alpha_d$ 时，

$$\frac{1}{T_g} = \frac{w_p}{T_{g,p}} + \frac{w_d}{T_{g,d}} \tag{5-17}$$

2. 共　聚

共聚对玻璃化转变温度 T_g 的影响取决于共聚方法(无规、交替、接枝或嵌段)、共聚物组成和共聚单体的化学结构。无规共聚物通常只能出现一个 T_g。交替共聚物可以看作由两种

单体组成一个单体单元的均聚物，因此也只能出现一个 T_g。接枝和嵌段共聚物存在一个还是两个 T_g，取决于两种均聚物的相容性。若两组分完全混溶，则只出现一个 T_g；若两组分不能混溶，则可出现两个 T_g。

对于二元无规共聚的均相共聚物，Couchman 从混合热力学导出共聚物的 T_g 为

$$T_g=\frac{w_1\Delta C_{p,1}T_{g,1}+w_2\Delta C_{p,2}T_{g,2}}{w_1\Delta C_{p,1}+w_2\Delta C_{p,2}} \tag{5-18}$$

式中：w_1 和 w_2 分别为两种组元单体的质量分数；$T_{g,1}$ 和 $T_{g,2}$ 分别为每种组元单体的均聚物的玻璃化转变温度，K；$\Delta C_{p,1}$ 和 $\Delta C_{p,2}$ 分别为每一种组元单体均聚物的玻璃态与高弹态的定压摩尔热容之差。进一步可简化为以下两个公式，通过共聚单体的质量分数 w，可估算无规共聚高分子的 T_g：

当 $\Delta C_{p,1}T_{g,1}=\Delta C_{p,2}T_{g,2}$ 时，

$$\frac{1}{T_g}=\frac{w_1}{T_{g,1}}+\frac{w_2}{T_{g,2}} \tag{5-19}$$

当 $\Delta C_{p,1}=\Delta C_{p,2}$ 时，

$$T_g=w_1T_{g,1}+w_2T_{g,2} \tag{5-20}$$

常见无规共聚物的 T_g 介于每种组元单体均聚物的玻璃化转变温度 $T_{g,1}$ 与 $T_{g,2}$ 之间，且随组元的质量组成线性变化(见图5-18中的曲线1)。然而，实际共聚反应的情况比较复杂，通常还可出现以下3种情况：

① 当两种单体的性质相差较大时，共聚物分子的堆砌密度降低，分子链活动性增大，玻璃化转变温度将低于按线性关系估算的值，如苯乙烯-丙烯酸正丁酯共聚物(见图5-18中的曲线3)。由图5-18还可以看到，丙烯酸酯中侧基越长，与线性关系的偏离越大。

② 当两种单体性质相差很大时，共聚物的 T_g 可能比两种均聚物的 $T_{g,1}$ 和 $T_{g,2}$ 都低，例如丙烯腈-甲基丙烯酸甲酯无规共聚物(见图5-19)。

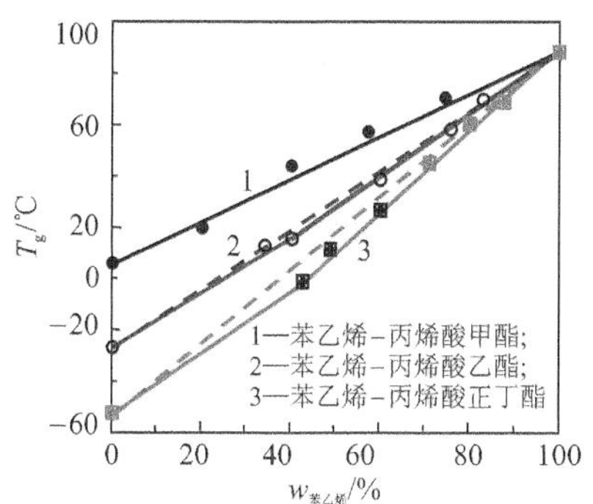

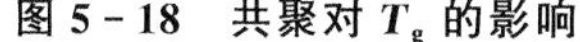

图5-18　共聚对 T_g 的影响

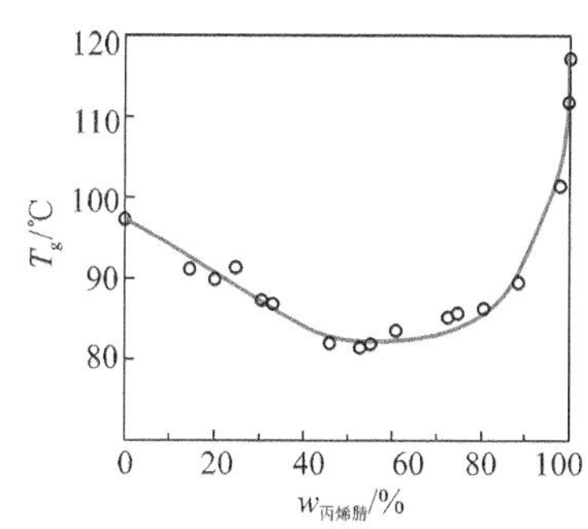

图5-19　丙烯腈-甲基丙烯酸甲酯无规共聚物的 T_g

③ 当共聚单体的加入能引入氢键和强极性作用，使分子链的柔性降低，或使共聚物分子的堆砌密度大于两种组元单体均聚物的堆砌密度时，共聚物的玻璃化转变温度将高于线性估计值，例如偏氯乙烯-丙烯酸甲酯、甲基丙烯酸甲酯-丙烯酸甲酯、二甲基硅氧烷-二苯基硅氧烷共聚物。X射线衍射结果也证实这些共聚物分子堆砌得更紧密。

通常把在高分子中加入增塑剂看作“外增塑”，把共聚看作“内增塑”，因为共聚单体之间是化学键结合。从增塑效果看，“外增塑”降低玻璃化转变温度的效果更明显，但会因增塑剂的挥发而逐渐失效。许多增塑聚氯乙烯制品随时间逐渐变硬变脆就是这个原因。“内增塑”的一个

优点是在降低高分子熔点方面比“外增塑”的效果更好。

3. 共　混

共混高分子的 T_g 由各组元高分子间的相容性决定。以二元共混物为例,当组元高分子混溶性良好、形成均相体系时,共混高分子的 T_g 将介于组元高分子的 $T_{g,1}$ 和 $T_{g,2}$ 之间,具体数值可用式(5-19)或式(5-20)估算。如果组元高分子之间完全不混溶,则共混高分子将相分离为两相,各相的玻璃化转变温度分别对应于各组元高分子的 $T_{g,1}$ 和 $T_{g,2}$。如果组元高分子之间部分混溶,则共混高分子也将相分离为两相,出现两个玻璃化转变温度,但由于每一相本身都是两个组元高分子的混溶体,所以各相的玻璃化转变温度都将介于 $T_{g,1}$ 和 $T_{g,2}$ 之间,随相内组成的变化而变化,具体数值也可用式(5-19)或式(5-20)估算。

图5-20(a)所示为天然橡胶(NR)与1,2-聚丁二烯(1,2-PBD)共混物的DSC曲线。由于它们混溶性良好,共混物只有一个玻璃化转变温度,介于天然橡胶的玻璃化转变温度(约205 K)与1,2-聚丁二烯的玻璃化转变温度(约245 K)之间,且随后者含量的增加而提高。

图5-20(b)所示为聚苯乙烯(PS)与聚乙烯基甲基醚(PVME)共混物的DSC曲线。由于它们完全不混溶,共混物有两个玻璃化转变温度 T_g,分别对应于PS的 T_g(约373 K)和PVME的 T_g(约248 K)。

橡胶增韧塑料和热塑弹体一般都是两相体系。它们的典型模量-温度曲线如图5-21所示。

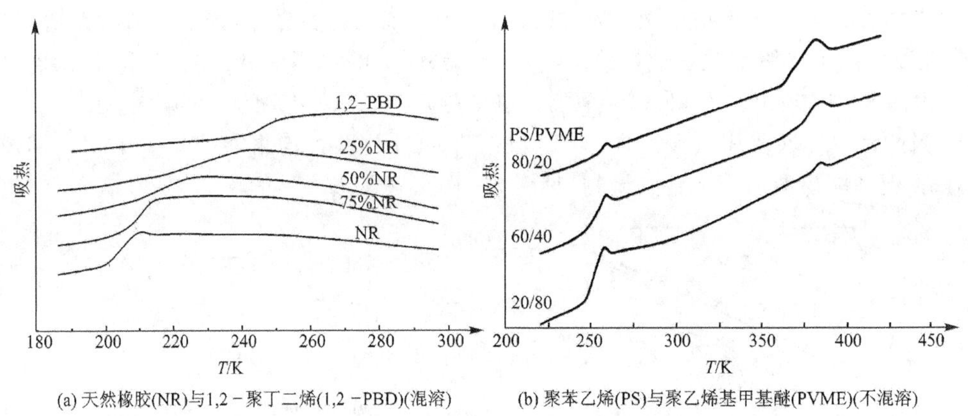

(a) 天然橡胶(NR)与1,2-聚丁二烯(1,2-PBD)(混溶)　(b) 聚苯乙烯(PS)与聚乙烯基甲基醚(PVME)(不混溶)

图5-20　两种共混高分子的DSC曲线

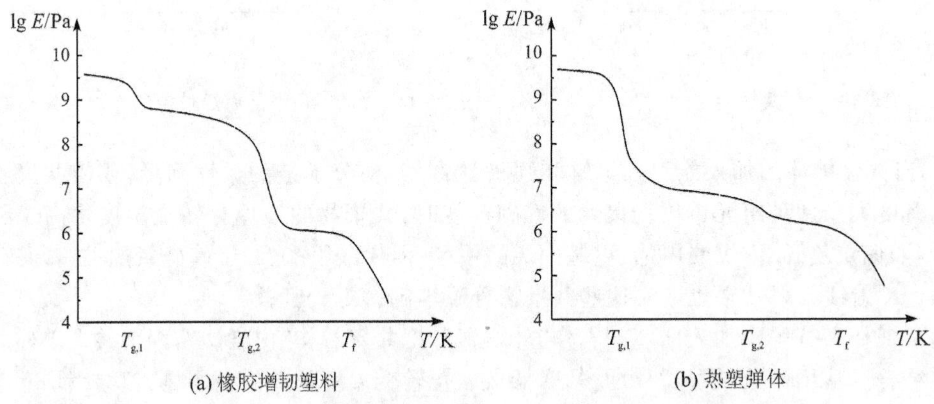

(a) 橡胶增韧塑料　(b) 热塑弹体

图5-21　橡胶增韧塑料和热塑弹体的模量-温度曲线

5.4　高分子高弹态—粘流态转变

非晶态高分子的高弹态与粘流态之间的转变，简称流动转变。从分子热运动的角度看，在该转变区，整个分子链的运动发生“冻结”⇌“自由”的转变，表征该转变的特征温度称为流动温度 T_f。在 T_f 附近，整个分子链运动的松弛时间 $\tau_{整链}$ 与观察时间为同一数量级。

5.4.1　流动机理

非晶态高分子在 T_f 与 T_d（T_d 为分解温度）之间以及大多数结晶高分子在 T_m 与 T_d 之间都处于粘流态。处于粘流态的高分子也称为高分子熔体。高分子熔体像小分子液体一样可以流动，即在外力作用下，高分子链的质心将沿外力方向发生相对迁移。

但高分子的流动机理不同于小分子液体。研究表明，柔性高分子整链的运动是通过链段的分段跃迁实现的。

像小分子液体一样，高分子熔体也包含自由体积。所不同的是，小分子液体中的空穴与小分子的尺寸相当，因此能允许小分子以整体做扩散运动。而在高分子熔体中，空穴的体积远比整个高分子的小，约为 110 Å^3，即 0.11 nm^3，仅与链段尺寸相当，因此只能允许链段做扩散运动。这一点从高分子熔体的流动活化能可得到启示。

所谓流动活化能，是指分子向空穴跃迁所需克服的位垒。流动活化能可通过粘度测定获得，因为液体粘度 η 与热力学温度 T 和流动活化能 ΔE_η 之间的关系遵循 Arrhenius 公式：

$$\eta = A e^{\frac{\Delta E_\eta}{RT}} \quad 或 \quad \ln \eta = \ln A + \frac{\Delta E_\eta}{RT} \tag{5-21}$$

式中：A 是常数；R 是摩尔气体常数。测定液体在不同温度下的粘度，作 $\ln \eta - 1/T$ 曲线，从斜率可获得 ΔE_η。

对小分子液体的研究结果表明，流动活化能为其气化热的 1/3～1/4。同系低聚物液体的气化热和流动活化能随分子量的增加而提高。

系统测定不同分子量的同系高分子的流动活化能，结果如图 5－22 所示：当分子量较小时，流动活化能随分子量的增大而提高，但当分子量足够大时，流动活化能趋于极限值。达到该极限值的临界分子量 M_{cr} 仅相当于由 20～30 个碳原子组成的链段。换言之，当高分子流动时，只需要有相当于链段尺寸的空穴。因此，高分子整链的运动并非整个分子链的刚性跃迁，而是通过一段段链段的相继跃迁实现的。形象地比喻，很像蚯蚓或蛇的蠕动，称为蛇形运动。表 5－6 列出了一些高分子熔体的流动活化能。

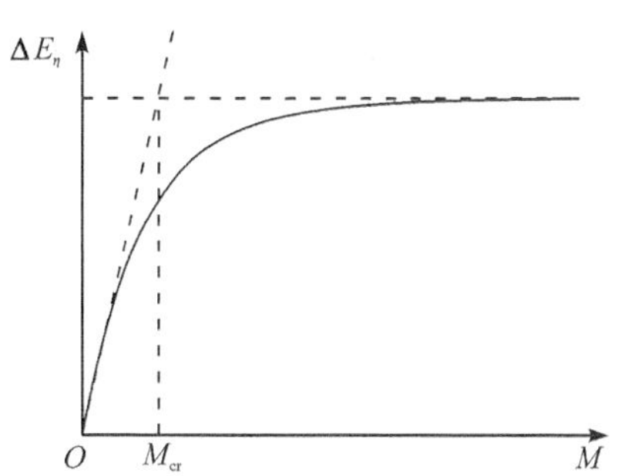

图 5－22　同系高分子熔体的流动活化能与分子量的关系

高分子链刚性越大，则链段越长，流动活化能越高。当高分子链刚性很大以致无法实现分段跃迁时，其流动活化能会超过化学键能。这种高分子将不存在粘流态，例如有些纤维素、芳族聚酰胺等。

表 5-6 一些高分子熔体的流动活化能

高分子	$\Delta E_\eta/(\mathrm{kJ \cdot mol^{-1}})$	高分子	$\Delta E_\eta/(\mathrm{kJ \cdot mol^{-1}})$
聚二甲基硅氧烷	17	ABS(20%橡胶)	108
高密度聚乙烯	25	ABS(30%橡胶)	100
低密度聚乙烯	46～71(随长支链增多而提高)	ABS(40%橡胶)	88
聚丙烯	42	聚对苯二甲酸乙二醇酯	59
聚异丁烯	50～67	聚酰胺	63
聚氯乙烯	95	聚碳酸酯	108～125
聚苯乙烯	105		

交联高分子因分子链间有化学键结合而“不溶不熔”，当然不存在粘流态，除非用外力和化学作用破坏交联网。例如，让交联高分子通过转速不同的双辊间隙，在剪切力作用下使高分子断裂成分子量较小的游离基。这些游离基在外力作用下可以流动，而且在流动过程中，它们还会再化合成体形结构。这种由复杂的力/化学作用引起的高分子的特殊流动，称为化学流动。

在热塑性高分子熔体成型加工(如挤出、注塑等)中，也不可避免地有少量化学流动，特别是熔体粘度高、成型中必须经受高剪切力作用时。所以，尽管热塑性塑料可反复多次成型，但每次成型中，材料的分子量都会或多或少地减小，有时还会引入少量交联或其他化学变化。为保证制品质量，回收料最好与大部分新料混合使用。

5.4.2 影响流动温度的因素

流动温度 T_f 是确定高分子熔体成型工艺参数的主要依据之一。

与玻璃化转变一样，高分子的流动转变也是松弛过程，因此流动温度的高低既与分子链结构有关，也与作用条件有关。

1. 分子量

虽然高分子在流动中，其质心迁移是通过链段的相继跃迁实现的，但由于分子链越长，分子间的相互作用越强，要实现其质心迁移的松弛时间就越长，所以流动温度将随分子量的增大而提高。当观察时间一定时，高分子须在更高的温度下才转变为粘流态。

图 5-23 所示为一组分子量不同的同系聚苯乙烯的应变-温度曲线。可以看到，当分子量较小(360～40 000)时，聚苯乙烯只出现一个转变温度，这个温度既是它的玻璃化转变温度，也是它的流动温度。因为低聚物的分子长度短于链段长度，不可能划分出链段与整链两重运动单元。当分子量超过某一临界值后，聚合物才出现两个转变(分子量≥1.2×10^5)，低温转变是玻璃化转变，高温转变是流动转变，两者之间是高弹平台区。由于超过临界分子量后，T_g 只涉及链段运动，与分子量大小基本无关，而 T_f 却随分子量的增加不断上升，所以分子量越大，高弹平台区越宽。

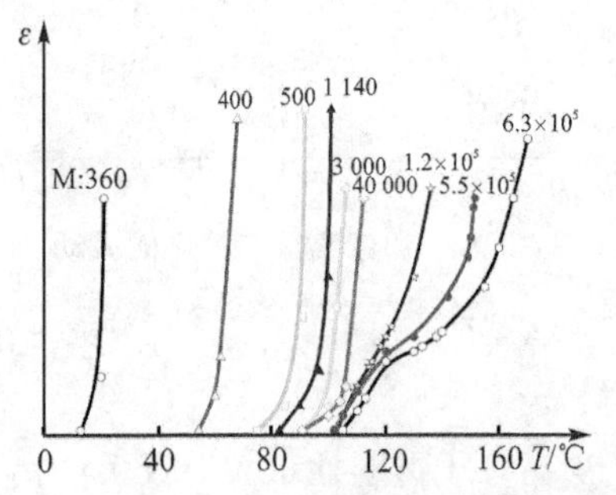

图 5-23 同系聚苯乙烯的应变-温度曲线

2. 分子链的柔性

一般而言，高分子链越柔软，链段越小，流动活化能就越低，流动温度也较低。例如，聚苯乙烯的

T_f 为 112～146 ℃，刚性较大的聚碳酸酯的 T_f 为 220～230 ℃，刚性更大的纤维素的 T_f 甚至高于分解温度。但由于流动温度还强烈地依赖于分子量，因此一般很难仅就分子链的柔性来比较不同高分子流动温度的高低。

3. 外界条件

增大应力有利分子链朝作用力方向运动，因此会降低流动温度；增加静压力，则因体系中自由体积的减小而限制链段和整个分子的运动，使流动温度提高。

4. 改变流动温度的方法

改变高分子流动温度最常用的方法是加入增塑剂。以聚氯乙烯为例，早在 1935 年，Regnault 就成功地合成了这种高分子，但由于其加工温度太接近其分解温度，一直无法投入实际应用。直到 1939 年发现增塑剂能降低聚氯乙烯的流动温度和粘度，提高这种高分子的可塑性，才开始在工业上进行大量生产，并通过调节增塑剂的类型与用量获得了一系列由软到硬的产品。

在同系高分子中，低分子量级分对高分子量级分也起增塑作用。

5.5　高分子玻璃态和晶态的分子运动

如 5.1 节所述，高分子的热运动单元除了链段与整链以外，还有比链段更小的单元，如链节、侧基等。这些小单元的热运动也是松弛过程，不过松弛时间较短，活化能较低，从“冻结”⇌相对“自由”的转变发生在更低的温度（或更高频率）而已。

习惯上，把非晶态高分子的玻璃化转变和部分结晶高分子的熔融称为主转变或 α 转变。把更低温度下的转变称为次级转变，按温度从高到低依次记为 β、γ、δ、…转变。

α 转变有明确的机理：非晶高分子是指链段运动状态的转变；结晶高分子是指晶态与非晶态之间的相转变。而次级转变则不然，一种高分子的 β 转变可能与另一种高分子的 β 转变有完全不同的分子运动机理。

研究高分子的次级转变有重要的实际和理论意义。在高科技领域，要求一些在低温甚至超低温（例如液氢、液氧温度）下使用的高分子具有良好的耐寒性。对塑料而言，就是要求它在低温下具有良好的韧性，即较低的脆化温度 T_b。研究表明，在低温下有明显次级转变的高分子一般都具有较好的低温韧性。从理论研究考虑，次级松弛是探索高分子结构-性能之间内在联系的重要途径。

高分子的次级松弛多用动态力学试验、动态介电试验等方法研究，有关内容将在高分子的粘弹性（见第 7 章）和高分子的介电性能（第 10 章）中讨论。本节仅扼要说明高分子在玻璃态和晶态可能发生的分子运动。

塑料的脆化温度 T_b 也可以通过冲击法测定。该温度定义为在冲击等规定试验条件下，试样破损率为 50％时的温度（brittleness temperature，国标 GB/T 5470—2008《塑料冲击法脆化温度的测定》）。

5.5.1　玻璃态的分子运动

高分子处于玻璃态时，虽然链段运动被冻结，但仍有小范围的主链运动和侧基或侧链的运动。小范围的主链运动包括：

① 杂链高分子链上包含杂原子部分的运动。例如，聚碳酸酯中的 $-\mathrm{O}-\overset{\mathrm{O}}{\overset{\|}{\mathrm{C}}}-\mathrm{O}-$ 、聚芳砜中的 $-\underset{\underset{\mathrm{O}}{\|}}{\overset{\overset{\mathrm{O}}{\|}}{\mathrm{S}}}-$ 和聚酰胺中的 $-\overset{\mathrm{O}}{\overset{\|}{\mathrm{C}}}-\overset{\mathrm{H}}{\overset{|}{\mathrm{N}}}-$ 在小范围内的运动，这些基团的运动可产生 β 松弛。

② 碳链高分子上较短链段的局部松弛运动，即短链段在其平衡位置做小范围的有限振动。如键长的伸缩振动、键角的变形振动或围绕 C—C 单键的扭曲振动等。由于它们的力常数各不相同，这类振动模式的频率与振幅的变化范围都很大，从高频小振幅到低频大振幅都有。这类松弛运动一般属于 β 松弛。

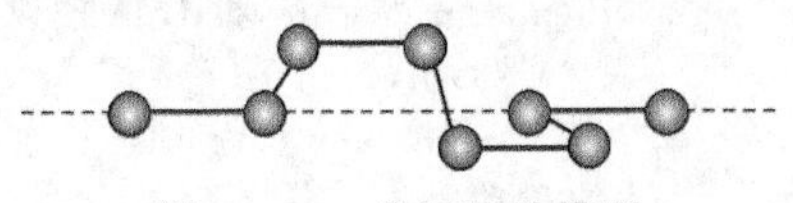
图 5-24　曲柄运动模型

③ 曲柄运动。许多主链上包含 3 个以上亚甲基链段[$\left[\mathrm{CH_2}\right]_n$，$n\geqslant3$]的高分子，能出现 γ 转变。其分子运动机理可能是沙茨基(Schatzki)提出的曲柄运动：如图 5-24 所示，当次甲基链段上的第一根 C—C 键与第七根 C—C 键正好位于一直线上时，中间的碳原子能够绕这个轴转动而不扰动链上的其他原子。实验证明，不仅大多数碳链高分子的 γ 转变多由曲柄运动引起，而且一些杂链高分子如聚酰胺的 γ 转变也可归因于$\left[\mathrm{CH_2}\right]_n$($n\geqslant3$)的曲柄运动。

高分子链上所带的侧基或侧链在玻璃态也能运动，运动方式比较复杂，因它们的大小及在高分子链上位置而异。以聚甲基丙烯酸甲酯为例，其不同尺寸运动单元的次级松弛可表示如下：

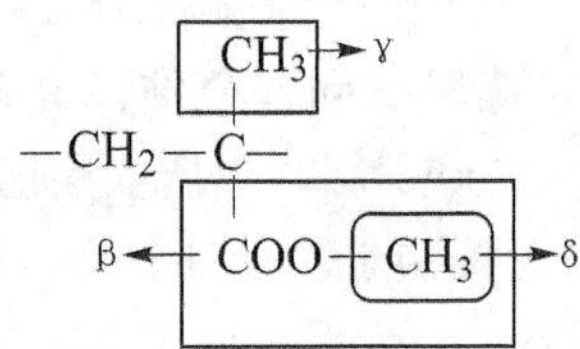

其侧酯基—$\mathrm{COOCH_3}$ 的内旋转可产生 β 松弛；与主链相连的 α-甲基的内旋转运动可引起 γ 松弛；侧酯基末端甲基的扭转或摇摆运动可产生 δ 松弛。

此外，当较长的侧链中包含$\left[\mathrm{CH_2}\right]_n$($n\geqslant3$)时，也可能产生曲柄运动。

5.5.2　晶态的分子运动

部分结晶高分子由晶区和非晶区组成。当其非晶区处于玻璃态时，可能出现所有上述分子运动模式，但这些运动模式无疑会在一定程度上受晶区的牵制而变得更加复杂。

部分结晶高分子中晶区的分子运动有多种模式，例如：

① 晶区的链段运动：链段绕中心轴做一定程度的扭振。

② 晶型转变：有些结晶性高分子是多晶型的。其中，有的晶型属热力学不稳定结构，只是在一定的条件下，因动力学原因不能形成更稳定的晶型。但在合适的温度、压力等条件下，它会从一种晶型转变到另一种晶型。例如聚四氟乙烯，在 19～30 ℃范围内，会发生从三斜晶向六角晶的转变。晶型转变属一级相转变。

③ 晶区内部侧基和链端的运动：例如聚丙烯在 −220 K 出现的侧甲基的松弛。

④ 晶区缺陷的局部运动：如分子链折叠部分的运动等。

5.6　高分子的耐热性概述

高分子在受热过程中将产生两种变化：① 物理变化，如软化、熔融；② 化学变化，如环化、交联、降解、氧化、水解等(后两项是热与环境共同作用的结果)。这些物理和化学变化是高分子受热后性能变差的主要原因。

一般来说，高分子在升温过程中首先发生软化和熔融(即使是固化后的热固性塑料，也会发生一定程度的软化)，然后随温度进一步升高而热分解。因此，表征高分子耐热性的温度指标是：玻璃化转变温度 T_g、熔点 T_m 或热分解温度 T_d，取决于高分子的应用类型。例如，非晶态塑料的耐热温度为 T_g，部分结晶塑料的耐热温度为 T_m，硫化橡胶的耐热温度为 T_d。

在工业上，常用热变形温度 T_{HD}(Heat Distortion Temperature)和维卡软化温度(Vicat softening temperature)作为塑料的耐热温度。T_{HD} 的定义如下：在等速升温中，规定尺寸的试样(宽 3～13 mm，厚 13 mm)在规定应力(如 1.82 MPa)作用下三点弯曲(跨距 100 mm)时，挠度达到 0.25 mm 所对应的温度，相当于材料模量值达到 0.95 GPa 时对应的温度。维卡软化点是在等速升温中，直径为 1 mm 的圆柱针在 1 kg 载荷作用下插入片状试样 1 mm 深度时所对应的温度。

考虑到材料的使用环境除温度以外，还有湿度、气氛等，以及高分子突出的松弛特性(即性能随观察时间变化)，高分子的耐热性需用“温度-时间-环境-性能”多项指标才能全面表征。

与金属、陶瓷材料相比，高分子的耐热性相对较低。多年来，科学工作者一直在不懈努力提高高分子材料的耐热性。小结前述影响 T_g 和 T_m 的结构因素，可以看到，提高塑料耐热性的途径可从以下三方面着手。

1. 增加高分子链的刚性和分子间的相互作用力

高分子链的刚性越大，非晶态塑料的 T_g 和部分结晶塑料的 T_m 都提高。提高链刚性最重要的手段是，在高分子主链中引入共轭重键(双键和叁键)和环状结构(包括脂环、芳环或杂环)。具有这类结构的高分子都有高的耐热性(参考表 3－8 和表 5－2)。具有双链结构的高分子也称为梯形高分子，它们因分子链刚性大而具有很高的 T_m，如：

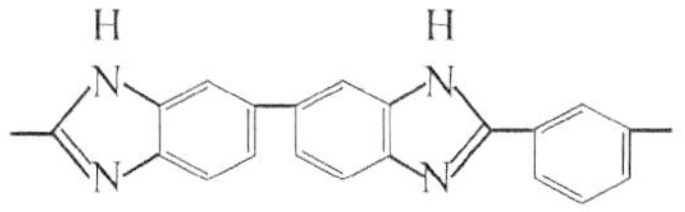

聚苯并咪唑 T_m>500 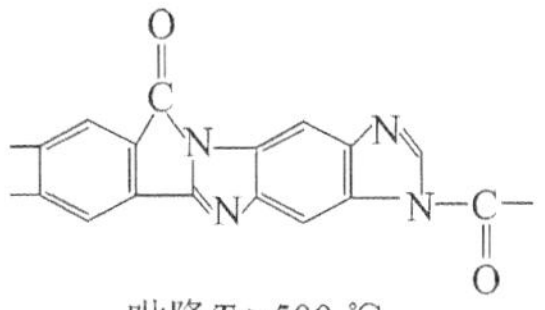 ℃　　　　吡隆 T_m>500 ℃

在高分子主链或侧链中引入极性基因，或使分子间产生氢键，也都有利于提高耐热性。

2. 使高分子能够结晶

有些单体既可以合成非晶态塑料，也能通过定向聚合法合成结晶性塑料。后者的耐热温度 T_m 远高于前者的耐热温度 T_g(参考表 2－3)。

3. 进行交联

交联能提高非晶态塑料的 T_g。具有交联结构的热固性塑料，如酚醛塑料、环氧塑料、双马来酰亚胺和聚酰亚胺等都具有良好的耐热性。

此外,在材料设计上,还可以通过将高分子与增强剂组成复合材料来进一步提高耐热性。例如,纯聚氯乙烯的热变形温度只有60 ℃,加入28%玻璃纤维后,复合材料的热变形温度提高到120 ℃;尼龙66用30%玻璃纤维增强后,热变形温度由未增强时的80 ℃提高到250 ℃以上。在酚醛环氧中加入石墨纤维后,复合材料的热变形温度可高达400~500 ℃。

橡胶制件一般都经过硫化,具有交联结构,其最高使用温度取决于分解温度 T_d,而 T_d 主要取决于分子链的化学键能。例如,天然橡胶的长期使用温度为100 ℃,而聚二甲基硅氧烷橡胶的长期使用温度可达200 ℃,原因之一就在于 Si—O 键的键能大于 C—C 键的键能。

习　　题

(带★号者为作业题;带※者为讨论题;其他为思考题)

1. 定义下列术语:

(1) 松弛时间、松弛时间谱;(2) 高弹态;(3) 熔点、玻璃化转变温度和流动温度;(4) 自由体积;(5) 分段流动与化学流动;(6) 主转变与次级转变。

2. 为什么可以认为"高分子实际上总处于非平衡态"?

3. 运动单元运动的松弛时间与哪些因素有关?

4. 从特征温度考虑,如何区分塑料和橡胶?

5. T_g 和 T_m 在本质上有什么差别? 玻璃化转变是否是热力学二级相转变? 升温速率、外力作用速度、作用力的大小和流体静压力等如何影响 T_g 的测试值?

6. 如何理解高分子玻璃化转变的松弛特性? 改变玻璃化转变温度的方法有哪些?

7. 高分子的比体积、弹性模量、折射率、介电系数和热膨胀系数在玻璃化转变前后如何变化? 为什么?

★8. 画出下列高分子的形变(应变)-温度曲线、模量-温度曲线以及比体积-温度曲线示意图,标出特征温度(包括0 ℃点)和不同温度范围内的力学状态,并用虚线示意当升温速率提高时,上述曲线的变化趋势。

(1) 全同立构聚丙烯;(2) 无规立构聚苯乙烯;(3) 固化酚醛塑料;(4) 硫化天然橡胶;(5) ABS工程塑料;(6) SBS热塑弹体。

★9. 画出一组非晶态同系线形高分子的模量-温度曲线示意图,标出特征温度(包括0 ℃点)。

★10. 画出一组部分结晶同系线形高分子的模量-温度曲线示意图,标出特征温度(包括0 ℃点)。

★11. 在同一图中画出硫化橡胶与热固性塑料的模量-温度曲线,标出特征温度(包括0 ℃点)和不同温度范围内的力学状态。

★12. 画出未增强尼龙6、玻璃纤维增强尼龙6($\varphi_f=60\%$)和碳纤维增强尼龙6($\varphi_f=60\%$)的模量-温度曲线示意图,标出特征温度(包括0 ℃点)。(说明:φ_f 为纤维的体积分数;碳纤维的模量>玻璃纤维的模量≫尼龙6的模量。)

※13. Fox - Flory 和 Simha - Borer 定义的自由体积有什么不同? 根据这两个自由体积定义推导出的非晶态高分子在 T_g 的自由体积分数分别是多少?

※14. 为什么表5-2中有些高分子的 T_g 有两个值?

※15. 试用影响高分子链柔性的结构因素分析比较表 5－2 列出的高分子的 T_g。

16. 交联对高分子的 T_g 有什么影响？

※17. 测得 3 个聚苯乙烯试样的模量-温度曲线如图 5－25 所示。试分析这 3 个试样在初始状态时结构上的区别，说明原因。

18. 试说明分子量对高分子的玻璃化转变温度 T_g、流动活化能 ΔE_η 以及流动温度 T_f 的影响，简要解释原因。由此说明，高分子试样的分子量需要达到什么程度，才能满足实际使用的需要？

图 5－25　习题 17 用图

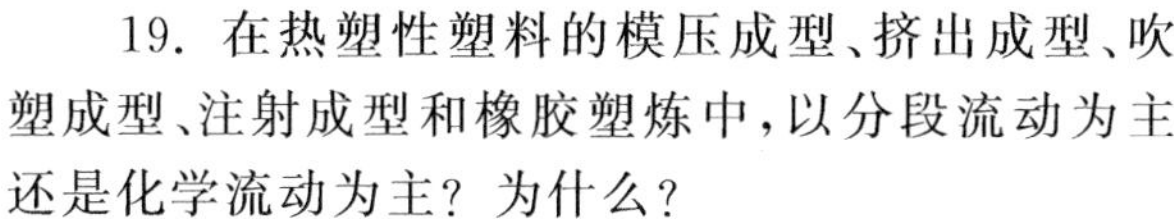

19. 在热塑性塑料的模压成型、挤出成型、吹塑成型、注射成型和橡胶塑炼中，以分段流动为主还是化学流动为主？为什么？

※20. 现有 3 种 ABS，每一种都有两个 T_g 值：

(1) $T_{g,1}=-80$ ℃，$T_{g,2}=100$ ℃；

(2) $T_{g,1}=-40$ ℃，$T_{g,2}=100$ ℃；

(3) $T_{g,1}=0$ ℃，$T_{g,2}=100$ ℃。

试估计这 3 种 ABS 在－20 ℃时的韧性大小，并说明理由(假设其中两相的含量和尺寸都相同)。

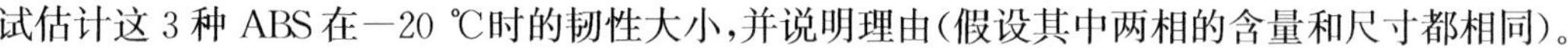

※21. 试述提高塑料耐热性的途径。这些途径是否能用来提高橡胶的耐热性？

※22. 兼具良好刚度、强度与韧性的优质工程塑料如聚碳酸酯、聚砜、聚苯醚等的分子链结构有什么特点？

23. 设计/选用具有良好耐寒性的塑料时，需要注意哪些结构因素？如何获得耐寒性好的橡胶？

扩展资源

附 5.1　扫描二维码了解本章慕课资源

慕课明细

视频文件名(mp4 格式)	视频时长(分:秒)
(1) 高分子热运动的特点	12:22
(2) 高分子的力学状态	10:11
(3) 玻璃化转变现象与特点	6:48
(4) 玻璃化转变理论	14:43
(5) 玻璃化转变温度的测定方法	5:19
(6) 影响玻璃化转变温度的因素	13:47
(7) 改变玻璃化转变温度的方法	10:39
(8) 橡胶态-粘流态转变	12:00
(9) 高分子玻璃态和晶态的分子运动	6:13
(10) 高分子耐热性概述	7:30

附 5.2　扫描二维码观看本章动画

动画目录：

(1) 橡皮试样的回缩过程动画示意图；

(2) 压缩形变-温度实验动画示意图；

(3) 橡胶塑炼动画示意图；

(4) 曲柄运动动画示意图。

附 5.3　高分子玻璃化转变自由体积理论的推导

高分子玻璃化转变的自由体积理论主要包括 Fox - Flory 理论和 Simha - Borer 理论，两个理论模型对体系自由体积的假设不同，因此理论推导所得到的高分子的自由体积分数也有所不同。

扫描二维码了解具体的理论假设和推导过程。

附 5.4　最新玻璃化转变研究

非晶态线形高分子的玻璃化转变温度(T_g)高于室温时，在室温条件下通常称为高分子玻璃，最著名的高分子玻璃是聚甲基丙烯酸甲酯(PMMA)和聚苯乙烯(PS)。高分子玻璃的制备通常是从熔体冷却到 T_g 以下，得到非晶态的玻璃。由于冷却速度不能无限慢，这样得到的高分子玻璃通常处于非平衡态，松弛时间很长，要达到最低能量状态的平衡态通常需要上百年的时间。这就是我们常说的高分子的“物理老化”。

2012 年，R. D. Priestly 等利用基质辅助脉冲激光气相沉积(MAPLE)方法制备了超稳定玻璃态 PMMA 膜。2020 年，J. A. Forrest 等将适用于制备小分子玻璃的物理气相沉积(PVD)方法应用到高分子玻璃的制备，通过控制基板温度、沉积速度和多分散系数，获得了接近于理想状态的超稳定、单分散 PS 和 PMMA 玻璃。这些不同制备方法的应用都极大地改变了高分子玻璃的凝聚态结构和 T_g 的大小，相关研究对于深入开展高分子玻璃化转变的理论研究和高分子玻璃的实际应用具有很高的学术意义和实际应用价值。

论文具体信息如下：

[1] Guo Y, Morozov A, Schneider D, et al. Ultrastable nanostructured polymer glasses [J]. Nature Materials, 2012, 11:337-343.

[2] Raegen A N, Yin J, Zhou Q, et al. Ultrastable monodisperse polymer glass formed by physical vapour deposition[J]. Nature Materials, 2020, 19:1110-1113.

高分子热运动的特点

高分子的力学状态

玻璃化转变现象与特点

玻璃化转变理论

玻璃化转变温度的测定方法

影响玻璃化转变温度的因素

改变玻璃化转变温度的方法

橡胶态-粘流态转变

高分子玻璃态和
晶态的分子运动

高分子耐热性概述

橡皮试样的回缩
过程动画示意图

压缩形变-温度实验
动画示意图

橡胶塑炼动画示意图

曲柄运动动画示意图

高分子玻璃化转变
自由体积理论的推导

第6章 高分子的高弹性

高分子材料作为结构材料和工程材料应用于人们生活的各个方面，是其诸多应用中最重要的一个方面。因此，高分子材料的力学性能是高分子物理研究的一个重要内容。相较于其他材料，高分子材料在一定条件下具有鲜明的高弹性，即在小外力作用下就能发生100%～1 000%的巨大形变，并且该形变可逆，撤去外力后，形变回复，显示出弹性形变特征。而金属、陶瓷只具有产生微小可逆弹性形变的普弹性。这是由于在外力作用下，柔性高分子链通过单键内旋转发生形变，在此过程中构象熵发生改变。所以高分子材料的高弹性也称为熵弹性。

非晶态高分子在玻璃化转变温度以上、粘流转变温度以下处于高弹态，具有高弹性。而玻璃态或晶态高分子不具有高弹性，只显示普弹性。橡胶，也称为弹性体，是玻璃化转变温度远低于室温的非晶态高分子，在通常使用温度下都处于高弹态，在轮胎、胶管、胶带、密封圈、刹车片、手套、绝缘线等国民经济和国防事业的各个方面具有重要的应用。

人们使用天然橡胶的历史很长，早在哥伦布第二次美洲之行时，就发现印第安人玩耍未硫化天然橡胶球。1844年Goodyear发明了用硫黄硫化的天然橡胶，明显提高了橡胶制品的尺寸稳定性，大大拓展了橡胶的应用范围。20世纪初，以石油化工原料为单体直接聚合得到的合成橡胶得到了蓬勃发展，弥补了天然橡胶产量有限的问题。

1914年，德国发明了2,3-二甲基丁二烯橡胶，简称甲基橡胶。这是第一种具有实用价值的合成橡胶，但是这种橡胶的耐压性能不理想。1936—1945年，被称为Buna-S的钠催化苯乙烯/丁二烯橡胶取而代之，其中，苯乙烯的含量为32%。1939年美国开始了一项合成橡胶计划，新材料称为GR-S，也是苯乙烯/丁二烯橡胶，但采用过硫酸钾进行催化，且苯乙烯的含量降到25%，因此其T_g较Buna-S的低。在第二次世界大战中，GR-S和Buna-S都发挥过重要作用。实际上，目前所用的丁苯橡胶，其配方与GR-S基本相同，所作的改进不过是在乳液聚合中采用了合成表面活性剂，使形成的胶乳颗粒更加均匀而已。

到目前为止，常用的弹性体主要有聚二烯类不饱和弹性体、聚丙烯酸酯和聚乙烯/丙烯类饱和弹性体、热塑弹性体、聚硅氧烷和聚硫橡胶等杂原子类弹性体。

6.1 弹性与粘性的概念

理想弹性体的应力-应变响应是瞬间的。当弹性体受到如图6-1(a)所示的应力作用时，其应变响应如图6-1(b)所示。

理想弹性体的应力-应变关系服从胡克定律，即应力与应变成正比，比例系数为弹性模量：

$$\sigma = E\varepsilon \tag{6-1}$$

式中：σ为应力，Pa；ε为应变；E为弹性模量，Pa。这种应力-应变关系可以用图6-1(c)中的直线表示，直线的斜率就是弹性模量，它表征材料的刚度，即材料抵抗形变的能力。材料的弹性模量越高，表示它抵抗形变的能力越强。

弹性模量有拉伸模量(也称杨氏模量，E)、压缩模量、弯曲模量、切变模量(G)和体积模量

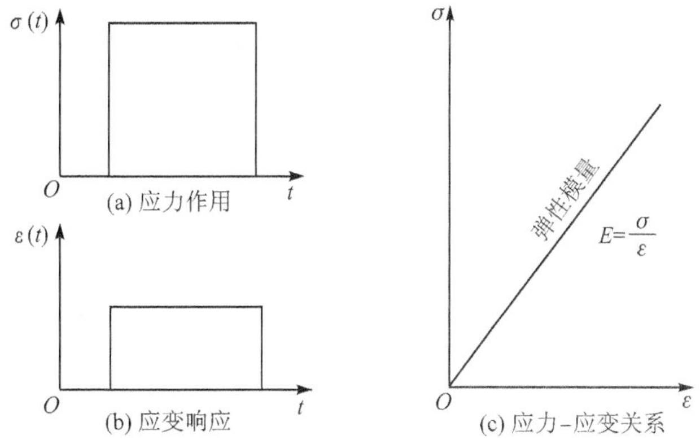

图 6-1　理想弹性体的应力-应变响应及应力-应变关系

(K)之分，取决于材料的形变模式。

当试样在纵向上受到拉伸或压缩力时，它除了纵向长度发生变化以外，横向尺寸也要变化。横向应变与纵向应变之比称为泊松比，通常用 ν 表示。可以证明，如果材料在形变时体积不变，则泊松比为 0.5。大多数材料在形变时有体积变化(膨胀)，泊松比介于 0.2～0.5 之间，但橡胶和小分子液体的泊松比接近于 0.5。

一种材料的弹性常数 E、G、K 和 ν 并不是完全独立的。对于各向同性理想弹性材料，这些常数之间存在如下关系：

$$G=\frac{E}{2(1+\nu)},\quad K=\frac{E}{3(1-2\nu)},\quad E=\frac{9KG}{3K+G} \tag{6-2}$$

可见，E、G、K 和 ν 这 4 个量中只有 2 个是独立的。所以，对于各向同性的理想弹性材料，其弹性性能只需要用 2 个参数就足以描述了。当 $\nu=0.5$ 时，有 $E=3G$。

此外，模量的倒数称为柔量。杨氏模量 E 的倒数称为拉伸柔量，常用 D 表示；切变模量 G 的倒数称为切变柔量，常用 J 表示；体积模量 K 的倒数称为可压缩度，常用 B 表示。它们分别表示如下：

$$D=1/E,\quad J=1/G,\quad B=1/K \tag{6-3}$$

液体的流动是指在外力作用下液体分子在力的作用方向上发生相对迁移。分子的相对迁移需克服分子之间的摩擦力，宏观上表现为液体具有一定的粘度，所以液体也称为粘性流体。

根据粘性流体在流动中的形变模式，可以分为剪切流动、拉伸流动和流体静压流动。

剪切流动中粘性流体以薄层流动，层与层之间有速度梯度，速度梯度的方向与流动方向垂直，称为横向速度梯度 $\mathrm{d}v_x/\mathrm{d}y$(见图 6-2)。拉伸流动的基本特点是速度梯度的方向与流动方向平行，称为纵向速度梯度。粘性流体通过变截面流道流动时，都含有拉伸流动的成分，如图 6-3 所示。简单拉伸流动有单轴拉伸流动与双轴拉伸流动之分。此外，粘性流体在静压力作用下的体积压缩也是一种流动，称为流体静压流动或体积流动。

理想粘性体的流动行为服从牛顿定律，应力与应变速率成正比。以剪切流动为例，牛顿定律的表达式为

$$\sigma_\tau=\eta\frac{\mathrm{d}\gamma}{\mathrm{d}t}=\eta\dot{\gamma} \tag{6-4}$$

式中：σ_τ 为切应力，Pa；$\dot{\gamma}$ 为应变速率，s^{-1}；η 为切粘度，Pa・s。

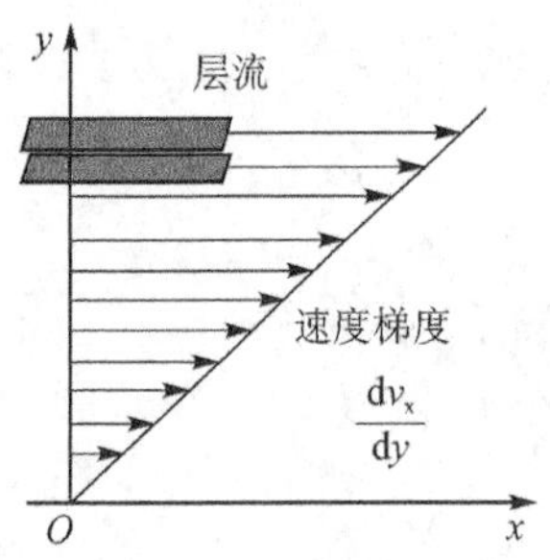

图 6-2　粘性液体中的剪切流动(层流)

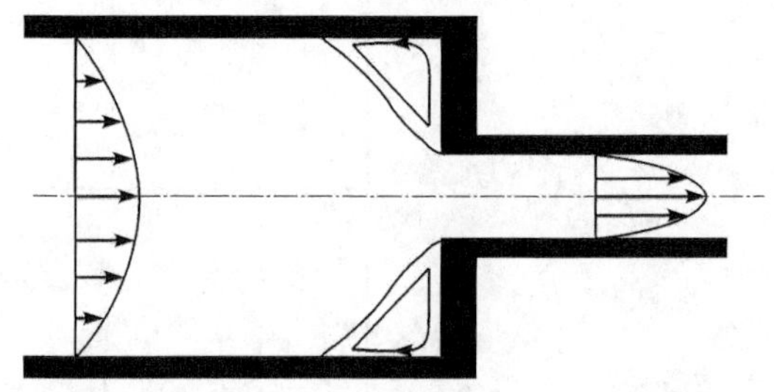

图 6-3　变截面流道中的拉伸流动与剪切流动分量

同理,对于拉伸流动,又分为单轴拉伸流动和双轴拉伸流动。

单轴拉伸流动:

$$\sigma = \bar{\eta}\dot{\varepsilon} \tag{6-5}$$

双轴拉伸流动:

$$\sigma_x = \bar{\bar{\eta}}_x \dot{\varepsilon}_x, \quad \sigma_y = \bar{\bar{\eta}}_y \dot{\varepsilon}_y \tag{6-6}$$

式中:σ 为单轴拉伸应力;$\dot{\varepsilon}$ 为单轴拉伸应变速率,即$\frac{d\varepsilon}{dt}$;$\bar{\eta}$ 和 $\bar{\bar{\eta}}$ 分别代表单轴与双轴拉伸粘度;下标 x 和 y 表示受力方向。

对于体积流动,有

$$P = \eta_V \dot{\varepsilon}_V \tag{6-7}$$

式中:P 为流体静压力;$\dot{\varepsilon}_V = \frac{1}{dt}\left(\frac{dV}{V}\right)$,为体积应变速率。

流变行为遵循牛顿定律的粘性流体称为牛顿流体。在恒定应力作用下,牛顿流体的流动应变随时间线性发展。应力去除后,流动应变不可回复。牛顿流体的切应力-应变响应如图 6-4(a)和(b)所示;切应力-应变速率关系如图 6-4(c)所示,直线的斜率为粘度。在牛顿流体中,粘度是一个常数,仅与温度有关,而与切应力、应变速率和时间都无关。

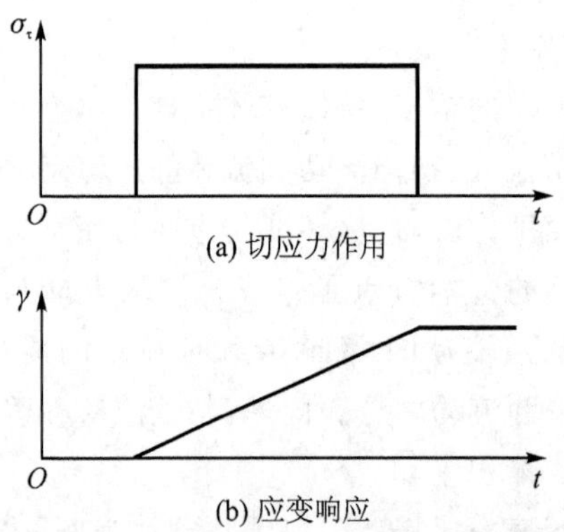

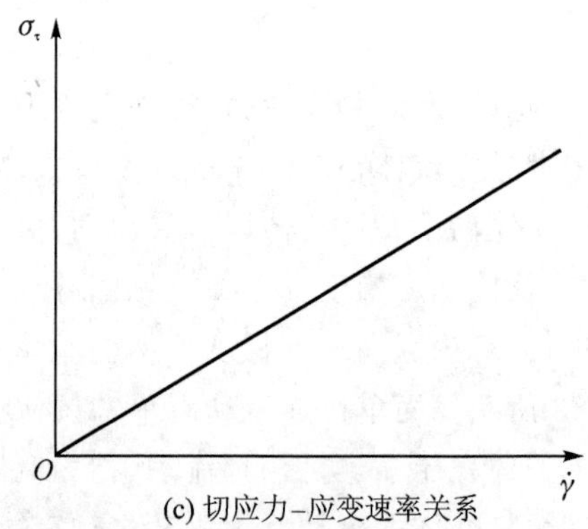

图 6-4　牛顿流体中的切应力-应变响应及切应力-应变速率关系

在“厘米·克·秒”制中,切粘度的单位为泊,1泊=0.1 Pa·s。

6.2　高弹性的特点

在金属、陶瓷和高分子三大固体材料中，高分子在力学性能上表现出来的最大特点是：

① 在一定的条件下呈高弹性；

② 具有突出的粘弹性。

与金属的普弹性相比，高分子的高弹性有如下特点：

① 弹性应变大，最高可达 1 000%，而金属材料的(普)弹性形变一般不超过 1%。

② 弹性模量低。高弹模量约为 1 MPa，而金属的普弹模量最高可达 10～100 GPa。

③ 快速拉伸时，高弹态高分子材料的温度升高，而金属材料的温度下降。

④ 高弹平衡模量随温度的升高而增加，而金属的普弹模量随温度的升高而降低。

此外，虽然理想高弹性的应力-应变响应应该是瞬时的(见图 6-5(a))，但实际橡胶高弹形变对应力的响应有一个滞后过程，如图 6-5(b)所示。在恒定应力作用下，高弹应变按式(6-8)规律随时间逐渐增大，最后达到平衡值：

$$\varepsilon(t)=\varepsilon_{\infty}(1-e^{-t/\tau}) \tag{6-8}$$

式中：$\varepsilon(t)$为橡胶在恒定应力作用下 t 时刻的高弹应变值；ε_{∞}为 $t/\tau\to\infty$时的高弹应变值，称为平衡高弹应变值；τ 称为推迟时间或者松弛时间，表征高弹应变的发展速率。同样，外力去除后，高弹应变的回复也有时间依赖性。高分子高弹应变的时间依赖性称为高弹性的松弛特性。当高弹应变的松弛时间远远小于观察时间($\tau\ll t$)时，可以看作是理想高弹性。

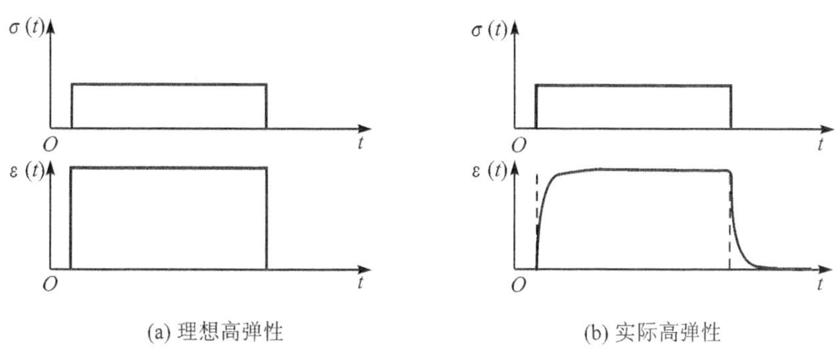

图 6-5　高弹性的应力-应变响应

高弹性的上述特点，都是由高弹性的本质决定的。热力学分析证明(详见 6.3 节)，高弹性的本质是熵弹性，即高弹形变主要引起体系的熵变；而普弹性的本质是能弹性，即普弹形变主要引起体系的内能变化。结合分子运动的机理来看，高分子发生高弹形变时，高分子链通过链段运动从卷曲的构象转变为伸展的构象，引起体系构象熵的减小；外力去除后，体系又自发地朝熵增方向变化，即高分子链从伸展的构象回复到卷曲的构象，高弹形变得以回复。而在普弹形变中，分子运动的机理是键长键角的变化。

如高分子链构象统计理论所述，一根主链由 N 个单键组成的柔性高分子链，完全伸直时的末端距 L_{max} 与不受外力作用时的末端距$\sqrt{\overline{h_0^2}}$之比，即一根高分子链的最大拉伸比 λ_{max} 正比于 $\sqrt{N}$。N 通常是一个 10^2 以上的数值，所以高弹应变值可高达 1 000%就不足为奇了。

高分子在高弹形变时,对抗外力的回缩力主要是由链段热运动力图使分子链保持卷曲状态引起的。这种回缩力远远小于普弹形变中的回缩力——键能的作用,因而高弹模量远低于普弹模量。当温度升高时,高分子链热运动加剧,分子链趋于卷曲构象的倾向越甚,回缩力更大,所以高弹模量随温度上升而提高。在实际高弹形变中,由于分子内和分子间非键合原子之间存在相互作用力,当分子链通过链段的相对迁移而改变构象时,不可避免地要克服一定的摩擦力,因此,高弹形变的发展需要一定的时间。只有在假定分子内和分子间非键合原子之间不存在相互作用的理想高弹性时,高弹形变对应力的响应才是瞬间完成的。橡胶在快速(绝热)拉伸中的放热现象,主要是因为高弹形变引起体系熵的减少,热效应 $dQ=TdS<0$。此外,链段相对迁移时的内摩擦也能产生少量热,有些橡胶在拉伸中结晶也会放热。在快速(绝热)拉伸中,当橡胶放出的热量来不及(不能)与外界发生热交换时,势必导致橡胶本身升温。

橡胶弹性理论的发展主要分为两步。第一步,对橡胶弹性进行热力学分析,确定其热力学本质是熵弹性;第二步,用统计方法计算孤立高分子链发生高弹应变时末端距与熵的变化,并应用于交联网络体系,以获得硫化橡胶应力-应变的理论关系式。

6.3 平衡高弹形变的热力学分析

高弹形变可以分为平衡态形变(即可逆过程形变)和非平衡态形变(即松弛过程形变)。所谓平衡态,是指热力学的平衡状态。在平衡态时,高分子链具有平衡构象。

设长度为 l、截面积为 A 的橡胶试样在拉伸力 F 的作用下伸长 dl。根据热力学第一定律,体系的内能变化 dU 为

$$dU=dQ-dW \tag{6-9}$$

式中:dQ 为体系所得到的热量;dW 为体系对外做的功。

假设形变过程是可逆的,则根据热力学第二定律,有

$$dQ=TdS \tag{6-10}$$

式中:dS 是体系的熵变。

dW 包括两部分:一部分是拉伸过程中橡胶体积变化所做的功,等于 pdV;另一部分是形变功,等于 $-Fdl$,所以 dW 表达式为

$$dW=pdV-Fdl \tag{6-11}$$

将式(6-10)和式(6-11)代入式(6-9),得到

$$dU=TdS-pdV+Fdl \tag{6-12}$$

如果在等温拉伸过程中,橡胶的体积不变,则 $pdV=0$,式(6-12)变为

$$dU=TdS+Fdl \tag{6-13}$$

等式两边对 l 微分,得到

$$\left(\frac{\partial U}{\partial l}\right)_{T,V}=T\left(\frac{\partial S}{\partial l}\right)_{T,V}+F \tag{6-14}$$

或

$$\sigma=\left(\frac{\partial U}{\partial l}\right)_{T,V}-T\left(\frac{\partial S}{\partial l}\right)_{T,V}=\sigma_U+\sigma_S \tag{6-15}$$

式(6-15)表明,平衡拉伸力由两部分组成:一部分是橡胶内能变化的贡献,F_U;另一部分是橡胶熵变的贡献,F_S。

从分子运动机理来看,高分子的高弹形变是链段相对迁移的结果,链段运动又取决于单键内旋转。在理想条件下,假设内旋转是完全自由的,即分子链所有的构象都具有相同的能量,则

$$\left(\frac{\partial U}{\partial l}\right)_{T,V}=0 \tag{6-16}$$

因此

$$F=\sigma A=-T\left(\frac{\partial S}{\partial l}\right)_{T,V} \tag{6-17}$$

式中,σ 是工程应力。

也就是说,在这种情况下,高弹应变的平衡应力仅仅是熵变产生的。

要在恒温恒容条件下验证式(6-15),实验上有困难。比较容易进行的实验是测定橡胶试样在给定伸长下应力随温度的变化。对于天然橡胶,所得到的实验结果如图 6-6 所示的直线。直线的斜率有正有负。斜率的这种变化是由于橡胶的热膨胀引起的。热膨胀使一定应力下试样的长度增加,这就相当于,为维持恒定伸长所需的作用力减小。在伸长不大时,随温度升高,由热膨胀引起的拉伸应力的减小超过了因熵增引起的拉伸应力的增加,致使拉伸应力随温度的增加反而略有下降。为克服热膨胀引起的效应,改用恒定拉伸比 $\lambda(=l/l_0)$ 来代替恒定伸长,直线就不再出现负斜率。在拉伸比不大($\lambda<3$)时,将直线外推到 0 K,所得截距几乎为零,表明:

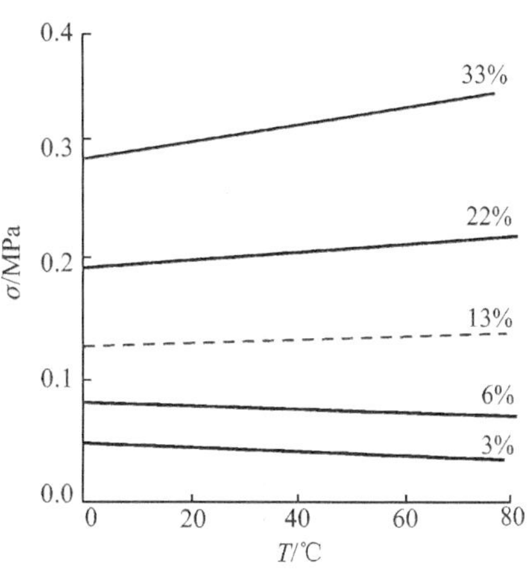

图 6-6　天然橡胶维持恒定伸长的应力-温度关系

$$\left(\frac{\partial U}{\partial l}\right)_{T,V}\approx 0 \tag{6-18}$$

因此有

$$\sigma A\,\mathrm{d}l=-T\,\mathrm{d}S=-\mathrm{d}Q \tag{6-19}$$

即在高弹形变过程中,外力所做的功全部转化为高分子链构象熵的减少。

由式(6-19)可知,当橡胶试样受拉时,$\mathrm{d}l>0$,$\sigma>0$,故 $\mathrm{d}Q<0$,即体系放热;当橡胶试样受压时,$\mathrm{d}l<0$,$\sigma<0$,故 $\mathrm{d}Q<0$,体系也放热。实验证明,在绝热条件下,将橡胶试样拉伸到 500%时,即使不发生结晶,其温度升高也可达 10 ℃之多。

近期的研究表明,内能对高弹性也有约 10%的贡献,但这并不改变高弹性是熵弹性这一本质。

6.4　平衡高弹形变的统计理论

热力学分析只能给出高弹形变中热力学函数的变化,而不能直接给出具体的分子运动机理。

高弹形变中分子运动机理的设想始于 1925 年 Katz 对天然橡胶 X 射线衍射的研究。他分别测定了松弛橡胶和拉伸橡胶的X射线衍射图，观察到前者呈典型的无定形物质的弥散环，而后者是典型的纤维图，衍射斑点清晰且强度高。他指出，长链分子在不受应力作用时处于卷曲状态，在受拉时，分子链伸展开来。这一认识被称为Katz效应。其重要意义在于首次建立了力学形变与分子运动机理的关系。此后Hauser和Mark重复了Katz效应，并在宽温度范围内系统地研究了橡胶的应力-应变行为及相应的X射线衍射图，率先提出橡胶的弹性与金属弹性的本质区别在于，前者源于熵变而后者源于内能变化。之后Kuhn、Guth、Mark、Flory等应用高分子链的构象统计理论，定量计算了高弹形变中的熵变，进一步推导出橡胶试样的应力-应变关系。

真实的橡胶交联网络是复杂的，为了理论处理方便，在推导过程中进行以下假设：

① 考虑一块边为单位长度1的立方体理想橡胶试样。假设它是由柔性高分子链经轻度交联形成的理想三维交联网络，相邻交联点之间的每根交联链都可看作是高斯链，每根链两端都有交联点。

② 假设这些高斯链组成的各向同性网络的构象总数是各个网络链构象数目的乘积。

③ 无论在形变前还是形变后，每个交联点都固定在它自己的平均位置上(即忽略热运动引起的交联点位置的变化)。

④ 每根交联链的形变与橡胶试样的形变相仿，这称为“仿射(affine)形变”，如图6-7所示。

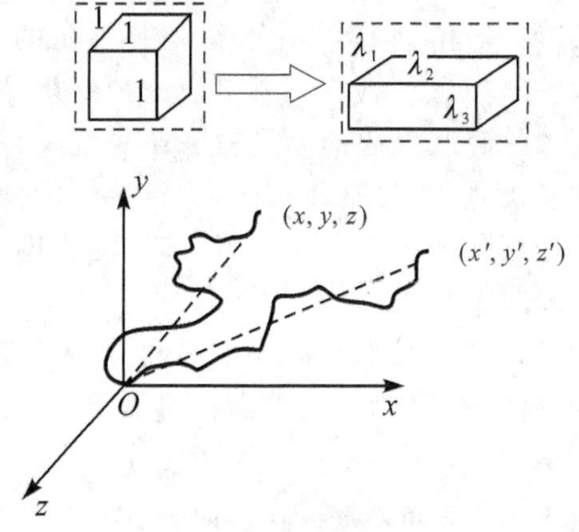

图6-7　仿射形变示意图

具体来说，假如橡胶试样在x,y,z方向上的伸长比分别为$\lambda_1,\lambda_2,\lambda_3$，那么每根交联链的末端距在各方向上也按此比例伸长。假设形变前，一根交联链的一端在原点，另一端在(x,y,z)；形变后，一端在原点，另一端移到(x',y',z')，则(x',y',z')与(x,y,z)之间满足下列关系：

$$x'=\lambda_1 x;\quad y'=\lambda_2 y;\quad z'=\lambda_3 z \tag{6-20}$$

根据玻耳兹曼定律，假设体系可能实现的总构象数为Ω，则该体系的熵S为

$$S=k\ln\Omega \tag{6-21}$$

式中：k为玻耳兹曼常数。按照高斯链统计理论，形变前，单位体积橡胶试样中末端距为$0\to(x,y,z)$的交联链的构象数$\Omega_{x,y,z}$应为

$$\Omega_{x,y,z}=W(x,y,z)\cdot\Omega \tag{6-22}$$

式中：

$$W(x,y,z)=\left(\frac{\beta}{\sqrt{\pi}}\right)^3 e^{-\beta^2(x^2+y^2+z^2)} \tag{6-23}$$

$$\beta^2=\frac{3}{2zb^2} \tag{6-24}$$

所以，在形变前，该末端距为$0\to(x,y,z)$的交联链的熵S为

$$\begin{aligned}S&=k\ln\Omega_{x,y,z}=k\ln W(x,y,z)+k\ln\Omega\\&=c-k\beta^2(x^2+y^2+z^2)+k\ln\Omega\end{aligned} \tag{6-25}$$

式中：$c=3k\ln\left(\frac{\beta}{\sqrt{\pi}}\right)$。

同理，形变后，当该交联链的末端距变为 $0\to(x',y',z')$ 时，其熵 S' 为

$$S'=k\ln\Omega_{x',y',z'}=k\ln W(x',y',z')+k\ln\Omega$$
$$=c-k\beta^2(x'^2+y'^2+z'^2)+k\ln\Omega \tag{6-26}$$

所以，该交联链在形变前后的熵变 ΔS 为

$$\Delta S=S'-S=\ln W(x',y',z')-\ln W(x,y,z)$$
$$=-k\beta^2[(\lambda_1^2-1)x^2+(\lambda_2^2-1)y^2+(\lambda_3^2-1)z^2] \tag{6-27}$$

设单位体积橡胶内有 N_1 个交联链，则单位体积橡胶试样形变前后的总熵变 ΔS 应是 N_1 个交联链熵变的总和。这时，对每一根交联链的熵变采用平均值，则有

$$\Delta S_{总}=-kN_1\beta^2\left[(\lambda_1^2-1)\overline{x^2}+(\lambda_2^2-1)\overline{y^2}+(\lambda_3^2-1)\overline{z^2}\right] \tag{6-28}$$

对于形变前各向同性的交联网，有

$$\overline{x^2}=\overline{y^2}=\overline{z^2}=\frac{1}{3}\overline{h_0^2} \tag{6-29}$$

又因为对于高斯链，有

$$\overline{h_0^2}=zb^2=\frac{3}{2\beta^2} \tag{6-30}$$

将式(6-29)和式(6-30)代入式(6-28)，可得到

$$\Delta S_{总}=-\frac{1}{2}N_1k(\lambda_1^2+\lambda_2^2+\lambda_3^2-3) \tag{6-31}$$

根据热力学理论，形变过程中体系自由能的变化为

$$\Delta F=\Delta U-T\Delta S_{总} \tag{6-32}$$

根据 6.3 节中热力学分析，橡胶在形变中内能不变，即 $\Delta U=0$，所以

$$\Delta F=-T\Delta S_{总}=\frac{1}{2}N_1kT(\lambda_1^2+\lambda_2^2+\lambda_3^3-3) \tag{6-33}$$

在等容条件下，外力对体系做的功 W 等于体系自由能的增加 ΔF，即

$$W=\Delta F=\frac{1}{2}N_1kT(\lambda_1^2+\lambda_2^2+\lambda_3^3-3) \tag{6-34}$$

式(6-34)称为储能函数，表示在外力作用下，单位体积橡胶在形变过程中所储存的能量是形变参数($\lambda_1,\lambda_2,\lambda_3$)、橡胶的结构参数($N_1$)以及热力学温度的函数。

N_1 可用交联点间链的平均分子量 $\overline{M_c}$ 表示：

$$N_1=\frac{\rho N_A}{\overline{M_c}} \tag{6-35}$$

式中：N_A 为阿伏伽德罗常数；ρ 为橡胶密度。将式(6-35)代入式(6-34)，得到

$$W=\frac{\rho RT}{2\overline{M_c}}(\lambda_1^2+\lambda_2^2+\lambda_3^3-3) \tag{6-36}$$

令

$$G=N_1kT=\frac{\rho RT}{\overline{M_c}} \tag{6-37}$$

则式(6-36)可写为

$$W=\frac{G}{2}(\lambda_1^2+\lambda_2^2+\lambda_3^3-3) \tag{6-38}$$

式(6-38)对橡胶的一维、二维或三维形变都适用。

下面考虑最简单的单向拉伸情况。令 $\lambda_1=\lambda$，由于橡胶形变中体积不变，有

$$\lambda_1\lambda_2\lambda_3=1 \tag{6-39}$$

又由于橡胶为各向同性，有

$$\lambda_2=\lambda_3=\frac{1}{\sqrt{\lambda}} \tag{6-40}$$

因此，在单向拉伸的情况下，储能函数的表达式为

$$W=\frac{G}{2}\left(\lambda^2+\frac{2}{\lambda}-3\right) \tag{6-41}$$

又因为

$$\lambda=\frac{l}{l_0} \tag{6-42}$$

所以

$$\mathrm{d}\lambda=\frac{1}{l_0}\mathrm{d}l \tag{6-43}$$

对于各边为单位长度的立方体橡胶，$l=1$，$A=1$，所以

$$\mathrm{d}\lambda=\mathrm{d}l \tag{6-44}$$

因此

$$\mathrm{d}W=\sigma\mathrm{d}l=\sigma\mathrm{d}\lambda \tag{6-45}$$

$$\sigma=\frac{\partial W}{\partial\lambda}=G\left(\lambda-\frac{1}{\lambda^2}\right)=\frac{\rho RT}{\overline{M}_c}\left(\lambda-\frac{1}{\lambda^2}\right) \tag{6-46}$$

式(6-46)就是平衡高弹形变统计理论导出的橡胶单向拉伸时，拉伸应力与伸长比之间的关系。式中 σ 是按形变前试样截面计算的工程应力。如果换算成拉伸过程中的真应力，则因为

$$\sigma_{真}=\frac{\sigma}{\lambda_2\lambda_3}=\lambda\sigma \tag{6-47}$$

可得到

$$\sigma_{真}=\lambda\sigma=G\left(\lambda^2-\frac{1}{\lambda}\right) \tag{6-48}$$

在以上推导中，并未引进有关橡胶分子链的化学结构参数，因此式(6-46)或式(6-48)适用于所有橡胶材料。

那么，上述公式中 G 的物理意义是什么呢？将式(6-48)进行因式分解，可得

$$\sigma_{真}=G(\lambda-1)\left(\lambda+1+\frac{1}{\lambda}\right) \tag{6-49}$$

式中：$\lambda-1=\varepsilon$。在小应变情况下，$\lambda+1+\frac{1}{\lambda}\approx 3$，所以有

$$\sigma_{真}=3G\varepsilon \tag{6-50}$$

理想弹性体的应力-应变关系服从胡克定律，即

$$\sigma_{真} = E\varepsilon \tag{6-51}$$

在拉伸条件下,E 为杨氏模量。又已知,各向同性橡胶的泊松比接近于 0.5,其杨氏模量 E 与切变模量 G 之间的关系为

$$E = 3G \tag{6-52}$$

比较式(6-50)~式(6-52),可以看到,统计理论中引进的参数 G 本质上就是橡胶的切变模量。G 与交联点密度的关系如式(6-37)所示,因此测定橡胶的切变模量,就可以计算出它的交联密度(即交联点间交联链的平均分子量 $\overline{M_c}$)。

图 6-8 给出了橡胶的单向拉伸应力(σ)-拉伸比(λ)的实验曲线以及由式(6-46)计算的理论曲线。由图可见,当拉伸比较小时(λ<1.5),理论曲线与实验曲线吻合良好;当拉伸比较大时,曲线偏差很大。

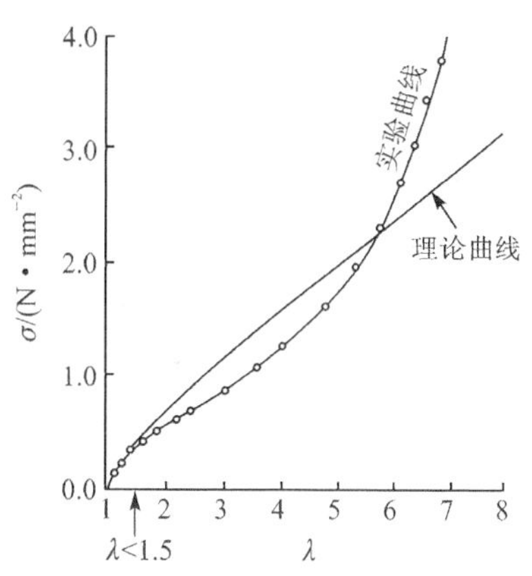

图 6-8　橡胶单向拉伸应力-拉伸比的关系

导致偏差的原因可能有下列几方面:

① 在大形变交联网络中,交联链已不符合高斯链模型。

② 橡胶中除化学交联点外,还有物理交联点(缠结),因此单位体积内交联链的数目应修正为 $N_1 + a$,其中 a 是物理交联点的数目。

③ 由于分子内和分子间非键合原子之间存在相互作用,分子链上单键内旋转不自由。当橡胶形变时,内能变化不等于零,即 $\sigma_U \neq 0$,如表 6-1 所列。

④ 在将线形高分子交联成三维网络的过程中,不可能形成完善的理想交联网。实际交联网中,除了形成对应力有贡献的有效交联链之外,还可能形成只有一端固定在交联点上,另一端是自由端的自由链——端链,或形成封闭的链圈,如图 6-9 所示,它们对应力没有贡献,因此需对 N_1 作修正。

表 6-1　几种高分子的 σ_U/σ

高分子	σ_U/σ	高分子	σ_U/σ
天然橡胶	0.12	聚乙烯	-0.42
反式聚异戊二烯	0.17	聚丙烯酸乙酯	-0.16
顺式聚丁二烯	0.10	聚二甲基硅氧烷	0.15

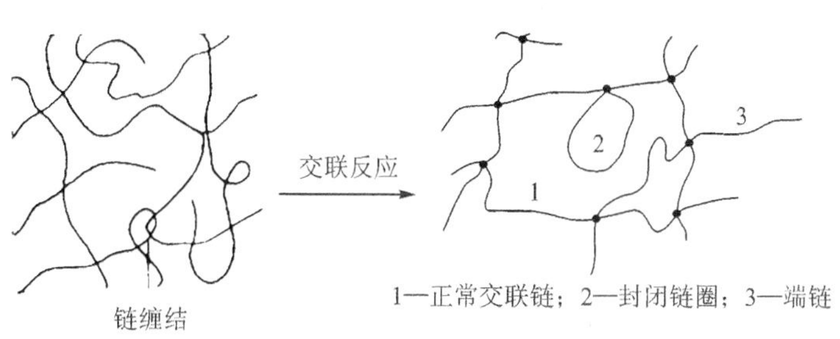

图 6-9　交联网络与缺陷

如果每个线形分子有 2 根端链,则单位体积橡胶内交联链的数目应修正为

$$N_1 = \widetilde{N}\left(\frac{\rho}{\overline{M_c}} - \frac{2\rho}{\overline{M_n}}\right) = \frac{\widetilde{N}\rho}{\overline{M_c}}\left(1 - \frac{2\overline{M_c}}{\overline{M_n}}\right) \tag{6-53}$$

式中:$\overline{M_n}$ 是交联前线形分子链的数均分子量。这样,式(6-37)和式(6-46)就应分别改为

$$G = \frac{\rho RT}{\overline{M_c}}\left(1 - \frac{2\overline{M_c}}{\overline{M_n}}\right) \tag{6-54}$$

和

$$\sigma = \frac{\rho RT}{\overline{M_c}}\left(1 - \frac{2\overline{M_c}}{\overline{M_n}}\right)\left(\lambda - \frac{1}{\lambda^2}\right) \tag{6-55}$$

只有当 $\overline{M_n} \gg \overline{M_c}$ 时,上述修正才能忽略。

⑤ 一些橡胶在高度拉伸过程中会结晶,引起模量急剧上升。

尽管平衡高弹形变统计理论有许多不完善之处,但它在预估橡胶模量的温度依赖性和计算交联点间平均分子量方面都是有意义的。该理论在高分子科学的发展中举足轻重。目前,对该理论的唯一质疑是中子散射实验不支持"仿射形变假设"。

6.5 高弹形变的唯象理论

平衡高弹形变统计理论在处理小形变条件下的情况是很好的,但是形变较大时,理论值与实验结果出现偏差。这是由于统计理论中只含交联网络平均分子量一个微观结构参数,而实际橡胶大形变时还伴随着复杂的结构变化。而如果引入其他结构参数,在理论上又是非常困难的。唯象理论不涉及分子结构参数,而是从宏观结构出发,根据一定要求修正储能函数的形式,描述橡胶试样的高弹形变。

Mooney - Rivlin 提出应变储能函数是拉伸比的偶数幂函数的理论,以唯象方法也导出了与平衡高弹形变统计理论结果类似的方程:

$$\sigma = 2C_1\left(\lambda - \frac{1}{\lambda^2}\right) + 2C_2\left(1 - \frac{1}{\lambda^3}\right) \tag{6-56}$$

或

$$\sigma = \left(2C_1 + \frac{2C_2}{\lambda}\right)\left(\lambda - \frac{1}{\lambda^2}\right) \tag{6-57}$$

或

$$\frac{\sigma}{\lambda - \frac{1}{\lambda^2}} = 2C_1 + \frac{2C_2}{\lambda} \tag{6-58}$$

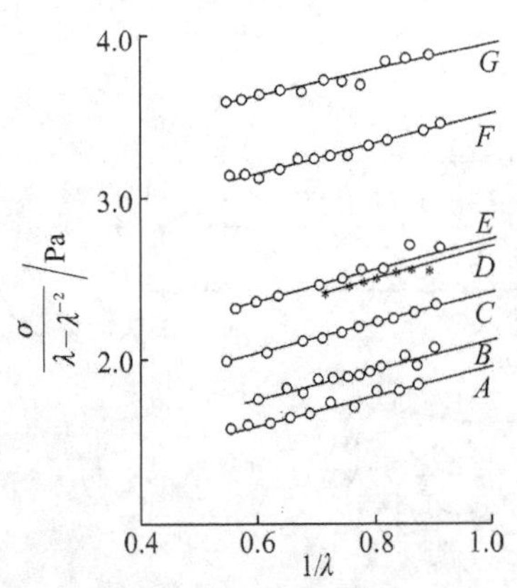

图 6-10 一系列硫化程度不同的硫化天然橡胶的 $\frac{\sigma}{\lambda-\lambda^{-2}}$ 与 $1/\lambda$ 的关系

(自 $A \to G$ 硫化程度递增)

虽然关于 C_1 与 C_2 的物理意义至今仍难确定,但橡胶拉伸时,$\frac{\sigma}{\lambda - \frac{1}{\lambda^2}}$ 与 $\frac{1}{\lambda}$ 之间确实存在良好的线性关系,如图 6-10 所示,即使硫化程度不

同。通过作图可以从斜率得到天然橡胶的 $2C_2$ 为 2 kg/cm^2，从截距得到 $2C_1$ 为 2～6 kg/cm^2。

6.6　橡胶交联网络的溶胀

交联高分子在溶剂中只能有限溶胀而不能溶解。

橡胶交联网络的溶胀过程是两种相反倾向趋于平衡的过程：一方面，溶剂渗入高分子链内，使之体积膨胀，引起交联网在三维方向上伸展；另一方面，交联点间分子链的伸展又导致分子链构象熵降低，从而在交联网中产生弹性回缩力，力图使交联网收缩。当这两种相反倾向相互抵消时，就达到了溶胀平衡。此时，交联高分子-溶剂体系中存在两个相：一相是溶胀的交联网，可以看成是溶剂分子在高分子中的溶液；另一相是纯溶剂。两相之间存在明显的界面。

设一个单位立方体积各向同性交联橡胶在溶剂中达到的平衡溶胀比为 Q_∞，各边的伸长比为 λ，如图 6-11 所示，则有

$$Q_\infty = \lambda^3 \quad 或 \quad \lambda = Q_\infty^{\frac{1}{3}} = \left(\frac{1}{\varphi_2}\right)^{\frac{1}{3}} \tag{6-59}$$

$$Q_\infty = \frac{1}{\varphi_2} = 1 + n_1 V_{m,1} \tag{6-60}$$

式中：φ_2 为交联高分子在平衡溶胀样品中所占的体积分数；n_1 是溶胀样品内吸入的溶剂摩尔数；$V_{m,1}$ 是溶剂的摩尔体积。

溶胀过程中，溶胀体内自由能的变化包括两部分：

$$\Delta G_{溶胀} = \Delta G_M + \Delta G_{el} \tag{6-61}$$

式中：ΔG_M 是高分子与溶剂的混合自由能；ΔG_{el} 是交联网络的弹性形变自由能，即高弹形变引起的弹性储能。当达到溶胀平衡时，$\Delta G_{溶胀} = 0$。

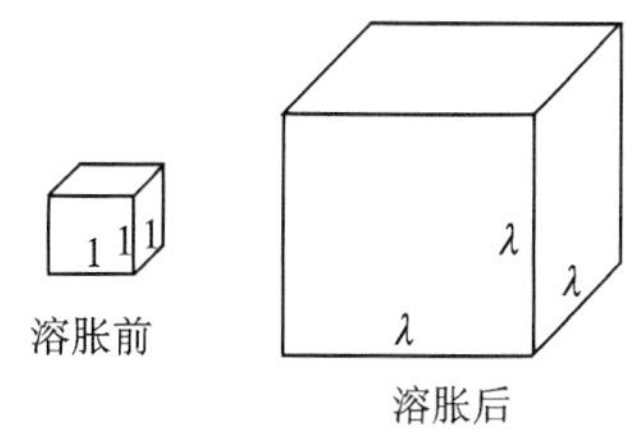

图 6-11　单位立方体橡胶的溶胀示意图

根据 Flory-Huggins 高分子溶液理论，ΔG_M 为

$$\Delta G_M = RT(n_1 \ln \varphi_1 + n_2 \ln \varphi_2 + \chi_1 n_1 \varphi_2) \tag{6-62}$$

式中：χ_1 是高分子与溶剂的相互作用参数。

根据平衡高弹形变统计理论，单位体积各向同性交联高分子因溶胀而引起三维交联网络发生高弹形变的自由能变化 ΔG_{el} 为

$$\Delta G_{el} = W = \frac{\rho_2 RT}{2\overline{M_c}}(\lambda_1^2 + \lambda_2^2 + \lambda_3^2 - 3) \tag{6-63}$$

式中：ρ_2 是交联高分子密度；$\overline{M_c}$ 是交联点之间的平均分子量。

对于各向同性样品，$\lambda_1 = \lambda_2 = \lambda_3 = \lambda$，式(6-63)可写成

$$\Delta G_{el} = \frac{\rho_2 RT}{2\overline{M_c}}(3\lambda^2 - 3) \tag{6-64}$$

或

$$\Delta G_{el}=\frac{3\rho_2 RT}{2\overline{M_c}}\left[\left(\frac{1}{\varphi_2}\right)^{\frac{2}{3}}-1\right] \tag{6-65}$$

相应地，在交联高分子溶胀过程中，溶剂化学位的变化也由两部分组成，即

$$\Delta\mu_{1,溶胀}=\Delta\mu_{1,M}+\Delta\mu_{1,el} \tag{6-66}$$

根据高分子溶液理论，溶剂与高分子混合引起溶剂化学位的变化为

$$\Delta\mu_{1,M}=RT\left[-\frac{1}{x}\varphi_2+\left(\chi_1-\frac{1}{2}\right)\varphi_2^2\right] \tag{6-67}$$

由于在交联网络中，高分子的链段长度 $x\to\infty$，式(6－67)可改写为

$$\Delta\mu_{1,M}=RT\left(\chi_1-\frac{1}{2}\right)\varphi_2^2 \tag{6-68}$$

另外，弹性形变引起的溶剂化学位变化为

$$\Delta\mu_{1,el}=\frac{\partial\Delta G_{el}}{\partial n_1}=\frac{\partial\Delta G_{el}}{\partial\varphi_2}\cdot\frac{\partial\varphi_2}{\partial n_1} \tag{6-69}$$

将 φ_2 与 n_1 的关系式(6－60)代入式(6－65)，对 n_1 偏微分，便得到

$$\Delta\mu_{1,el}=\frac{\rho_2 RT}{\overline{M_c}}V_{m,1}\varphi_2^{\frac{1}{3}} \tag{6-70}$$

溶胀平衡时，满足 $\Delta\mu_{1,溶胀}=\Delta\mu_{1,M}+\Delta\mu_{1,el}=0$，因此得到溶胀平衡方程：

$$RT\left(\chi_1-\frac{1}{2}\right)\varphi_2^2+\frac{\rho_2 RT}{\overline{M_c}}V_{m,1}\varphi_2^{\frac{1}{3}}=0 \tag{6-71}$$

因为 $\varphi_2=1/Q_\infty$(见式(6－60))，所以式(6－71)也可写为

$$\frac{\overline{M_c}}{\rho_2 V_{m,1}}\left(\frac{1}{2}-\chi_1\right)=\varphi_2^{-\frac{5}{3}}=Q_\infty^{5/3} \tag{6-72}$$

如果已知高分子与溶剂的相互作用参数 χ_1，就可以通过测定 Q_∞，从溶胀平衡方程(6－72)，计算出交联高分子交联点之间的平均分子量 $\overline{M_c}$。对于同种高分子，样品的交联度越高，则 Q_∞ 越小，$\overline{M_c}$ 越低。

实验上，Q_∞ 是通过测定交联高分子溶胀前后的质量计算得到的。设交联高分子样品溶胀前的质量和密度分别为 m_2 和 ρ_2，溶胀平衡时样品中吸入的溶剂质量为 m_1，溶剂的密度为 ρ_1，则

$$Q_\infty=\frac{m_1/\rho_1+m_2/\rho_2}{m_2/\rho_2} \tag{6-73}$$

必须指出，溶胀平衡方程(6－72)是从高分子溶液理论和平衡高弹形变理论推导的结果，只适用于轻度交联的橡胶，而不适用于交联密度很高的热固性塑料，因为热固性塑料即使在 T_g 以上，也不呈现明显的高弹性，更不可能接近平衡(理想)高弹性。但对于高弹平台区较宽的热塑性塑料，也可用该方程估算物理交联点(缠结点)间的分子量。

此外，也可以通过测定轻度交联网络在溶剂中的平衡溶胀比，测定高分子的溶度参数和内聚能密度。方法是(参见 4.1.2 小节)：采用适当的方法使高分子轻度交联，切取若干块样品，分别置于一系列溶度参数 δ_1 不同的溶剂内，测定各样品在一定温度下的平衡溶胀比 Q_∞，作 Q_∞－δ_1 曲线，把曲线峰顶对应的 δ_1 作为该高分子的溶度参数 δ_2。

高分子的内聚能密度等于 δ_2^2。

习　　题

（带★者为作业题；带※者为讨论题；其他为思考题）

1. 与金属弹性相比，高分子的高弹性有哪些特点？试从高弹性的热力学本质与分子运动机理解释这些特点。

★2. 如何从热力学分析和实验上来证明高弹性的本质是熵变。将一轻度交联的橡胶试样固定在 50％的拉伸应变下，测得所需的拉伸应力与温度的关系如表 6－2 所列。试求 340 K 时，熵变对拉伸应力贡献的百分比。

表 6－2　拉伸应力与温度的关系

$10^{-5}\sigma$ /Pa	4.77	5.01	5.25	5.50	5.73	5.97
温度/K	295	310	325	340	355	370

3. 写出平衡高弹形变统计理论中的储能函数表达式以及把该函数应用于单向拉伸时得到的应力-应变关系。轻度交联天然橡胶的拉伸应力-应变实验曲线与理论曲线是否符合？为什么？

★4. 测得一种交联橡胶的切变模量为 10^6 Pa，密度约为 10^3 kg/m^3，试估计该交联橡胶网链的平均分子量 $\overline{M_c}$（R＝8.31 J/(mol·K)，T＝300 K）。

★5. 一种理想橡胶的切变模量为 1×10^6 Pa，计算当这种橡胶的拉伸比为 2 时，单位体积内储存的能量。

6. 已知一种天然橡胶硫化前的 $\overline{M_n}=10^5$。硫化后，橡胶的密度为 1 g/cm^3，交联点之间网链的平均分子量 $\overline{M_c}=10^4$。分别计算考虑和不考虑端链校正时，在 25 ℃下要将这种橡胶伸长 1 倍所需的应力（R＝8.314 J/(K·mol)）。

7. 测得一种硫化橡胶试样在 25 ℃下拉伸 1 倍时所需的应力为 1.5 MPa，计算 1 cm^3 试样内包含的网链数（假定该硫化橡胶是理想交联网）。

8. 平衡高弹形变统计理论的缺陷和不足是什么？如何完善？近期研究表明，内能对高弹性也有约 10％的贡献，这会改变高弹性是熵弹性这一热力学本质吗？为什么？如何解释和理解内能对高弹性的贡献？

※9. 按常识，温度越高，则橡胶越软，而平衡高弹性的特点之一却是温度越高，高弹平衡模量越高，这两个事实有矛盾吗？

※10. 解释下列现象，并说明原因。

（1）夏天天热时，自行车轮胎可能会变硬。

（2）橡胶带在迅速拉伸时发热，回缩时变冷。

（3）在恒定载荷作用下已伸长的橡胶带，受热时缩短，冷却时伸长。

（4）将已伸长的橡胶带放进冷水，该橡胶带失去部分回弹性；但加热时，橡胶又能回复到原长。

11. 为什么交联高分子溶胀平衡方程不适用于交联密度很高的热固性塑料？

※12. 给出两种测定交联点之间平均分子量的方法，说明各自的优缺点。

★13. 将一块质量为0.2 g的硫化橡胶试样在25 ℃恒温条件下浸泡在苯溶剂中。两周后达到溶胀平衡。称重实验表明,该试样吸收了0.3 g苯溶剂。已知试样在溶胀前的密度为0.92 g/cm^3,苯的密度为0.874 g/cm^3,$\chi_1=0.40$,计算该试样交联点之间的平均分子量$\overline{M}_c$。

扩展资源

附6.1 扫描二维码了解本章慕课资源

慕课明细

视频文件名(mp4格式)	视频时长(分:秒)
(1) 高弹性的特点	11:23
(2) 平衡高弹形变的热力学分析	7:59
(3) 平衡高弹形变的统计理论	12:39
(4) 交联高分子的溶胀	9:03

附6.2 虚拟网络模型及最新进展

在仿射网络模型中,交联点在形变前和形变后都是固定在其平均位置上的。在形变过程中,这些交联点是橡胶试样的宏观形变按照相同比例移动。而在实际过程中,交联点会随着时间不断地波动,波动的程度不受宏观状态变形的影响。虚拟网络考虑到了交联点的宏观变形和瞬时波动。

附6.3 滑环交联网络的高弹性

传统的高分子网络中,所有的交联点位置都是固定的;而在滑环交联网络中,交联点是可以滑动的。这样特殊的化学结构会给滑环交联网络带来什么样的新的性质?

附6.4 液晶弹性体简介

液晶弹性体是一类通过高分子链将液晶基元连接在一起得到的弹性体。它在外界条件的刺激下可以发生液晶相转变,在软体机器人、柔性器件方面展现了广泛的潜在应用前景。

高弹性的特点　平衡高弹形变的热力学分析　平衡高弹形变的统计理论　交联高分子的溶胀

虚拟网络模型及最新进展　滑环交联网络的高弹性　液晶弹性体简介

第 7 章　高分子的粘弹性

材料在应力作用下将产生应变。常见的小分子物质的应力-应变力学行为通常借助两种特殊的理想材料来讨论：满足胡克定律的弹性固体和满足牛顿定律的粘性液体。与金属、陶瓷等材料相比，在应力作用下，高分子除了在一定条件下呈高弹性以外，还具有突出的粘弹性，即高分子材料的力学性质与时间有关，高分子是典型的粘弹性材料。

在应力作用下粘弹性材料的力学性能随时间变化的现象称为力学松弛。力的作用方式不同，力学松弛的表现形式就不同。在恒定应力或恒定应变作用下的力学松弛称为静态粘弹性，最基本的表现形式是蠕变和应力松弛；在交变应力作用下的力学松弛称为动态粘弹性，最基本的表现形式是滞后和内耗。

研究高分子的各种粘弹性行为，不仅在揭示高分子的力学特性、分子结构和分子运动机理方面具有重要的科学意义，而且为指导高分子的应用奠定基础。

7.1　粘弹性的概念

如第 6 章所述，理想弹性固体的弹性行为服从胡克定律，应力与应变成线性关系：$\sigma = E\varepsilon$，比例系数 E 为弹性模量。这一力学行为通常可用一根弹簧来模拟(见图 7-1(a))：受力时，平衡应变瞬间达到；外力除去时，应变立即回复。

理想粘性液体的行为服从牛顿定律，应力与应变速率成正比：$\sigma = \eta \dfrac{d\varepsilon}{dt}$，比例系数 η 为粘度。这一力学行为通常可用一个装有粘性液体和一个活塞的粘壶来模拟(见图 7-1(b))：受力时，应变随时间线性发展；外力除去后，应变不能回复。

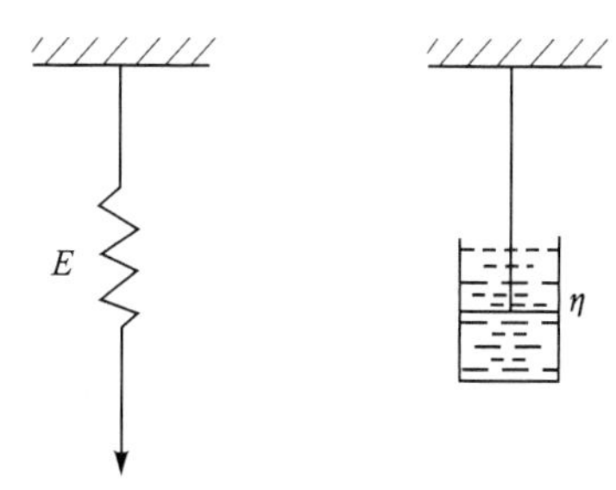

(a) 模拟弹性的弹簧　　(b) 模拟粘性的粘壶

图 7-1　弹性和粘性的模拟元件示意图

大量研究表明，高分子在外力作用下的力学行为既不符合胡克定律，也不符合牛顿定律，而是介于弹性与粘性之间，应力同时依赖于应变和应变速率。这就是所谓的粘弹性。如果粘弹性是由服从胡克定律的理想弹性和服从牛顿定律的理想粘性的组合，则称为线性粘弹性，否则称为非线性粘弹性。本书只涉及高分子的线性粘弹性。

模拟线性粘弹性的力学模型是弹簧和粘壶的各种组合。线性粘弹性微分方程的一般形式为

$$a_0\sigma + a_1 \frac{d\sigma}{dt} + a_2 \frac{d^2\sigma}{dt^2} + \cdots = b_0\varepsilon + b_1 \frac{d\varepsilon}{dt} + b_2 \frac{d^2\varepsilon}{dt^2} + \cdots \tag{7-1}$$

如果要描述简单的线性粘弹性行为，只需取方程两边的前一、二项。

例如，第 6 章所述实际橡胶的高弹性就是高分子线性粘弹性的一种表现形式，它可以用一

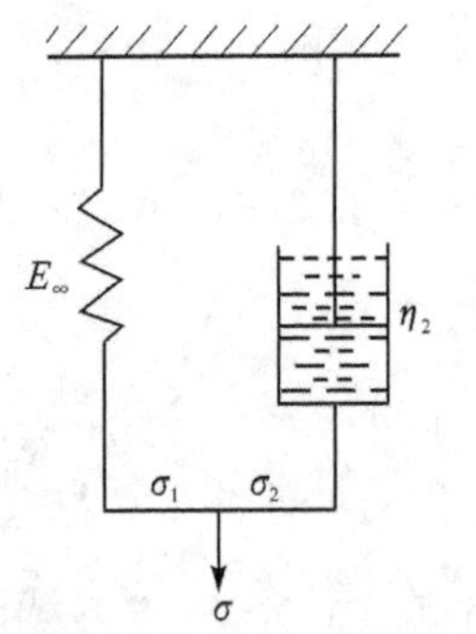

图 7-2 Kelvin-Voigt 模型示意图

根弹簧和一个粘壶的并联模型(即 Kelvin-Voigt 模型)来模拟,如图 7-2 所示,其中,弹簧的模量为 E_∞,粘壶中液体的粘度为 η_2。当该模型受恒定应力 σ 作用时,弹簧和粘壶的应变相等,弹簧与粘壶上的分力 σ_1 和 σ_2 分别为

$$\sigma_1 = E_\infty \varepsilon \quad 和 \quad \sigma_2 = \eta_2 \frac{d\varepsilon}{dt} \tag{7-2}$$

因此有

$$\sigma = \sigma_1 + \sigma_2 = E_\infty \varepsilon + \eta_2 \frac{d\varepsilon}{dt} \tag{7-3}$$

或

$$\frac{d\varepsilon}{dt} + \frac{E_\infty}{\eta_2}\varepsilon = \frac{\sigma}{\eta_2} \tag{7-4}$$

令 $\frac{\eta_2}{E_\infty} = \tau$,解微分方程(7-4),得到

$$\varepsilon(t) = \frac{\sigma}{E_\infty}(1 - e^{-t/\tau}) = \varepsilon_\infty (1 - e^{-t/\tau}) \tag{7-5}$$

式(7-5)正是高弹形变随时间的变化规律,见式(6-8)。

粘弹性的各种表现都可以用弹簧与粘壶的各种串联、并联模型来模拟。

7.2 静态粘弹性

7.2.1 蠕　变

在一定温度和低于材料断裂强度的恒定应力作用下,材料的应变随时间逐渐增大的现象,称为蠕变。可以说,所有的高分子都会蠕变。最直观的例子如:挂了重物的塑料绳逐渐变长;笨重家具腿下受压的塑料地板日渐出现凹坑等。第 6 章所述橡胶试样在恒定应力作用下形变随时间逐渐增大的现象就是蠕变现象之一。

图 7-3 给出了线形高分子和交联高分子的典型蠕变曲线示意图。由图可见,在线形高分子的蠕变中,应变随应力的增加一直在增长;而在交联高分子的蠕变中,应变最终会趋于平衡值。

线形高分子蠕变过程的本质是:松弛时间不同的各重运动单元对外界刺激(作用力)的响应在宏观上陆续表现出来的结果。在不考虑化学变化的前提下,蠕变过程中任一时刻的应变,实际上是分子链上的键长键角和比链段小的运动单元(下文将笼统地称为小运动单元)的运动引起的普弹应变、链段运动引起的高弹应变以及整链质心迁移引起的粘性流动应变在该时刻的叠加。该过程可以用图 7-4(a)所示的四元件模型来模拟。

图 7-4(a)所示模型由三部分串联:第一部分是模量为 E_1(1~100 GPa)的硬弹簧,模拟普弹性,E_1 代表普弹模量;第二部分是模量为 E_∞(1~10 MPa)的软弹簧和粘度为 η_2 的粘壶并联的 Kelvin-Voigt 模型,模拟高弹性,其中 E_∞ 代表高弹平衡模量,η_2 表征链段相对迁移时所需克服的摩擦力;第三部分是粘度为 η_3($\eta_3 \gg \eta_2$)的粘壶,模拟粘性流动,η_3 表征整链质心

相对迁移时所需克服的摩擦力。

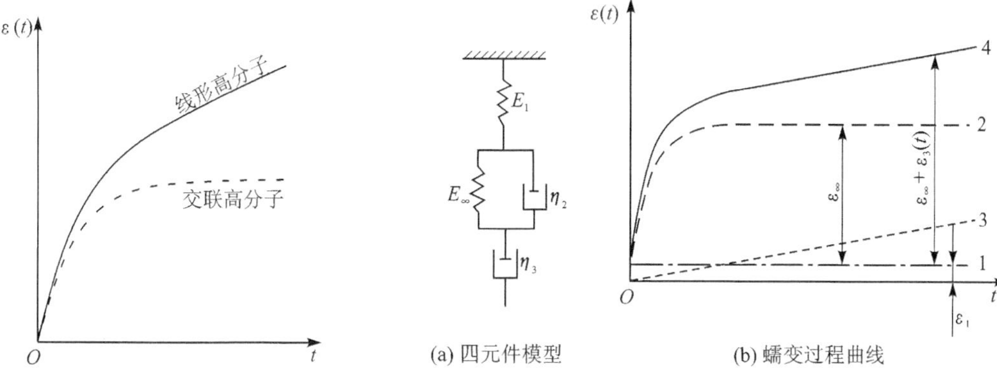

图 7-3　高分子的典型蠕变曲线　　**图 7-4　四元件模型及其蠕变过程解析**

当该四元件模型受恒定应力 σ 作用时，三部分受到的作用力相等。在力作用于该模型的初始时刻，硬弹簧首先作出响应并瞬间达到其平衡应变值 ε_1（见图 7-4(b)中的直线 1）：

$$\varepsilon_1=\frac{\sigma}{E_1} \tag{7-6}$$

同时，第二部分和第三部也开始作出响应。第二部分的应变随时间逐渐发展到平衡值 ε_∞（见图 7-4(b)中的曲线 2）：

$$\varepsilon_2(t)=\frac{\sigma}{E_\infty}(1-\mathrm{e}^{-t/\tau})=\varepsilon_\infty(1-\mathrm{e}^{-t/\tau}) \tag{7-7}$$

式中：$\tau=\dfrac{\eta_2}{E_\infty}$，称为推迟时间或松弛时间；$1-\mathrm{e}^{-t/\tau}$ 称为蠕变函数。第三部分粘性流动应变随时间线性增长（见图 7-4(b)中的直线 3）：

$$\varepsilon_3(t)=\frac{\sigma}{\eta_3}t \tag{7-8}$$

因此，线形高分子在蠕变过程中任一时刻的总应变量 $\varepsilon_{总}^{线形}$（见图 7-4(b)中的曲线 4）为

$$\varepsilon_{总}^{线形}(t)=\varepsilon_1+\varepsilon_2(t)+\varepsilon_3(t)=\varepsilon_1+\varepsilon_\infty(1-\mathrm{e}^{-t/\tau})+\frac{\sigma}{\eta_3}t \tag{7-9}$$

或

$$\varepsilon_{总}^{线形}(t)=\frac{\sigma}{E_1}+\frac{\sigma}{E_\infty}(1-\mathrm{e}^{-t/\tau})+\frac{\sigma}{\eta_3}t \tag{7-10}$$

蠕变应变值除了与材料本身性能有关以外，还与作用力的大小有关。表征材料本身蠕变特性的物理量为蠕变柔量，定义为单位应力引起的蠕变应变，以拉伸蠕变柔量为例：$D(t)=\dfrac{\varepsilon(t)}{\sigma}$。将式(7-10)两边除以 σ，则

$$\frac{\varepsilon_{总}^{线形}}{\sigma}=\frac{1}{E_1}+\frac{1}{E_\infty}(1-\mathrm{e}^{-t/\tau})+\frac{1}{\eta_3}t \tag{7-11}$$

即

$$D_{总}^{线形}(t)=D_1+D_\infty(1-\mathrm{e}^{-t/\tau})+\frac{1}{\eta_3}t \tag{7-12}$$

式中：D_1 和 D_∞ 分别称为普弹柔量与高弹平衡柔量。

外力除去后,蠕变应变的回复过程如下:普弹应变瞬间立即消失,高弹应变随时间逐渐衰减至零,粘性流动应变因不可回复而全部残留下来。设除去外力的时刻为 t_i,则此后任一时刻 t 残留的高弹应变值为

$$\varepsilon_{残留}(t)=\varepsilon(t_i)\mathrm{e}^{-(t-t_i)/\tau} \tag{7-13}$$

图7-5直观地给出了四元件模型的蠕变与回复过程。

将四元件模型中的第三部分去掉,所得三元件模型就能模拟交联高分子的蠕变行为。其蠕变应变和蠕变柔量分别表示为

$$\varepsilon_{总}^{交联}(t)=\varepsilon_1+\varepsilon_\infty(1-\mathrm{e}^{-t/\tau}) \tag{7-14}$$

$$D_{总}^{交联}(t)=D_1+D_\infty(1-\mathrm{e}^{-t/\tau}) \tag{7-15}$$

由于实际高分子中运动单元大小不一,松弛时间有一个很宽的分布,因此力学模型中应该包括多个 Kelvin-Voigt 模型才能全面描述高分子的蠕变行为。

如果将非晶态高分子的蠕变柔量随时间的变化在双对数坐标中作图,则将得到如图7-6所示的蠕变曲线。该曲线的形状与线性坐标中的蠕变曲线(见图7-3)明显不同,却与线性坐标中的应变-温度曲线(见图5-2(a))非常相似,两者都能明确地区分出高分子的三个力学状态和两个转变。

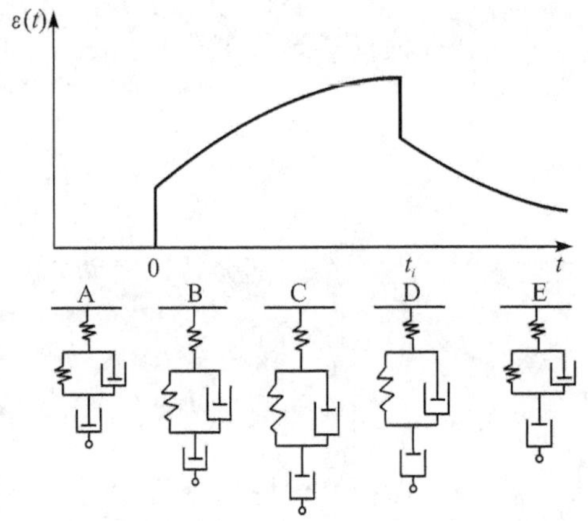

图7-5 四元件模型的蠕变与回复

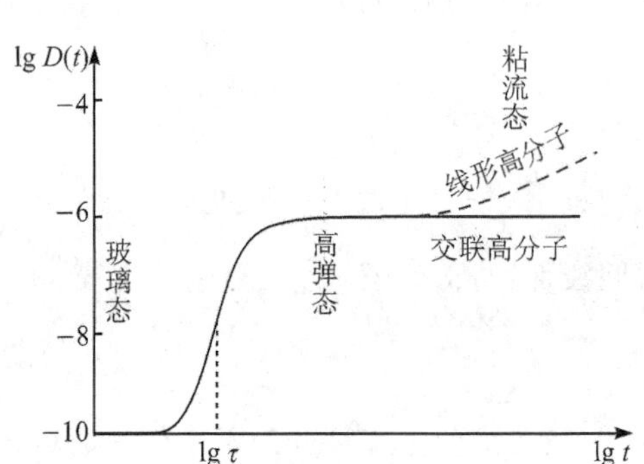

图7-6 非晶态高分子的双对数蠕变曲线

在双对数蠕变曲线上,玻璃化转变对应的特征时间是松弛时间 τ。当恒定应力的作用时间 $t\ll\tau$ 时,高分子表现为玻璃态;当 $t\gg\tau$ 时,非晶态线形高分子先后表现为高弹态和粘流态。在线性坐标中的应变-温度曲线(见图5-2(a))上,玻璃化转变对应的特征温度是 T_g。当 $T\ll T_g$ 时,高分子表现为玻璃态;当 $T\gg T_g$ 时,高分子先后表现为高弹态和粘流态。

然而,这两条曲线的差异在于:蠕变曲线是温度一定时高分子的力学性能随时间的变化;而应变-温度曲线是观察时间一定时,高分子的力学性能随温度的变化。双对数蠕变曲线和线性坐标中应变-温度曲线有如此的相似性,表明在一定的温度下改变观察时间和在一定的观察时间下改变温度,对高分子力学性能的影响具有等效的作用,特别是时间的对数与温度之间有某种定量的等效关系。

通常,将双对数蠕变曲线上任何一点的斜率,即 $\frac{\mathrm{d}[\lg D(t)]}{\mathrm{d}(\lg t)}$,定义为蠕变速率。由图7-6可见,在 $t\approx\tau$ 的转变区,蠕变速率达到极大。

7.2.2 应力松弛

在一定温度下,使制件维持恒定应变所需的应力随时间逐渐衰减的现象,称为应力松弛。例如,用于束紧一束或一捆物体的橡皮筋或塑料绳会慢慢松弛,尽管被束紧物体的尺寸并未变化;密封用的橡胶或塑料垫、圈,密封效果会随时间逐渐减小甚至完全失效。

图7-7给出了线形高分子和交联高分子的典型应力松弛曲线。由图可见,在恒定应变下,线形高分子的应力会逐渐衰减到零,而交联高分子最终仍能保持一定的应力。

与蠕变一样,高分子的应力松弛也是松弛时间不同的各重运动单元对外界刺激(应变)的响应在宏观上陆续表现出来的结果。

模拟应力松弛最简单的模型是由一根弹性模量为 E 的弹簧与一个液体粘度为 η 的粘壶串联而成的Maxwell模型(见图7-8)。如果对该模型快速施加一定的应变 ε_0,然后维持该应变恒定,则在施加应变的最初一瞬间,作出响应的必定是弹簧,所需应力 $\sigma_0=E\varepsilon_0$。但在应力作用下,粘壶也将发生粘性流动应变。为保持总应变不变,弹簧必将随粘性流动应变的发展而相应回缩,应力逐渐衰减,当总应变全部转变为粘性流动应变时,弹簧彻底回复到原长,应力衰减到零。

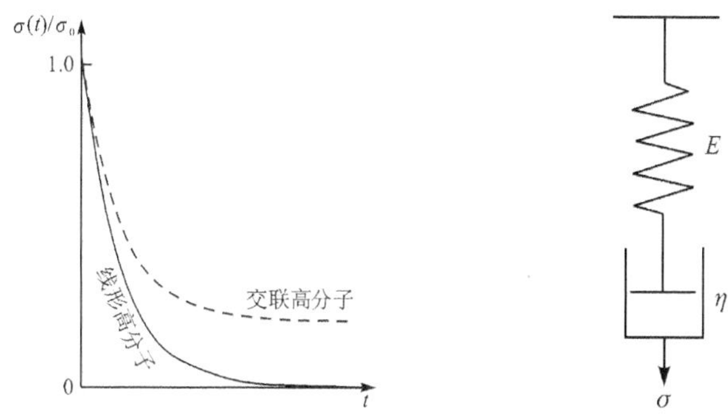

图7-7　高分子的典型应力松弛曲线　　图7-8　Maxwell模型

在应力松弛过程中的任一时刻,模型的总应变是弹簧应变 $\varepsilon_1(t)$ 和粘壶应变 $\varepsilon_2(t)$ 之和,即 $\varepsilon_0=\varepsilon_1(t)+\varepsilon_2(t)$。由于总应变保持恒定,所以有

$$\frac{d\varepsilon_0}{dt}=\frac{d\varepsilon_1(t)}{dt}+\frac{d\varepsilon_2(t)}{dt}=0 \tag{7-16}$$

按照线性粘弹性特征,在弹簧上,$E\varepsilon_1(t)=\sigma_1(t)$;在粘壶上,$\eta\frac{d\varepsilon_2(t)}{dt}=\sigma_2(t)$。而弹簧和粘壶串联,两者任何时刻所受的应力相等,即 $\sigma_1(t)=\sigma_2(t)=\sigma(t)$,因此有

$$\frac{d\varepsilon_1(t)}{dt}=\frac{1}{E}\frac{d\sigma_1(t)}{dt}=\frac{1}{E}\frac{d\sigma(t)}{dt} \tag{7-17}$$

$$\frac{d\varepsilon_2(t)}{dt}=\frac{\sigma_2(t)}{\eta}=\frac{\sigma(t)}{\eta} \tag{7-18}$$

将式(7-17)与式(7-18)代入式(7-16),得到

$$\frac{1}{E}\frac{d\sigma(t)}{dt}+\frac{\sigma(t)}{\eta}=0 \tag{7-19}$$

令 $\eta/E=\tau$,则式(7-19)可以写成

$$\frac{\mathrm{d}\sigma(t)}{\sigma(t)\mathrm{d}t}=-\frac{1}{\tau} \tag{7-20}$$

解微分方程(7-20),可得到

$$\sigma(t)=\sigma_0 \mathrm{e}^{-t/\tau} \tag{7-21}$$

然而,用 Maxwell 模型不能区分普弹应变和高弹应变。若以四元件模型模拟,则线形高分子的应力松弛过程如图 7-9 所示。在该模型上突然施加一个初始应变 ε_0 时,首先作出响应的是普弹应变(第一部分模量为 E_1 的硬弹簧伸长),所需的初始应力 $\sigma_0=E_1\varepsilon_0$;在该应力作用下,高弹应变(第二部分 Kelvin-Voigt 模型)与粘性流动应变(第三部分液体粘度为 η_3 的粘壶)也将发展。在总应变保持不变的条件下,普弹应变逐渐让位给高弹应变和流动应变,应力随之衰减。随着粘性流动应变的不断发展,普弹应变和高弹应变都逐渐让位给流动应变;最终当总应变完全由粘性流动应变贡献时,应力便衰减到零。

用标准三元件模型(见图 7-10(a)),或从上述四元件模型中除去第三部分粘壶后的三元件模型(见图 7-10(b)),可模拟交联高分子的应力松弛。由于交联高分子不可能产生流动应变,所以总应变只能由弹性应变维持。不过,在初始时刻,普弹应变对应力的贡献较大;随后,普弹应变逐渐被高弹应变所取代,应力逐渐衰减。但要维持一定的弹性应变总需要一定的应力,因此交联高分子的应力不会衰减至零。

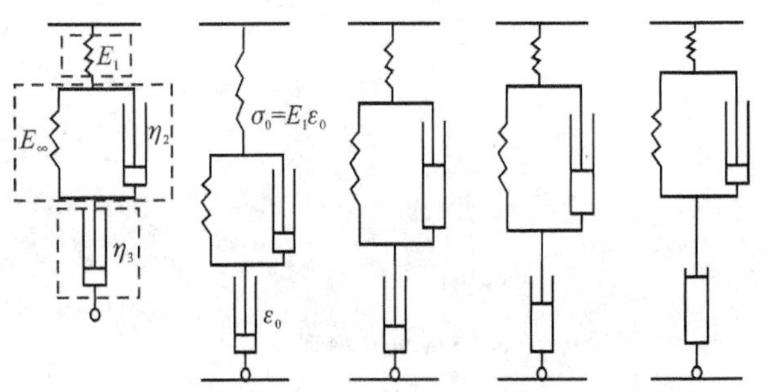

图 7-9　四元件模型的应力松弛过程(恒定应变)

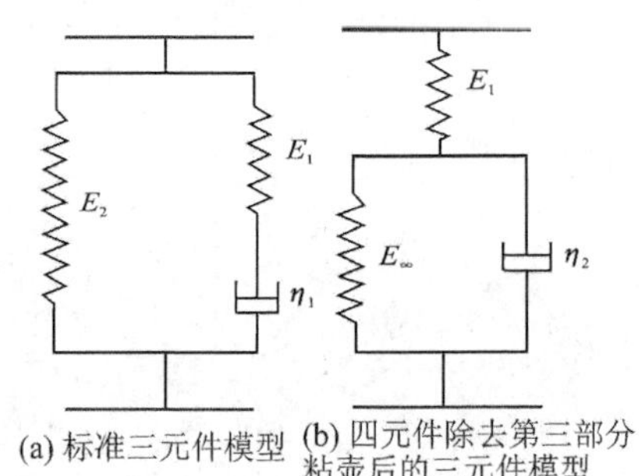

图 7-10　三元件模型

描述高分子应力松弛的数学表达式如下:

线形高分子:

$$\sigma(t)=\sigma_0 \mathrm{e}^{-t/\tau} \tag{7-22}$$

交联高分子:

$$\sigma(t)=(\sigma_0-\sigma_\infty)\mathrm{e}^{-t/\tau}+\sigma_\infty \tag{7-23}$$

式中:σ_0 为初始应力;τ 为应力松弛时间;σ_∞ 是 $t\to\infty$ (或 $t\gg\tau$)时的残余应力;$\mathrm{e}^{-t/\tau}$ 称为应力松弛函数。

表征材料应力松弛特性的物理量是应力松弛模量 $E(t)$,定义为维持单位应变所需的松弛应力,即 $E(t)=\dfrac{\sigma(t)}{\varepsilon_0}$。在应力松弛过程中,初始应变 ε_0 保持恒定,应力松弛模量的变化为

线形高分子:

$$E(t)=E_0 \mathrm{e}^{-t/\tau} \tag{7-24}$$

交联高分子:

$$E(t)=(E_0-E_\infty)e^{-t/\tau}+E_\infty \tag{7-25}$$

式中：E_0 为初始应力松弛模量；E_∞ 为 $t\to\infty$ 时的平衡松弛模量。交联高分子在初始应变中普弹性贡献较大，E_0 很高，但当 $t\to\infty$（或 $t\gg\tau$）时，高弹性占主导地位，由于 $E_\infty\ll E_0$，所以式(7-25)可近似为

$$E(t)=E_0e^{-t/\tau}+E_\infty \tag{7-26}$$

对于交联橡胶，E_∞ 即是高弹平衡模量。

由于实际高分子中运动单元大小不一，应力松弛时间有一个很宽的分布，因此力学模型中应该包括多个 Maxwell 模型才能全面描述高分子的应力松弛行为。

非晶态高分子的双对数应力松弛曲线如图 7-11 所示。该曲线形状与线性坐标中的应力松弛曲线形式（见图 7-7）不同，但与线性坐标中的模量-温度曲线（见图 5-2(b)）相似，表明时间的对数与温度之间存在等效关系。

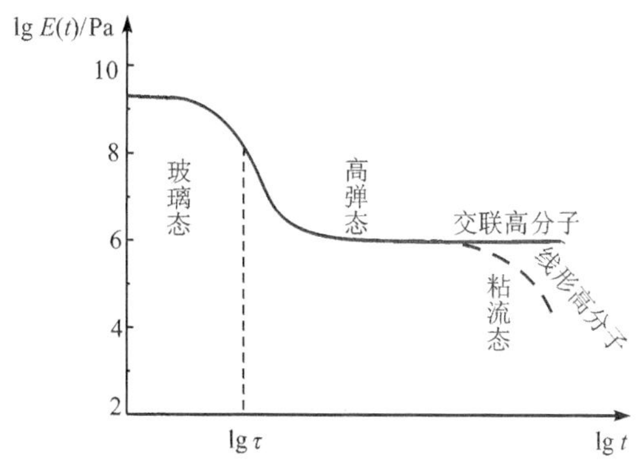

图 7-11　非晶态高分子的双对数应力松弛曲线

在非晶态高分子的双对数应力松弛曲线上，发生玻璃化转变的特征时间 τ 就是应力松弛时间。在应力松弛过程中，随维持恒定应变时间的延长，非晶态线形高分子先后呈现玻璃态（$t\ll\tau$）、高弹态（$t\gg\tau$）和粘流态。双对数应力松弛曲线上任何一点的斜率 $\dfrac{\mathrm{d}[\lg E(t)]}{\mathrm{d}(\lg t)}$ 定义为应力松弛速率。在转变区（$t\approx\tau$），应力松弛速率达到极大。

7.2.3　影响高分子蠕变和应力松弛的因素

蠕变和应力松弛不仅反映高分子内部的分子运动机理，也对高分子的应用有重要影响。蠕变反映制件的尺寸稳定性。一个高分子制件，特别是精密零件或工程零部件，应该在某种载荷的长期作用下不改变其尺寸和形状。换句话说，总是希望制件的蠕变速率和长期使用后的蠕变柔量变化越小越好。与金属和陶瓷制件相比，高分子制件的抗蠕变性相对较低，尺寸稳定性较差。这是高分子制件的一大缺点，需通过各种途径加以改进。

对密封件而言，应力松弛行为决定它们的使用寿命：密封件的应力松弛速率越低，则维持良好密封效果的时间就越长。另外，在高分子制件的加工中，应力松弛决定制件内残余应力的大小：加工中应力松弛的速率越快，则制件内的残余应力就越小，所得制件的尺寸稳定性也就越高。

各种高分子制件，由于分子链结构与凝聚态结构不同，加工或使用条件不同，它们的蠕变或应力松弛行为可能有很大的差别。就同一高分子而言，由于蠕变与应力松弛的分子运动本质相同，一切影响蠕变的因素也必定影响应力松弛。因此在下面的讨论中，为避免重复，有时以应力松弛为例，有时以蠕变为例。

此外还需注意，高分子的蠕变柔量、应力松弛模量、蠕变速率与应力松弛速率都同时是时间与温度的函数。因此在进行比较时，应在同一温度（或温度范围内）下比较不同观察时间的蠕变或应力松弛行为，或在同一观察时间（或时间范围内）比较不同温度下的行为。

1. 外界条件的影响

(1) 温　度

温度越高,高分子的蠕变柔量随时间发展越快(见图 7－12)。因为随着温度的升高,高分子的分子热运动能量和自由体积都增加,各重运动单元运动的松弛时间都缩短,所以蠕变过程的松弛时间缩短。但是,在同一观察时间范围内,并不是温度越高,蠕变速率就越快,而是在玻璃化转变区蠕变速率达到极大。这一点从高分子的双对数蠕变曲线上即可一目了然。

图 7－13 给出了一种增塑聚氯乙烯($T_g \approx 22$ ℃)在不同温度和相同观察时间范围内(50～5 000 s)的双对数蠕变曲线。由图可见,聚氯乙烯处于玻璃态和高弹态时,蠕变速率(曲线斜率)都比较小,而在 T_g 附近,蠕变速率极大。这是因为,高分子处于玻璃态时,链段运动比较困难,蠕变柔量以普弹柔量为主,随时间变化很小;处于高弹态时,链段很容易运动,以高弹柔量为主的蠕变柔量在很短时间内就迅速趋于平衡值,此后,蠕变速率也很低;但在玻璃化转变区,即链段运动的松弛时间与观察时间处于同一数量级时,蠕变柔量随时间急剧变化,蠕变速率达到极大。

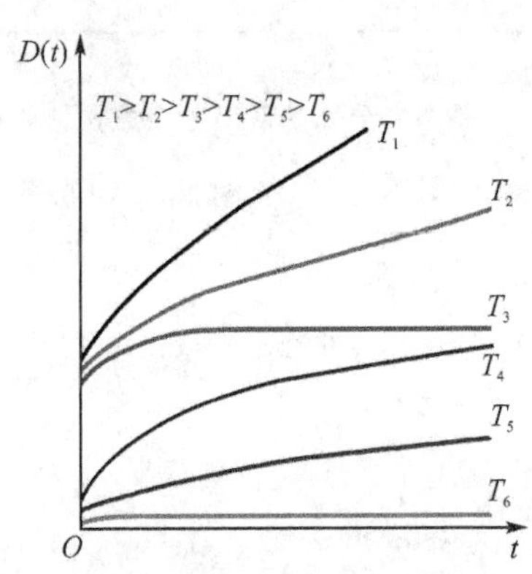

图 7－12　温度对线形高分子蠕变的影响

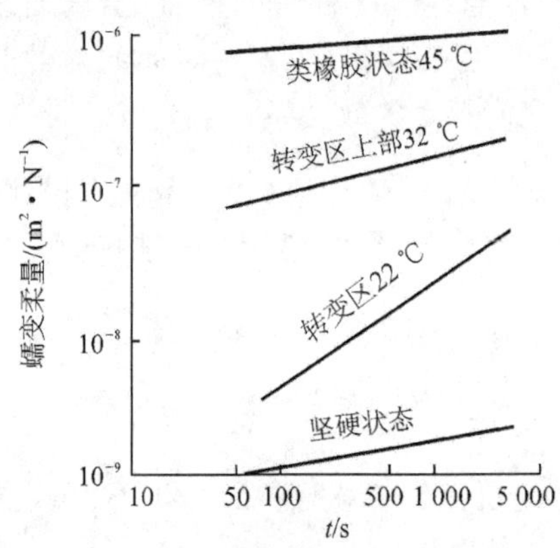

图 7－13　一种增塑聚氯乙烯在不同温度下的蠕变

同理,温度越高,高分子的应力松弛模量随时间衰减越快(见图 7－14)。观察时间范围相同时,应力松弛速率在玻璃化转变区达到极大(见图 7－15)。

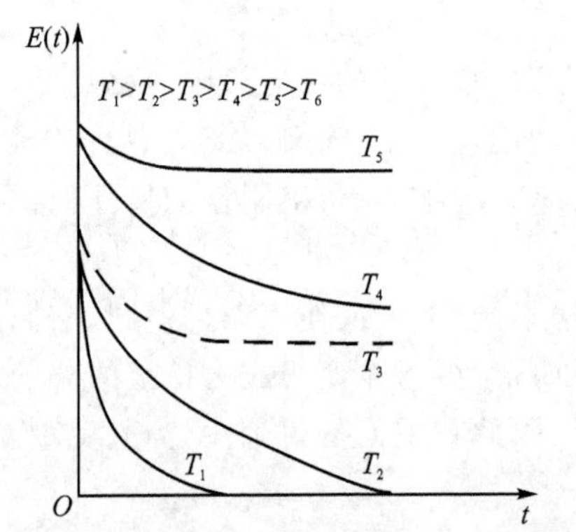

图 7－14　温度对线形高分子应力松弛的影响

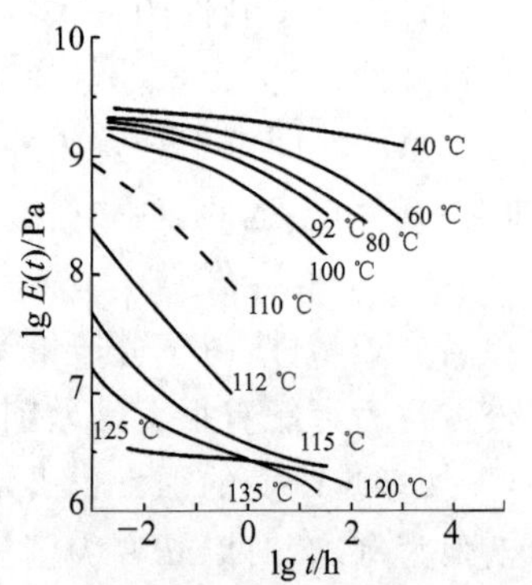

图 7－15　聚甲基丙烯酸甲酯($T_g \approx 112$ ℃)在不同温度下的应力松弛

因此,在高分子制件的实际应用中,若要避免明显的蠕变或应力松弛,都不应在 T_g 附近

使用。例如，非晶态塑料制件的使用温度上限应在 T_g 以下 20～30 ℃；橡胶制件的最低使用温度应在 T_g 以上 20～30 ℃。另外，若要消除制件加工中的残余内应力，经常采用的措施则是将制件在 T_g 附近热处理一段时间。

以上讨论中并未涉及温度改变会引起高分子发生化学变化。就塑料而言，最高使用温度低于 T_g 或 T_m。这意味着，除非高分子链刚性特别大，否则使用温度一般都会远低于高分子的分解温度，这时可不考虑热作用会引起材料的化学变化。但交联橡胶的使用温度上限为分解温度，在较高温度下使用时，往往发生氧化裂解之类的化学反应。研究表明，交联橡胶在高温下的应力松弛主要是由于分子链断裂引起的，称为化学应力松弛。

第二次世界大战期间就是用应力松弛实验确定了橡胶的降解机理。原来认为，硫化橡胶是交联高分子，不应该有明显的应力松弛。但实际上不少橡胶制品在 100～150 ℃恒定伸长下使用时，应力迅速下降；而在非常低的氧压（$<10^{-5}$ MPa）下，应力松弛速率大大减小，这才认识到氧化裂解是橡胶应力松弛的主要机理。

(2) 应力或应变

当高分子所受的恒定应力低于其断裂强度时，它在任一时刻的蠕变柔量与作用力的大小应该无关。但是实际上，当作用力足够大时，蠕变柔量随作用力的增大而急剧增加，甚至发生蠕变断裂。图 7-16 示意了一种聚氯乙烯(PVC)管材在不同应力作用下的蠕变曲线。

大应力加速高分子蠕变的根本原因在于：应力有助于缩短分子运动的松弛时间，使那些在低应力作用下本来不可能实现的分子运动，在大应力作用下得以实现。例如，高分子在低应力作用下，链段运动的松弛时间很长，在有限的观察时间内，观察不到由链段运动引起的高弹形变。但在大应力作用下，链段运动松弛时间缩短，以致在相同的观察时间内可能表现出高弹形变（强迫高弹形变，参考 9.2.2 小节），使高分子的蠕变柔量大大增加。以聚乙烯为例，如果用 $J_0(t)$ 表示它在低应力作用下的剪切蠕变柔量，$J(t)$ 表示任意应力作用下的蠕变柔量，把 $J(t)/J_0(t)$ 定义为相对剪切蠕变柔量，可以发现，当作用应力超过某一临界值时，相对蠕变柔量 $J(t)/J_0(t)$ 就明显偏离 1.0，如图 7-17 所示。这一临界应力实际上就对应于高分子的屈服强度。

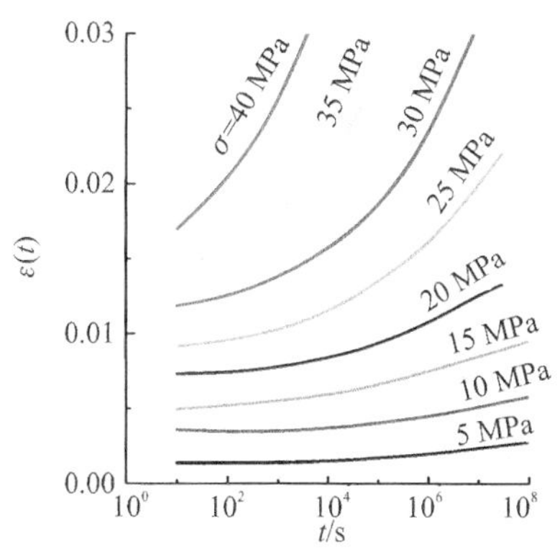

图 7-16　PVC 管材在不同应力作用下的蠕变曲线(20 ℃)

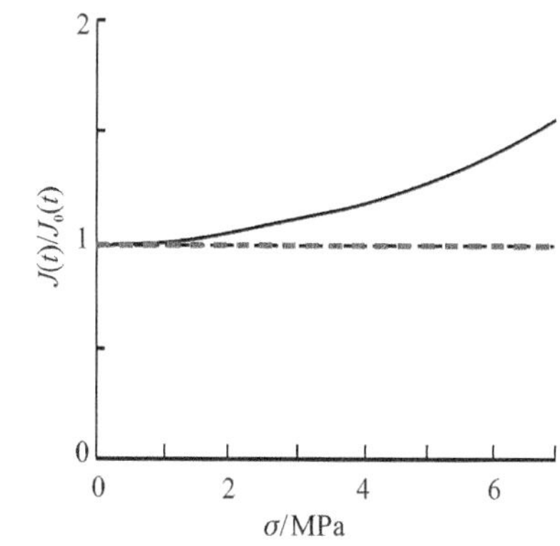

图 7-17　聚乙烯相对蠕变柔量与应力的关系

在实际应用中，为保证高分子制件在长期使用中不产生过大的蠕变形变，制件所受的应力应小于它的临界应力值。

同理，在应力松弛中，恒定应变较小时，高分子在一定观察时间的应力松弛模量与应变的大小无关;但是,当恒定应变超过某一临界值时,应力松弛模量将随应变值的增大而明显下降。图7-18给出了PVC管材在不同应变水平下的应力松弛曲线。

(3) 流体静压力

高分子所受的流体静压力越高,自由体积就越少,各重分子运动单元运动的松弛时间因此而延长,从而高分子的蠕变和应力松弛速率都降低,在一定观察时间达到的蠕变柔量减小,应力松弛模量增高。

(4) 热处理

一般来说,将结晶高分子在 T_m 以下或将非晶态高分子在 T_g 以下进行退火处理,可降低它们的蠕变和应力松弛速率。退火处理至少有三种作用:一是消除高分子内的残余应力;二是提高部分结晶高分子的结晶度;三是促进非晶态高分子(包括部分结晶高分子中的非晶相)的体积松弛,减少自由体积。第三种作用也称为物理老化。

图7-19所示为一种聚氯乙烯从90 ℃淬火到40 ℃,然后在40 ℃下物理老化不同时间后的蠕变曲线。可以看到,随物理老化时间的延长,相同观察时间的蠕变柔量大幅度降低。物理老化时间每增加一个数量级,蠕变曲线就向长时间方向平移一个数量级。

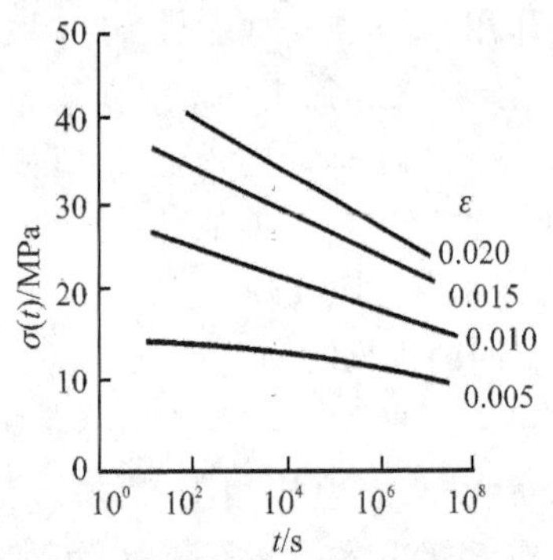

图7-18 PVC管材在不同应变下的应力松弛曲线

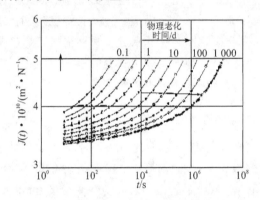

图7-19 物理老化对聚氯乙烯蠕变行为的影响

2. 结构因素的影响

(1) 分子量

当温度低于 T_g 时,高分子的蠕变和应力松弛速率主要取决于小运动单元的运动,而与链段和整链的运动无关,因此原则上应与分子量无关。但是,当高分子中含有低分子物质或低分子量级分时,会因局部强度低而出现微裂纹,裂纹尖端又因应力集中而导致周围的高分子所受的应力水平远远超过表观平均应力,从而会提高蠕变和应力松弛速率。

当温度高于 T_g 时,高分子的蠕变和应力松弛速率与分子链相对滑移引起的流动形变速率有关,因此强烈地依赖于分子量。分子量越大,分子链间相互作用力越大,且彼此间缠结越多,从而阻碍流动形变的发展,降低蠕变和应力松弛速率。对于分子量较高的高分子,在它们的蠕变和应力松弛双对数曲线上会出现一个高弹平台区。在平台区对应的观察时间范围内,链段运动十分自由,高弹柔量(或应力松弛模量)瞬间达到平衡值,但整个分子链的滑移还十分困难,即流动对蠕变柔量和应力松弛模量的贡献极小,因此蠕变和应力松弛速率几乎为零。分子量越高,这个平台区就越宽(见图7-20)。

(2) 分子链的刚性和交联

在一定的温度下,分子链刚性越大,链段和分子链的运动越困难,因此,在相同观察时间内

蠕变柔量越低。

交联的作用主要是阻止分子链间的滑移，同时也妨碍交联点附近的链段运动。温度低于 T_g 时，高分子链的滑移不占主导地位，因此交联对玻璃态高分子的蠕变和应力松弛影响不大。但在 T_g 以上，少量的交联即能大大降低高分子(橡胶)的应力松弛和蠕变速率(见图 7-21)。

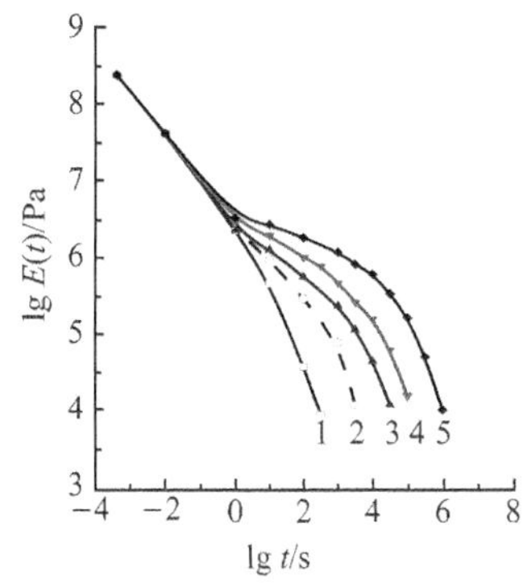

图 7-20　聚 α-甲基苯乙烯的应力松弛行为随分子量的变化(分子量按曲线序号递增)

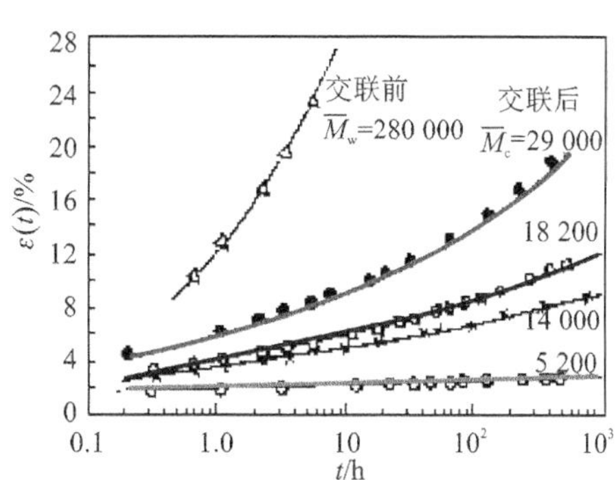

图 7-21　交联对丁苯橡胶蠕变的影响(24 ℃)

非晶态塑料是在 T_g 以下使用的高分子材料。一般来说，高度交联的热固性塑料的抗蠕变性比热塑性塑料的抗蠕变性好。在热塑性塑料中，由刚性链组成的工程塑料，如聚碳酸酯、聚砜、聚苯硫醚等，都具有优良的抗蠕变性。

橡胶是在 T_g 以上使用的高分子材料，为了降低因橡胶分子链的滑移引起蠕变或应力松弛，必须进行交联。但为了保证交联链中链段的运动足够自由，产生比较理想的高弹性，要求橡胶分子链足够柔软且交联密度不能太高。所以比较好的橡胶都是由分子量高、柔性好的高分子经轻度交联制成的。但是，由于交联网络不可能非常完善，最好的橡胶也会产生少量的蠕变和应力松弛。

(3) 结　晶

部分结晶高分子中的晶区可以看作是物理交联点。因此，与交联的作用相似，结晶主要影响高分子在 T_g 以上的蠕变和应力松弛行为。同一种高分子，结晶度越高，蠕变和应力松弛速率越低(见图 7-22)。

但是，有些结晶高分子(如聚四氟乙烯)的蠕变比预期严重，原因是它们在应力作用下发生了晶面滑移和晶粒取向等。

(4) 取　向

观察时间相同时，取向高分子在取向方向上的蠕变柔量低于未取向高分子。部分原因可归结为取向方向上模量的提高。对于双轴取向高分子薄膜，还因为在双轴拉伸中，部分地消除了材料内的缺陷，提高了平面内各方向上的强度并抑制了裂缝的产生与扩展。

取向对提高应力松弛模量也有类似的结果。不过，有些单轴取向高分子，虽然在取向方向上的应力松弛模量提高了，应力松弛速率却仍然较快。这可能是因为取向分子链间的缠结减少，分子链间容易滑移的缘故；也可能是因为在取向工艺中，高分子受到急速冷却，因而自由体积较大的缘故。

(5) 增塑、共聚、共混及填料的影响

增塑和共聚(无规共聚和交替共聚)对非晶态高分子的作用主要是改变其玻璃化转变温度

T_g。如果增塑或共聚的结果是降低了高分子的 T_g,则在相同的观察时间和温度下,蠕变柔量增加,应力松弛模量降低。

用接枝共聚、嵌段共聚和共混方法获得的橡胶增韧塑料,蠕变柔量一般比基体塑料大,不仅因为橡胶的混入降低了材料的模量,还因为它在屈服点附近会产生大量微裂纹(宏观现象是出现应力致白),使蠕变速率明显加剧。如果维持应变不变,则应力衰减加快。

用刚性填料填充高分子时,如果填料与基体之间不发生严重脱粘,则填充高分子的蠕变和应力松弛速率会明显降低;但是在伸长率大、受载时间长和填料浓度高的情况下,可能因填料与基体之间严重脱粘而导致蠕变或应力松弛速率急剧增高(见图7-23)。

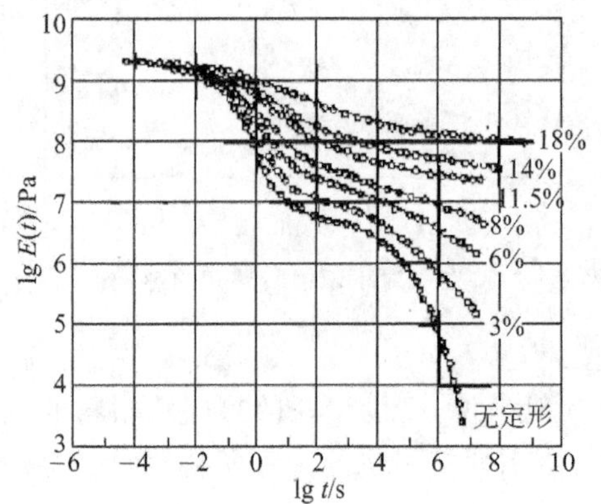

图7-22 结晶度(曲线上的数字)对双酚A聚碳酸酯应力松弛的影响(155 ℃)

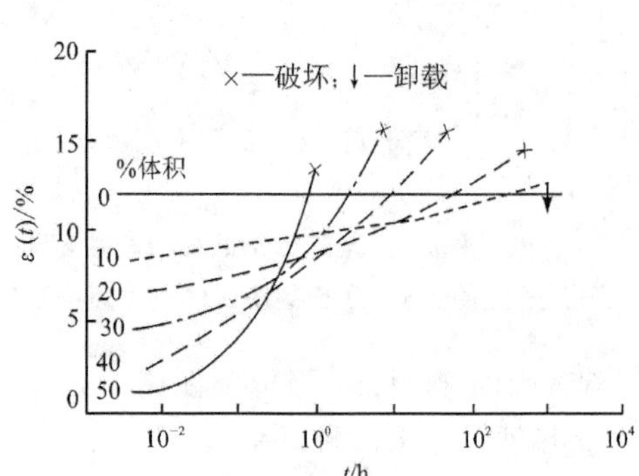

图7-23 填料体积分数对聚氨酯橡胶蠕变曲线的影响

7.3 动态粘弹性

在交变应力(或交变应变)作用下,材料的交变应变(或交变应力)随时间的变化,称为动态力学行为。这是一种更接近材料实际使用条件的粘弹性行为。因为在许多实际应用中,高分子零部件都受动态交变载荷作用,例如转动中的轮胎、传动中的塑料齿轮、吸振中的减震阻尼材料等。

从实用的观点出发,当高分子材料作为刚性结构材料使用时,希望它既有足够的弹性刚度,以保持其形状和尺寸的稳定性,又有一定的粘性,以避免脆性破坏;作为减震或隔音等阻尼材料使用时,希望它既有足够的粘性,以获得良好的减震效果,又具有一定的动态刚度;作为轮胎使用的橡胶材料,如果内耗过高,会在行驶过程中引起过热,促进老化,但一定的内耗特别是在低温下的内耗又有利于减缓轮胎与地面的打滑(当地面上有水或冰时)。显然,在设计高分子制件时,动态力学性能参数非常重要。另一方面,研究粘弹性材料的动态力学性能随温度、频率、升/降温速率、应变/应力水平等的变化,可以揭示许多关于材料结构和分子运动的信息,特别是玻璃化转变和次级转变等,具有重要的理论意义。

7.3.1 表征材料动态粘弹性的基本参数

动态力学试验中最常用的交变应力是正弦应力。以动态剪切为例,正弦交变切应力可表

示为

$$\sigma_\tau(t)=\sigma_{\tau 0}\sin \omega t \tag{7-27}$$

式中：$\sigma_{\tau 0}$ 为应力振幅；ω 为角频率，rad。试样在正弦交变应力（见图 7-24(a)）的作用下作出的应变响应随材料的性质而变。

对于理想弹性体，由于应变对应力的响应是瞬间的，所以对正弦交变应力的应变响应必定是与应力同相位的正弦函数，如图 7-24(b)中实线 1 所示，即

$$\gamma(t)=\gamma_0\sin \omega t \tag{7-28}$$

式中：γ_0 为应变振幅。

对于理想的粘性液体，应力正比于应变速率：$\sigma_\tau=\eta\dfrac{\mathrm{d}\gamma}{\mathrm{d}t}$，将式(7-27)和式(7-28)代入，经整理、积分，可得到

$$\gamma(t)=\gamma_0\sin(\omega t-90^\circ) \tag{7-29}$$

即应变落后于应力 90°，如图 7-24 (b)中的点画线 3 所示。

对于粘弹性材料，应变滞后于应力一个相位角 $\delta(0^\circ<\delta<90^\circ)$，如图 7-24(b)中的虚线 2 所示，即

$$\gamma(t)=\gamma_0\sin(\omega t-\delta) \tag{7-30}$$

展开式(7-30)，得到

$$\gamma(t)=\gamma_0(\cos\delta\sin\omega t-\sin\delta\cos\omega t) \tag{7-31}$$

可见，粘弹体的应变响应包括两项：第一项与应力同相位，体现材料的弹性；第二项落后于应力 90°，体现材料的粘性。

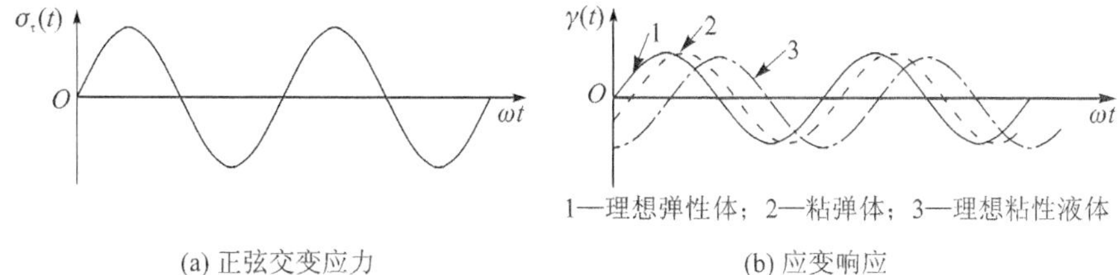

(a) 正弦交变应力　　(b) 应变响应

图 7-24　材料对正弦交变应力的应变响应

同理，如果对粘弹性试样施加一个正弦交变应变：

$$\gamma(t)=\gamma_0\sin \omega t \tag{7-32}$$

则该试样作出的应力响应就会超前于应变一个相位角 δ，即

$$\sigma_\tau(t)=\tau_0\sin(\omega t+\delta) \tag{7-33}$$

材料的模量是应力与应变之比。由于粘弹性材料的应力与应变之间存在相位差，所得模量应是复数。为了计算方便起见，可将应力与应变函数都写成复数形式。例如，式(7-32)和式(7-33)可分别写为

$$\gamma(t)=\gamma_0\exp(\mathrm{i}\omega t) \tag{7-34}$$

$$\sigma_\tau(t)=\sigma_{\tau 0}\exp[\mathrm{i}(\omega t+\delta)] \tag{7-35}$$

复数模量 G^* 为

$$G^*=\frac{\sigma_\tau(t)}{\gamma(t)}=\frac{\sigma_{\tau 0}}{\gamma_0}\mathrm{e}^{\mathrm{i}\delta}=\frac{\sigma_{\tau 0}}{\gamma_0}(\cos\delta+\mathrm{i}\sin\delta) \tag{7-36}$$

即

$$G^*=|G^*|(\cos\delta+\mathrm{i}\sin\delta)=G'+\mathrm{i}G'' \tag{7-37}$$

式中：

$$G'=|G^*|\cos\delta=\frac{\sigma_{\tau 0}}{\gamma_0}\cos\delta,\quad G''=|G^*|\sin\delta=\frac{\sigma_{\tau 0}}{\gamma_0}\sin\delta \tag{7-38}$$

$$|G^*|=\sqrt{G'^2+G''^2} \tag{7-39}$$

式中：G'表示复数模量的实数部分，表征材料在形变过程中因弹性形变而储存的能量，称为储能切变模量；G''表示虚数部分，表征材料在形变过程中因粘性形变而以热的形式损耗的能量，称为损耗切变模量；$|G^*|$称为绝对切变模量。

同样，也可以得到以柔量表达的一套动态力学性能参数如下：

$$J^*=\frac{\gamma(t)}{\sigma_\tau(t)}=\frac{\gamma_0}{\sigma_{\tau 0}}e^{-i\delta}=\frac{\gamma_0}{\sigma_{\tau 0}}(\cos\delta-i\sin\delta) \tag{7-40}$$

$$J^*=|J^*|(\cos\delta-i\sin\delta)=J'-iJ'' \tag{7-41}$$

$$J'=|J^*|\cos\delta=\frac{\gamma_0}{\sigma_{\tau 0}}\cos\delta \tag{7-42}$$

$$J''=|J^*|\sin\delta=\frac{\gamma_0}{\sigma_{\tau 0}}\sin\delta \tag{7-43}$$

$$|J^*|=\sqrt{J'^2+J''^2} \tag{7-44}$$

式中：J^*、J'和J''分别称为复数切变柔量、储能切变柔量和损耗切变柔量；$|J^*|$称为绝对切变柔量。

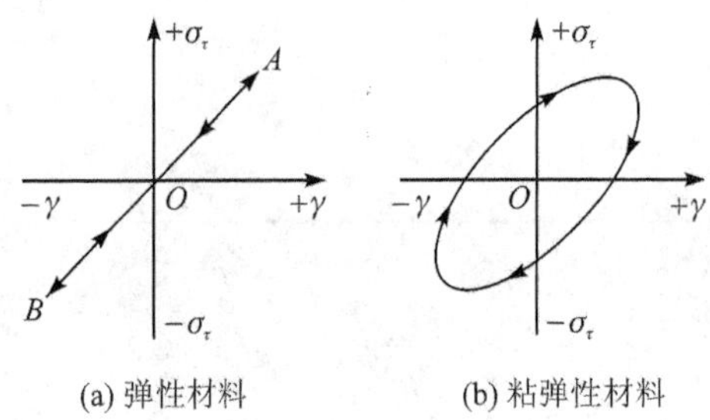

图 7-25　动态应力-应变关系

从应力-应变关系看，在每一个振动周期内，弹性材料的应力-应变曲线沿图 7-25(a)中的直线 AB 变化。在第Ⅰ象限内，直线 OA 与横坐标线之间的面积，代表在正应力上升的 1/4 周期内材料中储存的弹性能，以及在正应力下降的 1/4 周期内释放的弹性能。同理，在第Ⅲ象限内，直线 OB 与横坐标之间的面积，代表负应力上升的 1/4 周期内储存的弹性能以及负应力下降的 1/4 周期内释放的弹性能。由于相邻 1/4 周期内储存的弹性能与释放的弹性能始终相等，所以每一振动周期内能量没有损耗。储存的最大弹性能就是 OA 或 OB 线与横坐标之间的面积。

粘弹性材料的应力-应变曲线如图 7-25(b)所示。由于粘性的作用，应变总是落后于应力一定的相位角，因此应力-应变曲线不再是直线，而是滞后圈。滞后圈的面积就是材料在每一振动周期内以热的形式损耗的能量 ΔW，也就是通常所说的阻尼或力学内耗。其值可以通过对应力-应变曲线的环积分得到

$$\Delta W=\oint\sigma_\tau(t)\mathrm{d}\gamma(t)=\int_0^{2\pi/\omega}\sigma_\tau(t)\frac{\mathrm{d}\gamma(t)}{\mathrm{d}t}\mathrm{d}t \tag{7-45}$$

计算结果为

$$\Delta W=\pi\sigma_{\tau 0}^2 J'' \tag{7-46}$$

或

$$\Delta W=\pi\gamma_0^2 G'' \tag{7-47}$$

可见，J''和G''正比于粘弹性材料在每一振动周期内损耗的能量。

粘弹性材料在每一振动周期内储存的最大弹性能 W_s，应该通过对 1/4 周期（即 $t=0\sim\pi/2\omega$）内应力-应变曲线的积分计算，结果为

$$W_s=\frac{\gamma_0^2 G'}{2} \tag{7-48}$$

或

$$W_s=\frac{\sigma_{\tau 0}^2 J'}{2} \tag{7-49}$$

可见，J' 和 G' 正比于粘弹性材料在每一周期内的储能模量。

在每一周期内以热的形式损耗的能量与最大弹性储能之比称为比损耗或比阻尼，通常以 ψ 表示，即

$$\psi=\frac{\Delta W}{W_s}=\frac{2\pi G''}{G'}=2\pi\tan\delta_G \tag{7-50}$$

式中：$\tan\delta_G$ 称为剪切损耗角正切或剪切损耗因子，也常用 Q_G^{-1} 表示，即

$$Q_G^{-1}=\tan\delta_G=\frac{G''}{G'} \tag{7-51}$$

在各种实验方法中，也常用另一些量来表征材料的阻尼，如对数减量、共振峰宽度等（见 7.5 节）。

粘弹性材料动态柔量与动态模量之间存在下列关系：

$$J^*=\frac{1}{G^*},\quad |J^*|=\frac{1}{|G^*|} \tag{7-52}$$

$$J'=\frac{G'}{G'^2+G''^2},\quad J''=\frac{G''}{G'^2+G''^2} \tag{7-53}$$

对于除剪切之外的其他形变方式，也可以定义类似的动态力学性能参数及关系式。以模量为例，在动态拉伸形变中，E 为杨氏模量，有

$$E^*=E'+\mathrm{i}E'',\quad Q_E^{-1}=\tan\delta_E=\frac{E''}{E'} \tag{7-53}$$

在动态静压缩形变中，K 为体积模量，有

$$K^*=K'+\mathrm{i}K'',\quad Q_K^{-1}=\tan\delta_K=\frac{K''}{K'} \tag{7-54}$$

材料的各种复数模量的通式为

$$M^*=M'+\mathrm{i}M'' \tag{7-55}$$

损耗角正切的通式为

$$Q^{-1}=\tan\delta=\frac{M''}{M'} \tag{7-56}$$

对于各向同性材料，各种复数模量之间的关系可以由“对应原理”得出，即通过以相应的复数模量代替弹性模量，得到如下一组与式（6-2）形式相同的公式：

$$G^*=\frac{E^*}{2(1+2\nu^*)},\quad K^*=\frac{E^*}{3(1-2\nu^*)},\quad E^*=\frac{9K^*G^*}{3K^*+G^*} \tag{7-57}$$

由于高分子中各重运动单元的热运动对温度和时间有强烈的依赖性，高分子的动态力学性能与温度、频率密切相关，因此经常用到动态力学性能的温度谱（动态力学性能参数随温度的变化，简称 DMA 温度谱）、频率谱（动态力学性能参数随频率的变化，简称 DMA 频率谱）和

时间谱(动态力学性能参数随时间的变化,简称 DMA 时间谱),以更全面地表征高分子的动态粘弹性。

7.3.2 DMA 温度谱

1. DMA 温度谱的基本类型

测定高分子的动态力学性能温度谱(DMA 温度谱)时,原则上应维持交变应力的频率不变。固定频率就相当于固定观察时间($t=1/\omega$),改变温度就可以改变各重运动单元运动的松弛时间。

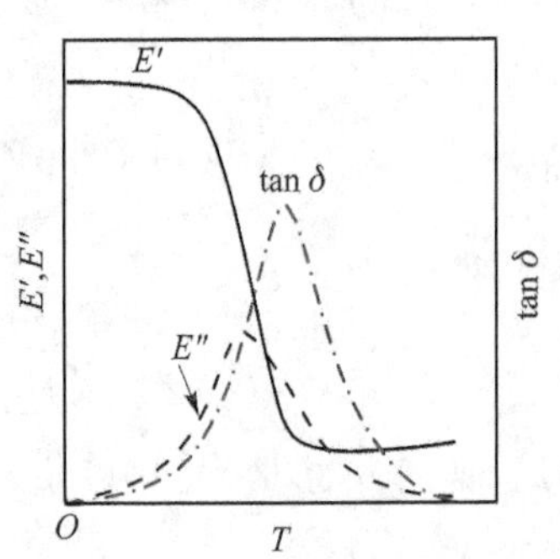

图 7-26 非晶态高分子玻璃化转变区的典型 DMA 温度谱

在固定频率下,非晶态高分子在玻璃化转变区的典型 DMA 温度谱如图 7-26 所示。当温度较低时,由于 $\tau_{链段} \gg 1/\omega$,链段运动被冻结,高分子表现为玻璃态;随着温度升高,$\tau_{链段}$ 缩短;当温度足够高且满足 $\tau_{链段} \ll 1/\omega$ 时,链段运动自由,高分子表现为高弹态。$\tau_{链段} \approx 1/\omega$ 所对应的温度就是玻璃化转变温度。

从力学内耗的角度来看,当链段运动被冻结时,由于不存在链段之间的相对迁移,所以不必克服链段之间的摩擦力,故内耗很低;当链段运动自由时,意味着链段之间的相互作用很小,链段相对迁移时所需克服的摩擦力也不大,因而内耗也很低;只有在链段运动从"冻结"开始转变至"自由"的过程中,链段虽具有一定的运动能力,但运动中所需克服的摩擦力较大,致使内耗较大,并在玻璃化转变温度下达到极大值。

在动态力学分析中,有三种定义玻璃化转变温度(即 T_g)的方法,如图 7-27 所示。第一种是切线法,如图 7-27(a)所示,将储能模量曲线上切线交点对应的温度定义为 T_g;第二种是将损耗模量峰值对应的温度定义为 T_g,如图 7-27(b)所示;第三种是将 tan δ 峰值对应的温度定义为 T_g,如图 7-27(c)所示。由此获得的三个 T_g 值依次增高。在应用 DMA 技术时,研究者可以用其中任何一种方法来定义 T_g。但在比较一系列高分子的性能时,应固定一种定义法。在 ISO 标准中,建议将损耗模量峰值对应的温度定义为 T_g。习惯上,在以 T_g 表征结构材料的最高使用温度时,用第一种方法定义 T_g,因为只有这样才能确保结构材料在使用温度范围内模量不会出现大的变化,从而保证结构件的尺寸与形状的稳定性;而在研究阻尼材料时,常以 tan δ 峰值对应的温度定义为 T_g。

上述分析对其他各重运动单元也同样适合。因此,在不考虑升温过程中发生结晶或化学反应的前提下,非晶态线形高分子、部分结晶高分子和交联高分子在宽温度范围内的典型 DMA 温度谱如图 7-28 所示。

对于高分子-高分子共混物,如前所述,当组元高分子之间因具有良好的混溶性而形成均相体系时,其 T_g 将介于组元高分子的 $T_{g,1} \sim T_{g,2}$ 之间;如果组元高分子之间完全不混溶,则共混高分子将相分离为两相,各相的玻璃化转变温度分别对应于各组元高分子的 $T_{g,1}$ 和 $T_{g,2}$;如果组元高分子部分混溶,则共混高分子也将相分离为两相,出现两个玻璃化转变温度,但由于每一相本身都是组元高分子的混溶体,所以各相的玻璃化转变温度将介于 $T_{g,1} \sim T_{g,2}$ 之间。因此,随组元高分子混溶性的区别,DMA 温度谱的变化如图 7-29 所示。图 7-30 给出了橡胶增韧塑料和热塑弹体的典型 DMA 温度谱。

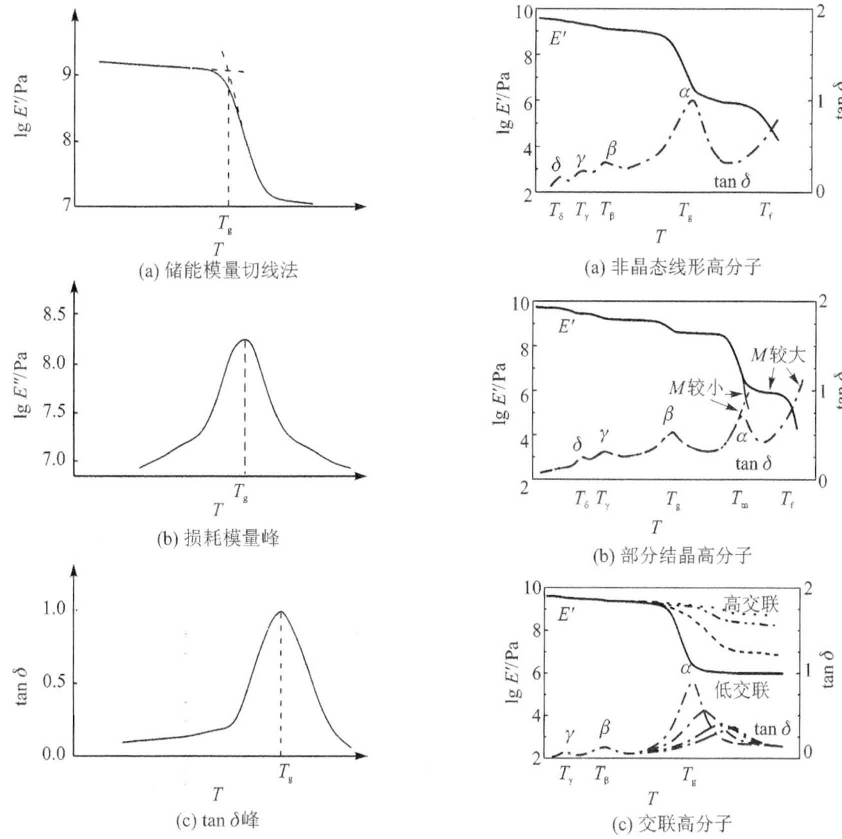

图 7-27　动态力学分析中 T_g 的三种定义法

图 7-28　高分子材料的典型 DMA 温度谱

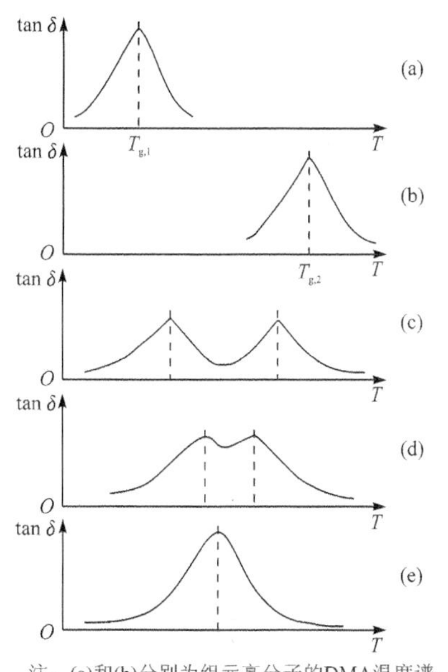

注：(a)和(b)分别为组元高分子的DMA温度谱；(c)~(e)组元高分子之间混溶性依次增加。

图 7-29　高分子-高分子共混体系的 DMA 温度谱随组元高分子混溶性的变化

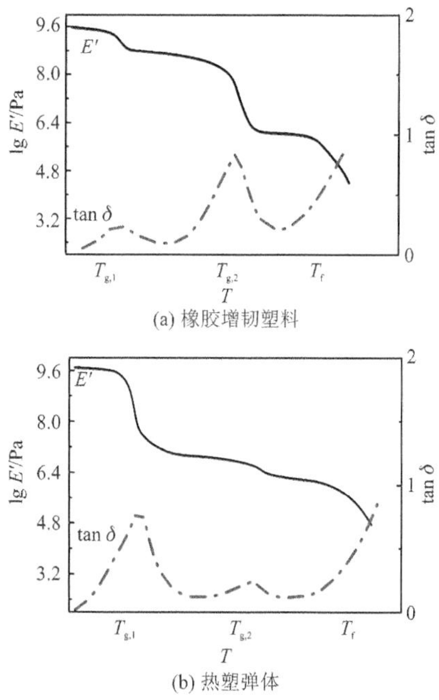

图 7-30　橡胶增韧塑料和热塑弹体的典型 DMA 温度谱

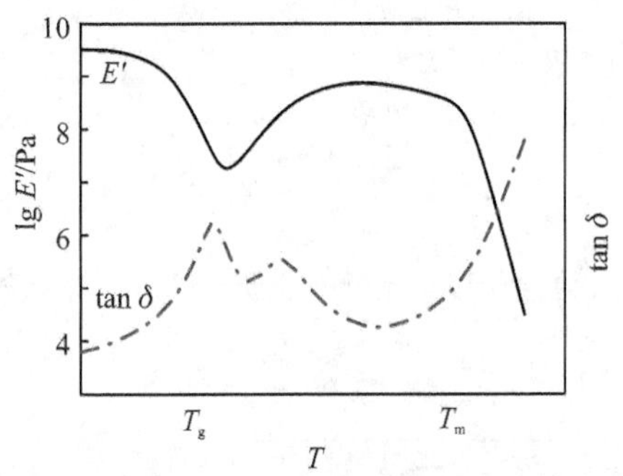

图 7-31 结晶性高分子升温中发生冷结晶的 DMA 温度谱

如果结晶性高分子通过淬火处理形成了非晶态玻璃或结晶度很低的材料,则在升温到它的 T_g 以上时有可能会发生冷结晶,导致模量升高。这种情况下的典型 DMA 温度谱如图 7-31 所示。

对于拟制备热固性塑料的树脂/固化剂体系,在升温过程中除了发生物理变化外,还会发生分子链增长、支化、交联等一系列化学变化。假设起始的树脂/固化剂体系在室温下为玻璃态,固化产物又具有很高的耐热性(航空航天复合材料中所用热固性树脂基体多属于这一类),则典型的 DMA 温度谱如图 7-32 所示。初始材料在室温下模量较高,约 10^9 Pa,但毕竟是分子量较低的树脂体系,其软化点 T_s(本质上既是树脂的 T_g,也是树脂的 T_f)仅略高于室温,因此稍加升温即可使之软化流动。但这时的温度尚不足以引起树脂与固化剂迅速发生反应,所以体系的储能模量随温度升高而迅速降低。继续升温时,固化反应速率逐渐提高,体系分子量增加,支化度提高,并可能引入少量交联点。这些化学反应的结果是导致体系流动温度和模量的提高。另一方面,升温的物理作用又总是使体系的模量降低。如果在一定的温度范围内,这两种作用基本平衡,则体系的储能模量就基本不变。但随着温度继续升高,固化反应速度将越来越快,一旦树脂体系凝胶化(所对应的温度称为凝胶温度 T_{gel}),则进一步交联就会使体系迅速硬化,也称为玻璃化(vitrification),对应的温度称为硬化温度(T_h)。但这是因化学交联作用使体系从柔软的凝胶态变为坚硬的玻璃态,本质上不同于仅因链段运动状态变化所引起的玻璃化转变(glass transition);同时,体系的 T_g 将随交联度的提高而不断提高,直到固化完全。所以在继续升温中,只要环境温度低于该温度下固化产物的 T_g,体系就表现出玻璃态的高储能模量。直到固化过程接近完成,体系的交联程度基本不变,而试验温度却继续上升,以致超过固化产物的 T_g 时,体系的储能模量才因发生玻璃化转变而再次下降。对于耐热性很好的固化体系,其 T_g 以上的高弹储能模量仅比玻璃态的储能模量低半个数量级或更少。此外,在储能模量发生明显跌落或上升的每个转变区,内耗都将出现一个峰。

许多高分子材料特别是热固性树脂基复合材料中,除高分子树脂以外,还含有填料或增强剂之类的填充剂,如炭黑增强橡胶、纤维增强塑料等。

如果忽略界面的影响,刚性填充剂的加入对非晶态塑料 DMA 温度谱的影响如图 7-33 所示:储能模量提高,内耗峰降低,但对 T_g 的影响较小。如果以 T_g 表征材料的耐热性,则填充体系与未填充体系的耐热性基本相同。但是,如果以工业上常用的热变形温度 T_{HD} 来衡量,则填充体系的耐热性可能比未填充体系的高得多。因为工业上的这类耐热性指标,实质上是指材料的模量降到一定值(约 10^9 Pa)时所对应的温度。正如图 7-33 所示,作模量为 10^9 Pa 的水平线,它与未填充及填充高分子 DMA 温度谱的交点所对应的温度可能有很大差别(几十℃甚至更多)。

当填充剂与高分子基体之间形成的界面与基体性能明显不同时,整个体系就是由基体相、界面相和填充剂相组成的三相体系。基体相和界面相各有一个玻璃化转变温度。不过,当两者差别不大时,不容易分辨。

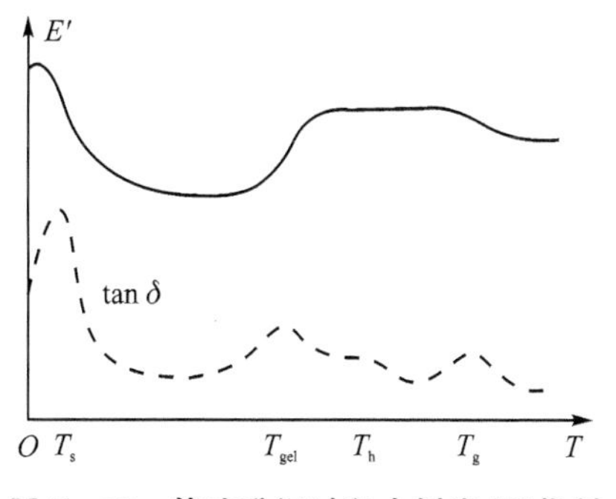

图 7-32　等速升温过程中树脂/固化剂体系的典型 DMA 温度谱

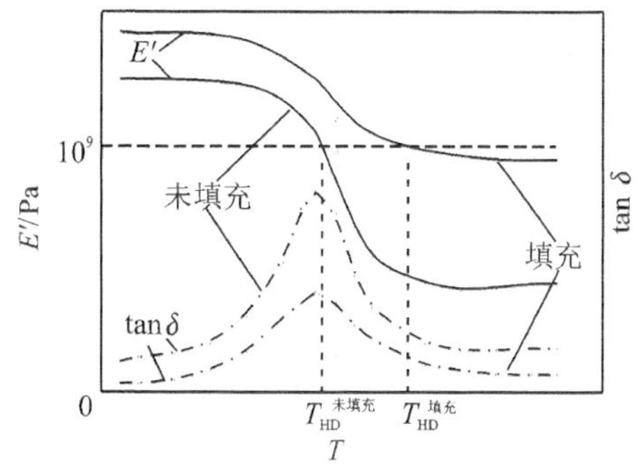

图 7-33　填充与未填充高分子的 DMA 温度谱

填充剂的存在不仅影响主转变，也影响次级转变，特别是基体为结晶性高分子时。图 7-34 所示为尼龙 66 和玻璃纤维增强尼龙 66 的 DMA 温度谱，由图可见，增强纤维的存在明显改变了各转变峰的位置与形状。

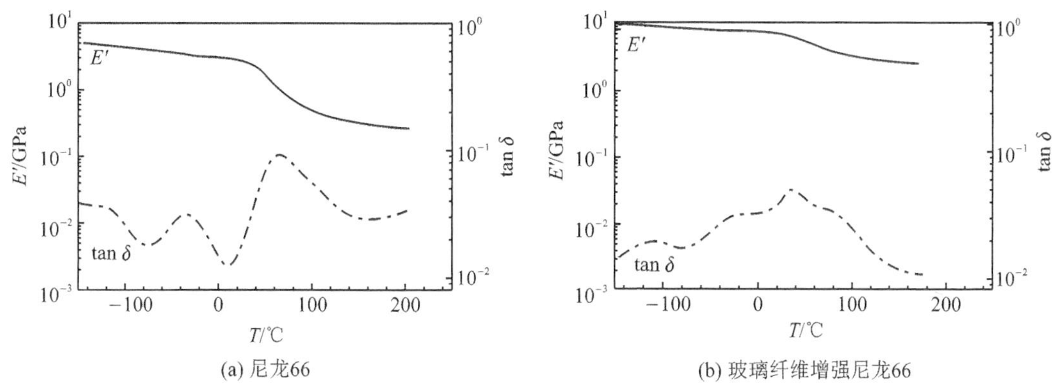

图 7-34　尼龙 66 和玻璃纤维增强尼龙 66 的 DMA 温度谱

2. DMA 温度谱的应用

由以上讨论可以看到，通过高分子的 DMA 温度谱，不仅可以获得在宽温度范围内任一温度下的刚度和阻尼值，还能获得一系列特征温度，如 T_m、T_g、T_β、T_γ、T_δ、T_s、T_{gel}、T_h 等。这些信息至少具有下列实用意义：

① 评价塑料的耐热性，依据是非晶态塑料和结晶性塑料的使用温度上限分别为 T_g 和 T_m。

② 评价橡胶的耐寒性，依据是橡胶使用温度的下限为 T_g。

③ 评价阻尼材料的阻尼特性。

④ 为制订热固性塑料或热固性树脂基复合材料固化工艺提供依据。

⑤ 保证预浸料的质量。预浸料是已浸渍热塑性树脂或热固性树脂/固化剂体系的织物，是制造高性能复合材料结构件（如航空航天结构件）的原材料。对于热固性树脂基预浸料，如果在储存过程中树脂基体的固化度有所增加，则其软化温度 T_s 会提高而凝胶温度 T_{gel} 会降低，即 $T_s \sim T_{gel}$ 范围变窄。如果固化度过高，则在成型过程中将不利于铺层间的粘结和复合材料制件中树脂含量与孔隙率的控制。因此，为确保在标准工艺条件下所制备复合材料的质量，必须首先严格保证成型前预浸料的质量，即 $T_s \sim T_{gel}$ 的范围。这个范围用 DMA 温度谱

很容易确定。图7-35给出了某航空公司预浸料质量检验中所用的tan δ 温度谱,图中实线表示合格,虚线表示不合格。

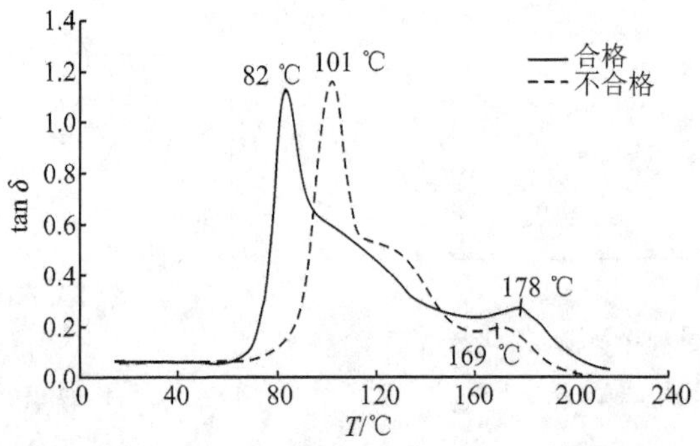

图7-35　合格与不合格预浸料的tan δ 温度谱

⑥ 判断共混高分子的混溶性。以二元共混物为例,组元高分子完全混溶时只有1个 T_g,其值介于两个组元高分子的 $T_{g,1}$ 和 $T_{g,2}$ 之间;完全不混溶时有2个 T_g,分别对应于 $T_{g,1}$ 和 $T_{g,2}$;部分混溶时有2个 T_g,均介于 $T_{g,1}$ 和 $T_{g,2}$ 之间,混溶性越好,两者越靠拢。图7-36(a)和(b)分别给出了一组配方不同的不混溶与混溶二元共混高分子的tan δ 温度谱。

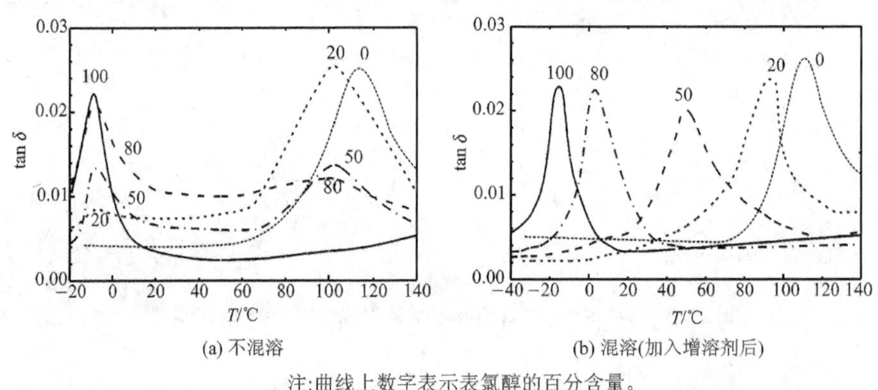

图7-36　表氯醇橡胶与(甲基丙烯酸甲酯/甲基丙烯腈共聚物)共混物的tan δ 温度谱

⑦ 研究玻璃态和晶态高分子的分子运动机理。动态力学性能,特别是力学内耗对高分子的低温次级转变非常敏感。图7-37分别给出了低密度聚乙烯、尼龙1010、聚四氟乙烯和3#航空有机玻璃(聚甲基丙烯酸甲酯)的DMA温度谱,重点示意它们的低温次级转变。需要注意的是,各低温内耗峰的归属还需用实验一一验证。例如,将聚乙烯的 β 峰归因于非晶相的玻璃化转变,已被该峰随聚乙烯结晶度的下降而增高所证实;将尼龙1010的 δ 峰归因于酰胺基之间若干个次甲基的曲柄运动,已被该峰随酰胺基之间次甲基数的减少而降低所证实。

⑧ 初步判断塑料的低温韧性。玻璃化转变温度低于室温的结晶性塑料和在玻璃化转变温度以下存在宽阔或高强度次级转变的非晶态塑料一般都具有良好的低温韧性。图7-38给出了低温韧性良好的工种塑料聚碳酸酯和聚砜的DMA温度谱。

在热固性塑料中,韧性相对较好的环氧塑料大多具有室温或低温(−50～−100 ℃)次级转变内耗峰(见图7-39)。不同环氧树脂浇注体的冲击强度与它们次级转变内耗峰的高度几乎成正比。

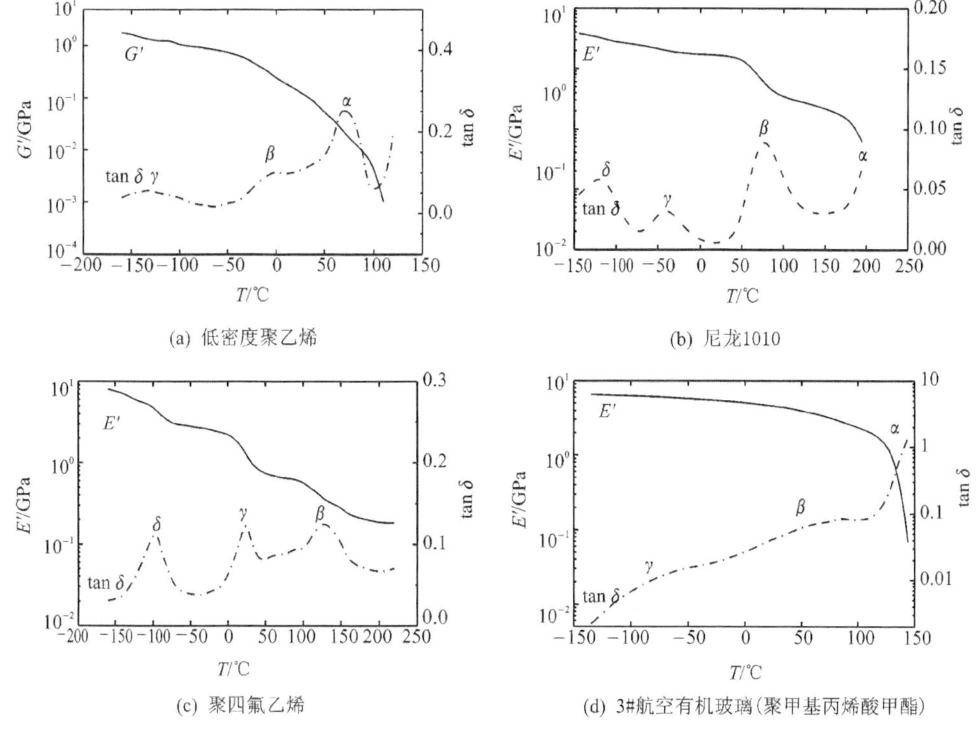

(a) 低密度聚乙烯　　(b) 尼龙1010

(c) 聚四氟乙烯　　(d) 3#航空有机玻璃(聚甲基丙烯酸甲酯)

图 7-37　几种高分子的 DMA 温度谱

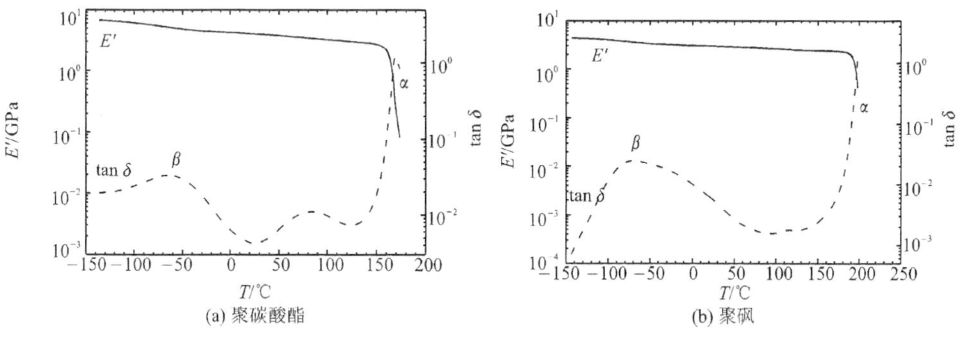

(a) 聚碳酸酯　　(b) 聚砜

图 7-38　聚碳酸酯和聚砜的 DMA 温度谱

橡胶增韧塑料的最低使用温度主要取决于其中橡胶相的 T_g。以 ABS 为例，不同厂家生产的 ABS 虽然都是苯乙烯/丁二烯/丙烯腈的三元共聚物，但由于合成条件的差别，最终产品中的橡胶相可能以聚丁二烯橡胶为主，也可能以丁苯橡胶为主，还可能以丁腈橡胶为主，三者的玻璃化转变温度依次提高，如图 7-40 所示，三种 ABS 的最低使用温度也依次提高。

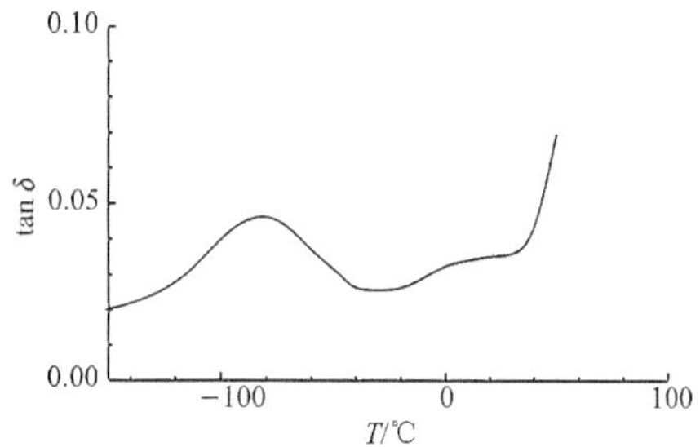

图 7-39　环氧塑料典型的低温内耗峰

图 7-41 还给出了橡胶增韧聚丙烯塑料的 tan δ 温度谱和低温冲击强度。可以看出，这种材料的冲击强度随次级转变内耗峰高度的增加而提高。

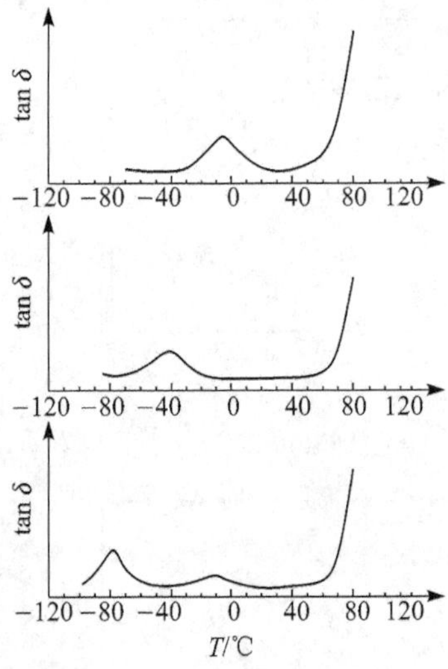

图 7-40 三种 ABS 的 tan δ 温度谱

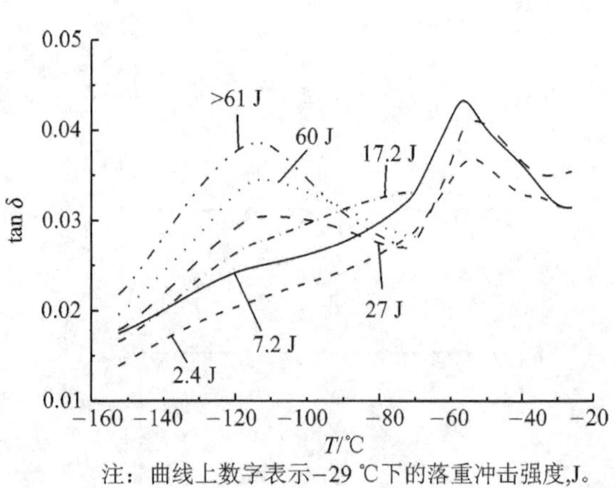

注：曲线上数字表示−29 ℃下的落重冲击强度,J。

图 7-41 橡胶增韧聚丙烯塑料的低温内耗峰高度与冲击强度

3. DMA 温度谱的频率依赖性

高分子的 DMA 温度谱随测试频率的增加向高温方向移动,所得转变温度,除熔点之外,均随试验频率的增加而提高,提高幅度取决于相应运动单元的活化能。如图 7-42 所示,随频率增高,次级转变移动的幅度较小,主转变移动的幅度较大。经验表明,试验频率每增加一个数量级,玻璃化转变温度提高 5～10 ℃。

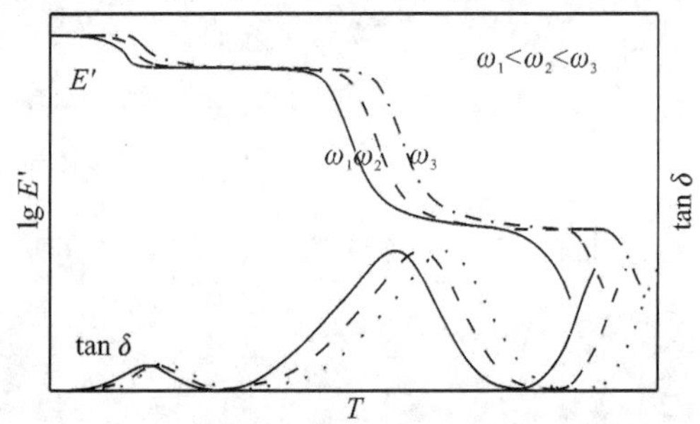

图 7-42 试验频率对 DMA 温度谱的影响

同理,升温速率提高,DMA 温度谱向高温方向移动。

7.3.3 DMA 频率谱

链段运动状态的转变也可以在恒定温度下通过改变频率而获得。测量高分子的动态力学性能频率谱(DMA 频率谱)时,原则上应维持温度不变。图 7-43 给出了非晶态高分子玻璃化转变区的 DMA 频率谱。玻璃化转变区对应的特征频率的倒数$\frac{1}{\omega}$定义为链段运动的特征松弛时间。当频率足够低,从而$\frac{1}{\omega} \gg \tau_{链段}$时,高分子表现为高弹态;当频率足够高,从而$\frac{1}{\omega} \ll \tau_{链段}$时,高分子表现为玻璃态;在$\frac{1}{\omega} \approx \tau_{链段}$时,高分子发生玻璃化转变。

若用图 7-10(a)所示的三元件模型模拟交联高分子的动态力学性能,则可得到 $E'(\omega)$、$E''(\omega)$、$\tan\delta$ 与频率的关系如下:

$$E'(\omega) = E_2 + E_1 \frac{\omega^2\tau^2}{1+\omega^2\tau^2}, \quad E''(\omega) = E_1 \frac{\omega\tau}{1+\omega^2\tau^2} \tag{7-58}$$

$$\tan\delta=\frac{E''}{E'}=\frac{E_1\omega\tau}{E_2(1+\omega^2\tau^2)+E_1\omega^2\tau^2} \tag{7-59}$$

可见，当 $\omega\to 0$ 时，$E'(\omega)=E_2$，$E''(\omega)=0$，$\tan\delta=0$，高分子处于高弹态；当 $\omega\to\infty$ 时，$E'(\omega)=(E_2+E_1)\gg E_2$，$E''(\omega)=0$，$\tan\delta=0$，高分子处于玻璃态；当 $\omega=\frac{1}{\tau}$ 时，高分子发生玻璃化转变，此时 $E'(\omega)=E_2+\frac{E_1}{2}$，$E''(\omega)=\frac{E_1}{2}$，$\tan\delta=\frac{E_1}{2E_2+E_1}$。

非晶态线形高分子在宽频率范围内的典型 DMA 频率谱如图 7-44 所示，其中包括了主转变和次级转变，对应的特征频率分别为 ω_α、ω_β、ω_γ、ω_δ 等。与图 7-28(a)所示的温度谱相比可以看到，高分子在固定频率下的低温性能相当于在固定温度下的高频性能；反之，高分子在固定频率下的高温性能相当于在固定温度下的低频性能。根据这个原则，读者可画出部分结晶高分子、交联高分子、共混高分子等相应的 DMA 频率谱。

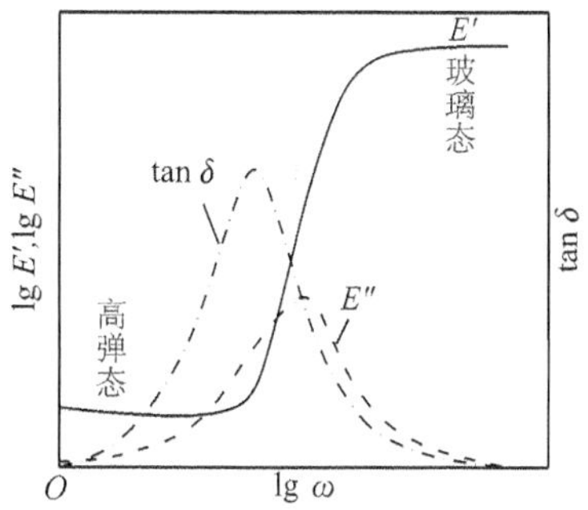

图 7-43　非晶态高分子玻璃化转变区的 DMA 频率谱

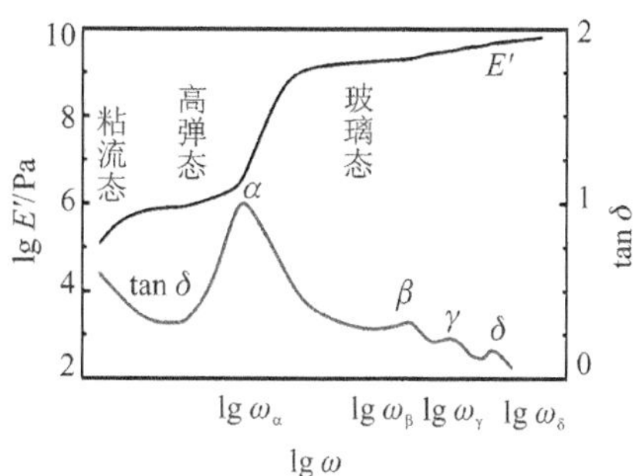

图 7-44　非晶态线形高分子的典型 DMA 频率谱

在实验上，要用一台仪器，以一次实验，测定频率范围跨越十几个数量级的 DMA 频率谱是几乎不可能的，因为目前已有的各种动态力学测试技术都只适用于有限的频段(见 7.5 节)。为了得到宽频率范围内的 DMA 频率谱，一般可采取以下两种方法：① 用不同的动态力学测试方法分别获得不同频段内的 DMA 频率谱，然后将它们组合起来；② 用同一种方法在相同的频段内测定不同恒温条件下的一组频率谱，然后利用时-温等效原理(见 7.4.2 小节)，通过水平位移和垂直位移把它们转换为宽频率范围内的 DMA 频率谱。

由于在恒定频率下测定宽温度范围内的 DMA 温度谱要容易实现得多，因此，一般都更乐于测定 DMA 温度谱。但在有些情况下，如测定分子运动活化能或将高分子作为减振隔音之类的阻尼材料应用时，材料的 DMA 频率谱更重要。

利用 DMA 频率谱测定分子运动活化能的方法可简述如下。

如第 5 章所述，分子运动的松弛时间可以表达为

$$\tau=\tau_0\mathrm{e}^{\frac{\Delta E-\gamma\sigma}{RT}}$$

在动态力学测试中，所选的应力振幅一般都在被测试材料的应力-应变曲线的起始线性段，σ 值很低，$\gamma\sigma$ 项可忽略不计，因此松弛时间表达式可简化为

$$\tau=\tau_0\mathrm{e}^{\frac{\Delta E}{RT}}$$

两边取对数，得到

$$\ln\tau=\ln\tau_0+\frac{\Delta E}{RT} \tag{7-60}$$

对每一重运动单元,都有 $\tau=1/\omega$,所以有

$$\ln\left(\frac{1}{\omega}\right)=\ln\tau_0+\frac{\Delta E}{RT}\quad 或 \quad \ln\omega=A-\frac{\Delta E}{RT} \tag{7-61}$$

ω 的单位为 rad。如果以 Hz 为单位表示频率 f,则由于 $\omega=2\pi f$,式(7-61)可写成

$$\ln\left(\frac{1}{2\pi f}\right)=\ln\tau_0+\frac{\Delta E}{RT}\quad 或 \quad \ln(2\pi f)=-\ln\tau_0-\frac{\Delta E}{RT} \tag{7-62}$$

合并式中的常数为 A_1,得到

$$\ln f=A_1-\frac{\Delta E}{RT} \tag{7-63}$$

测定两个不同温度(T_1、T_2)下的 DMA 频率谱,从损耗模量峰 E''_{max}或内耗峰 $\tan\delta_{max}$ 对应的频率,分别得到 ω_1(或 f_1)和 ω_2(或 f_2),代入式(7-61)或式(7-63),解联立方程,即可得到 ΔE。或者在一系列不同温度下测定 DMA 频率谱,获得不同温度下的一组特征频率,然后将 $\ln\omega$ 或 $\ln f$ 对 $1/T$ 作图,由斜率($-\Delta E/R$)即可得到 ΔE。

DMA 频率谱与试验温度有关。试验温度升高,DMA 频率谱向高频方向移动,如图 7-45 所示。图中,低频段出现的转变对应于 α 主转变,高频段出现的转变对应于 β 转变。由于 α 转变的活化能较高,所以随温度上升特征频率向高频方向移动量较大;而 β 转变的活化能低,特征频率向高频方向的移动量较小。分别对 α 转变和 β 转变作 $\ln f-1/T$ 曲线,将得到如图 7-46 所示的两条直线,分别从两条直线的斜率就可求出 α 转变和 β 转变的分子运动活化能。

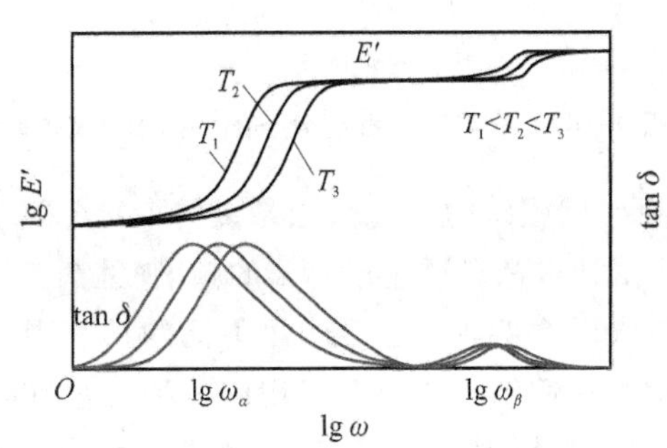

图 7-45 温度对非晶态高分子 DMA 频率谱的影响

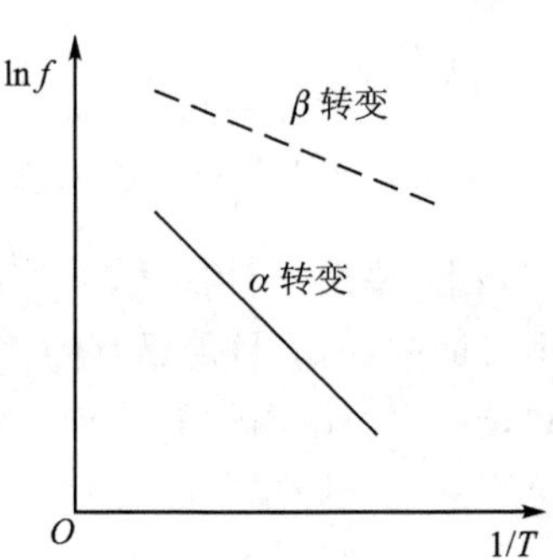

图 7-46 α 转变和 β 转变的特征频率与 $1/T$ 的关系

7.3.4 DMA 时间谱

高分子在恒定温度与恒定频率下的动态力学性能随时间的变化曲线称为动态力学性能时间谱,简称 DMA 时间谱。DMA 时间谱的重要应用之一是研究树脂/固化剂体系的等温固化动力学。

图 7-47 所示为树脂/固化剂体系的固化工艺制度示意图及在一定固化温度和一定频率下的典型 DMA 时间谱。最初,树脂/固化剂体系的分子量低,在固化温度下处于流动态,模量很低。随着时间延长,固化反应持续进行,体系模量逐渐升高,特别是固化进行到凝胶点后,模量将随时间迅速上升,直到固化完成,模量趋于平衡值。

设 E'_0、$E'(t)$ 和 E'_∞分别为体系在固化时间 0、t 和∞时的储能模量,则固化过程中 $\dfrac{E'(t)-E'_0}{E'_\infty-E'_0}$将从 0 逐渐增加至 1。通常采取如图 7-47(b)中所示的切线法确定特定固化温度

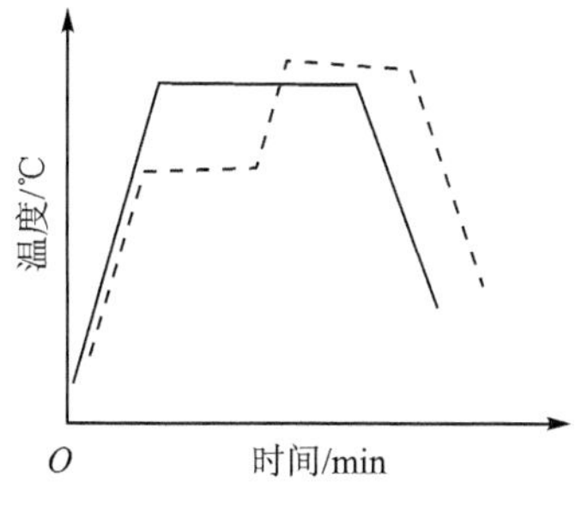

(a) 树脂/固化剂体系的固化工艺制度示意图

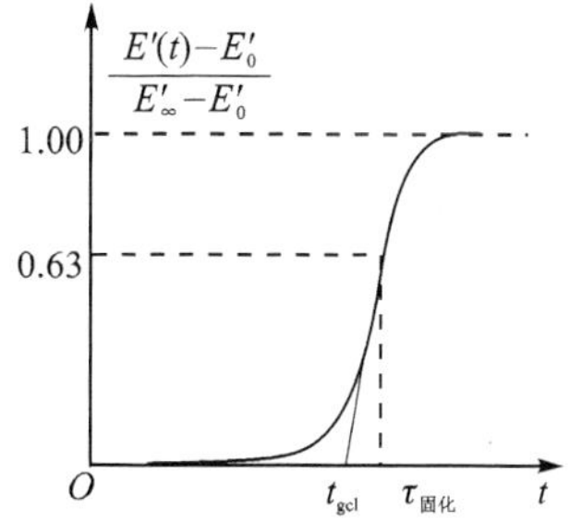

(b) 等温固化中性能随时间的相对变化

图 7－47　树脂/固化剂体系的固化工艺制度示意图和等温固化中性能随时间的相对变化

下的凝胶时间 t_{gel}。在凝胶点附近，损耗模量和 tan δ 出现峰值，因此，也可以将损耗模量峰或 tan δ 峰对应的时间定为凝胶时间(图中未标出)。凝胶点是评价树脂/固化剂工艺性的重要指标之一。在热固性树脂基复合材料成型工艺中，为保证加压时基体的流动性既能充分且均匀地浸润增强纤维，又不致因流动性过大而损失树脂含量，常以凝胶时间作为选择加压时间的主要依据。

Hscich 根据非平衡热力学涨落理论提出，树脂体系恒温固化过程中性能随时间的变化可用下式描述：

$$\frac{P_\infty - P(t)}{P_\infty - P_0} = \exp\left[-\left(\frac{t}{\tau_{固化}}\right)^\beta\right] \tag{7-64}$$

式中：P_0、$P(t)$和 P_∞ 分别为体系在恒温固化时间 0、t、∞时的性能；$\tau_{固化}$为固化松弛时间；β 为常数，与固化反应机理有关。式(7－64)表明，当 $t=\tau_{固化}$时，有

$$\frac{P_\infty - P(t)}{P_\infty - P_0} = e^{-1} \tag{7-65}$$

在动态力学分析中，以储能模量 E' 作为具体性能时，式(7－64)可具体化为

$$\frac{E'_\infty - E'(t)}{E'_\infty - E'_0} = \exp\left[-\left(\frac{t}{\tau_{固化}}\right)^\beta\right] \tag{7-66}$$

当 $t=\tau_{固化}$时，有

$$\frac{E'_\infty - E'(t)}{E'_\infty - E'_0} = e^{-1} \approx 0.37 \quad 或 \quad \frac{E'(t) - E'_0}{E'_\infty - E'_0} \approx 0.63 \tag{7-67}$$

即在储能模量-时间谱上，$\frac{E'(t)-E'_0}{E'_\infty-E'_0}\approx 0.63$ 处所对应的时间就是该固化体系的固化松弛时间 $\tau_{固化}$，见图 7－47(b)。理论上，$\tau_{固化}$与固化温度之间的关系遵循 Arrhenius 方程：

$$\tau_{固化} = \tau_0 \exp\left(\frac{H_{固化}}{RT}\right) \quad 或 \quad \ln \tau_{固化} = \ln \tau_0 + \frac{H_{固化}}{RT} \tag{7-68}$$

式中：τ_0 为常数，$H_{固化}$为固化反应活化能。测定树脂在一系列不同固化温度下的 DMA 时间谱，可得到一系列 $\tau_{固化}$。作 $\ln \tau_{固化}-\frac{1}{T}$曲线(见图 7－48)，从斜率可以计算出 $H_{固化}$。

一旦获得特定树脂/固化剂体系的 τ_0 和 $H_{固化}$，就可以用式(7－68)预测该体系在任一温度下的固化松弛时间 $\tau_{固化}$。

更进一步，在确定了特定体系的固化松弛时间后，可利用式(7－66)获得其中的参数 β。具体做法如下：

将式(7-66)两边取对数,得到

$$\ln\left[\frac{E'_{\infty}-E'(t)}{E'_{\infty}-E'_{0}}\right]=-\left(\frac{t}{\tau_{固化}}\right)^{\beta} \tag{7-69}$$

对式(7-69)两边再取对数,得到

$$\lg\left\{-\ln\left[\frac{E'_{\infty}-E'(t)}{E'_{\infty}-E'_{0}}\right]\right\}=\beta\lg\left(\frac{t}{\tau_{固化}}\right) \tag{7-70}$$

将 $\lg\left\{-\ln\left[\frac{E'_{\infty}-E'(t)}{E'_{\infty}-E'_{0}}\right]\right\}$ 对 $\lg\left(\frac{t}{\tau_{固化}}\right)$ 作图,如图7-49所示,由斜率就可以得到 β。

对于一个具体的固化体系,只需在有限个恒定温度下测定DMA时间谱,就能通过上述方法获得该体系的 τ_0、$H_{固化}$ 和 β 等固化动力学参数。有了这些参数,就可以预测该体系在任一温度下等温固化过程中力学性能随反应时间的变化,从而为复合材料的制备提供基础工艺参数。

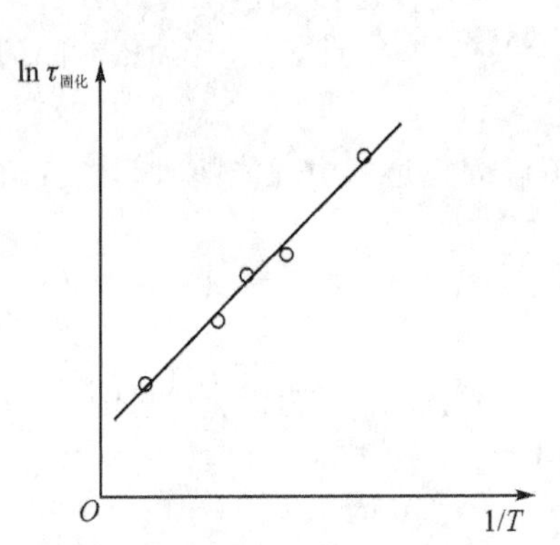

图7-48 树脂/固化剂体系的 $\ln\tau_{固化}-\frac{1}{T}$ 关系

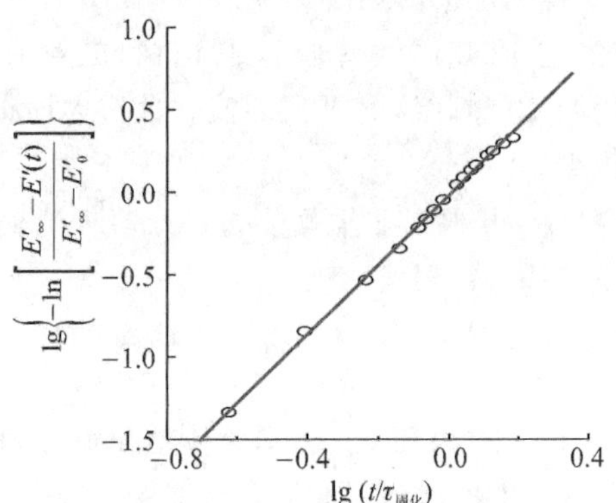

图7-49 一种树脂/固化剂体系的 $\lg\left\{-\ln\left[\frac{E'_{\infty}-E'(t)}{E'_{\infty}-E'_{0}}\right]\right\}-\lg\left(\frac{t}{\tau_{固化}}\right)$ 曲线

7.4 玻耳兹曼叠加原理和时-温等效原理

在线性粘弹性理论中,有两个重要原理:玻耳兹曼叠加原理和时-温等效原理。

7.4.1 玻耳兹曼叠加原理

玻耳兹曼叠加原理:① 任一时刻施加在材料上的载荷所产生的效果与此前施加到该材料上的任何载荷所产生的效果无关,即每一载荷对材料产生的效果是独立的;② 各载荷的总效果是各载荷独立效果的叠加。

以蠕变为例,如果试样受到如图7-50(a)所示阶梯应力作用,根据玻耳兹曼叠加原理,试样的蠕变将如图7-50(b)所示,在 t 时刻的蠕变应变可计算如下:

$$\varepsilon(t)=\Delta\sigma_1 D(t-t_1)+\Delta\sigma_2 D(t-t_2)+\cdots+\Delta\sigma_n D(t-t_n) \tag{7-71}$$

或

$$\varepsilon(t)=\sum_{i=1}^{n}\Delta\sigma_i D(t-t_i) \tag{7-72}$$

式中：$\Delta\sigma_i D(t-t_i)$为试样在 $t_i \sim t$ 之间受应力增量 $\Delta\sigma_i$ 作用时，在 t 时刻所产生的蠕变应变。

对于线形高分子，有

$$D(t-t_i)=D_1+D_\infty\left[1-\mathrm{e}^{-(t-t_i)/\tau}\right]+\frac{1}{\eta}(t-t_i) \tag{7-72}$$

对于交联高分子，有

$$D(t-t_i)=D_1+D_\infty\left[1-\mathrm{e}^{-(t-t_i)/\tau}\right] \tag{7-73}$$

如果在某一时刻所施的应力减小，则相当于施加一个负增量$-\Delta\sigma_i$。

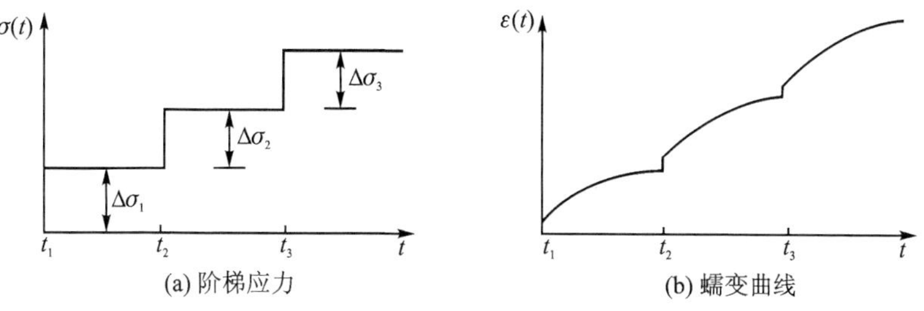

图 7-50　高分子在阶梯应力作用下的蠕变曲线

【例 7-1】　一个如图 7-51(a)所示的四元件模型受到如图 7-51(b)所示的阶梯应力作用，试画出该模型的蠕变曲线示意图，计算 $t=200$ s 时该模型的残余应变值。

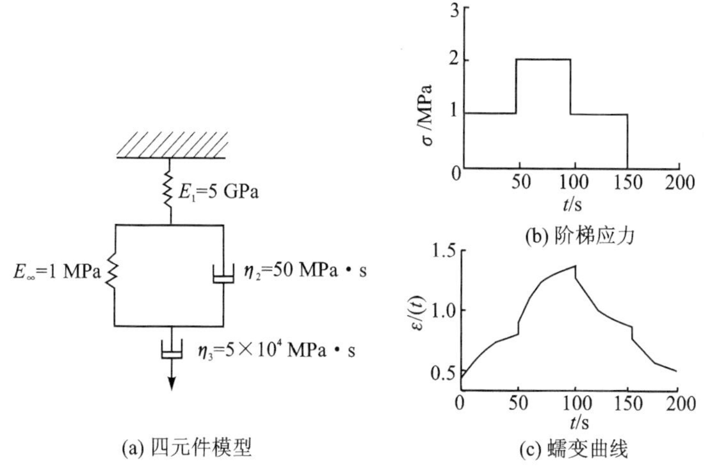

图 7-51　四元件模型在阶梯应力作用下的蠕变曲线

【解】①该模型的蠕变曲线示意图如图 7-51(c)所示。

② 计算 $t=200$ s 时该模型的残余应变值。

由图 7-51(a)中的模型参数，可知

$$D_1=\frac{1}{E_1}=2\times10^{-10}\ \mathrm{m^2/N},\quad D_\infty=\frac{1}{E_\infty}=10^{-6}\ \mathrm{m^2/N}$$

$$\tau=\frac{\eta_2}{E_\infty}=\frac{50\ \mathrm{MPa\cdot s}}{1\ \mathrm{MPa}}=50\ \mathrm{s}$$

由图 7-51(b)可知：$\Delta\sigma_1=1\times10^6$ Pa，$\Delta\sigma_2=1\times10^6$ Pa，$\Delta\sigma_3=-1\times10^6$ Pa，$\Delta\sigma_4=-1\times10^6$ Pa。将上述参数代入式(7-71)，得到

$$\begin{aligned}\varepsilon(200) &= \Delta\sigma_1 D(200-0) + \Delta\sigma_2 D(200-50) + \Delta\sigma_3 D(200-100) + \Delta\sigma_4 D(200-150) \\ &= 1\times10^6 \times [2\times10^{-10} + 10^{-6}(1-\mathrm{e}^{-200/50}) + 2\times10^{-11}\times200] + \\ &\quad 1\times10^6 \times [2\times10^{-10} + 10^{-6}(1-\mathrm{e}^{-150/50}) + 2\times10^{-11}\times150] - \\ &\quad 1\times10^6 \times [2\times10^{-10} + 10^{-6}(1-\mathrm{e}^{-100/50}) + 2\times10^{-11}\times100] - \\ &\quad 1\times10^6 \times [2\times10^{-10} + 10^{-6}(1-\mathrm{e}^{-50/50}) + 2\times10^{-11}\times50] \\ &= -\mathrm{e}^{-4} - \mathrm{e}^{-3} + \mathrm{e}^{-2} + \mathrm{e}^{-1} + 2\times10^{-5}\times200 = 0.44\end{aligned}$$

同理,在应力松弛的情况下,如果试样受阶梯应变的作用,则玻耳兹曼叠加原理表示为

$$\sigma(t) = \sum_{i=1}^{n} \Delta\varepsilon_i E(t-t_i) \tag{7-74}$$

对于线形高分子,有

$$E(t-t_i) = E_0 \mathrm{e}^{-(t-t_i)/\tau} \tag{7-75}$$

对于交联高分子,有

$$E(t-t_i) = E_0 \mathrm{e}^{-(t-t_i)/\tau} + E_\infty \tag{7-76}$$

但是,当高分子所受到的应力接近或超过屈服强度时,玻耳兹曼叠加原理不再适用。

7.4.2 时-温等效原理

从分子运动的松弛特性可以看出,非晶态线形高分子在不同温度下或不同外力作用时间(或频率)下,都表现出相同的三个力学状态和两个转变。高分子的同一力学状态,可以在较高温度、较短作用时间(或较高作用频率)内观察到,也可以在较低温度、较长作用时间(或较低作用频率)内观察到。因此升高温度和延长观察时间(或降低作用频率)对分子运动的影响是等效的,对高分子的粘弹行为的影响也是等效的。这个等效性可以将在某个温度下测定的力学数据,借助于一个转换因子 a_T 转换成另一个温度下的力学数据,称为时-温等效原理(Time-Temperature-Superposition,TTS)。

以应力松弛为例,同一高分子在两个不同温度下测得的 $\lg E(t)$-$\lg t$ 曲线如图 7-52 所示,其中 $T<T_r$。如果从任一应力松弛模量作一条平行于横坐标的直线,则它与两条曲线分别交于 A 点与 B 点,说明同一性能可以在低温(T)长时间($\lg t$)达到,或高温(T_r)短时间($\lg t-\lg a_T$)达到。实际上,温度 T 的整条曲线可以通过向左平移一个量($\lg a_T$)与温度 T_r 的整条曲线重叠。用公式表达,则有

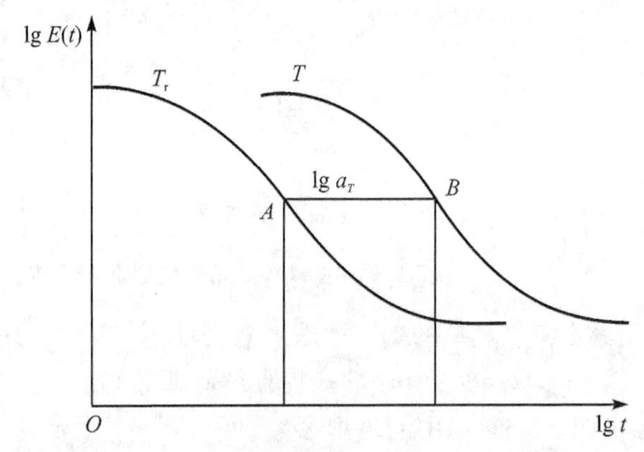

图 7-52 同一高分子在不同温度下的应力松弛曲线($T<T_r$)

$$E(T,\lg t) = E(T_r, \lg t - \lg a_T) \quad 或 \quad E(T,\lg t) = E\left(T_r, \lg\frac{t}{a_T}\right) \tag{7-77}$$

式中:a_T 称为平移因子。通常把 T 作为试验温度,把 T_r 作为参考温度。当 $T<T_r$ 时,$a_T>1$,$\lg a_T>0$,即若要把低温试验曲线叠合到高温参考曲线上去,应向左(短时)移;当 $T>T_r$

时，$a_T<1$，$\lg a_T<0$，即若把高温试验曲线叠合到低温参考曲线上去，应向右(长时)移。

同样，对于蠕变，有

$$J(T,\lg t)=J\left(T_r,\lg \frac{t}{a_T}\right) \tag{7-78}$$

对于动态力学性能，由于频率是时间的倒数，时-温等效关系可表示为

$$E'(T,\lg \omega)=E'(T_r,\lg a_T\omega),\quad E''(T,\lg \omega)=E''(T_r,\lg a_T\omega) \tag{7-79}$$

$$J'(T,\lg \omega)=J'(T_r,\lg a_T\omega),\quad J''(T,\lg \omega)=J''(T_r,\lg a_T\omega) \tag{7-80}$$

$$\tan\delta(T,\lg \omega)=\tan\delta(T_r,\lg a_T\omega) \tag{7-81}$$

用文字叙述，即高分子在低温低频下的动态力学性能相当于高温高频下的动态力学性能。

上述平移中忽略了平衡弹性模量本身与温度的关系。如果忽略高分子的普弹性，仅考虑高弹性，那么，根据橡胶弹性理论，高弹平衡模量与高分子的密度和温度成正比，即 $E_\infty \propto \frac{\rho RT}{\overline{M}_c}$。因此，在不同温度下，高弹平衡模量之比为

$$\frac{E_\infty(T)}{E_\infty(T_r)}=\frac{\rho T}{\rho_r T_r}\quad 或\quad E_\infty(T)=\frac{\rho T}{\rho_r T_r}E_\infty(T_r) \tag{7-82}$$

因此，更精确的时-温等效原理表达式为

$$E_\infty(T,\lg t)=\frac{\rho T}{\rho_r T_r}E_\infty\left(T_r,\lg \frac{t}{a_T}\right) \tag{7-83}$$

这意味着，在将温度 T 的曲线向温度 T_r 曲线上平移时，同时还应有一个垂直位移因子 b_T，$b_T=\frac{\rho T}{\rho_r T_r}$。但在不太宽的温度范围内高分子的密度变化较小，可近似以$\frac{T}{T_r}$作为垂直位移因子。

时-温等效原理有很大的实用意义，可以大大简化高分子粘弹性的测试。本来，为了要表征高分子的粘弹性，必须解决 $E-\lg t-T$ 或 $E-\lg \omega-T$ 之间的关系。有两个独立变量的问题是一个三维空间问题，而利用时-温等效原理联系两个变量之间的关系，就把空间问题简化为平面问题。另一方面，从实验上考虑，若要在同一温度下得到包括三个力学状态和两个转变在内的非晶态线形高分子的蠕变或应力松弛曲线，一般需连续测试数天至数月甚至更长时间，且短时间内(例如，$t<1$ s)的性能很难得到。若要在同一温度下得到包括三个力学状态和两个转变在内的非晶态线形高分子的 DMA 频率谱，则通常需跨越十几个数量级的频率范围，对于迄今已有的任何一种动态力学试验仪来说，这都是不可能实现的。虽说有可能利用不同的动态力学试验仪，分别测定不同频段内的 DMA 频率谱，然后将它们连接起来，但由于不同方法的系统误差不同，实践上仍有相当难度。而利用时-温等效原理，就可以通过测定不同温度下、有限时间范围内的应力松弛或蠕变曲线，经平移和垂直位移，获得某一参考温度下宽时间范围内的应力松弛或蠕变组合曲线；或通过测定不同温度下、有限频率范围内的 DMA 频率谱，经平移和垂直位移，获得某一参考温度下宽频率范围内的组合曲线。组合曲线也称为主曲线。

垂直位移因子 b_T 是容易得到的。问题是水平位移因子 $a_T=$? 研究表明，a_T 取决于 $T-T_r$。若取高分子的 T_g 为参考温度，则 $\lg a_T$ 与 $T-T_g$ 间的关系满足如下方程：

$$\lg a_T=\frac{-17.44(T-T_g)}{51.6+T-T_g} \tag{7-84}$$

这就是著名的 WLF(Williams - Landel - Ferry)方程。按照该方程，$\lg a_T$ 与 $T-T_g$ 之间的关系如图 7 - 53 所示。该方程以高于 T_g 的自由体积理论为基础。当温度低于 T_g 时，高分子中

的自由体积基本不变，WLF 方程不再适用。因此 WLF 方程适用的范围是从高分子的 $T_g \sim T_g+100$ ℃。

若取其他温度为参考温度，则 WLF 方程中的系数具有不同值。但作为近似，通常也仍用式(7-84)计算。

图 7-54 和图 7-55 给出了利用时-温等效原理获得主曲线的两个实例。

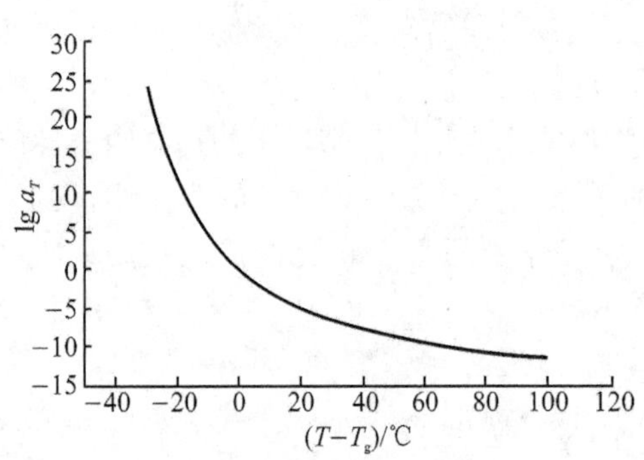

图 7-53　式(7-84)所示的 lg a_T-$(T-T_g)$ 关系曲线

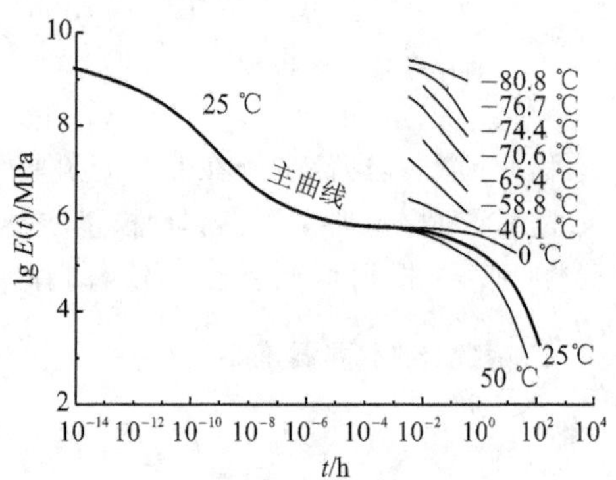

图 7-54　聚异丁烯橡胶在不同温度下的应力松弛曲线和 25 ℃下的主曲线

图 7-54 给出了一组聚异丁烯橡胶在不同温度和相同时间范围($10^{-3} \sim 10^{2}$ h)内测定并经垂直位移的应力松弛曲线。为了获得该橡胶在 25 ℃时的应力松弛主曲线，应保持 25 ℃的曲线不动，将低于 25 ℃的曲线依次向左平移，高于 25 ℃的曲线依次向右平移，平移因子按式(7-84)计算。可以看到，所得应力松弛主曲线的时间范围跨越 16 个数量级。

图 7-55(a)所示是一种高温阻尼橡胶在不同温度和相同频率范围(0.1～100 Hz)内的一组 DMA 频率谱，图 7-55(b)所示是利用时-温等效原理，将图 7-55(a)中的各曲线分别平移到参考温度 110 ℃，得到了频率范围跨越 15 个数量级的 DMA 频率谱主曲线。

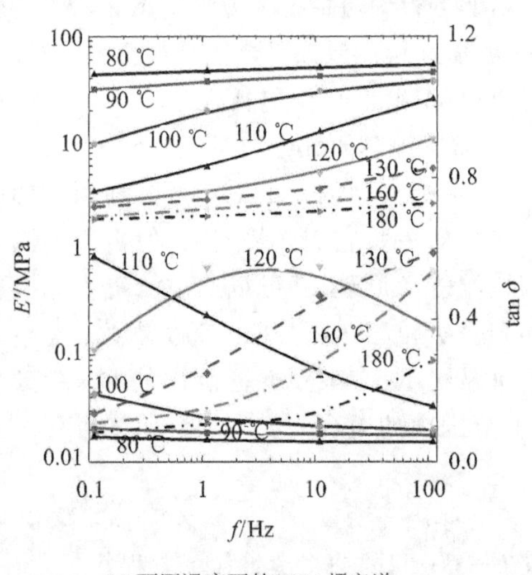

(a) 不同温度下的DMA频率谱

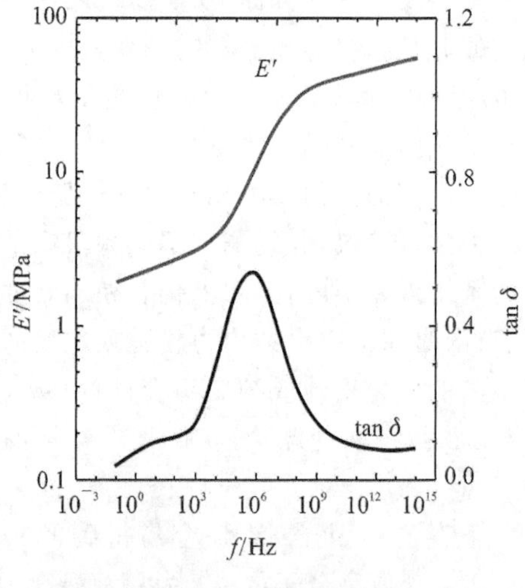

(b) 110 ℃下的DMA频率谱主曲线

图 7-55　一种高温阻尼橡胶在不同温度下的 DMA 频率谱和 110 ℃下的 DMA 频率谱主曲线

7.5　动态力学试验方法简介

虽然动态力学性能的基本参数是两项，即表征材料刚度的储能模量 M' 和表征材料阻尼特性的损耗模量 M'' 或损耗因子 $\tan\delta$，但利用它们随温度、频率和时间的变化，又可获得一系列特征温度（如 T_m、T_g、T_β、T_γ、T_δ、T_s、T_{gel}、T_h 等）、特征频率（如 ω_α、ω_β 等）和特征时间（如 τ_α、τ_β、$\tau_{固化}$ 等）。利用这些参数还可派生出减振效率、分子运动活化能之类的新参数。著名高分子物理学家 Toblsky 曾说："如果允许你对一种高分子样品只做一次试验，那么你的选择应该是固体试样在宽温度范围内的动态力学试验（If you are allowed to run only one test on a polymer sample, the choice should be a dynamic mechanical test of the solid sample over a wide temperature range）。"

高分子动态力学性能的测试方法主要有四种：① 自由衰减振动法；② 强迫共振法；③ 强迫非共振法；④ 声波传播法。

1. 自由衰减振动法

自由衰减振动法又称为扭摆法，其实验装置的核心部件如图 7－56 所示。扭摆仪由试样、夹具、刚性棒和惯性元件（杆或圆盘）组成。试样的上端（见图 7－56(a)）或下端（见图 7－56(b)）固定，另一端通过夹具与一个能自由转动的惯性元件相连接。若将此扭摆扭转一个小角度，然后松开，则扭摆将发生自由衰减扭转振动，振幅越来越小，但振动周期不变，如图 7－57 所示。

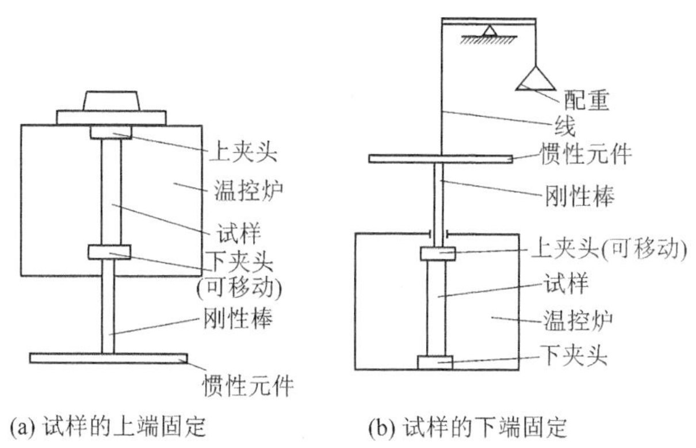

图 7－56　两种扭摆仪核心部件结构示意图

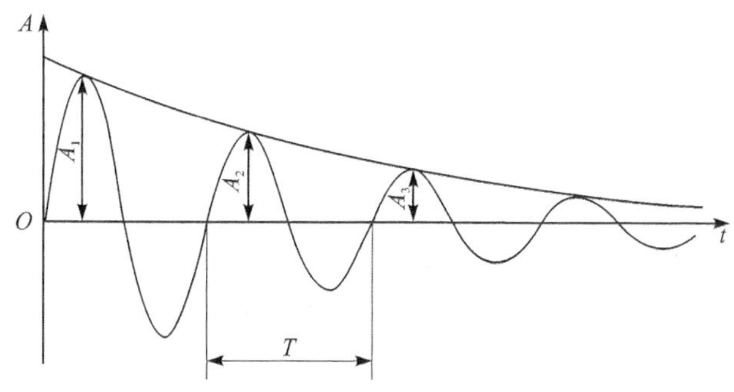

图 7－57　扭摆自由衰减振动中振幅随时间的变化

相继两个振幅之比的自然对数称为对数减量 Λ，即

$$\Lambda = \ln \frac{A_1}{A_2} = \ln \frac{A_2}{A_{32}} = \cdots = \ln \frac{A_n}{A_{n+1}} \tag{7-85}$$

式中：A 为振幅；下标表示自振动开始振幅的序数。如果实验在真空中进行，则振幅的衰减完全因试样的力学内耗所致。通过此方法直接测定的是高分子的动态切变模量，其虚实两部分分别为

$$G' = \frac{I}{KT^2}(4\pi^2 - \Lambda^2), \quad G'' = \frac{4\pi I\Lambda}{KT^2} \tag{7-86}$$

式中：I 是扭摆的转动惯量；K 是由试样的几何尺寸决定的常数；T 为振动周期。

由于对数减量一般不超过 1，G' 可近似表示为 $G' = \dfrac{4\pi^2 I}{KT^2}$，因此

$$\tan\delta = \frac{G''}{G'} = \frac{\Lambda}{\pi} \tag{7-87}$$

可见试样的切变储能模量 G' 可以用振动周期 T 表征，力学内耗可以用对数减量 Λ 表征。试样刚性越大，则振动周期越短；试样内耗越大，则振幅衰减得越快，其对数减量 Λ 就越大。

将试样置于加热炉内，按程序升温，就可以测定试样的 DMA 温度谱。

扭摆法的特点是试样用量少，测量的模量和对数减量范围宽，对分子运动反应灵敏。缺点是：①频率范围较窄 (0.1～10 Hz)；② 在测定试样的 DMA 温度谱时，频率不能固定，因为随着温度提高，试样刚度下降，自由振动的频率降低。

在扭摆法的基础上，20 世纪 60 年代以来又发展了扭辫分析法。它与扭摆法的原理完全相同，区别仅在于扭辫试样的尺寸和形状不规则。所谓扭辫，是浸渍了树脂的惰性纤维辫，其制备方法如下：先将待测材料制成浓度大于 5% 的溶液或加热成熔体，然后将一根由惰性纤维(如玻璃纤维)编织的辫子浸渍其中，再抽真空除去溶剂，得到由待测树脂与惰性载体组成的复合材料试样；也可以用现成的预浸料(已浸渍树脂的纤维织物)条状试样。这类试样的几何形状一般不太规则，无法从测定的振动周期精确计算出它的切变模量。所以通常只用 $1/T^2$ 表示试样的相对刚度，用对数减量 Λ 表示力学内耗。

扭辫法能在宽温度范围内研究试样从液态、凝胶态、橡胶态直至玻璃态的多重转变，特别适合于研究树脂/固化剂体系的固化过程。

2. 强迫共振法

强迫共振法是将一个周期性变化的力或力矩施加到片状或杆状试样上，同时监测试样的振幅。试样的振幅是驱动力频率的函数。当驱动力频率与试样的固有频率相等时，试样振幅达到最大值 $A_{\max}$(见图 7-58)，对应的频率称为共振频率 f_r。试样的弹性模量与 f_r^2 成正比，力学内耗与 $\Delta f_r/f_r$ 成正比，其中 Δf_r 称为共振半宽频率，定义为试样振幅为 $A_{\max}/\sqrt{2}$ 时所对应的两个频率 f_2 与 f_1 之差($\Delta f_r = f_2 - f_1$)。

共振法常采用三类振动模式，按频率升高的顺序，分别是弯曲、扭转和纵向共振振动。每一振动类型又有多种支撑试样的方法。下面仅介绍悬线式共振法。

图 7-59 所示为悬线式共振仪原理图。一根试样被悬吊在两根柔软的细线上，细线位于试样共振的波节点上。音频信号发生器产生的音频电信号通过(激振)换能器 1 转换为机械振动，由一根悬线传递给试样，激发试样振动。试样的机械振动再通过另一根悬线传递给(拾振)换能器 2，还原成电信号，经放大后，在指示仪表上显示出来。调节信号源的输出频率，可测定

共振曲线,即振幅-频率关系曲线;还可以将激振信号与经放大后的拾振信号同时输入示波器,通过观察李萨如图形判断共振情况。如果将被测试样置于控温室内,就可以测定不同温度下的共振曲线,得到试样的 DMA 温度谱。

悬线式共振法适合于试验刚性试样,包括金属在内。在该方法中,为尽量减少误差,要求悬线材料足够柔软,常用如尼龙线、铜丝等,并精确位于试样的波节点上。典型的试样尺寸约为 150 mm×10 mm×(2～4) mm。其最大优点是换能器可置于控温室外,因此不必考虑换能器的耐热性问题,测试温度的上限仅取决于悬线材料的耐热性。对于一阶振动,波节点离试样端点的距离为 $0.224L$,其中 L 为试样长度。在片状试样弯曲共振中,储能杨氏模量 E'、$\tan\delta$ 和损耗杨氏模量 E'' 按下列公式计算:

$$E' = 9.85\times10^{-9}\,\frac{\rho L^4}{h^2}f_r^2,\quad \tan\delta = \frac{\Delta f_r}{f_r},\quad E'' = E'\tan\delta \tag{7-88}$$

式中:h 为试样厚度;ρ 为试样密度。

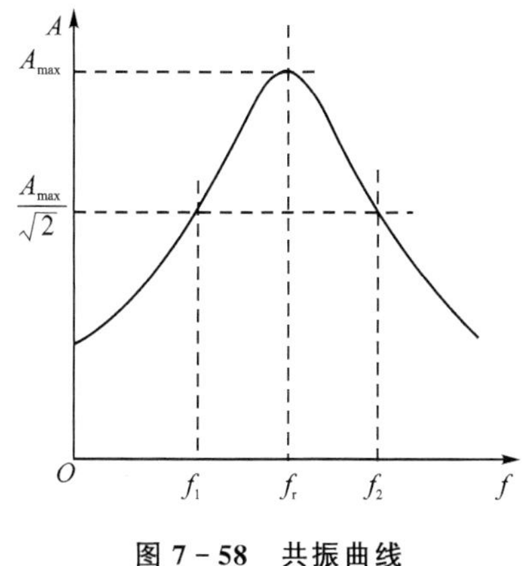

图 7-58　共振曲线

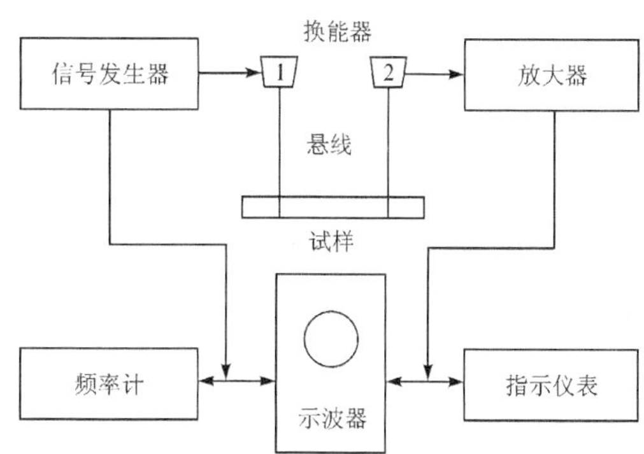

图 7-59　悬线式共振仪原理图

3. 强迫非共振法

在强迫非共振法中,试样在频率远低于其固有频率的激振力驱动下发生振动,测定试样的应力振幅 σ_0、应变振幅 ε_0 以及应力与应变正弦信号之间的相位差角 δ,就可以直接计算 $\tan\delta$,并根据定义,直接用下面的公式计算储能模量 M' 和损耗模量 M'':

$$M' = \frac{\sigma_0}{\varepsilon_0}\cos\delta,\quad M'' = M'\tan\delta = \frac{\sigma_0}{\varepsilon_0}\sin\delta \tag{7-89}$$

20 世纪 70 年代以来,适用于测定固体高分子动态力学性能的强迫非共振仪发展非常迅速,商品型号很多。早期仪器中包含的试样形变模式往往是单一的拉伸或弯曲模式,控温范围与频率范围都较窄。发展到目前,所有的先进强迫非共振仪都包含多种形变模式,如拉伸、压缩、剪切、弯曲(包括简支梁弯曲、悬臂梁弯曲)等,有些仪器中还有杆棒的扭转模式。控温范围为 −150～500 ℃;频率范围为 0.001～150 Hz 或更高。

图 7-60(a)示意了拉伸模式中试样、夹具、激振器和检振器(位移传感器与载荷传感器)的基本布置图。更换夹具形式如图 7-60(b)～(e)所示,可分别实现压缩、双剪、简支梁和悬臂梁模式。在每一种形变模式下,试样置于温控室内,可以在固定频率下测定宽温度范围内的 DMA 温度谱,或在固定温度下测定宽频率范围内的 DMA 频率谱,或在固定频率和固定温度下测定 DMA 时间谱。

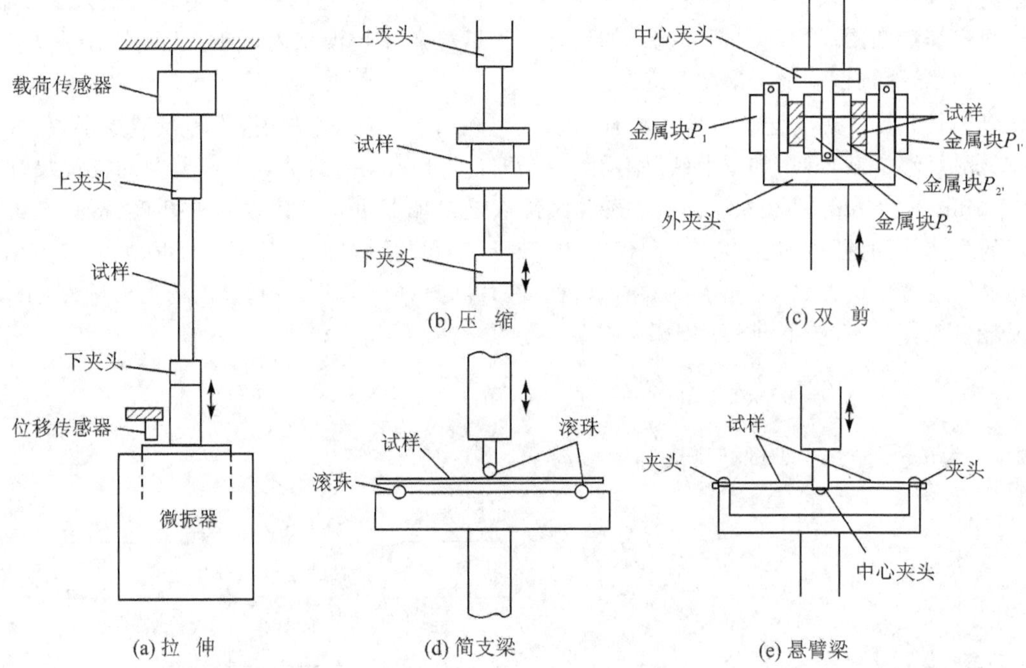

图 7-60　强迫非共振仪中试样、夹具、激振器和检振器的基本布置和试样的夹持形式

4. 声波传播法

用声波传播法测定材料动态力学性能的基本原理是:声波在材料中的传播速度取决于材料刚度,声波振幅的衰减取决于材料阻尼。具体方法分为两类:一类是声波脉冲传播法,典型频率为3～10 kHz,适用于测定细而长的纤维与薄膜试样;另一类是超声脉冲法,典型频率为1 MHz～1 GHz,适用于测定尺寸为毫米至厘米量级的块状试样,尤其适用于测定各向异性材料试样。超声脉冲法又有浸渍法和接触法之分。在浸渍法中被测试样和超声探头都浸渍在液体介质内,探头与试样不直接接触。在接触法中,超声探头通过偶联剂与试样接触。

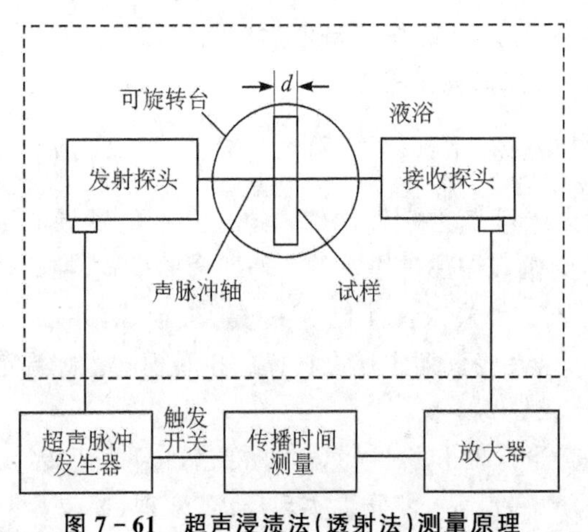

图 7-61　超声浸渍法(透射法)测量原理

图7-61给出了超声浸渍法测量原理图。两个超声探头同轴地安装在一个液(如水)浴内,一个是发射探头,另一个是接收探头,两者之间有一个可转动的试样台。试样可以很方便地放置在台上或取出。超声脉冲经过液体和试样到达接收探头,接收探头与信号放大器及能够测量脉冲到达时间的电子设备串联。

转动试样,改变超声波的入射方向,测定纵波与横波在试样内不同方向上的传播速度,利用材料刚度系数与波速的关系,可计算出不同方向上的模量。

超声浸渍法最大的优点是可以用小块试样方便地测定各向异性复合材料的多个刚度系数。

习　　题

（带★者为作业题；带※者为讨论题；其他为思考题）

1. 定义下列术语：

(1) 线性粘弹性；(2) 蠕变、蠕变柔量、蠕变函数和蠕变速率；(3) 应力松弛、应力松弛模量、应力松弛函数和应力松弛速率；(4) 储能模量、损耗模量、力学内耗、对数减量；(5) 玻耳兹曼叠加原理；(6) 时-温等效原理。

2. 分别用线性坐标和双对数坐标画出线形非晶态高分子和交联高分子的蠕变曲线示意图，标出推迟时间。

★3. 如何从线形非晶态高分子蠕变曲线求高分子的本体粘度？

4. 解释蠕变和应力松弛现象的分子运动本质。举例说明实际应用中，应力松弛是否有可以利用的方面。

★5. 测得一种高分子在不同温度下的蠕变曲线如图 7-62 所示。试把该组曲线转换为观察时间分别为 1 s、2 s、4 s、6 s 和 8 s 时的应变-温度曲线。

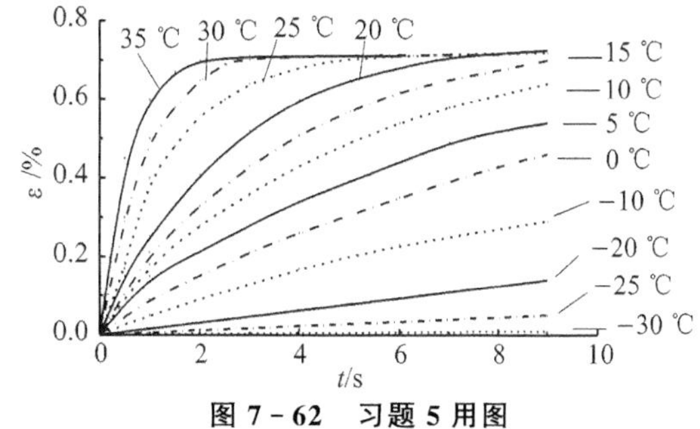

图 7-62　习题 5 用图

6. 分别用线性坐标和双对数坐标画出线形非晶态高分子和交联高分子的应力松弛曲线示意图，标出应力松弛时间。

★7. 将某种密度约为 1.0 g/cm^3 的交联橡胶试样在室温下(25 ℃)做压缩应力松弛试验，初始应变为 0.5，测得其应力松弛时间 $\tau=5$ s，当 $t=600$ s 时，应力为 4.45×10^6 Pa，求该橡胶试样的高弹平衡杨氏模量和交联点之间的平均分子量 $\overline{M}_c$。

※8. 高分子具有粘弹性的根本原因是什么？

9. 蠕变回复能否回到初始状态？能否说“温度越高，蠕变速率和应力松弛速率越快”？为什么？

★10. 以某种高分子材料作为两根管子接口法兰的密封垫圈，管内流体的压力为 0.3 MPa。垫圈的初始模量为 3 MPa，密封中所受的压缩应变为 0.2。假设该材料的力学行为可以用麦克斯韦模型描述，应力松弛时间为 300 天，试计算多少天后接口处将发生泄漏。

★11. 已知一种橡胶($T_g=-70$ ℃)试样在 25 ℃应力松弛到模量为 10^5 Pa 需 10 h，试计算该试样在 −20 ℃应力松弛到同一模量所需的时间。

12. 通过对 ΔW 和 W_s 的计算公式推导，说明储能模量/柔量与体系储存的能量有关，损耗模量/柔量与体系消耗的能量有关。

13. 分析吸振/隔音材料在应用时所受外力类型及其作用机理。

★14. 试画出下列高分子的动态力学性能-温度谱示意图，标出特征温度。当测试频率增加时，曲线如何变化？

(1) 无规立构聚甲基丙烯酸甲酯；(2) 聚乙烯塑料；(3) 硫化乙丙橡胶；(4) 固化环氧树

脂;(5) SBS热塑弹体;(6) 顺丁橡胶共混改性聚苯乙烯塑料。

★15. 画出题14所列各高分子的动态力学性能-频率谱示意图。当测试温度变化时,曲线如何变化?

16. 用扭摆法测得一橡胶试样的自由振动周期为0.60 s,振幅每周期减小5%。

(1) 试计算橡胶试样在该频率下的对数减量(Λ)和损耗角正切($\tan\delta$);

(2) 假如$\Lambda=0.02$,问多少周期后试样的振幅将减小到起始值的一半?

★17. 在室温下强迫丁腈橡胶试样作拉伸振动,频率为1 Hz,应变幅值为1%,产生的应力幅值为10^7 Pa,应力响应超前于应变1°,计算该橡胶在实验条件下的储能模量E'、损耗模量E''和$\tan\delta$。

★18. 用膨胀计法(即测定比容-温度曲线)测得一种非晶态塑料制品的$T_g=100$ ℃,实际使用中,该制品受100 Hz的交变应力作用。问该制品的使用温度上限是高于100 ℃,还是低于100 ℃?用膨胀计法测得一种橡胶制品的$T_g=-60$ ℃,这种橡胶也在100 Hz的动态条件下使用,问该橡胶制品使用温度的下限值应如何变化?

★19. 用动态粘弹谱仪测得高分子材料在不同温度下的$\tan\delta-f$谱,如图7-63所示。试求所对应的运动单元的活化能($R=8.31$ J/(mol·K))。

※20. 用动态力学试验测得一种环氧树脂/固化剂体系在等速升温中的$E'-T$和$\tan\delta-T$谱,如图7-64所示。试分析该树脂体系在固化过程中发生的化学与物理变化。温度进一步升高时,曲线将怎样变化?

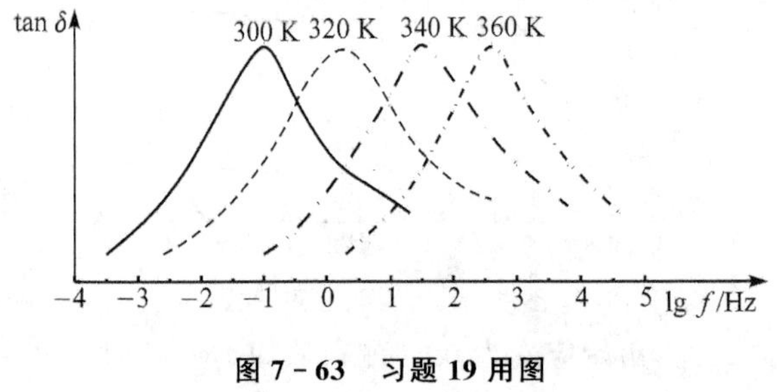

图7-63 习题19用图

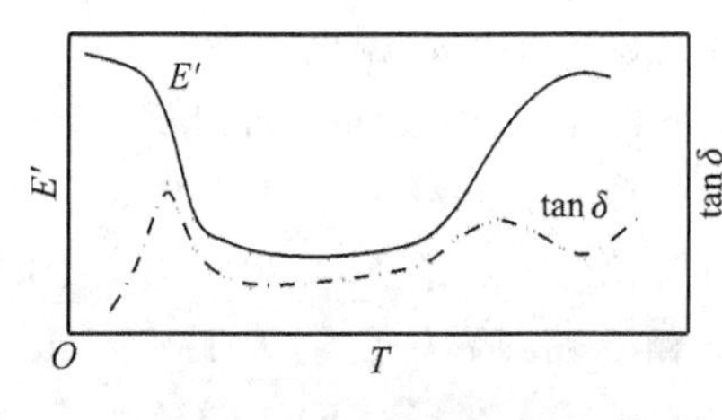

图7-64 习题20用图

★21. 画出图7-65(a)中的四元件模型受到图7-65(b)所示的应力史作用时该模型的蠕变曲线,并定量计算$t=200$ s时模型的残余应变值。

★22. 测得一种橡胶在不同温度和相同观察时间范围内的一组应力松弛曲线,如图7-66所示。试估计该橡胶的T_g。为了获得参考温度T_g的应力松弛主曲线,各曲线应向什么方向移动?平移因子是多少?

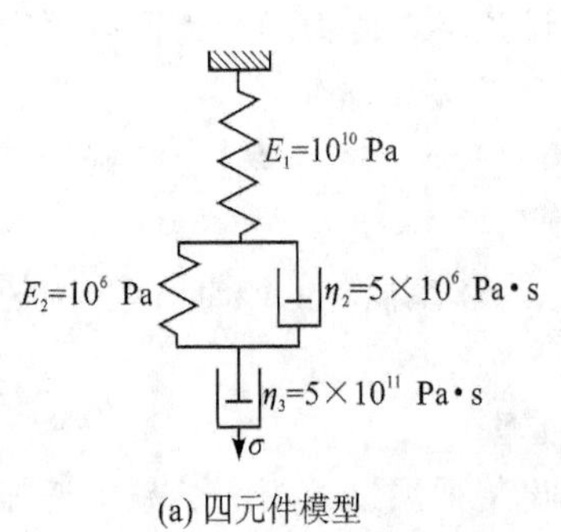

(a) 四元件模型

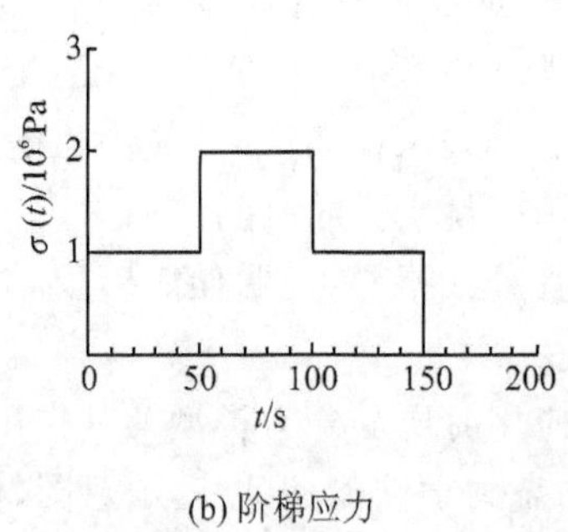

(b) 阶梯应力

图7-65 习题21用图

图7-66 习题22用图

★23. 画出题 22 所述橡胶在所述温度和相同观察时间范围内的一组蠕变曲线(示意图),并应用 WLF 方程推出以 T_g 为参考温度的蠕变主曲线。

24. 在 DMA 温度谱中,为什么在 T_g 附近 E'' 和 $\tan\delta$ 出现一个峰?如何选取高分子材料的玻璃化转变温度值?DMA 测出试样 T_g 通常比 DSC 测出 T_g 要高 20～30 ℃,为什么?

※25. 热固性树脂的固化动力学研究对其加工和性能有何指导意义?要制定合理的热固性树脂的固化工艺制度,首先需要获得哪些工艺参数?

※26. 如何通过 1 天至数天的实验预测高分子材料 10 年后的蠕变柔量?

扩展资源

附 7.1　扫描二维码了解本章慕课资源

慕课明细

视频文件名(mp4 格式)	视频时长(分:秒)
(1) 粘弹性的概念	7:10
(2) 静态粘弹性:蠕变	11:02
(3) 静态粘弹性:应力松弛	11:04
(4) 影响蠕变和应力松弛的因素	16:10
(5) 表征动态力学性能的基本物理量	13:25
(6) 动态力学性能温度谱	13:42
(7) DMA 温度谱的应用	12:35
(8) 动态力学性能频率谱	7:48
(9) 动态力学性能时间谱	8:13
(10) 玻耳兹曼叠加原理	7:55
(11) 时-温叠加原理	8:32

附 7.2　扫描二维码观看本章动画

动画目录:

(1) 模拟弹性的弹簧和模拟粘性的粘壶动画示意图;

(2) Kelvin - Voigt 模型动画示意图;

(3) Maxwell 模型动画示意图;

(4) 四元件模型的蠕变与回复动画示意图;

(5) 四元件模型的应力松弛动画示意图;

(6) 自由衰减振动法(试样的上端固定+下端固定)动画示意图;

(7) 强迫共振法:悬线法和自由弯曲动画示意图;

(8) 强迫非共振法:拉伸(低频+高频)动画示意图;

(9) 强迫非共振法:压缩(低频+高频)动画示意图;

(10) 强迫非共振法:双剪动画示意图;

(11) 强迫非共振法:简支梁动画示意图;

(12) 强迫非共振法:悬臂梁动画示意图。

附 7.3 松弛时间谱与推迟时间谱简介

在本章讨论中,曾用三元件或四元件模型直观地解释了高分子的各种粘弹性行为。同时也提到,由于实际高分子中运动单元的大小不一,推迟时间或松弛时间都有一个很宽的分布,因此还需用多个弹簧和粘壶串联或并联等更一般性力学模型,通过推导其推迟时间谱$L(\ln\tau)$和松弛时间谱$H(\ln\tau)$,求出高分子的蠕变柔量、应力松弛模量、储能模量、损耗模量等粘弹性参数,从而更好地模拟它们的粘弹性。

附 7.4 ΔW 和 W_s 计算公式的推导

动态力学行为中,高分子在 1 周期内以热的形式损耗的能量ΔW需对应力-应变曲线进行环积分计算得到,而 1 周期内储存的最大弹性能W_s则是要在 1/4 周期内积分求得。

粘弹性的概念	静态粘弹性:蠕变	静态粘弹性:应力松弛	影响蠕变和应力松弛的因素
表征动态力学性能的基本物理量	动态力学性能温度谱	DMA 温度谱的应用	动态力学性能频率谱
动态力学性能时间谱	玻耳兹曼叠加原理	时-温叠加原理	模拟弹性的弹簧和模拟粘性的粘壶动画示意图
Kelvin - Voigt 模型动画示意图	Maxwell 模型动画示意图	四元件模型的蠕变与回复动画示意图	四元件模型的应力松弛动画示意图

自由衰减振动法
(试样的上端固定+
下端固定)动画示意图

强迫共振法:悬线法
和自由弯曲动
画示意图

强迫非共振法:
拉伸(低频+高频)
动画示意图

强迫非共振法:
压缩(低频+高频)
动画示意图

强迫非共振法:
双剪动画示意图

强迫非共振法:
简支梁动画示意图

强迫非共振法:
悬臂梁动画示意图

松弛时间谱与
推迟时间谱简介

ΔW 和 W_s
计算公式的推导

第 8 章　高分子熔体的流变性

当温度超过非晶态高分子的流动温度 T_f 或部分结晶高分子的熔点 T_m 时，高分子就转变到粘流态，成为熔体。在外力作用下，高分子熔体会发生流动形变，这种流动特性称为流变性。

高分子的加工成型大都在粘流态进行，如模压、注塑、挤出、吹塑、熔体纺丝等。在这些成型过程中，高分子熔体的流变性是合理选择工艺设备和制定工艺条件的基础，具有重要的理论和实际意义。

但是，在实际加工成型中，高分子熔体的流变性十分复杂。例如，大多数高分子熔体都是非牛顿流体；在复杂流道和模具内的流动常常组合了(剪)切流动、拉伸流动和体积流动；在流动中除了产生不可回复的塑性形变外，同时还含有可回复的弹性形变。这些复杂性又因熔体结构本身的不均匀性(包括分子量或支化度的不均匀性、分散体系内分散颗粒的类型和尺寸的不均匀性等)和所受的温度、形变速率、压力等不均匀性以及可能发生的化学变化(如热氧化降解、力降解和交联等)而变得愈加复杂。因此高分子熔体被称为复杂流体。

同样，外力作用下高分子溶液的流动也属于复杂流体。对复杂流体的研究，无论在理论或实验上都比较困难。本章仅扼要介绍高分子熔体流变性的基本概念、主要特点及其影响因素。

8.1　高分子熔体的非牛顿性

流体的流动方式有(剪)切流动、拉伸流动和体积流动之分。本节以切流动为例进行介绍。

8.1.1　牛顿流体与非牛顿流体

1. 牛顿流体

如前所述，理想粘性流体在流动中，应力与应变速率的关系服从牛顿定律，称为牛顿流体。其切应力 σ_τ 与切变速率 $\dot{\gamma}$ 的关系曲线(称为流动曲线)是一条通过原点的直线，直线的斜率就是切粘度。牛顿流体的切粘度是一个材料常数，仅与温度有关，而与切应力或切变速率无关。

牛顿流体的切流动按照流动的边界条件可以分为两类：①库爱特(Couette)流动或拖流动，即由运动边界(圆锥面、圆柱面或平面)造成的流动，如图 8-1(a)所示；②泊肃叶(Poiseuille)流动，是由压力梯度产生的流动，牛顿流体在圆管中做泊肃叶流动的流速分布呈抛物线形，如图 8-1(b)所示。离圆管中心径向距离 r 处的流速 v_r 可以表示为

$$v_r=\frac{\Delta p}{4\eta L}(R^2-r^2) \tag{8-1}$$

式中：Δp 为圆管两端的压差；L 和 R 分别为圆管长度和半径。可以看到，圆管中心($r=0$)流速最大，管壁处($r=R$)流速为零。因此，切变速率 $\dot{\gamma}_r$ 为

$$\dot{\gamma}_r=\frac{\mathrm{d}v_r}{\mathrm{d}r}=-\frac{\Delta p}{2\eta L}r \tag{8-2}$$

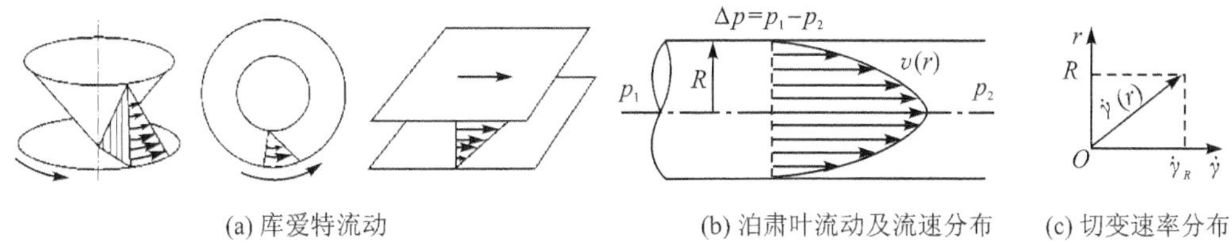

(a) 库爱特流动　(b) 泊肃叶流动及流速分布　(c) 切变速率分布

图 8-1　牛顿流体的库爱特流动及在圆管中流动时的流速分布和切变速率分布

即切变速率在圆管中心最小(=0)，随 r 线性增加，在管壁处($\dot{\gamma}_R$)达到最大，如图 8-1(c)所示。$\dot{\gamma}_R$ 值为

$$\dot{\gamma}_R=\frac{\Delta p}{2\eta L}R \tag{8-3}$$

式(8-2)中的负号仅表明切变速率增加的方向与流速增加的方向相反。

管壁处的切应力 $\sigma_{\tau R}$ 为

$$\sigma_{\tau R}=\frac{\Delta p}{2L}R \tag{8-4}$$

由此可导出单位时间内流过圆管的流体体积，即体积流率 q_V 为

$$q_V=\int_0^R v_r\cdot 2\pi r\,\mathrm{d}r=\int_0^R\frac{\Delta p}{4\eta L}(R^2-r^2)2\pi r\,\mathrm{d}r=\frac{\pi R^4\Delta p}{8\eta L} \tag{8-5}$$

比较式(8-5)和式(8-3)可知，体积流率 q_V 与管壁处切变速率 $\dot{\gamma}_R$ 之间的关系为

$$\dot{\gamma}_R=\frac{4q_V}{\pi R^3} \tag{8-6}$$

牛顿流体在圆管中的切流动是否会出现湍流的判据是雷诺数 Re($Re=2R\rho\bar{v}/\eta$，其中 R 是圆管半径，ρ 和 η 分别是流体的密度和粘度，$\bar{v}$ 是流体在圆管中的平均流速)。对于光滑管壁和橡胶管壁，只要分别满足 $Re<2\,300$ 和 $Re<2\,000$ 的条件，就不会出现湍流。

2. 非牛顿流体

凡流变行为不服从牛顿定律的流体都称为非牛顿流体。非牛顿流体还包括非牛顿纯粘性流体、粘度有时间依赖性的流体和粘弹性流体。

(1) 非牛顿纯粘性流体

典型的非牛顿纯粘性流体有下列三类。

1) 宾汉(Bingham)塑性流体

宾汉塑性流体的流动曲线如图 8-2 中的曲线 a 所示，其特征在于：当切应力 σ_τ 小于临界值 $\sigma_{\tau y}$ 时，根本不流动，即 $\dot{\gamma}=0$；当 $\sigma_\tau>\sigma_{\tau y}$ 时，流动曲线为直线。其流动方程为

$$\sigma_\tau-\sigma_{\tau y}=k_1\dot{\gamma} \tag{8-7}$$

若定义 $\sigma_\tau/\dot{\gamma}$ 为表观粘度 η_a，则有

$$\eta_a=\frac{\sigma_{\tau y}}{\dot{\gamma}}+k_1 \tag{8-8}$$

可见，宾汉塑性流体的 η_a 随 $\dot{\gamma}$ 的增大而减小，当 $\dot{\gamma}\to 0$ 时，$\eta_a\to\infty$；当 $\dot{\gamma}\to\infty$ 时，$\eta_a\to k_1$，如图 8-3 中的曲线 a 所示。

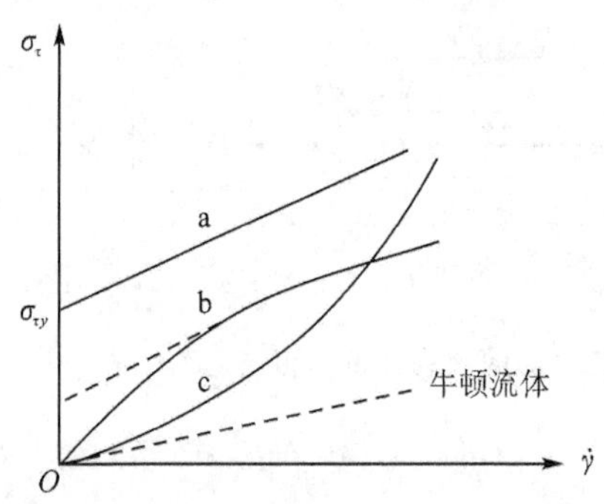

a—宾汉塑性流体；b—假塑性流体；c—膨胀性流体

图8-2 非牛顿纯粘性流体的流动曲线

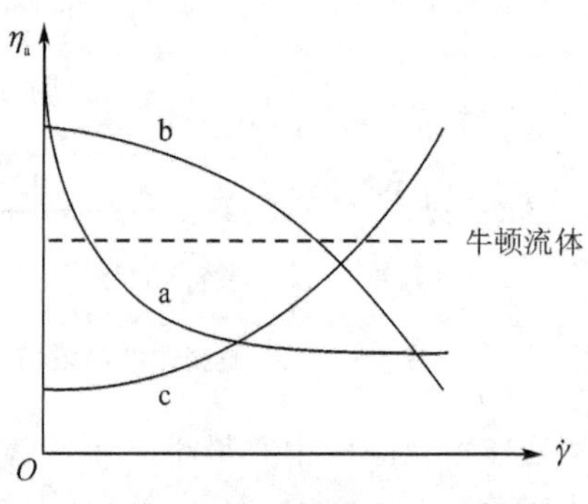

a—宾汉塑性流体；b—假塑性流体；c—膨胀性流体

图8-3 非牛顿纯粘性流体的表观粘度与切变速率的关系

2）假塑性流体

假塑性流体的流动曲线如图8-2中的曲线b所示。尽管曲线无明显的屈服点,但曲线的切线不通过原点,而交于纵坐标上某一点,好像有一个屈服值,因此称为假塑性流体。假塑性流体的一般流动方程为

$$\sigma_\tau = k_2 \dot{\gamma}^n, \quad n < 1 \tag{8-9}$$

其表观粘度 η_a 为

$$\eta_a = \frac{\sigma_\tau}{\dot{\gamma}} = k_2 \dot{\gamma}^{n-1}, \quad n < 1 \tag{8-10}$$

即 η_a 随 $\dot{\gamma}$ 增加而减小,简称切力变稀,如图8-3中的曲线b所示。切力变稀的原因是在切应力作用下,流体的某种结构遭到了破坏。

3）膨胀性流体

膨胀性流体的流动曲线如图8-2中的曲线c所示。其一般流动方程为

$$\sigma_\tau = k_3 \dot{\gamma}^n, \quad n > 1 \tag{8-11}$$

表观粘度 η_a 为

$$\eta_a = k_3 \dot{\gamma}^{n-1}, \quad n > 1 \tag{8-12}$$

即 η_a 随 $\dot{\gamma}$ 增加而提高,简称为切力增稠,如图8-3中的曲线c所示。这类流体在切应力作用下往往有体积膨胀,所以也称为膨胀性流体。切力增稠的原因是在切应力作用下,流体形成了某种结构。

上述流动方程中的 n 称为非牛顿指数,表示非牛顿流体与牛顿流体的偏差程度。当 $n=1$ 时,回复到牛顿流动方程。n 偏离1越远,表示非牛顿性越强。

(2) 粘度有时间依赖性的流体

粘度有时间依赖性的流体主要包括如图8-4所示的两类：

① 触变性流体：在恒温和恒定切变速率作用下,切应力随时间递减(即粘度随时间递减)的流体。

② 震凝性流体：在恒温和恒定切变速率作用下,切

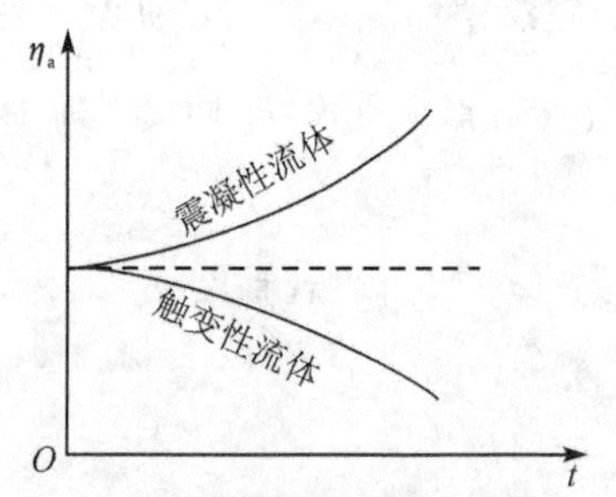

图8-4 触变性流体和震凝性流体的表观粘度随时间的变化

应力随时间递增(即粘度随时间递增)的流体。

(3) 粘弹性流体

在流动中不仅产生不可回复的塑性形变,而且产生可回复的弹性形变的流体。

8.1.2　高分子熔体粘性切流动的特点

高分子熔体粘性切流动的主要特点如下:

① 切粘度非常高。高分子熔体的切粘度一般在 $10^2 \sim 10^5$ Pa·s 范围内,而通常低分子液体的切粘度都在 1 Pa·s 以内,如甘油的切粘度约为 1 Pa·s,橄榄油的切粘度约为 0.1 Pa·s,水的切粘度只有 10^{-3} Pa·s。

② 切粘度强烈依赖于切变速率,而且除某些高分子分散体系如胶乳、高分子熔体-填料体系、油漆-颜料体系属于膨胀性流体以外,绝大多数高分子熔体都属于假塑性流体。

高分子熔体在宽的切应力和切变速率范围内的流动曲线一般用双对数坐标表示。牛顿流体的 $\lg \sigma_\tau - \lg \dot{\gamma}$ 曲线如图 8-5 所示,斜率为 1,截矩(直线与 $\lg \dot{\gamma}=0$,即 $\dot{\gamma}=1\ \text{s}^{-1}$ 的纵轴的交点)为 $\lg \eta$。

假塑性高分子熔体的 $\lg \sigma_\tau - \lg \dot{\gamma}$ 曲线如图 8-6 所示。该曲线可分三个区域:在 $\dot{\gamma}$ 很低时,是斜率为 1 的直线,称为第一牛顿区,对应的粘度称为零切变速率粘度 η_0;在 $\dot{\gamma}$ 很高时,是另一斜率为 1 的直线,称为第二牛顿区,对应的粘度称为极限粘度 η_∞,η_∞ 比 η_0 低 2～3 个数量级;在两区之间的过渡区为非牛顿区,曲线斜率小于 1,表观粘度 η_a 随 $\dot{\gamma}$ 增加而下降,曲线上任一点的斜率 $d(\lg \sigma_\tau)/d(\lg \dot{\gamma})$ 就是熔体在该切变速率下的非牛顿指数 n,从曲线上任一点作斜率为 1 的直线,在 $\lg \dot{\gamma}=0$ 轴上的截距就是熔体在该切变速率下的表观粘度。

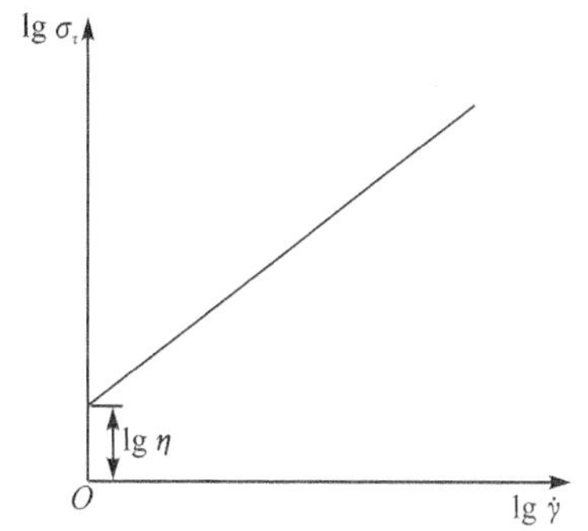

图 8-5　牛顿流体的 $\lg \sigma_\tau - \lg \dot{\gamma}$ 曲线

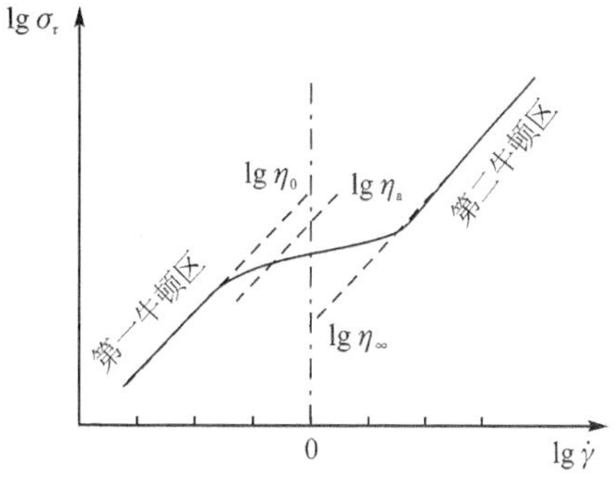

图 8-6　假塑性高分子熔体的 $\lg \sigma_\tau - \lg \dot{\gamma}$ 曲线

假塑性高分子熔体的表观粘度与切变速率的典型关系如图 8-7 所示。图 8-8 给出了同系聚二甲基硅氧烷(硅油和硅橡胶)、一种聚苯乙烯和一种高密度聚乙烯熔体的流动曲线实例。它们都属于切力变稀型。

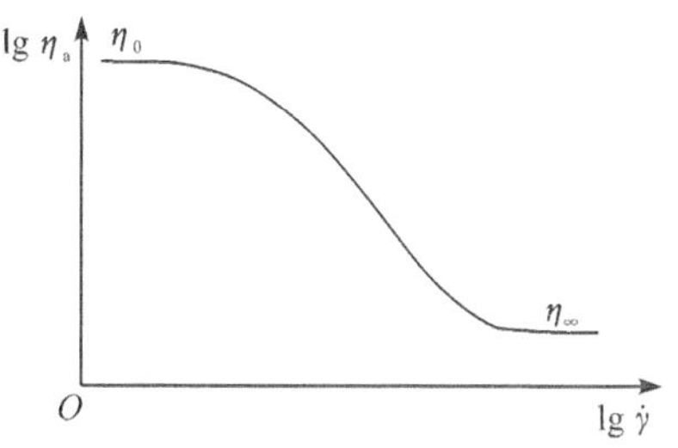

图 8-7　假塑性高分子熔体的 $\lg \eta_a - \lg \dot{\gamma}$ 关系

高分子熔体出现切力变稀的原因可以用缠结理论来解释:在 $\dot{\gamma}$(或 σ_τ)很小时,流动对高分子线团的影响很小,熔体中高分子链的构

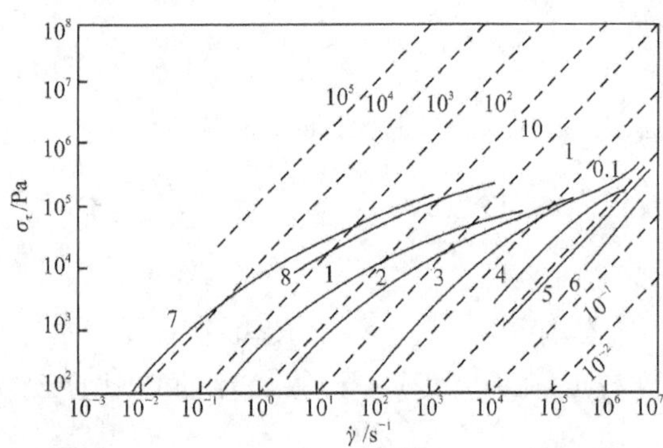

注:曲线 1～6 为聚二甲基硅氧烷(35 ℃),分子量依次为 160 000、83 000、31 000、14 500、5 400、2 400;曲线 7 为聚苯乙烯,$\widetilde{M}_w$=266 000,$\widetilde{M}_w/\widetilde{M}_n$=3;曲线 8 为高密度聚乙烯,熔体指数=2(190 ℃)。

图 8-8　高分子熔体流动曲线实例

象分布基本不变,表现为切粘度不变的牛顿流动。当 $\dot{\gamma}$ 较大时,高分子链沿流动方向伸展取向、高分子链间的缠结解开、分子间的相对迁移变得更加容易,因而表观切粘度随 $\dot{\gamma}$ 或 σ_τ 的增加而下降。当 $\dot{\gamma}$ 很大时,高分子链的伸展取向已达到极限状态,不再随 $\dot{\gamma}$ 或 σ_τ 变化,所以再度表现为切粘度不变的牛顿流动。不过,大多数高分子熔体很难达到第二牛顿区,因为远在达到这个区域的 $\dot{\gamma}$ 值之前,熔体就已经出现了不稳定流动。

缠结与解缠结是一对彼此依存的对立统一体。有缠结,才可能在一定的条件下解缠结;没有缠结,也就无所谓解缠结。将柔性链与刚性链高分子相比,刚性链之间的缠结较少,所以因解缠结而引起的表观粘度的下降也较少。将低分子量与高分子量高分子相比,低分子量分子链的缠结少,所以因解缠结引起的表观粘度的下降也较少。

高分子熔体在切力作用下发生的结构破坏,除解缠结以外,还可能有微区结构的细化。以主链刚性很高的高分子液晶为例,尽管分子之间的缠结很少,但它们的表观粘度随 $\dot{\gamma}$ 增加而下降的趋势比非液晶刚性链高分子(如聚碳酸酯)的更明显(见图 8-9)。其原因在于:在低 $\dot{\gamma}$ 区,高分子液晶的运动单元是有序微区(包含数以千计或更多个液晶基元);随 $\dot{\gamma}$ 的提高,微区逐渐被分割变细,直至以分离的一个个分子为运动单元。而非液晶刚性链聚碳酸酯在相当宽的切变速率范围内粘度变化很小,近似于牛顿流体,只有在很高的切变速率下才表现出非牛顿性。

高分子熔体切力变稀的行为对加工极为重要。粘度的降低能减少加工中的能耗,也有利于熔体流过狭小的管道。另外,在确定工艺参数时,必须考虑熔体在具体加工条件下的表观粘度,而不能简单地以零切变速率下的粘度为依据。

③ 假塑性高分子熔体在圆管内的流速分布不呈抛物线形,而是接近于柱塞流动(见图 8-10),速度梯度集中在管壁附近,在有些情况下可能有管壁滑动,即 $v_R \neq 0$。此外,在流动中还可能有分子量分级效应,使低分子量级分在管壁附近多于管轴。

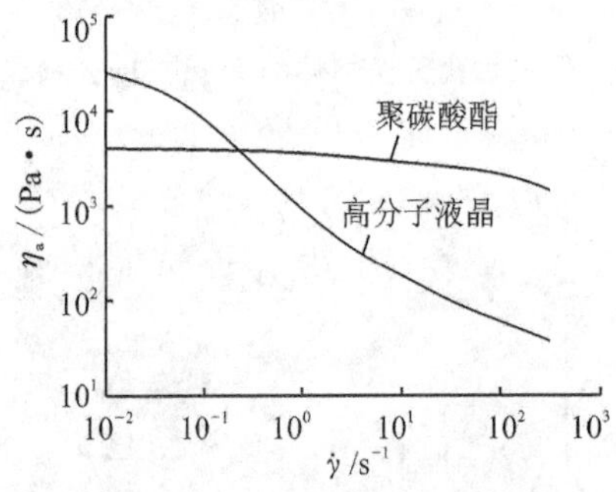

图 8-9　高分子液晶与非液晶刚性链聚碳酸酯的流动曲线比较(240 ℃)

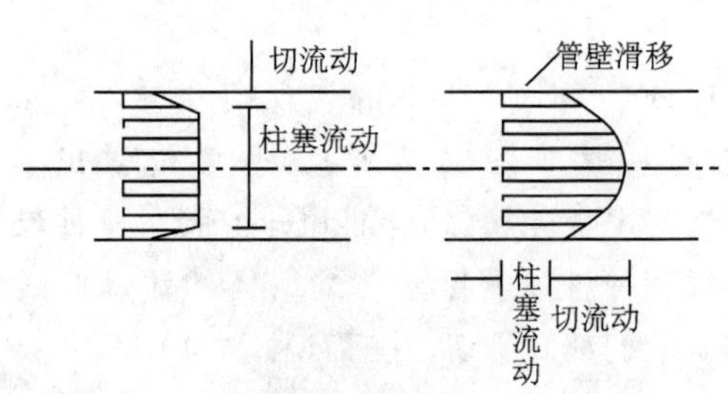

图 8-10　柱塞流动和管壁滑移示意图

8.2　高分子熔体的切粘度

在利用高分子粘流态进行加工成型时，流动性是最重要的工艺参数之一。不同的加工方法要求不同的流动性。一般来说，注射成型要求流动性大一些，挤出成型要求流动性小一些，吹塑成型的流动性介于二者之间。即使是同一种加工方法，所需流动性的大小也随制件的形状和尺寸而异。熔体流动性用粘度表征。因此，了解高分子熔体粘度的测试方法及其影响因素，是选择加工条件、控制及保证高分子制件质量的重要基础。

8.2.1　熔体切粘度的测定方法

高分子熔体切粘度常用落球粘度计、毛细管挤出流变仪和转动粘度计测定。

1. 落球粘度计

落球粘度计的测试方法是：将高分子流体（熔体或溶液）置于一根圆柱形试管内，投入一个金属或玻璃小球，测定小球下降速度，计算流体粘度，如图8-11所示。小球在下降中受重力、浮力和粘滞阻力（stocks力）作用，当这三个作用力达到平衡时，小球做匀速运动。设小球的半径和密度分别为 r_s 和 ρ_s，被测高分子熔体的密度和粘度分别为 ρ_P 和 η_P，小球在熔体中的运动速度为 v，则小球的重力 $=\frac{4}{3}\pi r_s^3 g\rho_s$，小球所受的浮力 $=\frac{4}{3}\pi r_s^3 g\rho_P$，小球所受的粘滞阻力（stocks力）$=6\pi\eta_P r_s v$，$g$ 为重力加速度。小球在熔体中做匀速运动时，有

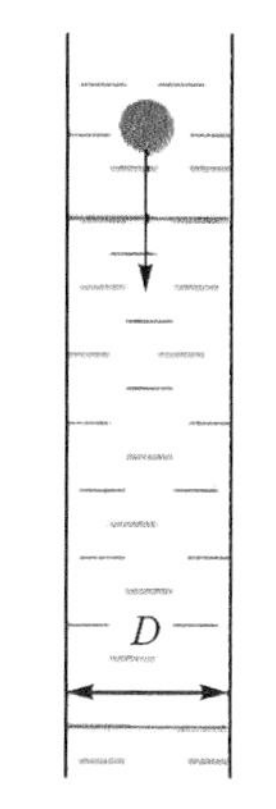

图8-11　落球粘度计示意图

$$\frac{4}{3}\pi r_s^3 g(\rho_s-\rho_P)-6\pi\eta_P r_s v=0 \tag{8-13}$$

所以

$$\eta_P=\frac{2}{9}\cdot\frac{(\rho_s-\rho_P)r_s^2 g}{v} \tag{8-14}$$

更精确地考虑圆管壁对小球运动的影响后，有

$$\eta_P=\frac{2}{9}\cdot\frac{(\rho_s-\rho_P)r_s^2 g}{v}\left[1-2.104\frac{d_s}{D}+2.09\left(\frac{d_s}{D}\right)^2-\cdots\right] \tag{8-15}$$

式中：d_s 和 D 分别为小球和圆管的直径。

由于小球的下降速度一般非常慢，被测熔体受到的切变速率非常低，所以该方法专门用来测定零切变速率下的粘度 η_0。

2. 毛细管挤出流变仪

毛细管挤出流变仪的核心部件如图8-12所示。加热炉内有一个料筒，料筒下端有一根长度和半径分别为 L 和 R 的钢质毛细管。将高分子粉料或粒料置于料筒内，加热到粘流态。通过活塞将载荷 Δp 施加到熔体上，把熔体从毛细管中挤出。如果熔体的流动没有湍流，熔体

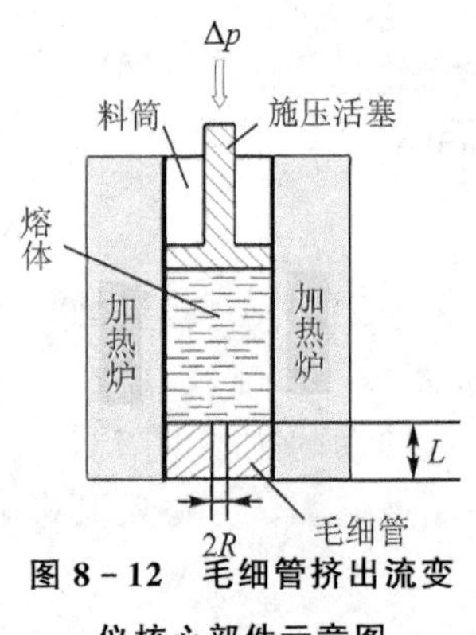

图8-12　毛细管挤出流变仪核心部件示意图

在管壁也没有滑移,则按牛顿流体处理时,毛细管壁所受的切应力为$\sigma_{\tau R}=\dfrac{\Delta p}{2L}R$,管壁熔体的切变速率为$\dot{\gamma}_R=\dfrac{4q_V}{\pi R^3}$。因此,只要测定熔体在$\Delta p$作用下的体积流量$q_V$,就可计算出$\sigma_{\tau R}$和$\dot{\gamma}_R$。改变载荷,可获得宽切变速率范围内的$\lg\sigma_{\tau R}-\lg\dot{\gamma}$曲线,进而可计算出不同切变速率下的表观粘度$\eta_a$和非牛顿指数$n$。

但是上述计算公式都基于牛顿流动,因此处理非牛顿流体时必须做非牛顿改正。改正公式如下:

$$\dot{\gamma}_{R改正}=\frac{3n+1}{4n}\dot{\gamma}_{R未改正},\quad \eta_{a改正}=\frac{\sigma_{\tau R}}{\dot{\gamma}_{R改正}} \tag{8-16}$$

除了非牛顿改正外,对切应力值还应进行入口校正。因为熔体从料筒挤入毛细管时,流速和流线都发生了变化,这个事实叫作末端效应,等效于毛细管增加了一定的长度ΔL,这个长度叫作入口校正。实际$\sigma_{\tau R}$应按下式计算:

$$\sigma_{\tau R}=\frac{\Delta p}{2(L+\Delta L)}R \tag{8-17}$$

ΔL可以用不同长径比L/R的毛细管进行挤出实验,外推到Δp为零时得到。实验证明,当毛细管的长径比L/R大于40时,可忽略入口校正。

高分子熔体粘度常用毛细管挤出流变仪进行测定。这首先是因为大多数高分子的成型(如注塑、挤出、吹塑等)都包括一个其熔体在压力作用下的挤出过程。用毛细管挤出流变仪可得到接近于加工条件($\dot{\gamma}$为$10\sim10^6\ \mathrm{s^{-1}}$,$\sigma_\tau$为$10^4\sim10^6$ Pa)的粘度。此外,用毛细管挤出流变仪不仅可测定高分子熔体的流动曲线,还可以研究熔体的弹性表现和不稳定流动现象,且实验中操作也很方便。

在工业上还采用一种核心结构与毛细管挤出流变仪相同,但实验中用砝码加载的熔体指数仪。熔体指数MI (Melt Index)定义为:规定温度的高分子熔体在标准砝码(2.16 kg)作用下,在10 min内,从规定长径比的毛细管中挤出的质量,单位为g/10 min。MI表征的是熔体在给定切应力下的流度(粘度的倒数$1/\eta_a$)。在该方法中,切应力约为2×10^4 Pa,切变速率$\dot{\gamma}$在$10^{-2}\sim10\ \mathrm{s^{-1}}$范围内。因此,MI反映的是低$\dot{\gamma}$区的流度。在相同条件下,MI越大,表示其流动性越好。但需指出的是,对于不同的高分子熔体,由于规定的测试条件不同,不宜用MI的大小来直接比较它们流动性的好坏。

3. 转动粘度计

流体在转动粘度计中的流动属于库爱特(Couette)流动。转动粘度计的形式很多,包括同轴圆筒转动粘度计、圆锥-圆板和平行板转动粘度计等。

(1) 同轴圆筒转动粘度计

同轴圆筒转动粘度计由一对同轴圆筒组成,待测流体被装在内圆筒和外圆筒之间的环形间隙(一般仅毫米数量级)内。其转动方式有两种:一种是内圆筒旋转,外圆筒固定;另一种是

外圆筒旋转，内圆筒固定。以前者为例，设内、外圆筒的半径分别为 R_1 和 R_2，内圆筒在力矩 M 的作用下以角速度 ω 做匀速旋转，如图 8－13 所示，则熔体在离轴心 r 处的切变速率 $\dot{\gamma}_r$ 和切应力 τ_r 分别为

$$\dot{\gamma}_r=\frac{2\omega}{r^2}\cdot\frac{R_1^2\cdot R_2^2}{R_2^2-R_1^2}=A\cdot\frac{\omega}{r^2},\quad \sigma_{\tau,r}=\frac{M}{2\pi r^2 L} \tag{8-18}$$

式中：$A=\dfrac{2R_1^2R_2^2}{R_2^2-R_1^2}$为仪器常数。因此表观粘度 η_a 为

$$\eta_a=\frac{M}{4\pi L\omega}\left(\frac{1}{R_1^2}-\frac{1}{R_2^2}\right)=\frac{1}{2\pi LA}\cdot\frac{M}{\omega} \tag{8-19}$$

对非牛顿性和末端效应也可按前述方法进行改正。

同轴圆筒转动粘度计有两个缺点：一是内、外圆筒之间的间隙很小，对于很粘的高分子熔体，装料困难；二是圆筒旋转时，在高分子熔体中会产生法向应力（见 8.3.1 小节），使熔体沿内圆筒纵轴上爬。因此，大多数同轴圆筒粘度计只应用于粘度不大的高分子溶液，而且仅限于在相当低的切变速率下使用。

(2) 圆锥-圆板和平行板转动粘度计

圆锥-圆板转动粘度计简称锥-板粘度计。它由一块直径为 R 的圆形平板和一个线性同心锥体组成，如图 8－14(a)所示，平板与锥体之间的间隙内填充待测熔体，在扭矩 M 的作用下，平板以角速度 Ω 匀速旋转。当锥-板夹角 θ 小于 4°时，熔体厚度为 $h=r\tan\theta\approx r\theta$，此时锥-板间熔体的切变速率与 r 无关，锥-板间速率近似相等：

$$\dot{\gamma}=\frac{dv}{dh}=\frac{\Omega}{\theta} \tag{8-20}$$

切应力可从施加的扭矩 M 计算，即

$$\sigma_\tau=\frac{3M}{2\pi R^3} \tag{8-21}$$

所以，熔体的表观粘度 η_a 为

$$\eta_a=\frac{\sigma_\tau}{\dot{\gamma}}=\frac{3\theta M}{2\pi\Omega R^3}=b\cdot\frac{M}{\Omega} \tag{8-22}$$

式中：$b=\dfrac{3\theta}{2\pi R^3}$为仪器常数。

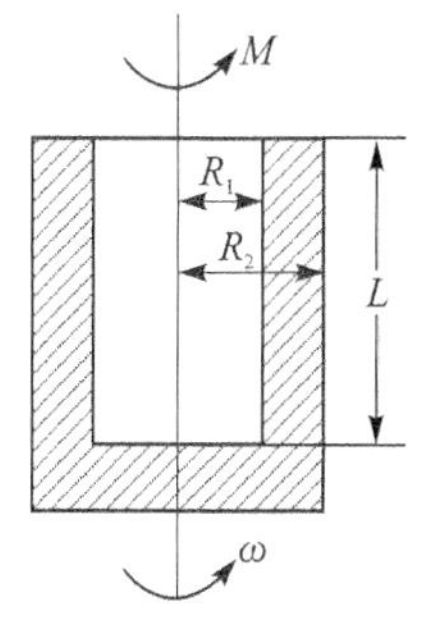

图 8－13　同轴圆筒转动粘度计示意图

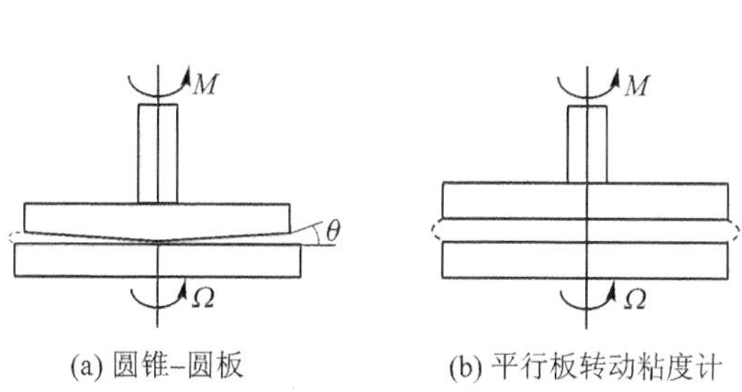

图 8－14　圆锥-圆板和平行板转动粘度计示意图

与同轴圆筒转动粘度计相比，锥-板粘度计的试样用量少，装填容易，还可测定法向应力。但锥-板粘度计也只限于较低的切变速率，因为切变速率较高时，熔体中有产生次级流动的倾向，且因离心力较大而有熔体溢出间隙的倾向。此外，锥-板的间距应比较精确，所以使用这种粘度计要求更高的实验技巧。因此，实验中也常常使用间距可调的平行板转动粘度计(见图8-14(b))来测定熔体的粘度，此时，平行板间各处的切变速率不相等，只是在低速下，这种变化忽略不计。

上述各种粘度测定法适用的切变速率和粘度范围概括如表8-1所列。

表8-1 高分子熔体粘度测定仪及其适用范围

仪器		切变速率范围/s^{-1}	粘度范围/(Pa·s)
落球粘度计		$<10^{-2}$	$10^{-5}\sim10^{3}$
毛细管挤出流变仪		$10^{-1}\sim10^{6}$	$10^{3}\sim10^{5}$
转动粘度计	同轴圆筒型	$10^{-3}\sim10^{1}$	$10^{-1}\sim10^{1}$
	锥-板型		$10^{3}\sim10^{11}$
	平行板型		$10^{3}\sim10^{6}$

8.2.2 影响高分子熔体切粘度的因素

对于假塑性高分子熔体，切应力和切变速率是影响它们表观粘度最重要的因素，影响程度又与分子结构和熔体结构等因素有关。此外，温度、液压等外因对熔体粘度也有很大影响。

1. 结构因素的影响

(1) 分子量

高分子熔体的流动是高分子整链质心相对迁移的结果，粘度反映的是整链质心相对迁移所需克服的内摩擦力大小。分子量越高，内摩擦力越大，熔体粘度就越高。线形高分子零切变速率下的粘度 η_0 与重均分子量 $\overline{M}_w$ 之间存在如图8-15所示的经验关系，即

当 $\overline{M}_w<\overline{M}_{cr}$ 时，

$$\eta_0=K_L\overline{M}_w{}^{1\sim1.6}\quad\text{(指数略依赖于高分子的化学结构)}\tag{8-23}$$

当 $\overline{M}_w>\overline{M}_{cr}$ 时，

$$\eta_0=K_H\overline{M}_w{}^{3.4\sim3.5}\tag{8-24}$$

式中：K_L 和 K_H 分别为适用于低分子量和高分子量高分子的系数；$\overline{M}_{cr}$ 称为临界重均分子量，对应于分子链之间开始出现缠结的最小分子量，也是高分子固体模量-温度曲线上出现高弹平台所需的最小分子量。但从熔体粘度法得到的 $\overline{M}_{cr}$ 值，不同于从应力松弛模量-时间曲线上高弹平台区的剪切模量 G 按下式计算得到的缠结点间分子量 $\overline{M}_e$：

$$\overline{M}_e=\frac{\rho RT}{G}\tag{8-25}$$

$\overline{M}_{cr}$ 为 $\overline{M}_e$ 的2～3倍。对大多数高分子来说，$\overline{M}_{cr}$ 包含数百个主链原子数(A_{cr})，如表8-2所列。

对于同系高分子，当切变速率提高时，$\overline{M}_w<\overline{M}_{cr}$ 的高分子呈现表观粘度恒定的牛顿流动行为，而 $\overline{M}_w>\overline{M}_{cr}$ 的高分子呈现切力变稀的非牛顿性。分子量越大，开始表现出非牛顿性的

切变速率越低，表观粘度对切变速率越敏感，如图 8－16 和图 8－17 所示。因为分子量越大，分子链之间缠结越多，在切应力作用下因解缠结而引起的粘度下降越明显。但需注意，开始出现非牛顿性的切应力与分子量无关(见图 8－17(b))。

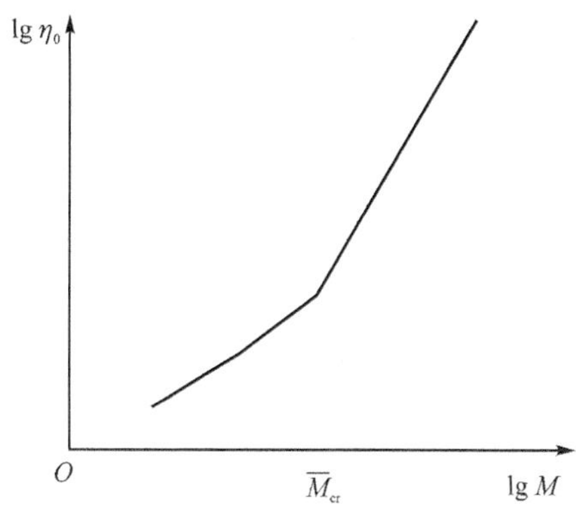

图 8－15　高分子熔体的零切变速率粘度与分子量的关系

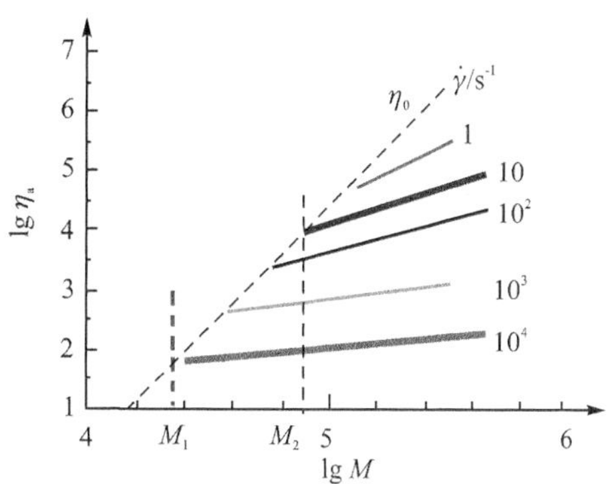

图 8－16　切变速率对高分子 $\lg\eta_a-\lg M$ 关系的影响

表 8－2　一些高分子的 $\overline{M}_{cr}$ 和 A_{cr}

高分子	$\overline{M}_{cr}$	A_{cr}	高分子	$\overline{M}_{cr}$	A_{cr}
聚乙烯	4 000	275	聚二甲基硅氧烷	30 000	630
聚丙烯	7 000	330	聚丁二烯	6 000	440
聚苯乙烯	35 000	670	聚异戊二烯	10 000	590
聚氯乙烯	6 200	200	聚对苯二甲酸乙二醇酯	6 000	310
聚甲基丙烯酸甲酯	30 000	600	聚己内酰胺	5 000	310
聚乙酸乙烯酯	25 000	580	聚碳酸酯	3 000	140

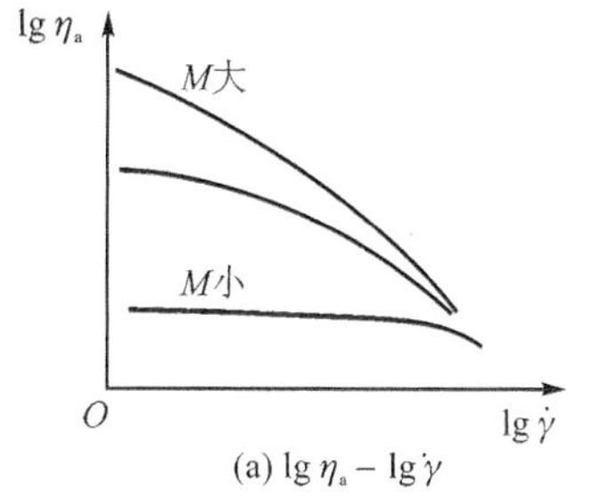

(a) $\lg\eta_a-\lg\dot{\gamma}$

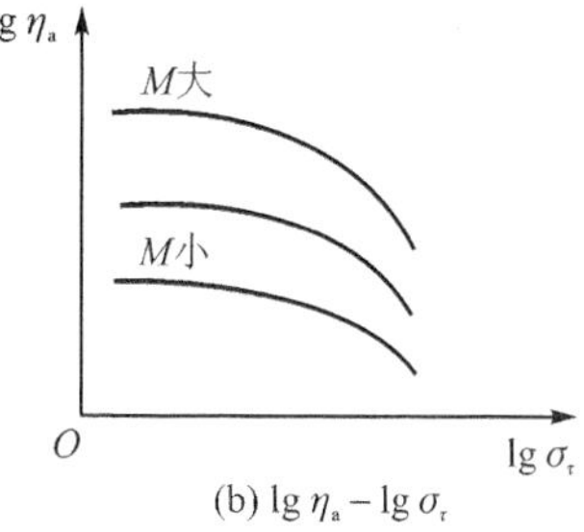

(b) $\lg\eta_a-\lg\sigma_\tau$

图 8－17　同系高分子表观粘度随切变速率和切应力的变化

从成型加工的角度考虑，降低分子量可以降低粘度，改善加工性能，但又会影响制件的力学强度和橡胶的弹性。所以，在三大合成材料的生产中要恰当地调节分子量的大小。一般而言，合成橡胶的分子量控制在数十万左右；合成纤维的分子量要小得多(例如尼龙 6 的分子量约为 $1.5\times10^4\sim2.3\times10^4$；聚对苯二甲酸乙二醇酯的分子量约为 2×10^4)，否则熔体粘度太高，难以通过 0.15～0.45 mm 的喷丝孔。塑料的分子量通常控制在橡胶和纤维的分子量之间，但是不同的加工方法对分子量的要求也不同。通常，注射成型用料的分子量较小，挤出成型用料的分子量较大，吹塑成型用料的分子量介于两者之间。

(2) 分子量分布

当高分子的平均分子量相同时,分子量分布宽的开始出现非牛顿性的切变速率比分子量分布窄的低。如图8-18所示,当$\dot{\gamma}$较低时,分子量分布宽的熔体的粘度较高,因为平均分子量相同而分布宽的高分子中必然有较多的特长分子,特长分子对η_0的贡献大。当$\dot{\gamma}$增大时,分布宽的高分子熔体首先出现表观粘度下降。因此,分子量分布宽的高分子在较高切变速率加工中会有较好的流动性。

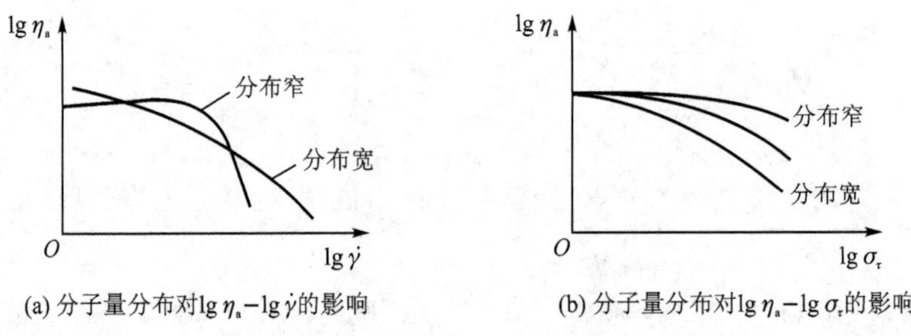

(a) 分子量分布对lg η_a-lg $\dot{\gamma}$的影响　(b) 分子量分布对lg η_a-lg σ_r的影响

图8-18　分子量分布对高分子熔体表观粘度的切变速率和切应力依赖性的影响

鉴于分子量分布的宽窄对熔体粘度的切变速率依赖性影响很大,所以通常在极低切变速率下测定的熔体指数MI,未必能反映熔体在注塑成型中的流动性。例如,测得甲、乙、丙三个高密度聚乙烯试样的MI如表8-3所列,由此可能会估计试样丙的流动性最好,试样甲的最差。但是,当用注塑成型中充满特定模腔所需的最低压力来衡量流动性时,却发现竟然是试样甲的最好,试样丙的最差。分子量分布测定结果(见表8-3右栏所列分子量多分散指数α)揭示了导致上述结果的根本原因:试样甲的分子量分布非常宽,其切力变稀的非牛顿性远远超过分子量分布最窄的试样丙。

表8-3　高密度聚乙烯的流动性与分子量分布宽度

试　样	MI	注塑成型中充满特定模腔所需最低压力	分子量多分散指数α ($=\overline{M}_w/\overline{M}_n$)
甲	0.12	最小	36
乙	0.14	介于甲、丙之间	7.7
丙	1.8	最大	3.2

若要利用熔体指数仪初步判断高分子熔体的非牛顿性,一个简易可行的办法是:除了用标准砝码(2.16 kg)测定$MI_{2.16}$以外,还用更重的砝码,如21.6 kg来测定$MI_{21.6}$。如果$MI_{21.6}/MI_{2.16}\approx 21.6/2.16$,则说明这种熔体基本上是牛顿流体;如果$MI_{21.6}/MI_{2.16}\gg 21.6/2.16$,则说明这种熔体切力变稀的非牛顿性很强。

虽然分子量分布较宽有利于熔体加工成型,但也会影响制件的力学性能。塑料的平均分子量一般都不太高,流动性比较容易满足加工要求。分子量分布过宽,意味着其中存在较多的低分子量级分。那些分子量小于临界分子量的级分将明显降低塑料的强度。以聚碳酸酯为例,低分子量级分和单体杂质含量较多时,应力开裂较严重。如果在聚合后,先用丙酮把低分子量部分和单体杂质抽提出来,就会减轻制件的应力开裂程度。目前,防止塑料制件开裂的一个重要途径就是减少低分子量级分,提高分子量。

与塑料不同,橡胶的分子量一般都很高,分子量分布宽一些有利于提高其流动性,促进它

们与各种配合剂的混合和成型，而对制件的物理、力学性能影响较小。尤其是因为橡胶一般都要硫化。硫化后，制件的性能与硫化前起始分子量分布的依赖关系就不那么明显了。

(3) 支　化

当分子量相同时，短支链的存在会削弱高分子链之间的相互作用，并缩小其流体力学体积，因此支化高分子的熔体粘度低于线形高分子的相应值。表 8-4 列出了聚乙烯、聚丙烯、聚丁烯-1 的分子量和 MI，可以看到，尽管聚丙烯和聚丁烯-1 的分子量比聚乙烯的大得多，但它们的流动性反而比聚乙烯的好(MI 高)。比较聚丙烯和聚丁烯-1 可进一步看到，短支链越长，对熔体的降粘作用越强。

表 8-4　线形链与支化链的分子量和熔体指数

参　数	聚乙烯 —CH_2—CH_2—	聚丙烯 CH_3 | —CH—CH_2—	聚丁烯-1 CH_2—CH_3 | —CH—CH_2—
分子量	45 000	89 000	320 000
熔体指数(MI)	1.0	1.6	4.1

鉴于短支链支化高分子能降低熔体粘度，在橡胶工业中，有时为改进胶料的加工性，特意掺入一定量支化或有一定交联度的再生胶(硫化橡胶在力化学作用下的产物)。

长支链对熔体粘度的影响尚待深入研究。许多研究表明，当支链很长以致支链本身就能产生缠结时，长支链高分子在低切变速率下的粘度高于分子量相同的线形高分子的粘度。在这种情况下，要提高高分子的流动性，应设法降低支化度。以乳液聚合双烯烃为例，聚合温度越高，则产物的支化度就越大；为降低支化度，应采用低温聚合。可是，另有一些高分子，即使其支链长到足以产生缠结，在低切变速率下的粘度仍比分子量相同的线形高分子低，原因不详。

(4) 其他分子结构因素

对分子量相近的不同高分子来说，柔性链的粘度要比刚性链的低。例如，橡胶的粘度通常都较低，易于加工。特别是硅橡胶，分子链很柔软，流动性极好。相反，刚性大的高分子，如聚碳酸酯、聚砜和聚苯醚等，粘度都很高，为了获得合适的流动性，通常需要较高的加工温度或添加加工助剂。

极性基团、氢键和离子键等都能增加分子链之间的相互作用，所以具有这些结构特征的高分子，如聚氯乙烯、聚丙烯腈、聚酰胺、聚丙烯酸等都具有较高的熔体粘度。

(5) 熔体结构

高分子熔体应该是微观均一的，但在温度较低时并非如此。突出的一个实例是乳液聚合的聚氯乙烯，在 160～200 ℃挤出时，流动性都很好，粘度比相同分子量的悬浮聚合聚氯乙烯的低好几倍。断面的电镜观察显示，乳液聚合聚氯乙烯挤出物中仍有颗粒结构，说明在该温度范围内，熔体的流动不是完全的粘性切流动，而包含有明显的颗粒流动。虽然颗粒流动使熔体表现出良好的流动性，但颗粒之间薄弱的结合力又是 160 ℃挤出物发脆的原因。在 200 ℃以上，熔体中的颗粒结构完全消失，流动性变得与悬浮聚合聚氯乙烯没有什么差别。乳液聚合聚苯乙烯也有类似情况。

在全同立构聚丙烯的挤出成型中曾观察到，当切变速率提高到一定值时，熔体粘度会突然增加一个数量级，甚至可能使流动突然停止，即使降低切变速率也回复不到流动态，除非加热至 208 ℃以上。这是由于聚丙烯熔体在应力作用下的结晶所致,尤其在挤出孔的入口处有拉伸应力,易引起结晶而使熔体粘度剧增。实验证明,这种聚丙烯晶体的分子链是高度单轴取向的。

(6) 共 混

共混是改善高分子加工流动性经常采取的有效措施之一。例如,聚苯醚粘度很高,但加入少量聚苯乙烯后就能顺利加工。目前的商品聚苯醚实际上大多是聚苯醚-聚苯乙烯共混体系。又如挤出硬聚氯乙烯管时,如果共混少量丙烯酸树脂,就能提高挤出速率,且改进管子表面光泽。

但是,要预估高分子-高分子非均相共混体系的熔体粘度很困难,因为在这种熔体中,一相将在另一相中形成液滴,然而究竟哪一相成为液滴,取决于许多因素,如两相的体积比、粘度比和弹性比等,而且分散相的尺寸还强烈依赖于混合设备的类型。作为初步估计,如果已知两个组元高分子在加工条件下的熔体粘度分别为 η_1 和 η_2,在共混体系中的体积分数分别为 φ_1 和 φ_2,则共混物熔体的粘度 η 可用混合对数法估算,即

$$\lg \eta = \varphi_1 \lg \eta_1 + \varphi_2 \lg \eta_2 \tag{8-26}$$

实际上,偏离该式所示的线性加和关系的情况很多。

2. 作用条件的影响

(1) 温 度

高分子的 $T_f \sim T_d$ 区间不大,实际用于熔体加工的温度区间更小。在这有限的温度范围内,熔体切粘度随温度的变化一般可用 Arrhenius 方程描述,即

$$\eta = A e^{\Delta E_\eta / RT} \tag{8-27}$$

式中:A 是常数;ΔE_η 是流动活化能,它表征熔体粘度的温度依赖性。ΔE_η 越高,熔体粘度对温度的变化越敏感。ΔE_η 与分子链刚性有关,与分子量无关。分子链刚性越大,则链段越长,ΔE_η 越高(参考表 5-6)。图 8-19 给出了几种高分子的粘度随温度变化的曲线,可以看到,聚碳酸酯(PC)、醋酸纤维等刚性链高分子的粘度对温度变化非常敏感,而温度对聚乙烯(PE)、聚甲醛(POM)等柔性链高分子粘度的影响较小。

同时,ΔE_η 有一定的切变速率依赖性:切变速率提高,ΔE_η 下降。以聚丙烯为例,$\dot{\gamma}$ 提高 10 倍,ΔE_η 降低约 60%。所以高分子熔体粘度的温度敏感性在高切变速率下不如在低切变速率下。作为表征熔体粘度温度敏感性的一个实用方法,是在给定切变速率下,测定相差 40 ℃的两个温度下的切粘度之比。

当温度接近和低于流动温度时,高分子的粘度与温度的关系不再服从式(8-27),因为 ΔE_η 不再是常数,而是随温度的下降而增加。

自由体积理论认为,分子整链的分段移动取决于两个条件:①链段具有向空穴跃迁的能量;②体系内有足够的空穴(自由体积)。温度较高时,高分子的自由体积较大,第二个条件能满足,因此链段的跃迁仅取决于它的能量,这类似于常见小分子的活化过程,所以符合 Arrhenius 方程。但当温度较低时,自由体积减小,第二个条件不能充分满足,链段跃迁不再是一般的活化过程,而与自由体积有关。

Williams-Landel-Ferry 根据自由体积理论推导出高分子粘度与温度的关系式为

$$\lg \frac{\eta(T)}{\eta(T_r)} = \lg a_T = -\frac{C_1(T - T_r)}{C_2 + (T - T_r)} \tag{8-28}$$

这就是著名的 WLF 方程。式中：T 为任意温度，T_r 为参考温度，a_T 为平移因子，C_1 和 C_2 为常数。大量实验结果证明，对于多数非晶态高分子，若选用 T_g 作为参考温度，则在 T_g 至 (T_g+100 ℃)范围内有 $C_1=17.44$，$C_2=51.6$，因此式(8－28)可具体化为

$$\lg \frac{\eta(T)}{\eta(T_g)}=\lg a_T=\frac{-17.44(T-T_g)}{51.6+(T-T_g)} \tag{8-29}$$

式(8－29)是半经验方程。对大多数非晶态高分子，$\eta(T_g)=10^{12}$ Pa・s。因此，若已知一种高分子的 T_g，就能利用 WLF 方程计算它在 T_g 至(T_g+100 ℃)范围内的粘度。

比较 Arrhenius 方程和 WLF 方程，如图 8－20 所示，在温度高于 T_g+100 ℃时，两者相符。

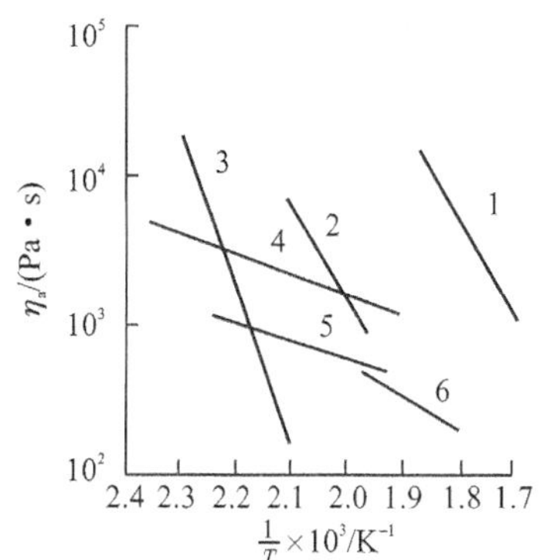

1—聚碳酸酯(4 MPa)；2—聚甲基丙烯酸甲酯；
3—醋酸纤维；4—聚乙烯；5—聚甲醛；6—尼龙(1 MPa)

图 8－19 几种高分子熔体的表观粘度与温度的关系

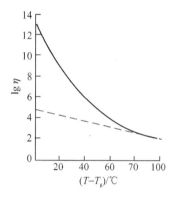

注：实线遵循 WLF 方程，虚线遵循 Arrhenius 方程。

图 8－20 高分子粘度与温度的依赖关系

(2) 切变速率和切应力的影响

关于切变速率和切应力对高分子熔体粘度的影响在前面已作了详细讨论。这里再一次强调的是，分子链越柔软，分子间缠结越多，因此在切变速率与切应力作用下，通过解缠结引起表观粘度的下降越明显。图 8－21 给出了几种高分子熔体表观粘度与切应力的关系，由图可见，聚乙烯、聚甲醛等柔性链高分子的熔体粘度随切应力提高而降低明显，聚碳酸酯之类刚性链高分子的熔体粘度对切应力不敏感(注：图中结果还受其他因素如分子量和分子量分布的影响)。

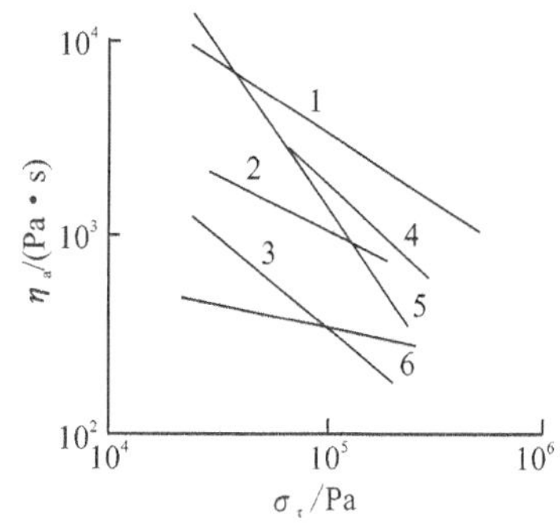

1—聚碳酸酯(280 ℃)；2—聚甲基丙烯酸甲酯(200 ℃)；
3—醋酸纤维(180 ℃)；4—聚乙烯(200 ℃)；
5—聚甲醛(200 ℃)；6—尼龙(230 ℃)

图 8－21 几种高分子熔体的表观粘度与切应力的关系

在高分子的成型加工中，工艺条件的选择应综合考虑温度和切应力或切变速率对熔体粘度的影响。例如，注塑成型聚乙烯、聚丙烯、聚甲醛之类的柔性链高分子制件时，若要改善流动性，则提高注射压力或注射速率的效果比提高温度好；相反，成型加工聚碳酸酯、聚砜之类的刚性链高分子制件时，提高温度的降粘效果更显著。

对于高分子液晶，则不论温度、切变速率或切应力，对它们的流动性影响都非常大。

(3) 流体静压力

流体静压力增大,液体内的自由体积缩小,分子间作用能增大,因而粘度增大。所以,静压力升高对粘度的影响相当于温度降低。与小分子液体相比,高分子熔体中分子链的堆砌密度较低,自由体积分数较大,所以静压力对高分子熔体粘度的影响更大。大多数高分子的$-\Delta T/\Delta p$为$(3\sim9)\times10^{-1}$℃/MPa,与分子量无关。

高分子熔体粘度对静压力的敏感性也可用粘度-静压力系数K表征。K定义为

$$K=\frac{1}{\eta}\cdot\frac{\mathrm{d}(\ln\eta)}{\mathrm{d}p} \tag{8-30}$$

式中:p为静压力。表8-5列出了一些高分子的K值。一般说来,带有体积较大的侧芳基(如苯基)或分子量较大、密度较低的高分子,K值较大。

在挤出、注塑成型时,静压力升高对高分子熔体的增粘作用,往往会被熔体的剪切生热和切变速率的降粘作用部分抵消,故而不易觉察。但当所施静压力很高时,其增粘作用会超过其他因素的降粘作用。

表8-5 几种高分子的粘度-静压力系数(K值)

高分子	温度/℃	$10^8\cdot K/\mathrm{Pa}$
低密度聚乙烯	210	1.43
高密度聚乙烯	170	0.68
聚丙烯	210	1.50
聚苯乙烯	190	3.50
聚甲基丙烯酸甲酯	235	2.14
聚碳酸酯	270	2.35
聚二甲基硅氧烷	40	0.73

8.3 高分子熔体的弹性表现

高分子熔体是一种高弹性液体。在切应力作用下不仅表现出粘性流动,产生不可回复的形变,而且还表现出弹性,产生可回复的形变。其根本原因在于:高分子熔体流动时,分子链质心的迁移是通过链段的分段移动实现的,即在分子链质心迁移的同时,必然牵涉到链段运动引起的分子链构象变化,即分子链沿流动方向伸展产生高弹形变。只有在除去应力后,高分子链回复到无应力状态的构象时,残留下来的才是真正不可回复的粘性流动变形。

高弹形变的发展和回复过程都是松弛过程。在以熔体加工成型高分子制件的过程中,如果在流动中产生的高弹形变,在凝固时得不到回复而残留在产品中,就会产生残余应力,影响制件的尺寸稳定性和老化性能;但在有些情况下,弹性也有有利作用。因此,如何消除或控制熔体加工中的高弹形变,对保证制件质量具有重要意义。

高分子熔体的弹性表现很多,如法向应力效应、挤出胀大和不稳定流动等。

8.3.1 法向应力效应

法向应力效应的表现之一是韦森堡效应(Weissenberg effect),即转轴在高分子熔体中快

速旋转时，熔体包轴上爬，如图 8－22 所示，俗称爬杆效应。而转轴在小分子液体中快速旋转时，通常只会因离心力作用使靠轴液面下降，靠器壁液面上升。法向应力效应也很容易在高分子熔体的锥-板转动实验中观察到：当锥与板相对快速旋转时，两者会沿垂直方向互相分离。

力学分析表明，上述效应源于法向应力差。为此，有必要首先了解什么是法向应力以及为什么高分子流动中会产生法向应力差。

设小分子液体流场中，x_1 为流动方向，x_2 为速度梯度方向，x_3 为与它们垂直的方向。液体流动时，一个体积单元液体上所受到的应力有 9 个分量(见图 8－23(a))。其中分别垂直作用于各面积元的 3 个分量 T_{11}、T_{22} 和 T_{33} 为法向应力，其他平行于各面积元的 6 个分量为切应力。

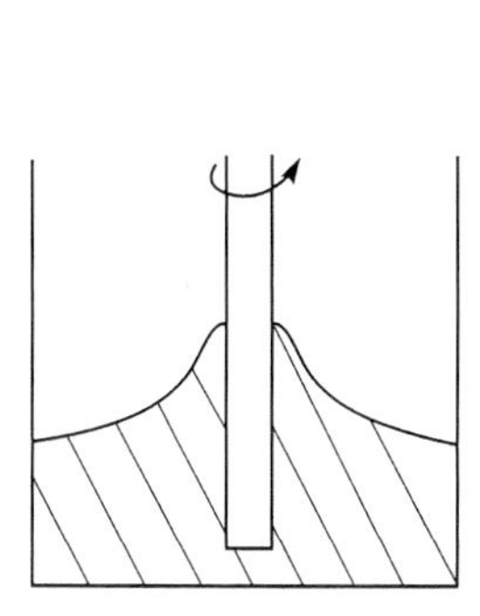

图 8－22　韦森堡效应

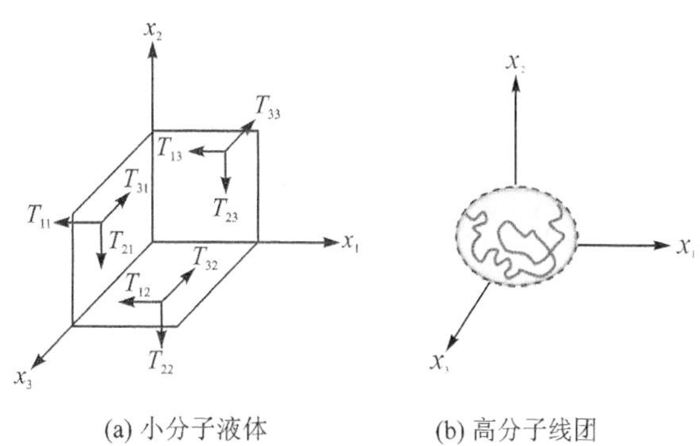

图 8－23　液体流动中一个体积元上所受到的应力

如果流体中有一个气泡，则它必然受到流体静压力 p 的作用。流体静压力 p 应该和气泡内部的气体压力相平衡，否则气泡就会膨胀或收缩，直到流体静压力和气泡内的气体压力互相平衡为止。由于流体静压力总是各向同性的，所以这个气泡受到的法向应力就是 $T_{11}=T_{22}=T_{33}=-p$，这里的负号来自对方向的规定：流体静压力为 $+p$，与之平衡的气泡内气体向外作用的压力为 $-p$。

设想在这个流动场中有一个高分子线团。假设流体不流动时，这个线团呈对称球状。流动时，即在流场中，这个线团将在 x_1 方向上被拉长，在 x_2 方向上收缩，变成椭球状，如图 8－23(b)所示。于是，这个线团就等效地受到了一个因存在流场而带来的额外应力，它叠加在流体静压力 p 上，一起作用于该高分子线团上，使之变形。这样，线团上所受总应力的法向分量为

$$T_{11}=-p+\sigma_{11},\quad T_{22}=-p+\sigma_{22},\quad T_{33}=-p+\sigma_{33} \tag{8-31}$$

式中：σ_{11}、σ_{22} 和 σ_{33} 是高分子流体在这个切流场中产生的附加弹性法向应力分量。

法向应力差的定义如下：

第一法向应力差：

$$N_1=T_{11}-T_{22}=\sigma_{11}-\sigma_{22} \tag{8-32}$$

第二法向应力差：

$$N_2=T_{22}-T_{33}=\sigma_{22}-\sigma_{33} \tag{8-33}$$

第三法向应力差：

$$N_3=T_{33}-T_{11}=\sigma_{33}-\sigma_{11} \tag{8-34}$$

这三个法向应力差中只有两个是独立的，因为 $N_3=N_1-N_2$，所以只需研究 N_1 和 N_2。

第一法向应力差都是正值($N_1>0$),第二法向应力差一般为负值($N_2<0$),且$|N_1|\gg|N_2|$。因为,在流动方向(x_1)上,高分子线团被拉长,有$\sigma_{11}>0$;在速度梯度方向(x_2)上,高分子线团收缩,有$\sigma_{22}<0$;而在x_3方向上,高分子线团几乎没受到什么应力,即$\sigma_{33}\approx 0$。此外,法向应力差还随切变速率而变,如图8-24所示,随着切变速率增大,第一法向应力差增大,第二法向应力差减小。

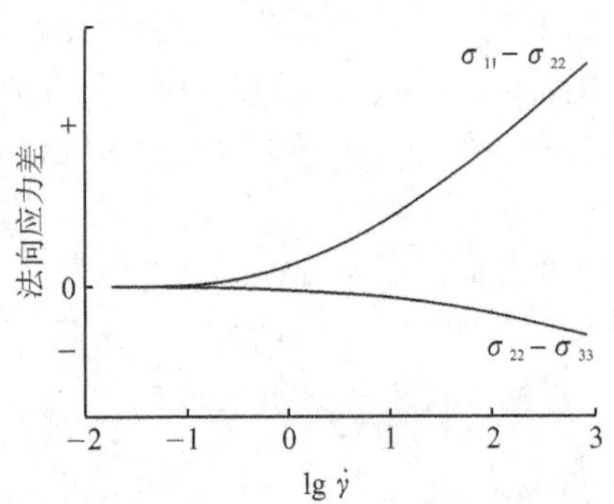

图8-24 法向应力差随切变速率$\dot{\gamma}$的变化

在切流动中,切粘度反映熔体的粘性,法向应力差反映熔体的弹性。正是由于高分子熔体带有弹性,转轴旋转时,在高分子链沿流动方向发生弹性伸展的同时,必然存在回缩应力,所以熔体紧紧抱轴上爬。

法向应力在加工成型中有时也能起有利作用,例如,在导线的塑料涂层工艺中,在熔体破裂前,法向应力有助于得到厚度均匀的光滑涂层,第二法向应力差还能使导线保持在正中心的位置上。

8.3.2 应力过冲和可回复切变

如果在零时刻对高分子熔体施加一个恒定的切变速率$\dot{\gamma}$,熔体便开始以这个切变速率流动。测定流动开始以后切应力σ_τ随时间的变化,结果如图8-25所示,由图可见,σ_τ往往会首先经历一个极大值,然后再逐渐恢复到稳态值。这种应力超越稳态值形成一个极大,然后又回落的现象称为应力过冲现象。$\dot{\gamma}$越大,应力过冲越严重;当$\dot{\gamma}$很低时,过冲现象消失。如果同时测定法向应力差随时间的变化,则可发现,法向应力差的过冲趋势与应力过冲趋势一致,这说明应力过冲现象起因于熔体弹性。

熔体在切应力或切变速率作用下产生的粘性形变和弹性形变,可通过实验测得。例如,在同轴圆筒的内圆筒上施加一定的力矩,使之以一定的速率相对于外圆筒转过一定角度θ(作为形变的量度),维持该角度一定的时间,然后撤去力矩,可以观察到内筒将回转一定的角度。记录该实验过程中内筒转角的变化,可得到如图8-26所示的曲线。从最终的残余形变量可定量区分所施总形变中可回复弹性形变的比例。

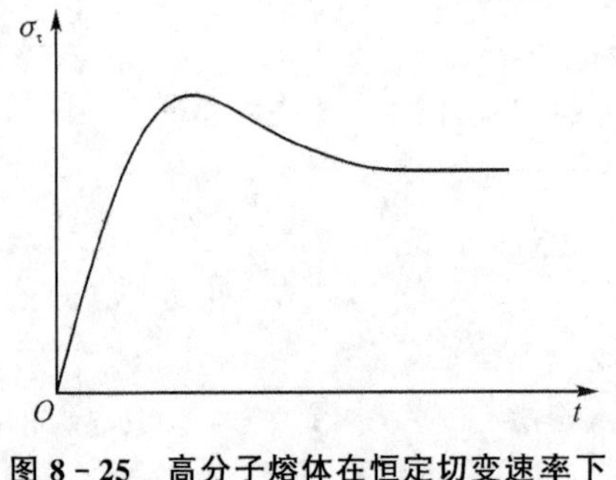

图8-25 高分子熔体在恒定切变速率下的切应力过冲现象

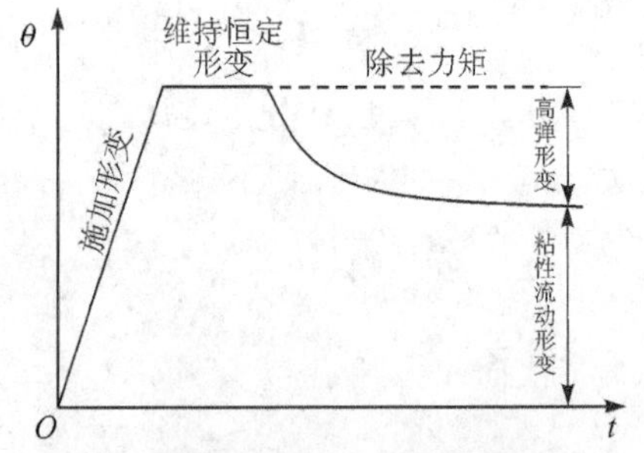

图8-26 同轴圆筒间隙内高分子熔体的形变史及弹性形变与粘性流动形变的相对比例

改变熔体温度和试验参数,弹性形变比例的变化有如下规律:

① 提高熔体温度，弹性形变比例减小。以聚丙烯熔体为例，弹性形变比例随熔体温度的变化如表 8-6 所列。

表 8-6　聚丙烯塑料加工中熔体温度与弹性形变的比例

熔体温度/℃	弹性形变比例/%
176	70
232	45
260	15

② 提高外加形变速率(图 8-26 中起始直线斜率增加)，弹性形变比例增大。

③ 延长维持恒定形变时间，弹性形变比例减小。

上述规律很容易从形变的松弛过程进行解释。

熔体在切应力 σ_τ 或切变速率作用下产生的总形变 $\gamma_{总}$ 是粘性形变 γ_η 与弹性形变 γ_e 之和。由于温度已在高分子的 T_f 或 T_m 以上，链段运动非常自由，γ_e 能较快地发展到与作用力相应的平衡值($\gamma_e=\sigma_\tau/G$，式中 G 为熔体的切变弹性模量)，而 γ_η 的发展强烈依赖于熔体粘度和力的作用时间。熔体温度越高，则 γ_η 发展越快；作用力时间越长(或形变速率越慢)，γ_η 发展越充分，则在 $\gamma_{总}$ 中，γ_e 的相对比例就越小。在维持恒定形变期间，熔体将发生应力松弛，因为随 γ_η 的进一步发展，γ_e 必然要相应回复。γ_e 回复的松弛时间 $\tau=\eta/G$。温度越高，η 越小。许多高分子熔体的 G 在低应力(<10^4 Pa)下几乎是一个常数，为 $10^3\sim10^5$ Pa。与 η 相比，G 对温度、静压力和分子量的依赖性也较小。所以温度越高，松弛时间越短，γ_e 就回复得越快；维持恒定形变的时间越长，γ_e 的回复就越充分；两者都使 γ_e 在总形变中的相对比例减小。除去外力后，γ_η 保持不变，γ_e 回复。温度越高和回复时间越长，γ_e 的回复就越充分，残留量就越小。

此外，由于 η 强烈地依赖于分子量和分子量分布，松弛时间 τ 随分子量的增加和分子量分布的加宽(特别是含有高分子量级分)而延长，所以高分子量和宽分布高分子熔体的弹性更明显。

8.3.3　挤出胀大

挤出胀大现象是指将粘弹性流体通过模孔挤出到空气中时，挤出物的截面积大于模孔截面积的现象。在圆形口模这种最普遍的情况下，常常观察到挤出物的直径是挤出模孔直径的 2～3 倍。熔体纺丝中，从喷丝孔挤出的单丝直径大于喷丝孔直径的现象也属于挤出胀大现象。挤出胀大一般用圆形挤出物的平衡直径 $D_{x\to\infty}$ 与口模孔直径 D_0 之比，即挤出胀大比 B 来表征：$B=\dfrac{D_{x\to\infty}}{D_0}$，如图 8-27 所示。

挤出胀大也是高分子熔体的弹性表现，即物料从模孔挤出后力图要回复到它进入模孔前的形状。但迄今尚未有一个公认的、能够定量描述这个现象的理论。定性地分析，挤出胀大比是以下两部分的综合效果：①熔体在模孔中做切流动时，由切应力和法向应力差产生的弹性形变出模孔后都要回复；②熔体进入模孔时，因流线收缩还会产生拉伸流动，其中包括一部分拉伸弹性形变，如果该弹性形变在模孔内(维持恒定应变)来不及完全松弛，则出模孔后也要回复。经验表明，当模孔的长径比 L/R 很大时(>16)，前者为主；当 L/R 较小时，后者为主。低分子量的高分子熔体(没有法向应力差)在牛顿流动区以及 $L/R\gg1$ 时，$B=1.135$，且与粘度、模孔尺寸、切变速率无关。而分子量大的高分子熔体的 B 值可高达 3～4，随挤出条件而变。

根据影响弹性形变比例的因素,并将挤出工艺中的 $\dot{\gamma}$ 对应于图8-26中所示的外加形变速率,在模孔中经历的时间对应于维持恒定形变的时间,则很容易理解下列实验结果:挤出胀大比 B 将随熔体温度的升高而减小(见图8-28),随挤出速率的提高而增大(见图8-29),随模孔长径比$\left(\text{维持恒定形变的时间} \approx \frac{L}{R} \cdot \frac{1}{\dot{\gamma}}\right)$的增大而减小(见图8-30)。此外,根据影响熔体切粘度和切模量的因素也很容易理解,B 值随熔体平均分子量的增大(见图8-29)、高分子量级分的增多、长支链支化度的增加而增大。

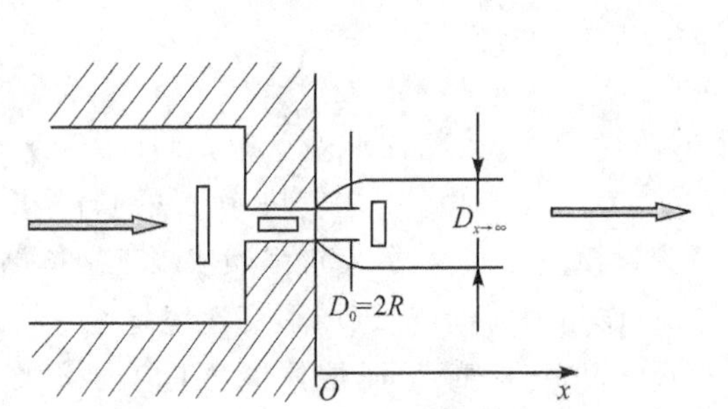

图8-27　挤出胀大现象示意图

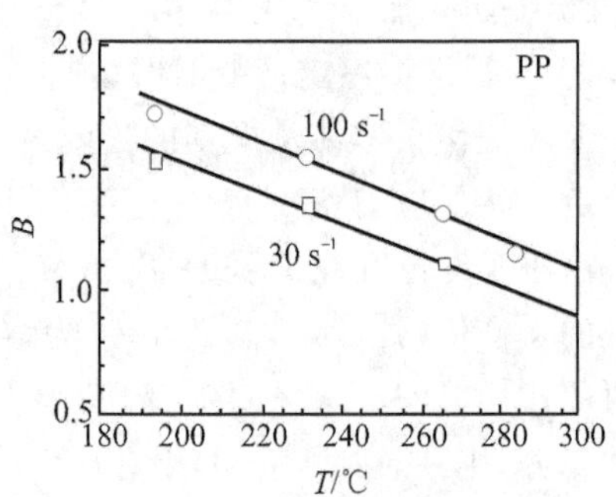

图8-28　聚丙烯试样挤出胀大比 B 与熔体温度的关系

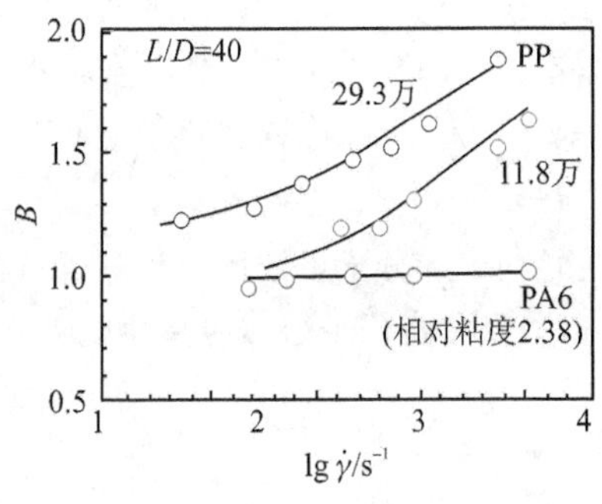

图8-29　挤出胀大比 B 与切变速率的关系

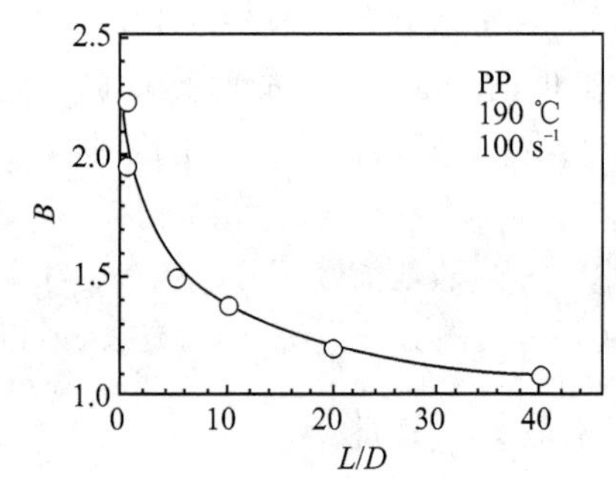

图8-30　挤出胀大比 B 与口模长径比 L/D 的关系

加入填料一般能减小高分子的挤出胀大比,刚性填料的效果尤其显著,甚至像耐冲击ABS塑料中的橡胶或微凝胶颗粒也能使挤出胀大比减小。

在挤出成型中,为保证挤出型材(丝材、管材、棒材、异型材)或吹塑制件达到预期的精确尺寸,都必须在模具设计或成型参数的选择中考虑挤出胀大比。

研究还发现,挤出胀大比是切应力的单值函数。图8-31(a)给出了三个温度下聚苯乙烯挤出胀大比随切变速率的变化。如果换算成挤出胀大比对切应力的关系,这些数据都落在了同一条曲线上(见图8-31(b))。

在注射成型制件中也常残留有弹性形变,只不过不像挤出胀大那样一目了然而已。将影响弹性形变比例的因素与注塑工艺对应起来,可以推断,注塑制件中残留的弹性形变将随熔体温度的升高而减小;随注射速率的提高而增大,随保压时间的延长而减小。

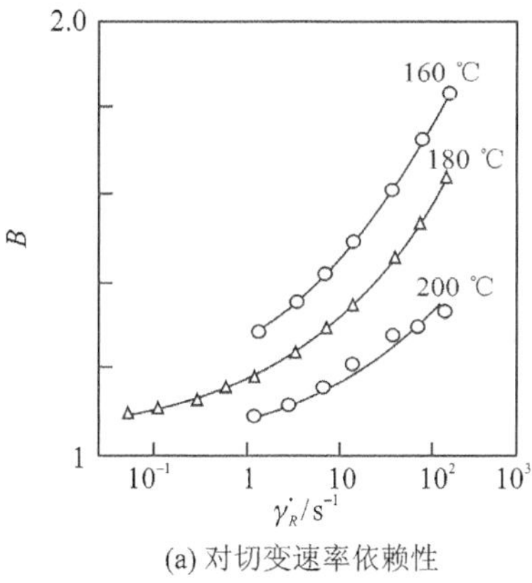

(a) 对切变速率依赖性

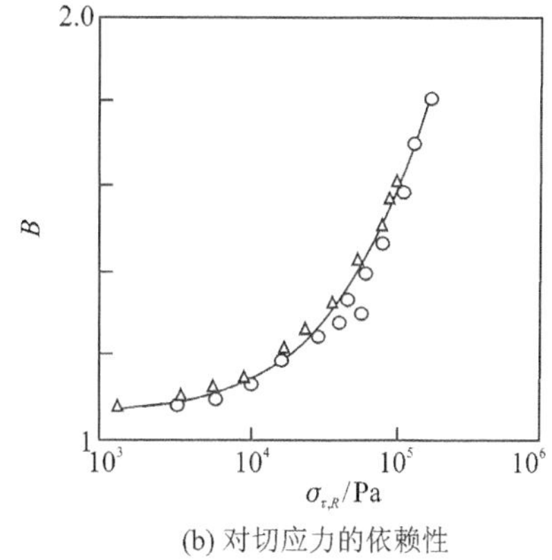

(b) 对切应力的依赖性

图 8－31　一种商品聚苯乙烯的挤出胀大比对切变速率和切应力的依赖性

8.3.4　不稳定流动

在高分子熔体的挤出工艺中，如果切应力不是很大，则挤出物表面是光滑的。但当切应力达到某一临界值时，挤出物表面往往不再光滑。随切应力的增加，依次出现表面粗糙（鲨鱼皮状）、尺寸周期性起伏（如波纹状、竹节状及麻花状），直至破裂成碎块，如图 8－32 所示。挤出物的这类畸变现象统称为不稳定流动。熔体破裂是其中最严重的情况。

研究表明，各种高分子出现不稳定流动的临界切应力值变化不大，为$(0.4\sim3)\times10^5$ Pa。但各种高分子因熔体粘度的不同，开始出现不稳定流动的临界切变速率值可能差好几个数量级。分子量大的高分子熔体，临界切变速率低；分子量分布宽的高分子熔体，临界切变速率大。

对于高分子熔体挤出中不稳定流动的原因，目前尚无统一的看法。一般认为，这是一种弹性湍流，来自于流体性质本身。当挤出速度达到了一定值后，如果受到一个微小扰动，则在毛细管内流动的流体力学条件不但不会使扰动自行消失，反而变得越来越严重，直到形成一种周期性的湍流为止。另一种看法认为是来自边界条件：流体在管壁上的速度不为零，而是有一个周期性的滑动。

弹性湍流或管壁滑移的确切机理和力学分析尚未研究清楚。比较直观地看，湍流最容易发生在流道截面剧变的死角处，如图 8－33 所示。湍流熔体的受力状态和形变状态都极其复杂，因此出模孔后的弹性回复也很复杂，致使挤出物形状发生形形色色的畸变。

目前对高分子熔体出现弹性湍流的临界条件已提出下列各种判据：

① 熔体破裂临界切应力 $\sigma_{\tau,\mathrm{mf}}\approx1.25\times10^5$ Pa。

② 韦森堡值 $N_w>7$。N_w 定义为

$$N_w=\tau\cdot\dot{\gamma}=\frac{\eta}{G}\cdot\dot{\gamma} \tag{8-35}$$

式中：η 为高分子熔体粘度；G 为高分子熔体弹性切变模量；τ 为松弛时间。韦森堡值也称为弹性雷诺数。当 $N_w<1$ 时，熔体流动以粘性流动为主，弹性很小；当 $N_w=1\sim7$ 时，熔体流动以稳态粘弹性流动为主；当 $N_w>7$ 时，熔体发生不稳定流动或弹性湍流。

③ 熔体破裂临界粘度 $\eta_{mf}=0.025\eta_0$,其中 η_0 为熔体的零切变速率粘度。

在高分子挤出过程中,应尽量避免熔体的不稳定流动,以确保成型制件的外观和质量。为此,常采取下列措施:合理设计口模入口角;提高熔体温度;降低挤出速率。

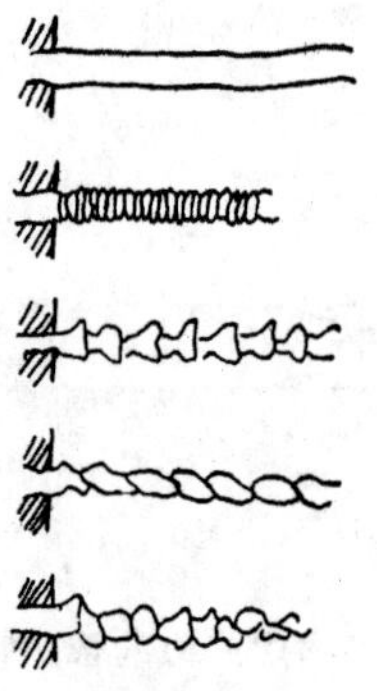

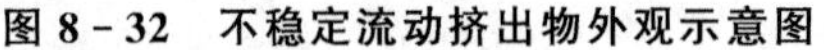

图 8-32　不稳定流动挤出物外观示意图

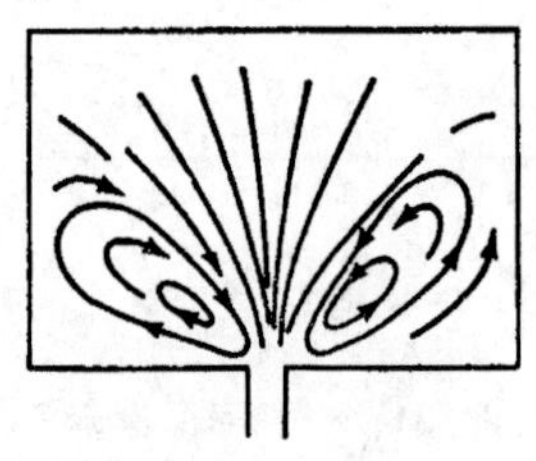

图 8-33　死角处湍流示意图

8.3.5　动态切粘度

既然高分子熔体兼具粘性和弹性,那么其动态粘度也应是复数。设作用于粘弹性熔体的交变切应变为

$$\gamma(t)=\gamma_0 e^{i\omega t} \tag{8-36}$$

则切应力响应 $\sigma_\tau(t)$ 应超前切应变一个相位角 δ,即

$$\sigma_\tau(t)=\sigma_{\tau 0} e^{i(\omega t+\delta)} \tag{8-37}$$

切变速率为

$$\dot{\gamma}(t)=\frac{d\gamma(t)}{dt}=i\omega\gamma_0 e^{i\omega t} \tag{8-38}$$

动态复数粘度 η^* 为

$$\eta^*=\frac{\sigma_\tau(t)}{\dot{\gamma}(t)}=\frac{\sigma_{\tau 0} e^{i(\omega t+\delta)}}{i\omega\gamma_0 e^{i\omega t}}=\frac{\sigma_{\tau 0}}{\gamma_0}\cdot\frac{e^{i\delta}}{i\omega}=\frac{\sigma_{\tau 0}}{\omega\gamma_0}(\sin\delta-i\cos\delta)=\eta'-i\eta'' \tag{8-39}$$

式中:

$$\eta'=\frac{\sigma_{\tau 0}}{\omega\gamma_0}\sin\delta,\quad \eta''=\frac{\sigma_{\tau 0}}{\omega\gamma_0}\cos\delta \tag{8-40}$$

η' 与每一周期内以热的形式损耗的能量有关,代表粘性;η'' 与每一周期内储存的弹性能有关,代表弹性。比较储能模量和损耗模量的定义(见式(7-38)),可得到

$$\eta'=G''/\omega,\quad \eta''=G'/\omega \tag{8-41}$$

在动态流变试验中,频率正比于切变速率。通常用平行板或锥-板转动粘度计进行试验。与稳态流变试验相比,动态流变试验能同时给出表征熔体粘性与弹性的参数。与固体动态力学试验相比,动态流变试验能给出高分子熔体的粘度数据(常用复数粘度 η^*)。图 8-34～图 8-36 给出了几种高分子熔体典型的动态流变性能频率谱、温度谱和时间谱。

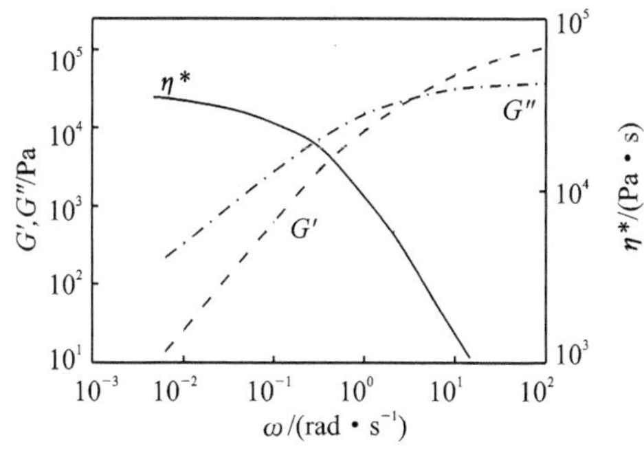

图 8－34 热塑性高分子熔体的动态流变性能频率谱

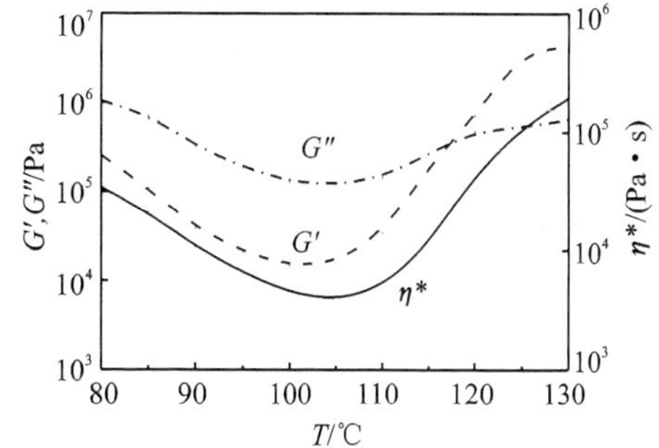

图 8－35 树脂/固化剂体系等速升温固化中的动态流变性能温度谱

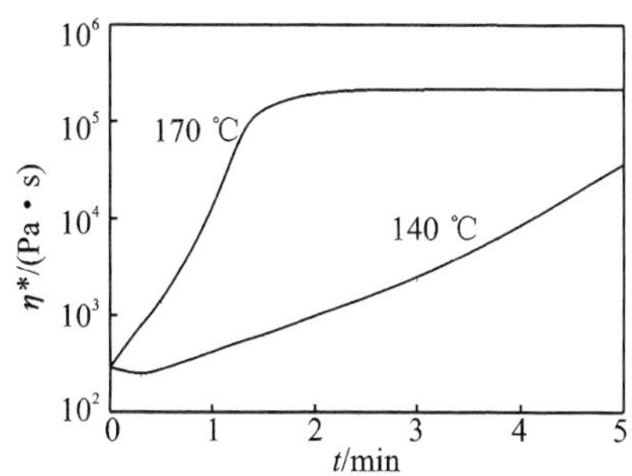

图 8－36 树脂/固化剂体系等温固化中的动态流变性能时间谱

8.4 拉伸粘度

流动场除了常见的剪切流动，还有拉伸流动。两者的最大差异是：剪切流动场的速度梯度与流动方向垂直；而拉伸流动场的速度梯度与流动方向平行。拉伸流动中拉伸应力与拉伸应变速率的比例系数为拉伸粘度。拉伸流动有单轴拉伸、双轴拉伸和平面单轴拉伸之分，相应的单轴拉伸粘度、双轴拉伸粘度和平面单轴拉伸粘度分别用 $\bar{\eta}$、$\bar{\bar{\eta}}$ 和 $\bar{\eta}_{平面}$ 表示。牛顿流体的 $\bar{\eta}$ 为切粘度的 3 倍，$\bar{\bar{\eta}}$ 为切粘度的 6 倍。

凡是有流线收敛的流动就含有拉伸流动分量。在高分子的挤出、注塑、吹塑、纺丝等成型加工中，熔体都会经历流线收敛的流动，所以除了剪切流动以外，都包含有拉伸流动。因此研究高分子熔体的拉伸流动粘度，对成型加工具有实际意义。然而由于实验上的困难，迄今积累的数据还很有限。

1. 拉伸粘度与拉伸应力或拉伸应变速率的关系

高分子熔体的单轴拉伸粘度除了在拉伸应变速率很小时是常数以外，对拉伸应力和拉伸应变速率也有依赖性。

图 8－37 给出了 5 种高分子的单轴拉伸粘度 $\bar{\eta}$ 与拉伸应力 σ 的关系，由图可见有三种情况：第一种是 $\bar{\eta}$ 与 σ 无关，如聚丙烯酸酯、共聚缩醛和尼龙 66 等；第二种是 $\bar{\eta}$ 随 σ 的提高而减小，如乙丙共聚物；第三种是 $\bar{\eta}$ 随 σ 的提高而增大，如低密度聚乙烯。

高分子熔体的单轴拉伸粘度 $\bar{\eta}$ 与拉伸速率 $\dot{\varepsilon}$ 的依赖关系也有三种情况：聚异丁烯和聚苯乙烯的 $\bar{\eta}$ 随 $\dot{\varepsilon}$ 的提高而增大；高密度聚乙烯的 $\bar{\eta}$ 随 $\dot{\varepsilon}$ 的提高而减小；有机玻璃、ABS 树脂、聚酰胺和聚甲醛的 $\bar{\eta}$ 与 $\dot{\varepsilon}$ 无关。

由于高分子熔体的切粘度一般都随应力的增大而下降，而拉伸粘度随应力的变化或增加、或降低、或不变,所以高分子熔体的单轴拉伸粘度与切粘度之比,并不像牛顿流体那样是简单的 3 倍,而要复杂得多。一般来说,在大应力作用下,拉伸粘度可能比切粘度大 1～2 个数量级。图 8-38 给出了一个实例。

高分子熔体的拉伸粘度随拉伸应力的变化在工艺上具有重要意义。如果拉伸粘度随拉伸应力的增加而增大,则在拉伸过程中高分子内的局部薄弱点会逐渐均化、消失,使形变得以均匀发展。如果拉伸粘度随应力的增加而降低,则局部薄弱点在拉伸过程中会进一步弱化,引起熔体的局部破裂。

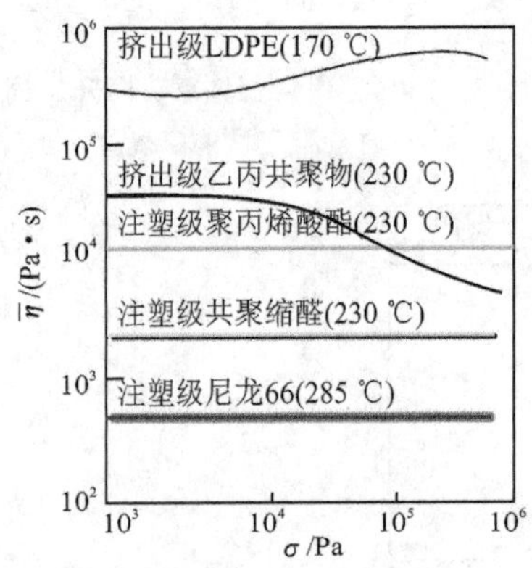

图 8-37 几种热塑性塑料熔体的单轴拉伸粘度随拉伸应力的变化

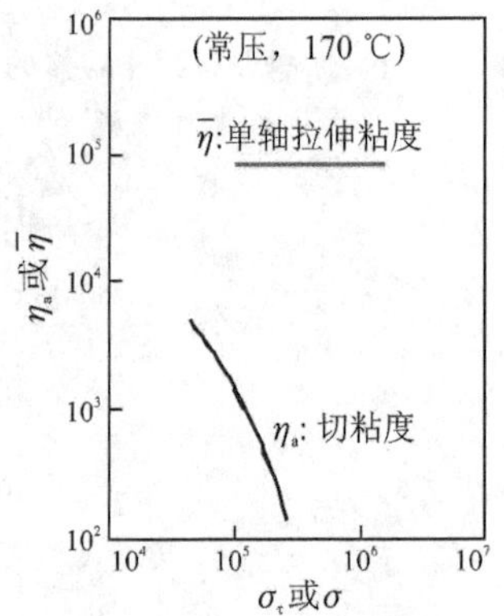

图 8-38 吹塑级低密度聚乙烯熔体的表观切粘度与单轴拉伸粘度随应力的变化

2. 拉伸粘度的测定方法

高分子拉伸粘度的测定很困难,因为很难形成一个稳定的拉伸流动场。目前采用比较多的方法是等温纺丝,如图 8-39 所示。高分子熔体从小孔中喷出,紧接着用一定的速度卷绕,只要卷绕速度比熔体从小孔喷出的速度快,就可以实现熔体流的单轴拉伸过程。但是由于熔体必须凝固以后才能卷绕,所以整个纺丝路径中只有某一段(见图 8-39 中的Ⅱ区)能被看成等温拉伸流动,而且在计算中必须排除重力和表面张力的影响,其中有许多技术问题需要解决。

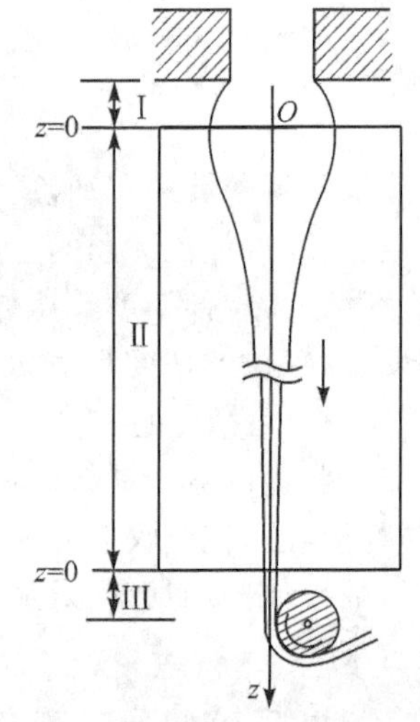

注：Ⅰ—挤出胀大区；Ⅱ—拉伸区；Ⅲ—收丝区

图 8-39 高分子稳态拉伸粘度测定示意图

测定拉伸粘度的另一种方法叫 Meissner 方法,所用仪器已经商品化。该方法的原理如图 8-40 所示,两组相对转动的圆辊相当于夹具,将夹在其中的一层高分子熔体薄膜朝两个相反的方向拉伸;薄膜漂浮在硅油上,以抵消重力带来的影响,同时硅油还起油浴保温的作用。很明显,在该方法中,被测定熔体必须粘度很大,因为这样的双辊夹具是夹不住低粘度液体的。

Meissner 方法测定的是瞬态拉伸过程中的平面单向拉伸粘度 $\bar{\eta}_{平面}$。拉伸实验一开始,给熔体薄膜施加一个突然的拉伸速率,然后维持该拉伸速率不变,直到实验终结。在此种拉伸过程中,熔体薄膜被越拉越薄,且很快就被拉断,整个实验仅数 s 至数百 s,得到的结果表示为拉伸粘度随时间的变化。

图 8-41 给出了对聚乙烯熔体测定的典型结果,由图可见,在开始阶段,拉伸粘度随时间

单调增加。然后，随拉伸速率的不同而表现出不同的行为。$\dot{\varepsilon}$ 很低时，$\bar{\eta}_{平面}$ 随时间逐渐趋于平衡值（且是零切变速率粘度的 3 倍），称为 Trouton 粘度。在稍高的 $\dot{\varepsilon}$ 下，拉伸粘度先随时间较缓慢增加，随后又突然迅速增大，最后在还尚未达到平衡值前就因熔体断裂而终止实验。通常，把这种拉伸粘度突然增大的现象称为应变硬化。在拉伸流动中，很多高分子都会表现出这种应变硬化行为，而且这种应变硬化行为与分子量分布、支化度等高分子链结构相关，因此，有可能通过测定瞬态拉伸粘度的实验来表征高分子的链结构。

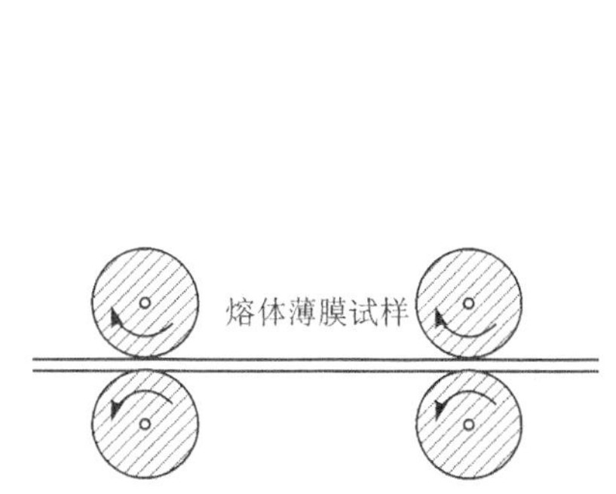

图 8－40　Meissner 拉伸粘度测定仪原理图

图 8－41　聚乙烯瞬态拉伸粘度的实验结果

目前还没有一种理论能够预计拉伸粘度的各种变化规律，特别是双轴拉伸粘度，已有的实验数据还很少。

习　　题

（带★号者为作业题；带※者为讨论题；其他为思考题）

1. 定义下列术语：

（1）牛顿流体和非牛顿流体；（2）宾汉塑性流体、假塑性流体和膨胀性流体；（3）表观粘度 η_a、零切变速率粘度 η_0 和极限粘度 η_∞；（4）熔体指数 MI；（5）挤出胀大比 B；（6）熔体破裂；（7）复数粘度；（8）拉伸粘度。

2. 画出牛顿流体在圆管中流动（泊肃叶流动）时截面上各点的流速分布和速度梯度（切变速率）分布。

3. 简要分析高分子不同熔融加工方法的流变特性。为什么高分子熔体被称为复杂流体？

4. 分别以线性坐标和双对数坐标画出牛顿流体、宾汉塑性流体、假塑性流体的流动曲线（即 $\sigma_\tau-\dot{\gamma}$ 和 $\lg\sigma_\tau-\lg\dot{\gamma}$ 曲线）以及它们的 $\eta_a-\dot{\gamma}$ 曲线。

★5. 测得某高分子熔体的流动曲线如图 8－42 所示，计算：（1）η_0 和 η_∞；（2）$\dot{\gamma}=10^{-1}$、1、10^4、10^8、10^{12} s^{-1} 时的 η_a 和非牛顿指数 n。

★6. 如果某种塑料熔体在挤出口模中的流速分布如图 8－43 所示，挤出物出模口后快速冷却凝固成棒材。试估计棒材中分子的取向分布。

★7. 浇口位于杯底的注射成型薄壁塑料杯很容易以如图 8－44 所示的方式开裂，试分析其原因。

8. 测定熔体切粘度的常用方法有哪些？说明各方法适用的粘度范围和切变速率范围？写出各方法中实测的量和计算切粘度的公式。

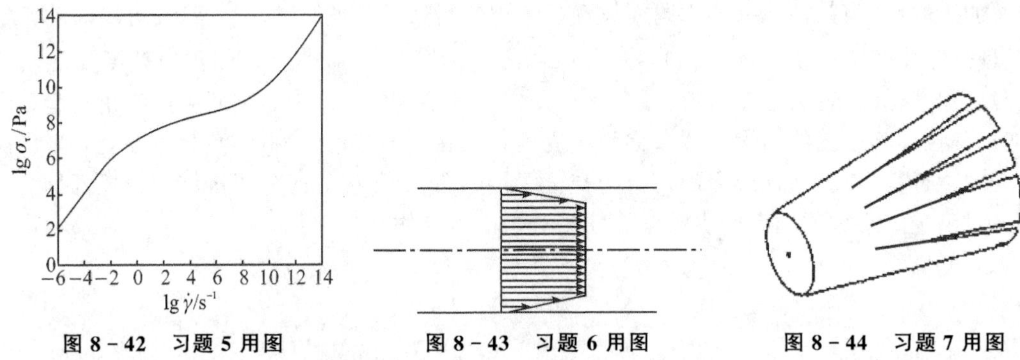

图 8－42　习题 5 用图　　图 8－43　习题 6 用图　　图 8－44　习题 7 用图

9. 高分子熔体切力变稀行为的本质是什么？如何影响熔体的加工过程？

★10. 测得某高分子熔体的熔体指数为 0.4 g/10 min。已知熔体指数仪料筒中活塞的截面积为1 cm^2，毛细管的长度为 1 cm、直径为 0.1 cm；熔体密度为约 1 g/cm^3。试计算该熔体在毛细管壁处的切变速率 $\dot{\gamma}_R$、切应力 $\sigma_{\tau,R}$ 以及该熔体的表观粘度 η_a(忽略各种校正)。当砝码重量改为 21.6 kg 时，测得这种高分子熔体的熔体指数为 8，问该高分子熔体是牛顿流体还是非牛顿流体？

★11. 用毛细管挤出流变仪测得顺丁橡胶在不同柱塞速度下所需的载荷值如表 8－7 所列。

表 8－7　习题 11 用表

柱塞速度/(mm · min^{-1})	0.6	2	6	20	60	200
载荷/N	2 067	3 332	4 606	5 831	6 919	7 781

已知柱塞直径为 0.952 5 cm，毛细管直径为 0.127 cm，长径比为 4。如忽略入口校正，试作出熔体的 $\sigma_{\tau,R}-\dot{\gamma}_R$ 曲线和 $\eta_a-\dot{\gamma}_R$ 曲线。

★12. 试述高分子的分子量对流动活化能和熔体切粘度的影响。流动活化能与熔体切粘度的温度敏感性之间有什么关系？如何测定高分子的流动活化能？

※13. 讨论分子链刚柔性与温度和切应力的关系，并由此分析在实际加工中，应如何有效降低不同高分子材料的熔体粘度。

14. 为什么温度、切变速率或切应力对高分子液晶的流动性影响都非常大？

15. 已知一种聚苯乙烯在 160 ℃的粘度为 10^3 Pa · s，试估算其在 T_g(＝100 ℃)和 120 ℃的粘度。

※16. 试从自由体积理论推导出 WLF 方程 $\lg a_T=\dfrac{-17.44(T-T_g)}{51.6+(T-T_g)}$。

※17. 橡胶、纤维、塑料三大合成材料对分子量的要求有什么不同？就塑料而言，对注塑级、挤出级和吹塑级(中空制件)的分子量有什么不同要求？为什么？不同分子量的塑料加工工艺是否相同？

※18. 为减少注塑制件中冻结的弹性形变成分，可采取哪些措施？

★19. 在塑料挤出成型中，如果发现挤出物出现竹节形、鲨鱼皮一类缺陷，在工艺上可采取哪些措施以减少这类缺陷？为什么？

20. 假设一种交联高分子的粘弹性行为服从 Kelvin－Voigt 模型，其中 η 值服从 WLF 方程，E 值服从平衡高弹统计理论；其玻璃化转变温度为 5 ℃，该温度下的粘度为 1×10^{12} Pa · s，有效网链密度为 1×10^{-4} mol/cm^3，试写出该高分子在 30 ℃、1 MPa 应力作用下的蠕变方程。

扩展资源

附 8.1　扫描二维码了解本章慕课资源

慕课明细

视频文件名(mp4 格式)	视频时长(分:秒)
(1) 流变的应用领域	8:18
(2) 粘性的基本概念	7:41
(3) 牛顿流体与非牛顿流体	8:50
(4) 高分子熔体粘性切流动的特点	9:57
(5) 熔体切粘度的测定方法	11:12
(6) 影响高分子熔体切粘度的因素	16:49
(7) 高分子熔体的弹性表现	15:45
(8) 拉伸粘度	8:03

附 8.2　扫描二维码观看本章动画

动画目录：

(1) 流体的流动动画示意图；

(2) 流体的变截面流动动画示意图；

(3) 落球粘度计动画示意图；

(4) 毛细管挤出流变仪动画示意图；

(5) 同轴圆筒粘度计动画示意图；

(6) 锥-板粘度计动画示意图；

(7) 韦森堡效应动画示意图；

(8) 挤出胀大动画示意图；

(9) 不稳定流动和熔体破裂动画示意图。

附 8.3　WLF 方程的推导

WLF 是 Williams、Landel 和 Ferry 三位学者姓名第一个字母的缩写。若已知一种高分子的 T_g，就能利用 WLF 方程计算它在 T_g 至(T_g+100 ℃)范围内的粘度。

扫描二维码了解具体的假设和推导过程。

流变的
应用领域

粘性的
基本概念

牛顿流体与
非牛顿流体

高分子熔体粘
性切流动的特点

熔体切粘度的
测定方法

影响高分子熔
体切粘度的因素

高分子熔体
的弹性表现

拉伸粘度

流体的流动动
画示意图

流体的变截面
流动动画示意图

落球粘度计动
画示意图

毛细管挤出流
变仪动画示意图

同轴圆筒粘度
计动画示意图

锥-板粘度计动
画示意图

韦森堡效应动
画示意图

挤出胀大动
画示意图

不稳定流动和熔体
破裂动画示意图

WLF 方程的推导

第 9 章　高分子的屈服与断裂

材料的强度和破坏是人们评价材料使用价值和使用寿命的重要指标。破坏是指材料在使用或者储存状态下发生变形、破裂、疲劳乃至失去效用。强度是指材料抵抗破坏的能力。根据受力和破坏方式的不同，强度可以分为拉伸强度、压缩强度、弯曲强度、剪切强度、屈服强度、抗冲击强度及撕裂强度等。

为了经济有效地使用高分子材料，必须具体了解材料的各项力学性能指标。与无机非金属相比，高分子的韧性十分优良，最明显的表现是不少高分子材料在应力作用下能屈服并在断裂前产生大形变。虽然这一现象与金属的屈服及塑性变形类似，但机理不同。另外，高分子材料的刚度与强度又不如金属与无机非金属，除非高度取向或增强。

本章重点讨论高分子材料的屈服与断裂的物理本质与特点。

9.1　应力-应变曲线

应力-应变试验是材料研究中应用最广泛的一种力学试验。从测定的应力-应变曲线上可获得下列物理量：弹性模量、屈服强度和屈服应变、断裂强度和断裂应变以及使材料断裂所需要的断裂能。

图 9-1 给出了一条典型的应力-应变曲线。Y 点称为屈服点，对应的应力 σ_y 和应变 ε_y 分别称为屈服应力(屈服强度)和屈服应变。以 Y 点为界，曲线分成两部分。Y 点之前，即 $\varepsilon<\varepsilon_y$ 时，属弹性区，除去应力后，材料的应变会完全消失。弹性区起始部分的斜率定义为弹性模量(在拉伸条件下为杨氏模量)，即

$$E=\left(\frac{d\sigma}{d\varepsilon}\right)_{起始} \tag{9-1}$$

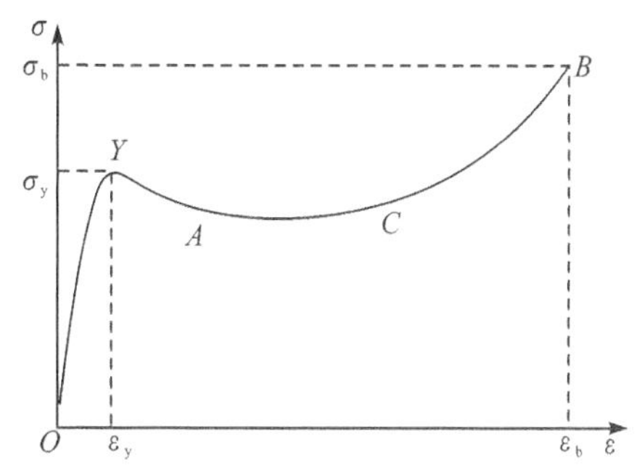

图 9-1　典型的应力(σ)-应变(ε)曲线

Y 点以后，即 $\varepsilon>\varepsilon_y$ 时，属塑性区，除去应力后，材料残留有永久变形。其中 YA 段叫作应变软化区，在该区内，应力随应变的增大而下降；AC 段应力基本保持不变；CB 段应力随应变急剧上升，称为应变硬化区。B 点为断裂点，对应的应力 σ_b 和应变 ε_b 分别称为断裂强度和断裂应变(在拉伸条件下，也称为断裂伸长率)。整条应力-应变曲线与应变坐标之间包围的面积 W 为

$$W=\int_0^{\varepsilon_b}\sigma d\varepsilon \tag{9-2}$$

它表示使材料断裂所需要的单位体积断裂能，J/m^3。

弹性模量表征材料的刚与软，断裂强度表征材料的强与弱，单位体积的断裂能表征材料的韧与脆。

材料脆性断裂的基本特点是:断裂前试样均匀形变,应力-应变曲线基本呈线性,断裂应变小(<5%),断裂能低;试样断裂后几乎无残余应变,断面垂直于应力方向。一般认为,脆性断裂是由作用力的张应力分量引起的。

材料韧性断裂的基本特点是:断裂前试样发生大形变,形变在试样长度方向上往往不均匀(产生颈缩),应力-应变之间呈非线性关系,大形变阶段应力-应变曲线的斜率可以变为零甚至负值,断裂能高;试样断裂后有明显的残余应变,断面与应力方向不垂直。一般认为,韧性断裂是由切应力分量引起的。

与金属和无机非金属相比,高分子材料的刚度和强度都低得多,但可能达到的最大断裂伸长率又高得多。例如,各向同性塑料的弹性模量一般仅有数 GPa,而无机非金属材料和金属材料的模量范围为数十 GPa~数百 GPa。橡胶材料的断裂伸长率可高达 $10^2\%\sim10^3\%$;而金属材料,即使发生塑性形变,最大断裂伸长率一般不超过 100%;至于无机非金属材料,断裂伸长率大多低于 1%。

高分子材料品种繁多,性能各异,典型的应力-应变曲线有如图 9-2 所示的五类:刚而脆、刚而强、刚而韧、软而韧和软而弱。在常温下,属于刚而脆的有无规立构聚苯乙烯、非定向有机玻璃(未经拉伸取向的无规立构聚甲基丙烯酸甲酯)和酚醛塑料等,它们的模量高,拉伸强度大,没有屈服点,断裂伸长率一般低于 2%。属于刚而强的有某些改性聚苯乙烯或硬质聚氯乙烯等,它们具有高模量,高拉伸强度,断裂伸长率约为 5%。属于刚而韧的有聚丙烯塑料、尼龙、聚碳酸酯、双轴拉伸定向有机玻璃等,它们的强度高,断裂伸长率大,可达百分之几百到百分之几千,在拉伸过程中会产生细颈。属于软而韧的有橡胶、增塑聚氯乙烯等,该类高分子模量低,屈服点低或者没有明显的屈服点,伸长率很大(20%~1 000%),断裂强度较高。属于软而弱的有凝胶状高分子。

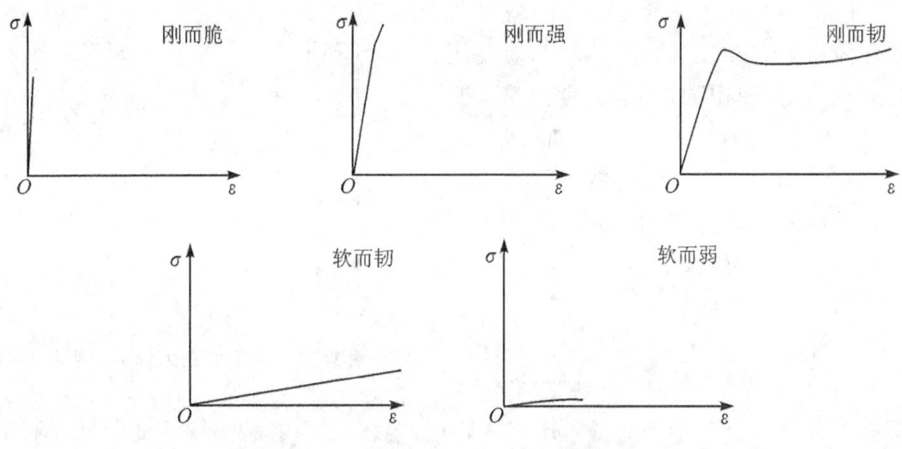

图 9-2　高分子的应力-应变曲线类型

由于高分子具有突出的粘弹性,它们的应力-应变行为受温度、应变速率和流体静压力等因素的影响很大。

以非定向有机玻璃为例,在室温附近数十度范围内,其拉伸应力-应变曲线和相应的断口形状如图 9-3 所示,随温度升高,有机玻璃的模量、屈服强度和断裂强度下降,断裂伸长率增加。在室温附近,有机玻璃表现为刚而脆;到 60 ℃,变为刚而韧;到 80 ℃,已接近于软而韧了。

同一高分子试样,在相同温度和不同应变速率下,应力-应变行为也会发生很大变化。一般来说,随着拉伸速率提高,高分子试样的模量增大,屈服应力、断裂强度增加,断裂伸长率减

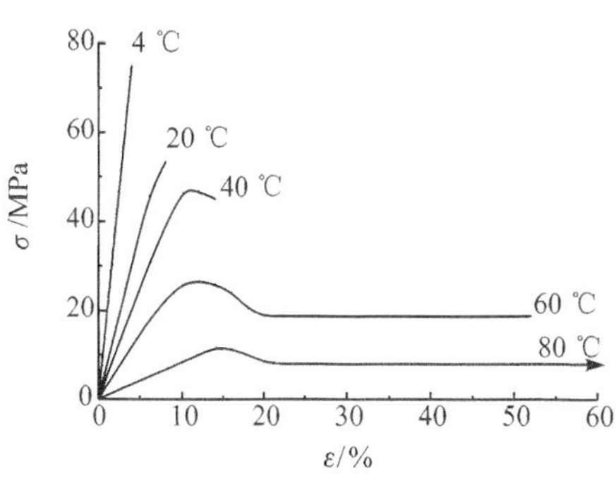

(a) 应力-应变曲线

(b) 断口形状

图 9-3　温度对有机玻璃拉伸应力-应变行为的影响和相应的断口形状

小。其中，屈服应力对应变速率有着更大的依赖性。由此可见，在拉伸实验中，增加应变速率与降低温度的效应是相似的。

而增加流体静压力，对高分子试样的屈服和应力-应变行为也有很大的影响。随着流体静压力的增大，高分子试样的模量明显增大。这是由于流体静压力的增大降低了高分子链段的活动能力。因此，在一定温度下增加流体静压力与一定压力下降低温度的效应是相似的。

研究表明，材料的屈服与断裂是两个独立的过程。材料在一定条件下表现为脆性还是韧性，取决于材料在该条件下的断裂强度与屈服强度之比。如果 $\sigma_b > \sigma_y$，则材料在应力作用下先屈服后断裂，表现为韧性；相反，如果 $\sigma_b < \sigma_y$，则材料在屈服前就发生断裂，表现为脆性。因此，$\sigma_b = \sigma_y$ 时的条件就是材料的韧-脆转化点。在一定条件下，$\sigma_b = \sigma_y$ 所对应的温度称为脆化温度，常用 T_b 表示。温度低于 T_b 时，材料呈脆性；温度高于 T_b 时，材料呈韧性。条件改变时，σ_y 和 σ_b 都要改变，从而韧-脆转变点也发生相应变化。

9.2　高分子材料的屈服与冷拉

9.2.1　高分子材料屈服点的特征

图 9.1 给出的应力-应变曲线是工程应力-应变曲线。当高分子材料在外力作用下产生大形变时，由于试样截面变化很大，真应力明显不同于工程应力。在深入讨论高分子的屈服与塑性时，真应力-应变曲线更能说明问题。

在工程应力-应变曲线上，屈服点满足

$$\frac{d\sigma}{d\varepsilon} = 0 \tag{9-3}$$

假如材料在形变中不发生体积变化，则可证明真应力 $\sigma_{真}$ 与工程应力 σ 之间的关系为

$$\sigma = \frac{\sigma_{真}}{1+\varepsilon} \tag{9-4}$$

将式(9-4)代入式(9-3)，可以得到，在真应力-应变曲线上，屈服点满足

$$\frac{d\sigma_{真}}{d\varepsilon}=\frac{\sigma_{真}}{1+\varepsilon} \tag{9-5}$$

即从 $\varepsilon=-1$ 处向真应力-应变曲线作切线，切点就是其屈服点(见图 9-4)。

与其他材料相比，高分子材料的屈服点具有下列特征：

① 屈服应变大。高分子的屈服应变可高达 0.2 左右，而大多数金属材料的屈服应变约为 0.01 甚至更小。

② 许多高分子屈服后有一个不大的应力下降，叫作应变软化。

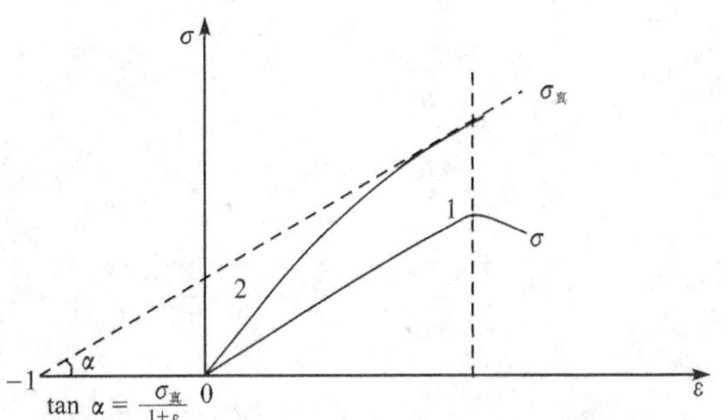

1—工程应力-应变曲线；2—真应力-应变曲线

图 9-4 应力-应变曲线上的屈服点

③ 高分子的屈服应力对温度和应变速率具有强烈的依赖性。如图 9-5 所示，有机玻璃的屈服应力随温度的升高而降低，随应变速率的提高而增大。当温度低于 T_b 时，高分子不存在屈服点；当温度达到 T_g 时，屈服强度降到零。

④ 与金属材料不同，高分子的屈服强度对流体静压力非常敏感，即随流体静压力的增加迅速提高(见图 9-6)。

⑤ 高分子屈服时，体积略有缩小。

⑥ 高分子压缩屈服应力大于拉伸屈服应力。设压缩屈服应力和拉伸屈服应力分别为 σ_{yc} 和 σ_{yt}，并假设在单轴拉伸或压缩中，屈服出现在与加载方向成 45°的平面上，则按照描述屈服的 Coulomb - Mohr 准则，可以推知

$$\frac{\sigma_{yc}}{\sigma_{yt}}=\left(\frac{1+\mu}{1-\mu}\right) \tag{9-6}$$

式中：μ 是一个材料常数，习惯称为内摩擦系数。对于许多高分子，μ 约为 0.05。因此有 $\sigma_{yc}/\sigma_{yt}>1$。

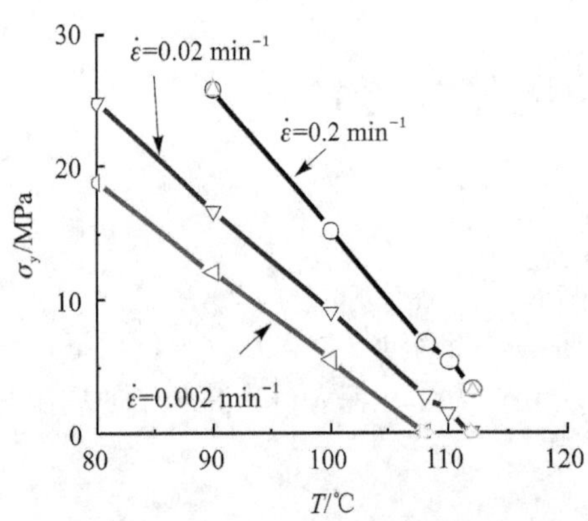

图 9-5 有机玻璃的屈服应力随温度和应变速率的变化

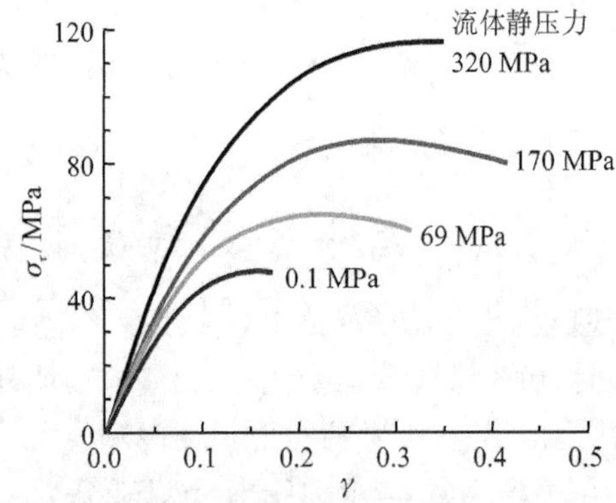

图 9-6 流体静压力对聚甲基丙烯酸甲酯切应力-切应变曲线的影响

9.2.2 高分子的冷拉

玻璃态高分子在 $T_b \sim T_g$ 之间、部分结晶高分子在 $T_b \sim T_m$ 之间的典型拉伸应力-应变曲

线以及试样形状的变化过程如图 9－7 所示。由图 9－7 可见，在拉伸初始阶段，试样上匀截面段被均匀拉伸；到达屈服点时，匀截面段局部区域出现颈缩；继续拉伸时，缩颈区和未成颈区的截面积都基本保持不变，但缩颈段长度不断增加，未成颈段不断减少，直到试样上整个匀截面段全部变为缩颈后，才再度被均匀拉伸至断裂。如果试样在拉断前卸载，或试样因被拉断而自动卸载，则拉伸中产生的大形变除少量可回复之外，大部分都将残留下来。这样的拉伸形变过程称为冷拉。

玻璃态高分子冷拉后的残留形变，表面上看来是不可回复的塑性形变，实则不然，只要把已冷拉的试样加热到该高分子的 T_g 以上，形变基本上能全部回复。这说明玻璃态高分子冷拉中产生的形变实际上属于高弹性范畴。这种本来处于玻璃态的高分子在外力作用下被迫产生的高弹性称为强迫高弹性。

产生强迫高弹性的原因很容易用应力对链段运动松弛时间的影响来解释。如前所述，链段运动的松弛时间为 $\tau_{链段}=\tau_0 e^{\frac{\Delta E-\gamma\sigma}{RT}}$，处于玻璃态的高分子，未受应力作用或所受的应力较小时，链段运动的松弛时间 $\tau_{链段}$ 大于观察时间 t（取决于拉伸速率）。随作用应力的增加，松弛时间缩短。当应力增加到足够高，以致 $\tau_{链段}$ 减小到与 t 同一数量级或更短时，高分子就发生从玻璃态向高弹态的转变，产生高弹形变。这个强迫高分子从玻璃态转变为高弹态所需的最低应力就是屈服应力。

高分子在 $T \geqslant T_g$ 时，很容易产生高弹形变。但在 $T<T_g$ 时，必须有较大的外力才能强迫其产生高弹形变。温度越低，强迫高分子从玻璃态转变为高弹态所需的应力越大，即屈服应力 σ_y 越大。另一方面，玻璃态高分子的脆性断裂强度 σ_b 也随温度的降低而增大。但是 σ_y 的温度依赖性远大于 σ_b 的温度依赖性，如图 9－8 所示，两条曲线的交点，即 $\sigma_y=\sigma_b$ 所对应的温度就是 T_b。当 $T_b<T<T_g$ 时，$\sigma_y<\sigma_b$，这时，玻璃态高分子在外力作用下先屈服后断裂，表现为韧性；当 $T<T_b$ 时，$\sigma_y>\sigma_b$，玻璃态高分子在尚未达到屈服点之前就断裂了，不可能产生强迫高弹性，表现为脆性。对于非晶态塑料，通常不希望它在使用中发生脆性破坏，因此 T_b 是它们使用温度的下限。

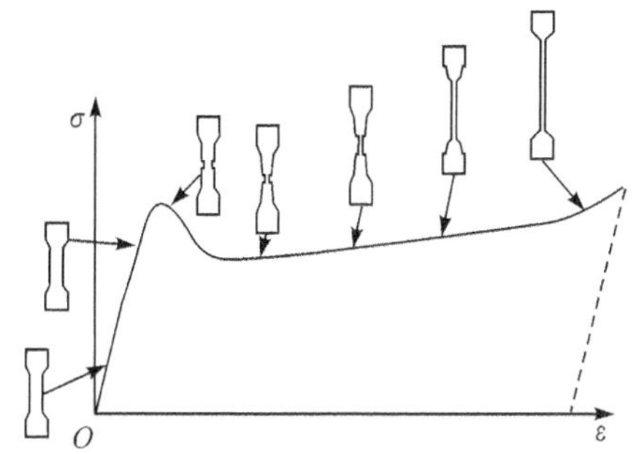

图 9－7　高分子冷拉过程中的应力-应变曲线及试样形状变化

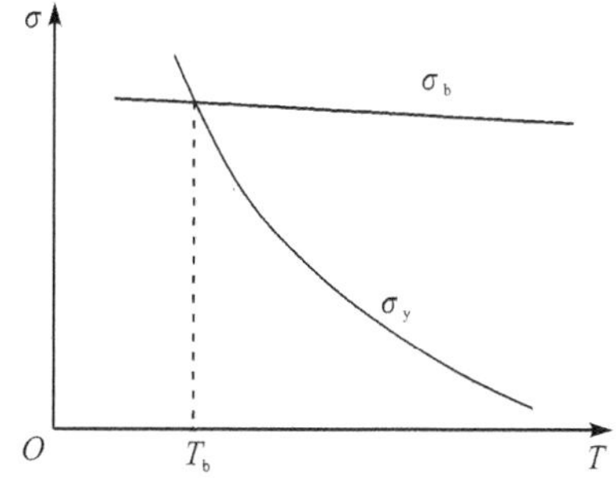

图 9－8　屈服强度与脆性断裂强度随温度的变化

在部分结晶高分子的冷拉中，屈服点往往更加明显，而且冷拉后的形变必须在升温到其 T_m 附近才能部分回复。如果部分结晶高分子冷拉前的结晶形态是球晶，则冷拉过程包括球晶的变形、球晶之间非晶区的拉伸取向、球晶之间的滑移以及球晶内部晶片的倾斜、滑移、分段等。冷拉中球晶内部的结构变化如图 9－9 所示。冷拉前，球晶中大多数晶片都与拉伸方向有一定的夹角，晶片之间有非晶区（见图 9－9(a)）。拉伸开始时，首先是非晶区分子链的伸展和晶片之间的相对滑移(见图9-9(b));继续拉伸时,晶片发生倾斜和转动,沿拉伸方向顺排(见图9-9(c));进一步拉伸,晶片内部发生滑移和分段(见图9-9(d));最后,当晶片片段和非晶区的链段都沿拉伸方向高度取向时,就形成试样上的缩颈(见图9-9(e))。

在热力学上,晶片的取向是稳定的,非晶区的取向是不稳定的。当温度升到非晶区的 T_g 以上时,非晶区链段解取向,导致部分形变回复,而晶片取向保持不变,因此大部分形变会残留下来。

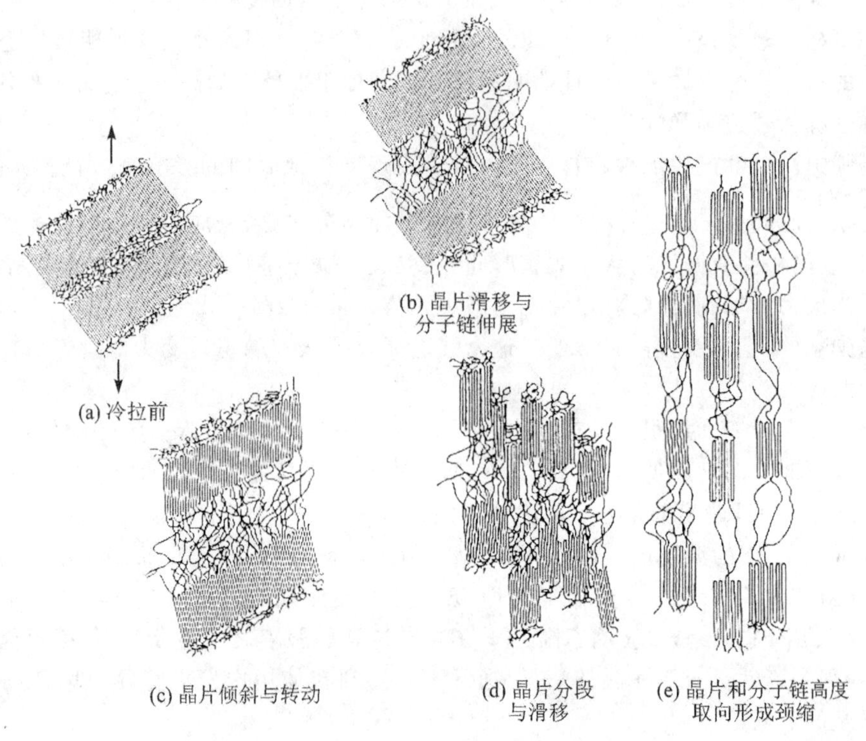

图9-9　部分结晶高分子冷拉中球晶内部晶区与非晶区拉伸取向过程示意图

拉伸中,高分子试样某一部位先于其他部位出现缩颈的原因有两个:一是试样截面不均匀,截面较小的部位所受的实际应力较其他部位大;二是试样材质不均匀,局部区域薄弱,屈服应力较低,或局部应力集中,所受到的应力水平高于平均应力。

颈缩区应变硬化的本质是该区的高分子链(链段)或晶片高度取向,从而在拉伸方向上的模量(刚度)大大提高。与缩颈区相比,未成颈区模量较低,在继续拉伸中容易变形,不断转化为缩颈区;而缩颈区本身因模量较高,形变较小。应变硬化是高分子冷拉成颈的必要条件。如果高分子屈服后,不发生应变硬化,则缩颈截面必然越来越细,直至断裂。

凡是能冷拉成颈的高分子材料都具有如图9-10(a)所示的真应力-应变曲线。从 $\lambda=0$(即 $\varepsilon=-1$)处向该曲线可作两条切线,两个切点 A 和 B 分别称为外屈服点和内屈服点。不能冷拉成颈材料的真应力-应变曲线如图9-10(b)和(c)所示。在图9-10(b)所示的情况下,试样将不断均匀伸长变细直至断裂;在图9-10(c)所示的情况下,试样能出现缩颈,但因不存在应变硬化,缩颈越拉越细,终至断裂。

高分子的冷拉成颈现象在工业上具有重要意义。合成纤维的牵伸过程和塑料的冲压成型就是利用了高分子冷拉成颈的特点。

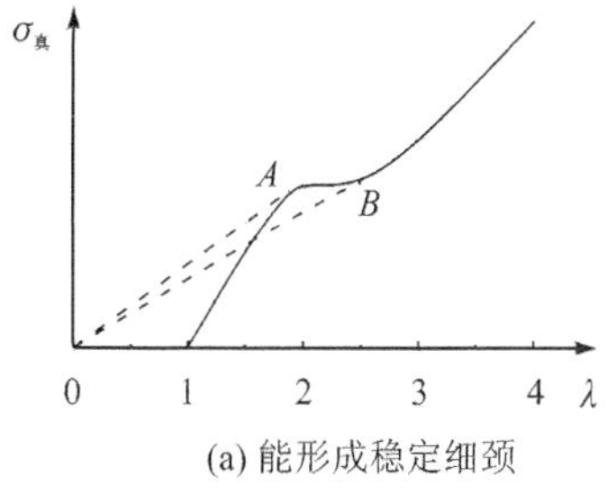

(a) 能形成稳定细颈

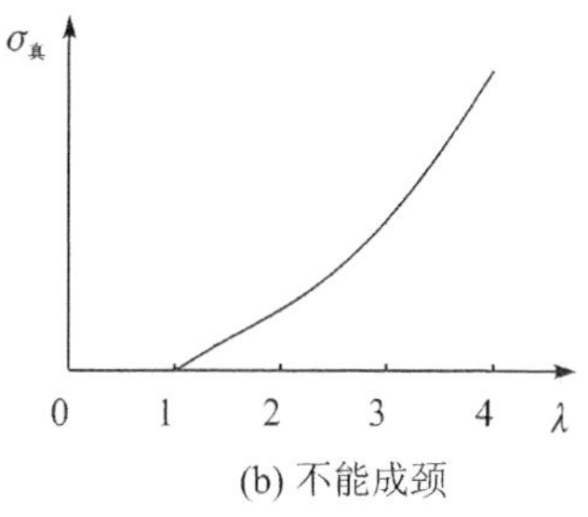

(b) 不能成颈

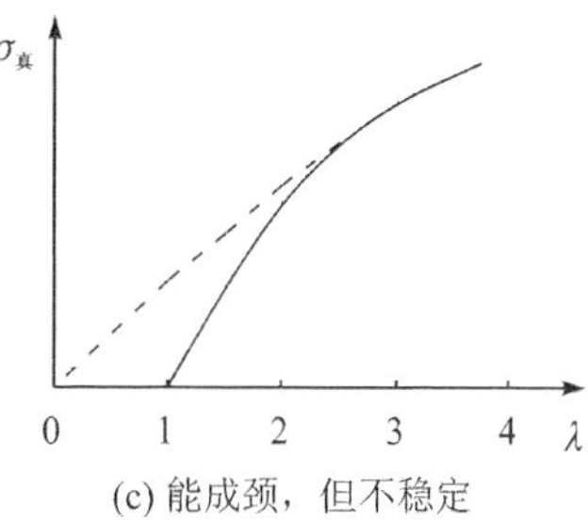

(c) 能成颈，但不稳定

图 9－10　成颈的 Considère 作图判据

此外，还值得提及的是，某些嵌段共聚热塑弹体也能冷拉，但其机理有特殊性。图 9－11 所示是苯乙烯-丁二烯-苯乙烯(SBS)热塑弹体连续两次拉伸中的应力-应变曲线。第一次拉伸中，试样的起始模量较高，有些像塑料。当应变达到 3%～5%时，试样屈服，局部出现缩颈。此后，随缩颈的扩展，应变不断增大，但应力基本不变。除去外力后，这种大形变在室温下即可基本回复，不必加热到塑料相(聚苯乙烯相)的 T_g 以上。如果紧接着就进行第二次拉伸，则试样像橡胶一样软而韧。显然，这种热塑弹体在第一次拉伸中发生了应变软化，使它从塑料转变为橡胶了。这一现象称为应变诱发的塑料-橡胶转变。十分有趣的是，这种转变是可逆的：经拉伸过的试样在室温或更高的温度下放置一段时间后，又能回复其最初的塑料性质。电镜观察表明，这种热塑弹体在拉伸前，其中的聚苯乙烯塑料相并非是真正的分散相，而在相当程度上是连续相，因而呈现类似于塑料的刚度。但在高度拉伸中，聚苯乙烯相通过变形与断裂逐渐转变为真正的分散相，分散在连续的聚丁二烯橡胶相中，因而表现出橡胶的柔软性。除去外力后，大形变的回复正是靠橡胶连续相的高弹性实现的，但重建被破坏的塑料连续相需要一定的时间。

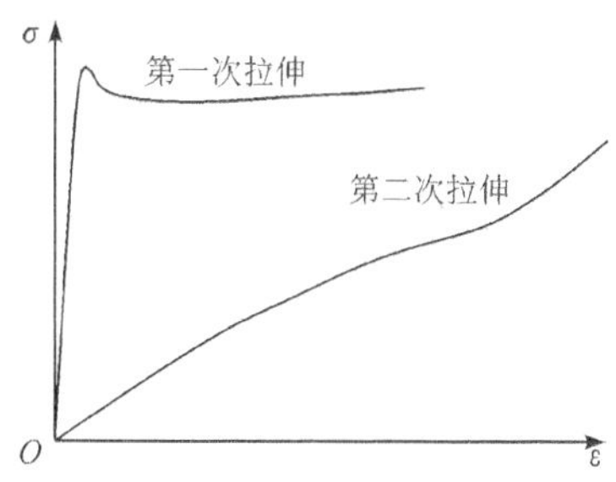

图 9－11　SBS 热塑弹体在先后两次拉伸中的应力-应变曲线

9.2.3　剪切带与银纹

高分子除了表现出宏观屈服以外，还有剪切带与银纹之类的微观屈服现象。

1. 剪切带(shear band)

有些高分子除了在剪切力作用下会发生宏观剪切屈服外，还会在单向拉伸到屈服点时出现与拉伸方向成±45°的剪切带，如图 9－12 所示。剪切带是具有高剪切应变(可高达 1.0 以上)的薄层，双折射度很高，说明剪切带内高分子链高度取向。该现象说明在韧性材料的屈服中剪切分量起重要作用。

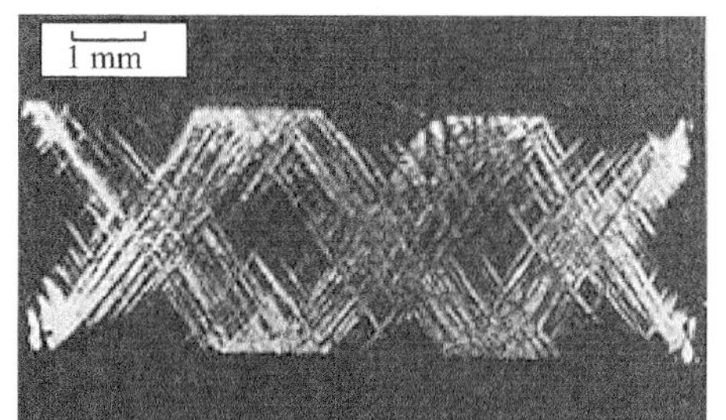

图 9－12　聚苯乙烯拉伸试样上的剪切带(正交偏光显微镜照片)

应力分析表明，单轴拉伸或压缩时，试样任意截面上的正应力和切应力与截面倾角 α 的关系如图 9－13 所示，当 $\alpha = \pm 45°$时，切应力 σ_τ 达到极大值，等于正应力 σ_n 的一半。因此剪切带总是出现在 $\alpha = \pm 45°$ 的方向上。

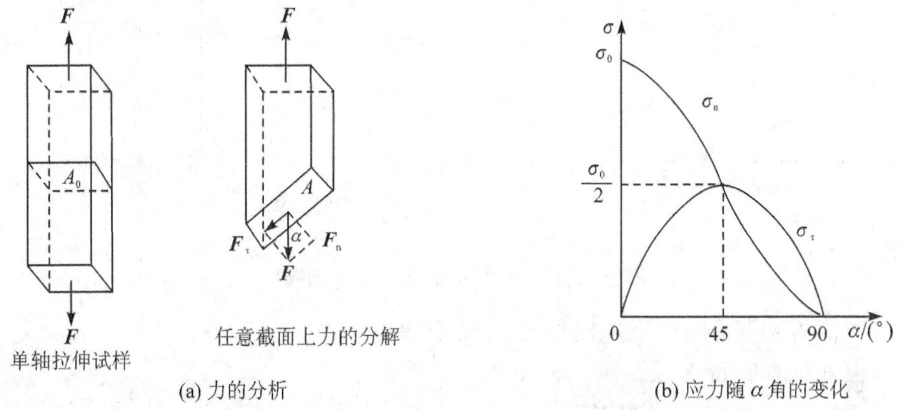

(a) 力的分析　　(b) 应力随 α 角的变化

图 9-13　单轴拉伸试样任意截面上的法向应力与切应力及它们随 α 角的变化

2. 银纹(craze)

脆性材料拉伸中的微观屈服现象主要是银纹。

所谓银纹是指高分子材料表面或内部出现的许多肉眼可见的有序或无序微细凹槽,也称为"类裂纹"。在聚苯乙烯、有机玻璃、聚碳酸酯等透明塑料中,银纹现象尤其明显。当光线以某个角度入射到已出现"类裂纹"的透明塑料上时,每一个类裂纹都像一面微小的镜子,强烈地反射光线,看上去银光闪闪,因此称为银纹。银纹也会出现在聚乙烯、聚丙烯之类的结晶性塑料中,但因这类材料的透明度不高或完全不透明而不易被观察到。

研究表明,高分子只有在张应力作用下才能产生银纹,银纹面(银纹的两个张开面,即银纹与本体的界面)总是垂直于张应力;而压应力不会产生银纹。在拉伸试样中,银纹面与拉伸应力垂直,形成如图 9-14(a)所示的有序银纹。在弯曲试样中,只有受拉侧产生有序银纹,银纹至多深入到中性面为止,在受压侧决不会出现银纹。如果试样中存在无序残余张应力,则银纹面将无序分布(见图 9-14(b)),每个银纹面都垂直于局部张应力。在复合应力场中,材料中的银纹面垂直于较大的主应力方向。例如,当有机玻璃受双轴拉伸时,如果 $\sigma_1 > \sigma_2$,则银纹面垂直于 σ_1;反之,如果 $\sigma_2 > \sigma_1$,则银纹面垂直于 σ_2,如图 9-15 所示。图中,45°线($\sigma_1 = \sigma_2$)表示银纹转向的不稳定点。

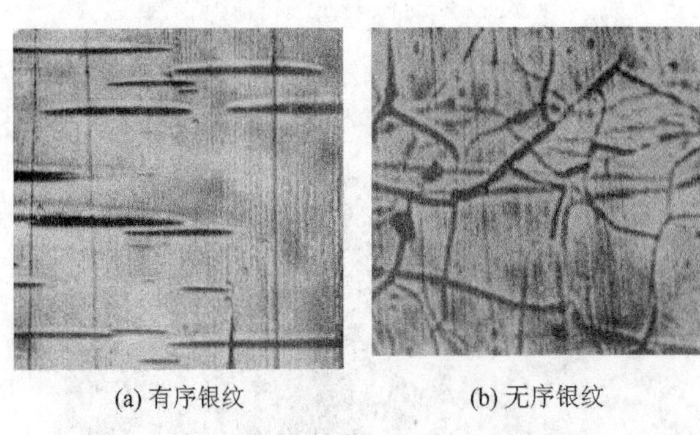
(a) 有序银纹　　(b) 无序银纹

图 9-14　玻璃态高分子中的有序银纹和无序银纹

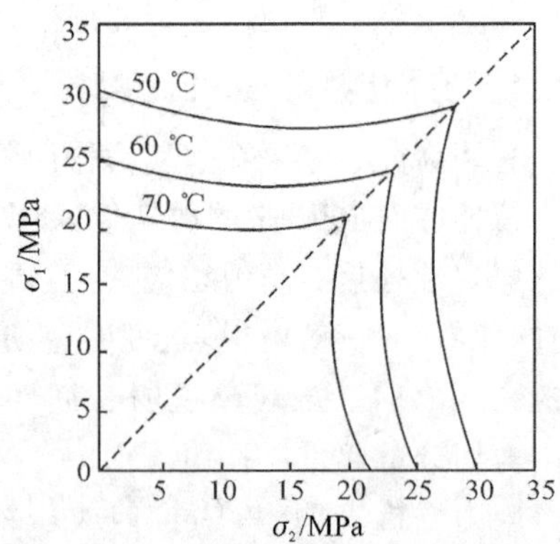

图 9-15　双轴拉伸有机玻璃中的银纹面方向与主应力 σ_1 和 σ_2 间的关系

银纹不同于裂纹。裂纹的两个张开面之间是完全空的，而银纹的两个张开面之间有维系两个面的银纹质和分布在其间的空穴（见图 9-16）。银纹质是高度取向的微纤束。微纤的直径为 0.01～0.1 μm。靠近银纹尖端的微纤粗而短，靠近银纹底的微纤细而长（见图 9-17）。银纹中空穴的体积分数为 40%～50%。正是因为银纹的平均密度和折射率低于本体高分子，所以当光线以一定的角度入射到银纹面上时，会发生全反射。但由于银纹中有银纹质，银纹仍具有一定的强度。例如，银纹扩展到几乎整个横截面的聚苯乙烯试样仍可承担 0.2 MPa 的拉伸应力。

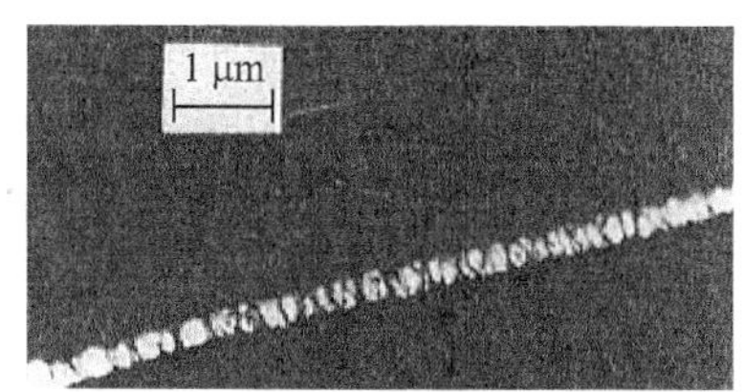

图 9-16　聚苯乙烯薄膜内一条银纹的透射电镜照片

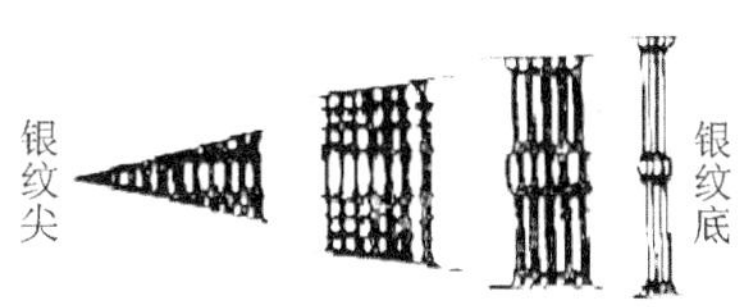

图 9-17　银纹内从尖至底几个部位的结构示意图

此外，银纹和裂纹还有以下区别：① 银纹可以发展到与试样截面可比拟的尺寸而试样不发生宏观断裂，而慢速扩展的裂纹不可能达到这样大的尺寸；② 卸载后，银纹的两个银纹面基本不会合拢，而裂纹面会合拢；③ 在恒定拉伸载荷作用下，材料中的银纹可以恒速扩展，而裂纹总是加速扩展；④ 材料的弹性模量不随银纹化程度明显变化，而裂纹的存在必然导致材料弹性模量明显下降。

银纹的形成机理如下：材料在张应力作用下，局部薄弱处首先发生屈服和冷拉，使局部本体材料高度拉伸取向，但由于其周围的本体材料并未屈服，局部冷拉中材料的横向收缩受到限制，结果在取向微纤间留下大量空穴。局部薄弱点包括材料表面的缺陷或擦伤处、材料内部的空穴或夹杂物边缘处等。

在银纹的扩展过程中，一方面随银纹尖端本体材料的微纤化，银纹长度增加；另一方面，随银纹质的进一步拉伸和银纹/本体界面上本体材料的微纤化，银纹增厚（银纹面进一步张开）。

高分子材料中产生的银纹尺寸及疏密程度与材质的均匀性有关。材质越均匀，银纹就越是细、浅、密。因为这种材料在应力作用下，材料内部各处的应力分布比较均匀。应力不够高时，各处都不出现银纹；应力足够高时，许多微区同时出现银纹。相反，如果材质很不均匀，存在某些特别薄弱的区域，则银纹必然在这些区域首先出现并长大。

业已发现，脆性高分子的断裂与银纹密切相关。裂纹往往始于银纹且通过银纹扩展：当银纹中的应力水平超过银纹内微纤束的强度时，微纤束断裂，一部分银纹转化为裂纹（见图 9-18）；应力水平继续提高时，裂尖银纹区向前扩展，同时，通过银纹底部微纤的断裂，裂纹也向前扩展。另外，也正是由于脆性高分子的裂纹前缘总有一个（或多个）通过局部塑性形变向前扩展的银纹，断裂过程中需吸收较多的能量，所以玻璃态高分子即使在脆化温度以下，其韧性也比无机玻璃高。

每一种材料在一定的环境条件下都存在一个产生银纹的临界应力值。当材料所受到的张应力低于临界应力值时，无论应力作用多长时间也不会引发出银纹。产生银纹的临界应力本质上是材料最薄弱区的屈服强度。环境介质，特别是溶剂或增塑剂会大幅度降低产生银纹的临界应力值，因为它们渗入高分子后，会削弱高分子链之间的相互作用，增加分子链的活动性，使材料软化，屈服强度下降。例如，3 号航空有机玻璃（聚甲基丙烯酸甲酯）在干燥条件下，产生银纹的临界应力值为14 MPa;当吸水率达到0.88%时,临界应力值降到2.8 MPa。亲水性更强的4号航空有机玻璃(92%的甲基丙烯酸甲酯与8%的甲基丙烯酸的无规共聚物)在吸水率仅为0.16%时,临界应力值就降到接近于零了。

高分子材料中出现银纹不仅影响外观质量,降低透明材料的光学透明度,还会降低材料的强度和使用寿命,因此一般不希望材料中出现银纹。特别是航空有机玻璃座舱罩与机身连接的螺栓孔附近,因应力集中,非常容易出现银纹,是导致飞行故障的隐患,需采取有效措施防护。

另外,银纹又是橡胶增韧塑料的重要机理之一。例如,聚苯乙烯是典型的脆性塑料,而共混有橡胶相的ABS塑料在外力作用下,很容易在橡胶颗粒赤道附近的聚苯乙烯基体中产生大量的银纹(见图9-19,"应力致白"是因为材料中产生了许多空穴),吸收大量能量,且因相邻银纹之间应力场的相互干扰,不易发展成裂纹,这正是ABS具有良好冲击韧性的根本原因之一。

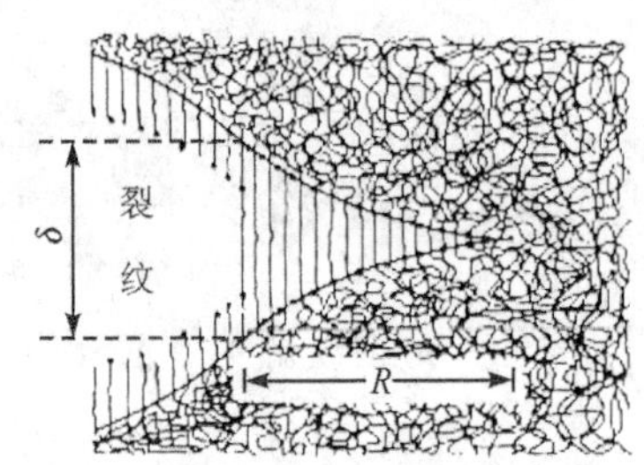

注:R为银纹长度,δ为银纹底厚度。

图9-18 裂纹通过银纹扩展示意图

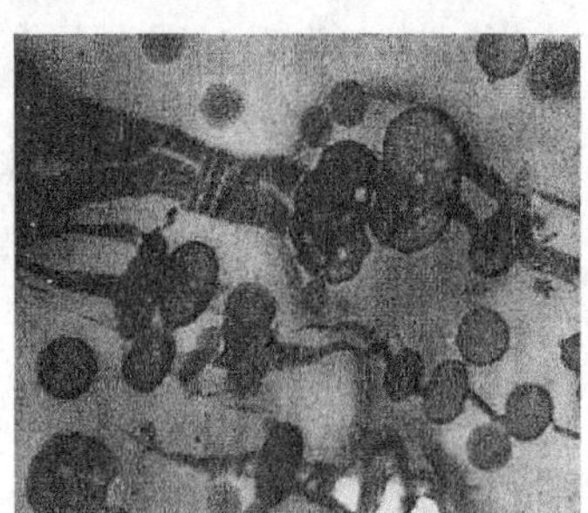

注:黑色为橡胶分散相,灰白色为塑料相。

图9-19 ABS塑料"应力致白"区的电镜照片

9.3 断裂与强度

9.3.1 断裂模式

材料在应力作用下分裂成两部分或几部分称为断裂。广义地说,断裂是指材料内部产生新表面。而高分子材料的断裂模式是多种多样的。根据承载方式的不同,可分为以下几类:

① 静载断裂:材料在拉伸、压缩、弯曲和剪切等单调增长的载荷作用下发生形变直至断裂。该模式中的应变速率约为mm/s量级。

② 冲击断裂:材料在冲击载荷作用下断裂。该模式中的应变速率高达m/s量级。

③ 疲劳断裂:材料在一个应力水平低于其断裂强度的交变应力循环作用下断裂。

④ 蠕变断裂:材料在一个低于其断裂强度的恒定应力长期作用下断裂。

⑤ 环境应力开裂:材料在腐蚀性环境(包括溶剂)和应力共同作用下发生开裂。

⑥ 磨损磨耗:一种材料在与另一种材料的摩擦过程中,表面材料以小颗粒形式断裂下来。

本章重点讨论静拉伸断裂和冲击断裂。

9.3.2　断裂过程和断面形貌

材料的断裂是一个过程,这个过程有长有短。除非材料中已存在或预制有裂纹,否则材料的整个断裂过程必定包括裂纹的产生(引发)、裂纹的慢速扩展与快速(失稳)扩展三个阶段。在裂纹的快速扩展阶段,扩展速率达到声速数量级,以致瞬间发生宏观断裂。每一阶段在全过程中所占的比例取决于材料结构、应力水平和其他环境条件。

从微观角度看,任何材料在结构上都不是完全均匀的。即使是均相纯高分子,如有机玻璃、聚碳酸酯、聚苯乙烯等非晶态塑料,也有结构的不均匀性,例如:① 分子量大小不均匀;② 分子链间的纠缠(物理交联点)分布不均匀;③ 分子链端基不同于分子链上的重复结构单元,而且其周围的自由体积也较大;④ 链段在材料表面的堆砌密度低于材料内部。至于非均质多相材料,如炭黑增强橡胶、热固性塑料(一般都含有填料或增强材料)、纤维增强复合材料、部分结晶热塑性塑料和非均相共混高分子等,除了各相的物理化学性质不同外,结构不均匀性还包括分散相(填料、增强剂、增韧剂和部分结晶高分子中的晶相或非晶相)的形状和尺寸不均匀以及它们在连续相中的分布和取向不均匀。当将高分子材料加工成制件时,受加工过程中热历史和力历史的影响,制件内结构的不均匀性还会进一步增加。例如:制件各部分的结晶度、取向度、球晶大小、分散相的含量和取向方向不同;引进表面沟槽(与模具有关)、机械划痕、气泡、空洞、杂质等各种缺陷。图 9-20 给出了高分子材料中常见的几种缺陷。

(a) 杂 质

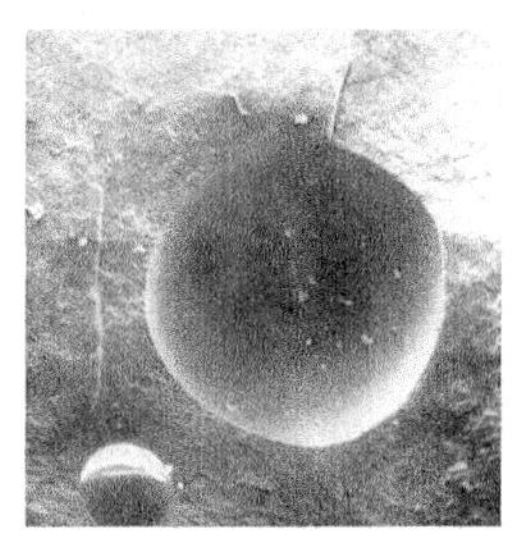

(b) 孔 洞

(c) 表面条痕

图 9-20　高分子材料内缺陷举例(扫描电镜照片)

因此,在外力作用下,材料内的应力分布是不均匀的。在某些应力集中物附近,材料所受到的应力水平可能大大超过表观平均应力的数倍至数百倍。当这样的高应力足以引起高分子链或链段间的滑移,或足以扯断高分子链的化学键时,材料中就引发出裂纹,或先引发出银纹,继而转化为裂纹。其中,最危险的裂纹就成为导致材料最终断裂的起源,形成主裂纹。

主裂纹一旦形成,断裂过程便进入裂纹的扩展阶段。随主裂纹的扩展,即使材料是在恒载荷作用下,所受到的应力水平也越来越大。于是,那些最初并不危险的次薄弱点就会转化为危险点,成为次级裂纹源。主裂纹和次级裂纹同时扩展,材料内未断裂部分所受的应力水平加速提高,从而进一步引发出更多的次级裂纹,以致裂纹扩展速率越来越快,进入失稳阶段,材料就在瞬间断裂。

断口是断裂过程的记录。从断口的外形和断面的宏观特征可初步判断断裂的性质(脆性断裂或韧性断裂)、断裂源的位置和裂纹的扩展方向。用光学显微镜和电子显微镜技术仔细观察,可以发现断面上还有许多细致的形貌特征。其中,有些特征反映的是材料的微观结构,有些特征纯粹由断裂行为造成,还有些既与材料结构有关,又与断裂行为有关。

断口形貌反映材料结构特征最典型的一个例子是,炭黑增强橡胶低温脆性断口上出现的分散颗粒状凸起和凹坑(见图 9-21)。在炭黑增强橡胶中,炭黑是分散相,橡胶是连续相。裂纹在其中扩展时,遇到炭黑颗粒,不是"长驱直入"地劈裂炭黑,而是"迂回曲折"地通过破坏炭黑与橡胶基体之间的界面向前扩展。其结果是在两个吻合断面的一个断面上留下炭黑颗粒和凹坑,在另一个断面的相应位置留下凹坑和炭黑颗粒。同理,部分结晶高分子材料在断面上呈现的某种结晶形态、双轴拉伸定向有机玻璃断口的云母片状结构(参考图 3-69)等也都是材料结构特征的反映。

事实上,"断裂"像一把最精细的"刻刀",可以刻出材料中细微至 30 nm 左右的结构细节。但是,即使以上列举的断面形貌特征也并非材料结构特征的精确"复印件",因为断面形貌除了与材料的结构特征有关以外,还有断裂行为产生的"花样"。在很多情况下,由断裂行为决定的"花样"更显著,甚至可能完全掩盖材料本身的结构特征。

高分子材料品种繁多,性能各异,它们的断面形貌也多样而复杂,且随断裂模式不同而变化,因此难以一概而论。下面仅以有机玻璃的脆性断裂为例,说明断裂过程与断面形貌特征之间的关系。

有机玻璃在室温下属于脆性材料,拉伸断面上都会形成镜面区、雾状区和粗糙区 3 个特征区域(见图 9-22)。各区的特征如下:

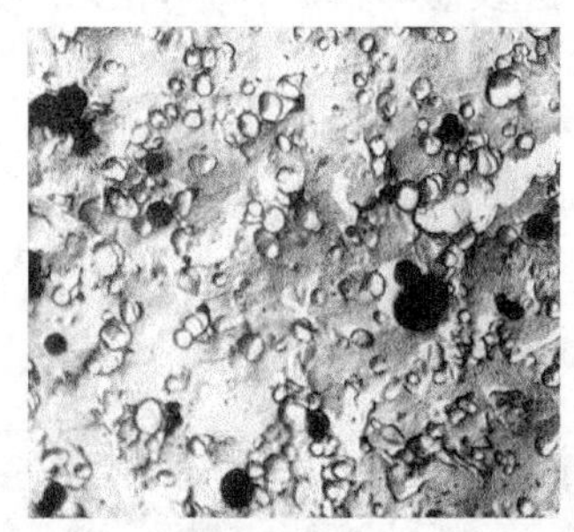

图 9-21　炭黑增强橡胶低温脆性断面形貌

1—断裂源与镜面区;2—雾状区;3—粗糙区

图 9-22　有机玻璃脆性断面形貌

① 镜面区(断裂源附近):宏观上平整且高度反光。多出现在试样的边缘或棱角处,呈半圆形或扇形。有时也能出现在试样内部,近似于圆形。低倍放大时,在镜面区看不到特征花样;高倍放大时,可观察到许多从断裂源出发、沿裂纹扩展方向发射的条纹。镜面区的大小与加载条件和材料的性质有关。应变速率越快、温度越低、材料的分子量越低,则镜面区越小。

② 雾状区:宏观上平整但不反光,像毛玻璃。放大时,能看到许多抛物线花样。抛物线的轴线指向断裂源。离断裂源越远,抛物线密度(单位面积上的抛物线数目)越高。

③ 粗糙区:宏观上呈明显的粗糙,有时呈现与断裂源同心的弧状肋带(见图 9-23(a))。离断裂源越远,肋带之间的间距越宽。更远处,可能出现粗糙的块状或台阶状。视其形状,常称为"河流状"(见图 9-23(b))、"羽毛状"花样等。高倍放大时,可以发现粗糙区的主要特征是"礼花状" 花样(见图 9-23(c))。特别要注意的是,"礼花状"花样看起来很像球晶,其实有机玻璃是非晶态塑料,这种花样纯粹由裂纹扩展过程形成,与球晶毫无关系。

镜面区是材料在断裂初始阶段主裂纹通过单个银纹缓慢扩展形成的。随着次级裂纹的引发,主裂纹与次级裂纹以不同的速率同时扩展。由于主裂纹面与次级裂纹面通常不在同一平面上,因此当它们的前缘相交时,会因一个小小的台阶而留下抛物线的痕迹(见图 9-24)。

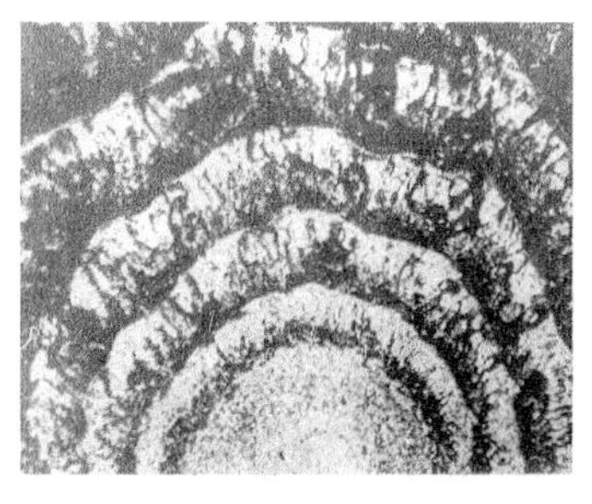

(a) 肋 带

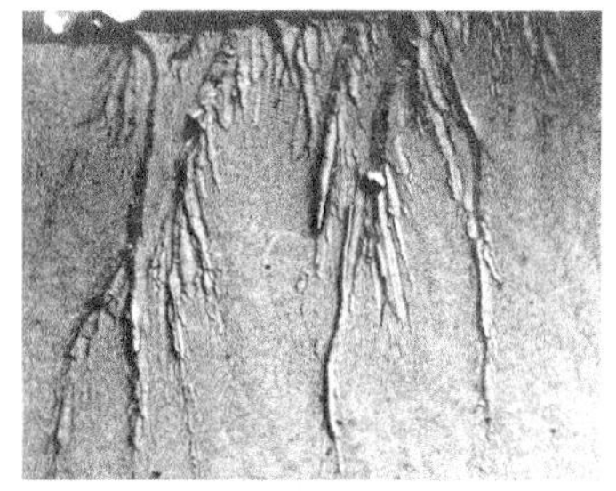

(b) 河流状

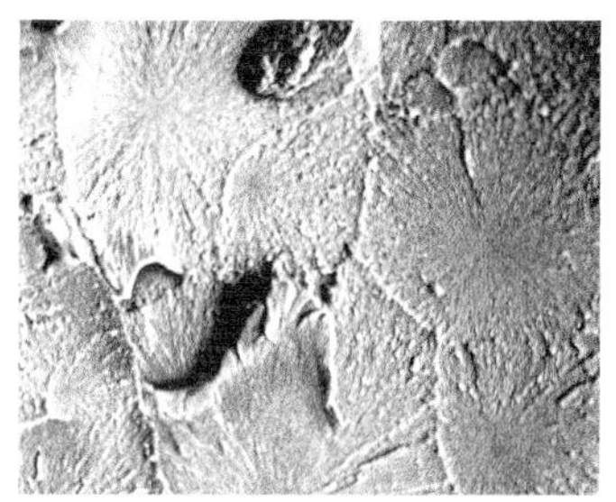

(c) 礼花状

图 9－23　有机玻璃断面粗糙区形貌举例

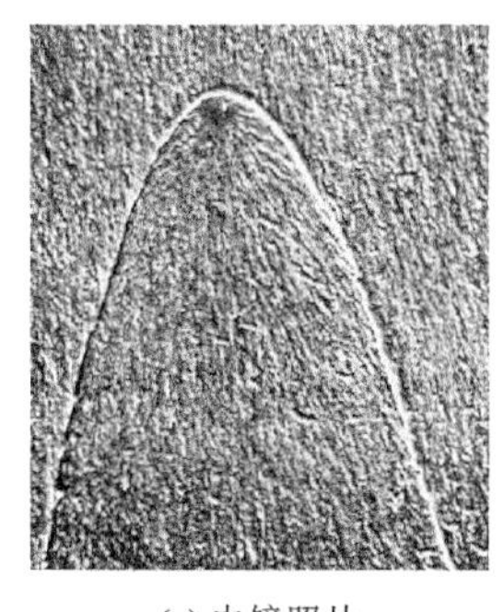

(a) 电镜照片

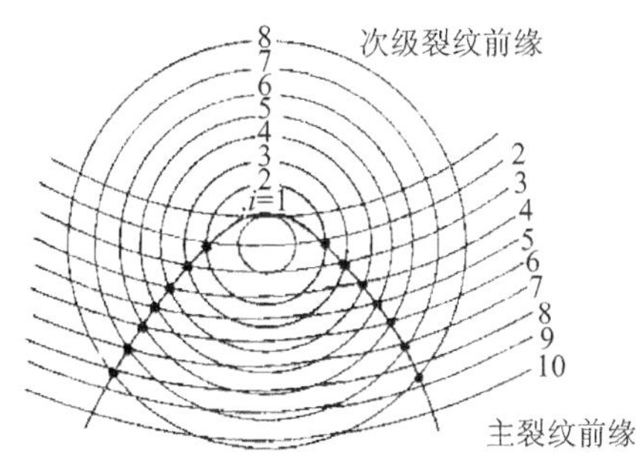

(b) 形成机理

图 9－24　断面上抛物线花样的电镜照片和形成机理

同理，主裂纹与再次级裂纹以及次级裂纹与再次级裂纹的关系也是如此。各级裂纹前缘不断相交，在断面上便形成许多抛物线花样。随裂纹扩展速率的提高，次级裂纹源不断增多，抛物线花样越来越密集。次级裂纹源也是材料结构的薄弱点，分子链末端对此有重要贡献。实验证明，当有机玻璃的平均分子量从 3.2×10^6 降到 9×10^4 时，断面中抛物线交点（次级裂纹源）之间的平均距离可以从 100 μm 下降到 1～5 μm。到裂纹快速扩展阶段，由于主裂纹的扩展速率远远大于次级裂纹的扩展速率，主裂纹与次级裂纹前缘相交的轨迹不再是抛物线，而近似于圆（在数学上可证明）。这时，就形成所谓的"礼花状"花样。

肋带是断面上交替出现的相对粗糙和相对光滑区。造成这种粗糙度起伏的原因是：在裂纹的快速扩展阶段，随主裂纹裂尖能量的积聚和释放，主裂纹不是持续地加速扩展，而是以"快—慢—快—慢"的方式扩展。"快"阶段留下相对粗糙的形貌，"慢"阶段留下相对光滑的形貌。

需要指出的是，橡胶的断裂属于特殊的高弹性断裂。虽然其断裂应变很大，但断后的残余应变很小，拉伸断面基本上与应力方向垂直。断面上也有形貌不同的区域。随着裂纹扩展距离的增加，依次为雾状区、镜面区和粗糙区。在粗糙区内，最典型的特征形貌是撕裂条纹。图 9－25 给出了天然橡胶试样的典型拉伸断面形貌。

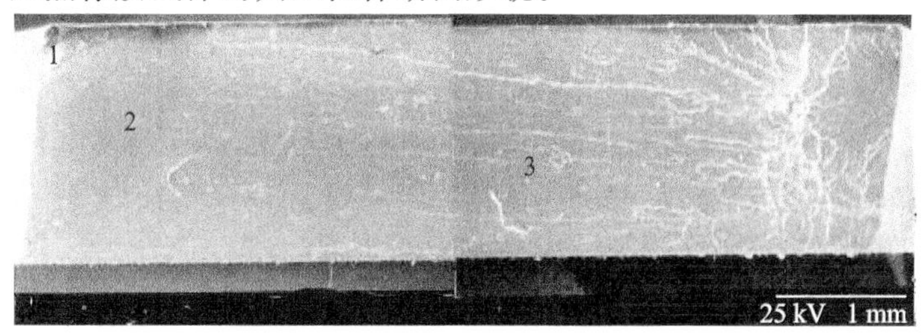

1—断裂源区（雾状区）；2—镜面区；3—粗糙区

图 9－25　天然橡胶室温拉伸断面形貌

9.3.3 理论强度与实际强度

材料的断裂强度表征材料抵抗断裂的能力。固体材料的理论强度可以从组成原子间的相互作用势能算出。

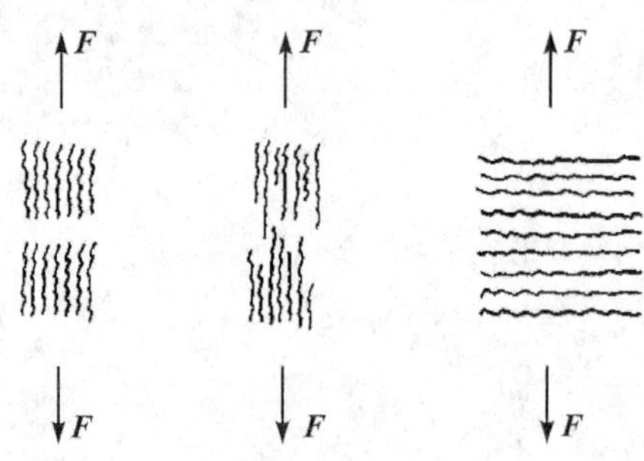

图 9-26 高分子断裂的微观机理假设

高分子断裂的微观机理包括高分子链化学键的断裂或高分子链间相互作用的破坏。假设有如图 9-26 所示的 3 种断裂机理。在第一种情况下,高分子的断裂强度等于拉断单位面积上所有高分子链所需的应力。以最简单的聚乙烯晶胞参数和碳—碳键能计算,理论强度应为 20 GPa。在第二种情况下,高分子的断裂强度等于克服单位面积上所有分子链之间氢键或范德华作用使它们彼此滑脱所需的应力,理论强度应高于 20 GPa。在第三种情况下,高分子的断裂强度等于克服单位面积上部分分子间氢键或范德华作用使分子链分开所需的应力,理论强度估算为 400~120 MPa。

但是,高分子的实际强度一般仅数十 MPa,即使经过超拉伸的聚乙烯纤维,其强度也只有 3.0 GPa (见表 9-1)。

表 9-1 几种高分子的拉伸强度与断裂伸长率

塑　料	拉伸强度/MPa	断裂伸长率/%	塑　料	拉伸强度/MPa	断裂伸长率/%
聚乙烯(高密度)	30	600	聚四氟乙烯	25	200
聚乙烯(超拉伸纤维)	3 000	5	尼龙 66	80	200
聚苯乙烯	50	2.5	聚对苯二甲酸乙二醇酯	54	275
聚甲基丙烯酸甲酯	65	10	酚醛树脂	55	1
聚氯乙烯	50	30	环氧树脂	90	2.4
双酚 A 聚碳酸酯	60	125	不饱和聚酯	60	3
聚丙烯	33	400			

估算高分子理论强度的一个半经验公式为

$$\sigma = 0.1E \tag{9-7}$$

式中:σ 为拉伸强度;E 为杨氏模量。但根据高分子的模量估算的拉伸强度,也比实际强度高 10~100 倍。

导致实际强度远低于理论强度的主要原因之一是材料中不可避免地存在缺陷(如裂缝、空穴、气泡、杂质等)。当材料受外力作用时,缺陷附近应力集中,先于材料其他部分达到该材料的理论强度,破坏从这里开始,并最终引起材料的宏观断裂。

如果在无限大薄板上有一个长轴与应力垂直的椭圆孔(见图 9-27),那么当该板上的平均应力为 σ_0 时,椭圆孔两端的拉伸应力 σ_t 为

$$\sigma_t = \sigma_0\left(1 + \frac{2a}{b}\right) \tag{9-8}$$

式中：a 与 b 分别是椭圆孔的长半轴和短半轴长度。该式表明，$\frac{a}{b}$ 越大，应力在孔端越集中。当 $a \gg b$ 时，就相当于细长裂缝。在这种情况下，裂缝尖端的最大应力 σ_{max} 可以表示为

$$\sigma_{max}=\sigma_0\left(1+2\sqrt{\frac{c}{\rho}}\right)\approx 2\sigma_0\sqrt{\frac{c}{\rho}} \tag{9-9}$$

式中：c 为半裂缝长度；ρ 为裂缝尖端的曲率半径。当将式(9－9)应用于 $c \gg \rho$ 的尖裂缝时，假设曲率半径 $\rho = 10^{-10}$ m，缺陷尺寸在 10^{-6} m，此时 $\sigma_{max}=200\sigma_0$。由此可见，σ_{max} 可能是 σ_0 的几十甚至几百倍。

高分子材料不可避免地包含一些缺陷或微裂纹。如果能消除微裂纹或钝化微裂纹的裂尖，则材料的强度就会提高。另外，由于在较小的试样中出现致命缺陷的概率比大试样的低，所以用小试样测得的拉伸强度一般比用大试样测得的高。普通块状玻璃的强度很低，拉成直径仅数 μm 的玻璃纤维后，强度比钢还高。如图 9－28 所示，玻璃纤维的直径越细，强度越高；用氢氟酸处理以除去表面微裂纹后，强度又能进一步提高。

因此在估算材料的强度时，不仅要考虑分子内和分子间的相互作用，而且还必须考虑缺陷的影响。

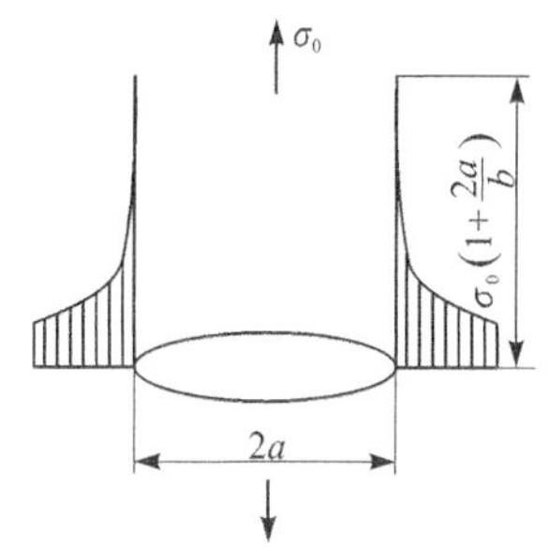

图 9－27　孔端应力集中示意图

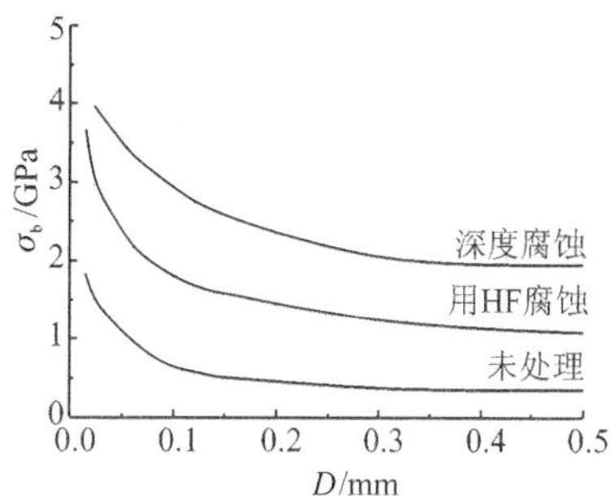

图 9－28　玻璃纤维的拉伸强度 σ_b 与直径 D 和表面处理深度的关系

9.3.4　Griffith 脆性断裂理论

格里菲思(Griffith)脆性断裂理论最早是用来描述无机玻璃的断裂的。该理论认为：① 断裂产生新表面所需要的表面能由材料内部弹性储能的减少来补偿；② 弹性储能在材料中的分布是不均匀的，在微裂纹附近弹性储能高度集中，因此比其他部位有更多的弹性储能来供给产生新表面所需要的表面能，致使材料在微裂纹处先行断裂。

根据格里菲思理论，材料发生脆性断裂的条件是：裂纹扩展 dc 所引起的弹性储能减量 $-\mathrm{d}U$ 大于或等于因裂纹扩展 dc 而产生新表面 dA 所引起的表面能增量 $\gamma_s \mathrm{d}A$，即

$$-\frac{\mathrm{d}U}{\mathrm{d}c} \geqslant \gamma_s \frac{\mathrm{d}A}{\mathrm{d}c} \tag{9-10}$$

式中：c 是半裂纹长度；γ_s 是单位表面的表面能。

假设一个含有 $2c$ 裂纹长度的无机玻璃试样受到大小为 σ 的应力作用，从表面能定义可以计算得到，当裂纹扩展 dc 时，体系的表面能增加为 $4\gamma_s \mathrm{d}c$。假设材料符合线弹性特点，单位体积的弹性能正比于 σ^2/E。具有裂纹长度为 $2c$ 的试样与不含裂纹的试样之间弹性能的差异可

以表示为$\beta \dfrac{\sigma^2}{E}c^2$。代入式(9-10),可以得到材料发生脆性断裂的条件为

$$2\beta \frac{\sigma^2}{E}c \geqslant 4\gamma_s \tag{9-11}$$

式中:β是一个常数,可以通过在线弹性力学中求解边界数值问题得到$\beta=\pi$。

由式(9-11)推导出脆性材料的拉伸强度σ_b为

$$\sigma_b = \sqrt{\frac{2E\gamma_s}{\pi c}} \tag{9-12}$$

式中:E为材料的弹性模量。该式表明,材料的断裂强度不仅取决于该材料的性能参数(E,γ_s),而且还依赖于材料所含裂纹的长度。

在Griffith脆性断裂理论中,材料的断裂是由于原子间化学键的断裂。因此,Griffith用表面能计算化学键断裂的非弹性过程,得到了式(9-12)。

该理论也能用来描述脆性高分子(如聚甲基丙烯酸甲酯、聚苯乙烯等)的断裂。对含裂纹高分子平板的大量试验表明,拉伸强度σ_b确实与$c^{-1/2}$成正比。然而,从$\sigma_b-c^{-1/2}$曲线斜率得到的表面能值(一般为$10^{-4}\sim10^{-3}$ J/m^2)比高分子的实际表面能(约10^{-7} J/m^2)高出好几个数量级。究其原因,是因为高分子材料即使在脆性断裂中,裂纹尖端也必定存在塑性形变区(如前所述,裂纹通过银纹扩展),因而断裂中产生单位新表面所需的能量远远超过纯表面能。

Irwin和Orowan等人认为,材料的断裂过程不仅包括原子间化学键的断裂,还包括材料的塑性变形。因此,他们定义断裂能Γ为单位面积裂纹稳定扩展时所需要的能量。Γ包括两部分:一部分是产生单位新表面所需的能量,另一部分是裂尖发生塑性形变所消耗的能量,即

$$\Gamma = 2\gamma_s + w_p \tag{9-13}$$

式中:w_p为产生单位面积的塑性变形层所需要的功。因此材料的拉伸强度可以表示为

$$\sigma_b = \sqrt{\frac{2E\Gamma}{\pi c}} \tag{9-14}$$

将式(9-14)改写为

$$\sigma_b \sqrt{\pi c} = \sqrt{2E\Gamma} \tag{9-15}$$

把$\sigma\sqrt{\pi c}$定义为应力强度因子K_1(下标1表示张开性裂纹),把$\sigma_b\sqrt{\pi c}$或$\sqrt{2E\Gamma}$定义为临界应力强度因子K_{1c},可得到判断含尖裂纹材料发生脆性断裂的条件是:应力强度因子等于或大于临界应力强度因子,即

$$K_1 \geqslant K_{1c} \tag{9-16}$$

反之,在一定应力σ作用下,只要c小于某一值,从而$K_1<K_{1c}$,材料就不会发生脆性断裂。如果已知材料的临界应力强度因子和该材料在使用中所受的应力值,便能计算出材料不发生脆性断裂所允许的最大裂纹长度。反之,如果已知材料中的裂纹长度,就可以计算该材料所能承受的最大应力。

例如,已知普通有机玻璃室温下发生脆性断裂的$K_{1c}=1.76\times10^6$ N/m$^{3/2}$,如果它在使用中所受的应力为4.9×10^6 N/m^2,则由式(9-15)可算出,该有机玻璃板材发生脆性断裂的临界半裂纹长度为0.041 2 m,即4.12 cm。

K_{1c}是一个仅与材料性质有关的常数,它表征材料阻止裂纹扩展的能力,是材料抵抗脆性破坏能力的韧性指标,通常称为断裂韧性。在工程上具有重要的意义。

虽然 K_{1c} 定义为 $\sqrt{2E\Gamma}$，但因材料的 Γ 值不容易精确测定，很难直接从材料的 E 和 Γ 来计算 K_{1c} 值。常用的方法是测定一定几何形状试样的断裂强度与裂纹长度的关系，通过数学分析得到 K_{1c} 值。断裂研究中常用的试样形式如图 9－29 所示。这类试样的共同特点是都以张开型模式断裂，测试中能很好地控制裂纹的扩展，获得重现性良好的结果。

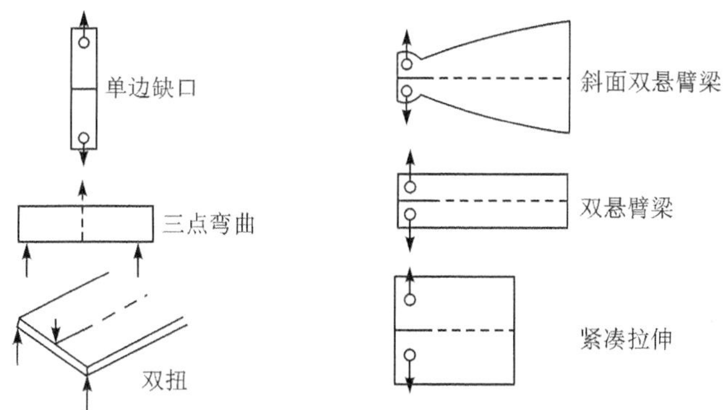

注：各试样中虚线前面的实线段代表预制裂纹，虚线代表扩展裂纹。

图 9－29　高分子断裂韧性研究中常用的试样形式

9.3.5　断裂的分子理论

格里菲思理论的不足之处在于：只考虑了断裂产生新表面所需要的能量与弹性储能减少之间的关系，而未考虑材料从受载到断裂的时间。

断裂的分子理论认为：当材料内化学键的断裂累积到一定程度以致材料失去承载能力时，就发生宏观断裂。化学键的断裂是一个活化过程，与时间有关，因此材料的断裂也是一个松弛过程。材料从"完好"状态到完全断裂的时间称为承载寿命，常用 τ_f 表示，它与所受拉伸应力 σ 之间的关系为

$$\tau_f = \tau_0 \exp\left(\frac{U_0 - \gamma\sigma}{RT}\right) \tag{9-17}$$

或

$$\ln \tau_f = \ln \tau_0 + \left(\frac{U_0 - \gamma\sigma}{RT}\right) \tag{9-18}$$

式中：τ_0 是原子振动频率的倒数，其值为 $10^{-12} \sim 10^{-13}$ s；γ 是一个表征材料应力集中程度的系数；U_0 是断键活化能。式(9－18)表明，应力会加速断裂过程，缩短承载寿命。这一点已被许多材料(包括金属、陶瓷和高分子)的实验数据所证实。如图 9－30 所示，温度一定时，聚苯乙烯的 $\ln \tau_f$ 随应力 σ 的提高而缩短。反过来说，材料承载时间越长，断裂强度就越低。另外，断裂强度对承载时间的依赖性随温度的提高而增加，只有在极低温度下，才可以认为断裂强度与承载时间无关。

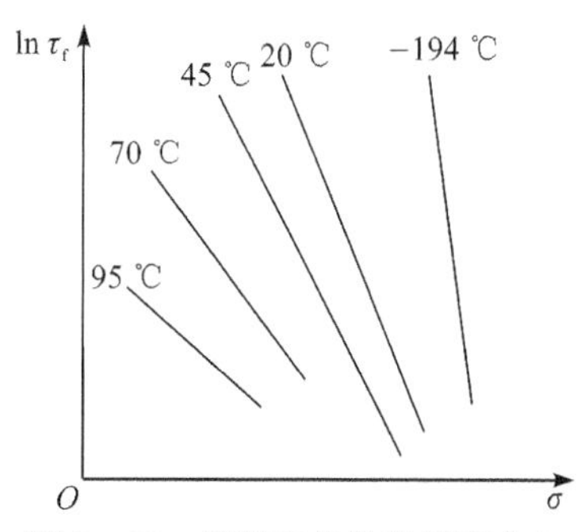

图 9－30　聚苯乙烯的承载寿命与应力和温度的关系

材料的承载寿命达到规定值所能承受的最大应力称为持久强度。在工程设计上，为考虑制件的使用寿命，持久强度比瞬时强度更重要。

从实验中已测得许多高分子的断键活化能。对大多数热塑性塑料，U_0 为 120～300 kJ/mol,与它们的热分解活化能非常接近(见表 9-2)。

表 9-2 几种热塑性塑料的断键活化能和热分解活化能

塑　料	断键活化能 $U_0/(kJ \cdot mol^{-1})$	热分解活化能/$(kJ \cdot mol^{-1})$
聚氯乙烯	146	134
聚乙烯	226	230
聚甲基丙烯酸甲酯	226	220
聚丙烯	235	236
聚四氟乙烯	314	325
尼龙 66	118	180

实验结果还表明，增塑、取向和增强等措施对材料的断键活化能 U_0 几乎没有影响，但能改变应力集中系数 γ 的数值。以尼龙纤维为例，强取向和弱取向时 U_0 不变，而 γ 随取向程度的增加而减小。U_0 不变说明高分子的断裂必定包括高分子链的化学键断裂。一切改变分子间作用力从而改变材料强度的措施，本质上是通过改变 γ 值实现的。γ 是材料中应力微观不均匀分布的量度。在承载时间相同的前提下，材料的 γ 值越小，表示应力分布越均匀，则其强度就越高。一般地说，取向和增强使 γ 值减小，而增塑使 γ 值提高。

9.3.6 冲击强度

材料的冲击强度 S_I 是衡量材料在高速(应变速率达 m/s 量级)冲击作用下抵抗断裂的能力。

测量冲击强度最常用的方法是摆锤冲击试验。试验中测量摆锤冲断标准试样所消耗的功。摆锤冲击又分简支梁式的 Charpy 冲击和悬臂梁式的 Izod 冲击。Charpy 冲击试验是将条状试样两端搁置在水平支承架上，用摆锤冲击其中部(见图 9-31)。Izod 冲击试验是将试样的一端固定，用摆锤冲击试样的另一自由端(见图 9-32)。冲击强度值对试样表面的缺陷非常敏感。为减少测试值的分散性，规定标准试样带 V 形缺口，缺口尖端的曲率半径为 0.25 mm。但也可以用无缺口试样或锐缺口试样研究材料韧性对缺口的敏感性。冲击强度也可以用落重冲击和高速拉伸法测量。落重冲击是让一定质量的球或尖镖(尖端直径 1 mm)从一定高度自由落下，冲击标准圆盘状试样。

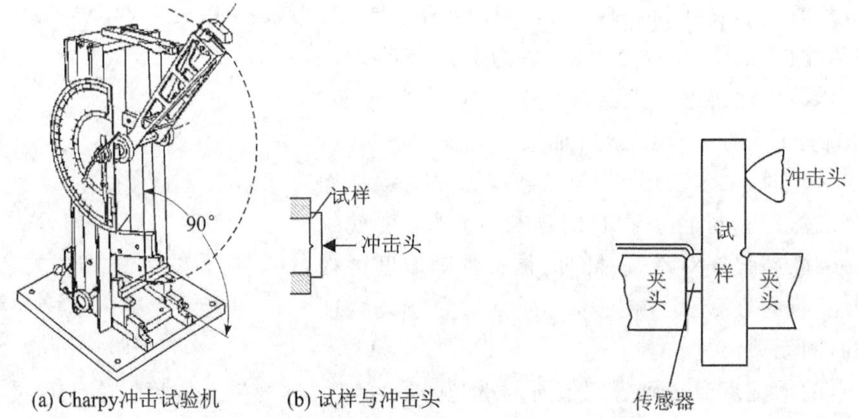

(a) Charpy冲击试验机　(b) 试样与冲击头

图 9-31 Charpy 冲击试验机和试样与冲击头的关系　**图 9-32 Izod 冲击中试样与冲击头的关系**

冲击强度并非材料性能的基本参数，而是一定几何形状的试样在特定条件下韧性的指标。不同试验方法得到的冲击强度值不同。但在同一条件下对不同材料测得的冲击强度值可用来比较它们韧性的相对大小。

冲击强度原则上是指冲断标准试样所需的单位面积的能量。但试验方法不同时，冲击强度的单位不同。采用无缺口试样时，冲击强度的单位为 kJ/m^2。带缺口试样 Izod 冲击强度的单位，按 ASTM 标准为 kJ/m，是指单位长度缺口的冲击能量；按我国国家标准（GB）为 kJ/m^2，计算中面积是指缺口处的横截面积。高速拉伸冲击试验中以应力-应变曲线与横坐标之间的面积作为冲击强度，其物理意义是使试样断裂所需的单位体积的能量，单位为 J/m^3。

9.4　影响高分子强度和韧性的因素

影响高分子强度和韧性的因素很多，内因（结构因素）包括高分子的化学结构、分子量及其分布、交联、结晶、取向、增塑、填充、共混等；外因（条件）包括温度、湿度、应变速率、流体静压力等。

9.4.1　结构因素的影响

1. 分子链化学结构

高分子的强度来源于主链化学键和分子间的相互作用能，所以增加高分子链化学键能、引进极性基团或氢键都能提高高分子的强度。例如，聚乙烯的拉伸强度只有 10～30 MPa，而聚氯乙烯因有极性基团，拉伸强度达 40～50 MPa，有氢键作用的尼龙的拉伸强度可高达 60～80 MPa（见表 9-3），氢键密度越高，强度越高。但是，如果极性基团太密，以致阻碍高分子链段的活动性，则虽然强度有所提高，但韧性却会下降。

表 9-3　几种常用高分子的力学性能

材　料	10^{-3}·密度/($kg \cdot m^{-3}$)	拉伸模量/GPa	拉伸强度/MPa	断裂伸长率/%	冲击强度*/($J \cdot m^{-1}$)
聚乙烯（低密度）	0.917～0.932	1.1	9.0～14.5	100～650	不断
聚乙烯（高密度）	0.952～0.965	1.7～2.8	22～31	10～120	21～214
聚氯乙烯	1.30～1.58	2.4～4.1	41～52	40～80	21～107
聚四氟乙烯	2.14～2.20	4.0～5.5	14～34	200～400	～160
聚丙烯（等规）	0.90～0.91	1.1～1.6	31～41	100～600	21～53
聚苯乙烯	1.04～1.05	2.3～3.3	36～52	1.0～2.5	19～24
聚甲基丙烯酸甲酯	1.17～1.20	2.2～3.1	48～76	2～10	16～32
酚醛树脂	1.24～1.32	2.8～4.8	34～62	1.5～2.0	13～214
尼龙 66	1.13～1.15	—	76～83	60～300	43～112
聚对苯二甲酸乙二醇酯	1.34～1.39	2.8～4.1	59～72	50～300	12～35
聚碳酸酯	～1.20	～2.4	～66	～110	～854

* 试样厚度为 3.2 mm。

主链含有芳杂环的高分子,其拉伸强度和模量都比脂肪族主链的高。例如:芳族尼龙的拉伸强度和模量比普通尼龙的高,聚苯醚的比脂肪族聚醚的高,双酚A聚碳酸酯的比脂肪族聚碳酸酯的高。

主链含有芳杂环同时含有较大柔性基团的高分子,不仅具有较高的刚度和强度,还往往兼具良好的韧性。如前所述,非晶态塑料在 $T_b \sim T_g$ 以及部分结晶塑料在 $T_b \sim T_m$ 之间能屈服冷拉,表现为韧性。以非晶态塑料为例,若希望它在宽温度范围内具有韧性,则要求它具有低的 T_b 和高的 T_g。从宏观上看,T_b 是 $\sigma_y = \sigma_b$ 时对应的温度。从分子运动看,T_b 大多对应于高分子的 T_β。决定 T_β 的关键是玻璃态高分子中高分子主链或侧链上具有可以运动的较大基团(但小于链段)。主链含芳杂环同时含较大柔性基团如酯基、砜基、醚键等的高分子,一方面因分子链的刚性大,链段长,具有高的 T_g;另一方面,在玻璃态虽然链段已被"冻结",但链段中仍有较大柔性基团可作局部松弛运动,因而在较低温度下具有β转变,即较低的 T_b。所以在宽温度范围内都表现出良好的韧性。相反,主链十分柔软的高分子虽然 T_g 很低,在常温下可作橡胶使用,但这类高分子因链段很小,一旦温度低于 T_g,就难以从本来就很小的链段中再分出可以作局部松弛运动的更小单元,因此它们的 T_b 与 T_g 十分接近。

表9-4给出了一些非晶态塑料不脆区的温度范围 $T_b \sim T_g$。

表9-4 几种非晶态塑料的 $T_b \sim T_g$ 范围

塑 料	$T_b \sim T_g$/℃
聚苯醚(PPO)	−110～+220
聚芳砜(PSF)	−110～+170
聚碳酸酯(PC)	−100～+130
聚对苯二甲酸乙二醇酯(PET)(无定形)	−20～+70
硬聚氯乙烯(PVC)	−30～+80
氯乙烯/乙酸乙烯酯共聚物(VC/VA共聚物)	−5～+70
聚甲基丙烯酸甲酯(PMMA)	+30～+100
聚苯乙烯(PS)	+20～+80
苯乙烯/丙烯腈共聚物(SAN)	+40～+80

2. 分子量

同系高分子的断裂强度,在分子量较小时,随分子量的增加而提高;在分子量较大时,对分子量的依赖性逐渐减弱;分子量足够大时,与分子量基本无关(见图9-33和图9-34)。原因如下:在分子量较小时,主链化学键能远高于分子间作用能,这时材料的强度取决于分子间作用能;分子量越大,分子间的作用能越大,因而强度越高;但是,当分子量足够大时,分子间的作用能可能接近于主链化学键能,分子链之间还能发生纠缠形成物理交联点,这时,材料的强度由分子间的作用能和化学键能共同承担,因而对分子量的依赖性逐渐削弱;当分子量很大时,分子间的作用能超过了主链化学键能,材料的强度取决于化学键能,因而与分子量无关。

每一种高分子要变成有用的材料,都要求有一定的分子量。例如,聚乙烯的分子量需在12 000以上才能成为塑料,聚酯和尼龙的分子量需在10 000以上才能纺成有用的纤维。

每一种高分子都存在一个临界分子量 M_{cr},当分子量高于 M_{cr} 时,强度对分子量的依赖性就不明显了。例如,有机玻璃的 M_{cr} 约为 2×10^5。还有文献认为,当分子量高于分子链缠结

点间分子量的 8 倍时，拉伸强度就与分子量基本无关。

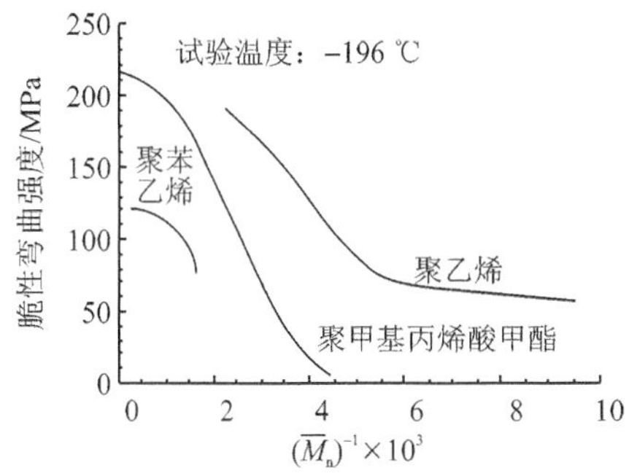

图 9-33　聚合物脆性弯曲强度与分子量的关系

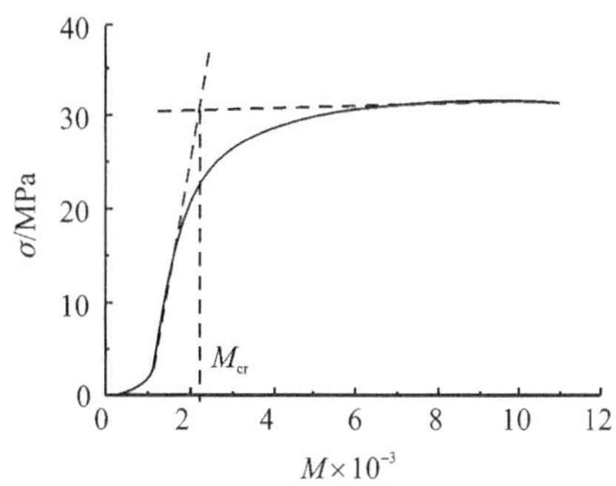

图 9-34　丁基橡胶的拉伸强度随分子量(硫化前)的变化

合成高分子的分子量都有一定的分散性。如果材料中存在分子量低于 M_{cr} 的低分子级分，则材料的强度会受到明显影响，在使用中容易出现开裂现象。4 号航空有机玻璃板材在大气曝晒到第四年，表面出现零星分布的银纹，到第五年就发展成长达几 cm 至几十 cm 的长裂纹。原因之一就是因为这种板材的平均分子量较低，分布较宽，含有较多低分子量级分(包括因老化降解产生的低分子量级分)。

一些聚碳酸酯制品容易发生开裂，特别在溶剂作用下开裂，主要原因也是因为分子量不够高且分布不均匀，因而包含相当比例低分子量级分的缘故。

3. 交　联

适度的交联可有效地增加分子链间的相互作用，提高高分子材料的断裂强度。对于初始分子量很小的热固性树脂，必须通过化学交联形成三维网络，才能使之具有技术应用所需的强度和刚度。对于起始分子量很大的橡胶，轻度交联能大幅度提高它的断裂强度，但交联密度过高，强度反而下降(见图 9-35)。在许多航空橡胶件的失效事故中，有很多都是因橡胶加工中混料不匀，局部过硫化(交联度太高)或储存不当引起早期过硫化而造成的。

基于仿射形变的橡胶断裂理论认为：如果交联点之间的链长不均匀，则在外力作用下，应力往往集中在交联网络中的短链上，所以最短的链最早断裂，并由此引发橡胶的宏观断裂。但 Mark 等人却发现短交联链与长交联链以一定比例同时存在时，强度最高。例如，用分子量分别为 660 和 2.13×10^4 的聚二甲基硅氧烷以不同摩尔比构成一系列交联网络，它们的应力-拉伸比曲线如图 9-36 所示，当低分子量组分的摩尔百分数达到 95.1%时，拉伸强度最高。

交联对分子量很高的刚性链高分子的断裂强度几乎没有影响，但能提高它们的屈服强度。因此，高度交联通常使塑料变脆。

4. 结　晶

部分结晶高分子按其非晶区在使用条件下处于橡胶态还是玻璃态，可分为韧性塑料和刚性塑料两类。对于韧性塑料，随结晶度的提高，其刚度(或硬度)、强度提高，而韧性下降。表 9-5 列出了典型的韧性塑料聚乙烯的力学性能随结晶度的变化。对于刚性塑料，由于玻璃态非晶相的模量与晶相模量的差别不大，结晶度对刚度的影响有限，但会明显降低材料的韧性，甚至强度也有所下降。

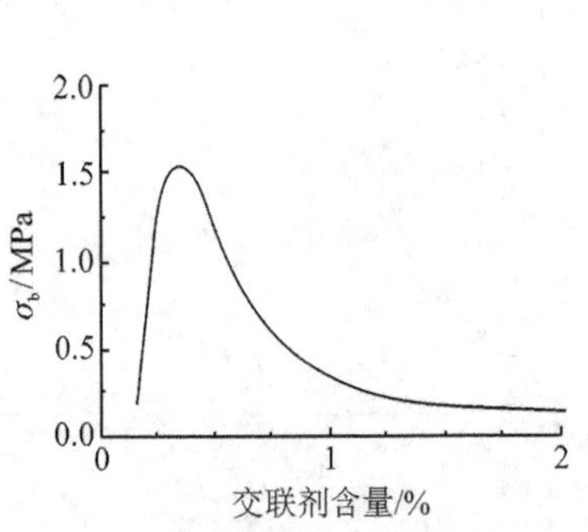

图9-35 丁苯橡胶拉伸强度与交联剂含量的关系

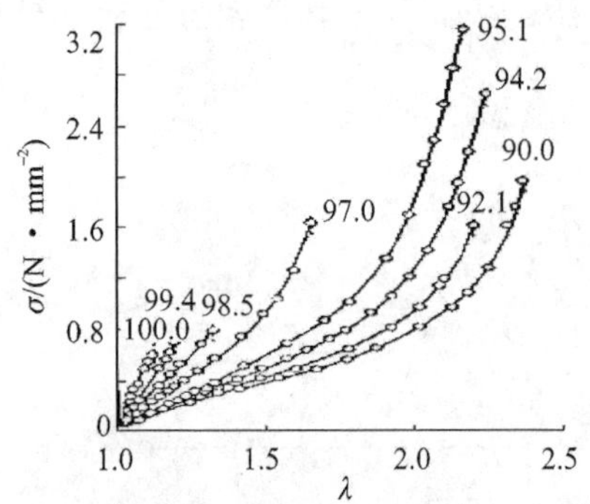

注：曲线上的数字表示低分子量组分的摩尔百分数。

图9-36 低分子量与高分子量聚二甲基硅氧烷复配交联网络的应力-拉伸比曲线

表9-5 结晶度对聚乙烯力学性能的影响

性能 \ 结晶度/%	65	75	85	95
密度/(g·cm^{-3})	0.91	0.93	0.94	0.96
熔点/℃	105	120	125	130
拉伸强度/MPa	14	18	25	40
断裂伸长率/%	500	300	100	20

除结晶度以外,球晶大小也是影响结晶高分子强度和韧性的重要因素,而且在有些情况下,球晶大小的影响超过结晶度的影响。因为部分结晶高分子的强度在很大程度上取决于折叠链晶片之间以及球晶之间联结链的多少。联结链越多,材料的强度就越高。通常,当结晶性高分子在缓慢冷却中形成大球晶时,尽管球晶内折叠链晶片本身的晶体结构比较完善,但在晶片之间及球晶之间联结链较少,“杂质”浓度较高,成为材料中最薄弱的区域,导致材料的强度和韧性降低。如果采取适当的工艺措施加速结晶并使形成的球晶小而均匀(例如加入成核剂),则可能获得结晶度高、联结链多、结构均匀,从而兼具良好刚度、强度和韧性的材料(见图9-37)。

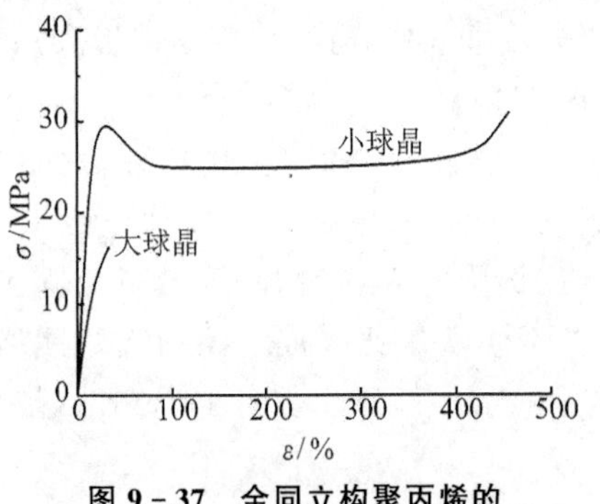

图9-37 全同立构聚丙烯的球晶尺寸与拉伸应力-应变曲线

此外,橡胶的应力诱导结晶也具有重要意义。以天然橡胶为例,在松弛状态下,其熔点在室温附近,而在拉伸比为4.5时,熔点升至75℃,在常温下很容易结晶。结晶对橡胶具有自增强作用。橡胶轮胎在转动中,受交变应力作用:在接触地面的瞬间,橡胶在应力作用下诱导结晶,模量与强度提高;离开地面时,橡胶松弛,结晶熔化,仍是柔软的弹性体。因此天然橡胶轮胎具有良好的耐磨性。在目前各类橡胶中,具有应力诱导结晶能力的还有顺丁橡胶。

5. 取　向

取向对材料力学性能最大的影响是使材料呈明显各向异性：与未取向材料相比，取向方向上的强度和模量提高，垂直于取向方向上的强度和模量降低。取向带来的另一个效果是阻止裂纹沿垂直于分子链的方向扩展。这一点可以橡皮为例加以说明。如果在橡皮试样上预制一个垂直于拉伸方向的切口，然后进行拉伸，那么试样拉不了多长，切口便向纵深方向快速扩展，不需要很高的应力即可将它拉断。但是，如果先把橡皮拉得很长，使其中的高分子链高度取向，然后再用刀在横向划一切口，则切口将顺拉伸方向张开，切口尖端钝化为大圆弧状，拉断该试样所需的应力远远高于预制切口试样的强度。此外，材料在拉伸取向的过程中，能通过链段运动使局部高应力区发生应力松弛，导致材料内的应力分布均匀化，这也是取向材料强度较高的原因之一。

取向对屈服强度的影响远低于对断裂强度的影响。因此，当材料的断裂强度随取向程度提高时，材料的脆化温度下降(见图 9－38)。一些未取向时在室温下表现为脆性的材料，经拉伸取向后可能转变为韧性材料。最典型的一个例子是有机玻璃。未拉伸普通有机玻璃的 T_b 在室温附近，而双轴拉伸定向有机玻璃的 T_b 低于室温；拉伸度足够高时，T_b 可下降到－40 ℃。因此，在常温下，双轴拉伸定向有机玻璃处于不脆区，不仅强度比普通有机玻璃的高，而且韧性也好得多。受子弹射击或重物冲击时，定向有机玻璃可能被局部穿孔，但不像普通有机玻璃那样容易大面积破裂。目前，我国先进战斗机上已普遍采用双轴拉伸定向有机玻璃作座舱罩。

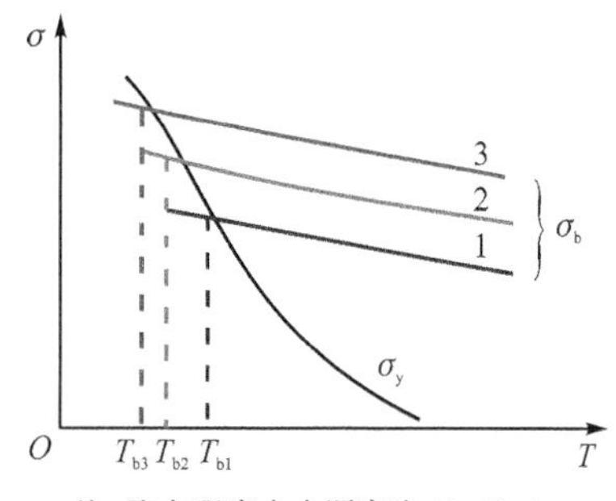

注：取向程度大小顺序为 3＞2＞1。

图 9－38　取向对高分子脆化温度的影响

但是，绝不能简单地说“取向程度越高，材料的韧性越好”。因为当取向程度很高时，高分子链都已高度伸展，这时，在外力作用下，材料在取向方向上继续形变的能力很小(模量和屈服强度都很高)。例如，聚乙烯是典型的韧性材料，但经超拉伸的聚乙烯纤维，断裂伸长率只有 5％。

6. 填充与增强

填料有惰性填料与活性填料之分，粉状填料与纤维填料之分。纤维填料又有短切纤维、连续纤维、织物等多种形式。

惰性填料是指那些与聚合物基体结合力较弱的填料。在高分子材料中加入这类填料的主要目的是降低成本和/或提高刚度，但材料的强度与韧性可能因此而降低。活性填料是指那些与聚合物基体具有良好粘结性，从而能显著增强基体的填料。

常用的粉状填料有木粉、炭黑、轻质二氧化硅(白炭黑)、石墨、二硫化钼、轻质硫酸钙等。例如，天然橡胶中加入 20％的胶体炭黑，拉伸强度可以从原来的 16 MPa 提高到 26 MPa；丁苯橡胶本身的拉伸强度很低，只有 3.5 MPa，加入炭黑后，拉伸强度可提高到 20～25 MPa；酚醛树脂本身是脆性材料，加入木粉后，冲击强度提高几十倍。

关于粉状填料的增强机理，以炭黑增强(常称补强)橡胶的机理研究得最多。一般认为，每个炭黑粒子表面能结合若干条橡胶分子链(见图 9－39)。当其中一根分子链受应力作用时，可通过炭黑颗粒将应力分散传递到其他分子链上。如果其中一根链发生断裂，其

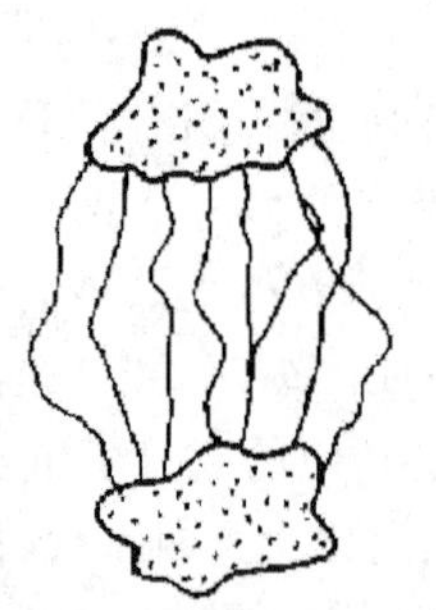
图 9-39 炭黑增强机理示意图

他链仍可起作用。粉状填料对橡胶的增强效果较好,而对玻璃态和结晶性刚性塑料的增强效果较差。

常用的纤维状填料有棉、麻、丝等天然纤维,聚酯、尼龙(特别是芳族尼龙,如 Kevlar)等合成纤维以及玻璃纤维、碳纤维和硼纤维等无机纤维及其织物。纤维状填料对高分子基体的增强作用恰如混凝土中钢筋对水泥的增强作用一样。在这类增强高分子中,纤维的强度和刚度都远远超过被增强的高分子基体,是主要的承力组分,所以增强高分子所能承受的应力比纯高分子基体的高得多,甚至超过钢铁。这类材料在断裂时,除了基体和纤维的断裂外,还包括纤维从基体中拔出的过程,这也消耗大量能量,所以纤维增强高分子的冲击强度比纯基体的高得多。

玻璃纤维增强塑料自其问世起就有玻璃钢的美称。从第二次世界大战期间应用玻璃纤维增强不饱和聚酯成功制造雷达罩以来,各种纤维增强复合材料迅速发展。近数十年间,由碳纤维、Kevlar 纤维、玻璃纤维或混杂纤维(2 种或多种不同纤维的混合物)增强的聚酯、环氧、双马来酰亚胺、聚酰亚胺等树脂基体的先进复合材料,已在军用或民用结构件,尤其在航空航天结构件中广泛应用。

要求承载能力强的橡胶制品也常用纤维增强,如用帘子布增强橡胶轮胎。

7. 增　塑

一般来说,在高分子中加入增塑剂会削弱高分子链之间的相互作用,从而降低材料的断裂强度。强度的降低量与加入的增塑剂量大致成正比。但在有些脆性塑料中加入增塑剂后,强度反而会提高,这是因为增塑剂的存在能提高高分子链段的活动性,有利于应力集中处高分子链段通过沿应力方向取向而使裂尖钝化。

加入增塑剂也能降低材料的屈服强度,提高材料的韧性。但有些增塑剂可能会抑制高分子链上某些基团的运动,使材料变脆,这种现象称为反增塑现象。

水对许多高分子都是一种增塑剂。特别是高分子链上带有亲水基团的酚醛、尼龙和有机玻璃等,吸水后模量和强度明显下降,断裂伸长率和冲击强度提高。但是,有些高分子在吸水量超过某一临界值后,不仅强度下降,韧性也变差。例如,有机玻璃的吸水量超过约 1%后,缔合的水分子在有机玻璃的自由体积(空穴)中所起的作用像刚性填料,使有机玻璃模量提高,强度和韧性降低,低温下的变化更明显。

8. 共聚和共混

用共聚和共混的方法改进均聚物力学性能的例子很多。实用橡胶材料中大多是共聚物,如丁苯橡胶、丁腈橡胶、丁基橡胶、乙丙橡胶和各种氟橡胶。在用橡胶增韧塑料方面,最成功的例子是用橡胶改性聚苯乙烯获得的高抗冲聚苯乙烯和 ABS 塑料。

用接枝共聚、嵌段共聚和共混方法获得的共混高分子大多是两相(或多相)体系。改性的效果与两相的化学组成及分子量、分散相的含量、相区形状和尺寸、交联度和接枝率等因素有关,也与两相间的界面粘结性有关。例如,用橡胶增韧聚苯乙烯时,接枝共聚的效果一般比共混的效果好,因为前者两相界面上有化学键结合,有利于应力传递,能充分发挥分散相对连续相性能的影响。

橡胶增韧塑料的机理包括银纹、空穴化和剪切屈服。理想的增韧设计要使材料在断裂过程中首先发生剪切屈服，然后在剪切带内发展银纹和空穴，最后断裂。20 世纪 80 年代来，吴氏提出的逾渗理论认为，当橡胶分散颗粒之间的间距减小到某一临界值时，增韧塑料的冲击强度剧增，成为超韧塑料。

橡胶增韧塑料的一个问题是其模量一般都低于纯塑料基体。为解决这一问题，20 世纪 80 年代以来又开展了用刚性有机填料(rigid organic filler)增韧塑料的研究，例如用 ABS 增韧聚碳酸酯，同时还开展了用超细刚性无机填料增韧塑料的研究。

作为共混与纤维增强的结合，自 20 世纪 80 年代以来，已积极开发了将液晶高分子与非液晶高分子共混，使液晶高分子在加工成型中原位形成微纤来增强非液晶高分子基体，这种材料称为原位复合材料。

9.4.2　外界条件的影响

对于粘弹性高分子材料，其模量、断裂强度和韧性都与温度、应变速率、流体静压力密切相关。

1. 温　度

随温度升高，高分子的模量和强度降低，韧性提高(参考图 9-3)。但以真应力表示断裂强度时，非晶态高分子的断裂强度在 T_g 附近达到极大值，如图 9-40 所示。在 T_b 以下，强度对温度不敏感，随温度下降，脆性断裂强度仅略有增加。

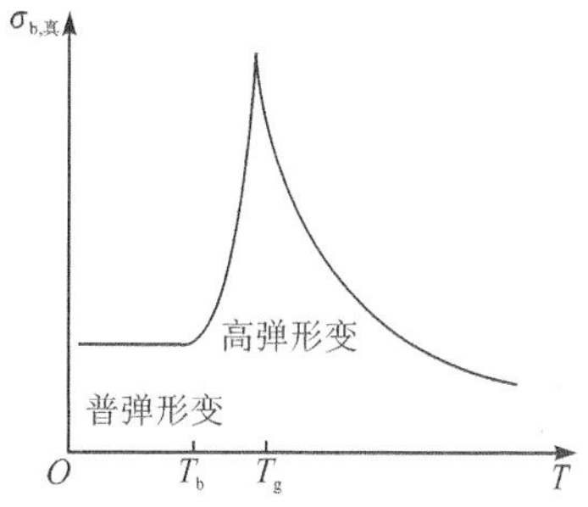

图 9-40　非晶态高分子的断裂强度(以真应力表示)随温度的变化

2. 应变速率

应变速率提高的影响相当于温度降低：材料的模量和强度提高，韧性下降。对于玻璃态高分子，随应变速率的增加，其脆性断裂强度仅略有提高，而屈服强度大幅度提高，导致 T_b 升高(见图 9-41)。许多高分子在一定温度下慢速拉伸时发生韧性断裂，在快速拉伸时转变为脆性断裂。航空史上，韧性良好的有机玻璃座舱盖在飞行中遭遇意外高速冲击载荷作用时，也会发生脆性断裂。

如果在不同温度下和不同应变速率下测定一种高分子的拉伸应力-应变曲线，将各曲线的断裂点连接起来，可得到如图 9-42 所示的断裂包络线。

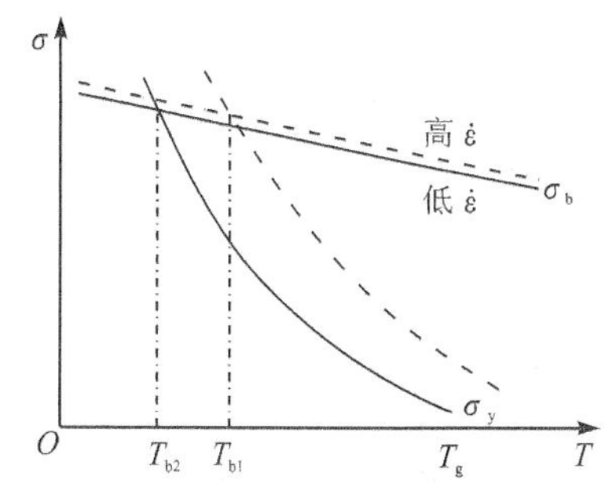

图 9-41　应变速率对断裂强度、屈服强度和脆化温度的影响

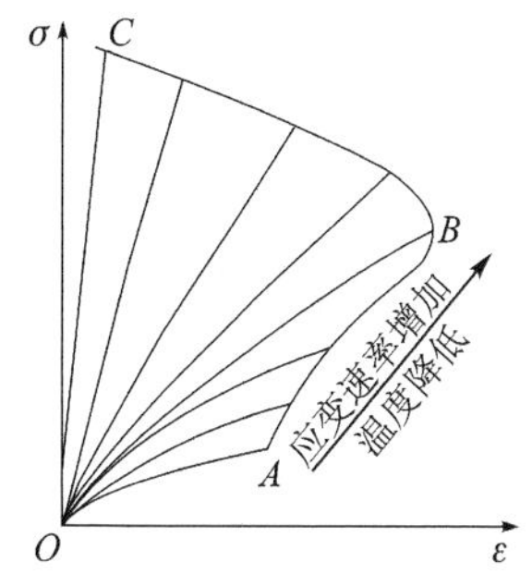

图 9-42　高分子断裂点包络线

3. 流体静压力

一般而言,随着流体静压力的增加,高分子材料的模量提高,韧性下降。但是,当流体静压力增加到某一临界值以上时,高分子反而由脆性转变为韧性。

9.5 高分子其他断裂模式概述

到目前为止,只讨论了高分子的拉伸和冲击断裂。但是,从高分子制品使用的角度来看,因设计时已保证制品在使用条件下所受的应力水平远低于材料在该条件下的强度,所以除非制品中存在意料不到的危险缺陷,或制件在使用中遭遇非正常大应力作用,一般在使用载荷作用下不会发生断裂。相反,疲劳断裂、蠕变断裂、环境应力开裂和磨损磨耗等断裂模式却是高分子制品失效中更常见的断裂模式。下面对这些断裂模式作一简单介绍。

9.5.1 疲劳断裂

材料在应力水平低于其断裂强度的交变应力作用下,经多次循环而发生的断裂称为疲劳断裂。材料的疲劳过程是材料内微观局部损伤的扩展过程。使材料发生疲劳断裂所需经受的应力循环次数称为材料的疲劳寿命,一般用 N_f 表示。材料所受的应力水平越低,则疲劳寿命越长。当应力水平低于某个临界值时,材料不可能出现疲劳断裂,这个临界值称为疲劳极限。材料的疲劳特征通常用材料的疲劳寿命与所受应力水平之间的关系曲线(见图9-43)表征,这种曲线称为 $S-N$(应力水平 S-循环次数 N)曲线。

材料的疲劳过程包括疲劳裂纹的引发、慢速扩展和快速扩展三个阶段。假设在一定的疲劳条件(包括应力水平、最大与最小应力之比、应力波形、温度、作用频率、应力集中系数等)下,材料中引发疲劳裂纹所需经受的应力循环次数为 N_i,裂纹扩展直至材料发生宏观断裂所需经受的应力循环次数为 N_p,则

$$N_f = N_i + N_p \tag{9-19}$$

N_i 和 N_p 在整个疲劳寿命 N_f 中所占的比例与材料内包含的缺陷状况和疲劳条件有关。对于一根带锐缺口的试样,$N_f \approx N_p$;对于经精心处理因而缺陷数目少、缺陷小的纤维试样,$N_f \approx N_i$。

脆性高分子的拉伸疲劳断口与静拉伸断口十分相似,也有镜面区、雾状区和粗糙区之分。差别在于疲劳断口的镜面区内有许多以断裂源为中心的同心圆弧状疲劳条带(见图9-44)。离断裂源越远,条带间距越宽。在失效分析中,疲劳条带是判断制件是否以疲劳方式失效最重要的形貌特征。

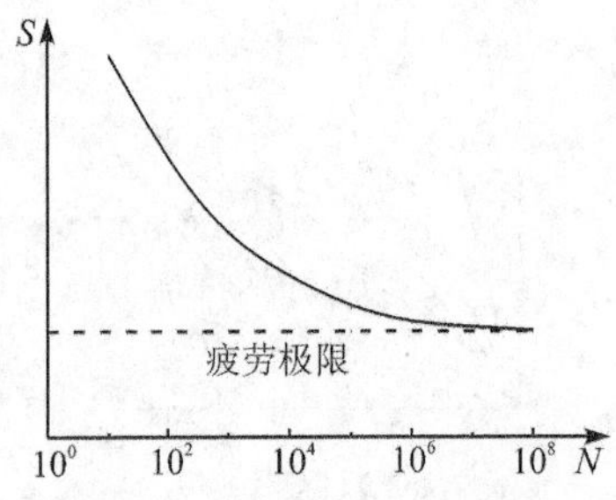

图9-43 典型的 $S-N$ 疲劳曲线

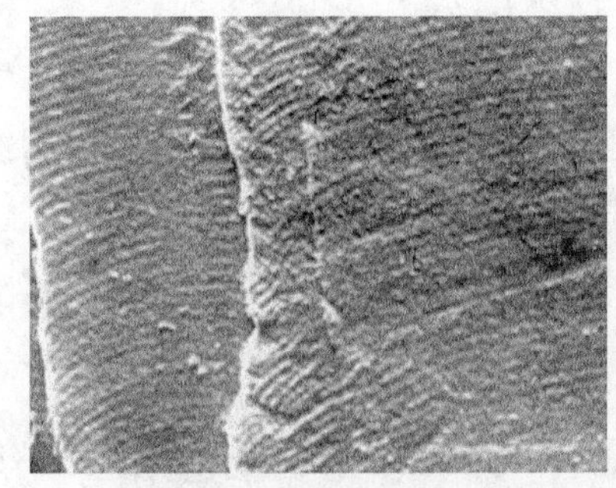

图9-44 有机玻璃疲劳断口上镜面区内的疲劳条带

根据产生一根疲劳条带所需的应力循环次数，高分子的疲劳裂纹扩展方式包括两类：一类是连续型疲劳裂纹扩展，作用应力每循环一次，疲劳裂纹就向前扩展一个微小的量，在断面上留下一根疲劳条带；另一类是非连续型疲劳裂纹扩展，裂纹要在作用应力多次循环后才向前跃迁一个量，在断面上留下一根疲劳条带。后一种裂纹扩展中，疲劳条带数远小于应力循环的次数。

橡胶拉伸疲劳断口的最大特点是断裂源周围十分粗糙，如图 9-45 所示，粗糙区面积较大，有时其半径或直径几乎接近于试样厚度。粗糙区是疲劳裂纹慢速扩展中高弹形变的高分子链束相继断裂并回缩后造成的。在大多数橡胶疲劳断口的粗糙区内，看不到疲劳条带。但在某些橡胶疲劳断口上对应于裂纹扩展速率较快的光滑区内，也能观察到典型的疲劳条带(见图 9-46)。

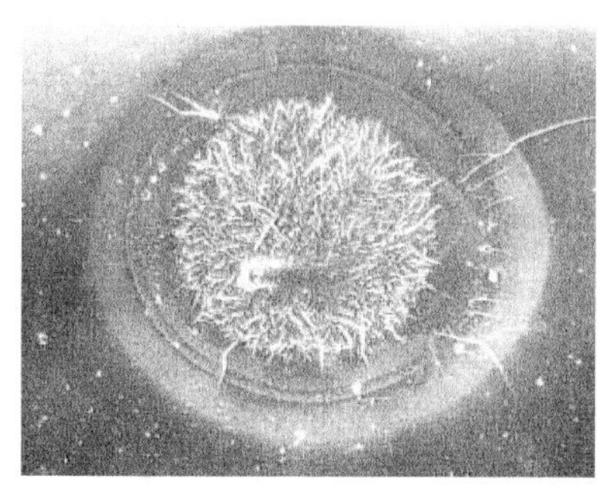

图 9-45　硅橡胶拉伸疲劳断口疲劳源周围的粗糙区

图 9-46　硅橡胶拉伸断口上的疲劳条带

9.5.2　蠕变断裂

材料在低于其断裂强度的恒定应力作用下，应变随时间逐渐增加，最后发生宏观断裂的现象称为蠕变断裂，也叫作静态疲劳。在一定温度下，高分子从受到恒定应力作用的时刻起直至断裂所需的时间 t_f 称为蠕变断裂时间，它与所受应力 σ 的关系一般符合以下规律：

$$t_f = A e^{-B\sigma} \tag{9-20}$$

或

$$\ln t_f = \ln A - B\sigma \tag{9-21}$$

式中：A 和 B 在一定的应力范围内是常数。图 9-47 给出了聚乙烯在双轴拉伸条件下的蠕变断裂时间与应力的关系曲线。

高分子的蠕变断裂有以下特点：

① 材料在高应力水平下发生的蠕变断裂往往是韧性断裂，断裂应变大；而在低应力水平下发生的蠕变断裂往往是脆性断裂，断裂应变小。在一定的应力范围内，蠕变断裂发生韧—脆转变，图 9-47 中曲线的折点就是韧—脆转变点。

② 在韧性蠕变断裂过程中，材料会出现“发白”现象。“发白”的原因是材料内部出现了许多空穴。

③ 在聚苯乙烯和有机玻璃之类脆性材料的

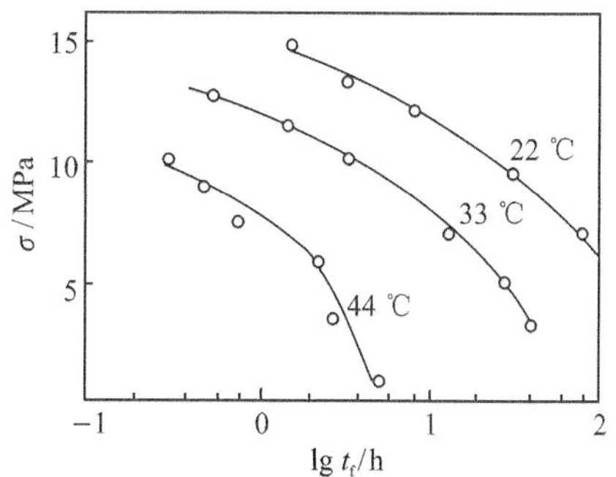

图 9-47　聚乙烯在双轴拉伸条件下的蠕变断裂时间与应力和温度的关系

蠕变断裂过程中,材料内必定产生许多应力银纹。应力水平越高,银纹密度越高。制件在长期使用中出现“发白”或应力银纹是将发生蠕变断裂的征兆。

9.5.3 环境应力开裂

环境应力开裂是指材料在使用中因介质(腐蚀性介质、溶剂或某种气氛)和应力的共同作用而产生许多小裂纹甚至发生断裂的现象。这类断裂模式的特点如下:

① 裂纹始于材料表面,裂纹面与拉伸应力方向垂直。

② 使材料产生环境应力开裂的应力水平比该种材料的断裂强度低得多,甚至在材料不受外力作用的情况下,其内部存在的残余应力也可能使它在一定的环境中发生开裂。

③ 各种材料在一定的环境中,有一个产生环境应力开裂所需的最低应力值,称为临界应力。当材料所受的应力水平低于该临界值时,不发生环境应力开裂。

④ 材料在环境应力开裂中产生的许多小裂纹,大多因邻近裂纹的相互抑制作用不易扩展,只有少数裂纹可能互相贯穿,引起材料断裂。

表征材料抗环境应力开裂的指标是该材料的标准条状试样在单轴拉伸和接触某种介质的条件下直至断裂所需的时间。

引起高分子材料发生环境应力开裂的介质包括有机溶剂、水、某些表面活性剂和臭氧等。有机溶剂容易促进塑料(特别是非晶态塑料)的环境应力开裂。例如,有机玻璃在苯、丙酮、乙酸乙酯和石油醚中,聚碳酸酯在四氯化碳中。水和表面活性剂容易引起聚乙烯发生环境应力开裂。臭氧容易使不饱和碳链高分子(尤其是不饱和碳链橡胶)发生环境应力开裂。例如天然橡胶只要在微量臭氧和5%应变的条件下就能开裂。

介质对高分子的作用是促进高分子降解或对高分子产生溶剂化作用,从而降低局部材料的屈服强度或断裂强度,促使材料产生银纹或裂纹。高分子材料所受的应力水平越高,因环境应力开裂而断裂所需的时间越短。表面上看,环境应力开裂的速率是受应力水平控制的,其实,介质向材料内的扩散速率是更重要的控制因素。应力水平提高时,除了应力对裂纹扩展有直接加速作用之外,更重要的是促进了介质向材料内的扩散速率,从而加快应力开裂速率。

9.5.4 磨损磨耗

有些高分子制件是在摩擦条件下使用的,例如橡胶轮胎和塑料传动零件(齿轮、齿条、轴承等)。制件受摩擦时,表面材料以小颗粒的形式断裂下来,叫作磨损磨耗。很难说磨损磨耗的机理纯属材料断裂,因为制件在摩擦中产生的热量能使材料升温,温度过高时,会引起材料的局部熔化、降解和氧化等。不过,制件在摩擦中表面材料以碎屑形式掉落下来,意味着断裂是磨损磨耗的主要机理。

习　题

(带★号者为作业题;带※者为讨论题;其他为思考题)

1. 定义下列术语:

(1) 工程应力与真应力;(2) 起始模量、屈服强度与断裂强度;(3) 冷拉;(4) 银纹与裂纹;

(5) 断裂韧性。

★2. 画出天然橡胶、无规立构聚苯乙烯、聚碳酸酯和全同立构聚丙烯(部分结晶)在室温和中等拉伸速率下的应力-应变曲线示意图。拉伸速率提高时,曲线如何变化?

★3. 已知聚甲基丙烯酸甲酯的应力松弛模量 $E(t)-T$ 曲线如图 9-48 所示,画出图中在▲指示状态下的应力-应变曲线(其他测试条件同)。

4. 如何从工程应力-应变曲线求材料的模量、屈服强度和断裂强度?应力-应变曲线与横坐标所包围面积的物理意义是什么?

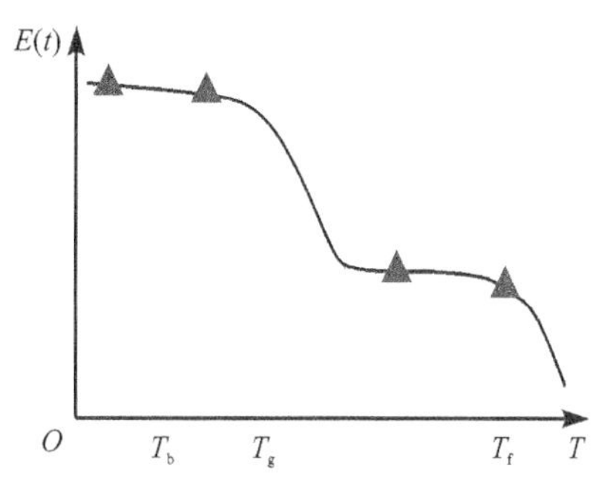

图 9-48　习题 3 用图

5. 如何从真应力-应变曲线上求屈服点?

6. 非晶态高分子和部分结晶高分子分别在什么温度范围内可以进行冷拉?它们的冷拉本质有何差别?

7. 为什么高分子玻璃比小分子玻璃韧性好?为什么双轴拉伸定向有机玻璃的韧性又比普通有机玻璃的好?

※8. 已知 3 种高分子的 T_g 如表 9-6 所列。若把它们分别冷却到各自的 T_g 以下 30 ℃时,比较它们的脆性大小,说明理由。

表 9-6　习题 8 用表

高分子	T_g/℃
聚碳酸酯(PC)	150
有机玻璃(PMMA)	105
顺丁橡胶(PBD)	−70

9. 银纹和裂纹有什么差别?银纹与裂纹又有什么联系?高分子材料中出现银纹是否总是有害的?

10. 如何区分材料的脆性断裂与韧性断裂?

※11. 有机玻璃脆性断裂时,断面形貌上有哪些特征区域?各特征区的大小与温度和加载速率的关系如何?

12. 断裂过程分哪几个主要阶段?高分子断裂的微观机理是什么?

13. 为什么高分子的实际强度比理论强度小得多?

14. 为什么玻璃纤维的强度比块状玻璃的高得多?为什么玻璃纤维或碳纤维的强度随纤维直径的减小而增大?

15. Griffith 脆性强度理论的两个基本假设是什么?写出该理论得到的材料断裂强度表达式。

★16. 测得一种高分子材料的断裂强度与半裂纹长度之间的关系如图 9-49 所示。计算该材料的 K_{1c}。

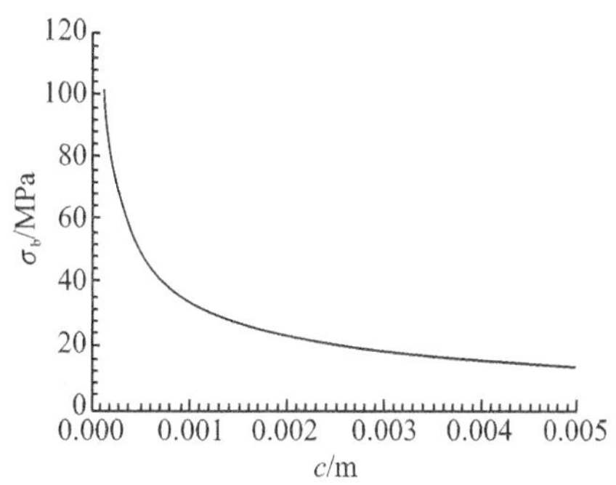

图 9-49　习题 16 用图

★17. 一种有机玻璃板材在室温下裂纹开始慢速扩展的 $K_{1c}=0.9\times10^3\ N/m^{3/2}$,开始快速扩展的 $K_{1c}=1.8\times10^3\ N/m^{3/2}$。该种有机玻璃在某种应用中所受到的最大应力为 10^5 Pa。计算这种板材不发生慢速断裂和快速断裂所允许的最大裂纹长度。

※18. 为什么在材料力学性能测试标准中要严格规定试样的形状、尺寸、试验温度、试验速率和试样预处理条件?

※19. 试述分子量、结晶(要考虑结晶形态、结晶度和球晶大小)、取向、交联等结构因素以及应变速率和温度对高分子应力-应变行为的影响。

※20. 如果飞机上的有机玻璃座舱盖在飞行中发生破裂,判断它是否属于疲劳失效最重要的依据是什么?

扩展资源

附 9.1　扫描二维码了解本章慕课资源

慕课明细

视频名文件(mp4 格式)	视频时长(分:秒)
(1) 高分子应力应变曲线与影响因素	8:46
(2) 屈服与冷拉	8:44
(3) 断裂与强度	10:56
(4) 断裂的 Griffith 理论与分子理论	7:09
(5) 影响高分子刚度、强度与韧性的因素	8:53

附 9.2　扫描二维码观看本章动画

动画目录:

(1) 材料的基本形变模式:单向拉伸动画示意图;

(2) 材料的基本形变模式:悬臂梁动画示意图;

(3) 材料的基本形变模式:简支梁动画示意图;

(4) 材料的基本形变模式:剪切动画示意图;

(5) 材料的基本形变模式:杆的扭转动画示意图;

(6) 材料的基本形变模式:静压缩动画示意图;

(7) 裂纹通过银纹扩展动画示意图;

(8) 冲击试验动画示意图。

附 9.3　韧性水凝胶简介

水凝胶通常被认为是软而脆的一类高分子,但是近些年来通过化学结构的设计,水凝胶可以变得和弹性体一样具有高韧性。

扫描二维码了解韧性水凝胶的研究进展。

附 9.4　形状记忆高分子概述

形状记忆高分子可以在外界条件刺激下改变形状,在航空航天、生物医疗、软机器人方面展现了广阔的潜在应用前景。

扫描二维码了解形状记忆高分子的概念和相关进展。

高分子应力应变曲线与影响因素

屈服与冷拉

断裂与强度

断裂的 Griffith 理论与分子理论

影响高分子刚度、强度与韧性的因素

材料的基本形变模式：单向拉伸动画示意图

材料的基本形变模式：悬臂梁动画示意图

材料的基本形变模式：简支梁动画示意图

材料的基本形变模式：剪切动画示意图

材料的基本形变模式：杆的扭转动画示意图

材料的基本形变模式：静压缩动画示意图

裂纹通过银纹扩展动画示意图

冲击试验动画示意图

韧性水凝胶简介

形状记忆高分子概述

第10章　高分子的电学和光学性质

电学和光学性质是功能材料的重要性质。电学性质是指材料对外电场的响应，如介电性和导电性。传统的高分子主要用作绝缘材料和电容器的介质材料。但近40年来发现，通过各种途径可使不同高分子的电导率跨越20个数量级以上，即从绝缘体直至导体，甚至超导体。

光是一种电磁波。材料的光学性质是光波与材料中原子、离子或电子之间相互作用的结果。

本章简要介绍高分子的介电性和导电性以及高分子的透明性和折射率。

10.1　介电性

物质的介电性包括介电系数、介电损耗和介电击穿等。介电性的本质是物质在外场(电场、力、温度等)作用下的极化。

10.1.1　介电极化和介电系数

极化是指电介质在外电场作用下分子内电荷分布发生的变化。极化机理包括电子极化、原子(离子)极化和取向极化，其中，电子极化是指在外电场作用下电介质中原子内价电子云与原子核的相对位移；原子极化是指在外电场作用下电介质中原子核之间的相对位移。这两类极化又称为变形极化或诱导极化，由此引起的偶极矩称为诱导偶极矩 μ_1，其大小与电场强度 E 成正比：$\mu_1=\alpha_d E$，其中比例系数 α_d 称为变形极化率，它等于电子极化率 α_e 和原子极化率 α_a 之和，即 $\alpha_d=\alpha_e+\alpha_a$。$\alpha_e$ 和 α_a 都不随温度变化，仅取决于分子中电子云的分布情况。

当具有永久偶极矩的分子置于外电场中时，除发生诱导极化外还会发生取向极化，即偶极子沿电场方向择优排列。但分子的热运动总是要破坏这种有序排列，因此取向极化的程度不仅与外电场强度有关，还与温度有关。两者共同作用的结果是：在不很强的静电场中由取向极化产生的偶极矩 μ_2 与热力学温度 T (K)成反比，与电场强度 E 成正比，与极性分子的永久偶极矩 μ_0 的平方成正比。

非极性分子在外电场作用下只产生诱导偶极矩，而极性分子在外电场作用下所产生的偶极矩是诱导偶极矩与取向偶极矩之和，即

$$\mu=\mu_1+\mu_2=\alpha E \tag{10-1}$$

所以，极性分子的极化率 α 等于电子极化率、原子极化率和取向极化率之和，即

$$\alpha=\alpha_e+\alpha_a+\alpha_0=\alpha_e+\alpha_a+\frac{\mu_0^2}{3kT} \tag{10-2}$$

极性基团在高分子链中的位置有如图10-1所示的几种情况：

① 极性基团在主链上，如聚二甲基硅氧烷主链上的偶极子Si—O；

② 极性侧基直接连接在非极性主链上，如聚氯乙烯中的—Cl，此时，偶极子C—Cl的取向运动与主链运动密切相关；

③ 极性基团柔性连接在非极性主链上，如聚甲基丙烯酸甲酯中侧酯基的偶极子 C—$OOCH_3$，其运动与主链的相关性较小；

④ 非极性主链上带有极性链端，如聚乙烯因氧化而在链末端产生的羧基，链端偶极子的运动相对于主链比较自由。

高分子的偶极矩是整个分子链中所有偶极矩的矢量和。对于柔性高分子，整个分子链的偶极矩必须以统计平均值如均方偶极矩 $\overline{\mu^2}$ 表示。在外电场作用下，极性高分子内偶极子沿外场方向的取向如图 10－2 所示。其取向极化率 α_0 为

$$\alpha_0 = \frac{\overline{\mu^2}}{3kT} \tag{10-3}$$

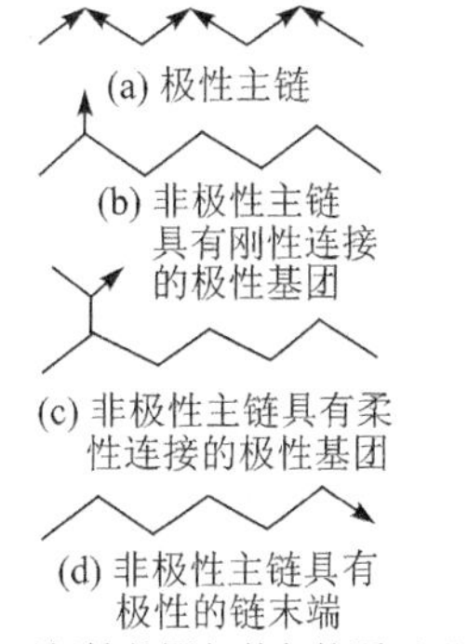

图 10－1　极性基团在高分子链上的位置

(a) 未取向　　(b) 取 向

图 10－2　外电场作用下柔性高分子链偶极子的取向

以上讨论的是单个分子产生的偶极矩。如果单位体积体内有 N 个分子，每个分子产生的平均偶极矩为 $\bar{\mu}$，则单位体积内的偶极矩称为介质的极化度 P，即

$$P = N\bar{\mu} = N\alpha E \tag{10-4}$$

除了上述 3 种极化之外，还有一种产生于非均相介质界面处的界面极化。由于界面两边的组分具有不同的极性或电导率，在电场作用下将引起电荷在两相界面处聚集而产生极化。一般非均质高分子材料如共混高分子、泡沫高分子及填充高分子等都会产生界面极化；即使是均质高分子，也会因含有杂质或缺陷而产生界面，在这些界面上同样能产生极化。

如果在平行板电容器中加上静电场 E，介质电容器的表面电荷密度 D 与介质的介电系数 ε 之间的关系为：$D=\varepsilon E$；而真空电容器的表面电荷密度 D_0 与真空介电系数 ε_0（$\varepsilon_0=8.85\times10^{-12}$ F/m）的关系为：$D_0=\varepsilon_0 E$。定义 D 与 D_0 之比，即电介质的介电系数与真空介电系数之比为相对介电系数 ε_s（下角标 s 表示静电场），表达式为

$$\varepsilon_s = \frac{D}{D_0} = \frac{\varepsilon E}{\varepsilon_0 E} = \frac{\varepsilon}{\varepsilon_0} \tag{10-5}$$

电介质的介电系数与真空介电系数之比的差别源自介质的极化度：

$$D = D_0 + P \tag{10-6}$$

电介质的极化度又取决于分子极化率 α。

著名的克劳修斯-摩索蒂（Clausius－Mosotti）方程建立了电介质的摩尔极化度与相对介电系数和极化率之间的关系，如下：

$$P_m = \frac{\varepsilon_s - 1}{\varepsilon_s + 2} \cdot \frac{M}{\rho} = \frac{N_A \alpha}{3\varepsilon_0} = \frac{N_A \alpha_d}{3\varepsilon_0} + \frac{N_A \mu_0^2}{9\varepsilon_0 kT} \tag{10-7}$$

式中:P_m 为摩尔极化度;M 为分子量;ρ 为密度;μ_0 为分子的永久偶极矩;N_A 为阿伏伽德罗常数;T 为热力学温度,K。

对于高分子,需用均方偶极矩 $\overline{\mu^2}$ 代替 μ_0^2,式(10-7)改写为

$$P_m=\frac{\varepsilon_s-1}{\varepsilon_s+2}\cdot\frac{M}{\rho}=\frac{N_A\alpha_d}{3\varepsilon_0}+\frac{N_A\overline{\mu^2}}{9\varepsilon_0 kT} \tag{10-8}$$

10.1.2 介电松弛和介电松弛谱

分子的极化过程是松弛过程。电子极化、原子极化和取向极化的松弛时间 τ_e、τ_a 和 τ_0 分别为 $10^{-15}\sim10^{-13}$ s、$>10^{-13}$ s 和 $>10^{-9}$ s,界面极化的松弛时间大于 10^{-1} s。

如果在一个介质电容器上施加交变电场:$E^*=E_0e^{i\omega t}$,其中,E_0 表示交变电场强度的振幅,ω 表示交变电场频率,则当某一重极化单元的极化落后于电场变化时,电容器表面电荷密度的变化也将落后于电场变化一个相位角 δ,即 $D^*=D_0e^{i(\omega t-\delta)}$,这时电介质的介电系数具有复数形式:

$$\varepsilon^*=\frac{D^*}{E^*}=\frac{D_0}{E_0}e^{-i\delta}=|\varepsilon^*|(\cos\delta-i\sin\delta)=\varepsilon'-i\varepsilon'' \tag{10-9}$$

式中:ε'为介电系数的实部,它表征电介质在每一周期内储存的最大电能;ε''为介电系数的虚部,表征电介质在每一周期内以热的形式消耗的电能。它们的关系为

$$\tan\delta=\frac{\varepsilon''}{\varepsilon'} \tag{10-10}$$

$\tan\delta$ 称为介电损耗角正切。对于理想电容器,$\tan\delta=0$,即在交变电场作用下没有能量损耗;对于介质电容器,在交变电场中因偶极子的取向需克服分子间的摩擦力而消耗部分电能,故 $\tan\delta\neq0$。

实际上,引起介电损耗还有一个原因,那就是介质中所含的微量导电载流子在电场作用下流动时,也需克服一定的摩擦力,消耗一部分能量,这种损耗称为电导损耗。对于非极性电介质,电导损耗为主;对于极性电介质,取向极化的损耗为主。本小节讨论的 $\tan\delta$ 不包括电导损耗在内。

德拜(Debye)以只有一个松弛时间的简单模型得到在交变电场作用下,低分子电介质的 ε^* 与频率 ω 和取向极化松弛时间 τ 的关系,即

$$\varepsilon^*=\varepsilon_\infty+\frac{\varepsilon_s-\varepsilon_\infty}{1+i\omega\tau} \tag{10-11}$$

式中:ε_s 为静电场(即 $\omega=0$)中的相对介电系数;ε_∞ 为 $\omega\to\infty$的交变电场中的相对介电系数。

式(10-11)称为德拜方程,对应的松弛称为德拜松弛。分解式(10-11),可得

$$\varepsilon'=\varepsilon_\infty+\frac{\varepsilon_s-\varepsilon_\infty}{1+\omega^2\tau^2},\quad \varepsilon''=\frac{(\varepsilon_s-\varepsilon_\infty)\omega\tau}{1+\omega^2\tau^2},\quad \tan\delta=\frac{(\varepsilon_s-\varepsilon_\infty)\omega\tau}{\varepsilon_s+\omega^2\tau^2\varepsilon_\infty} \tag{10-12}$$

式(10-12)表明,当 $\omega\to0$ 时,$\varepsilon'=\varepsilon_s$,$\varepsilon''\to0$,$\tan\delta\to0$,因为所有的极化都能完全跟上电场的变化,所以储能介电系数达到最大,而极化中以热的形式消耗的电能很少;当 $\omega\to\infty$时,$\varepsilon'=\varepsilon_\infty$,$\varepsilon''\to0$,$\tan\delta\to0$,因为取向极化完全不能进行,而变形极化率很低,所以对储能介电系数的贡献很小,且极化瞬间完成,消耗能量也很小。在上述两个极限范围内,偶极子的取向极化随频率的升高而下降,当 $\omega\tau=1$ 或 $\omega=1/\tau$ 时,ε'随频率的增加而下降到$(\varepsilon_s+\varepsilon_\infty)/2$,$\varepsilon''$达到极大,其值为$(\varepsilon_s-\varepsilon_\infty)/2$;当 $\omega\tau=\sqrt{\varepsilon_s/\varepsilon_\infty}$时,$\tan\delta$ 达到极大,其值为$\frac{\varepsilon_s-\varepsilon_\infty}{2}\sqrt{\frac{1}{\varepsilon_0\varepsilon_\infty}}$。

ε'、ε''和 $\tan\delta$ 随频率的变化称为动态介电频率谱。图 10－3 所示为德拜松弛中的 ε'和 ε''频率谱，图中 ε'值明显跌落和 ε''峰对应的频率范围称为色散区。对于德拜松弛，从式(10－12)还可以得到

$$\left(\varepsilon' - \frac{\varepsilon_s + \varepsilon_\infty}{2}\right)^2 + \varepsilon''^2 = \left(\frac{\varepsilon_s - \varepsilon_\infty}{2}\right)^2 \quad (10-13)$$

该式是一个圆方程。以 ε'' 对 ε' 作图，可得到圆心在 $\left(\frac{\varepsilon_s+\varepsilon_\infty}{2}, 0\right)$、半径为 $\frac{\varepsilon_s-\varepsilon_\infty}{2}$ 的半圆，如图 10－4 所示，该图称为德拜松弛的 Cole－Cole 图。

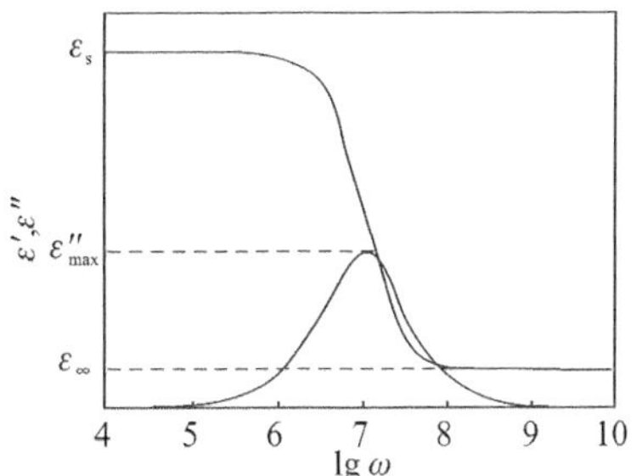

图 10－3　德拜松弛频率谱

当交变电场频率固定时，ε'、ε''和 $\tan\delta$ 随温度的变化称为动态介电性能温度谱。低分子电介质的典型温度谱如图 10－5 所示。当温度较低时，ε'随温度的升高而增大；当温度较高时，ε'又随温度的升高而减小。这是因为升温对取向极化有双重作用：一方面，升温会缩短取向极化松弛时间，有利于取向极化跟上电场强度的变化，使 ε'增大；另一方面，升温又总是促使分子趋于无序化，使 ε'减小。在温度较低时，前者起主导作用；在温度较高时，后者起主导作用。相应地，在 ε'随温度急剧变化的温度范围内，出现 ε''峰。

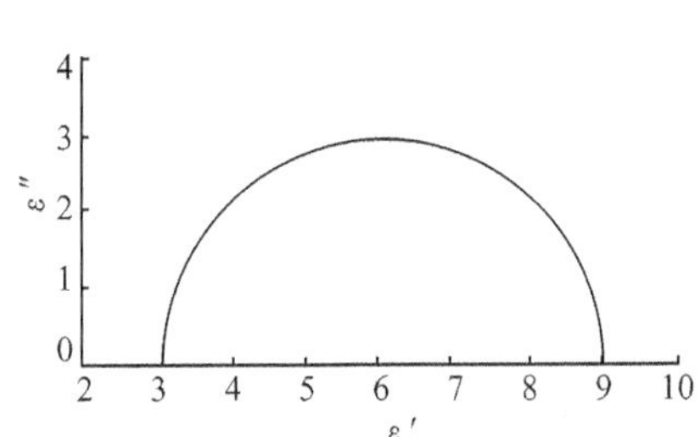

图 10－4　德拜松弛的 Cole－Cole 图

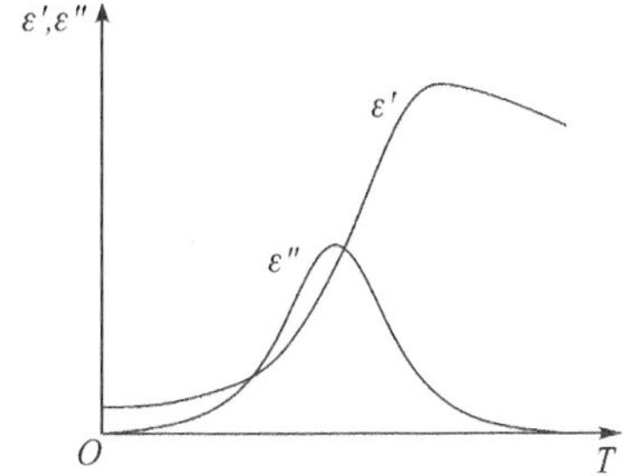

图 10－5　低分子电介质的典型温度谱

对于高分子，如果高分子链上带有尺寸和位置都不同的多重偶极子，则各重偶极子取向极化的松弛时间也是不同的。在一定温度下，各重偶极子能实现取向极化的频率范围不同；在一定频率下，各重偶极子能实现取向极化的温度范围不同；在一定的频率和温度下，各重偶极子能实现取向极化的时间不同。在宽的频率或温度或时间范围内测定高分子的动态介电性能，称为动态介电分析（Dynamic Dielectric Analysis，DDA）。从 DDA 频率谱上，可获得各重极化单元的特征频率，如 ω_α、ω_β、ω_γ、ω_δ 等；从 DDA 温度谱上，可获得各重极化单元的特征温度，如 T_g、T_β、T_γ、T_δ 等。所有这些特征参数都与高分子的结构及分子运动密切相关，所以像 DMA 一样，DDA 也是研究高分子结构和分子运动的重要手段之一。

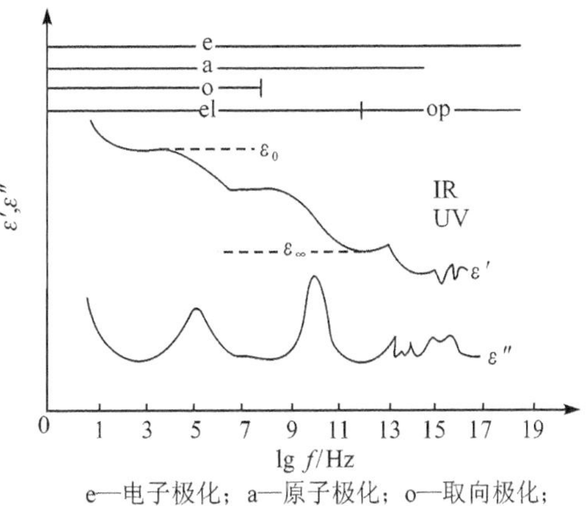

e—电子极化；a—原子极化；o—取向极化；
el—电频区；op—光频区；
IR—红外区；UV—紫外区

图 10－6　高分子的典型 DDA 频率谱

图 10－6 所示为高分子的典型 DDA 频率谱。其中，把电频区内各重偶极子都能实现取向极化时的相对介电系数定义为 ε_s（不

包括更低频范围内可能实现的界面极化在内),把电频区内的最低相对介电系数定义为 ε_∞。当电场频率更高时,进入光辐射区,只能实现原子极化和/或电子极化。

与 DMA 松弛谱对频率和温度的依赖性一样,DDA 温度谱随实验频率的提高向高温方向移动(见图 10-7),DDA 频率谱随实验温度的升高向高频方向移动。在不同温度下测定某一重运动单元特征频率的变化,也可以通过作 $\lg f_{max}-1/T$ 图,从斜率得到该重运动单元的活化能。表 10-1 给出了几种高分子从 DDA 得到的主转变(α 转变)与次级转变(β 转变)的活化能 ΔE_α 和 ΔE_β。

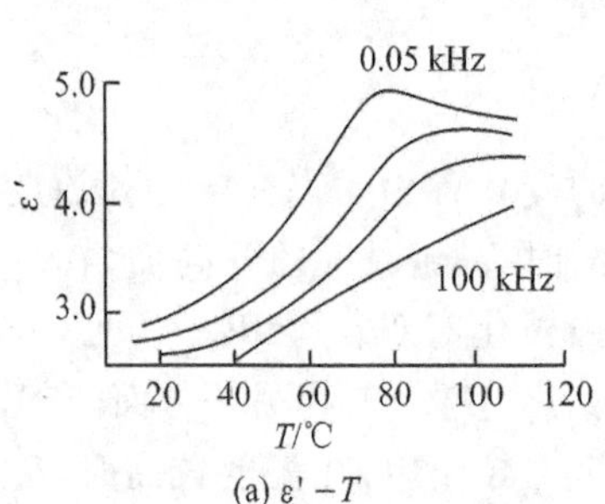

(a) ε' − T

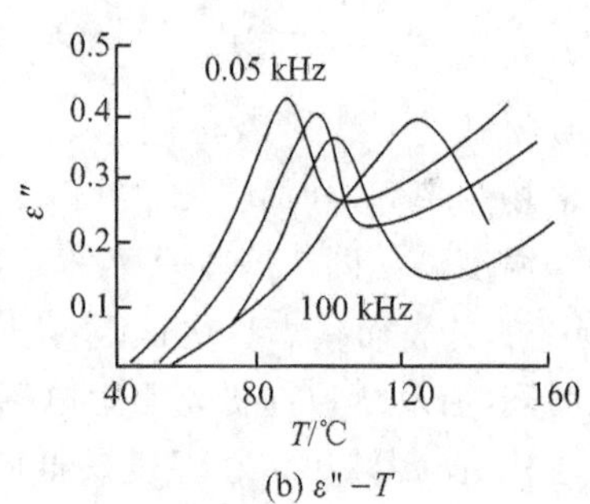

(b) ε'' − T

图 10-7　聚乙烯醇缩丁醛的 $\varepsilon'-T$ 和 $\varepsilon''-T$ 随频率的变化

表 10-1　几种高分子的 ΔE_α 和 ΔE_β

高分子	$\Delta E_\alpha/(\mathrm{J\cdot mol^{-1}})$	$\Delta E_\beta/(\mathrm{J\cdot mol^{-1}})$
聚丙烯酸甲酯	238	63
聚甲基丙烯酸甲酯	460	84
聚氯代丙烯酸甲酯	544	109
聚乙酸乙烯酯	272	42
聚氯乙烯	423	63

由于 DMA 和 DDA 松弛谱都能反映多重分子运动单元的运动,因此同一高分子的 DMA 温度谱或频率谱分别与 DDA 温度谱或频率谱基本对应。但是,DMA 和 DDA 这两种实验方法之间也存在一定差别:

① 每一种 DMA 实验的频率范围都比较有限,而 DDA 实验很容易在非常宽的频率范围($10^{-4}\sim10^{14}$ Hz)内进行。

② DMA 实验对非极性高分子和极性高分子均适用,而 DDA 实验对非极性高分子不敏感,因为缺乏偶极子取向极化对介电系数和介电损耗的贡献,而变形极化对电频区内的介电系数和介电损耗贡献极小,且不随频率和温度变化。

③ 由于电场和力场对运动单元的作用不同,所得松弛谱的特征温度、特征频率或峰的相对强度等都会有一定程度的差别。

图 10-8 对比了低密度聚乙烯(LDPE)、高密度聚乙烯(HDPE)和线性聚乙烯(LPE)的 DMA 温度谱($\Lambda-T$)和 DDA 温度谱($\tan\delta-T$)。由图可见,对于同种高分子,力学内耗峰和介电损耗峰对应的温度及峰的相对强度不尽相同。

针对高分子介电松弛时间分布宽的特点,Cole 在德拜方程中引入了一个表征松弛时间分

布的参数 $\beta(0<\beta\leqslant 1)$，即

$$\varepsilon^{*}=\varepsilon_{\infty}+\frac{\varepsilon_{s}-\varepsilon_{\infty}}{1+(i\omega\tau)^{\beta}} \tag{10-14}$$

当 $\beta<1$ 时，ε''-ε' 曲线不再是半圆而是圆弧，表明介电松弛时间分布宽度增加。介电松弛时间分布越宽，β 越接近于 0，圆弧越扁。所以可以用实测 ε''-ε' 曲线偏离半圆的程度来表征松弛时间分布的宽窄。图 10-9 给出了一种尼龙 610(结晶度 50%)在不同温度下的 Cole-Cole 弧及相应的 β 值。

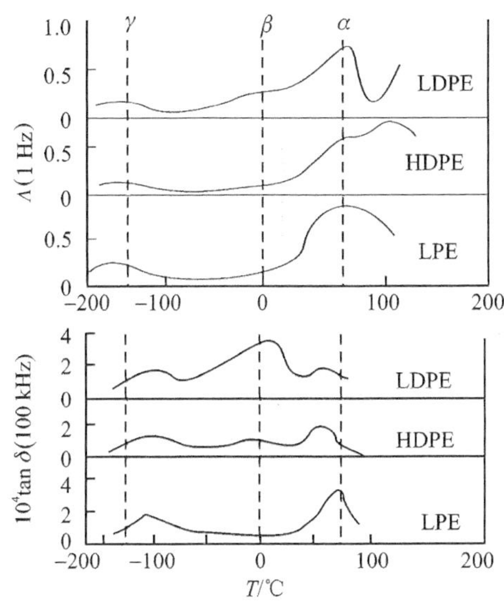

图 10-8　三种聚乙烯的 Λ-T (DMA)谱与 tan δ-T(DDA)谱的比较

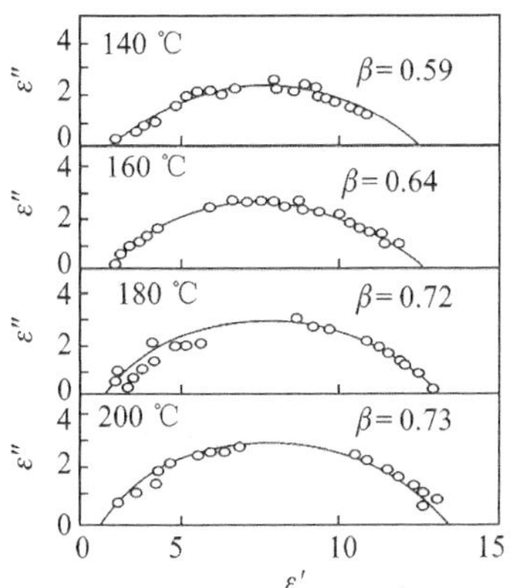

图 10-9　尼龙 610 在不同温度下的 Cole-Cole 弧

10.1.3　影响高分子介电系数和介电损耗的结构因素

1. 分子极性

物质的介电性是分子极化的宏观反映。在三种形式的极化中，偶极子的取向极化对介电性能的影响最大。高分子按单体单元偶极矩的大小可划分为极性和非极性两类。非极性高分子单体单元的偶极矩在 0～0.5 D(德拜，$1\ \text{D}=3.338\times10^{-30}\ \text{C}\cdot\text{m}$)范围内，极性高分子单体单元的偶极矩在 0.5 D 以上。

非极性高分子具有低介电系数(约为 2)和低介电损耗($\tan\delta$ 约为 10^{-4})。极性高分子具有较高的介电系数和介电损耗。极性越大，介电系数和介电损耗越大。表 10-2 列出了一些高分子在室温和 60 Hz 电场作用下的介电系数和介电损耗值。

表 10-2　一些高分子的介电系数和介电损耗(室温，60 Hz)

高分子	ε'	$10^4\cdot\tan\delta$	高分子	ε'	$10^4\cdot\tan\delta$
聚乙烯	2.25～2.35	2	聚碳酸酯	2.97～3.71	9
聚丙烯	2.2	2～3	聚苯醚	2.58	20
聚四氟乙烯	2.0	<2	聚砜	3.14	6～8
四氟乙烯-六氟丙烯共聚物	2.1	<3	聚酰亚胺	3.4	40～150
聚苯乙烯	2.45～3.10	1～3	尼龙 6	3.8	100～400

续表 10-2

高分子	ε'	$10^4 \cdot \tan\delta$	高分子	ε'	$10^4 \cdot \tan\delta$
ABS	2.4～5.0	40～300	尼龙66	4.0	140～600
聚氯乙烯	3.2～3.6	70～200	环氧树脂	3.5～5.0	20～100
聚甲基丙烯酸甲酯	3.3～3.9	400～600			

2. 交联、支化和结晶

交联总是阻碍偶极子取向,因此热固性高分子的介电系数和介电损耗均随交联度的提高而下降。酚醛树脂就是一个典型实例。这种高分子虽然极性很强,但只要固化比较完全,其介电系数和介电损耗就不是很大。

支化一般会削弱分子链之间的相互作用,增加分子链的活动性,使介电系数增大。

结晶会抑制偶极子的取向极化,因此高分子在低于 T_m 的温度下,介电系数和介电损耗都随结晶度的提高而下降。当高分子的结晶度大于70%时,与链段运动相关的取向极化可能完全被抑制,介电系数和介电损耗值都会降到很低。

3. 增塑、杂质、空隙和孔洞

在高分子中加入非极性增塑剂能削弱高分子之间的相互作用,促进偶极子的取向,使介电损耗峰移向低温(频率一定时)或移向高频(温度一定时)。在高分子中加入极性增塑剂,不但会使损耗峰移向低温,而且还会因引入了新的偶极损耗而使介电损耗增加。例如,在聚苯乙烯中加入增塑剂苯甲酯,会使常温下的 $\tan\delta$ 值增加约10倍。

对于非极性高分子,杂质往往是引起介电损耗的主要原因。以聚乙烯为例,尽管分子链上并无极性基团,但从它的介电损耗谱上却能发现存在偶极松弛。研究证明,它们大多是由杂质(如催化剂、抗氧剂等)和氧化产物引起的。图10-10所示为聚乙烯氧化后的 $\tan\delta$ 与羰基含量的关系。如此微量的羰基,即使用光谱分析也难检测得到,却能明显地反映在介电损耗值上。又如用金属有机催化剂合成的低压聚乙烯,当其灰分含量从1.9%降至0.03%时,$\tan\delta$ 从 14×10^{-4} 降至 3×10^{-4}。因此,对介电性能要求特别高的高分子,应具有很高的纯度,并尽量避免在成型加工中引入杂质。

极性高分子的介电性能因吸水而改变是生产中经常遇到的问题。吸水的影响主要包括:在微波频段发生偶极松弛,出现介电损耗峰;在低频段产生离子电导,引起介电损耗;在极低频下发生水-高分子界面极化松弛,出现介电损耗峰(见图10-11)。这就限制了易吸水极性高分子的应用。例如,聚乙酸乙烯酯和聚氯乙烯在干燥状态下的介电性能接近,但由于前者暴露在潮湿空气中时介电损耗明显增大,所以不能像后者那样广泛应用于电气工业。不过,也有一些塑料的介电性能几乎不受潮湿环境的影响。例如聚碳酸酯,即使在水中浸泡数小时后,其介电性能变化仍然很小。聚碳酸酯的介电系数对温度的依赖性也较小。

空隙和孔洞通常具有极低的真空或空气介电系数。含孔材料特别是蜂窝或泡沫结构材料,因其中存在大量空气,相对介电系数 ε' 可接近于1,介电损耗也极低。因此,在要求介电系数和介电损耗很小的器件中,常采用蜂窝或泡沫结构。

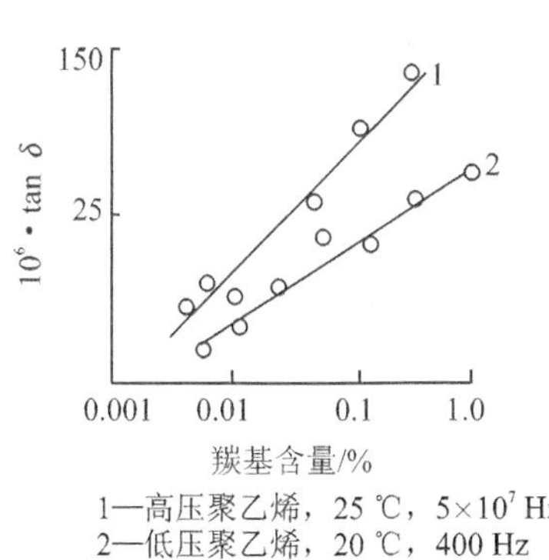

1—高压聚乙烯，25 ℃，5×10^7 Hz；
2—低压聚乙烯，20 ℃，400 Hz

图 10-10　聚乙烯氧化后的 tan δ 与羰基含量的关系

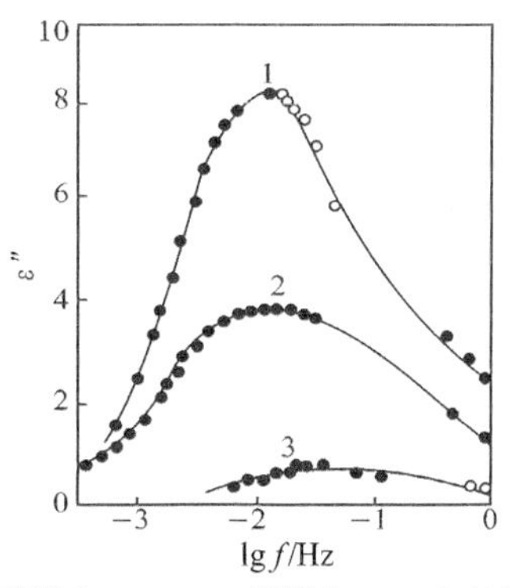

1—0.8%吸附水；2—0.6%吸附水；3—在真空下干燥5天后

图 10-11　酚醛-纤维素层压板中界面极化损耗峰与含水量的关系

10.1.4　驻极体与热释电性

驻极体是具有被冻结的长寿命(相对于观察时间而言)非平衡偶极矩的电介质。按制造方法不同,有热驻极体、光驻极体和赝驻极体之分。

将高分子薄膜置于一对电极中,加热到极化温度 T_p(通常在高分子的 $T_g \sim T_m$ 之间),保持恒温,在电极上施以高压直流电场(几～几十 kV/cm),维持一段时间(数 min～h),以极化薄膜(分子链内被激活的偶极矩沿电场方向取向排列),然后在保持电场的条件下急速冷却电极体系,冻结高分子薄膜中极化电荷的运动,撤去电场,得到热驻极体。光驻极体是以紫外光或可见光等光源代替温度场,按上述相同步骤制得的驻极体。赝驻极体是以高能电离辐射源(如 β 或 γ 射线源)代替温度场,按上述步骤制得的驻极体。

在驻极体制备过程中,除了有薄膜中的偶极取向之外,还有真实电荷(负电子、正空穴和离子型载流子)在沿电场方向运动时,被材料结构内或表面处的陷阱(如界面、缺陷和杂质)所俘获,同时在电极极板上还因感应而产生相应的补偿电荷,如图 10-12 所示。

当将驻极体在无外电场作用下加热时,驻极体内原先被冻结的取向偶极子会解取向(退极化);被俘获在陷阱内的真实电荷会解俘获;电极极板上的感应电荷会释放出来,从而产生电流,称为热释电流(Thermally Stimulated Discharge Current,TSC)。热释电流通常很微弱,需用电流感度达 10^{-12} A 的静电计才能检测得到。在逐渐升温(通常用等速升温)的过程中,高分子链上尺寸由小至大的各重偶极子将依次发生退极化,陷阱载流子解俘获,从而可测得如图 10-13 所示的热释电流-温度谱,简称 TSC 谱。曲线上 α、β 和 γ 峰反映主链链段与局部模式分子运动所贡献的热释电流,ρ 峰归属于陷阱载流子解俘获电流,一般出现在极化温度以上。

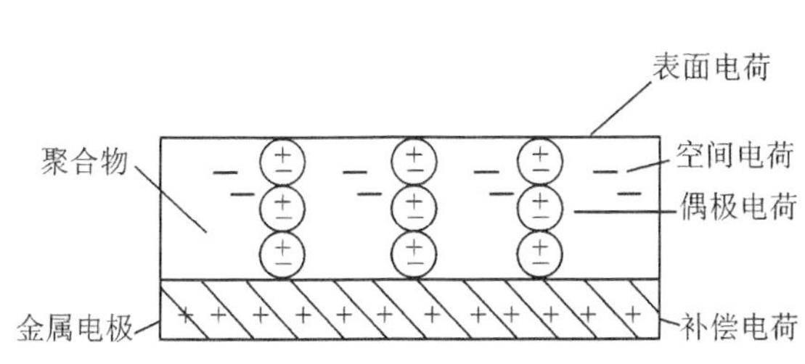

图 10-12　高分子驻极体系内的电荷分布示意图

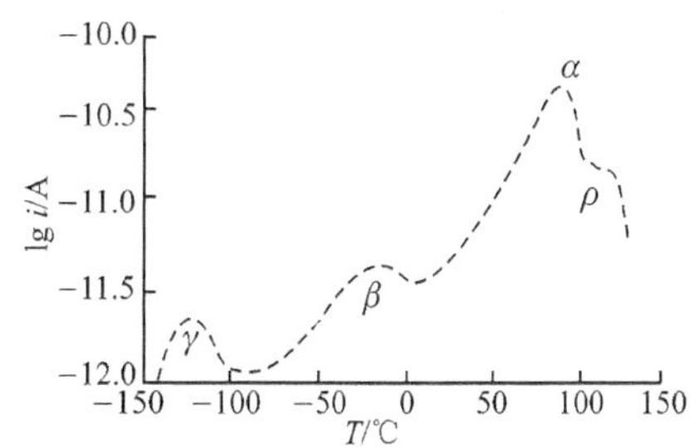

图 10-13　聚丙烯酸酯的 TSC 谱

TSC 技术属于低频(10^{-3}～10^{-5} Hz)测量,测量结果的分辨率很高,是 DDA、DMA 等方法所不能比拟的。而且,TSC 技术不仅能研究高分子的分子运动,还能提供在 DDA、DMA 谱上显示不出来的 ρ 峰。获得 ρ 峰的意义在于:可得到陷阱深度等有关高分子能带结构的重要参量;利用 ρ 峰值对电极材料的敏感性,可鉴别高分子内的主要载流子品种;根据 ρ 峰面积可计算载流子的初始浓度。

热释电材料最重要的应用是热释电传感器和红外成像焦平面。热释电传感器是把热,特别是光辐射产生的热转变为电信号的装置。红外成像系统即“夜视”装置,是利用成行成列的小块热释电单元作为红外摄像机焦平面,每个单元可作为一个像素。各种物体即使在黑暗中也会随其温度变化发射出具有不同强度和波长的红外线,当这些红外线成像在由热释电单元组成的焦平面上时,各分立单元便会按照其被照射强度的不同产生不同强度的电信号,这些电信号经放大和处理后就可在荧光屏上还原出物体的可视图像。

10.1.5 介电击穿

在弱电场中,高分子绝缘体的电流-电压关系服从欧姆定律 $U=I\cdot R$,即电流强度 I 正比于电压 U,比例系数 R 为电阻。但在强电场(10^5～10^6 V/cm)中,电流随电压的增加而急剧上升,当电压升至某一临界值时,高分子中会形成局部电导,以致完全丧失绝缘性能,这种现象称为电击穿。击穿时,材料的化学结构遭到破坏(通常是焦化、烧毁)。导致绝缘材料击穿的电压 U_c 称为击穿电压,它表示一定厚度的试样所能承受的极限电压。在均匀电场中,材料的击穿电压随厚度的增加而提高。因此通常用击穿电压 U_c 与试样厚度 d 之比,即击穿强度 E_c 来表示材料的耐电压指标:$E_c=U_c/d$。击穿强度也称介电强度。

击穿实验是一种破坏性实验。工业上常用非破坏性的耐压实验来代替击穿实验,即在试样上施加额定电压,观察试样经规定时间后是否被击穿,如果试样未被击穿即为合格产品。

击穿强度和耐电压能力是绝缘材料的重要指标,但不是高分子材料的特征物理量,因为这些指标受高分子材料的缺陷、杂质、成型加工的历史、试样几何形状、环境条件、测试条件等因素的影响。这种在一定条件下的测定值,仅适合用来对材料的耐电压性作相对比较。

绝缘体击穿的机理有以下几类:

① 电击穿:在绝缘材料中,难免会有一些载流子存在。在弱电场中,载流子从电场获得的能量大部分消耗在与周围分子的碰撞中。但当电场强度达到某一临界值时,载流子从外部电场获得的能量将远远超过它们与周围碰撞所损失的能量,因此载流子能使被撞击的高分子发生电离,产生新的电子或离子。这些新生的载流子又撞击高分子,产生更多的载流子……如此继续下去,就会发生所谓的“雪崩”现象,导致电流急剧上升,最终达到击穿破坏。

② 电机械击穿:多数绝缘材料在 10^5 V/cm 的场强作用下会产生数 kg/cm^2 的压缩力。如果高分子材料在低于电击穿所需的电场强度下,其厚度会因电应力的机械压缩作用而减小,那么击穿强度主要取决于电机械压缩。

③ 放电击穿:在高分子绝缘体内,往往存在一些孔洞。例如,交联聚乙烯电缆在交联过程中常形成微米级孔洞;广泛应用于中、高档电气设备绝缘的热固性树脂基层压材料一般也含有一定的孔隙率。当这类材料受强电场作用时,孔隙或孔洞内所含的气体会发生放电,最终导致材料被击穿。

无论是在实验室条件下还是在工业使用状态下,每当绝缘材料置于针状或针-板电极体系中并受交变电场作用时,就能观察到如图 10－14 所示的电树。电树起因于针状电极端点放

电，在针端附近的绝缘材料内引发出孔洞，孔洞内的放电又导致孔洞的进一步发展。一旦树状结构贯通两个电极，材料就被击穿。电树形状与场强有关，在低场强下，电树枝细小，如图 10－14(a)所示；在高场强下，产生粗树干，如图 10－14(b)所示。

④ 热击穿：任何绝缘材料，在直流电场中，或多或少总有一些漏电损耗；在交流电场中，还存在介电损耗。另外，高分子又是热的不良导体。在强电场作用下，当高分子绝缘体因散热速率不足以将损耗热及时散发出去时，其温度必然会升高。温度的升高又会进一步增加介质的漏电损耗和介电损耗。如此不断循环，终将导致高分子介质的击穿。显然，热击穿一般都发生在材料内散热最不良的部位。

高分子的击穿是一个很复杂的过程，还存在许多未知因素，因此有关击穿与高分子结构的关系至今还知之甚少。图 10－15 所示为一些线形高分子的击穿强度与温度的依赖关系。一般来说，当温度低于 T_g 时，击穿强度随温度的升高下降较少，击穿机理主要是电击穿；当温度高于 T_g 时，击穿强度随温度的升高迅速下降，因为除电击穿之外，还存在热击穿、电机械击穿等“二次”击穿。

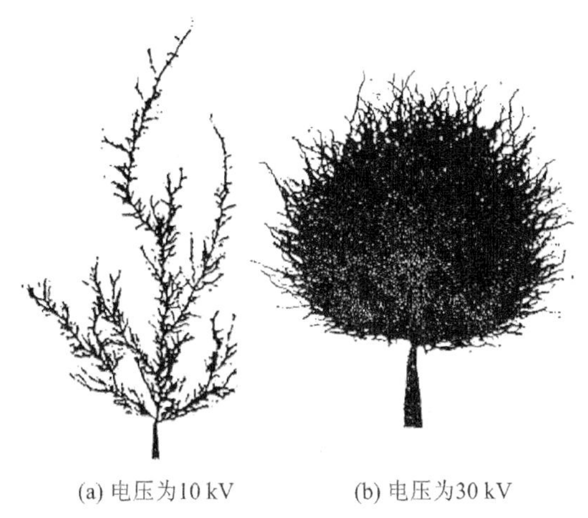

(a) 电压为10 kV　　(b) 电压为30 kV

图 10－14　聚乙烯电树

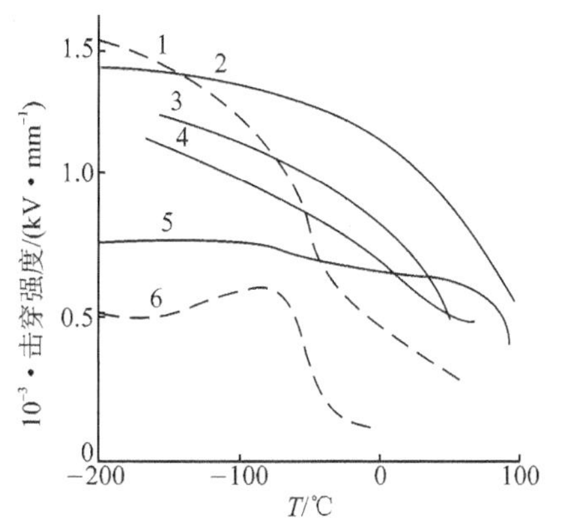

1—聚甲基丙烯酸甲酯；2—聚乙烯醇；3—氯化聚乙烯；4—聚苯乙烯；5—聚乙烯；6—聚异丁烯

图 10－15　几种高分子的电击穿强度-温度曲线

在高分子的各种结构因素中，极性对击穿强度的影响较为明显。一般而言，高分子的极性越强，它在 T_g 以下的击穿强度就越高。高分子在 20 ℃时的击穿强度一般在 100～900 kV/mm 范围内，但有些极性高分子的击穿强度值可超过 1 000 kV/mm。例如，在－195 ℃时，聚乙烯的击穿强度为 680 kV/mm，而聚甲基丙烯酸甲酯的击穿强度高达 1 340 kV/mm。极性能提高击穿强度可能是因为在强电场作用下被加速的电子会遭遇偶极子的散射，从而降低了电击穿的概率。

高分子的分子量、交联度、结晶度的增加也可提高击穿强度，特别是在高温区(高于 T_g)。这是因为上述结构因素都能提高高分子的耐热击穿能力。

10.1.6　静电的产生及消除方法

任何两个固体，不论其化学组成是否相同，只要它们的物理状态不同，内部电荷能量的分布也就不同。当这样两种固体接触时，在固-固表面就会发生电荷再分配。在它们重新分离之后，每一个固体都将带有比接触前过量的正(或负)的电荷，这种现象称为静电现象。

两个固体接触时，电荷从一个固体转移到另一个固体的方式，一般认为包括电荷转移、离子转移和带电荷材料的转移(例如高分子和金属摩擦时,金属转移到高分子或高分子转移到金属)。研究表明,电荷转移往往是电子转移。因此,两种物质的接触起电与它们的功函值有关。功函值是电子克服原子核的吸引,从物质表面逸出所需的最小能量。不同的物质具有不同的功函值。

当两种功函值不同的金属接触时,在界面上将产生电场,由此产生的接触电位差与该对金属的功函值之差成正比。在这种电场作用下,电子将从功函值小的金属转移到功函值大的金属,直到接触界面上形成的双电层产生的反电位差与接触电位差相抵消为止。其结果是,功函值高的金属带负电,功函值低的金属带正电。接触界面上电荷的转移量 Q 与材料的功函值之差($\varphi_1-\varphi_2$)和接触面积 A 成正比,在热力学平衡状态下,有

$$\frac{Q}{A}=k(\varphi_1-\varphi_2) \tag{10-15}$$

式中:k 是比例系数。

当两种高分子接触时,同样是功函值高的带负电,功函值低的带正电。表 10-3 列出了一些高分子的功函值。任何两种高分子接触时,位于表内前面的高分子带负电,后面的带正电。

表 10-3 几种高分子的功函值

高分子	功函值/eV	高分子	功函值/eV
聚四氟乙烯	5.75	聚乙烯	4.90
聚三氟氯乙烯	5.30	聚碳酸酯	4.80
氯化聚乙烯	5.14	聚甲基丙烯酸甲酯	4.68
聚氯乙烯	5.13	聚乙酸乙烯酯	4.38
氯化聚醚	5.11	聚异丁烯	4.30
聚砜	4.95	尼龙 66	4.30
聚苯乙烯	4.90	聚氧化乙烯	3.95

当高分子与金属接触时,界面上也发生类似的电荷转移。在多数情况下,电子是由金属向高分子转移。高分子从金属取得的电荷密度正比于金属与高分子功函值之差,即

$$\frac{Q}{A}=k(\varphi_M-\varphi_P) \tag{10-16}$$

式中:φ_M 和 φ_P 分别为金属和高分子的功函值。Q/A 值一般为 $10^{-5}\sim10^{-3}\,C/m^2$。

虽然接触起电的绝对值极小,但却能产生足够强的电场将周围的空气击穿,产生火花。

摩擦起电的情况要比接触起电复杂得多,对其机理的了解还很少。研究表明,金属与高分子的摩擦起电,基本上取决于它们功函值的大小。以尼龙 66 为例,当它与功函值比它大的金属摩擦时,它带正电;与功函值比它小的金属摩擦时,它带负电。而高分子与高分子摩擦时,所带电荷的正负取决于材料的介电系数:介电系数大的高分子带正电,介电系数小的带负电。

在摩擦过程中高分子不断起电,又不断泄漏出去,因此电荷的积累是这两个过程的动态平衡。如果电荷仅靠材料体内泄漏来消除,则摩擦后高分子所带的电量将随时间按指数规律衰减:$Q(t)=Q_0 e^{-t/\tau}$(Q_0 为摩擦后高分子所带的起始电量;t 为时间;τ 为放电时间常数,它与材料的介电系数及电阻率成正比)。由于高分子大多数是绝缘体,放电时间很长,电荷衰减很慢。例如,聚乙烯、聚四氟乙烯、聚苯乙烯和有机玻璃等的静电可保持几个月。高分子泄漏电荷的能力,通常用起始静电量衰减到一半(即 $Q(t)=Q_0/2$)时所需的时间来表征,称为高分子的静

电半衰期。

一般说来，静电作用对高分子的加工和使用是有害的。例如，静电的引力和斥力给一些工艺过程带来困难，这在合成纤维和电影胶片生产中尤为突出。另外，在静电引力作用下，高分子表面会吸附灰尘和水汽，从而大大降低制件质量。例如，录音磁带的涤纶片基由于静电放电而产生杂音，电影胶片因表面静电吸尘而影响清晰度，衣着因表面静电吸尘而易脏。在电影胶片的生产中，当静电电压超过 4 kV 时，就会发生火花放电，致使感光乳剂曝光，产品报废。静电作用还可能危及人身或设备的安全，特别是当现场有易燃易爆物时。可见，消除静电是高分子加工和使用中需解决的重要问题。

消除和减少静电可以从两方面着手：一方面是尽量减少静电荷的产生；另一方面是设法使已产生的静电荷尽快地泄漏出去。后者较容易实现。研究表明，当高分子的表面电阻率小于 $10^{10}\ \Omega\cdot m$ 时，静电荷能较快地泄漏出去。

目前，泄漏高分子静电的方法主要有两类：① 在绝缘高分子中加入导电性填料（例如金属细屑、碳黑、碳纤维、金属氧化物（如氧化锡）或导电性高分子），或在绝缘高分子中原位聚合导电性高分子（如聚吡咯）形成复合材料，以提高材料的电导率，促进静电释放。② 在高分子中加入抗静电剂。抗静电剂主要是一些能提高材料表面电导率的表面活性剂。抗静电剂的分子结构可用一般式 R—y—x 表示，其中，R 为亲油基（疏水基），x 为亲水基，y 为连接基。高分子表面涂布表面活性剂后，亲油基与高分子表面结合，亲水基朝外，亲水基吸附空气中的水分子，形成一层导电水膜，使高分子表面的静电可通过水膜被释放出去。

在 R—y—x 型表面活性剂中，典型的亲油基为 C_{12} 以上的烷基，典型的亲水基有羟基、羧基、磺酸基和醚键等。抗静电剂根据分子中的亲水基能否电离，还可分为离子型（包括阳离子型、阴离子型、两性离子型）和非离子型等。由于离子型抗静电剂可以直接利用本身的离子导电性泄漏静电荷，目前用得最多。例如，烷基二苯醚磺酸钾可用作聚酯电影胶片片基的抗静电剂涂层；季胺类、吡啶类和咪唑衍生物等阳离子和非离子型活性剂常用作塑料的抗静电剂。使用方法既可配成溶液或乳液（一般浓度为 0.5%～2.0%）直接涂布于塑料制品表面，也可在高分子加工过程中用混炼法添加进高分子。

虽然高分子绝缘体的静电现象在多数场合下是有害的，但也已成功地利用高分子的强静电作用，开创出静电复印和静电记录等新技术。

10.1.7　高分子介电性的应用

高分子电介质的一项重要应用是作电容器的介质材料。该应用中要求介质在工作条件下介电系数大、介电损耗小和击穿强度高。许多陶瓷材料和高分子材料都是良好的电容器介质材料。陶瓷电介质极性高，相对介电系数一般都大于 5，而且有良好的力学性能和尺寸稳定性，还可以在较高温度下使用；缺点是介电损耗大，难以同时满足介电系数大和介电损耗小的要求。而高分子电介质的介电系数一般都较小（为 2～5），但介电损耗也很低。如果通过分子设计使极性基团位于柔性侧链的末端，就既能因极性基团易取向极化而获得很高的介电系数（50～100），又能因小端基运动所需克服的摩擦力很小而同时保证介电损耗很低。此外，高分子还有容易加工成型，特别是成膜性优良的特点，因此在小型和超小型薄膜电容器中特别有用。

高分子电介质的另一项重要应用是作航空航天雷达天线罩的透波材料。这时要求材料的介电系数 $\varepsilon'<2$ 和 $\tan\delta\leqslant 1\times10^{-4}$。显然，即使分子对称性极好的非极性高分子本身也很难满

足这样的要求,为此,必须考虑选用非极性高分子的蜂窝或泡沫结构材料。

在上述应用中,无一例外地都希望高分子电介质的介电损耗越小越好,否则会因它们在工作中发热而影响元、部件的工作特性和寿命。但电介质的介电损耗也可被利用来将电场能量转换为热能,对材料进行加工。例如,我国在 20 世纪 70 年代发展起来的一项高频模塑技术,就是利用极性高分子材料在高频电场作用下的热损耗,使材料在数秒内就能升温到流动温度,在模腔中成型。在这种加工方法中,热是在材料内部均匀产生的,不会产生普通电加热方法中"外焦里不熟"的弊端。在这种应用中,加热效率一般用比较系数 J 来表示:$J=\dfrac{1}{\varepsilon'\tan\delta}$。

材料在交变电场作用下一周内产生的热与 $\varepsilon'\tan\delta$ 成正比。高分子的极性越大,则 ε' 和 $\tan\delta$ 越大;加热效率越高,其 J 值就越接近于 1。表 10－4 列出了几种高分子高频加热的 J 值。由该表可见,如果在某一特定加工过程中对极性酚醛树脂的高频加热时间需 30 s,则在相同操作过程中对非极性聚苯乙烯的高频加热时间便要 30 s×(1 330/1.9)＝ 421 000 s 或 5.83 h。

表 10－4　几种高分子高频加热的 J 值

高分子	J	高分子	J
聚苯乙烯	1 330	聚甲基丙烯酸甲酯	4～15
聚乙烯	1 100	聚酰胺	1.5～15
ABS 树脂	40	脲醛树脂	3.8
聚对苯二甲酸乙二醇酯	20～35	三聚氰胺甲醛树脂	2.4
聚氯乙烯	20	酚醛树脂	1～1.9

高分子的介电松弛和驻极体的热释电流法已成为研究高分子运动的重要手段之一。

10.2　导电性

绝大多数高分子都是绝缘体。但近几十年来已发现,通过各种途径可使不同高分子的电导率跨越 20 个数量级以上(见图 10－16),即从绝缘体直至导体,甚至超导体。2000 年,A. J. Heeger、A. G. MacDiarmid 和 H. Shirakawa 由于在导电高分子领域的卓越贡献荣获诺贝尔化学奖。导电高分子也被美称为"合成金属",虽然目前尚未用来大量代替传统导电材料,但已广泛用于抗静电剂、电磁辐射屏蔽器、防阳光窗户、发光二极管、太阳能电池、电子显示器等。

材料的导电性用电导率 σ 表示,单位为 S/m(西(门子)/米)或 S/cm。电导率的倒数称为电阻率 ρ ($\rho=1/\sigma$),单位为欧(姆)·米(或($\Omega\cdot$cm))。因此,也常用$(\Omega\cdot\mathrm{m})^{-1}$ 或$(\Omega\cdot\mathrm{cm})^{-1}$ 作为电导率的单位。电导率有体积电导率和表面电导率之分;同样,电阻率也有体积电阻率与表面电阻率之分。

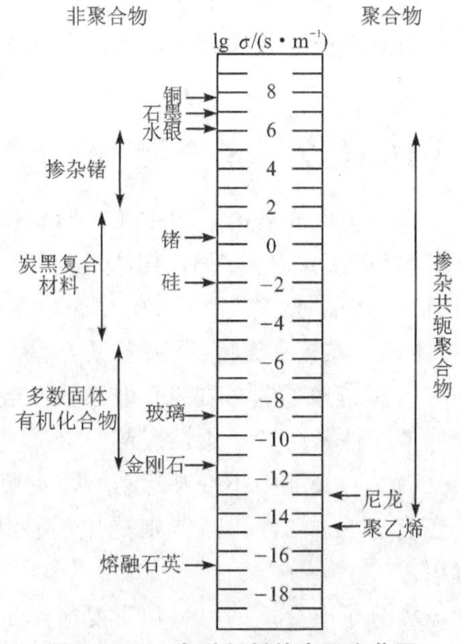

图 10－16　各种材料的电导率范围

绝缘体体积电阻率的测定方法如图 10－17(a)所示：把试样置于上、下两个电极之间，在直流电压 U 的作用下，测量流过试样体积内的电流 I_v。根据欧姆定律，试样的体积电阻 R_v 为 $R_v=U/I_v$，体积电阻率 ρ_v 为 $\rho_v=R_v\cdot(A/d)$，其中，A 为测量电极的面积，d 为试样厚度。

绝缘体表面电阻率的测定方法如图 10－17(b)所示：将两个间距为 b、宽度为 L 的平行电极放在试样的一个表面上，在电极之间施加直流电压 U，测量流过试样表面两个电极之间的电流 I_s。试样的表面电阻 R_s 为 $R_s=U/I_s$，表面电阻率 ρ_s 为 $\rho_s=R_s\cdot(L/b)$。

如果用图 10－17(c)所示的环电极装置，则试样的表面电阻率为 $\rho_s=R_s\dfrac{2\pi}{\ln(D_2/D_1)}$，其中，$D_2$ 为外环电极的内径，D_1 为芯电极的外径。

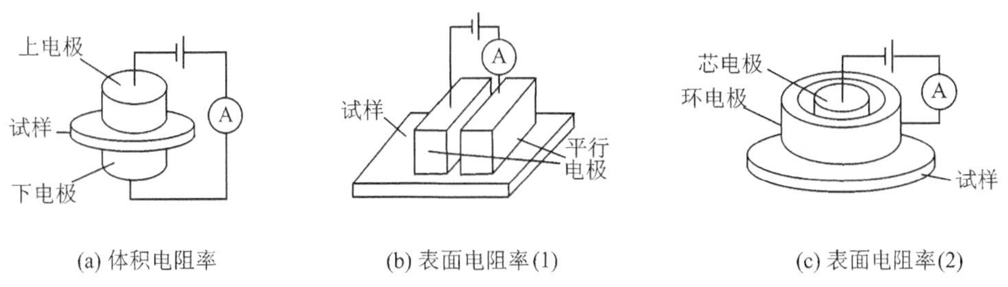

图 10－17　绝缘材料电阻率测定方法

在测量半导体、高温超导材料和其他电阻率较低的材料时，为消除接触电阻带来的误差，常采用四电极法(亦称四探针法)，如图 10－18 所示。被测试样通常为圆柱状，柱的两个端面上涂有电极材料，作为电流极(1,4)，同时在柱的中间划两道间距为 l 的沟槽，也涂上电极材料，作为电压极(2,3)。电压极 2,3 之间的电阻 R_{23} 和体积电阻率 ρ_v 之间的关系为

$$R_{23}=\frac{\rho_v l}{A}=\frac{U_{23}}{I_v},\quad \rho_v=\frac{A\cdot U_{23}}{I_v\cdot l} \tag{10-17}$$

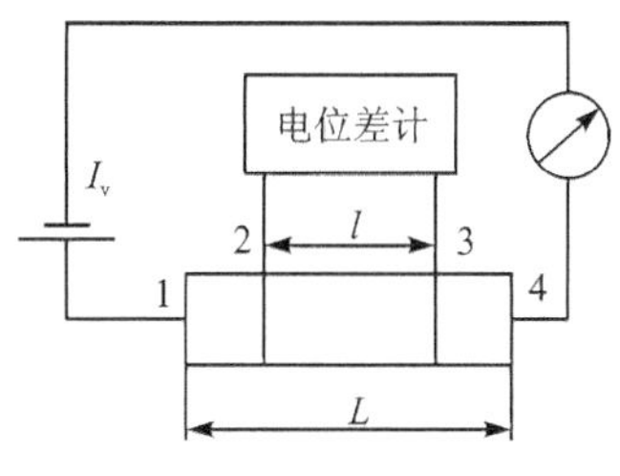

1,4—电流极；2,3—电压极

图 10－18　测量试样电阻率的四电极法

式中：A 为试样电流极面积；l 为电压极间距；U_{23} 为电压极之间的电压；I_v 为电流。

10.2.1　导体、半导体和绝缘体的主要区别

材料的电导是载流子在电场作用下在材料内部的定向迁移。载流子可以是电子、空穴和离子等。材料的电导率取决于材料中载流子的种类 i $(i=1,2,3,\cdots)$、每种载流子的荷电量 $|q_i|$、载流子密度(单位体积内的载流子数目)n_i 和迁移率 μ_i，表达式为

$$\sigma=\sum_i |q_i| n_i \mu_i \tag{10-18}$$

迁移率定义为载流子在单位电场强度作用下，单位时间内沿电场方向(带正电荷的载流子)或相反方向(带负电荷的载流子)迁移的距离，单位为 $m^2/(V\cdot s)$。

各种固体材料的电导率范围跨越 27 个数量级。良导体的典型电导率为 $10^3\sim10^6$ S/m，绝缘体的电导率为 $10^{-7}\sim10^{-18}$ S/m，半导体的电导率介于这两者之间。材料的电导率首先取决于材料的电子能带结构。价带半满的固体呈金属的良导性，单位体积内的电子数目约

10^{22} 个/m^3。价带是满带,与导带之间存在禁带的固体为半导体或绝缘体。绝缘体的禁带宽度 E_g 为 5～10 eV,在通常条件下,单位体积绝缘体内的自由电子数小于 10^{16} 个/m^3,电导率很低。与绝缘体相比,半导体的禁带宽度较窄,为 0.2～3 eV,在通常条件下,单位体积内自由电子数为 10^{16}～10^{19} 个/m^3,其电导率介于金属与绝缘体之间。

导体、半导体和绝缘体的另一个区别在于它们的电导率对温度的依赖性。导体的电导率随温度的升高而下降,因为温度升高加剧了主要载流子(电子)在运动中受到的散射作用,半导体和绝缘体的电导率随温度的升高而增加,因为有更多的载流子被激发进导带。

10.2.2 高分子半导体和导体

世界上第一个非碳基高分子导体是$(SN)_n$,于 20 世纪中期由 S_4N_4 经 300 ℃缩聚制得,这种纤维状晶体呈黄色金属光泽,沿分子链方向的电导率达 3.3 S/m。

对于碳基物质,人们也早已发现,一些具有共轭双键结构的有机小分子化合物具有半导体性质,且随稠环化合物中苯环数目的增加,即 π 电子数目的增加,化合物的禁带宽度 E_g 明显减小,电阻率下降几个数量级。究其原因认为,在具有共轭体系的化合物中,由于 π 电子的非定域化,可以流通于整个共轭体系中。进一步可以推断,当共轭体系的分子量增加至无穷大时,应具有金属的导电性。但该推断并未获得实验证实,分析其原因认为,大分子具有离域的 π 电子只是提高电导性的必要条件,而 π 电子轨道的高度相关性才是呈现高电导的充分条件。更进一步,从由碳原子六角网络层叠而成的石墨的导电性可以看到,其层内电导率高达 10^4 S/m,是因为 sp^2 杂化轨道组成的 σ 键与由 p_z 轨道形成的 π 键结合成键;其层间电导率之所以高于一般分子晶体,达到 10^0 S/m,也是因为碳原子之间的间距小于范德华半径之和((0.335 4±0.000 01) nm)。由此得到启示,若要增加高分子的导电性,须设法使电子云在分子内和分子间产生一定程度的交叠。为实现该设想,有两条途径:一条是合成一维或二维大 π 共轭体系的高分子,使 π 电子云在高分子内交叠;另一条途径是利用共轭平面分子的 π 电子云在分子间交叠。

1. 具有共轭双键的高分子

一维线性聚乙炔$n\mathrm{CH}\equiv\mathrm{CH}\rightarrow$～～CH═CH—CH═CH—CH═CH～～是共轭分子中最简单、最典型的代表。但其本征电导率仅约 10^{-3} S/m。

为了合成类似石墨层状结构的二维 π 电子大平面网状高分子,最常用的方法是通过高温热解,除去高分子链内的卤素、氧、氮等杂原子,形成延伸的芳族稠环结构,最终获得人造石墨,这类高分子称为焦化高分子。在各类焦化高分子中,通过热解聚丙烯腈纤维获得的碳纤维研究得最充分。其热解过程基本如下:

聚丙烯腈 —200～300 ℃, O_2→ —>200～300 ℃, 惰性气氛→ 碳纤维

经高温热解得到的碳纤维在纤维轴方向上的电导率达 10^4 S/m,与金属电导率相当。但到目前为止,其他焦化高分子的电导率仅达到半导体水平。

2. 电荷转移型高分子

电荷转移复合物是一种分子复合物，它由电子给体分子 D(电子施主)和电子受体分子 A 组成，通过电子从分子 D 部分地或全部地转移到分子 A 上所形成的复合物，可用$[D^{\delta+}A^{\delta-}]$表示，电荷转移量 δ 值一般在 0.5～0.6 之间。$D^{\delta+}$ 和 $A^{\delta-}$ 之间的相互作用大于范德华作用，小于离子键或共价键能。δ 值主要取决于 D 的电离位 I_D 和 A 的电子亲和力 E_A 之差，差值越小，复合物的电导率越高。

由中性共轭平面给体分子和受体分子组成的电荷转移复合物分两类：π 体系复合物和离子自由基盐。π 体系电荷转移复合物包括非离子型和离子型两类。非离子型电荷转移复合物如：

Cl—⟨苯环⟩—NH_2 和 NO_2—⟨苯环⟩(NO_2)(NO_2)

这类复合物因电荷转移量小，电导率一般都低于 10^{-3} S/m。

离子型电荷转移复合物在基态时两个组分都是离子自由基。离子自由基盐根据离子自由基的符号又分为正离子自由基盐和负离子自由基盐。例如，用季铵离子或金属离子 M^+ 取代 D^+，就构成 M^+A^- 型正离子自由基盐；若用卤素负离子或 $BF_4{}^-$ 或 $ClO_4{}^-$ 之类的负离子 X^- 取代 A^-，就构成 D^+X^- 型负离子自由基盐。离子自由基盐类的电荷转移量大，电导率高。1980 年发现的第一个有机小分子超导体$(TMTSF)_2ClO_4$ 就属负离子自由基盐类。

代表性实例是电离位小的四硫代富瓦烯(TTF)和电子亲和力大的 7,7′,8,8′-四氰代对二次甲基苯醌(TCNQ)组成的复合物，其室温电导率高达 500 S/m。以 TCNQ 作受体组成的电荷转移复合物包括 $M^+(TCNQ)_n^-$ 类，其中 $n \geqslant 1$。$n=1$ 时称为单盐，$n>1$ 时称为复盐。在这类自由基盐类中，TCNQ 负离子自由基面对面堆砌成平面分子柱，正离子可能分布在 TCNQ 柱间，也可能另行堆砌成分子柱。不同的排列结构具有明显的电导率差异。同种 $M^+(TCNQ)_n^-$ 复合物，复盐的电导率总比单盐的高 3～4 倍。

由 TCNQ 等分子为受体制备的有机导体都是一些细小的单晶。要作材料使用，必须兼具导电性和必要的力学性能，且便于加工成型。改造的途径之一就是高分子化。结晶高分子一般都是晶区和非晶区共存的两相体系。如果使晶区提供金属导电性，非晶区提供强度和韧性，材料就有了应用前景。例如，TCNQ 的聚乙烯吡啶体系不仅电导率能达到 1.2 S/m，而且易加工成型。

迄今已研究的电荷转移型高分子包括下列三类：

① 由主链或侧链含有 π 电子体系的给体型高分子与小分子受体组成的复合物，包括非离子型或离子型在内，如：

D D D D D

A A A A A

② 由主链或侧链含有正离子自由基或正离子的高分子与小分子受体组成的自由基盐类高分子，如：

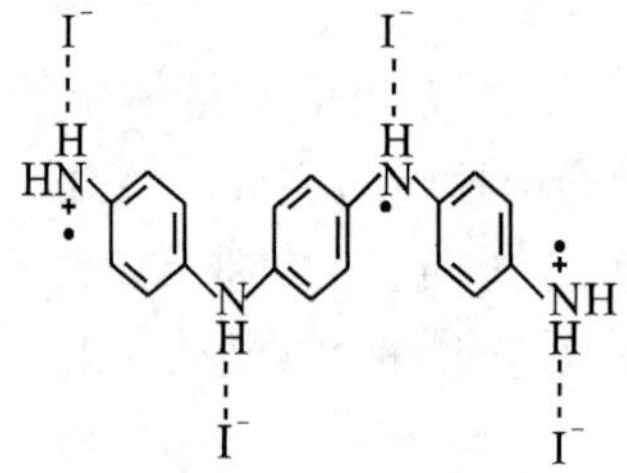

③ 由含金属络合物的高分子(如聚酞菁酮和聚二茂铁)与小分子受体组成的复合物,如:

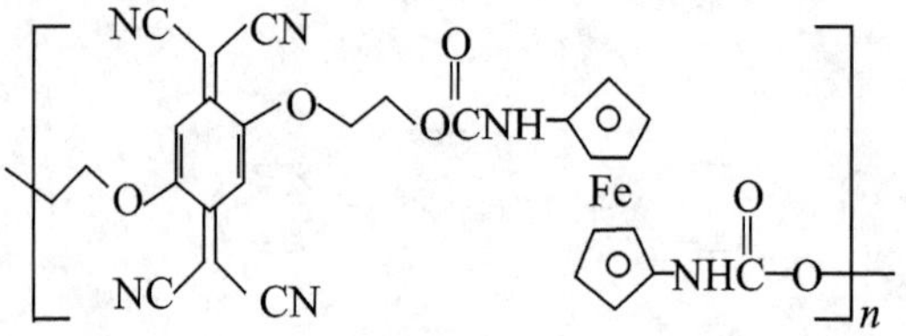

3. 掺杂型导电高分子

如前所述,聚乙炔的本征电导率并不高,只有 10^{-3} S/m。为了提高其电导率,A. G. MacDiarmid 和 H. Shirakawa 首先想到的方案是纯化聚乙炔,结果却与预期相反,纯度越高,聚乙炔的电导率越低。鉴于此前他们曾观察到,在$(SN)_n$ 中加入溴以后电导率能提高 10 倍,他们意识到,也许杂质能起掺杂剂的作用,有利于提高高分子的电导率。于是,他们决定在聚乙炔薄膜中加一些溴。薄膜在溴蒸气中仅处理数分钟后,电导率就提高到百万倍以上,以致于损坏了当时的测试仪器。此后,他们又与物理学家 A. J. Heeger 合作,在掺杂型导电高分子领域中取得了瞩目的成就。

将聚乙炔暴露在 Cl_2、I_2 或 AsF_5 等蒸气中,也获得了类似的效果(见图 10-19)。与饱和高分子相比,共轭高分子的禁带窄,因而非常容易与某些电子受体或给体发生电荷转移。聚乙炔类共轭高分子的化学掺杂实质上就是电荷转移。

若用 P_n 代表给体共轭高分子,以 y 表示受体掺杂剂 A 的浓度,则化学掺杂过程的电荷转移反应可表示为:$P_n + nyA \rightarrow (P^{+y}A_y^-)_n$。这样,虽然受体分子 A 得到一个电子变成了负离子,但共轭高分子中每个单元链节 P 却平均只给出了 $y(<<1)$个电子,即高分子只发生了部分电荷转移。同理,如果高分子为电子受体,掺杂剂为电子给体 D,则有 $P_n + nyD \rightarrow (P^{-y}D_y^+)_n$。正是高分子的这种部分电荷转移,使掺杂共轭高分子的电导率剧增。

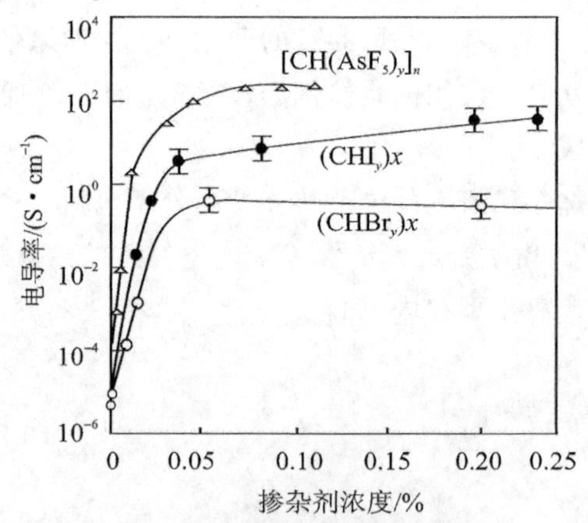

图 10-19 掺杂聚乙炔的电导率与掺杂剂浓度之间的关系

在聚乙炔的化学掺杂中,碘掺杂剂以 I_3^- 和 I_5^- 的形式存在:$3I_2 + 2e \rightarrow 2I_3^-$、$I_3^- + I_2 \rightarrow I_5^-$,$FeCl_3$ 掺杂剂以 $FeCl_4^-$ 的形式存在。

掺杂聚乙炔是目前研究得最充分并已商品化的导电高分子薄膜。此外,聚对苯、聚苯胺、聚吡咯和聚噻吩等共轭体系及其掺杂的研究也获得了很大进展。几种共轭高分子经掺杂后的电导率如表 10-5 所列,其

中大多数已达到金属电导率（$>10^2$ S/m）。

表 10－5　一些掺杂共轭高分子的电导率

高分子	掺杂剂	电导率/($S\cdot m^{-1}$)
聚乙炔	I_2、AsF_5、$FeCl_3$、$SnCl_4$、Li^+、Na^+、ClO_4^-、NR_4^+ 等	$10^3\sim2\times10^5$
聚对苯乙炔	I_2、AsF_5 等	5×10^3
聚噻吩乙炔	I_2 等	2.7×10^3
聚苯胺	ClO_4^-、BF_4^-、SO_4^{2-} 等	$10^2\sim10^5$
聚对苯撑	AsF_5、SbF_5、ClO_4^-、Na^+、Li^+ 等	$10^2\sim10^3$
聚吡咯及其衍生物	ClO_4^-、BF_4^-、SO_4^{2-}、I_2、Br^- 等	10^3
聚噻吩及其衍生物	I_2、SO_4^{2-}、$FeCl_3$、$AlCl_4^-$、Li^+、ClO_4^-、NMe_4^+ 等	$10\sim600$
聚苯硫醚	AsF_5	10^0

此外，焦化高分子如聚丙烯腈、石墨等，也可通过掺杂进一步提高电导率。其中，以石墨或其他像黏土矿物一样具有层状结构的无机晶体为主体，在其层间插入有机客体分子所构成的化合物又称为层间化合物，这类掺杂石墨的电导率可高达 $10^5\sim10^6$ S/m。

合成和掺杂含共轭双键导电高分子的传统方法是化学法，但近些年来已普遍采用电化学法。

4. 快离子导体

在离子型高分子、高分子聚电解质及含有能够电离的基团或已加进某些离子性物质的高分子中，存在离子电导，包括高分子绝缘体内所含杂质引起的离子电导。

与电子和空穴电导相比，离子电导最主要的特点是：离子在电场作用下通过介质传导是扩散过程，所以，凡增加高分子自由体积的因素均有利于离子电导过程。

长期以来，每当提到离子电导型高分子时，一般都指聚电解质或含有大量溶剂的极性高分子体系。实际上，它们的电导率都很低，例如，离子交换用聚电解质的电导率一般只有 10^{-14} S/m。但是，自从 1973 年 P. V. Wright 首先发现聚环氧乙烷（PEO）与碱金属盐（M^+X^-）的络合物有较高的电导率以来，出现了一类新型的导电高分子，称为快离子导体。以 PEO 为例，这类快离子导体的导电机理如下：

PEO 是结构十分简单且规整的含杂原子结晶高分子，结晶度通常约为 66%。当它与碱金属盐组成络合物时，结晶度可提高到 70%。PEO 主链中 C—C 和 C—O 键按 ttgttg 排列。晶区内两条主链呈内径为 0.26 nm 的双螺旋结构，此通道恰好适宜于半径较小的 Na^+、Li^+ 等阳离子通过。

实际上，凡主链含杂原子（如氧、硫、氮）的高分子，如 $\left[CH_2-CH_2-CH_2-O\right]_n$、$\left[CH_2-\underset{\displaystyle CH_2Cl}{\underset{|}{CH}}-O\right]_n$、$\left[C_2H_4-OCO-C_2H_4-COO\right]_n$、$\left[CH_2-S-CH_2-\underset{\displaystyle CH_3}{\underset{|}{N}}\right]_n$ 和含硅氧键的聚二甲基硅氧烷等，都能作为基体与较低价的碱金属盐类如 LiI、$LiClO_4$、NaI 等组成络合物。但高分子中以 PEO 最理想，碱金属中以 Li^+ 最佳。

快离子导体具有制备成高能密度薄膜电池的诱人前景，在计算机微型化、城市交通电气化中有很大的应用潜力。但以聚环氧乙烷、聚环氧丙烷等为基体时，力学性能欠佳。目前正在研究将它们与异氰酸酯形成聚氨酯型三维交联网络，以提高络合物的力学性能。

5. 填充型导电高分子

填充型导电高分子是指在高分子中加入金属粉(例如铜粉、银粉)或炭黑类导电填料制成的复合材料。这类导电性复合材料的特点是:既具有一定的导电性,又保持了高分子原有的力学性能和加工性能。在工业上已制成了导电塑料、导电橡胶、导电涂料、导电粘合剂和透明导电薄膜等。

有一种石墨夹层高分子与铜组成的导电复合材料,电导率高达 10^8 S/m,而密度仅为铜的一半,可用于飞机的内装配电线。

10.3 高分子的光学性质

光是一种电磁波。可见光是整个电磁波谱中很窄的一部分:频率范围为 $4.2\times10^{14}\sim7.5\times10^{14}$ Hz,波长范围为 0.4 μm (4×10^{-7} m)~0.7 μm (7×10^{-7} m),光子的能量范围为 1.8~3.1 eV。当光线照射到高分子时,一部分在表面发生反射,其余部分进入内部产生折射、吸收和散射等。光与高分子的作用机理比较复杂。本节仅简要讨论高分子的透明性、折射率以及正交偏光显微镜下球晶黑十字消光图的形成原理。

10.3.1 透明性

根据光线与材料相互作用的机理可知,禁带宽度小于 1.8 eV 的材料,对可见光是完全不透明的,因为可见光的所有光子都能通过将材料价带内的电子激发到导带的机理被吸收;禁带宽度大于 3.1 eV 的材料对可见光是完全透明的,因为可见光的所有光子都不可能通过上述机理被吸收;当材料的禁带宽度介于 1.8~3.1 eV 时,将有部分光子被吸收,部分光子透过材料,成为带色透明材料。

高分子绝缘体的禁带宽度都大于 3.1 eV,原则上对可见光应该都是透明的,但实际上有些高分子透明,有些高分子半透明或不透明。导致高分子半透明或不透明的根本原因在于光线在材料中发生了散射。

引起光线散射的原因是多方面的。一般来说,由折射率各向异性的微晶组成的多晶样品是半透明或不透明的。在这种材料中,微晶无序取向,使光线在每一相邻微晶界面上都要发生反射与折射。光线经无数次反射和折射后变得十分弥散。同理,当光线通过分散得很细的两相体系时,也因两相的折射率不同而发生散射。两相的折射率之差越大,散射作用越强。

高分子单晶是透明的。非晶态均相高分子(不加添加剂和填料),如聚碳酸酯、无规立构聚苯乙烯、无规立构聚甲基丙烯酸甲酯、无规立构聚氯乙烯等,也是透明的。但部分结晶高分子,如聚乙烯、全同立构聚丙烯、聚四氟乙烯、尼龙、聚甲醛等,一般都是半透明甚至不透明的,因为结晶高分子是由折射率不同的晶区和非晶区组成的两相体系,而且结晶高分子制件多是晶粒无序取向(如球晶)的多晶体系,光线通过结晶高分子时易发生散射,除非薄膜极薄或薄膜中球晶的尺寸小于可见光波长。结晶高分子的结晶度越高,散射作用越强。另外,嵌段共聚物、接枝共聚物和共混高分子也多属两相(或多相)体系,除非特意使两相的折射率接近,否则一般也是半透明或不透明的,如 ABS 和橡胶增韧聚苯乙烯等。

如果高分子链上有较长的含共轭双键链段，则这种高分子可能带有颜色。以聚氯乙烯为例，如果未加入稳定剂以防止热降解和光降解，则在加工或使用中有可能形成烯丙端基—C=C—CH_3Cl，接着会发生“拉锁”式降解，在主链上形成多烯链段$\{CH=CH\}_n$，当 $n \geqslant 7$ 时，因共轭链段中 π 电子云的离域性，聚氯乙烯的禁带宽度减小，从而能吸收某些波长的可见光波，变得发黄，甚至发黑。另一个极端的例子是，聚乙炔半导体具有金属光泽，因为其禁带宽度只有 1.5 eV，强烈吸收波长小于 825 nm 的光波，包括可见光在内，同时又强烈地反射出来。

此外，大多数高分子制件中因含有填料或着色剂而变成带色不透明。

10.3.2　折射率

如前所述，已知电介质的相对介电系数与分子极化率之间的关系为

$$P_m = \frac{\varepsilon_s - 1}{\varepsilon_s + 2} \cdot \frac{M}{\rho} = \frac{N_A \alpha_d}{3\varepsilon_0} + \frac{N_A \overline{\mu^2}}{9\varepsilon_0 kT} \tag{10-19}$$

根据 Maxwell 的电磁辐射理论，在光频范围内，偶极子的取向极化已无法实现，电介质的相对介电系数为 ε_∞。ε_∞ 与折射率 n 之间的关系为 $\varepsilon_\infty = n^2$，因此式(10－19)可改写为

$$P_m = \frac{n^2 - 1}{n^2 + 2} \cdot \frac{M}{\rho} = \frac{N_A \alpha_d}{3\varepsilon_0} \tag{10-20}$$

式(10－20)是著名的 Lorenta－Lorentz 方程，P_m 为摩尔折射度。基于这一方程，对于电介质，不论极性或非极性，只要测定其折射率，即可计算出其变形极化率 α_d 和摩尔极化度。对于极性高分子，若将测得的$\dfrac{N_A \alpha_d}{3\varepsilon_0}$代入式(10－19)，并测定 ε_s 与 T 的关系，即可求得高分子的均方偶极矩。

对于高分子电介质，当式(10－20)中的分子量用结构单元的分子量代入时，称为结构单元的摩尔折射度。研究表明，结构单元的摩尔折射度是其中化学键的摩尔折射度的加和。根据计算的摩尔折射度，结合高分子结构单元的分子量和密度，就能利用式(10－20)计算高分子的折射率。表 10－6 给出了实测的部分高分子的折射率。

表 10－6　一些高分子的折射率

高分子	折射率	高分子	折射率
聚四氟乙烯	1.35～1.38	聚丙烯	1.49
聚偏氟乙烯	1.42	聚丙烯腈	1.52
聚丙烯酸丁酯	1.46	聚氯乙烯	1.54～1.55
聚丙烯(无规立构)	1.47	环氧树脂	1.55～1.60
聚甲醛	1.48	聚氯丁二烯	1.55～1.56
乙酸纤维素	1.48～1.50	聚苯乙烯	1.59
聚甲基丙烯酸甲酯	1.49	聚对苯二甲酸乙二醇酯	1.58～1.60
1,2－聚丁二烯	1.50	聚偏氯乙烯	1.60～1.63
聚乙烯	1.51～1.55(取决于结晶度)	聚乙烯基咔唑	1.68

10.3.3　球晶黑十字消光图的形成

在正交偏光显微镜下球晶呈黑十字消光图，是高分子球晶双折射性质和对称性的反映。

一束自然光通过起偏振器后,变为平面偏振光,其电矢量振动方向都在单一方向上。一束平面偏振光通过高分子球晶时,发生双折射,分成两束电矢量相互垂直的偏振光,它们的电矢量分别平行和垂直于球晶的径向。由于球晶在这两个方向上的折射率不同,这两束光通过样品的速度是不等的,必然要产生一定的相位差而发生干涉现象,结果使通过球晶一部分区域的光可以通过检偏振片,而通过球晶另一部分区域的光不能通过检偏振片,分别形成球晶上的亮暗区域。

上面的分析可借助图 10-20 作简单的定量描述。考虑球晶中某点 Q 与球晶核心的连线 OQ 和起偏振片的偏振方向 OP 的夹角为 φ。如果通过起偏振片进入球晶的偏振光的电矢量为 $E=E_0\sin\omega t$ (E_0 是振幅,ω 是频率,t 是时间),则在球晶中发生双折射时,分解成两束电矢量相互垂直的偏振光。它们的电矢量分别为 R 和 T,其振幅分别为 $R_0=E_0\cos\varphi$,$T_0=E_0\sin\varphi$;透过球晶后,这两束光的电矢量的相位差为 δ,可分别表示为

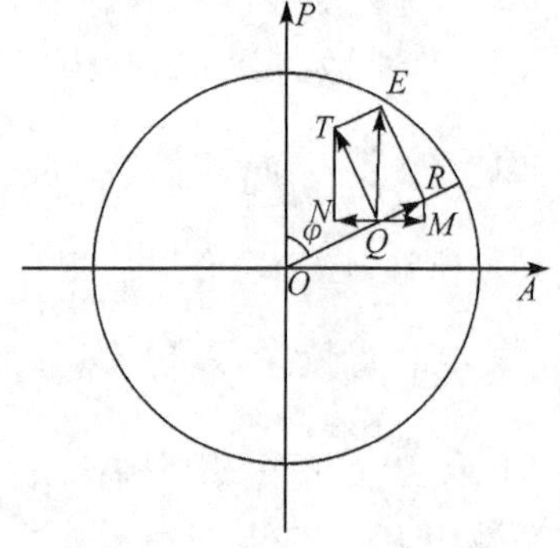

图 10-20 球晶黑十字消光原理

$$R_0\sin\omega t=E_0\cos\varphi\sin\omega t \tag{10-21}$$

和

$$T_0\sin(\omega t-\delta)=E_0\sin\varphi\sin(\omega t-\delta) \tag{10-22}$$

这两束光能通过检偏振片(偏振方向为 OA,$OA\perp OP$)的电矢量分别为 QM 和 QN ($MN/\!/OA$),它们的振幅分别为 $M_0=R_0\sin\varphi$ 和 $N_0=T_0\cos\varphi$,因此它们的合成波可写成

$$E_0\cos\varphi\sin\varphi\sin\omega t-E_0\sin\varphi\cos\varphi\sin(\omega t-\delta)=E_0\sin 2\varphi\sin\frac{\delta}{2}\cos\left(\omega t-\frac{\delta}{2}\right) \tag{10-23}$$

此合成波的强度为

$$I=E_0^2\sin^2(2\varphi)\sin^2\left(\frac{\delta}{2}\right) \tag{10-24}$$

当 $\varphi=0,\frac{\pi}{2},\pi$ 和 $\frac{3\pi}{2}$ 时,$I=0$;而当 $\varphi=\frac{\pi}{4},\frac{3\pi}{4},\frac{5\pi}{4}$ 和 $\frac{7\pi}{2}$ 时,$I=E_0^2\sin^2\left(\frac{\delta}{2}\right)$,达到极大值,即在与起偏振片和检偏振片偏振方向相平行的位置出现暗区,而在与它们成 45°的方向上出现亮区。这就是球晶黑十字消光图的由来。

习 题

(带★号者为作业题;带※者为讨论题;其他为思考题)

1. 定义下列术语:

(1) 电子极化、原子极化、离子极化和取向极化;(2) 极化率;(3) 体积电阻率、表面电阻率和击穿强度;(4) 介电系数与介质损耗;(5) 功函;(6) 驻极体和热释电流;(7)电荷转移复合物;(8) 单盐与复盐。

★2. 电介质的介电系数与分子极化之间存在什么关系?

★3. 说明复数介电系数 $\varepsilon^* = \varepsilon' - i\varepsilon''$ 中 ε' 和 ε'' 的物理意义。

★4. 如何区分极性高分子和非极性高分子？列举至少 3 个极性高分子和 3 个非极性高分子。

※5. 测得聚氯乙烯和氯丁橡胶的 ε' 如下，如何解释？

聚氯乙烯：ε'（室温）=3.5，$\varepsilon'(T>T_g)=15$。

氯丁橡胶：ε'（室温）=10。

★6. 试画出包括高分子各种极化机理在内的 $\varepsilon'-\omega$ 图和 $\tan\delta-\omega$ 图，当温度改变时，曲线如何变化，为什么？画出相应的 $\varepsilon'-T$ 图和 $\tan\delta-T$ 图，当频率改变时，曲线如何变化？

※7. 如何从介电松弛实验中获得某重运动单元的运动活化能？

※8. “高频模塑技术”基于什么原理？在聚乙烯、聚苯乙烯、聚氯乙烯、酚醛树脂这 4 种高分子中，哪些可能用“高频模塑技术”加工成型？

★9. 温度、杂质和增塑剂对高分子的 $\varepsilon'-T$ 和 $\tan\delta-T$ 的影响如何？

★10. 如何制备驻极体？驻极体有什么用途？

※11. 如何用热释电流法研究分子运动？与介电松弛法相比，热释电流法有什么优点？

12. 试述导体、半导体和绝缘体在电子能带结构上的区别。

13. 为什么高分子绝缘体的电阻率比理论值低得多？为什么高分子的电导率在 T_g 附近发生急剧增加？

14. 用图 10-21 所示的装置测定高分子绝缘材料的体积电阻率和表面电阻率。当电键与 1 接通时，测得电路中的电流为 10^{-6} A；当电键与 2 接通时，测得电路中的电流为 10^{-6} A。计算被测试样的体积电阻率和表面电阻率。

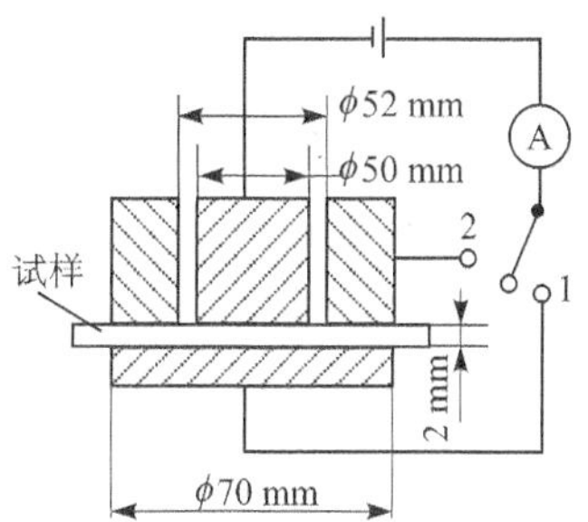

图 10-21　习题 14 用图

※15. 设计导电高分子的指导思想是什么？为什么碳纤维具有良好的导电性？

★16. 抗静电剂的分子结构一般有什么特点？

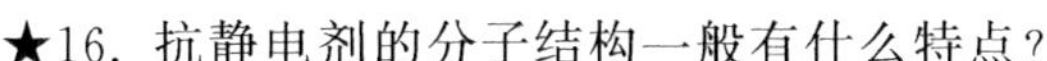

综合性思考题

1. 什么是高分子？高分子的分子量有什么特点？分子量对高分子的 T_g、T_f、T_m、ΔE_η（流动活化能）、η_a（表观粘度）、σ_b（断裂强度）、蠕变、应力松弛和溶解度等的影响如何？在全书中不断出现“临界分子量”这一术语，其物理意义是什么？

2. 什么是链段？为什么高分子具有链段这种运动单元？如何测定链段的长度？高分子链段运动给高分子带来了什么特性？

3. 为什么橡胶的高弹性中往往兼具粘性，而高分子熔体又往往兼具弹性？

4. 总结一下测定高分子溶液和高分子熔体粘度的方法和原理（包括计算公式）。

5. 总结一下测定高分子材料的 T_g、T_f、T_m、T_b 和 T_d 的方法。

6. 总结一下研究高分子运动的方法和测定各重运动单元活化能的方法（限本书范围）。

7. 总结一下研究高分子聚集态结构的方法（限本书范围）。

8. 总结一下在分子设计上如何获得兼具耐热性和耐寒性的工程塑料和橡胶。

参考文献

[1] Bower D I. An Introduction to Polymer Physics[M]. Cambridge: Cambridge University Press, 2002.

[2] Rubinstein M, Colby R H. Polymer Physics[M]. Oxford: Oxford University Press, 2003.

[3] Young R, Lovell P A. Introduction to Polymers[M]. 3rd ed. New York: CRC Press, 2011.

[4] Fried J R. Polymer Science and Technology[M]. 北京:机械工业出版社,2011.

[5] Strobl G R. The physics of polymers: concepts for understanding their structures and behavior. 3rd ed. 北京: 机械工业出版社,2012.

[6] 吴奇. 大分子溶液(中英双语)[M]. 北京:高等教育出版社,2021.

[7] 殷敬华,莫志深. 现代高分子物理学[M]. 北京:科学出版社,2003.

[8] 何曼君,张红东,陈维孝,等. 高分子物理[M].3 版. 上海: 复旦大学出版社,2007.

[9] 吴其晔,张萍,杨文君,等. 高分子物理学[M]. 北京:高等教育出版社,2011.

[10] 马德柱. 聚合物结构与性能[M]. 北京:科学出版社,2013.

[11] 周啸,何向明. 聚合物性能与结构[M]. 北京:清华大学出版社,2015.

[12] 陈义旺,胡婷,谭利承,等. 高分子物理[M]. 北京:科学出版社,2019.

[13] 华幼卿,金日光. 高分子物理[M]. 5 版. 北京:化学工业出版社,2019.

[14] 励杭泉,武德珍,张晨. 高分子物理[M]. 2 版. 北京:中国轻工业出版社,2020.

[15] 何平笙. 新编高聚物的结构与性能[M]. 2 版. 北京:科学出版社,2021.

[16] 何平笙. 高聚物的力学性能[M]. 3 版. 合肥:中国科学技术大学出版社,2021.